IGBT 模块：技术、驱动和应用

IGBT Modules Technologies, Driver and Application

（中文版·原书第 2 版）

［德］安德烈亚斯·福尔克（Andreas Volke）
麦克尔·郝康普（Michael Hornkamp） 著
韩金刚 译

机 械 工 业 出 版 社

本书是关于 IGBT 应用技术的专著，由两位长期在英飞凌从事 IGBT 应用技术推广的工程师撰写，概念论述清楚，并以双脉冲为基础实验方法，讲述 IGBT 的动态特性、IGBT 驱动技术和功率单元的设计和验证方法。本书应用实例丰富，是体现当今的 IGBT、IGBT 驱动及其应用技术的参考书。

全书论述了 IGBT 和 IGBT 模块的基本原理、电气和物理特性及应用技术，包括以下内容：

1. 介绍了 IGBT 芯片的半导体结构和工作原理，并用以分析芯片的电气特性，以提高学生和工程师在应用 IGBT 中分析问题、解决问题的能力。

2. 深入探讨了 IGBT 的封装工艺技术、模块的寄生参数、热管理设计和可靠性问题。

3. 介绍了 IGBT 和续流二极管的参数定义、测试方法和对数据手册的理解。

4. 介绍了 IGBT 驱动技术和保护。

5. 介绍了 IGBT 在实际系统中的动态特性、串并联技术等。

6. 介绍了应用的基本电路结构和逆变器设计基础。

全书包括大量 IGBT 的实际开关特性、应用实例以及设计规则。同时还涵盖了电力电子应用中涉及的工程测量技术和信号电子学。最后从电力电子装置的质量和可靠性方面探讨了对 IGBT 和 IGBT 模块的要求。

本书的读者对象包括：大专院校电力电子及相关专业的教师、研究生，科研机构的研发人员、应用领域的工程技术人员及其他相关人员。本书自成体系，适合高等教育相关专业用作教材或专业参考书，亦可作为电力电子学界和研发、生产企业工程技术人员的参考书。本书由部分高校推荐，机械工业出版社组织翻译出版。

感谢英飞凌中国有限公司的应用工程师团队在翻译过程中的技术支持。

译 者 序

自从20世纪80年代发明绝缘栅双极型晶体管（IGBT）以来，IGBT技术发展迅速，其作为电能变换的核心器件，涵盖了从几十瓦到几十兆瓦的电力电子应用。目前IGBT已经广泛地应用于消费类电器、工业控制、新能源发电、智能电网、机车牵引和电动汽车的交通运输领域，成为变流装置的主要开关器件。中国作为能源生产和消费大国，IGBT大量用于功率变换中，以实现新能源产生、传输和高能效的利用。为此，中国制定了IGBT的相关国家标准，开始推进IGBT的研究和产业发展，但目前国内系统论述IGBT的专著和教材很少。

本书的英文原版是关于IGBT应用技术的专著，由两位长期在英飞凌从事IGBT应用技术推广的工程师编写，基本概念论述清楚，并以双脉冲为基础实验方法，讲述IGBT的动态特性、IGBT驱动技术和功率单元的设计和验证方法，应用实例丰富，是体现当今IGBT、IGBT驱动及其应用技术的参考书。

两位作者Andreas Volke和Michael Hornkamp都毕业于德国SOEST应用科技大学的电气能源技术系，长期从事功率半导体应用技术的研发工作。Andreas Volke和Michael Hornkamp分别于2003年和2000年加入英飞凌科技，并参与了IGBT模块和IGBT驱动的研发。本书既是作者长期工作经验和成果的积累，也是英飞凌科技有限公司在功率半导体领域技术的凝练，是一部集理论、技术、产品、应用实践为一体的优秀著作。

英飞凌公司作为国际最主要的IGBT生产厂商之一，长期致力于IGBT和IGBT模块的研发、制造和应用技术的开发，始终引领全球的IGBT的技术标准的发展，也非常注重应用技术推广和学生的培养。英飞凌在中国每年举办和参加技术论坛，为国内从业人员和企业提供技术培训和支持，还通过英飞凌中国大学计划将先进的技术和理念传播到国内高校，每年举办英飞凌学者论坛进行学术交流，促进了中国IGBT技术的发展和应用。

德国科学院院士Leo Lorenz教授退休前为英飞凌有限公司的高级总工程师，退休后仍然奔波于世界各地，讲授和推广IGBT技术。每年他都到中国访问数次，在多个高校讲学，也是在上海举办的PCIM Asia国际会议的主席。

上海海事大学电力传动与控制研究所通过国家“高端人才项目”聘请Leo Lorenz博士来华执教，并与中国电源学会联合举办“国际电力电子器件与应用高端课程”，旨在推进IGBT技术的研究和发展。上海海事大学电力传动与控制研究所与英飞凌科技也保持着良好的合作关系，英飞凌也每年参与高端课程的授课并提供实验装置。

本书的主要特色在于系统地阐述IGBT原理、特性和应用之间的关系，从而帮助学生全面地认识功率半导体器件及其应用，并有助于电力电子研发工程师掌握IGBT模块的选型、设计和应用。经多位高校老师的推荐，机械工业出版社引进本书并获得中文版翻译权和专有出版权，上海海事大学汤天浩教授推荐译者主持翻译工作。

本书从翻译到最后出版得到了英飞凌科技（中国）有限公司工程师团队以及汤天浩教授的极大鼓励和帮助，译者对他们表示由衷的感谢！同时，译者所在课题组的研究生杨腾飞、杨义、胡惠雄、吴鹏、陈铭、万一彬等分担了大量的文字录入和校对工作，在此，译者对他们一并表示感谢。

希望本书的翻译出版能为国内读者学习和掌握 IGBT 的先进技术提供帮助，让从业人员能更好地应用 IGBT 研制出技术领先的变流装置和电源，进而促进中国电源技术的提升和发展。

由于译者水平及经验有限，本书可能存在不当与疏漏之处，敬请广大读者批评指正。

译者
2016 年 3 月

序

随着MOS控制功率半导体器件的出现和发展，电力电子技术实现了高功率密度和高效率的突破，同时也使系统的可靠性进一步提高，并给出了更经济的技术解决方案。在几十瓦到几兆瓦的功率范围内，IGBT一直是关键技术，其卓越的性能意味着IGBT不仅可以取代现有系统中传统的完全可控功率半导体器件，而且开启了全新的应用领域。然而，对器件技术的理解程度，对应用和工作需求的认识，设计和测试驱动电路及保护功能，是系统能够在全功率范围内安全、可靠运行的重要因素。与此同时，也要兼顾优化系统成本。

目前，针对电力电子变换器、开关拓扑和系统已经发表和出版了大量高质量的论文和书籍，而一些综合性的作品则从理论和设计实现技术方面分别阐述了主要新型功率半导体元件的半导体物理学原理和元胞结构。

本书的独特之处在于它填补了半导体物理学与电力电子技术之间的空白，并为这些器件的用户提供了有力的支持。

两位作者过去20年里，一直努力在该领域收集资料，并以可读的形式展示给读者。他们致力于应用和推广这一新技术，因此特别值得给予嘉奖。非常幸运，两位作者都参与了全系列功率IGBT新型应用的研发，而且参与了IGBT驱动和保护设计的定型，同时也熟悉高性能IGBT的测量手段及应用系统。

本书将有助于学生认识当前主要功率半导体器件及其应用，并可以帮助电力电子变换器研发工程师全面而清晰地学习IGBT模块的选型、计算和应用。

在这里，我对作者的辛苦工作表示由衷的感谢，并祝愿本书能够成为电力电子领域新的里程碑和研发的标杆。

Leo Lorenz 教授
IEEE Fellow
科学院院士
慕尼黑，2010年夏

前　言

自20世纪80年代以来，IGBT技术得到迅速发展。IGBT作为标准组件广泛地应用于功率范围从几百瓦到几兆瓦的电力电子设备中。在IGBT的发展进程中，IGBT的封装形式多种多样，如分立元件单管TO-247封装、大功率模块封装以及其他同时包含IGBT、电子元器件、特定功能的复杂设计封装。

本书的主要目的是使读者能够更容易地理解IGBT的基本特性以及IGBT和电力电子应用之间的相互作用关系。有些著作往往忽略了IGBT的一些实用细节和专业知识，或者在某种程度上没有清晰地解释IGBT和实际应用之间的关系。本书汇集了有关IGBT在电力电子应用中的详细资料，并通过作者在该领域的经验对其进行补充和完善。

本书首先介绍了IGBT的内部结构，然后通过电路原型或基本模型推导出的IGBT变体形式，并在此基础上探讨了IGBT的封装技术。本书还讨论了IGBT的电气特性和热问题，分析了IGBT的应用特性、并联驱动技术、实际开关特性、电路布局、应用实例以及设计规则。同时还考虑了电力电子应用中涉及的工程测量技术和信号电子学。最后从电力电子装置的质量和可靠性方面探讨了对IGBT和IGBT模块的需求。

在各章的介绍中，本书试图尽可能形象化地来表述，尽量避免采用过多的公式，所以本书的图形和表格超过了500张。然而，如果公式能够更清楚地解释一些基本原理或者与常用的IGBT密切相关，也会采用公式来进行表述。我们希望借此获得理论分析和实践应用之间的平衡。

感谢我们的家人和朋友，因为本书花费了我们几年有限的业余时间。

感谢Leo Lorenz教授、Jost Wendt、Hubert Ludwig和Martin Hierholzer，同时还要感谢英飞凌科技有限公司，正是在他们的帮助下本书才得以完成。

虽然作者已经精心编写本书，但是仍可能存在一些缺漏和错误，欢迎批评和指正。

安德烈亚斯·福尔克

麦克尔·郝康普

瓦尔施泰因，2010年夏

目　　录

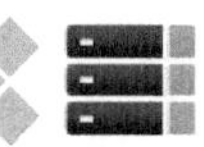

第1章 功率半导体

1.1 简介

目前，种类繁多的功率半导体器件已经成为人们日常生活一个重要组成部分。除其他用处之外，功率半导体器件使得变频马达驱动装置广泛地应用于日常消费产品（如洗衣机），工业领域（如泵）和交通运输（例如电力机车）中。

功率半导体器件可分为两大类：可控和不可控功率半导体。第一类主要包括晶闸管，双极型晶体管，功率 MOSFET，最后但同样重要的是 IGBT。第二类包括各种类型的功率二极管。图 1.1 给出了常见功率半导体器件及其典型的功率范围、阻断电压和开关频率。

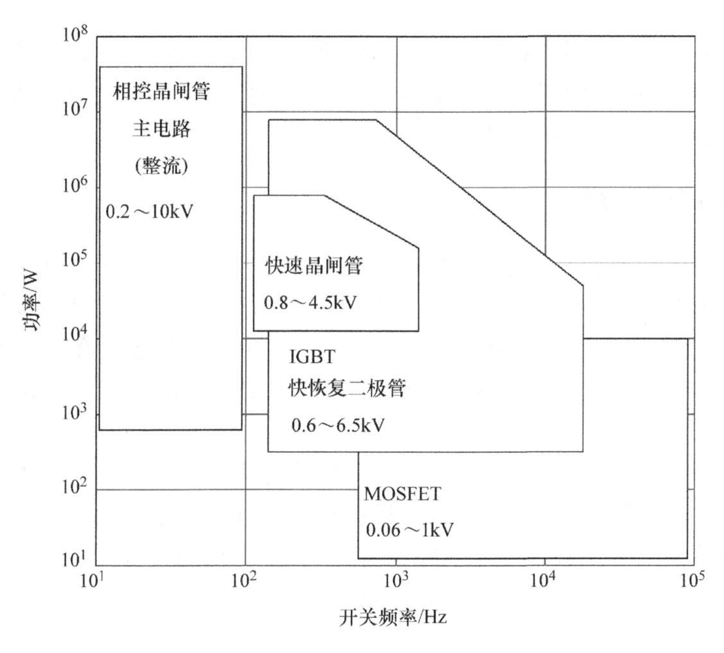

图 1.1 常见功率半导体器件及其典型的功率范围、阻断电压和开关频率

晶闸管在半导体器件尤其是在大功率应用中占据主导地位已有几十年的历史。但自从 20 世纪 80 年代以来，IGBT 在几个兆瓦的功率范围内逐步占据优势。

IGBT 是基于其他功率半导体器件的结构或半导体的基本机理，其基本结构如图 1.2 所示，它包括以下部分：

- 三个 PN 结 J_1，J_2，J_3；
- 一个 PNP 型晶体管 VT_1；
- 一个 NPN 型晶体管 VT_2；
- 一个二极管 VD_1；
- 一个晶闸管 V_1；
- 一个 MOSFET 结构 VT_3；
- 两个相邻 IGBT 单元之间的一个 JFET 结构 VT_4。

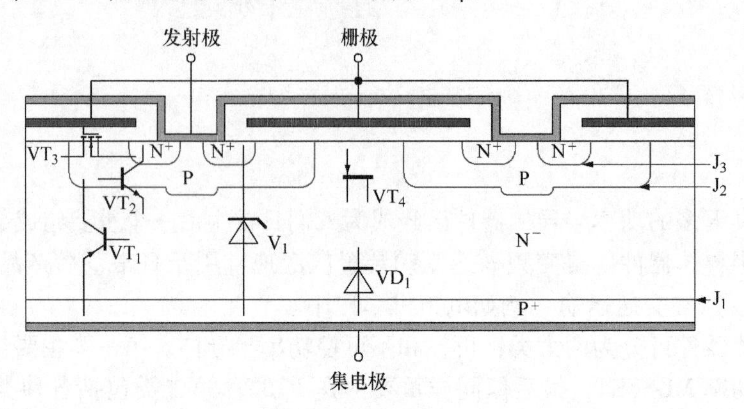

图 1.2　IGBT 基本结构（图中给出了两个相邻的 IGBT 单元）

对于理解 IGBT 来说，图中每个器件都同等重要，因此有必要针对每个独立的器件进行详细分析，然后再论述不同类型的 IGBT 设计方法。在此之前，简要地引入一些与本书相关的半导体物理学的概念，以便进一步的分析。

1.1.1　本征载流子浓度

根据泡利不相容原理，自由原子㊀的电子由它们自身的量子数决定了它们只能保持某一特定的状态。如果两个或多个原子移动的非常接近，形成晶状结构，某个原子最外层的电子将暴露于其他原子的电场中，使得这些电子进入特定的能量状态。在（半导体）晶状结构中，由于众多原子彼此相互作用、叠加形成一个能带结构。能带的宽度取决于该原子及其电子之间的关联强度。例如，牢固结合的电子与相邻的原子相互作用较弱，形成窄能带。

能带通常由间隙分隔开。在 $T=0\text{K}$ 时，最高层充满电子的能带具有的能量低于费米能级㊁ E_F时被称为价带，价带顶能量为 E_V。即使电子能够在价带内改变位置，也无法实现电荷的传输，所以价带本身无益于电导率的提高。能带高于费米面时，不同于价带，由于没有布满电子或者处于空缺的状态，这时被称为导带，导带底能量为 E_C。价带和传导带之间的

㊀ 根据传统物理学，两个粒子不能处于完全相同的状态，但是在量子力学中，情况就迥然不同。量子力学通过概率函数来描述粒子的状态，所以粒子（如电子）可以处于相同的量子态。泡利不相容原理也给出了一定的限制条件，即占据相同量子态的粒子之间必须至少有一个量子数与其他粒子不同。量子数包括自旋（自旋量子数 s），轨道（主量子数 n 和次量子数 l）和角动量（磁量子数 M）。两个电子至少存在一个不同的量子数，即为泡利不相容原理，由奥地利物理学家沃尔夫冈·泡利（1900～1958）提出。

㊁ 费米能级以意大利物理学家恩里科·费米（1901～1954）的名字命名，它描述了在绝对零度的温度下，包括电子在内的费米子充满能级所需要的能量阈值。

空间被称为禁带，代表了电子禁区，即根据泡利不相容原理在该区域中没有电子的存在，禁带宽度为 E_g。E_g、E_C 和 E_V 的关系为

$$E_g = E_C - E_V \tag{1.1}$$

式中，E_g 为禁带宽度（eV）㊀；E_C 为导带底能量（eV）；E_V 为价带顶能量（eV）。

如果导带没有被价电子占据，则材料不具有导电性。通过外部供给能量，例如热或光（光子）的影响下，有可能使得电子从价带跃迁到导带中，当然其前提是电子所获得的能量大于禁带宽度。这些载流子与价带中的空穴㊁一起提高了材料的导电性。

在绝缘体（如云母，玻璃，PVC）和半导体（如硅，锗）中，价带与导带是由禁带隔开。在绝对零度时，导带无法被价电子占据，因而不存在导电性。因此，如图 1.3 所示，半导体和绝缘体之间的唯一区别在于禁带更窄。但是，在导体（如铜，铝，银）中导带和价带紧靠在一起甚至部分重叠，也就是在导带中存在自由载流子，且不存在禁带。

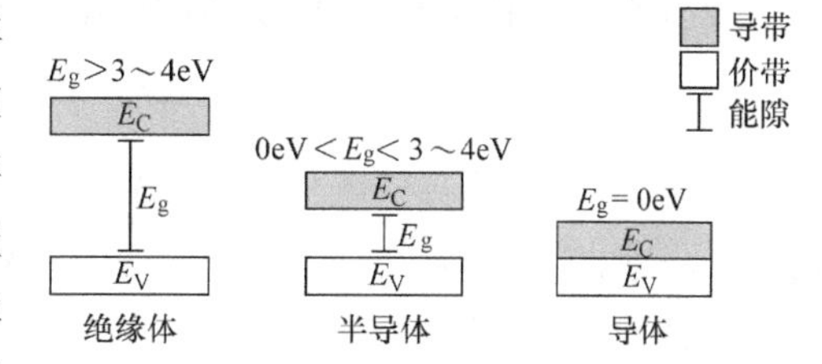

图 1.3　价带和导带

禁带宽度随着温度的变化而改变，在 $T=0\mathrm{K}$ 时出现最大值。如果温度上升，在固态物体内会产生热振动，随之会影响到能带。温度越高，热运动越强烈，同时能带之间的间隙会变小，同样价带和导带之间的间隙也会减小。Y. P. Varshni[2] 的研究描述了该现象：

$$E_g(T) = E_g(0) - \frac{\alpha \times T^2}{T - \beta} \tag{1.2}$$

式中，$E_g(0)$ 为在 $T=0\mathrm{K}(\mathrm{eV})$ 的禁带宽度；α，β 为与材料相关的经验系数。

图 1.4 给出了硅材料禁带宽度与绝对温度的关系。当 $\alpha = 4.37\times10^{-7}\mathrm{eV/K}$，$\beta = 636\mathrm{K}$ 时，$E_g(0)$ 为 17eV。

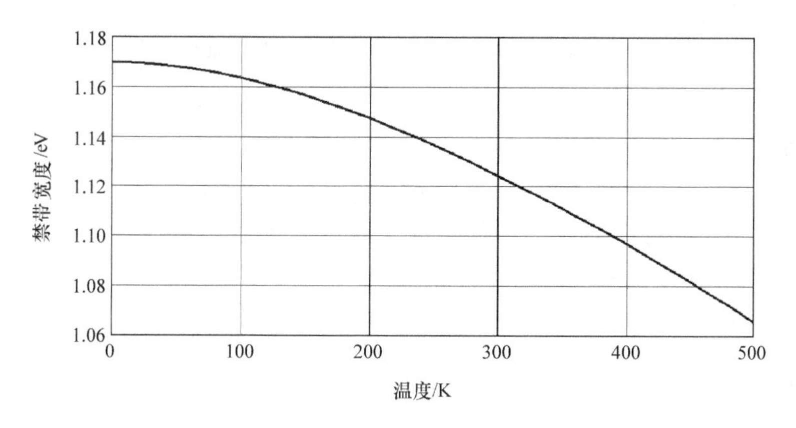

图 1.4　硅材料禁带宽度 E_g 与温度之间的关系曲线

㊀ 下文仅仅列出了这些参数，之前也并未在书中进一步的阐述。

㊁ 本文中没有采用空穴，而是采用缺陷电子来描述正电荷载流子。

电子 $F_n(E)$ 在导带及空穴 $F_p(E)$ 在价带中的统计分布可以利用麦克斯韦－玻尔兹曼㊀概率函数简化为温度 T 的函数

$$F_n(E)=\mathrm{e}^{\frac{E_C-E_F}{k\cdot T}} \tag{1.3}$$

$$F_p(E)=\mathrm{e}^{\frac{E_F-E_V}{k\cdot T}} \tag{1.4}$$

式中，$F_n(E)$ 为电子在导带中的概率分布（无单位）；$F_p(E)$ 为空穴在价带中的概率分布（无单位）；E_F为费米能级（eV）；k 为玻尔兹曼常数，$k=1.38065\times10^{-23}$J/K。

分布概率与状态密度 N_C或 N_V乘积就是电子和空穴在各自相应能带中的浓度：

$$n=N_C\cdot F_n(E)=N_C\cdot\mathrm{e}^{\frac{E_C-E_F}{k\cdot T}} \tag{1.5}$$

$$p=N_V\cdot F_p(E)=N_V\cdot\mathrm{e}^{\frac{E_F-E_V}{k\cdot T}} \tag{1.6}$$

式中，n 为电子浓度（cm^{-3}）；p 为空穴浓度（cm^{-3}）；N_C为导带态密度（cm^{-3}）；N_V为价带态密度（cm^{-3}）。

该浓度描述了能带中可能存在的载流子数量，根据泡利不相容原理也可以由量子数表示。反过来，这些都是与温度相关的函数：

$$N_C=2\left(\frac{2\pi\cdot m_n^*\cdot k\cdot T}{h^2}\right)^{\frac{3}{2}} \tag{1.7}$$

$$N_V=2\left(\frac{2\pi\cdot m_h^*\cdot k\cdot T}{h^2}\right)^{\frac{3}{2}} \tag{1.8}$$

式中，m^*为电子或空穴的有效质量（kg）㊁；h 为普朗克常数㊂，$h=6.62607\times10^{-34}\mathrm{J\cdot s}$。

受到外部能量激励的电子可以摆脱价带的束缚而进入导带，而在价带中产生相应的空穴。这意味着电子和空穴的数量保持平衡，因此：

$$n_i=p=n \tag{1.9}$$

式中，n_i 为本征载流子浓度（cm^{-3}）。

式（1.5）和式（1.6）相乘，然后代入式（1.1）就得到所谓的质量作用定律：

$$n_i^2=n\cdot p=N_C\cdot\mathrm{e}^{\frac{E_C-E_F}{k\cdot T}}\cdot N_V\cdot\mathrm{e}^{\frac{E_F-E_V}{k\cdot T}}=N_C\cdot N_V\mathrm{e}^{\frac{E_g}{k\cdot T}} \tag{1.10}$$

式（1.10）中的载流子浓度由于文献来源不同而得到不同的结论。一些参数微小的变动导致了这些差异，比如禁带宽度 $E_g(T)$ 和有效质量 m^*。当然多数情况下都可以简化分析。图1.5 给出了硅材料本征载流子的浓度与温度的关系函数，它们是来自不同参考文献[1,3,4]的一些代表性的结论。

在本书中，300K 时硅材料载流子浓度设为 $1.45\times10^{10}\mathrm{cm}^{-3}$。

1.1.2 掺杂

在半导体材料中混入不同价元素，可以提高其导电率。这种向半导体中有目的的引入其

㊀ 以苏格兰物理学家詹姆斯·克拉克·麦克斯韦（1831～1879）和奥地利物理学家玻尔兹曼（1844～1906）命名。

㊁ 有效质量 m^*描述在特定材料内，加速的粒子因为量子力学效应而表现出的质量。在导带中电子的有效质量大于实际静止质量，而在价带中的空穴则比它们的实际静止质量小。

㊂ 以德国物理学家马克斯恩斯特·卡尔·路德维希·普朗克（1858～1947）的名字命名。

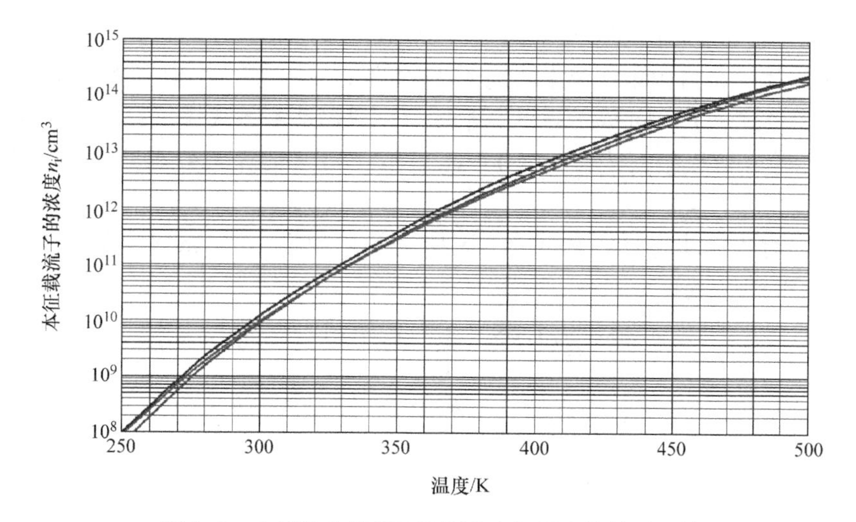

图 1.5　硅材料本征载流子的浓度与温度的关系函数

他元素的行为称为掺杂，可以通过扩散、离子注入或中子辐射的方式实现半导体掺杂。比如在硅材料（四价元素）中掺杂磷（五价元素），会引入额外可移动的负电荷。磷元素因为可以提供一个电子而被称为施主，如图 1.6a 所示。在硅半导体中掺三价硼元素可以产生类似的效果，由于硼原子可以接受一个额外的电子，所以在半导体中产生的是带正电荷的空穴，如图 1.6b 所示。只要半导体的温度没有达到使得本征载流子浓度 n_i超过由于掺杂产生的载流子浓度的临界值，半导体的导电性能依然由掺杂决定。随着温度的上升，如果本征载流子浓度 n_i达到和掺杂产生的载流子浓度接近，本征载流子决定了半导体的特性。随着温度的进一步升高，半导体就可能面临热失控的问题。

半导体中可移动的自由电子占主导的区域被称为 N 区，同样空穴占主导的区域被称为 P 区。应当注意的是，N 区和 P 区都是电中性的，无论是五价的磷还是三价的硼元素，都会产生相应的正电荷或负电荷补偿相应的多数载流子。由上可知，式（1.10）同样适用于掺杂半导体。

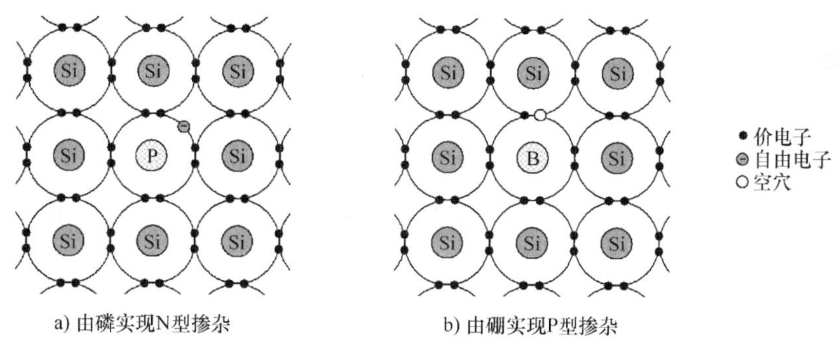

图 1.6　硅材料的掺杂

在半导体器件的原理图中，掺杂用符号 N，P，N^-，P^-，N^+，P^+表示，下面的原则普遍适用：

- N^-，P^-掺杂浓度近似在 10^{12} cm^{-3} ~ 10^{16}cm^{-3}；
- N，P 掺杂浓度近似在 10^{15} cm^{-3} ~ 10^{18}cm^{-3}；

- N^+，P^+掺杂浓度近似在$10^{17}\ cm^{-3} \sim 10^{21} cm^{-3}$。

在N型半导体中，自由电子数目多于空穴的数目，所以自由电子被称为多数载流子，而空穴被称为少数载流子。同样在P型半导体中，空穴是多数载流子，电子是少数载流子。如果已知掺杂浓度，可以根据式（1.10）和式（1.5）来估算多数载流子和少数载流子的浓度。

［**例1-1**］　对于硅半导体，如果N^-区掺杂的浓度为$10^{14}\ cm^{-3}$，在25℃（约300K）时，少数载流子的浓度为

$$p_{300K} = \frac{n_{i,300K}^2}{n} = \frac{(1.45 \times 10^{10} cm^{-3})^2}{10^{14} cm^{-3}} = 2.1 \times 10^6\ cm^{-3}$$

如果温度上升到125℃（约400K），少数载流子的浓度上升为

$$p_{400K} = \frac{n_{i,400K}^2}{n} = \frac{(4 \times 10^{12} cm^{-3})^2}{10^{14} cm^{-3}} = 1.6 \times 10^{11} cm^{-3}$$

根据图1.5可知，温度的上限约为220℃（约490K）。超过这个温度，本征载流子浓度n_i和N^-区掺杂产生的载流子浓度近似相等，这时候本征载流子占主导地位。

1.1.3　载流子在半导体中的运动

载流子在半导体中的运动方式主要有两种：

- 载流子漂移；
- 扩散。

当半导体在x点存在某个电场E时，该电场会驱动载流子以平均速度v移动，这种现象被称为载流子的漂移。考虑到半导体内既有电子也有空穴，载流子的浓度为

$$J_{n,drift} = q \cdot n \cdot v_n \tag{1.11}$$

$$J_{p,drift} = q \cdot p \cdot v_p \tag{1.12}$$

式中，J为载流子浓度（A/cm^2）；q为基本电荷，$q = 1.602 \times 10^{-19}C$；$v$为电子或空穴的平均速度（cm/s）。

由电场E造成平均漂移速度v_n和v_p，也可以被表示为电场与该载流子迁移率的乘积：

$$J_{n,drift} = q \cdot n \cdot \mu_n \cdot E(x) \tag{1.13}$$

$$J_{p,drift} = q \cdot n \cdot \mu_p \cdot E(x) \tag{1.14}$$

式中，μ为特定载流子迁移率（$cm^2/V \cdot s$）；E（x）为在x点的电场（V/cm）。

对于硅，电子（空穴）迁移率μ_n（μ_p）在300K时约为$1500cm^2/V \cdot s$（$4500cm^2/V \cdot s$）。

由式（1.13）和式（1.14）可得总载流子的浓度，即单位面积上的电流为

$$J_{drift} = J_{n,drift} + J_{p,drift} = q \cdot n \cdot \mu_n \cdot E(x) + q \cdot p \cdot \mu_p \cdot E(x) = q \cdot E(x) \cdot (n \cdot \mu_n + p \cdot \mu_p) \tag{1.15}$$

表达式$q \cdot (n \cdot \mu_n + p \cdot \mu_p)$同样被称为半导体的电导率。据此，半导体的电阻率表示为

$$\rho = \frac{1}{q \cdot (n \cdot \mu_n + p \cdot \mu_p)} \tag{1.16}$$

式中，ρ为电阻率（$\Omega \cdot cm$）。

相对于载流子漂移，扩散源于载流子的热运动。扩散运动指载流子在时间t内以平均速

度 v_{th} 移动了 d 的距离。

在某一恒定温度下，可以认为半导体内载流子运动方向自由而且是连续的。半导体内载流子的扩散运动如图 1.7 所示，在半导体内假设原点 0，那么载流子从点 $-d$ 从左到右移动到原点 0 的可能性等同于从右到左，即各有 50% 的可能。自由电子从 $-d$ 移动到 0 的概率为

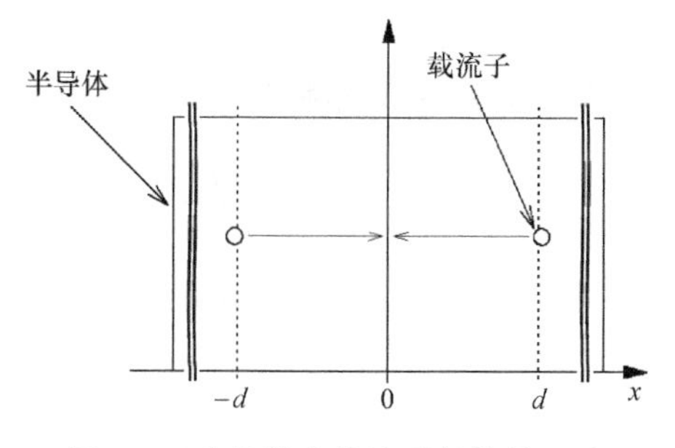

图 1.7　半导体内载流子的扩散运动

$$R_n(-d)=0.5\cdot n(-d)\cdot v_{th,n} \tag{1.17}$$

式中，R 为载流子流速（$1/\text{cm}^2\cdot\text{s}$）

相应地，空穴的流速为

$$R_p(-d)=0.5\cdot p(-d)\cdot v_{th,p} \tag{1.18}$$

根据泰勒定理㊀，算式 $n(-d)$ 近似表达为

$$n(-d)=n(0)-d\cdot\frac{\mathrm{d}n}{\mathrm{d}x} \tag{1.19}$$

$$p(-d)=p(0)-d\cdot\frac{\mathrm{d}p}{\mathrm{d}x} \tag{1.20}$$

把式（1.19）和式（1.20）分别代入式（1.17）和式（1.18），则

$$R_n(-d)=0.5\left(n(0)-d\cdot\frac{\mathrm{d}n}{\mathrm{d}x}\right)\cdot v_{th,n} \tag{1.21}$$

$$R_p(-d)=0.5\left(p(0)-d\cdot\frac{\mathrm{d}p}{\mathrm{d}x}\right)\cdot v_{th,p} \tag{1.22}$$

同样载流子从 d 点移动到 0 点的流速为

$$R_n(d)=0.5\left(n(0)+d\cdot\frac{\mathrm{d}n}{\mathrm{d}x}\right)\cdot v_{th,n} \tag{1.23}$$

$$R_p(d)=0.5\left(p(0)+d\cdot\frac{\mathrm{d}p}{\mathrm{d}x}\right)\cdot v_{th,p} \tag{1.24}$$

载流子移动到 0 点的综合流速为

$$R_n=R_n(d)-R(-d)=v_{th,n}\cdot d\cdot\frac{\mathrm{d}n}{\mathrm{d}x}=D_n\cdot\frac{\mathrm{d}n}{\mathrm{d}x} \tag{1.25}$$

$$R_p=R_p(d)-R(-d)=v_{th,p}\cdot d\cdot\frac{\mathrm{d}p}{\mathrm{d}x}=D_p\cdot\frac{\mathrm{d}n}{\mathrm{d}x} \tag{1.26}$$

式中，D_n、D_p 为扩散常数（$\text{cm}^2/(\text{V}\cdot\text{s})$）。

电荷载流子流速与相关基本电荷 q 的乘积就是扩散浓度：

$$J_{n,\text{diff}}=q\cdot D_n\cdot\frac{\mathrm{d}n}{\mathrm{d}x}=q\cdot D_n\cdot\frac{\mathrm{d}n}{\mathrm{d}x} \tag{1.27}$$

㊀ 泰勒定理表明任意给定函数 $f(x)$ 可以近似等效为泰勒级数：

$$f(x)=f(a)+\frac{(x-a)}{1!}\cdot f'(a)+\frac{(x-a)^2}{2!}\cdot f''(a)+\cdots=\sum_{n=0}^{\infty}\frac{(x-a)^n}{n!}\cdot f^{(n)}(a)$$

泰勒定理和泰勒级数以英国数学家布鲁克·泰勒（1685～1731）命名。这里令 $a=0$，就可以忽略泰勒级数第二项以后的项。

$$J_{p,\mathrm{diff}} = q \cdot D_p \cdot \frac{\mathrm{d}p}{\mathrm{d}x} = q \cdot D_p \cdot \frac{\mathrm{d}n}{\mathrm{d}x} \tag{1.28}$$

最后，由于漂移和扩散产生的总电荷载流子浓度为

$$J_n = J_{n,\mathrm{drift}} + J_{n,\mathrm{diff}} = q \cdot \left(n \cdot \mu_n \cdot E(x) + D_n \cdot \frac{\mathrm{d}n}{\mathrm{d}x}\right) \tag{1.29}$$

$$J_p = J_{p,\mathrm{drift}} + J_{p,\mathrm{diff}} = q \cdot \left(n \cdot \mu_p \cdot E(x) + D_p \cdot \frac{\mathrm{d}n}{\mathrm{d}x}\right) \tag{1.30}$$

$$J = J_n + J_p \tag{1.31}$$

1.1.4 载流子的产生与复合

半导体会持续不断地生成自由载流子，而这些载流子经过一定的时间后与极性相反的载流子复合而消失。载流子生成意味着载流子由价带迁越到导带；同理可得，载流子复合意味着载流子从导带返回到价带。只要半导体保持热力学平衡，产生的自由载流子数与复合的数目是相同的。在半导体内部，电子和空穴的浓度处于一个平衡状态，此时可以用 n_0 和 p_0 来分别表示。如果平衡被打破，比如从外部获得能量，载流子产生的速率将会增加，此时

$$n \cdot p > n_0 \cdot p_0 \tag{1.32}$$

电子和空穴复合率可以表述为

$$r_n = \frac{n - n_0}{\tau_n} \tag{1.33}$$

$$r_p = \frac{p - p_0}{\tau_p} \tag{1.34}$$

式中，τ 为载流子寿命（s）。

载流子的寿命代表着电子（空穴）在导带（价带）中从产生到复合的持续时间。在此期间，载流子的平均移动长度为 L。L 被称为扩散长度，它是相应寿命的函数。

载流子主要的三种复合类型，如图 1.8 所示：

- 直接（带间）复合：载流子复合产生额外的光子，对于硅功率半导体，直接复合没有实际应用价值。
- 肖克莱里德霍尔（SRH）复合[㊀]：在 SRH 复合中，载流子不会从导带直接跃迁到价带，载流子会取道于半导体中掺入的杂质，而其能量水平介于导带与价带之间。然后进入价带，同时释放热能。半导体中的杂质可由掺杂生成，相比于直接复合，SRH 复合是一种间接的复合过程，所需的能量较少，所以发生的概率更高。SRH 复合常见于半导体的低掺杂区。
- Auger 复合[㊁]：在 Auger 复合的过程中，载流子直接从导带跃迁至价带，但是载流子的能量并不是要以光子的形式释放出来的，而是被转移到导带中的第三方载流子。第三方载流子通过晶格振动释放复合的能量。可以看出在 Auger 复合中涉及三个粒子，这种变化在半导体高掺杂区扮演重要的角色。

㊀ 以美国物理学家威廉·肖克利（1910～1989）命名。

㊁ 以法国物理学家皮埃尔·维克托·俄歇（1899～1993）命名。由于奥地利物理学家莉泽·迈特纳（1899～1993）已经阐述过这种效应，所以这种复合也称作 Auger-Meitner 复合。

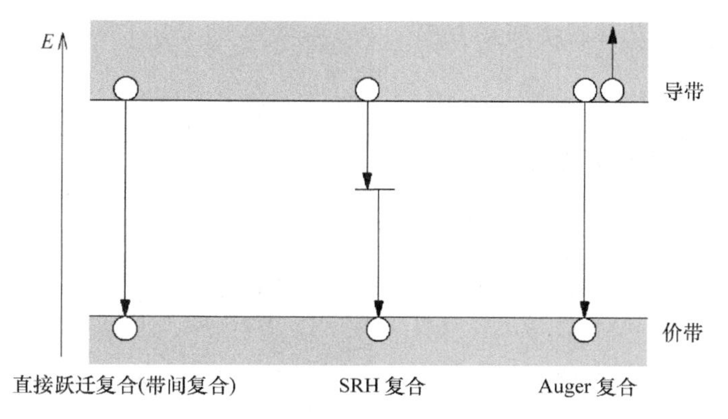

图 1.8 载流子的复合

在复合中，载流子的产生原因有如下几种可能：

- 光子；
- 高能粒子；
- 碰撞电离。

光生载流子可以看作带间复合的相反过程。如果光子的能量足够大，就可以直接把载流子从价带激发至导带。所以光生载流子需要光子携带的能量一定要高于禁带宽度 E_g。高能粒子生成载流子过程与光生载流子相似，不同的是高能粒子携带的能量更多，所以可以激发更多的自由载流子。碰撞电离产生自由载流子的过程是 Auger 复合的反过程。一个高能电荷载流子（比如经过电场加速的载流子）通过碰撞可以产生一个电子和空穴对，同时释放能量。如果该能量足够大或者更多能量加到新产生的自由载流子上（比如被临近电场激励），这样可能会产生载流子生成的倍增效应。

1.1.5 PN 结

使 N 型掺杂区和 P 型掺杂区紧密接触，在他们的交界面就形成了 PN 结，如图 1.9 所示。由于在势垒区载流子浓度的突变，使得 P 区的空穴向 N 区扩散，同时自由电子从 N 区向 P 区扩散，并在势垒区复合。考虑到势垒区附近的掺杂原子已电离，在 N 区侧形成了正电荷区，而在 P 区侧形成了负电荷区。这样在接触面附近就形成了一个空间电荷区。

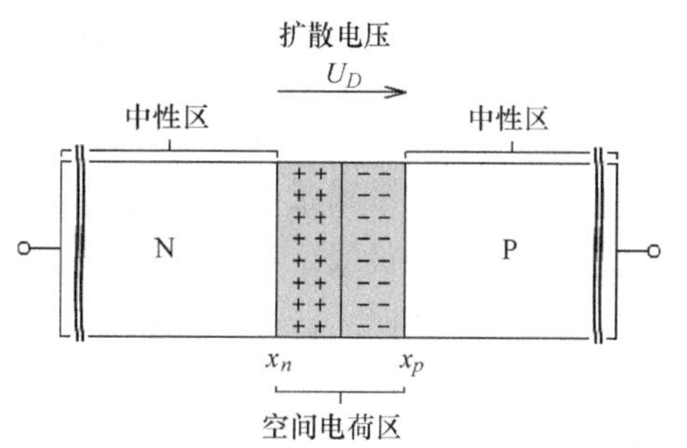

图 1.9 PN 结的结构

空间电荷区形成一个空间电场，该电场产生电势差或扩散电压 U_D。最终，该电场与载流子的扩散相抵消，从而达到动态的平衡。PN 结在该状态下有

$$J_n = J_p = 0 \tag{1.35}$$

或者，对于式（1.30），如果仅仅考虑空穴密度 J_p，则

$$\begin{aligned} J_p &= J_{p,\mathrm{drift}} + J_{p,\mathrm{diff}} = q\left(p \cdot \mu_p \cdot E(x) + D_p \cdot \frac{\mathrm{d}p}{\mathrm{d}x}\right) = 0 \\ &\Rightarrow E(x)\,\mathrm{d}x = -\frac{D_p \cdot \mathrm{d}p}{p \cdot \mu_p} \end{aligned} \tag{1.36}$$

根据爱因斯坦-斯莫鲁霍夫斯基方程[⊖]：

$$D_x = \frac{k \cdot T}{q} \cdot \mu_x \tag{1.37}$$

于是式（1.36）可被化简为

$$E(x)\,\mathrm{d}x = -\frac{k \cdot T}{q} \cdot \frac{\mathrm{d}p}{p} \tag{1.38}$$

在空间电荷区对式（1.38）两侧积分，则可得扩散电压 U_D 为

$$U_D = -\int_{x_N}^{x_P} E(x)\,\mathrm{d}x = \frac{k \cdot T}{q}\int_{p_{n0}}^{p_{p0}} \frac{\mathrm{d}p}{p} = \frac{k \cdot T}{q}\ln\frac{p_{p0}}{p_{n0}} \tag{1.39}$$

式中，U_D 为扩散电压（V）；x_N 为电场渗透到 N 区的深度（cm）；x_P 为电场渗透到 P 区的深度（cm）；p_{p0} 为空间电荷区 P 区边缘的空穴浓度（cm^{-3}）；p_{n0} 为空间电荷区 N 区边缘的自由电子浓度（cm^{-3}）。

空间电荷区 P 区边缘的空穴浓度 p_{p0} 等于受主的浓度 N_A，根据式（1.10），p_{p0} 可得

$$p_{n0} = \frac{n_i^2}{n_{n0}} = \frac{n_i^2}{N_D} \tag{1.40}$$

式中，N_D 为施主浓度。

在 N 区，n_{n0} 完全等价于施主浓度。这样式（1.39）中的扩散电压可以改写为

$$U_D = \frac{k \cdot T}{q}\ln\frac{N_A \cdot N_D}{n_i^2} \tag{1.41}$$

式中，N_A 为受主浓度。

［例 1-2］ 在硅材料中，假设受主浓度为 $N_A = 10^{17}\,cm^{-3}$，施主浓度为 $N_D = 10^{16}\,cm^{-3}$，本征载流子浓度为 $n_i = 1.45 \times 10^{10}\,cm^{-3}$，在室温（300K）时，扩散电压为

$$U_D = \frac{1.38065 \times 10^{-23}\frac{J}{K} \times 300K}{1.60218 \times 10^{-19}C}\ln\frac{10^{17}cm^{-3} \times 10^{16}cm^{-3}}{(1.45 \times 10^{10}cm^{-3})^2} = 0.75V$$

半导体内的平衡状态会受到外加电场的影响。如果 N 区电极接到电源的正极，而 P 区电极接到电源的负极，这样在势垒区外加电场与空间电荷区的电场方向一致，使得势垒区效应得到增强，从而无法形成电流。然而由于半导体外部热能的作用，在势垒区存在一个很小的反向电流，同样由于热的作用会持续形成不受空间电荷区影响的电子-空穴对。PN 结空间电荷的范围 x_{SCR} 可以通过计算获得。

由于半导体总体中性，所以在 PN 结两侧载流子的密度相等，即

$$q \cdot N_A \cdot x_P = -q \cdot N_D \cdot x_N \tag{1.42}$$

PN 结两侧电场 E_0 的最大值，可由下式获得：

$$E_0 = \frac{q \cdot N_A \cdot x_P}{\varepsilon_0 \cdot \varepsilon_r} = -\frac{q \cdot N_D \cdot x_N}{\varepsilon_0 \cdot \varepsilon_r} \tag{1.43}$$

⊖ 爱因斯坦-斯莫鲁霍夫斯基方程以德国物理学家阿尔伯特·爱因斯坦（1879~1955）和奥地利物理学家马利安·斯莫鲁霍夫斯基（1872~1917）命名。

式中，ε_0 为真空介电常数[⊖]，$\varepsilon_0 = 8.85419 \times 10^{-12}\frac{\text{F}}{\text{m}}$；$\varepsilon_r$ 为相对介电常数[⊜]。

考虑到外部负电压 U_{ext}，则

$$
\begin{aligned}
&U_{\text{ext}} - U_D = \frac{x_{\text{N}} - x_{\text{P}}}{2} \cdot E_0 \\
&\Rightarrow x_{\text{N}} = \frac{2(U_{\text{ext}} - U_D)}{E_0} + x_{\text{P}} \text{ 和 } x_{\text{P}} = \frac{2(U_{\text{ext}} - U_D)}{E_0} + x_{\text{N}}
\end{aligned} \tag{1.44}
$$

把式（1.43）代入式（1.44），则空间电荷区在 N 区的长度为

$$
\begin{aligned}
x_{\text{N}} &= \frac{2(U_{\text{ext}} - U_D)}{E_0} + \frac{E_0 \cdot \varepsilon_0 \cdot \varepsilon_r}{q \cdot N_A} \\
\Rightarrow x_{\text{N}} &= -\frac{2 \cdot \varepsilon_0 \cdot \varepsilon_r \cdot (U_{\text{ext}} - U_{\text{D}})}{q \cdot N_D \cdot x_{\text{N}}} - \frac{N_D}{N_A} x_{\text{N}} \\
\Rightarrow x_{\text{N}} &= \sqrt{\frac{2 \cdot \varepsilon_0 \cdot \varepsilon_r \cdot N_A \cdot (U_D - U_{\text{ext}})}{q \cdot N_D \cdot (N_A + N_D)}}
\end{aligned} \tag{1.45}
$$

同样也可以获得空间电荷区在 P 区的长度，即

$$
\begin{aligned}
x_{\text{P}} &= -\frac{2(U_{\text{ext}} - U_D)}{E_0} - \frac{E_0 \cdot \varepsilon_0 \cdot \varepsilon_r}{q \cdot N_D} \\
\Rightarrow x_{\text{P}} &= -\frac{2 \cdot \varepsilon_0 \cdot \varepsilon_r (U_{\text{ext}} - U_D)}{q \cdot N_A \cdot x_{\text{P}}} - \frac{N_A}{N_D} x_{\text{P}} \\
\Rightarrow x_{\text{P}} &= \sqrt{\frac{2 \cdot \varepsilon_0 \cdot \varepsilon_r \cdot N_D \cdot (U_D - U_{\text{ext}})}{q \cdot N_A \cdot (N_A + N_D)}}
\end{aligned} \tag{1.46}
$$

空间电荷区总的长度 x_{SCR} 为

$$
\begin{aligned}
&x_{\text{SCR}} = x_{\text{N}} + x_{\text{P}} \\
&\Rightarrow x_{\text{SCR}} = \sqrt{\frac{2 \cdot \varepsilon_0 \cdot \varepsilon_r \cdot N_A \cdot (U_D - U_{\text{ext}})}{q \cdot N_D \cdot (N_A + N_D)}} + \sqrt{\frac{2 \cdot \varepsilon_0 \cdot \varepsilon_r \cdot N_D \cdot (U_D - U_{\text{ext}})}{q \cdot N_A \cdot (N_A + N_D)}} \\
&\Rightarrow x_{\text{SCR}} = \frac{\sqrt{2 \cdot \varepsilon_0 \cdot \varepsilon_r \cdot N_A^2 \cdot (U_D - U_{\text{ext}})} + \sqrt{2 \cdot \varepsilon_0 \cdot \varepsilon_r \cdot N_D^2 \cdot (U_D - U_{\text{ext}})}}{\sqrt{q \cdot N_A \cdot N_D \cdot (N_A + N_D)}} \\
&\Rightarrow x_{\text{SCR}} = \frac{\sqrt{2 \cdot \varepsilon_0 \cdot \varepsilon_r \cdot (U_D - U_{\text{ext}})}(N_A + N_D)}{\sqrt{q \cdot N_A \cdot N_D \cdot (N_A + N_D)}} \\
&\Rightarrow x_{\text{SCR}} = \frac{\sqrt{2 \cdot \varepsilon_0 \cdot \varepsilon_r \cdot (U_D - U_{\text{ext}})(N_A + N_D)}}{\sqrt{q \cdot N_A \cdot N_D}}
\end{aligned} \tag{1.47}
$$

如果相对于 N_D，N_A是高掺杂区，即 $N_A >> N_D$，则上式可简化为

$$
x_{\text{SCR},N_A > N_D} \approx x_{\text{N}} \approx \sqrt{\frac{2 \cdot \varepsilon_0 \cdot \varepsilon_r \cdot (U_0 - U_{\text{ext}})}{q \cdot N_D}} \tag{1.48}
$$

⊖　介电常数表明在某一介质中建立电场需要面对多大的阻抗。

⊜　相对介电常数表明材料特性的一个无量纲变量，比如硅的相对介电常数 $\varepsilon_r = 11.9$。

同样如果 $N_D >> N_A$，则

$$x_{\mathrm{SCR},N_D>N_A} \approx x_{\mathrm{P}} \approx \sqrt{\frac{2 \cdot \varepsilon_0 \cdot \varepsilon_r \cdot (U_0 - U_{\mathrm{ext}})}{q \cdot N_A}} \tag{1.49}$$

把式（1.46）代入式（1.43），可以得到最大电场强度 E_0，且与 x_{N} 和 x_{P} 的长度无关：

$$E_0 = \sqrt{\frac{2 \cdot q \cdot N_A \cdot N_D \cdot (U_0 - U_{\mathrm{ext}})}{\varepsilon_0 \cdot \varepsilon_r \cdot (N_A + N_D)}} \tag{1.50}$$

如果忽略 PN 结内部电压 U_D，则可以通过式（1.50）得到 PN 结的反向击穿电压 U_{BR}

$$U_{\mathrm{BR}} = \frac{\varepsilon_0 \cdot \varepsilon_r \cdot (N_A + N_D)}{2 \cdot q \cdot N_A \cdot N_D} \cdot E_{\max}^2 \tag{1.51}$$

式中，$E_{\max}$ 为半导体最大可能电场强度㊀（V/m）。

[例 1-3]　如果忽略 PN 结内部电压 U_D，假设掺杂浓度 $N_A = 10^{17}\ \mathrm{cm}^{-3}$，$N_D = 10^{16}\mathrm{cm}^{-3}$，此外承受的外部电压为 −1.7kV，则空间电荷区的长度及 PN 结的最大反向击穿电压如下：

$$x_{\mathrm{N}} = \sqrt{\frac{2 \cdot \varepsilon_0 \cdot \varepsilon_r \cdot N_A \cdot (-U_{\mathrm{ext}})}{q \cdot N_D \cdot (N_A + N_D)}}$$

$$\Rightarrow x_{\mathrm{N}} = \sqrt{\frac{2 \times 8.85419 \times 10^{-14} \frac{\mathrm{F}}{\mathrm{cm}} \times 11.9 \times 10^{17}\mathrm{cm}^{-3} \times 1.7\mathrm{kV}}{1.60218 \times 10^{-19}\mathrm{C} \times 10^{14}\mathrm{cm}^{-3} \times (10^{17}\mathrm{cm}^{-3} + 10^{14}\mathrm{cm}^{-3})}} = 149.46\mu\mathrm{m}$$

$$x_{\mathrm{P}} = \sqrt{\frac{2 \cdot \varepsilon_0 \cdot \varepsilon_r \cdot N_D \cdot (-U_{\mathrm{ext}})}{q \cdot N_D \cdot (N_A + N_D)}}$$

$$\Rightarrow x_{\mathrm{P}} = \sqrt{\frac{2 \times 8.85419 \times 10^{-14} \frac{\mathrm{F}}{\mathrm{cm}} \times 11.9 \times 10^{17}\mathrm{cm}^{-3} \times 1.7\mathrm{kV}}{1.60218 \times 10^{-19}\mathrm{C} \times 10^{17}\mathrm{cm}^{-3} \times (10^{17}\mathrm{cm}^{-3} + 10^{14}\mathrm{cm}^{-3})}} = 0.15\mu\mathrm{m}$$

$$x_{\mathrm{SCR}} = x_{\mathrm{N}} + x_{\mathrm{P}} = 149.46\mu\mathrm{m} + 0.15\mu\mathrm{m} = 149.61\mu\mathrm{m}$$

$$U_{\mathrm{BR}} = \frac{\varepsilon_0 \cdot \varepsilon_r \cdot (N_A + N_D)}{2 \cdot q \cdot (N_A \cdot N_D)} \cdot E_{\max}^2$$

$$\Rightarrow U_{\mathrm{BR}} = \frac{8.85419 \times 10^{-14} \frac{\mathrm{F}}{\mathrm{cm}} \times 11.9 \times (10^{17}\mathrm{cm}^{-3} + 10^{14}\mathrm{cm}^{-3})}{2 \times 1.60218 \times 10^{-19}\mathrm{C} \times 10^{17}\mathrm{cm}^{-3} \times (10^{17}\mathrm{cm}^{-3} \times 10^{14}\mathrm{cm}^{-3})} \times \left(3 \times 10^5\ \frac{\mathrm{V}}{\mathrm{cm}}\right)^2 = 2.9\mathrm{kV}$$

保持外部电压极性不变，则空间电荷区的宽度会减小，使新的载流子可以持续的流过势垒区，电流可以维持。该电流随着外加电压的增加而迅速上升。

如果 PN 结是功率半导体器件内部的一个结构，也可以称为势垒区或者简单称为结。

1.1.6　反向击穿

如果 PN 结承受的反向电压超过了它的临界值，电场强度超过临界电场强度，则触发碰撞电离，导致雪崩效应或者载流子倍增效应，也就是在空间电荷区内的载流子数目会迅速增加。与此同时如果电压保持不变，原来很小的反向电流就会急剧增加，如果没有外部电路的限制或者及时关断电源，就可能毁坏半导体。这种击穿模式称为 1 型击穿。

㊀　硅材料的最大电场强度为 $3 \times 10^5\mathrm{V/cm}$。

同样，也有 2 型击穿：当半导体中的损耗足够大，产生发热和电流的不均匀分布，导致某些局部电流超过最大允许电流密度，随之电压迅速下降而电流急剧上升。

当 1 型击穿发生时，如果采取合理的保护方法，半导体不一定会损坏。但是 2 型击穿必然会造成器件的损坏，通常 2 型击穿之前会先产生 1 型击穿。

1.1.7　制造工艺

制造半导体器件需要单晶硅晶圆。制造新一代电力电子器件如 SCR、IGBT 所需要的材料是硅（Si）。硅常常以石英（SiO_2）的形式存在于自然界中。可以通过电热法得到纯净的硅材料，即通过碳的氧化反应分离氧元素和硅元素。这种方法获得的材料含有大量的杂质，为了使杂质的含量从 3% 降到 0.00001%，需要通过多道提纯工艺进一步降低杂质的含量。提纯工艺可以分为以下几个不同的阶段。

首先令原材料硅和盐酸（HCl）反应生成液态的三氯氢硅（$SiHCl_3$），然后蒸馏。下一步把三氯氢硅和氢气混合后送入放置硅棒的反应室，然后加热到 1200℃，此时三氯氢硅和氢气反应，分解成盐酸和硅。硅以多晶形式附着在硅棒上，而硅棒的直径可生长到 30cm（当前的技术）。

下一步，通过切克劳斯基（CZ）法[㊀]或者悬浮区熔（FZ）法把多晶硅转化为单晶硅。经过提纯的原料融化后被放入到由石英或者石墨或者类似材料制成的坩埚里。坩埚的温度恰好高于原材料的熔点。将籽晶置于旋杆上，从融化的液体表面拉出，越长越好。由于籽晶和其附着的旋杆具有良好的导热性，接触区的温度低于熔点后，硅就沉淀籽晶的表面。慢慢地旋转（0.3～13r/s），同时慢慢地提升（2～50mm/h），从熔化的原材料中拉出单晶。提升的速度决定单晶的直径。对于 CZ 法，由于硅接触到坩埚，所以单晶硅中含有少量的杂质。所以通过 CZ 获得的单晶硅主要用于功率器件中的外延层晶圆。

悬浮区熔法首先把待提纯后的硅棒挂起来，在硅棒另一侧，缓慢旋转的籽晶慢慢向硅棒靠近。然后加热硅棒的底部，硅棒开始熔化，与籽晶接触，这样单晶硅开始生长。根据单晶硅的生长情况慢慢提升熔化的硅棒（10～20cm/h）。区熔法适合提炼特纯硅晶圆。通过 FZ 法生成的衬底可以用于制造 NPT 或 Trench－FS IGBT（详见 1.5 节）。图 1.10 给出了硅晶圆的制作原理。

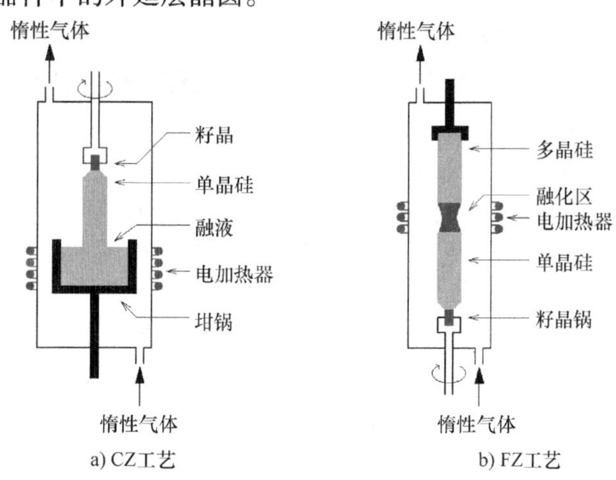

图 1.10　硅晶圆的制作原理

不论 CZ 法还是 FZ 法，对于单晶硅的掺杂，都是通过在熔化的原材料中加入相关的掺杂元素。对于 CZ 法，在坩埚的熔液中加入掺杂的元素，掺杂的浓度及单晶硅轴向电阻与单晶硅生长的长度之间的关系如图 1.11 所示。对于 FZ 法，掺杂的元素以气体

㊀ 以波兰科学家简·乔赫拉尔基斯（1885～1953）的名字命名。

形式加入到熔化的材料内，这样就可以精确地控制掺杂的浓度和轴向阻抗。然而，即使对于FZ法，掺杂时也不可避免地出现个别微小的抖动，会产生同心圆式的污迹。对于电力半导体，希望掺杂尽可能的均匀，而这个瑕疵使得高耐压器件（≥3.3kV）出现问题。FZ法生产单晶硅通过中子辐射后，可以获得期望掺杂均匀度。

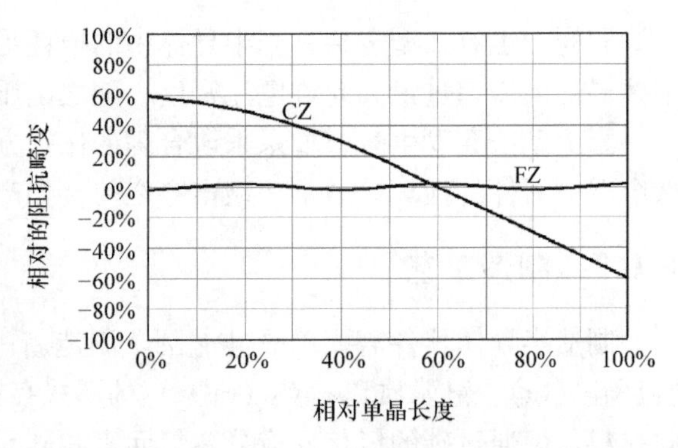

图1.11　CZ法和FZ法中单晶硅阻抗的相对分布

中子辐射法的原理来源于自然界中硅元素由三种同位素㊀构成：92.2%是^{28}Si，4.7%是^{29}Si，3.1%是^{30}Si。当受到中子辐射时，^{30}Si获得一个γ量子，变为不稳定的^{31}Si。^{31}Si经过2.63h的半衰期后，变成一个稳定的磷原子^{31}P，同时释放一个电子（β衰减）。这样生成的位于元素周期表上第五组的磷元素就成为半导体的掺杂元素。

把制成的单晶硅硅棒切成薄片，然后经过几道表面处理工艺，比如表面碾磨和抛光，就制成了用于电力电子器件衬底材料的晶圆。

晶圆有各种尺寸，通常晶圆的尺寸越大越好，有利于提高半导体的产量，同时能够降低每个产品的成本。然而，晶圆的尺寸越大，制成工艺的精度要求也越高。这使得只有在制造工艺精度足够高且具有良好重复性时，增加晶圆的尺寸才有意义。直到2007年，半导体厂商一直采用6英寸的晶圆生产IGBT（实际直径为150mm）。但是自从2008年以后，越来越多的厂商开始使用8英寸的晶圆（实际直径为200mm）㊁。

根据衬底的不同，其后每一步的生产工艺要求每层采用不同的掺杂和不同的结构。这些工艺包括：

- 外延生长工艺　不论掺杂与否，外延生长工艺都可以把硅层生成在通过CZ工艺制得的原材料上。稳定的高纯硅层（以及任何掺杂材料）可以通过在1000℃到1200℃温度下分离气态硅复合物得到。
- 离子注入工艺　离子注入工艺就是在真空中，把被掺杂元素的原子加速为离子注入目标材料中。可以通过控制离子的能量和密度来调整掺杂的浓度。
- 扩散工艺　扩散工艺就是在1000℃左右，把目标材料和掺杂材料放到一个特别扩散熔炉中混合。

为了能够通过离子注入或扩散工艺获得可控的半导体结构，必须给原材料增加一道掩膜工艺。图1.12给出了简化的掩膜原理。在原材料上覆盖绝缘层（通常是SiO_2）之后，还要加一层光复印掩蔽模版，然后曝光和显影。显影之后，去除曝光区域的绝缘层。下一步是移除光掩模版，然后可以通过离子注入或扩散工艺给曝光区掺杂。

㊀ 根据其原子核中包含的质子数来区分元素。如果具有相同数目的质子而具有的中子数不一样，则称为同位素。通常，每种元素都具有几种同位素，但是其中一部分是稳定的，而另一部分则不稳定（放射性的）。元素原子核中的质子数和中子数的总和称为质量数。由于中子数不同，同位素则根据其质量数分类（具有相同的质子数）。质量数作为元素符号的前缀。

㊁ 目前业内最高水平是12英寸（实际直径为300mm）。——译者注

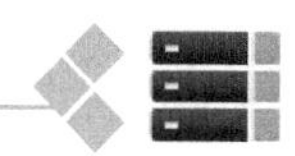

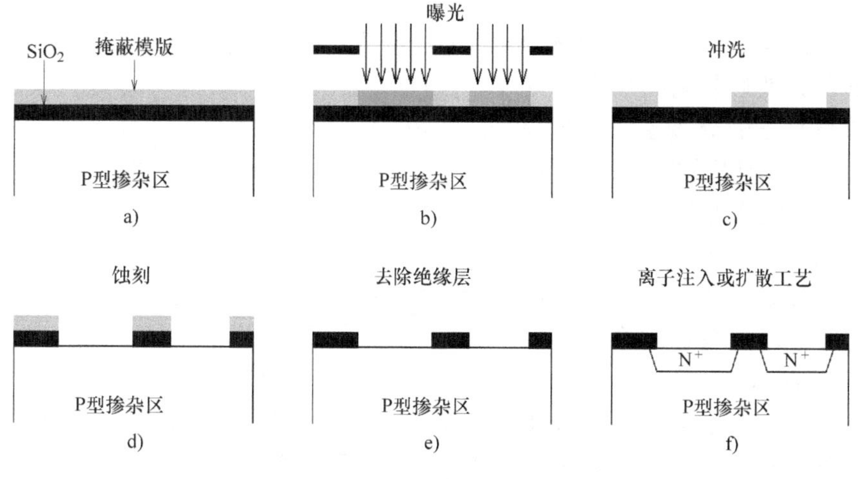

图 1.12　掩膜工艺

功率半导体的电压阻断能力由足够大小、合理掺杂的中心区域决定。这将在后面进一步讨论。半导体边缘结构对阻断能力的影响也值得注意。如果这个结构设计不够好，电场强度增大时可以导致发生击穿。图 1.13 给出了简化的常用边缘结构。

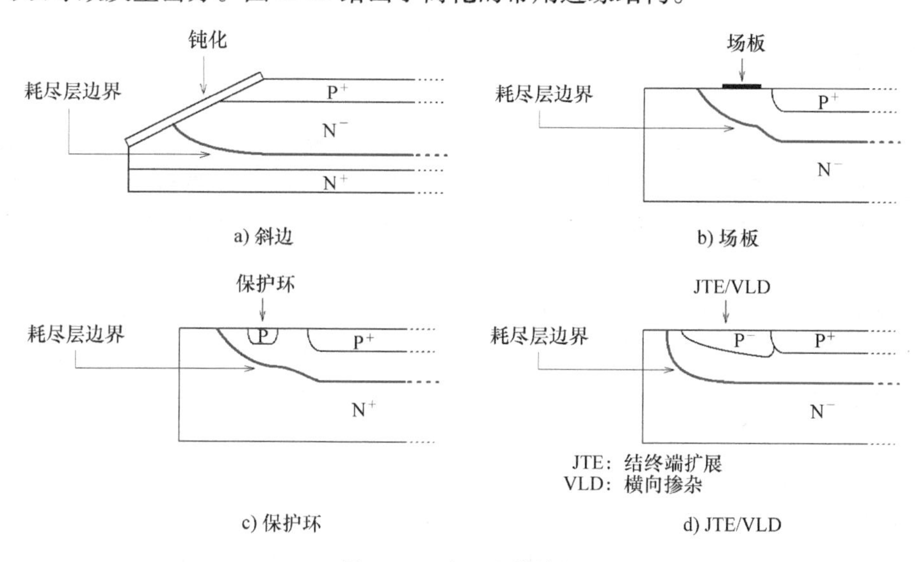

图 1.13　常用边缘结构

这种斜切结构和其他方法都是为了让电场路径在 PN 结中变得弯曲，从而降低电场强度。这种工艺可以使得边缘具有半导体本身 80% ~95% 的阻断能力，甚至可以达到 100%。既然边缘结构并没有增大半导体的有效导电面积，所以生产商在保持阻断能力的前提下会尽可能地减小它的面积。在制造过程中，处理好的边缘结构由钝化层保护起来，钝化层一般是一层绝缘的二氧化硅（SiO_2），有时候也可能是一层聚酰亚胺。

芯片背面的金属化层是另一个关键的步骤，它需要承担以下功能：

- 半导体和封装的热接口；
- 半导体和封装的电接口；

- 半导体和焊接层（通常是焊接层）之间的附着层。

芯片背面的金属化层分为功能不同的几层。首先是附着层，它起着把半导体的机械和电气连接的作用；然后是阻挡层也叫湿层，这一层是真正的焊接层，它与焊料直接相连，用于以后的芯片焊接，另外它也防止晶圆或附着层离子扩散；最后是保护层，防止阻挡层在焊接过程中被氧化。保护层越薄，对焊接层的影响就越小。芯片背面的金属化层结构如图 1.14 所示。

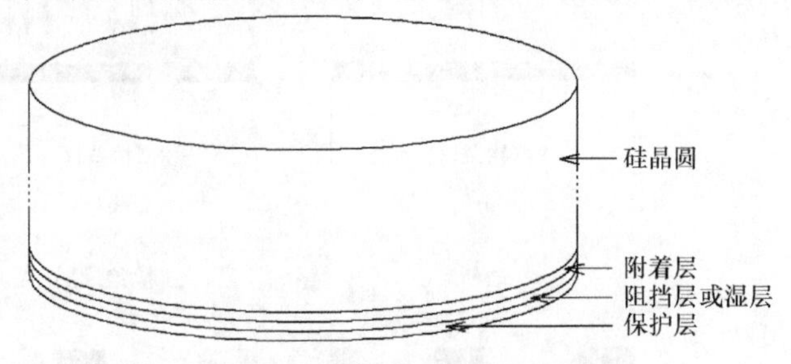

图 1.14　芯片背面的金属化层结构

除了芯片背面的金属化层之外，还需要在芯片正面增加金属化层。对于 IGBT，这个金属层通常是铝（Al），通过它可以把半导体和外部的键合线相连（键合技术）。这个金属化层也可以把多个 IGBT 芯片连接在一起。未来，铜（Cu）可能用于正面的金属化层。

对于衬底的沉淀金属，为了获得更高的工作温度和更长的工作周期（见第 14 章），最新的研发开始用铜代替铝。这也进一步推进了键合技术的发展，即把铝键合线改为铜键合线。

1.2　二极管

二极管是一种最简单的由一个 PN 结构成的元件。二极管有两个电极，电极之间的阻抗很大程度上取决于外接电源的极性，随着极性的改变，阻抗也明显的不同，且二极管的伏安特性与电流的方向有关。因此可以把二极管当作一个电气阀门，交流整流电路是二极管的一个典型应用。

二极管接到 P 区的电极被称为阳极，与 N 区相连的电极叫作阴极。硅（Si）是常用的半导体材料，和锗（Ge）、砷化镓（GaAs）及磷化镓（GaP）一样，最近几年新兴的碳化硅(SiC)[⊖]材料已经可以用来制造二极管。然而，只有硅与碳化硅半导体材料应用于电力电子技术。

半导体与金属接触就构成了肖特基二极管，它也有与 PN 结一样的阀门效应。肖特基二极管也可以用于电力电子技术，后文将详细地介绍它的特性。

二极管工作于正向偏置时（即阳极接到电源的正极），当偏置电压 U_F 较低时，由于欧姆电阻的作用，正向电流与偏置电压呈线性关系。对于硅管，当偏置电压超过 0.7V 时，正向电流以指数方式上升，而对于锗管这个阀值电压是 0.2V。当二极管工作于反向偏置时，反向电流非常小，且只与温度有关。二极管所能承受的最大反向电压取决于二极管的内部结构与掺杂的参数。当反向电压超过二极管所允许的最大电压，反向电流就会迅速上升。如果

⊖ SiC 的多象变体超过 170 种，其中 4H－SiC 和 6H－SiC 是在技术上和商业化中最常用到的变体种类。但是每种类型都是纯粹六角型的 2H－SiC 和立方晶型 3C－SiC 的混合物。不论哪种结构，总是在两个六角分层之间含有一个（4H－SiC）或两个（6H－SiC）立方晶型结构。由于具有更高的同位素电子迁移率，4H－SiC 比 6H－SiC 更适合电子应用。

没有采用合理的手段限制电流的上升，就会产生雪崩效应（参见1.2.4节），随之发生热击穿从而损坏二极管。

整流二极管用于交流电路整流，开关二极管在电路中用作开关，而齐纳二极管和雪崩二极管常用于稳压和稳流电路中。

一个典型的大功率二极管的分层模型、电路符号和伏安曲线如图1.15所示。以高掺杂的n^+为衬底，形成二极管的阴极。通过外延工艺把一个被称为漂移区的弱掺杂N^-区生长在衬底上（参见1.1.4节）。这个漂移区主要承受阻断电压U_{RM}的作用。该区的掺杂程度和厚度如前文所述直接影响二极管的阻断电压能力。对于高压二极管，漂移区比较厚，所以内部欧姆电阻比较大，导通损耗比较大。具有漂移区的二极管称为PIN二极管，即P和N分别代表阳极和阴极的掺杂区，而I则代表内在的、在P区和N区之间的弱掺杂区。

在正常工作情况下，根据外电场是否可以穿透低掺杂的N^-区，把二极管分为穿透（PT）型和非穿透（NPT）型。对于PT型二极管，空间电场由高掺杂的N^+区承受，所以说它“穿透”了漂移区。相应的，对于NPT二极管来说，空间电场是无法穿透漂移区的。这是由于NPT二极管采用了合适的掺杂技术，且扩展了漂移区的宽度。

总之，二极管的阻断电压越高，漂移区就越宽。这时就会由于漂移区的低掺杂，造成显著的欧姆电阻。二极管正向导通时，损耗会随着电阻的增大而急剧上升，以致无法忽略。然而，这个阻抗相对于低掺杂的浓度来说还是明显的偏低。这是由于P区的空穴不仅吸引N^-区的电子，也吸引N^+区的电子，使得漂移区的载流子浓度上升，超过N_{Drift}，这种现象称为“双倍注入”或者“电导调制”效应。这就大大降低了欧姆电阻。

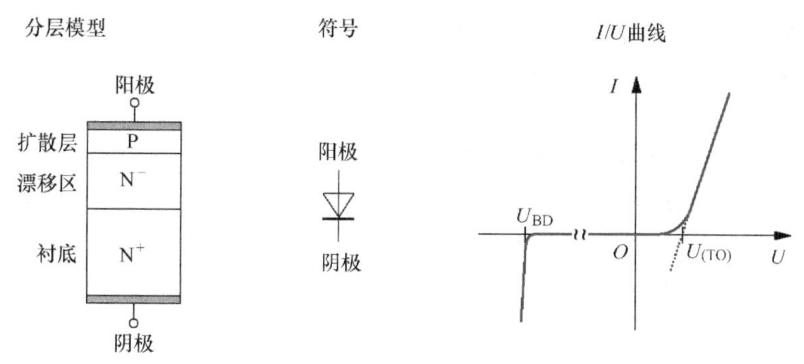

图1.15　功率二极管的分层模型、电路符号和伏安曲线

1.2.1　快恢复二极管

快恢复二极管多用于高频场合，常与可控功率半导体器件结合使用。反向恢复时间t_{rr}是指二极管从导通状态恢复到具有阻断能力时所需要的时间。由于载流子的存在，移除这些载流子使二极管开始具有阻断能力需要一定的时间。在高达数百安培工作电流情况下，快恢复二极管反向恢复时间只需要几个微秒。

快恢复二极管另一个特别的特性是软关断，也称为软恢复。下面给出了各种不同的二极管类型的内部设计实现方法。

大多数的应用中负载呈感性，所以IGBT需要反并联一个二极管，这样在IGBT关断之后，可以给感性负载提供续流回路。否则，电感上的过电压可能损坏IGBT。因此这样的二极管也被称为续流二极管（FWD）。

在电路拓扑中，二极管的关断特性依赖于IGBT的开关特性（如图1.16所示的半桥结构，VD_1和VD_2分别受到VT_2和VT_1的影响）。由于二极管只有复合全部载流子后，才能够重新具有全电压阻断能力，因此，快速开关IGBT会导致其对应的二极管产生明显的电流梯度di/dt和反向恢复电流。这样，二极管会产生不可忽略的瞬时反向过电流。

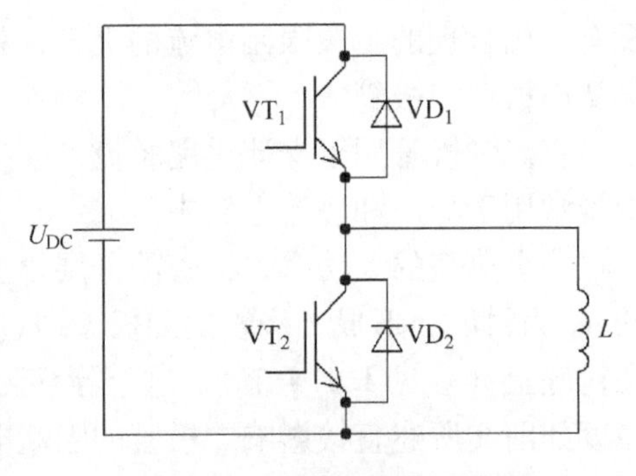

图1.16 在感性负载中IGBT采用快恢复续流二极管

IGBT在开通后，不仅要通过负载电流，还要给续流二极管在关断时产生的反向恢复电流提供回路。这个峰值电流很容易达到IGBT的安全工作区（SOA），这样IGBT的实际可用最大电流受到限制。根据IEC 60747-9标准，SOA定义了IGBT在开通状态下的最高集电极电流I_C。即使在很好的散热条件下，IGBT的工作电流也不得超过这个极限值。这个电流与IGBT在开通和关断时集电极和发射极之间的电压U_{CE}相关。通常是指$T_C=25$℃时，所可能流过的最大直流或者脉冲电流。

优化二极管开关特性的目标就是能够最大限度地利用IGBT的容量。一种方法是通过掺杂降低载流子的寿命。另一种方法是在制造过程中采用电子辐照的手段来减少反向恢复时间和降低反向恢复电流。但是这种方法会增加二极管的正向导通压降，也就是增加了非预期的通态损耗。特别是对于阻断电压超过1kV的功率二极管来说，这种方法受到一定的限制。而且，载流子的寿命降低可能会导致反向恢复电流突然中断，从而引起了电流的谐振和电磁兼容（EMC）问题，严重的可能会损坏二极管。二极管关断过程中的电流中断现象也被称为“活跃”特性。

除了其他因素之外，追求软恢复的设计方法推动了二极管的研发。这类二极管主要分为两种：均匀地降低P发射极效率（发射极控制二极管）或者改变内部结构降低P发射极效率。这些技术常用于高功率的肖特基二极管，因此也被称作混合PIN肖特基（MPS）二极管。MPS二极管结构如图1.17所示。与传统的肖特基二极管不同的是，MPS二极管在金属半导体结上增加了P型孤岛构成了PIN型二极管结构。

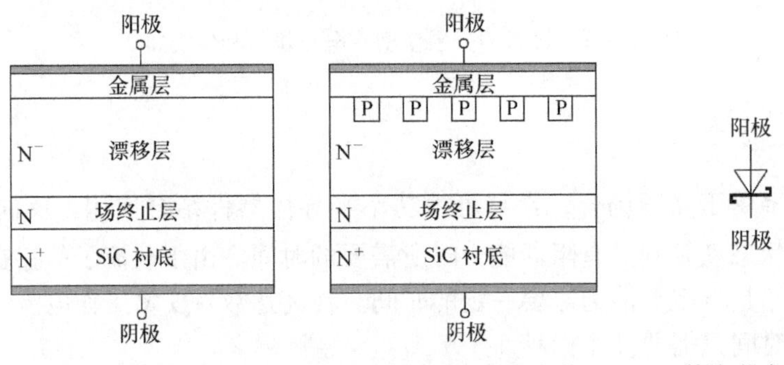

图1.17 碳化硅肖特基二极管的两种内部结构和电路符号（不成比例）

另一种方法是通过调整轴向载流子寿命以获得期望的开关特性。这样，复合中心需要植入到PN结内。这类二极管被称作轴向寿命控制技术（CAL）二极管。

1.2.2　电源（整流）二极管

由于电网的频率较低，多数在 $15\frac{1}{3}$～60Hz，所以，电源整流二极管以低的正向导通损耗为优化设计目标。优化的结果是恢复时间 t_{rr}要高于快恢复二极管。

整流二极管的额定电压可以达到几千伏，电流也可以达到几千安。

1.2.3　肖特基二极管

肖特基二极管[⊖]也叫热载流子二极管，通过金属和半导体接触（肖特基接触）形成肖特基势垒从而实现整流。相对于普通的 PN 结二极管，肖特基二极管的反向恢复“惯性”很低。因此肖特基二极管适合于高频整流或者需要高速开关的场合。

肖特基接触由金属和 N 型半导体接触产生。由于金属功函数大于半导体功函数，所以直到金属和半导体的两个费米面相等前，电子都会从半导体向金属运动（参见 1.1.1 节）。因此在半导体侧形成了电子的耗尽层，而在金属侧形成了增强层，耗尽层和增强层之间的电场会抑制电子进一步的运动。如果外部电源给肖特基施加正向偏置（金属侧接电源的正极），电流就会从半导体向金属移动，从而形成正向电流。如果反向偏置，则产生一个依赖温度的反向漏电流。肖特基和 PN 结一样具有类似的整流特性，但是由于它的导电特性由多数载流子决定，所以没有电荷存储效应或者说惯性效应。因此，肖特基二极管是非常适合于那些不适合普通二极管的高频应用。

然而，肖特基二极管的正向通态损耗与电压范围及外延层的厚度密切相关，所以硅基的肖特基二极管并不适用于工作电压超过 200V 的场合。它和普通的 PIN 二极管相比由于缺少 P 区，所以也无法通过电导调制效应减少导通电阻。尽管普通二极管的“惯性”较大，但是在超过 200V 的工作电压场合，普通的 PIN 二极管占主导地位。

源于硅基的肖特基二极管，近年来开发出来新的基于碳化硅（SiC）的肖特基二极管，用于一些效率很关键的电力电子设备中。与传统的硅相比，碳化硅具有以下优点：

- 碳化硅的禁带宽度 E_g几乎是硅的三倍，约为 3.26eV，而硅是 1.12eV，所以碳化硅具有低得多的反向电流；
- 碳化硅的临界击穿电场强度约是硅的九倍，为 2.2MV/cm，而硅是 0.25MV/cm。可以进一步地提高碳化硅半导体的掺杂浓度，从而降低它的宽度，而这个宽度是与阻断电压呈正比。这就意味着，相对于硅基的二极管，碳化硅二极管的阻抗会明显降低；
- 导热系数在 3.0～3.8W/cm·K 之间，而硅为 1.5W/cm·K。这就意味着相同表面积半导体芯片的热阻会降低。

如前文所述，硅基的肖特基二极管并不适用于高于 200V 的工作电压场合，但是如果以碳化硅为半导体材料设计的肖特基二极管，由于碳化硅的优点，它的应用范围可以扩展到 200V 以上场合。对于不同的应用，碳化硅肖特基二极管具有以下优势：

- 由等效电容造成的反向恢复电荷很少，所以硅二极管中常常出现反向峰值电流几乎不

⊖ 肖特基二极管以德国物理学家华特·肖特基（1886～1976）的名字命名。基于一个金属电极和半导体电极的整流特性实际上是由德国物理学家费迪南·布劳恩（1850～1918）发现。

再存在；

- 无论负载电流，还是温度变化，反向电荷产生的电流变化率 di/dt 低至为零；
- 工作结温可高于200℃[⊖]。

由于采用碳化硅制造的二极管比硅基二极管贵得多，所以还没有广泛应用。据预计在中长期内，硅半导体的价格仍将优于碳化硅半导体，所以至少在中期内，碳化硅半导体主要应用于那些能够为整个系统带来成本降低或性能提升的场合。

碳化硅肖特基二极管内部结构如图1.17所示。左边的一幅图是传统的碳化硅肖特基二极管。中间的图是带PIN结构的MPS二极管的结构，它的特点是在肖特基接触区增加了一些P型结构。相比于标准的碳化硅肖特基二极管来说，这些结构有利于提高对浪涌电流的抑制和雪崩电阻率。

碳化硅肖特基二极管的两种内部结构和电路符号如图1.17所示，在高掺杂 N^+ 阴极电极和低掺杂 N^- 外延层之间插入了一个N型掺杂层。这一层叫作电场终止层，主要用器件在阻断状态下承受电场。这使得外延层可以做得更薄，在相同的电场强度下可以减低导通损耗。这一技术不仅仅用于肖特基二极管，也用于IGBT和功率PIN二极管。

1.2.4 齐纳二极管与雪崩二极管

二极管工作于反向状态时被称为齐纳二极管。这是利用了半导体的齐纳或雪崩效应，使得二极管能够正常的工作。这些二极管的一个显著特征是：当反向电压超过某个特定的电压（齐纳电压 U_Z）时，二极管的反向电流会急剧上升。在稳压电路中，很宽的电流范围内，二极管的齐纳电压可以保持恒定，也就是可以得到一个固定的参考电压。为了防止齐纳二极管被过电流损坏，需要在电路中串联一个限流电阻。

对于硅基二极管，齐纳击穿发生在2~6.5V之间，而雪崩击穿发生在4.5V附近。所以在4.5~6.5V之间[⊖]，齐纳效应和雪崩效应同时发生。有些稳压二极管，比如BZX84系列，可以实现从2.4~75V的稳压。图1.18为齐纳和雪崩效应的击穿电压。如果齐纳二极管具有很短的响应时间，同时在短时间内可以提供很高的脉冲功率，则称为瞬变电压抑制（TVS）二极管。齐纳二极管多用于参考电压电路，而TVS二极管则用于电源浪涌的抑制，比如用于IGBT驱动中的钳位电路。

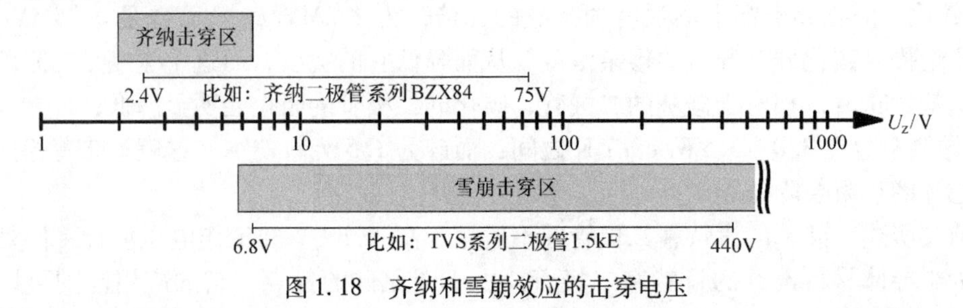

图1.18 齐纳和雪崩效应的击穿电压

⊖ SiC半导体的工作温度较高的原因来自于其很高的禁带宽度，这样即使温度超过500℃时，SiC本征载流子的浓度仍然低于其掺杂浓度，从而避免热击穿。在实际应用中，这种优势受到封装和键合技术的限制。

⊖ 以前稳压二极管统称为齐纳二极管。但是美国物理学家梅尔文·齐纳（1905~1993）的发现改变了这一状态，这是因为大多数情况下，比如稍高电压的稳压二极管，其雪崩效应起主导作用，而只有在几伏电压击穿时才能观测到齐纳效应。

齐纳效应产生于充分反偏的高掺杂的PN结中，是一种P区价带中的电子通过隧道效应向N区导带运动的现象。齐纳效应会导致很大的反向电流（齐纳电流）。PN结承受的偏置电压或相当强电场使得导带中空态和价带中满态居于同一能量面，因而P区和N区的能带互换，使半导体产生齐纳效应。也就是价带的电子不需要吸收任何能量就可以跃迁到导带（如图1.3所示）。这些电子不需要外部的能量就可以穿越禁带，这种现象被称为量子力学的隧道效应。

雪崩效应（见1.1.6节）描述了当PN结承受足够高的电压时，势垒区内的载流子数量像雪球一样倍增的现象。雪崩效应使得电荷载流子的动能增大，甚至于使得一些电子从价带激发到导带，因而反向电流急剧上升导致势垒区击穿。

齐纳二极管的正向 *I/U* 特性曲线和其他小功率的二极管一样。根据掺杂程度和漂移区的宽度不同，可以在齐纳二极管的反向区域内实现不同的击穿电压 U_z。齐纳二极管的电路符号和伏安特性曲线如图1.19所示。

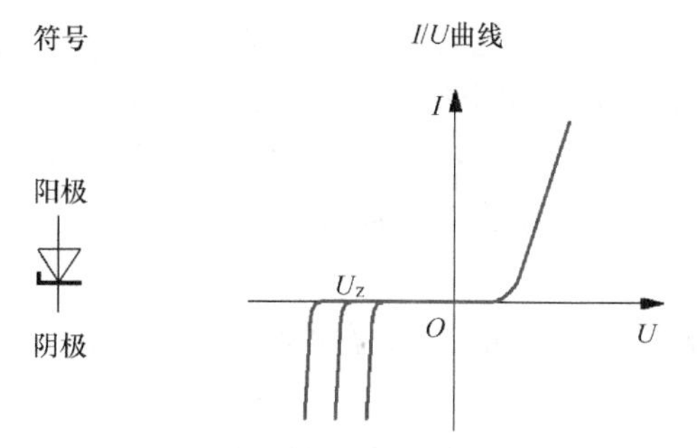

图1.19　齐纳二极管的电路符号和伏安特性曲线

1.3　晶闸管

晶闸管[⊖]由按顺序排列的PNPN四层半导体组成。像二极管一样，最外层的P区和N区构成了晶闸管的正极与负极。此外，中间的P区构成了晶闸管的控制极（栅极），可以控制晶闸管导通。如果晶闸管反向偏置，则有两个PN结承受反向电压。当晶闸管承受正向电压时，如果栅极和阴极之间没有接正电压，则中间的PN结承受全部电压。晶闸管的内部结构、等效电路、符号和伏安特性曲线如图1.20所示。

当晶闸管承受正向电压时，在栅极和阴极之间接入的正电压如果能够产生足够大的电流，使得中间的PN结得到足够多的载流子而导通，则晶闸管也就导通。当晶闸管导通时，

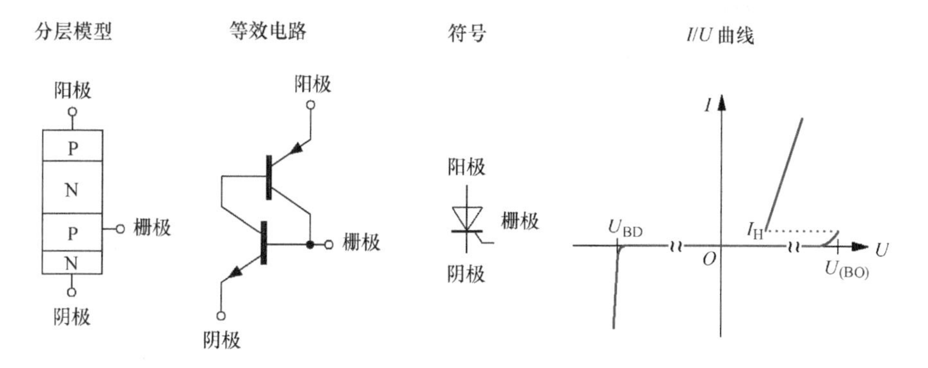

图1.20　晶闸管的内部结构、等效电路、符号和伏安特性曲线（不成比例）

⊖ 1957年通用电气研发出第一只晶闸管。晶闸管也被称作可控硅整流器（SCR）或电触发晶闸管（ETT）。

由于负载电流的存在，使得中间的PN结可以得到足够的载流子，因此即使关断栅极电压，晶闸管能够继续维持导通的状态。所以要关断晶闸管必须使它流过的电流小于维持电流 I_H，称这种现象为“闭锁”，其可由图1.20中晶闸管的等效电路解释。NPN型的晶体管一旦被一个正的电压或电流脉冲导通，就给NPN型的晶体管提供了基极电流。这样反过来它也给PNP的晶体管提供基极电流，因此即使没有触发电压，两个晶体管都保持导通的状态，即晶闸管导通。

如果晶闸管承受的正向电压 U_{BO} 超过中间PN结的击穿电压，晶闸管也会导通。但是这种情况在晶闸管常规应用中不常发生。

人们在标准晶闸管的基础上，研发了新型的功率器件，比如栅极可关断晶闸管（GTO），集成栅极换流晶闸管（IGCT）和光触发晶闸管（LTT）。

1.4 双极结型晶体管和场效应晶体管

晶体管[㊀]是一种典型的具有三个端子的有源电子器件[㊁]。在电力电子电路中，晶体管大多工作于开关状态，即要么截止要么导通。理想状态下，其开关时间和开关损耗可以认为是零。

1.4.1 双极结型晶体管（BJT）

由于双极结型晶体管具有特别的垂直四层掺杂结构，形成两个PN结，常用于电力电子电路中。图1.21给出了两种双极结型晶体管的内部结构、电路符号和输出特性：PNP型和NPN型。除了垂直结构外，双极结型晶体管也有横向结构，但是这里不会详细介绍。

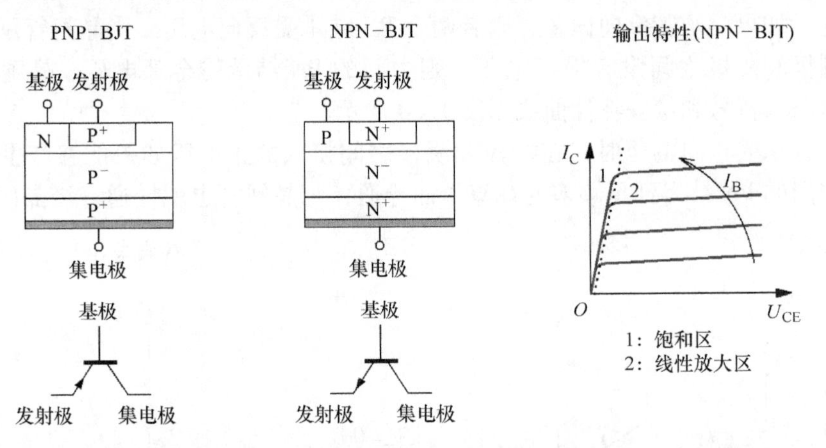

图1.21 双极结型晶体管的内部结构、电路符号和输出特性（不成比例）

㊀ “Transistor”是一个虚构的单词，由单词“transfer”和“resister”组成。美国物理学家约翰·巴丁（1908～1991），沃尔特·豪斯·布拉顿（1902～1987）和威廉·肖克利（1910～1988）在1947年发现了晶体管效应。德国物理学家海因里希·维尔克（1912～1981）和赫伯特·弗兰兹·穆塔雷（1912）在同一时间独立地发现了这一现象。

㊁ 也有例外，其中就包括光电晶体管，这种晶体管的基极端子替换为一个光敏的基区。

BJT 每一层半导体都有一个外部控制端。NPN 型的 BJT 其中高掺杂 N^+ 层构成晶体管发射极，相邻的 P 区是基极，然后是两种掺杂浓度的 N 区作为集电极。

下面介绍 NPN 晶体管的特性，分析结果同样适用于 PNP 晶体管，只不过是极性和掺杂半导体类型相反而已。NPN 型晶体管构成的共发射极电路如图 1.22 所示。

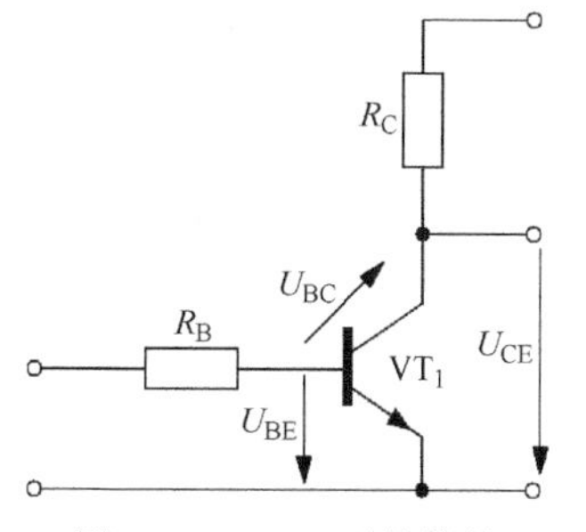

图 1.22　NPN 型晶体管构成共发射极电路

如果集电极和发射极之间承受正电压 U_{CE}，且基极电压为零（$U_{BE}=0V$），此时两个 PN 结像两个二极管反串联，则晶体管处于关断状态。集电极和基极的 PN 结反向偏置。主要由低掺杂的 N^- 区和 P 区承受电压，这里 N^- 区即漂移区。相应的，根据晶体管的额定电压，漂移区应该设计得足够宽。如果 U_{CE} 超过了晶体管的集电极 - 发射极击穿电压 $U_{(BR)CES}$，晶体管就被击穿，若在应用层面没有合适的保护，就将被损坏。N^+ 区的作用是为了和集电极端子之间形成一个很小的接触电阻。

如果基极与发射极之间的电压大于扩散电压 U_{BE}（硅基的 NPN 型 BJT，$U_{BE}\geqslant0.7V$），晶体管就导通。此时高掺杂发射区发射的大量电子只有少部分在薄的基区与空穴复合，少量的电子从基极流出，大部分的电子穿越基区到达集电极区。由于基区是 P 型半导体，所以空穴是多数载流子而电子是少数载流子。由于集电极电压高于基极电压（即 $U_{BC}<0$），所以 PN 结反向偏置。因此集电极电流由少数载流子构成，而发射极电流既有多数载流子也有少数载流子。只要基极和集电极之间的电压是负的（如对多数载流子基极和集电极 PN 结是阻断的），晶体管即工作于放大区。

如果晶体管工作于正的基极 - 发射极电压 U_{BE}，$U_{BE}\geqslant0.7V$，且 $U_{BC}>0$，两个 PN 结都将导通，都向基区注入电子。这时会形成一个较大的基极电流 I_B，同时如果集电极和发射极的电压升高后，则集电极电流 I_C 会迅速上升。此时，晶体管饱和导通，集电极和发射极之间的电压 U_{CEsat} 称为饱和电压。如果晶体管饱和导通，它需要一定的时间才能退到放大区，这是因为移除基区的高浓度的载流子需要一定的时间，而这个延时限制了双极性晶体管的最高开关频率。

当 $U_{BE}<0.7V$ 且 $U_{BC}<0V$ 时，晶体管将截止，只有一个很小的反向电流。

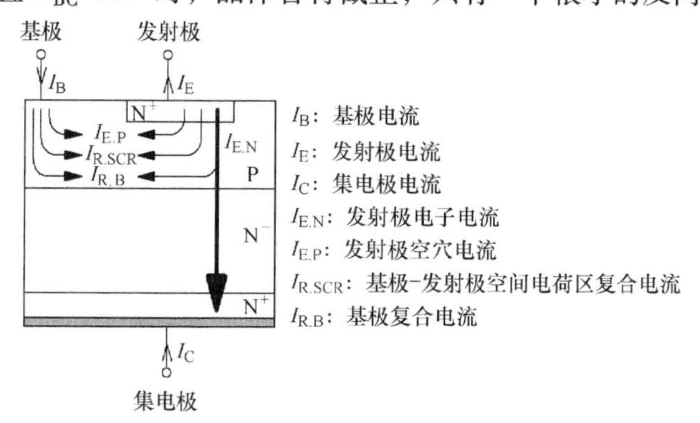

图 1.23　NPN 型晶体管内部电流示意图（不成比例）

NPN 型晶体管内部电流示意图如图 1.23 所示。根据图 1.23，可得 NPN 型晶体管导通时的电流为

$$
\begin{aligned}
I_E &= I_{E,N} + I_{E,P} + I_{R,SCR} \\
I_C &= I_{E,N} - I_{R,B} \\
I_B &= I_{E,P} + I_{R,SCR} + I_{R,B} \\
&\Rightarrow I_E = I_C + I_B
\end{aligned} \tag{1.52}
$$

I_C和I_E的比值称为迁移系数α，即

$$\alpha = \frac{I_C}{I_E} \tag{1.53}$$

另外，迁移率α可由基极迁移系数α_γ，发射区系数γ_E和空间电荷复合系数δ_R表示，即

$$\alpha = \alpha_T \cdot \gamma_E \cdot \delta_R \tag{1.54}$$

基极迁移系数α_T是注入集电区的电流与基区电流的比值，即

$$\alpha_T = \frac{I_{E,N} - I_{R,B}}{I_{E,N}} \tag{1.55}$$

发射系数γ_E代表了发射区电子电流与总电流的比值，即

$$\gamma_E = \frac{I_{E,N}}{I_{E,N} + I_{E,P}} \tag{1.56}$$

空间电荷复合系数δ_R是射极电流减去基极和射基之间的复合电流然后与射极电流的比值，即

$$\delta_R = \frac{I_E - I_{R,SCR}}{I_E} \tag{1.57}$$

电流放大系数B或h_{FE}可以表示为I_C对I_B的比值，即

$$B = \frac{I_C}{I_B} = \frac{I_C}{I_E - I_C} = \frac{\alpha}{1-\alpha} \tag{1.58}$$

符号B代表了晶体管的大信号放大倍数，但是对于小信号放大，如在差分电流放大时U_{BE}恒定，放大倍数可以用符号β表示，由于多数载流子与少数载流子之间相互作用，所以被称为双极结型晶体管。

1.4.2 场效应晶体管（FET）

在双极结型晶体管中，两种载流子都对转移电流起作用。但是对于场效应晶体管㊀，只有一种载流子起作用。所以也称为单极型晶体管。

1. 结型场效应晶体管（JFET）

JFET是最易实现的场效应晶体管，如图1.24所示。

JFET通常是常开器件。对于一个N沟道的JFET，如果漏源之间承受正电压U_{DS}，栅极开路，在漏源之间就有电流通过。这种情况下，JFET的表现更像是一个欧姆电阻。对于它的电阻值R_{JFET}有

㊀ 奥匈帝国物理学家朱利叶斯·埃德加·利林菲尔德（1981～1963）在1926年发现了场效应晶体管的原理，比双极结型晶体管稍微晚些制造了基本的场效应晶体管。但是，直到40年后才研发出第一个可以应用的场效应晶体管。

$$R_{\text{JFET}} = \frac{l}{q \cdot n \cdot \mu_n \cdot A} \tag{1.59}$$

式中，l 为导电沟道的长度（cm）；A 为沟道截面积（cm^2）。

当漏源之间的电压为正，同时，栅极接到源极，在 PN 结之间形成一个空间电荷区。它可以夹断导电沟道，该沟道的截面积 A 是沿 N 区长度方向。漏源极电流随着漏源电压 U_{DS} 的增加而增大，直到导电沟道截面积 A 所能传导的最大电流为止。在这种情况下，即使再增加漏源电压，电流也不会继续增加。JEFT 处于夹断区，这也是它的额定工作点。掺杂的浓度及沟道的宽度决定夹断电压的大小。

可以在栅源之间接入负电压而不是把栅极直接连到源极，这样就可以调整导电沟道的宽度。U_{GS} 负电压越大，空间电荷区越宽，流过的电流就越小。

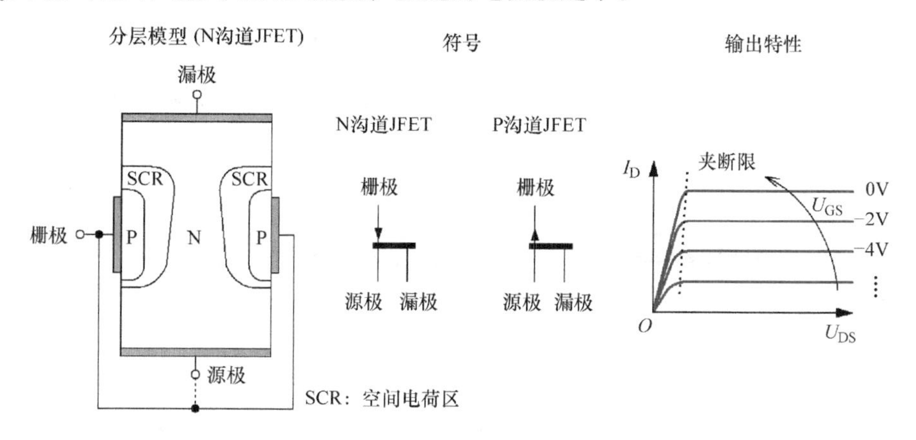

图 1.24　JFET 的设计结构、电路符号及输出特性（不成比例）

2. 金属氧化物半导体场效应晶体管（MOSFET）

最常见的适用于电力电子的场效应管是 MOSFET。图 1.25 给出了常用㊀的 N 沟道增强型 MOSFET㊁的内部结构、电路符号和输出特性。除了垂直结构外，也有横向结构的 MOSFET，但是这种横向结构的 MOSFET 很少用于需要耐高压的电力电子应用。

对于一个自关断的 N 沟道增强型 MOSFET，栅源之间的正电压可以增加 P 型掺杂沟道的导电性。P 型掺杂沟道位于栅极的下方，连接 N 掺杂的源极和漏极。由于在栅极建立正电场，栅极下面 P 区内的正电荷载流子消失不见，或者说大量的自由电子聚集在 P 区，使其变成了 N 区，从而建立漏源之间的导电沟道。下面通过 MOS 电容介绍反型沟道的形成过程。

一个 MOS 电容以 P 型半导体为衬底，通过一层 SiO_2 与金属或多晶硅层绝缘。氧化层也就是电容器中的电介质。由于金属和衬底不同的费米能（见 1.1.1 节），形成了电压差 U_{diffMS}。衬底和氧化层之间的边缘存在一些静止的正电荷载流子。由于无法消除材料中所有的杂质，所以在制造过程中引入了这些电荷。这些正电荷和氧化层形成电压 U_{ox}。没有外部电压时处于平衡状态，内部电压 U_F 为

$$U_F = U_{diffMS} - U_{ox} \tag{1.60}$$

㊀ 像垂直结构的 N 沟道 MOSFET 一样，也有 P 沟道的 MOSFET。理论上，只要反向掺杂就可以了。

㊁ 在一些文献中，这里所指的 MOSFET 也被称作垂直扩散 MOSFET（VDMOS）。

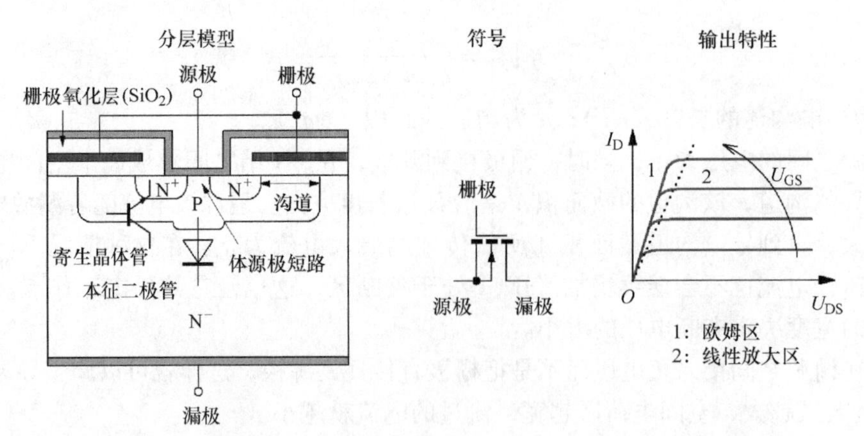

图 1.25　N 沟道增强型 MOSFET 的内部结构、电路符号和输出特性

给 MOS 电容施加电压会出现以下三种工况，其工作状态如图 1.26 所示。

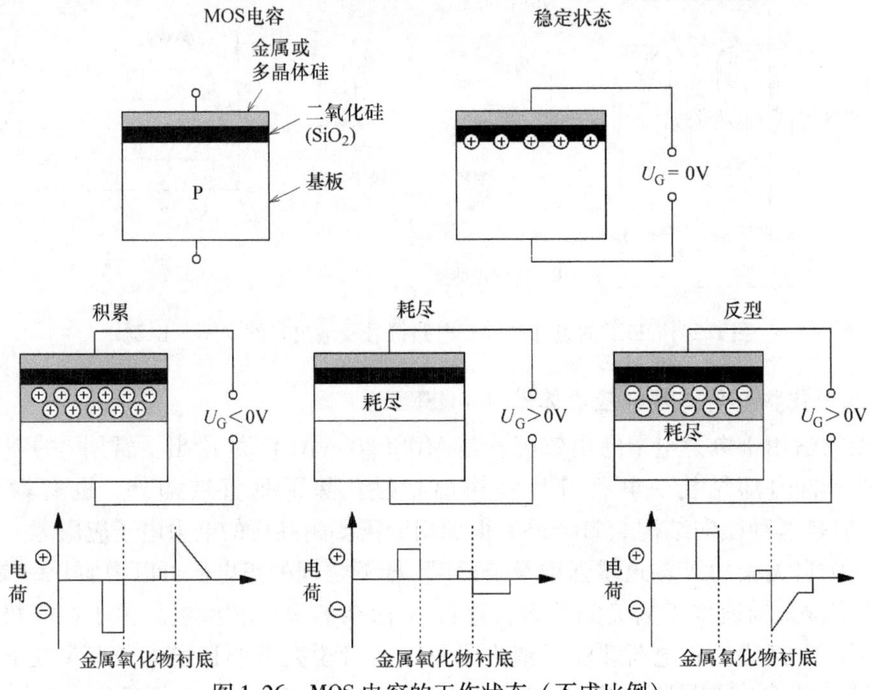

图 1.26　MOS 电容的工作状态（不成比例）

- 累积　MOS 电容器接到负电压时，P 区在氧化层一侧会聚集正电荷载流子，从而形成增强层。增强层随着外加负电压的增大而扩大。由于对于氧化层施加的电压增大，所以衬底区域内的电荷浓度呈锥形。
- 耗尽　当在 MOS 电容上施加相对于衬底的一定幅值的正向电压时，负电荷的载流子迁移到氧化层下的势垒区与在那里形成的正电荷复合。该正向电压造成在势垒区剩余的正电荷载流子被排斥在外，从而形成了电荷耗尽层。
- 反型　当在 MOS 电容上施加相对于衬底的足够大幅值的正向电压时，负电荷的载流子在先前的耗尽层中起主导地位，有多余少数载流子的区域就形成了。当这少数载流子比较少，而且在靠近势垒区时，少数载流子称为弱反型。当少数载流子浓度在衬底更深区域内高

于多数载流子的浓度，则称为强反型。此时，外加电压大于门槛电压 U_T。

既然栅极与 MOSFET 的其他层通过氧化硅绝缘，所以只需要电流在 MOSFET 导通时给栅极充电，而关断时给它放电就可以了。与 BJT 相比，如果不考虑那些寄生参数，稳态时 MOSFET 不需要任何驱动功率。

如前文所述，垂直结构的 MOSFET 更适于设计功率电子器件。这是因为相比于横向结构，在垂直结构中沟道可以更短。这样对于同样的电压等级，导电沟道的等效电阻更低，也就是通态损耗更低。在横向结构中，阻断电压的大小由沟道的长度决定，而在垂直结构中，可以通过增加衬底的截面积增大阻断电压。

增大 MOSFET 的厚度就可以增加所能承受的电场强度。导通时，漏源端子间的电阻 R_{DSon} 主要取决于半导体的厚度和掺杂水平。当设计中需要几百伏的耐压和大电流时，器件的导通电阻 R_{DSon} 与 BJT 相比较大，导致其在通态损耗方面有较大的缺点，而且损耗与电流的二次方成正比。

$$P_{con} = R_{DSon} \cdot I_S^2 \tag{1.61}$$

如图 1.25 所示，垂直结构的 N 沟道 MOSFET 有一个寄生 NPN 晶体管。为了防止这个晶体管在工作时导通，必须在 P 区和高掺杂 N^+ 的源极之间加入一个短路电路，因而，MOSFET内部不可避免地形成了一个反并联的二极管。虽然这个二极管使得 MOSFET 无法阻断反向电压，但是它可以在很多电感性负载的应用中作为续流二极管使用，并不需要额外的外部并联二极管。但是要注意，在硬开关时，这个二极管的性能不如那些经过优化的二极管。

3. 超级结 MOSFET

如前文所述，MOSFET 的额定电压取决于垂直方向的漂移区的宽度和掺杂浓度。为了提高电压等级，通常增加漂移区的宽度同时降低掺杂的浓度。但是这样会明显地增加 MOSFET 的导通电阻。对于工作电压高于 600V 的 MOSFET，漂移区的电阻可占总电阻的 95%，甚至更高。根据“硅的极限”原则，电压等级增大一倍所带来的电阻增加可由下式近似计算：

$$R_{DSon,StMOS} \sim U_{BR}^{2.4\cdots2.6} \tag{1.62}$$

对于超级结 MOSFET，这一关系要明显的降低：

$$R_{DSon,SjMOS} \sim U_{BR}^{1.3\cdots1.5} \tag{1.63}$$

图 1.27 给出了标准 MOSFET 和超级结 MOSFET（CoolMOS™㊀）的对比曲线。

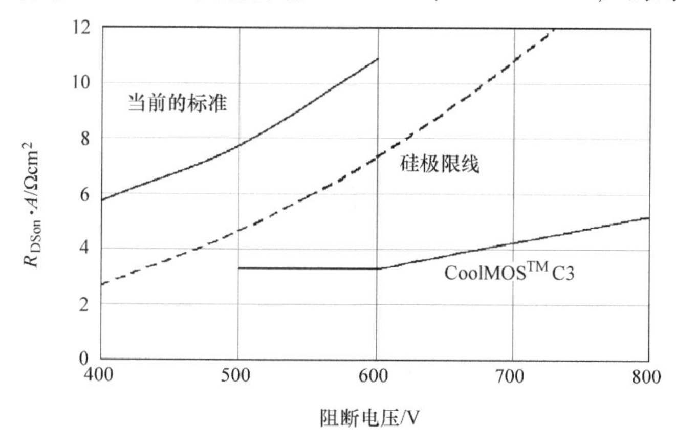

图 1.27　标准 MOSFET 和超级结 MOSFET 的对比曲线

㊀ CoolMOS™是英飞凌科技的注册商标。

超级结 MOSFET 的内部结构能够引导电流流过一个比正常掺杂浓度更高的 N 区，等效电阻随之降低。阻断时之前所形成的高浓度载流子被 P 区产生反电荷载流子所代替。在 PN 区形成耗尽层，可以用来阻断一定的电压。值得注意的是，P 区的载流子对传输电流没有贡献，只是通过补偿高掺杂 N 区载流子来改善阻断电压。

在技术上，超级结 MOSFET 可以做到不小于 900V 的耐压，但是在工程上存在一个难以解决的问题：如何完全平衡 P 区和 N 区的载流子。如果 P 区的载流子无法完全补偿 N 区的载流子，就无法保证理想的阻断能力。随着阻断电压的上升，这个平衡就越难实现。

超级结 MOSFET 由于其工作原理也被称为载流子补偿 MOSFET，其内部结构如图 1.28 所示。

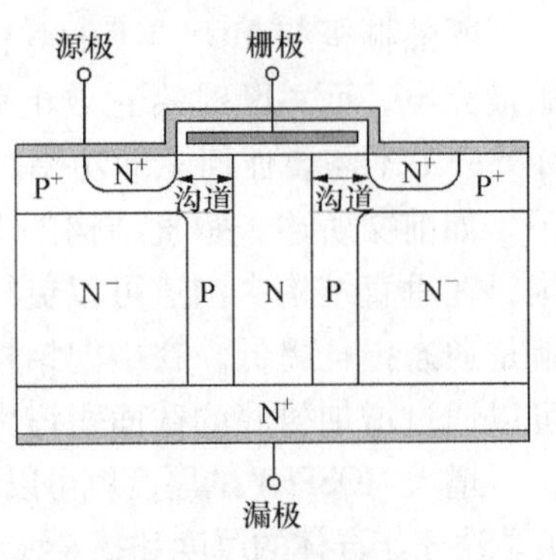

图 1.28 超级结 MOSFET 内部结构（不成比例）

1.5 绝缘栅双极型晶体管（IGBT）

如前文 1.4.1 节所述的 NPN 和 PNP 型的双极结型晶体管在导通时，少数载流子和多数载流子参与导电。在同等电压和电流下，双极型晶体管的导通压降要低于功率 MOSFET 的导通压降。后者只有多数载流子参与导电。导通时，MOSFET 需要栅极驱动能量小，而晶体管需要相对高的基极电流来维持整个导通周期。

结合 MOSFET 的驱动优势及双极型晶体管的导通优势就产生了绝缘栅双极型晶体管（IGBT）㊀，如图 1.29 所示。在内部结构上 IGBT 更像垂直结构的 MOSFET，只不过它在漏极侧增加了高掺杂的 P^+ 层，称之为集电极。当栅极接负电压或零电压，则 IGBT 关断。这时发射极电压要远低于集电极电压，即 IGBT 正向阻断，而 PN 结 J_2 阻断。但是结 J_1 和 J_3 正偏导通。为了获得足够的阻断能力，必须使得 N^- 区足够宽，且掺杂浓度要足够低。

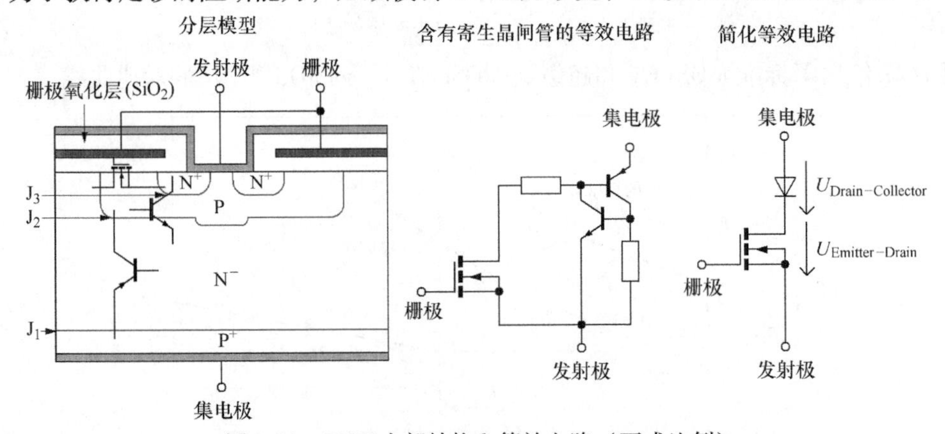

图 1.29 IGBT 内部结构和等效电路（不成比例）

㊀ IGBT 的理论研究工作和学术文献早在二十世纪六十年代就开始出现，但是直到二十世纪八十年代中叶，商业化的 IGBT 才首次出现在市场上。德国工程师汉斯 · W · 贝克（1926 ~ 198?）和美国工程师卡尔 · 弗兰克 · 惠特利（1927）在 1982 年申请的专利“具有阳极区的功率 MOSFET”对 IGBT 研发具有关键作用。

如果IGBT的栅极接到正电压（通常是15V），IGBT就导通。首先，在氧化层下面的P区建立反型导电沟道，为电子从发射极到N^-区提供导电通路，从而降低N^-区的电位，J_1导通。P^+区的少子（空穴）开始注入N^-区，使得该区的少数载流子浓度超过多数载流子几个数量级（假设集电极电压足够高）。为了保持电荷中性，大量的自由电子从N^+区吸引到N^-区。由于载流子的注入，本来相对高阻的N^-区的导电率迅速上升。这个过程称为电导调制效应，它会显著降低IGBT的正向导通压降。IGBT的饱和压降U_{CEsat}低于MOSFET的扩散电压，特别是在高压大电流的应用场合，所以IGBT的损耗要比MOSFET的低。可以用简化的IGBT模型即MOSFET和PIN二极管的串联电路来解释该特性。

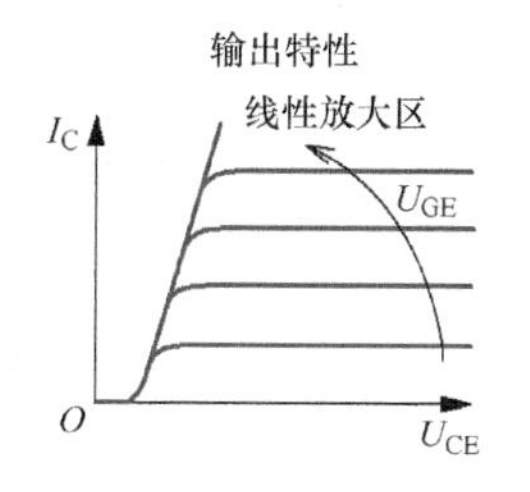

图1.30　IGBT的输出特性

IGBT的输出特性如图1.30所示。如果栅极电压不够大，那么形成的反型层较弱，流入漂移区电子数相对较少，IGBT的压降增大，进入特性曲线的线性放大区。当IGBT工作在线性放大区时，损耗加剧甚至损坏IGBT。因而除了开关瞬间，IGBT必须避免进入线性放大区。

IGBT导通时，PN结J_2由于承受负电压而保持阻断。在相邻两层之间形成空间电荷区，而且它会夹断从P区到N^-区宽度为d_{JFET}范围内的区域，如图1.31所示。而该区域在某种程度上决定了IGBT通态损耗。这种夹断原理类似于JFET，因而下文中内部电阻用R_{JFET}表示。对于平面栅极结构的IGBT都可以这样表示。

如果栅源电压为零或者反向，栅极的沟道重组阻止自由电子继续注入漂移区。此时，漂移区载流子的浓度很高，所以大量的电子向集电极P^+区移动，而空穴向P基区移动。由于电子的浓度逐步拉平，载流子的移动逐步停止，剩余的载流子只能依靠复合来移除。因而IGBT的关断电流分为两个阶段：第一个阶段是关断反型沟道，导致电流迅速下降；第二个阶段持续的时间较长，导致IGBT产生拖尾电流I_{CZ}，如图1.32b所示。第一阶段被称为MOSFET关断，第二阶段称为晶体管关断。拖尾电流使得IGBT的关断损耗高于MOSFET关断损耗。

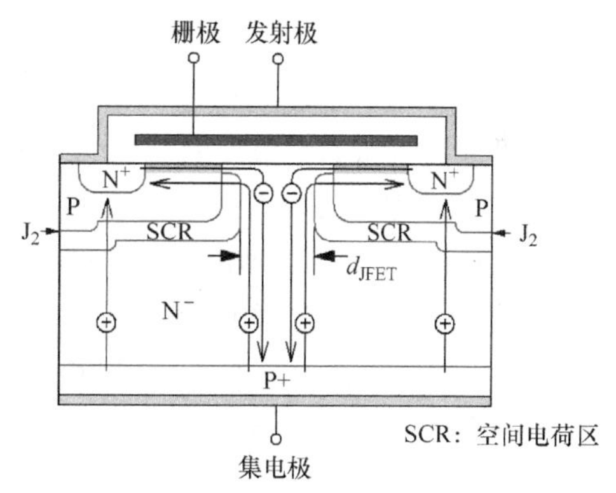

图1.31　两个平面栅极结构IGBT之间的JFET效应（不成比例）

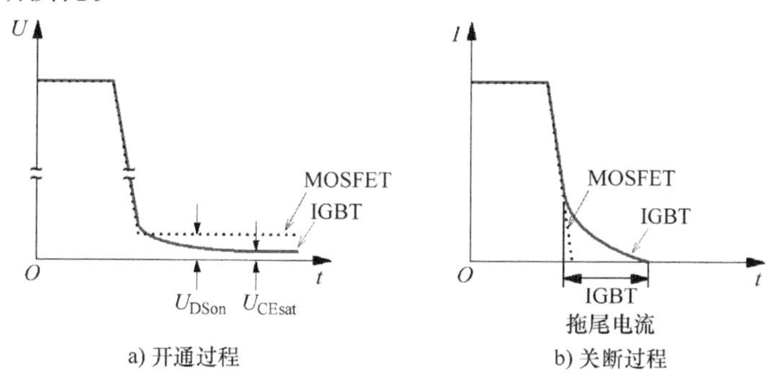

图1.32　MOSFET和IGBT主要开通和关断特性的比较

IGBT 在 t_0时刻开通，此时 IGBT 内部载流子的浓度从集电极到发射极逐步降低。对于感性负载，IGBT 关断时，在电流开始下降前电压有所抬升。IGBT 关断过程中内部载流子的分布如图 1.33 所示。

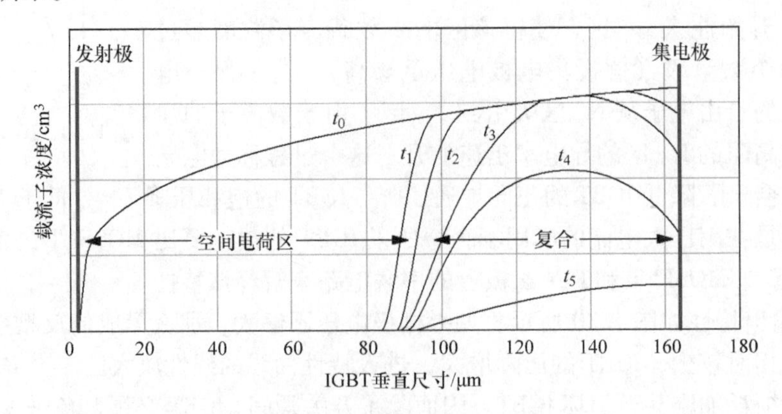

图 1.33　IGBT 关断过程中内部载流子的分布

随着电压的上升，载流子从发射极区流出，直到 t_1时刻建立空间电荷区。根据承受的电压不同，低压时向左移，高压时向右移。从 t_1时刻开始，进入拖尾电流。从 t_2时刻开始，剩余载流子从集电极区通过复合而被消除。图 1.33 给出了从 t_3到 t_5时刻的复合过程。整个复合过程可能要几个微秒，拖尾电流时长特别明显。

IGBT 关断时，即栅极电压为负或者为零，如果发射极电压高于集电极电压，则 IGBT 反向截止，而 J_1结和 J_3结也反向偏置。另外一方面，PN 结 J_2正向偏置。在这种情况下，J_2和 J_3决定了 IGBT 的关断特性，同时 J_1承担了大部分反向电压。IGBT 正向阻断时，为了获得足够的阻断能力，N^-区必须设计的足够宽，同时掺杂浓度要足够低。对于不同的 IGBT，NPT IGBT 反向阻断能力和正向阻断能力相似。而 PT IGBT 和 FS IGBT㊀不一样，它们的反向阻断能力弱于正向阻断能力。NPT 的阻断特性或多或少是对称的，而 PT 和 FS IGBT 则是不对称的。半导体制造商通常不会给出 IGBT 详细的反向特性参数，这将在第 3 章 3.7 节进一步论述。

如图 1.29 所示 IGBT 的等效电路，IGBT 内部寄生一个晶闸管，该晶闸管由两个 BJT 组成。为了防止 IGBT 意外导通（即闭锁），特别是在高温下，可以在制造和设计 IGBT 时采用一些针对性的策略防止寄生的 NPN 晶体管导通。可以通过芯片表面金属淀积的方法把 NPN 晶体管的基极（图 1.29 所示的 P 区）与发射极（图 1.29 所示的 N^+区）短路来解决闭锁问题，这种技术可以保证晶体管的基极和发射极的电压为零或者很小，确保晶体管不会导通。这种设计可以通过局部提升 P 区的掺杂浓度或者选用更窄的 N^+区来改进，前者可以降低欧姆电阻阻值，从而降低晶体管基极和发射极的电压。

闭锁可以发生在静态开通状态（例如，当 IGBT 已经开通）和动态开关状态（例如，IGBT 的关断过程），在这两个情况下通过 IGBT 电流值的大小是决定是否发生闭锁的关键参数。电流越大，越容易发生闭锁。但是根据前面采取的设计，目前大多数 IGBT 在一定的电

㊀ FS IGBT 指 Fieldstop IGBT，场终止技术 IGBT。——译者注

流范围内不会发生闭锁。值得注意的是，这个电流范围一般指两倍㊀的标称电流㊁之内。此外，尽管大多数情况下可能发生闭锁，制造商的说明书中却不再提及闭锁，反而短路电流成为其中的一个重要参数。

另外，由于设计结构，IGBT 内部存在许多寄生电容，如图 1.34 所示。有些电容与电压无关，其他的电容则受控于集电极和发射极之间电压。一般认为栅极通过氧化层与其他层之间的等效电容不随电压的变化而改变（栅极和芯片金属化层之间的 C_1，栅极和 N^- 区之间的 C_2，栅极和 P 沟道之间的 C_3，还有栅极和 N^+ 发射极区之间的 C_4）。半导体内部的其他电容（半导体材料上表面与 N^- 区之间的等效电容 C_5，与 P 沟道之间的 C_6，还有 P 沟道和 N^- 区之间的 C_7）是空间电荷区作用的结果，因而会随着电压的变化而改变。根据式（1.64），这些电容可以等效为电压控制的平面电容器。其中，A 代表了电容器的表面积，d 表示空间电荷区的宽度，根据式（1.47），它与电压的大小和载流子的浓度有关。于是电容随着电压的升高而降低，相当于宽度 d 变大。

$$C = \varepsilon_0 \varepsilon_r \frac{A}{d} \tag{1.64}$$

式中，C 为电容（F）；A 为电容器的表面积（cm^2）；d 为空间电荷区的宽度（cm）。

如图 1.34 所示，这些等效电容可以简化为 IGBT 各极之间的电容：

- 输入电容，即栅极与发射极间电容：$C_{GE} = C_1 + C_3 + C_4 + C_6$
- 反向传输电容，又叫密勒电容，即栅极和集电极之间的电容：$C_{GC} = C_2 + C_5$
- 输出电容，即集电极与发射极之间电容：$C_{CE} = C_7$

在第 3 章 3.6 和 3.7 节将进一步讨论这些寄生电容在器件开关时的特性。

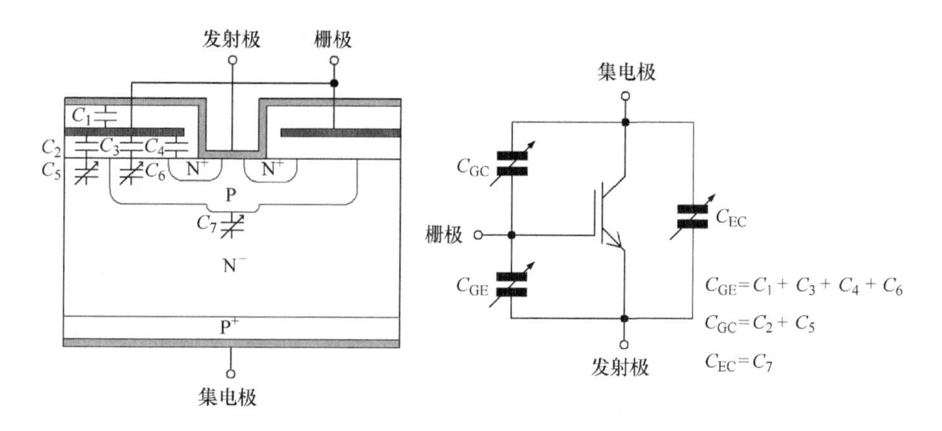

图 1.34　IGBT 的寄生电容（不成比例）

自从二十世纪八十年代中期研发出第一只 IGBT 器件以来，IGBT 技术经历了几个不同发展阶段，其技术进展如图 1.35 所示。这些技术都是试图平衡 IGBT 的各种特性，其中有些参数是互相矛盾的。这些特性如下：

㊀ 目前英飞凌的 TENCHSTOP2 分立器件反向工作安全区是四倍标称电流。——译者注

㊁ 原文是 rated current，但这里应该是 nominal current。——译者注

- 降低导通损耗；
- 降低开通和关断时的开关损耗；
- 器件开关的软特性；
- 提高电流密度；
- 提升电压等级；
- 减少半导体材料（即在保持电压和电流的前提下，减少芯片面积和厚度），从而降低成本；
- 提升最高工作结温；
- 扩展 SOA（安全工作区），特别是 RBSOA（反偏安全工作区）和 SCSOA（短路安全工作区）。为了扩展高压 IGBT 的 SOA，其中一个重要的设计目标就是开关自钳位模式（SSCM），这个想法用于扩展高压 IGBT 的 SOA。关断时，浪涌电压超过击穿电压会损坏 IGBT。对于一个 SSCM IGBT，可以把开关过程中产生的浪涌电压钳位到 U_{SSCM}，从而保护 IGBT 不被过电压击穿。也叫作 IGBT 的动态雪崩击穿（见 1.2.4 节和第 3 章 3.8 节）。

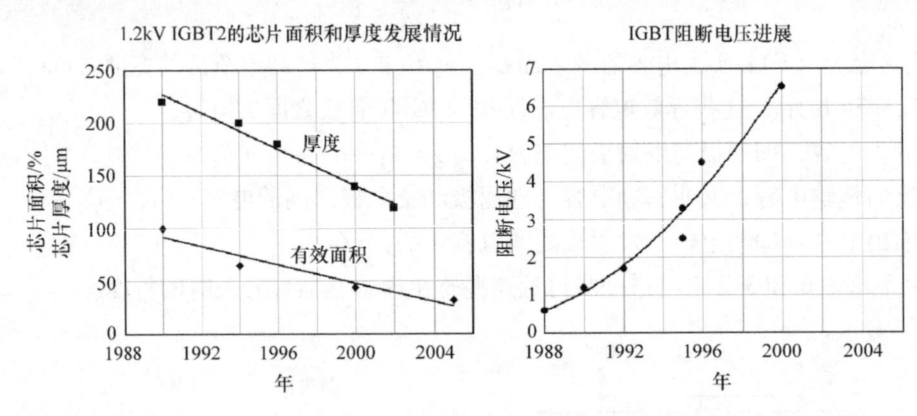

图 1.35　IGBT 半导体技术进展

IGBT 制造商利用不同的技术都是为了达到相同的目的：不断地提高 IGBT 的性价比和性能，实现理想的开关性能。可以通过一张饱和压降 U_{cesat} 及开关损耗（包括开通损耗和关断损耗）权衡分析图来给出和比较不同 IGBT 的设计。在这张图中，理想开关应处于饱和压降 $U_{cesat}=0V$，开关损耗 $E=0mJ$ 的位置。图 1.36 为英飞凌公司从第二到四代 1200V IGBT 典型参数权衡分析图，归一化到 50A 芯片，125℃时数据手册上的典型值。从图 1.36 中可以清晰地看出，虽然永远不可能实现理想的器件，但是 IGBT 的性能一直在不断地提高。

受不同制造工艺的影响，IGBT 半导体芯片有多种表面结构并集成了一些新的功能。比如，一些制造商生产的 IGBT 栅极位于芯片的中部，也有位于芯片的一侧。有些制造商在芯片中集成了电流传感器、温度传感器和/或栅极电阻（详见 1.5.9 节）。不同 IGBT 的表面视图如图 1.37 所示。

1.5.1　穿通（PT）型 IGBT

PT　IGBT 是最早商业生产的 IGBT。其内部结构如图 1.38 所示，图中同时给出在阻断状态下，内部电场与集电极－发射极电压的关系。这种 IGBT 以高掺杂的 P^+ 为衬底，之上

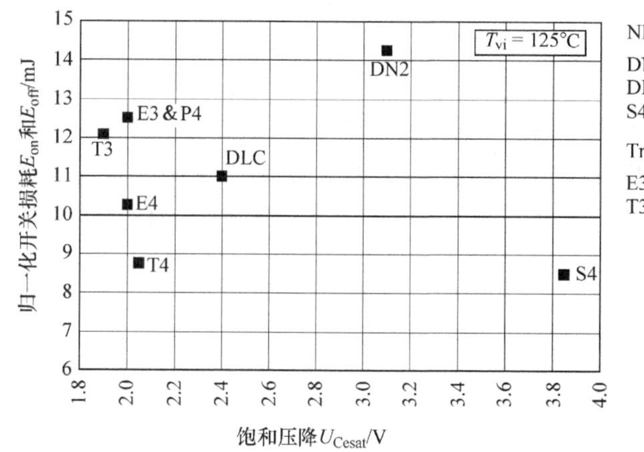

图 1.36　英飞凌公司从第二到四代 1200V IGBT 典型参数权衡分析图，归一化到 50A 芯片，125℃时数据手册上的典型值

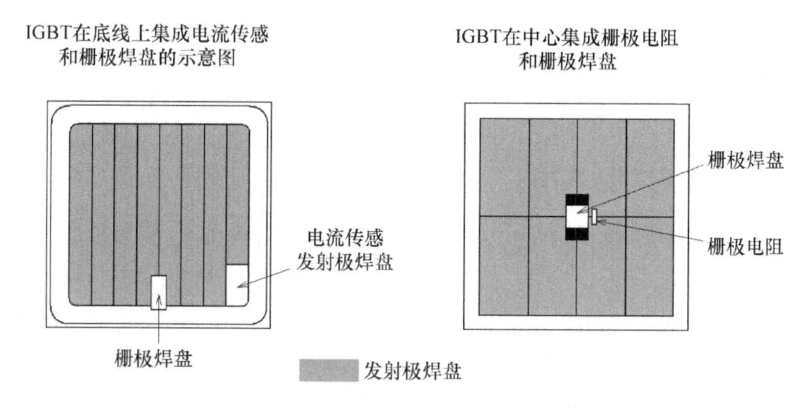

图 1.37　不同 IGBT 的表面视图（不成比例）

是 N^+ 缓冲层，然后以 N^- 基为外延。最后通过扩散和注入工艺构造发射极和栅极。

由于 P 区和 N^- 之间电位相差较大，当 IGBT 阻断正向电压时，P 区只有很小区域内电场变强。而电场几乎毫无衰减地穿透 N^- 基区，直到高掺杂的 N^+ 区。也就是当外加电压足够高时，它可以穿通整个 N^- 基区，因而称为“穿通”型。但是电场无法延伸到 P^+ 发射区，因此并不是实际意义的穿透。无论怎样，这类 IGBT 的名称就这样命名了。由于 N^+ 缓冲层的存在，N^- 基区可以设计得薄一些。缓冲层还有第二个任务：复合部分从 P^+ 层发射的空穴。这样就降低了 P^+ 层实际发射效率，从而影响关断特性，减小拖尾电流和 IGBT 的电流下降时间。缓冲层可以平衡 IGBT 的通态损耗和开关损耗。

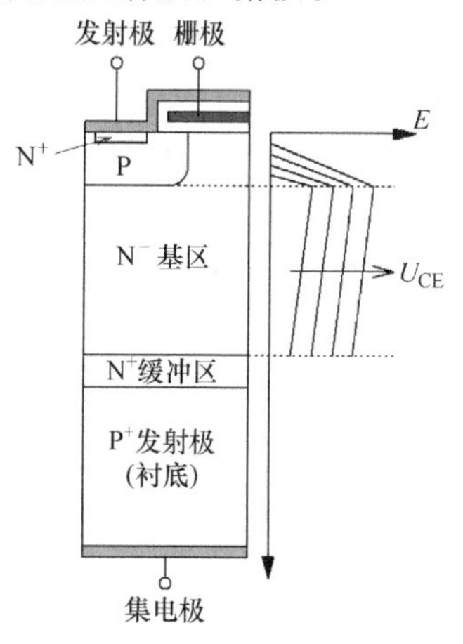

图 1.38　PT IGBT 内部层结构及电场分布（不成比例）

如图 1.5 所示，通常半导体衬底的本征载流子浓度 n_i 随着温度的升高而增大，所以它的等效电阻表现为负温度系数，这样半导体的等效电阻就会降低。通过一定的方法改变载流

子的寿命，就可以变成正温度系数。根据掺杂和寿命设计的不同，IGBT 可表现为正温度系数或者负温度系数。IGBT 一般有一温度点，超过该温度后正负温度系数特性将反转。

PT IGBT 在室温下载流子的寿命 τ 较短，但随着温度的升高而变长。载流子的浓度升高，即等效电阻随温度的升高而下降。这一特性被降低的载流子迁移率 μ 和增加的发射极－集电极端子结电阻在一定程度上抵消。总之，PT IGBT 随着温度的上升，相同电流下的正向压降 U_{CE} 减小，这说明 PT IGBT 是负温度系数的。大多数情况下，在标称电流范围内，IGBT 无法从负温度系数转变为正温度系数，这样就很难实现 PT IGBT 的并联使用。PT IGBT 在并联应用中，如果配对不理想[㊀]，每个 IGBT 的电流会显著不均流。极端情况下，一个 IGBT 过载，会导致所有的 IGBT 过载保护，最后整个系统出现故障。如果要并联使用 PT IGBT，必须根据他们的饱和压降 U_{CEsat} 分级或进行筛选。厂商也支持提供 U_{CEsat} 分级。只有饱和压降 U_{CEsat} 是在同一范围内，且相互之间有良好的热耦合设计，PT IGBT 才能较好地并联使用。图 1.39 为正向压降 U_{CE} 和集电极电流在不同温度下关系曲线举例。

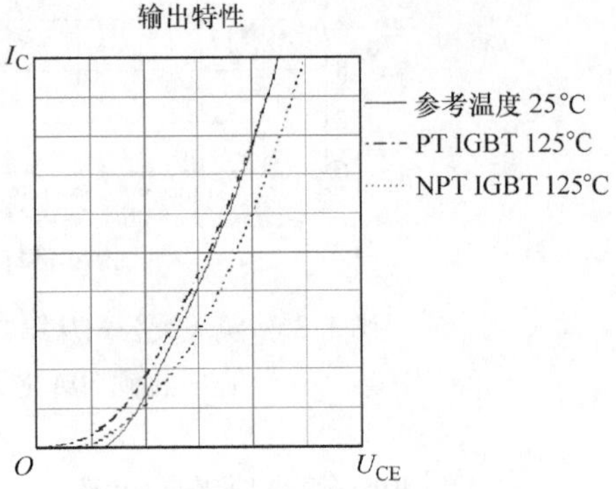

图 1.39　正向压降 U_{CE} 和集电极电流在不同温度下关系曲线举例

1.5.2　非穿通（NPT）型 IGBT

二十世纪九十年代初，西门子（西门子的半导体部门现变为英飞凌科技）公司开发出新一代的 NPT IGBT。

与 PT IGBT 不同，NPT IGBT 以低掺杂的 N^- 基区作为衬底，是生产流程的起始点，这样 P 掺杂发射区就可以设计得很薄。现在用于 1.2kV IGBT 的芯片厚度在 120～200μm 之间，而且，不再需要 PT IGBT 的 N 型缓冲区，这样在阻断状态，电场只在 N 型衬底内存在。NPT IGBT 内部分层结构和电场分布如图 1.40 所示，N^- 型衬底中的电场沿着集电极方向线性降低。因为电场不再“穿通”N 型衬底，所以被称为“非穿通”IGBT。然后，根据 NPT IGBT 的工作原理，低掺杂 N^- 型衬底必须设计得相对比较厚，以能够承受所有阻断电压，这样该层的损耗就成为 IGBT 总损耗的主要部分。

由于背部发射区（P 掺杂层）较薄，所以其中的载流子浓度不如 PT IGBT 中的浓度高，因而很难改变发射区中载流子寿命，或者说没有必要。相对于 PT IGBT，关断时拖尾电流较低，但是持续的时间更长。

相对于 PT IGBT 的负温度系数，NPT IGBT 基本表现为正温度系数。室温下载流子寿命 τ 较长，温度的增加对载流子寿命增加影响很小。这种情况下，载流子迁移率 μ 的降低和集电极及发射极接触电阻的增加将成为主导因素。然而，在非常低的正向电压或电流时，NPT IGBT 仍表现为负温度系数。当电流稍微增大时，NPT IGBT 表现为正温度系数，因此，NPT IGBT 在实际应用时，可以认为具有正的温度系数。尽管随着温度的上升损耗会增大，但是

㊀ 以并联 IGBT 的基板温度（模块）或封装温度（分立式 IGBT）之间的温差为参考，如果低于 15K 可以认为是合适的热耦合。

有利于 IGBT 的并联。当 NPT IGBT 并联使用时，如果一个IGBT流过的电流过大，由于发热，温度上升，导致导通压降变大，从而降低流过的电流。这种基于负反馈的自我调整，使得 NPT IGBT 未经筛选就可以实现芯片或器件的并联。

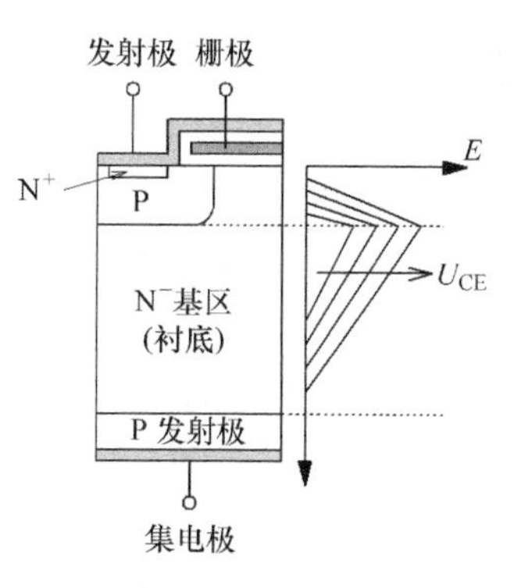

图 1.40　NPT IGBT 内部分层结构和电场分布（不成比例）

1.5.3　场终止（FS）型 IGBT

FS㊀ IGBT 是在 NPT IGBT 基础上开发的 IGBT，其内部分层结构及电场分布如图 1.41 所示。其设计目的是为了尽可能地降低 IGBT 的总损耗。由于增加了电场终止层，所以 N^- 型衬底就不像 NPT IGBT 那样厚，可以稍微薄一些。在反向阻断时，如果电压较高，电场渗入到 N^- 型衬底后线性降低，电场终止层可以截止剩余的电场。这种情况下，形成了类似 PT IGBT 内的梯形电场分布。

因为背部的 P 型发射区在场终止 FS IGBT 中效率不高，相对低掺杂的 N 区可以作为场终止层，这样也可以尽可能降低对背面发射区的影响。如前文所述，场终止层为了能够截止电场，掺杂的浓度必须合适。通常场终止层的掺杂浓度在 $10^{15}\sim10^{16}\text{cm}^{-3}$之间，而 PT IGBT 缓冲层的掺杂浓度还要高一个数量级。

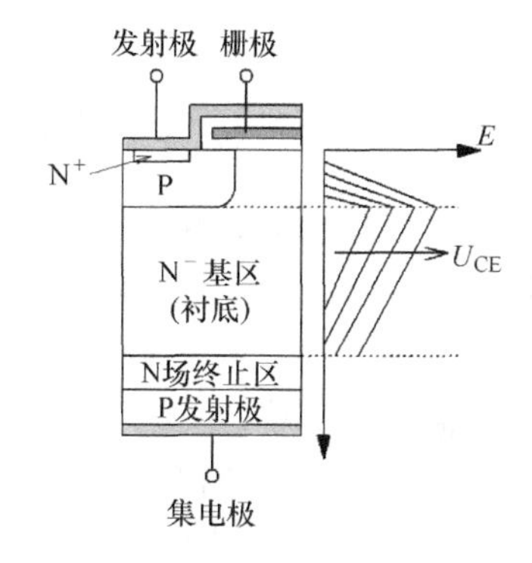

图 1.41　FS IGBT 内部分层结构及电场分布（不成比例）

N^- 型衬底和场终止层设计决定了 FS IGBT 的开关特性，比如电场开始渗入到场终止层的初始阻断电压。低压时，电场在 N^- 基型衬底已经减小到零，半导体中存在足够的载流子来形成一定的拖尾电流。随着电压的逐步升高，电场开始扩展到 N^-，最后达到场终止层。因而，关断时形成拖尾电流的载流子数目越来越少。随着拖尾电流的降低，关断损耗通常比较小。在击穿电压之前，IGBT 几乎没有拖尾电流，表现出硬关断（snappy turn－off）特性。

FS IGBT 和 NPT IGBT 一样具有正温度系数。

1.5.4　沟槽栅（Trench）IGBT

到目前为止，所有的 IGBT 设计都有一个共同点：平面栅极结构。这种形状的栅极形成一个前文所述的 JFET 结构，以及发射极区软弱的电导调制效应。对于平面栅极的 IGBT，载流子的浓度从集电极到发射极之间逐步降低。新一代 IGBT 的设计目标是保持载流子浓度均匀分布，最好是逐步增加，这样可以进一步降低通态损耗，而不会影响拖尾电流和关断损耗，从而导致沟槽型栅极结构的出现。

图 1.42a 给出了基于 PT IGBT 原理的沟槽栅 IGBT 内部结构和电场分布图，而图 1.42b

㊀ 除了叫“场终止（FS）”，根据生产商不同，又可称为“软穿通（SPT）”和“轻穿通（LPT）”。在 LPT 结构中，FS 层特别弱，其功能主要是静态阻断，而不是动态阻断。英飞凌科技称之为 FS 技术，ABB 称之为 SPT 技术，而三菱电机称之为 LPT 技术。

是通过电子扫描显微镜拍摄的沟槽栅极结构的放大图。这种结构与普通的平面栅极结构的主要区别在于，当IGBT开通时，P型发射区的反型沟道是垂直的而不是横向的，这就意味着不存在JFET效应。由于大量电子的注入，发射区附近的电导调制效率很高。

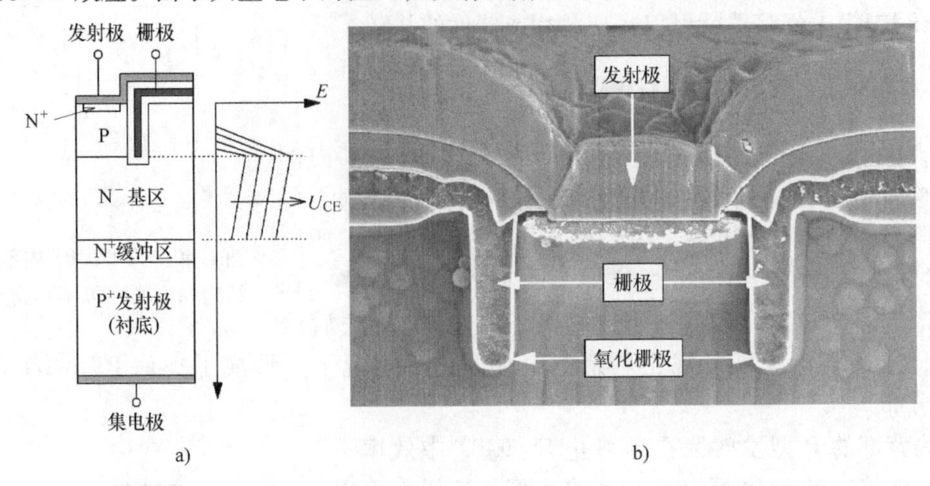

图1.42　沟槽栅IGBT内部结构和电场分布（不成比例）及栅极结构

所有这些都对载流子的浓度产生积极影响。作为比较，图1.43给出了沟槽栅和平面栅结构IGBT内部载流子浓度比较。非常明显，从集电极到发射极，沟槽栅IGBT的载流子浓度是逐步升高的，而平面IGBT则相反。发射区载流子浓度的设计与很多因素相关，其中包括IGBT元胞的尺寸和他们之间的距离，这样就使得载流子浓度的调整有无限多的可能。然而应该牢记的是，更高的载流子浓度有利于降低通态损耗；另一方面，载流子越少，越有利于降低关断损耗。事实证明，内部均匀的或者略微递增的载流子浓度有利于平衡沟槽栅IGBT的静态和动态损耗。

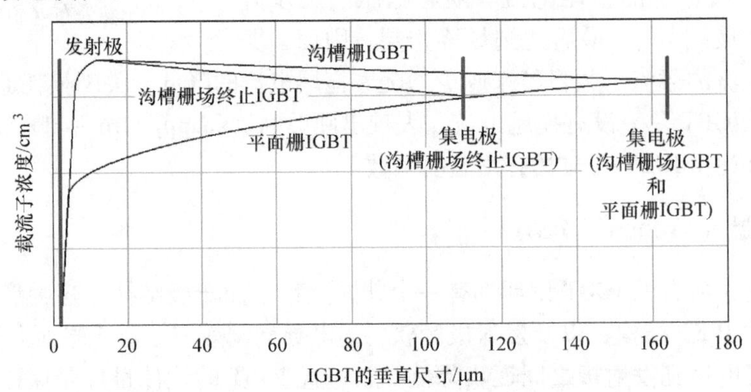

图1.43　沟槽栅和平面栅结构IGBT内部载流子浓度比较

根据图1.29所示的简化电路图，IGBT内部的电压降可表示为

$$U_{CEsat} = U_{Emitter-Drain} + U_{Drain-Collector} \tag{1.65}$$

$U_{Emitter-Drain}$表示IGBT的发射极和等效MOSFET漏极的电压，$U_{Drain-Collector}$表示漏极到集电极之间的电压。可以通过增加每个IGBT导电沟道的宽度来降低$U_{Emitter-Drain}$。相比于平面栅IGBT，沟槽栅IGBT垂直结构的导电沟道更有利于设计紧凑的元胞。即在同等芯片面积

上可以制作更多的 IGBT 元胞，从而增加导电沟道的宽度。另外，$U_{Emitter-Drain}$ 可以通过消除 JFET 效应的方法进一步降低。采取这些方法，可以消除 U_{CEsat} 中 $U_{Emitter-Drain}$ 分量。也就是说，对于现代的 IGBT，饱和压降主要由 $U_{Drain-Collector}$ 决定。

增加导电沟道的宽度有利于电导率上升，但是也有它的缺点：较宽的导电沟道会增加 IGBT 短路时的电流。最不利的情况就是，短路电流可能会很大，以至于非常短时间内就损坏 IGBT。为了使得 IGBT 具有 10μs 的短路能力（给定的测试条件下），需要非常小心地设计沟道宽度及相邻的元胞。为此需要平衡元胞的尺寸和间距，或者不要把所有的栅极接到公共栅极，而是把一些单元的栅极和发射极直接短路。后者称为插入合并单元工艺（Plugged Cell Merged，PCM）。平面栅 IGBT 和沟槽栅 IGBT 结构如图 1.44 所示。

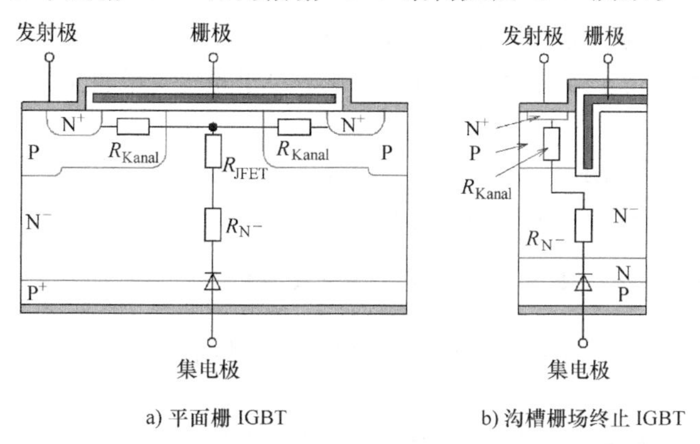

图 1.44 平面栅 IGBT 和沟槽栅 IGBT 结构

1.5.5 载流子储存沟槽栅双极晶体管（CSTBT™）

在二十世纪九十年代中叶，三菱电机公司研发一种新型的沟槽栅 IGBT，称为载流子储存沟槽栅双极晶体管（CSTBT™⊖）。CSTBT™ 和沟槽栅场终止 IGBT 内部结构比较如图 1.45 所示，CSTBT™ 增加了一个所谓的载流子存储（CS）层，来增加发射区附近载流子的浓度。

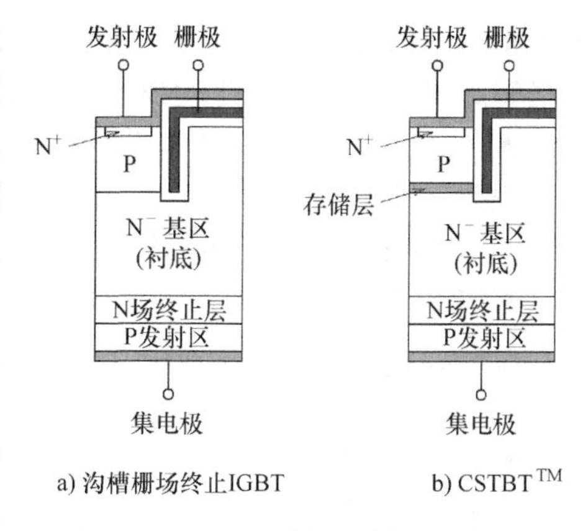

图 1.45 CSTBT™ 和沟槽栅场终止 IGBT 内部结构比较

对于传统的沟槽栅场终止 IGBT，高掺杂 P 集电极空穴直接通过 N^- 区到达发射极。而在 CSTBT™ 中，采用了一种特别的机理。N 型存储层的载流子浓度稍微高于低掺杂的 N^- 衬底的载流子浓度。这样，存储层和发射极侧 P 区的电位差就高于没有存储层时的射极侧 P 区和 N^- 衬底之间的电位差。这个高电压阻挡了来自于集电极 P 区的空穴，建立了空穴的增强区，增加了发射极附近的载流子浓度。或者说，存储层增加的电势存储了来自于靠近上表面发射极的 P 区送来的空穴，增加了载流子密度。这有利于降低 IGBT 的饱和压降。

⊖ CSTBT™ 是三菱电机的注册商标。

1.5.6　注入增强栅晶体管（IEGT）

1993 年，东芝公司基于高压 IGBT，提出一种高压的注入增强栅晶体管（IEGT）来替代 GTO。IEGT 结构如图 1.46 所示，其基本原理是采用沟槽栅极的形状，来实现发射极侧 P 区下方空穴累积层（如图 1.46 阴影区所示）。在 N^- 区植入两个沟槽栅，来自集电极的空穴只能通过扩散运动在空穴累积层中移动，从而限制了总体空穴电流的大小。空穴电流由 N^- 区内栅极之间的距离及与栅极包围 N^- 的高度 d 决定。电子可以从两个栅极边缘的反型沟道通过，所以并没有被削弱。为了保持累积层的电荷中性，大量的自由电子从射极侧的 N 区注入 N^- 区。由于存在大量电荷的注入，这也是这类器件命名为 IEGT 的原因。

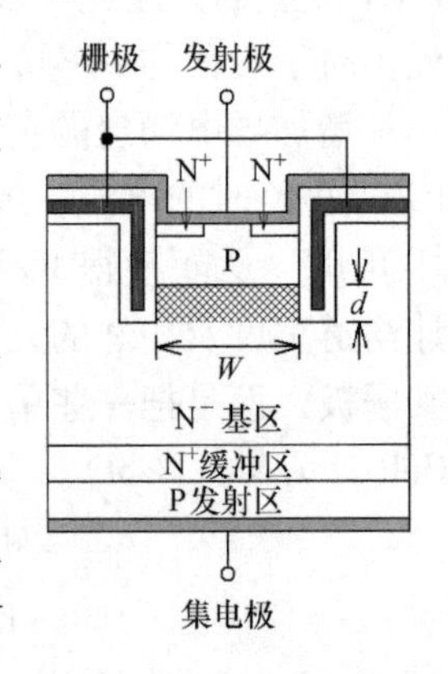

图 1.46　IEGT 结构（不成比例）

为了能够替代 GTO，在 3.3 ~ 4.5kV 的工作电压范围内，IEGT 可以提供非常紧凑的平板型封装结构（详见第 2 章 2.4.2 节）。

1.5.7　沟槽栅场终止 IGBT（Trench - FS IGBT）

结合场终止技术和沟槽栅技术，就可以得到沟槽栅场终止 IGBT，其内部分层结构和电场分布如图 1.47 所示。英飞凌科技在 2000 年首先提出沟槽栅场终止 IGBT 技术，具有里程碑的意义。随后不久，其他制造商逐步采用相同的设计概念。

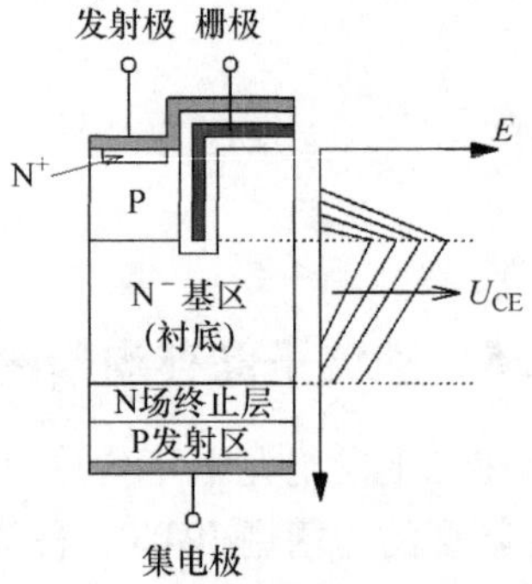

在同等电压下，FS 层可以有效地降低芯片的厚度，而沟槽栅可以有效地提高硅的载流子浓度。通过 FS 层和沟槽栅的相互作用，IGBT 的技术参数有了明显的提升：

- 在保持之前 IGBT 鲁棒性的基础上，通态损耗和开关损耗都有所降低；
- 功率密度提高，即电流密度增大；
- 单位 IGBT 所需要的硅材料降低。

图 1.47　沟槽栅场终止 IGBT 内部分层结构和电场分布（不成比例）

1.5.8　逆导型 IGBT（RC IGBT）

对于感性负载，为了防止过电压，IGBT 需要并联一个续流二极管给电流提供续流回路。RC IGBT 指 IGBT 内部实现了一个反并联的二极管。

RC IGBT 并不是简单在外部并联一个半导体器件，而是在半导体内部实现一个二极管。这种集成二极管的 IGBT 最初主要用于谐振电路，比如家用电磁炉的感应加热。另外在一些硬开关应用中，比如变频器，要求二极管必须具有很强的坚固性。根据应用需求，优化设计了 RC IGBT。集成二极管的 IGBT 原理如图 1.48 所示。

在 IGBT 制造过程中，只要将 IGBT 背面的 P 型掺杂发射区和二极管的 N 型掺杂的发射区结合在一起，就可以实现 RC IGBT。几个半导体制造商都生产 RC IGBT。比如，ABB 公司提供双模式绝缘栅晶体管（BIGT）；英飞凌科技公司提供专用于谐振电路的 RC IGBT 和硬开

关电路的 RC－D IGBT；三菱电机提供 RC IGBT。

1.5.9　IGBT 集成的额外功能

除了基本的功能之外，IGBT 模块中还可以集成其他的功能。比如：

- 电流测量功能；
- 温度测量功能；
- 栅极电阻。

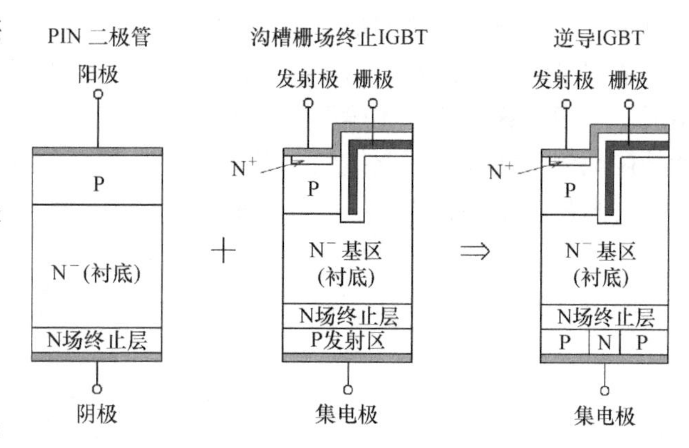

图 1.48　集成二极管的 IGBT 原理（不成比例）

为了能够实现电流测量功能，需要一个辅助支路分流 IGBT 的发射极电流。这个电流与发射极电流成正比关系。集成电流测量电路的 IGBT 也叫作电流检测 IGBT。在半桥电路中 IGBT 检测电流的应用电路如图 1.49 所示。

可以通过外接电路获得被测电流的值，比如串联一个低阻抗的电阻 R_{Sense}，如果必要也可以增加放大电路和信号隔离电路，图 1.49a 给出了一个简单的直接关断 IGBT 的电路（这个电路不会向微控制器发送信号）。IGBT 并联使用时，虽然被测芯片的发射极与其他芯片的主发射极相连，但是往往只测量了一个 IGBT 芯片的电流。

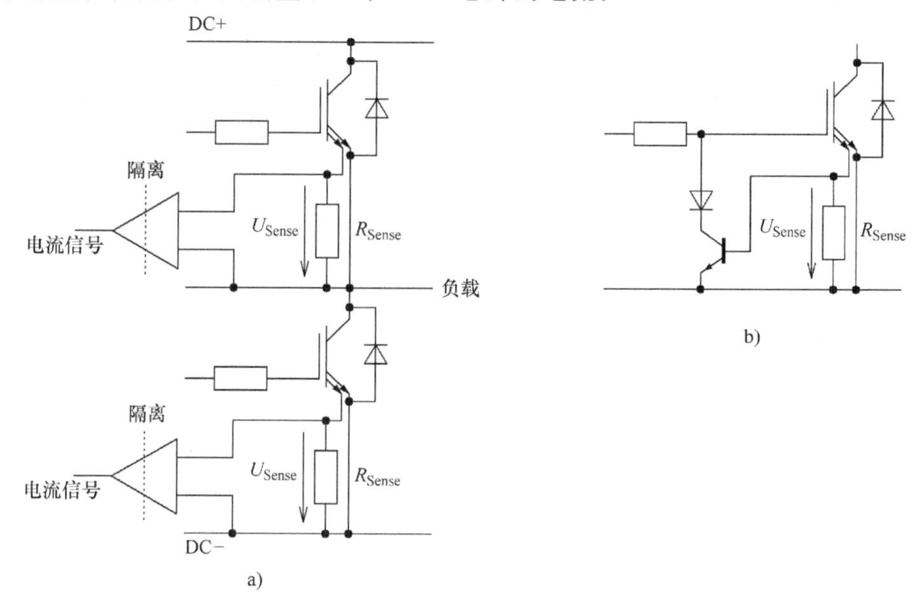

图 1.49　半桥电路中 IGBT 检测电流的应用电路

IPM（详见第 2 章 2.4.3 节）常常集成电流测量功能，有些系统中有微处理器，IPM 可以检测所有 IGBT，把检测信号串联起来连到一个公共端子，送给 MCU。值得注意的是，IGBT 芯片的集成电流测量通常无法测量续流二极管的电流（尽管能够获得反向恢复电流），所以如果需要测量续流二极管的电流，必须外接电流传感器。

集成温度测量常通过 PN 结（二极管）进行结温测量。可以通过外接电路获得二极管的导通压降，而该电压受控于二极管的结温。硅二极管的压降和温度的关系近似为 1.7mV/K，即结温每升高 1K，二极管压降增加 1.7mV。与集成电流检测 IGBT 相似，IPM 中常常集成温度测量功能。值得注意的是，对于所有的商业化生产的IGBT模块，只能测量IGBT的结温，而不能测量续流二极管的结温。这是因为再生制动时，无法快速而精确地测量续流二极管的结温。当然，这里的“精确”是相对而言。由于测温传感器非常靠近被测的结温点，所以能精确地测量结温。即便如此，系统设计时，至少要考虑10%的误差。由于集成温度测量响应时间常数很小，所以能够快速地获得被测温度。集成温度测量如图1.50所示。

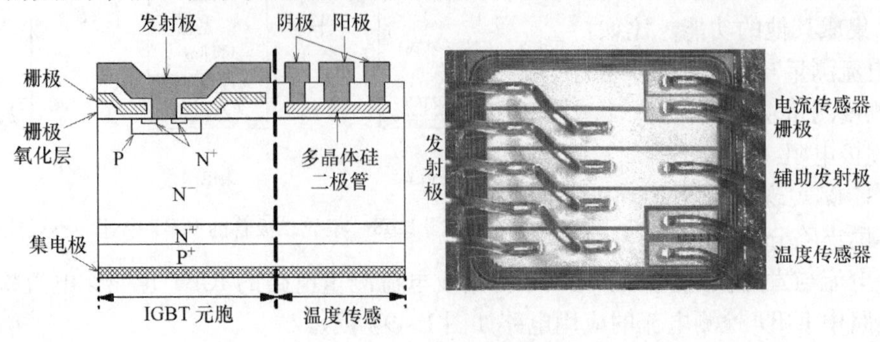

图1.50　集成温度测量

集成栅极电阻R_{Gint}主要用IGBT模块内多个并联芯片的解耦，如图1.51所示。这类IGBT模块的数据手册用一个参数给出了多个芯片并联的栅极电阻。在设计时，可以把这个电阻放在芯片上的栅极和栅极端子之间，通过变通的方法实现这个“内部”电路，也可以使用独立的硅衬底电阻（如果必要，也可以和“真正”的内部栅极电阻结合使用）。“内部”栅极电阻并不仅仅是指在芯片上的电阻，而是在模块内部的全部电阻。严格地说，数据手册上给出的内部栅极电阻包括因焊接造成的接触电阻，比如焊接导线和走线的电阻，常常可以忽略不计。

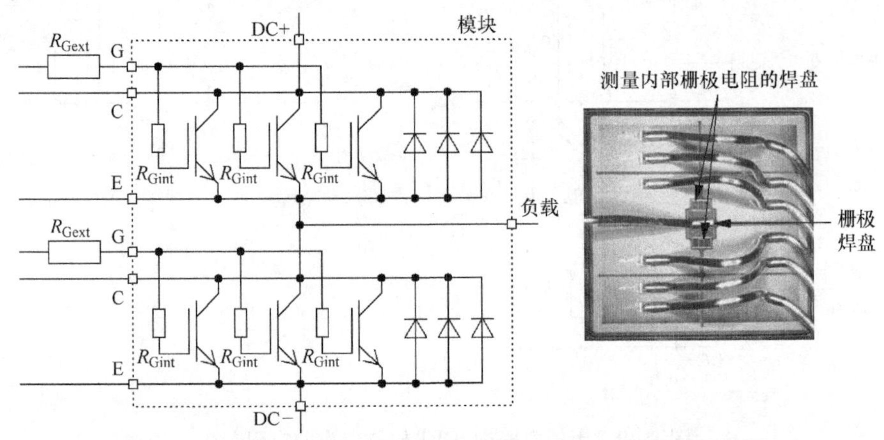

图1.51　当IGBT芯片并联时通过集成内部栅极电阻实现解耦

数据手册上所说的外加栅极电阻R_{Gext}会和内部电路相串联。

如果IGBT模块涉及内部电阻，有些相关的应用就会出现明显的不同，比如：

- 如果拓扑中包含内部栅极电阻，外加栅极电阻和内部栅极电阻的分压无法准确测量栅极电压，也就是无法直接测量栅极电压，除非直接测量芯片内部的电压；
- 内部栅极电阻会降低抑制栅极意外充电的效果（由于密勒电容C_{GC}）；
- 数据手册给出的是25℃时电阻的值，该电阻和实际器件特性一样，会随着温度的上

升而增大，而且会影响开关特性。

1.6　前景展望

如图1.1所示，功率晶体管和IGBT已经可以代替部分晶闸管，特别是IGBT，其应用功率已达到几个兆瓦。如今，为了提升器件的功率密度，即提高器件单位体积内的性能，最新的研发聚焦于基于类似碳化硅（SiC）和氮化镓（GaN）等新材料的器件。由于SiC器件的研发要比GaN器件早10年左右，所以SiC器件早年就可以量产。几年以前，SiC二极管已经可以商业化生产，价格也不是昂贵得无法承受，所以已经应用于一些特定的场合。最初，这些SiC二极管作为分立器件应用于开关电源中，但是它的最终目的是能够扩展到所有需要中或大功率的场合。最近几年来已经出现使用SiC作为续流二极管的IGBT模块样片。

与SiC二极管并行研发的有源开关器件包括MOSFET、BJT和JFET。一些制造商已经可以提供小批量的样片。JFET器件作为一个常开器件有可能是最早开始批量生产的新型器件：

- SiC MOSFET　由于栅极氧化层的一些缺陷（虽然很少），可能会损坏SiC MOSFET。问题在于，到目前为止，没有有效的手段检测发现这些缺陷，因而有很小比例的器件一直存在潜在的“风险”。器件可能在使用很短时间后损坏，也可能是很长时间，即时间不可预期。而且MOS沟道中，载流子的迁移率很低，对温度敏感的门槛电压可能降低到0V。
- SiC BJT　SiC BJT的问题在于电流放大倍数相对较低，也就是为了控制器件工作，需要可观的驱动功率，这是由于SiC晶体中的缺陷导致复合问题而引起的。SiC双极性器件工作于正向导通状态或电子-空穴对复合时可能产生这些问题。释放的能量可能损坏晶体的结构，并影响诸如少数载流子寿命等参数。
- 增强型SiC JFET（常闭）　从应用角度来看，近似1V的门槛电压对系统设计是一个巨大的挑战。驱动电路必须防止器件因外部干扰而误导通。而且与常开型SiC JFET不同，由于没有集成续流二极管，对于感性负载必须外加二极管。

由于结构设计的不同，常开型SiC JFET没有上述器件存在的问题。但是没有驱动信号就导通的常开型SiC JFET具有很大的局限性，并不适合一些典型的应用（比如电机控制）。因此SiC JFET常可以与低压MOSFET结合起来构成常闭开关。图1.52给出了SiC JFET和低压MOSFET组合的共源共栅结构。

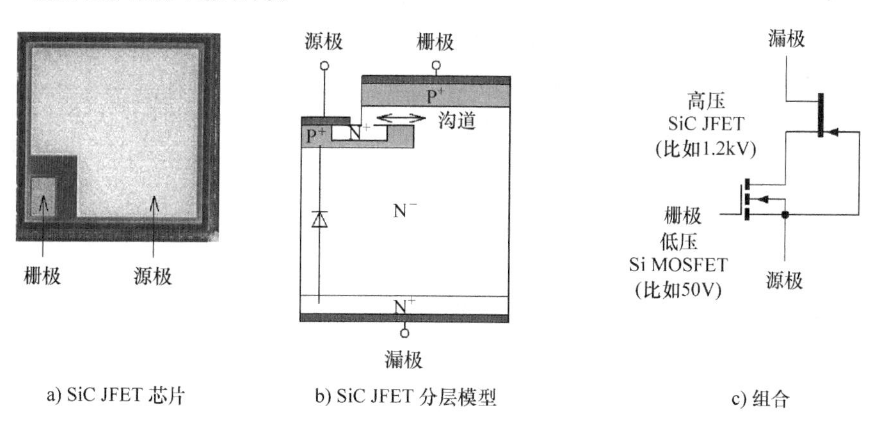

图1.52　SiC JFET和低压MOSFET组合的共源共栅结构

图1.53给出了JFET/MOSFET共源共栅结构，下面进一步分析其工作模式。N沟道低压MOSFET一旦关闭，JFET的栅源就承受反电压，这个电压一定要低于JFET的夹断电压。这样JFET就可以阻断高压，外部电压才能建立起来。MOSFET必须设计为击穿电压在30~50V，这样JFET阻断的电压可以超过1kV。MOSFET栅源电压$U_{GS(MOSFET)}$一旦达到门槛电压，JFET的$U_{GS(JFET)}$开始上升。当$U_{GS(JFET)}$升至夹断电压时，JFET导通，负载电流I_{Load}开始从续流二极管VD_1向共源共栅结构换流。到开关周期最后，所有的负载电流从共源共栅结构流过。

如果希望SiC JFET具有更高的电压阻断能力，从原理上讲，可以将多个JFET串联成超级共源共栅结构。需要通过增加一些额外的标准硅二极管调整JFET两端电压，这样就可以保持每个串联单元的电压均衡。这些二极管可以通过雪崩击穿来保证JFET的电压降不会过高。如果JFET设计了体二极管（图1.52b），这些硅基二极管就不需要具有续流能力。导通损耗偏高是超级共源共栅结构的主要缺点。

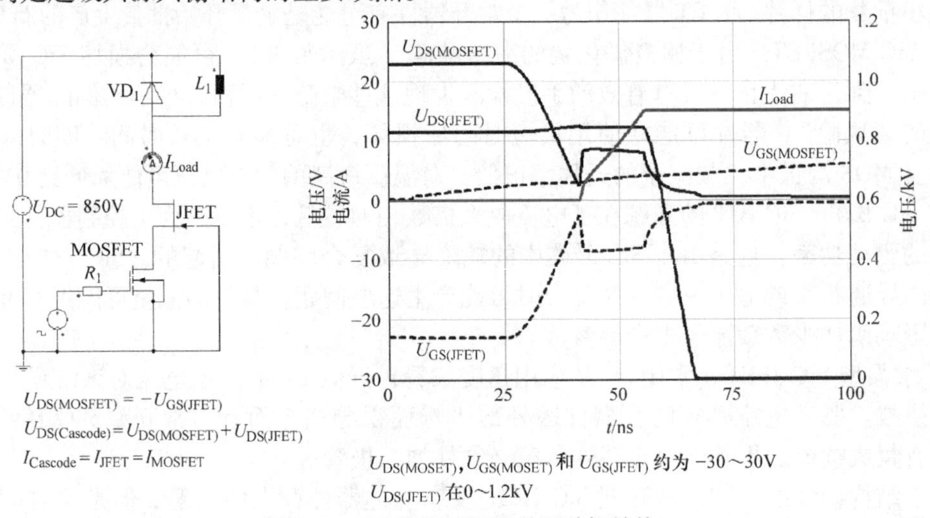

图1.53　JFET/MOSFET共源共栅结构

低压Si MOSFET和高压SiC JFET及二极管组成的超级共源共栅结构如图1.54所示。共源共栅结构无论包含一个JFET还是多个JFET的串联，其等效输出电容都较大。相比于单独的JFET，它的开通损耗增大。所以商业化应用中，更倾向于采用一种称为“轻”共源共栅结构，在这种结构中分别驱动控制JFET和P沟道MOSFET。“轻”共源共栅结构原理如图1.55所示。一般情况下，MOSFET恒定导通，通过JFET控制电流。由于MOSFET的导通电阻可以低至1mΩ，所以MOSFET的导通压降可以忽略不计。万一故障发生，比如驱动电路的电源出现故障，此时MOSFET自动被关断，电路变为“普通”的共源共栅结构，这就意味着电路中

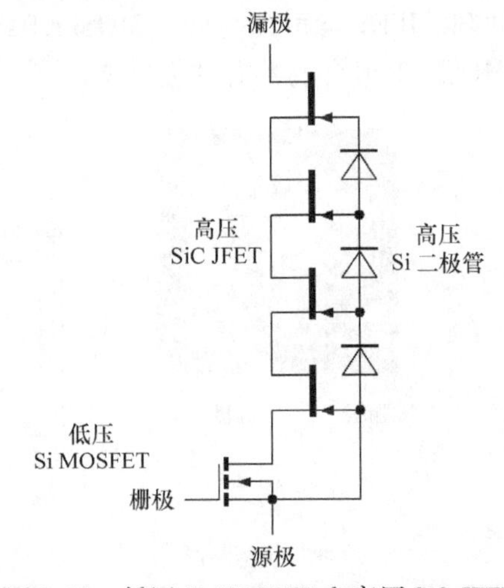

图1.54　低压Si MOSFET和高压SiC JFET及二极管组成的超级共源共栅结构

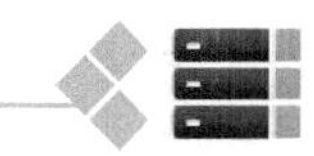

有一个“常闭”器件可以截止电流。这种“轻”共源共栅结构的缺点是需要两路驱动电路，其中一路作为 JFET 的驱动电路，另一路为 MOSFET 服务，即驱动电路也需要组合设计。

这种带有专用驱动电路的“轻”共源共栅结构 JFET 有可能很快上市。

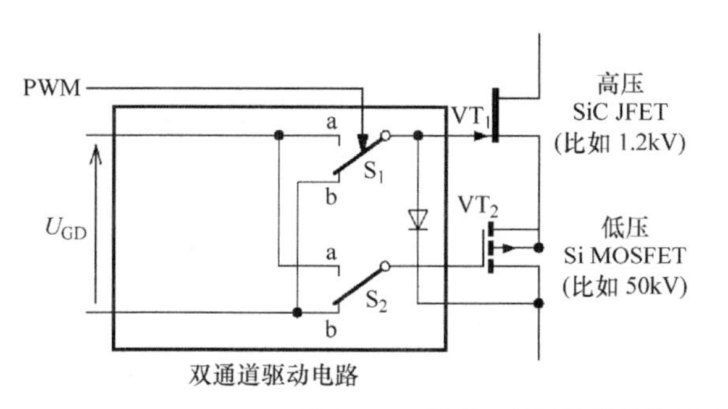

图 1.55　“轻”共源共栅结构原理

1.7　制造商

IGBT 制造商见表 1.1。该表尽量给出已经上市的各种类型的 IGBT，但未能列出所有类型的 IGBT，这些数据来源于相应的制造商。由于一些产品信息不能清楚地判别 IGBT 技术归类，该表的分类可能与 IGBT 实际采用的技术有所误差。另外该表列出的 IGBT 半导体公司，不包括那些没有芯片技术而仅仅是制造 IGBT 分立器件或 IGBT 模块的公司。

表 1.1　IGBT 制造商

电压等级	PT IGBT	NPT IGBT	FS IGBT	Trench - FS IGBT	CSTBT™⊖	RC IGBT
600V	富士/三菱	富士/英飞凌		英飞凌	三菱	英飞凌/三菱
650V				英飞凌		
900V				英飞凌		英飞凌
1kV				英飞凌		英飞凌
1.2kV	三菱	丹尼克斯/富士/英飞凌	ABB/日立/英飞凌	富士/英飞凌	三菱	英飞凌/三菱
1.4kV	三菱					
1.6kV		英飞凌				英飞凌
1.7kV	三菱	丹尼克斯/英飞凌	ABB	富士/日立/英飞凌	三菱	
2.5kV	三菱		ABB/日立			
3.3kV	三菱		ABB/丹尼克斯 日立/英飞凌	英飞凌		ABB
4.5kV	三菱		ABB/日立	英飞凌		
6.5kV	三菱		ABB/丹尼克斯 日立/英飞凌	英飞凌		

⊖ CSTBT™是三菱电机的注册商标。

如同每个公司都有自己独特的芯片技术一样，每个公司生产的IGBT模块也各不相同，并且命名方式也不同。图1.56给出了不同厂商IGBT模块的命名方式。

还有很多其他公司也生产IGBT，如（根据字母排序）IXYS/Westcode、Powersemi、Semikron和Vincotech等。

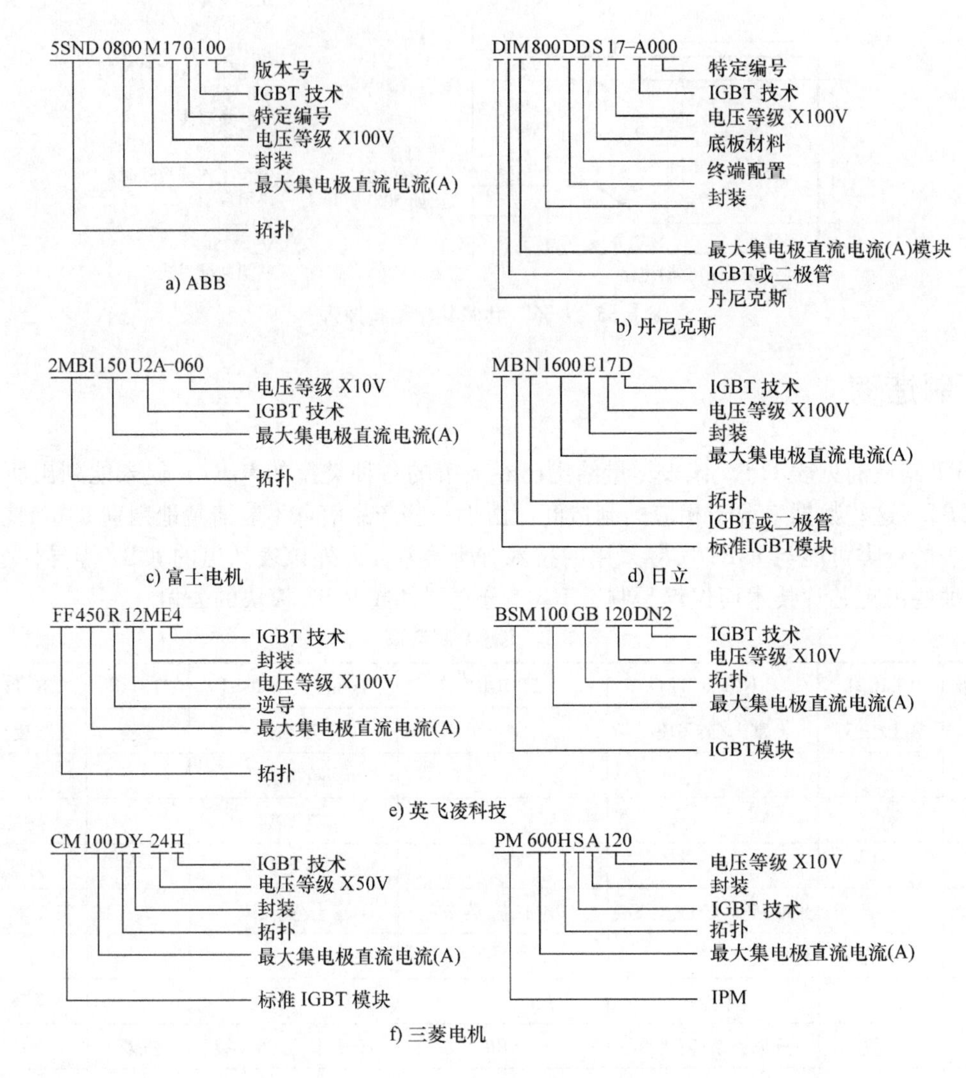

图1.56　不同厂商IGBT模块的命名方式

本章参考文献

1. S.M. Sze, K.K. Ng, "Physics of Semiconductor Devices", John Wiley & Sons, 3rd Edition 2007
2. Y.P. Varshni, "Temperature dependence of the energy gap of semiconductors", Physica 1967
3. J. Lutz, "Halbleiter-Leistungsbauelemente", Springer Verlag 2006

4. H. Foell, "Semiconductor Skript", 2008
5. Infineon Technologies, "Halbleiter", Publicis Corporate Publishing, 3rd Edition 2004
6. L. Palotas, "Elektronik für Ingenieure", Vieweg Verlag, 1st Edition 2003
7. H. Kück, "Werkstoffe der Mikrotechnik", University Stuttgart IZFM, Presentation 2002
8. V.K. Khanna, "The Insulated Gate Bipolar Transistor – Theory and Design", John Wiley & Sons 2003
9. V.A.K. Temple, W. Tantrapron, "Junction Termination Extension for near-ideal breakdown voltage in p-n Junctions", IEEE Transaction on Electron Devices Vol. ED-33 No. 10, 1986
10. R. Stengl, U. Gösele, C. Fellinger, M. Beyer, S. Walesch, "Variation of Lateral Doping as a Field Terminator for High-Voltage Power Devices", IEEE Transactions of Electron Devices Vol. ED-33 No. 3, 1986
11. K. Niederer, W. Jeske, F. Mümmler, R. Krautbauer, "Large Diameter 200mm FZ Silicon Wafers for IGBT Applications", PCIM China 2008
12. J. Harris, "Semiconductor Backside Metallization: Die Attach for High Thermal Demand Applications", IEEE Tutorial 2007
13. Infineon Technologies, "Technical Information Bipolar Semiconductors", Infineon Technologies Application Note 2006
14. N. Mohan, T.M. Undeland, W.P. Robbins, "Power Electronics – Converters, Applications, and Design", John Wiley & Sons, 3rd Edition 2003
15. S. Pendharkar, K. Shenai, "Optimization of the Anti-Parallel Diode in an IGBT Module for Hard-Switching Applications", IEEE Transactions on Electronic Devices Vol. 44 No. 5, 1997
16. J. Lutz, "Stand und Entwicklungstendenzen bei schnellen Dioden", Conference Elektrische Energiewandlungssysteme 2002
17. U. Nicolai, T. Reimann, J. Petzoldt, J. Lutz, "Application Manual Power Modules", Verlag ISLE 2000
18. A. Agarwal, R. Singh, S.H. Ryu, J. Richmond, C. Capell, S. Schwab, B. Moore, J. Palmour, "600V, 1-40A, Schottky Diodes in SiC and Their Applications", Cree Application Note 2002
19. C. Miesner, R. Rupp, H. Kapels, M. Krach, I. Zverev, "thinQ!™ Silicon Carbide Schottky Diodes: An SMPS Circuit Designer's Dream Comes True!", Infineon Technologies White Paper 2007
20. R. Lappe, "Leistungselektronik – Grundlagen, Stromversorgung, Antriebe", Verlag Technik, 5th Edition 1994
21. R. Jäger, "Leistungselektronik – Grundlagen und Anwendung", VDE Verlag, 4th Edition 1993
22. L. Lorenz, G. Deboy, A. Knapp, M. März, "CoolMOS™ – a new milestone in high voltage Power MOS", PCIM Nuremberg 1999
23. H. Kapels, M. Schmitt, U. Kirchner, G. Aloise, F. Bjoerk, "New 900V Voltage Class for Super Junction Devices – A new Horizon for SMPS", PCIM China 2008
24. B.J. Baliga, M.S. Adler, R.P. Love, P.V. Gray, N.D. Zommer, "The Insulated Gate Transistor: A New Three-Terminal MOS-Controlled Bipolar Power Device", IEEE Transactions on Electron Devices Vol. 31 No. 6, 1984
25. A. Nakagawa, H. Ohashi, M. Kurata, H. Yamaguchi, K. Watanabe, "Non-Latch-Up 1200V 75A Bipolar-Mode MOSFET with Large ASO", IEDM 1984

26. Mitsubishi Electric, "Using IGBT Modules", Mitsubishi Electric Application Note 1998

27. T. Laska, M. Münzer, F. Pfirsch, C. Schäffer, T. Schmidt, "The Field Stop IGBT (FS IGBT) – A new power device concept with a great improvement potential", ISPSD Toulouse 2000

28. T. Laska, F. Pfirsch, F. Hirler, J. Niedermeyr, C. Schäffer, T. Schmidt, "1200V-Trench-IGBT Study with Square Short Circuit SOA", ISPSD Kyoto 1998

29. J. Yamada, S. Saiki, T. Matsuoka, Y. Ishimura, Y. Tomomatsu, I. Merfert, E. Thal, "Next Generation High Power Dual IGBT Module with CSTBT Chip and New Package Concept", PCIM Nuremberg 2002

30. M. Kitagawa, I. Omura, S. Hasegawa, T. Inoue, A. Nakagawa, "A 4500V Injection Enhanced Insulated Gate Bipolar Transistor (IEGT) Operating in a Mode Similar to a", IEDM 1993

31. H. Kon, M. Kitagawa, "The 4500V trench gate IEGT with current sense function", APAC 1999

32. O. Hellmund, Z. Chen, "1200V Reverse Conducting IGBTs for Soft-Switching Applications", PCIM China 2006

33. B. Backlund, M. Rahimo, S. Klaka, J. Siefken, "Topologies, voltage ratings and state of the art high power semiconductor devices for medium voltage wind energy conversion", PEMWA 2009

34. A. Kopta, M. Rahimo, R. Schnell, M. Bayer, U. Schlapbach, V. Jobecky, "The next generation 3300V BIGT HiPak modules with current ratings exceeding 2000A", PCIM Nuremberg 2010

35. D. Domes, X. Zhang, "Cascode Light – normally-on JFET stand alone performance in a normally-off Cascode circuit", PCIM Nuremberg 2010

第2章 IGBT器件结构

2.1 简介

本书第1章介绍了电力电子器件的基本原理，本章主要介绍实际的IGBT器件。一般来说，“元件”通常是把一个或多个电力电子器件封装在一起，所以封装和连接技术同电力电子本身一样重要。如果没有适当的内部和外部连接技术，半导体就无法有效地散热，也就不可能有电力电子技术。电力电子器件必须可靠耐用，例如，在电力牵引中[㊀]，器件的寿命需要达到20年或更长，而且需要高功率周次能力。另一方面，行业标准规定了标准器件的最低可靠运行时间为68000h。

电力电子器件一旦生产出来，其内部就存在机械、电气和热之间的相互作用，这意味着电力电子器件内部结构并没有表面看上去那么简单，而且内部结构对整个系统的技术特性和可靠性都非常重要。本书主要介绍IGBT技术，如第1章1.1节所描述，IGBT的功率范围涵盖了从几百瓦至上兆瓦，阻断电压范围涵盖了从600V到最近实现的6.5kV，这之中包含了大量的IGBT器件。电力电子产品一旦在市场中推出，将会有一个很长的生命周期。最好的例子就是“62毫米IGBT模块”[㊁]。虽然20年前就开始采用这种封装，而且几乎每一个制造商都生产这种封装的产品，但是其销售量仍然与日俱增。

不同的厂商开发出各种各样的设计技术，以满足不同功率和电压的需求。当功率较低且阻断电压在600V到1.2kV之间时，常用于焊接到印制电路板上的模块包括IGBT模块和IPM（智能功率模块），也有TO247封装的分立IGBT器件。IPM是指集成了电子电路的功率半导体模块，这些集成电路可以提供额外的功能，比如驱动电路和信号处理。对于中等功率的应用，标准IGBT模块占主导地位。然而在大功率应用中，高可靠性的IGBT模块则占领了高性能的应用领域。图2.1给出了基于阻断电压和额定电流的标准设计。

然而，所有的设计核心是半导体芯片，这也是电流变换和阻断电压的关键。在功率变换中会产生功耗。相比于断态损耗，开关损耗与通态损耗要大几个数量级，所以断态损耗可以忽略不计。图2.2给出了含有DCB[㊂]衬底的电力电子器件结构原理。基本上，可用三个物理量来描述所有功率半导体元件的特性：电流I，电压U和功率P。如：

㊀ 电力牵引通常有很高的功率循环负荷，比如火车和地铁的机车，也包括有轨公交，多用途载运车，比如施工车、公共汽车和卡车。

㊁ 一般基板的尺寸为106×62mm，所以称作“62毫米IGBT模块”。

㊂ DCB是直接覆铜的缩写，详见第2章2.2.2节。

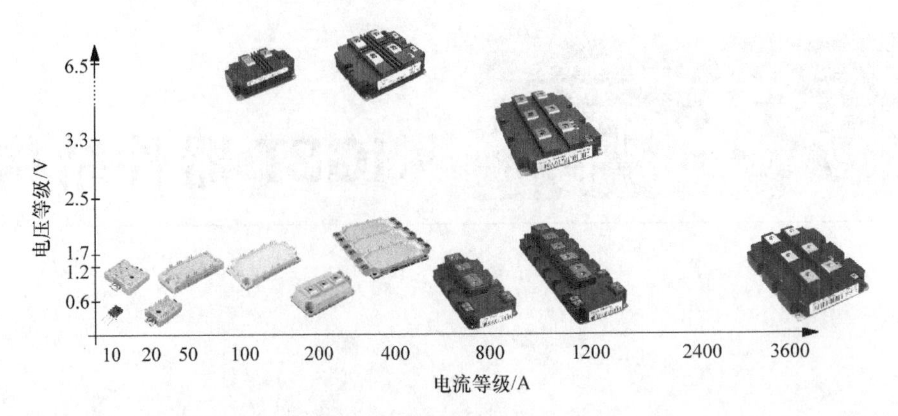

图 2.1　基于阻断电压和额定电流的标准设计

- 处理电流能力（容量）；
- 阻断电压；
- 功耗。

每个厂家都有自己独特的方式来观测这些特性，将在下面的章节详细地分析。

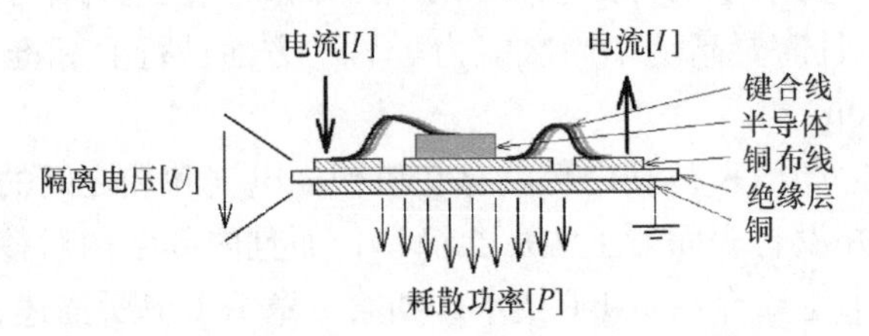

图 2.2　含有 DCB 衬底的电力电子器件结构原理

2.2　IGBT 模块的材料

IGBT 元件的电气性能、热条件决定它们的内部结构。热条件相对更重要，IGBT 的存储和工作温度可以从 -55 ~ 175℃（2010 年）。使用的材料必须在整个温度范围内令人满意。塑料，陶瓷，金属（主要是铜和铝）和硅胶必须可靠，无论单独使用还是与其他材料结合使用的情况下，都不能损害半导体芯片。

正如本章简介所述，由于 IGBT 器件工作的电压和电流不同，所以采用的制造方式也多种多样。除了基板、DCB 和半导体，阻断电压高达 1.2kV 和工作电流 40A 的分立 IGBT 或 IGBT 模块通常采用复合组件的封装技术，并有相对应的平行解决方案。在同样的功率范围内，同等电压和电流下，也有通过硅胶固定的塑料框架封装结构。目前，制造商更倾向于后一种封装结构。老一代的 IGBT 模块仍然在使用，这些器件一般是塑料框架和盖板结构，然后通过硅胶固定，最后注入环氧树脂。图 2.3 给出了含有基板的标准 IGBT 的结构。

还有一种被称为压装的改进型封装结构，常用于高性能晶闸管的封装。

2.2.1　塑料框架

所有 IGBT 模块框架的材质都是塑料，这些塑料必须满足很高的需求规范。首先，在工

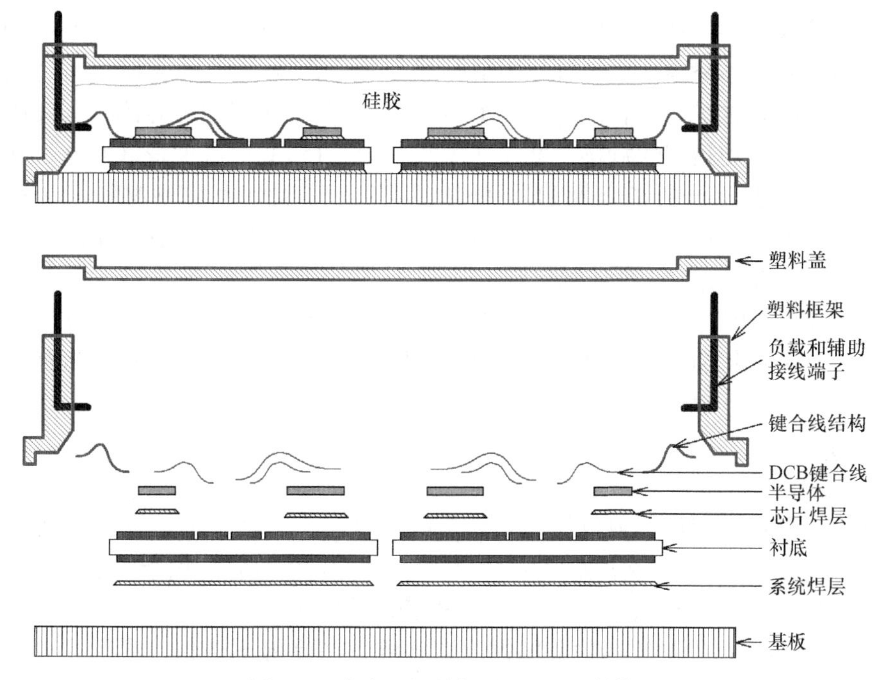

图 2.3　含有基板的标准 IGBT 的结构

作温度内，封装塑料必须是机械稳定的，且抗拉强度高。另一个关键是环境温度，例如在电力牵引中，可能在 -55 ~125℃的环境温度下工作。此外，特别是在中低功率内，许多 IGBT 元件直接焊接到印制电路板上。在焊接过程中，IGBT 部件的焊接接头有可能导致塑料框架上的温度超过 250℃。IGBT 部件的封装必须能够保证在焊接过程中不被损坏。第三，塑料必须绝缘。为了在工作过程中保持足够的爬电距离（封装中）和承受高度电磁污染，需要高 CTI 值（见第 2 章 2.8 节）。

采用的塑料还必须符合国际标准和规范。虽然电力电子组件的制造商分布在世界各地，但是他们的产品必须符合 NFF、UL、CSA、CCC、IEC、EN 和 VDE 标准。例如，在电力牵引中使用的 IGBT 模块必须符合 NFF 16101（法国防火标准）。根据 UL 94 VO，所有塑料即使很薄也必须具有自熄性。它们还必须符合 UL1557（半导体器件电气绝缘标准）、IEC 60749（机械和环境测试标准）、IEC 60747 - 15（分立器件—第 15 部分绝缘半导体器件）。最后但同样重要的是，塑料，特别是在中低功率应用中，必须符合 RoHS[㊀] 规范。该规范规定，这些材料不能含有卤和氧化锑等有害物质[㊁]。

理想情况下，所使用的塑料必须不吸收任何水分，并且能够被打印上标签（例如激光打标）。

聚合物塑料[㊂] 可以满足这些严格的要求。有些标准聚合物无法满足这些要求，如 PE（聚乙烯）、PP（聚丙烯）及 PVC（聚氯乙烯），所以无法应用于电力电子器件中。有些塑料

㊀ 2002/95/EC 文件禁止在电气和电子设备中使用一些特定的有害物质。该指令要求欧盟的成员国在 2006 年 7 月 1 日投放市场的电气和电子设备必须不得含有铅、汞、镉、六价铬、多溴联苯（PBB）、多溴联苯醚（PBDE）。

㊁ 氧化锑（Sb_2O_3）是一种无机化合物，常用作塑料中的阻燃剂和防火剂，包括防火的填充料或灌注料。

㊂ 聚合物是一种化学复合物，由一些分子链或枝构成（高分子），而他们具有相通或相似的单元叫单体。

如 PPS（聚苯硫醚）和 PBT（聚对苯二甲酸丁二醇酯）可用于标准 IGBT 模块和 IPM 中。PPS 是一种耐高温的热塑性材料，在持续使用情况下可以承受 240℃高温，短时内（例如在焊接时）可以承受 270℃的高温而不会损坏。PPS 作为具有高 CTI 值的非导体，具有优异的电气绝缘性。PBT 是另一种热塑性材料，可以工作在 -50 ~ 150℃，这也是电力电子器件典型的工作温度范围，它也能承受高达 280℃的峰值温度。PBT 是一种刚性材料，具有很高的硬度，并且不容易变形。此外，它具有摩擦系数大，耐磨性很强及电绝缘性良好等特点。但是，相比于 PPS，PBT 的 CTI 值较低。

PPA（聚邻苯二甲）、PA（聚酰胺）和 PET（聚对苯二甲酸乙二醇酯）塑料越来越多地应用于 2.5 ~ 6.5kV 的高压 IGBT 模块中。这些塑料符合 NFF 16101 标准，具有很好的电气绝缘性，且 CTI 值大于 400。

2.2.2 衬底

DCB（直接覆铜）衬底，或仅仅 DCB，是电力电子领域使用最广泛的衬底材料。自从 IGBT 模块开始制造以来，其就开始使用 DCB。最初，DCB 衬底只用于铜基板。如今，DCB 是很多 IGBT 模块的解决方案，甚至没有基板的模块也需要衬底。

DCB 衬底包括绝缘陶瓷及其附着的铜，这些纯铜在高温下熔化，然后通过扩散过程附着在陶瓷上，具有很强的粘合强度，如图 2.4 所示。DCB 用于铜表面涂层，或再在铜表面镀镍。在焊接过程中，为了防止半导体芯片位置发生偏移，有的厂家还在 DCB 上增加了一层阻焊剂。常用的陶瓷主要有氧化铝（Al_2O_3），氮化铝（AlN），有时候用氮化硅（Si_3N_4）。衬底在 IGBT 模块中扮演着重要的角色，因为相比于其他绝缘材料，它们具有更低的热阻（氧化铝：24W/(m · K)，氮化铝：130 ~ 180W/(m · K)）和优越的比热容，且铜涂层具有良好的热传导特性。因为氧化铝（7.1ppm/K）和氮化铝（4.1ppm/K）的热膨胀系数远低于金属和塑料的热膨胀系数，所以更适合用于硅半导体（4.0ppm/K）的衬底，确保芯片受

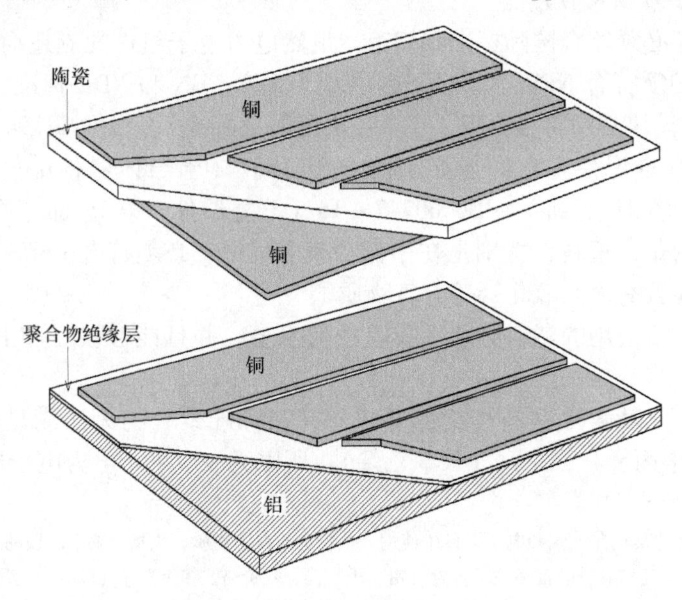

图 2.4　DCB 和 IMS 底物的结构

到更低的机械应力。由于衬底采用了纯铜，并由底板或散热器散热，所以即使对于具有高达3.6kA额定电流的IGBT模块来说，DCB也具有足够的电流容量。可以在印制电路板同一层上实现布局，首先在表面镀镍和镍/金合金，然后增加阻焊层。

具体而言，DCB具有以下功能：

- 保证电源部件和冷却介质之间的电气绝缘；
- 通过铜走线传输电流；
- 保证与冷却介质之间良好的热连接；
- 保证高可靠性。

虽然IMS（隔绝金属基板）在电力电子器件中可以实现如同DCB同样的功能，但是IMS不像DCB在电力电子领域中应用得那么广泛。这主要是因为在聚合物绝缘体的热导率（1~4W/(m·K)）比较低，而且它的膨胀系数要远大于半导体芯片的膨胀系数（54×10^{-6}/K）。

2.2.3 基板

在小功率的应用中，IGBT模块（DCB或IMS模块）通常没有基板。而在大中功率的应用中，IGBT几乎都有一个基板。基板通常是用铜制成的，厚度为3~8mm，同时具有3~10μm的镍镀层。当然也可以用其他替代性的材料作为基板，比如AlSiC（碳化硅铝），或并不频繁使用的Cu/Mo（铜钼）合金。图2.5给出了安装示例。

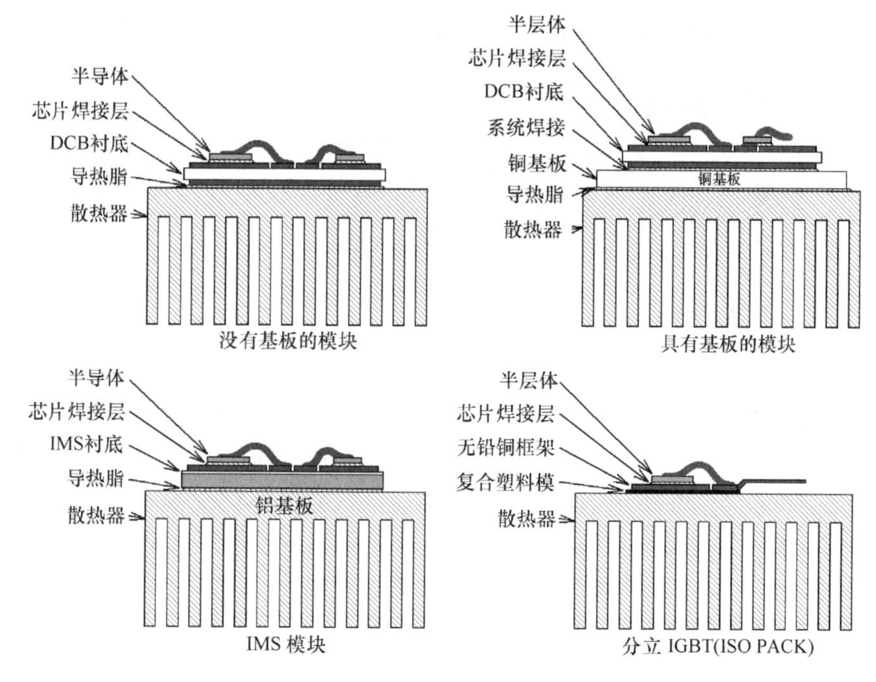

图2.5 安装示例

基板通常不是平坦的，而是稍微弯曲，可以是凸面或凹面。当基板随着温度的上升而膨胀时，这个有意的弯曲可以确保基板与冷却介质有最佳的热接触。这种膨胀不同于DCB的膨胀，内外温差会导致基板的热胀冷缩。显而易见，生产商通常的做法是优化基板与冷却介质之间的热阻，使其在高温下更小。低温下，热阻的优化是次要的。

2.2.4 塑模材料、环氧树脂和硅胶

塑模化合物用来封装小电流、低电压的分立 IGBT 或 IGBT 模块。封装的模块通常用于阻断电压等级为600V 且电流小于10A 的应用中。然而，随着技术不断发展，这种技术在大功率和更高阻断电压场合中的应用逐渐增多。塑模化合物主要成分是20% ~30%的环氧树脂、石英、阻燃剂和固化剂。模制化合物在大于6MPa 压力下，同时高于170℃的温度下压注而成。这个过程也叫树脂塑模㊀，有些厂家也称之为压注模块。图 2.6 给出了模块的环氧层和塑模模块。

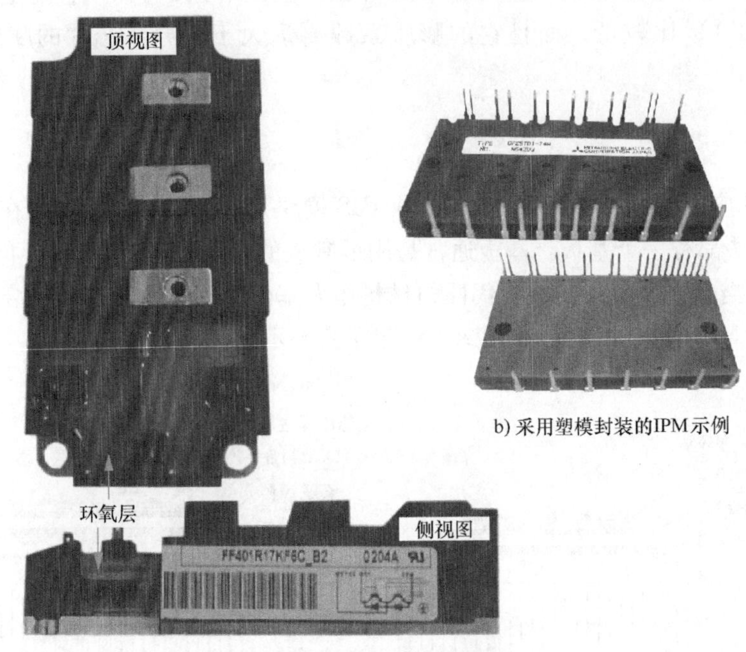

a) 采用环氧塑模的IGBT模块示例(已经去除部分框架)

b) 采用塑模封装的IPM示例

图 2.6 模块的环氧层和塑模模块

环氧树脂因为具有很好的介电性能，一直以来作为主要绝缘材料普遍应用于标准 IGBT 模块。类似于塑模材料，环氧树脂也是一种聚合物。根据不同的化学反应，同时添加合适的硬化剂就可以得到高度刚性和化学性能稳定的热固性塑料。环氧树脂一旦和硬化剂混合，原先的液体混合物通常会在几分钟到几个小时的时间内硬化，这取决于液体的组成和温度。根据选择的树脂体系类型，热固化最终产物的热稳定性可以大于250℃。相反，冷硬化的玻化温度㊁大约是60℃。与聚酯树脂不同，环氧树脂混合是必须遵守树脂㊂/固化剂化学计量的比

㊀ 树脂塑模也叫做“压注成型”，即在高温和高压下把树脂模型料注入模具中。在封闭的模具中，经过保压时间后，树脂模型料相互反应而硬化。硬化后，就可以打开模具，取出塑模件。

㊁ 玻化转变温度 T_G 表明了最终产品的最大变形能力。低于 T_G，产品易碎，反之则变得柔软。

㊂ 化学计量描述了化学聚合物可计量的成分。

例。否则，部分环氧树脂或硬化剂不能形成反应物，导致最终产品的表面很黏且达不到预期指标。由于无法完全避免该效应，因此环氧树脂在现代电力电子技术制造业并不常用。制造商们避免使用环氧树脂而转向软铸造树脂/绝缘化合物，比如硅胶。

与环氧树脂相比，硬化之后的硅胶不是刚性的，或者说是有可能改变的，仍然具有弹性。硅胶都具有良好的电绝缘性，且工作环境温度可在 -100℃到超过200℃。在一些边界条件下，例如短路，功率半导体芯片可能出现超过200℃的高温，因此硅胶受到电力电子制造商的青睐。由于它的凝胶状结构，硅胶具有灵活的热和机械特性，这意味着在不同封装元件的材料之间没有差别。另一方面，其机械刚性不足意味着当使用硅胶时，塑料外壳必须具有一定的强度。

硅胶的一个缺点是会释放高挥发性的硅酮，这阻碍了IGBT模块在无硅环境下的使用，比如自动喷漆线。硅胶也可以从空气中吸收水分，其中可能含有一些含硫物质（例如氢硫化物）。如果这种被污染的混合物到达DCB的铜表面，可以形成导电的硫化铜（CuS），并沿电场蔓延，如图2.7所示。镀镍的DCB可以抑制这种化学过程，从而可以避免电力电子器件因为硫化铜短路而损坏。

图2.7 在电场内生成DCB硫化铜

最后应该要提到的是，硅胶和环氧树脂一旦经过处理且硬化后，对人体健康没有危害。图2.8给出了含有和不含环氧树脂的标准IGBT模块的结构。

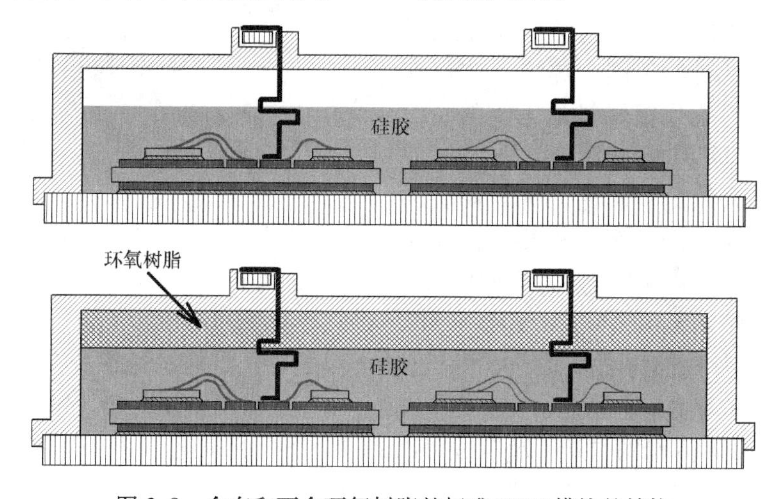

图2.8 含有和不含环氧树脂的标准IGBT模块的结构

2.3 电气键合工艺

IGBT涉及两种电气键合技术——内部键合和外部键合。内部电气键合技术是指所有半导体侧的电气连接，而外部电气键合技术是指器件和环境之间的所有电气连接。在负载端子和辅助端子之间还有进一步的区分，比如栅极端子，辅助射极端子和温度传感器连接端子。

根据功率半导体芯片的类型，IGBT 与环境至少有三个接触点：栅极、发射级、集电极。有些 IGBT 集成了片上温度测量功能或片上电流测量功能，对于这些芯片，由于附加功能的增多导致连接端子的数量上升。现代 IGBT 模块中，IGBT 芯片具有垂直结构，所以发射极端子和栅极端子位于上表面，集电极端子位于下表面。

IGBT 的续流二极管包括阳极和阴极端子，两者都具有焊接面，因此，根据拓扑结构，无论是阴极端子还是阳极端子都可以焊接到 DCB 上。

大多数情况下，所有制造商系列化生产的 IGBT 器件产品，功率半导体芯片内部连接采用键合工艺，而外部连接采用焊接工艺。制造工艺的细节和制造商选择的材料可能有所不同，但原理基本相似。

2.3.1 内部电气连接技术

对于内部连接技术，除了要考虑连接的材料外还要考虑很多因素。下面通过一个标准 IGBT 模块的工艺流程，进一步讨论这些技术。

1. 芯片焊接

在标准 IGBT 模块中，半导体芯片金属背板通过真空焊接工艺连接到 DCB 上。焊接炉中的真空可以防止在芯片和 DCB 之间形成气泡。气泡会导致连接不足，增加 DCB 上连接点的热阻，从而导致 IGBT 模块损坏。由于危害性物质限制规范（RoHS），现在大多数制造商使用了无铅焊料。

2. 系统焊接

系统焊接主要是把 DCB 连接到基板上，如图 2.9 所示。基板的材料通常是氮化铝或者氧化铝，根据材料的不同，焊接工艺也有所不同。最常用的氧化铝焊料是无铅的，但是焊接铜或碳化硅铝基板与氮化铝 DCB 衬底的焊料大多数是含铅的。同样，DCB 衬底和基板之间的焊料充分浸润至关重要。正如芯片焊接一样，气泡，也叫空气腔，会增加热阻，这会导致 IGBT 模块过早老化甚至失效。

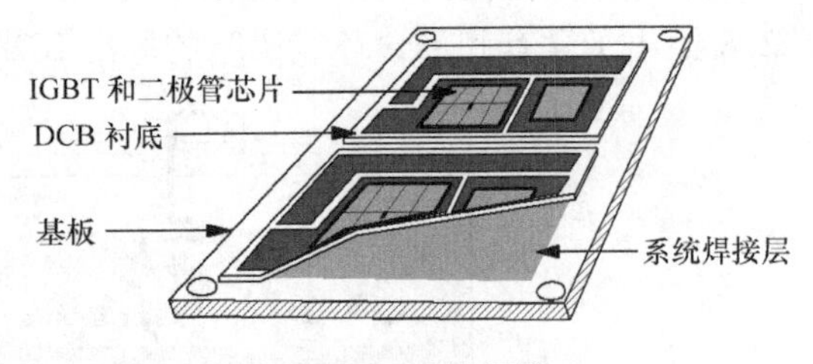

图 2.9 系统焊接

3. 超声焊接技术

谈到 IGBT 元件内部的电气焊接技术，必然会提到超声焊接。几乎所有功率电子芯片上的引线键合工艺都采用超声焊接。大多数情况下，对于 IGBT 模块，40 ~ 100kHz 的超声波微焊工艺适用于铝线和焊盘的焊接。超声波可以消除金属上的氧化层，使得焊接线牢固地附着到金属上，这样也可以降低器件的热应力。对于电力电子器件有两种不同的超声焊接工艺：一种是细线键合，其中键合线包含 99% 的铝和约 1% 的硅，线径在 17 ~ 100μm（有时使用金键合线）；另一种是粗线键合，其中 99.99% 是铝，连接线的直径在 100 ~ 500μm。超声焊接过程如图 2.10 所示。

铜线键合技术是一种新的焊接工艺。对于粗线键合，可以处理 100 ~ 500μm 的铜焊接线。但是剪切工艺有所不同，这是由于铜线很硬，所以不能像切铝线一样来切铜线。

半导体器件中不同的键合工艺如下：

- 热压打线（TC 键合）；

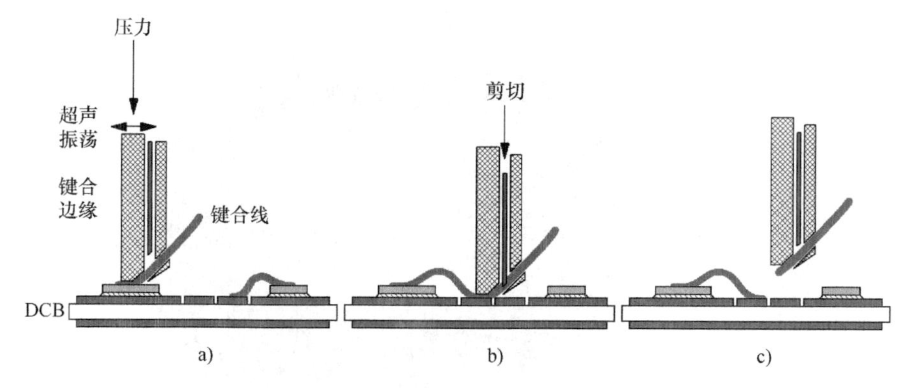

图 2.10　超声焊接过程

- 热超声波打线（TS 键合）；
- 超声波打线（US 键合）。

前面的两种工艺通常使用金线，而超声波打线使用铝或铝/硅焊接线。所有制造商都采用超声波打线工艺，只是对于不同的设计，形式不同而已。

IGBT 芯片中，发射极和栅极都在芯片的上表面。键合线的数量依赖于实际电流值 I_{RMS}，且受到键合线的电阻和热阻限制。可以从键合线[⊖]的长度和直径还有键合线的总数计算出来它的电阻和热阻。由于键合线的头尾都连接到 DCB 或框架上，头尾处具有更好的散热性能，所以键合线中部的温度最高。因为键合线嵌在硅胶中，所以硅胶就决定了键合线能够达到的温度上限。IGBT 和二极管之间的铝键合线连接如图 2.11 所示。

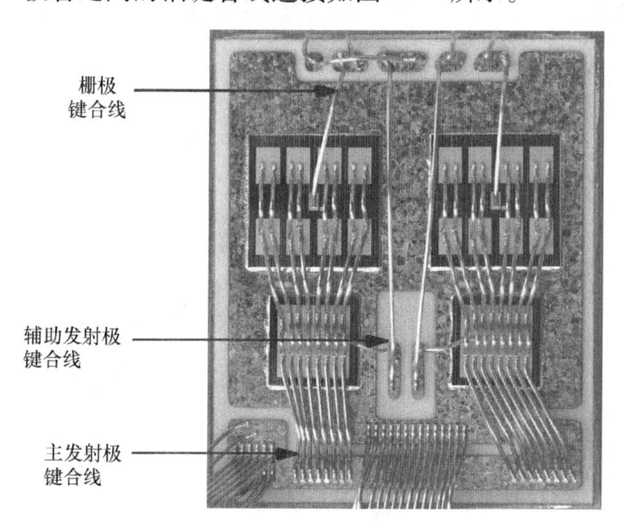

图 2.11　IGBT 和二极管之间的铝键合线连接

IGBT 经过芯片焊接和必要的基板焊接，然后通过类似芯片 - DCB 焊接技术，把塑料外壳上的电气连线端子与 DCB 衬底通过粗线键合工艺连接起来，称为框架键合工艺。铝框架键合如图 2.12 所示。

⊖ 铝键合线的特征电阻为 0.0264Ω · mm^2/m，对于铜键合线则是 0.0178Ω · mm^2/m。

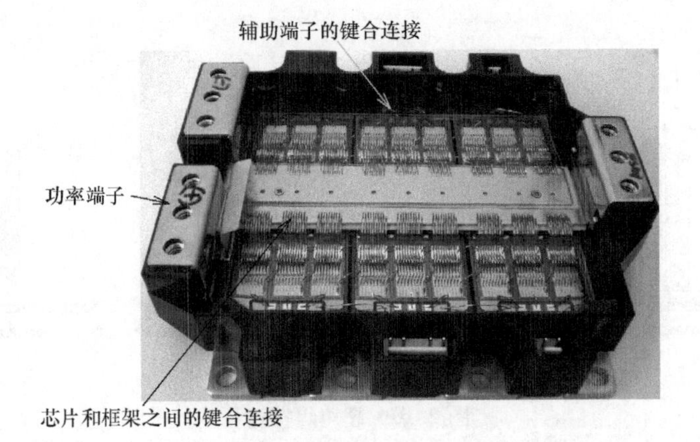

图 2.12　铝框架键合

近几年来，铜键合线开始应用到 IGBT 模块中，为提高模块的功率密度指明了新的方向。铜键合线使模块可以达到更高的电流密度，而且能够提高出线端子的散热性能。图 2.13 给出了铝线和铜线框架键合的仿真结果。图 2.14 给出了 EconoDUAL™㊀模块中的铜框架键合。

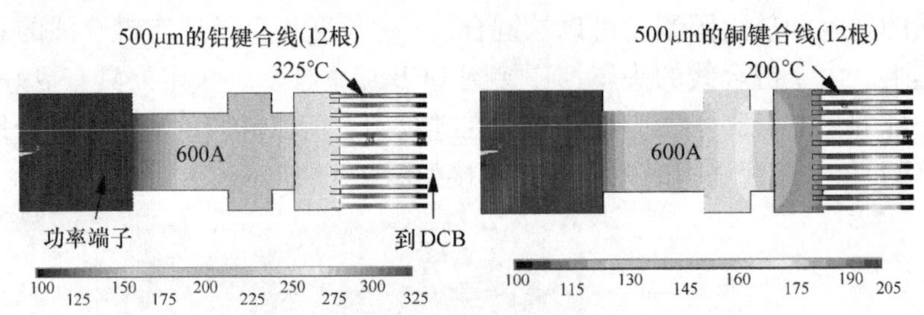

图 2.13　铝线和铜线框架键合仿真结果

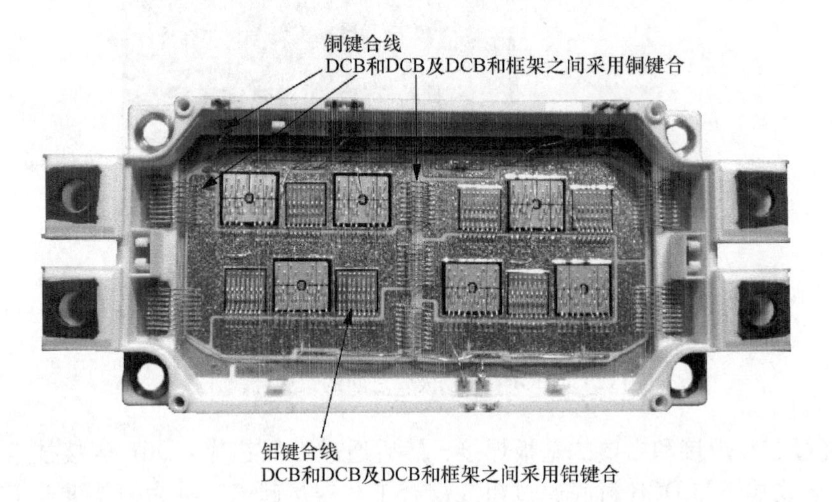

图 2.14　EconoDUAL™模块中的铜框架键合

㊀ EconoDUAL™是英飞凌科技的注册商标。

4. 锡焊

除了框架键合，锡焊连接仍是最通用的电气连接方法。它涉及负载端子和/或辅助端子与 DCB 连接，以及绑定它/它们到塑料外壳上，这也是一个后续工艺。负载端子的焊接如图 2.15 所示。

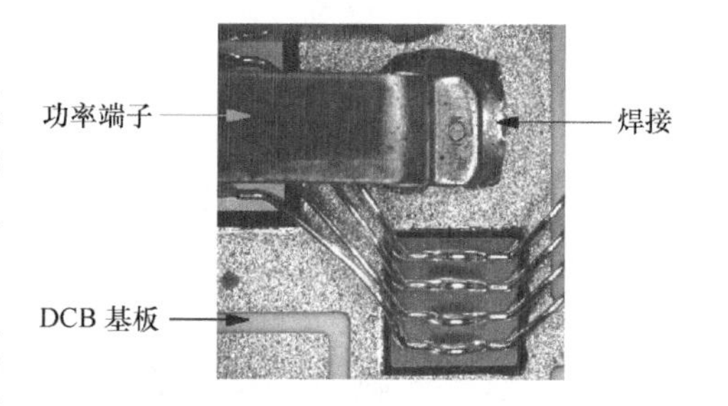

图 2.15 负载端子的焊接

一些制造商会在 IGBT 内部通过锡焊键合工艺连接不同的 DCB，如图 2.16b（图 2.16a 给出了一种替代方法，即用键合线连接）所示。这些焊接如同负载端子及控制端子的焊接一样，其工作温度要低于芯片使用温度和基板焊接温度。否则，将会出现锡回流，这将会产生不可控的焊点。

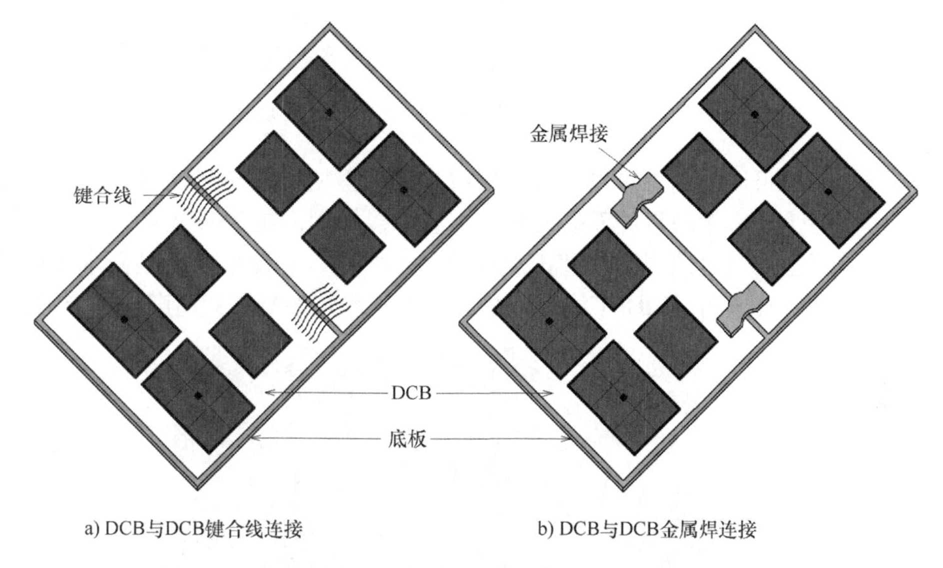

a) DCB与DCB键合线连接　　b) DCB与DCB金属焊连接

图 2.16 焊接键合（DCB 到 DCB）和键合线连接的替代方案

5. 超声焊接

在超声焊接中，电气连接利用键合器件相同的材料在 DCB 衬底上产生持久的接合点和接触区。虽然这种焊接技术前几年才被应用在 IGBT 模块上，但是已经被证实是在电力电子领域中最可靠的键合技术之一。超声波焊头由于暴露于超声波高频的机械振动中进入共振状态，从而把铜质的负载和辅助端子直接焊接到 DCB 的表面上。超声波焊头是超声波发生器和工件之间的连接器，可以通过焊头根据工作对象调节超声波的振动。

在超声波焊接中，传递到主要或辅助端子上的热量很少，因此这个过程就像在塑料外壳上使用的电气连接一样方便。在超声波焊接中，超声波振动平行地施加于焊接表面，因此焊接压力也垂直于焊接表面。超声波产生的振动会消除金属表面产生的污染或氧化层，使得金属表面非常干净，直接接触，从而可以牢固地焊接在一起。因为铜的电阻率只有铝的一半，所以与铝和铜框架连接相比，铜和铜超声波焊接后的热阻和电阻降低了一半。这个优势使得 IGBT 具有更大的电流处理能力，同时降低了热负载。输助端子和负载端子超声波焊接原理如图 2.17 所示。

DIN EN 14610 和 DIN 1910 - 100 标准定义焊接为通过热或压力使得被焊接材料牢固地

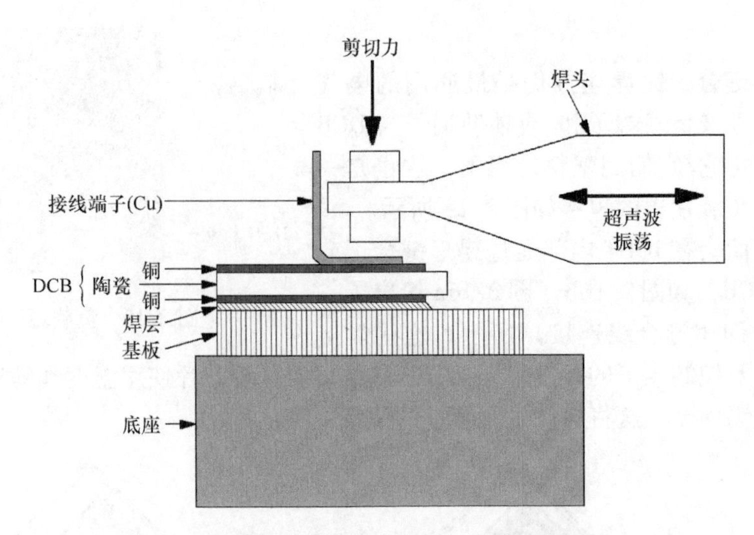

图 2.17　辅助端子和负载端子超声波焊接原理

连接起来，其过程中可以采用也可以没有焊接材料。这里所说的超声波焊接属于摩擦焊接。英飞凌科技公司专为功率模块设计而研发的超声波焊接技术，在2006年首次应用于在PrimePACK™⊖系列产品上。与之前提到的超声波焊接技术相比，它使用的不是微米级厚的铝线，而是粗铜焊线。图2.18给出了IGBT模块上的功率端子和辅助端子的超声波焊接示例。

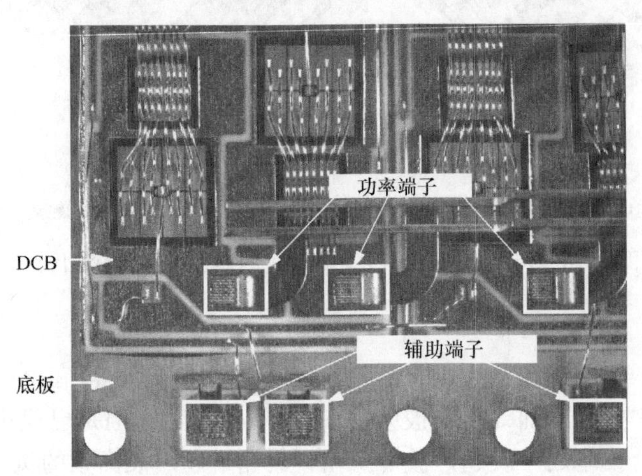

图 2.18　IGBT模块上的功率端子和辅助端子的超声波焊接示例

两种相同材料的键合，比如铜，会在接口处通过一个牢固的冶金结形成一个封闭结构，这样就可以尽可能地增大导电性。此外，相同的材料具有相同的热膨胀系数，这意味着在热负荷下，这些接合点受到的机械应力会显著减小。IGBT模块中的超声波焊接的截面如图2.19所示。

图2.20给出了超声波焊接接点（铜到铜）和框架焊接接点（铝到铜）的热比较。从图中可以看出，负载端子和铝线键合，当集电极的电流为400A时，铝键合线的最高温度为200℃。

⊖ PrimePACK™英飞凌科技的注册商标。

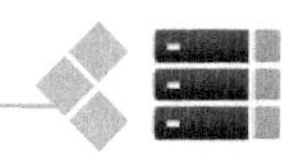

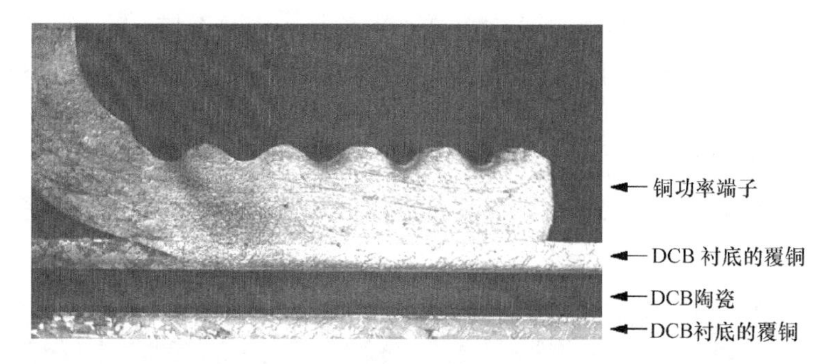

图 2.19　IGBT 模块中的超声波焊接的截面

相应地，通过超声波焊接的负载端子和铜线，铜键合线上的最高温度为 120℃。这说明超声波焊接比传统的铝线键合可以通过更高的电流。

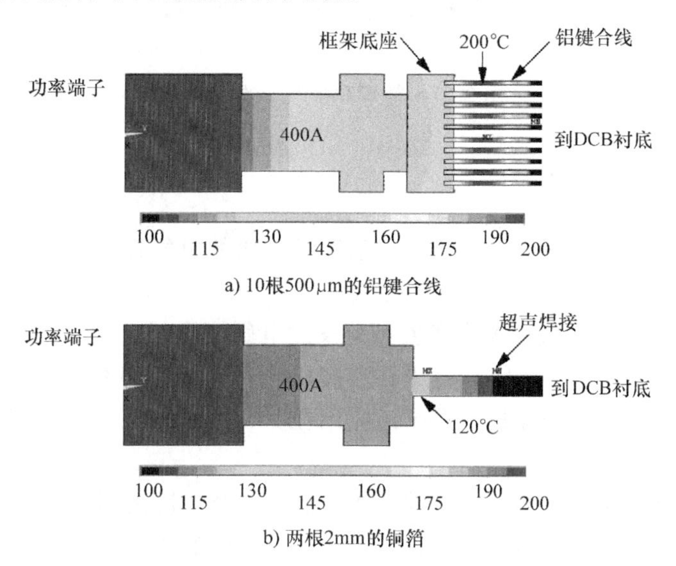

图 2.20　超声波焊接接点（铜到铜）和框架焊接接点（铝到铜）的热比较

6. 低温连接

在电力电子领域中，低温连接用于金属材料连接时，需要在金属材料表面涂银或金以防止其产生氧化膜。这些涂层可经过预处理，产生形状合适的颗粒银或条状银。在 220℃的温度和至少 40MPa 压强下，连接过程持续约 1min。在这种工作环境中，工作温度远低于所连接材料的熔点。在烧结过程中，银粉的体积和孔隙都会减少，因此，可以通过粉末颗粒之间的表面扩散来提高硬度。银涂层通过扩散或混合与被连接的材料紧密地结合在一起。

烧结的目标是为了提高粘合材料上的负载稳定性。因此，在新产品开发工程中，可以替代芯片焊接，甚至也可以替代超声波焊接。更多的信息，请参考第 14 章 14.5.3 节。

7. 扩散焊接

扩散焊接中，在被连接金属之间放置一层低熔点的焊料。金属层的熔点比焊料层的熔点高，在一定的压力下提升温度使得焊料层熔化。焊料与被焊接的金属表面反应形成一个合金相。合金相的熔点比焊料的熔点要高，这个差值可达几百摄氏度，因此它能够承受的操作温度比焊接温度高。在传统的软焊中，操作温度必须远低于焊接温度，这样焊接接点才会保持稳定。能够用来进行扩散焊接的材料有多种，最常使用的是锡 - 银和锡 - 金合金。

与软焊相比，扩散焊的一个明显优点是它的有效层能够做得很薄，从而提高热阻性能。图 2.21 给出了软焊和扩散焊的比较。

类似于低温连接技术，扩散焊在某种程度上可以代替传统焊接技术。更多的信息，请参考第 14 章 14.5.4 节。

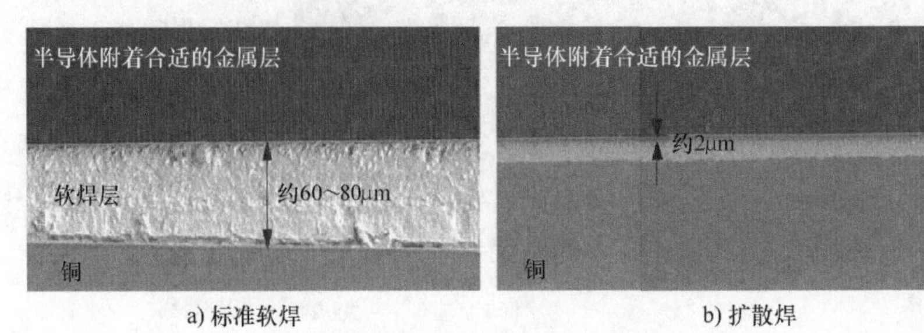

a) 标准软焊　　b) 扩散焊

图 2.21　软焊和扩散焊的比较

2.3.2　外部电气连接技术

连接技术可分为可分离的电气连接、有条件可分离的电气连接和不可分离的电气连接。本章 2.3.1 节介绍了不可分离的电气连接如键合连接和焊接连接，本节将讨论可分离的电气连接（螺丝和弹簧加载的触点）及有条件可分离的电气连接（焊接和压接）。螺丝连接在大中功率的 IGBT 模块中占主导地位，而焊料连接则常用于低功率的 IGBT 模块中。近年来，除了焊料连接，新的无焊料连接技术也已经应用在 IGBT 模块中，包括弹簧式和压接式安装技术。

所有这些连接技术是基于两个部件的连接，而这两个被连接部件在可靠性和电气应用中扮演着重要的角色。电流，电压，温度，污染和机械效应如振动及冲击都是影响选择合适连接技术的关键因素。在此基础上，用户需要为 IGBT 模块找到合适的连接部分。制造商会发布大量的应用信息和安装说明，使用户能够更好地使用电力电子器件。下一节将说明烧结效应，而这一点很少受到电力电子工程师的关注，但是其在集成了电子和传感技术的电力电子器件中越来越普遍。

1. 烧结效应

烧结效应可以描述为绝缘的电击穿。在可分离的电气连接中，由于污染或随着时间的推移，连接部件的表面可能产生烧结效应。烧结效应不会出现在有条件可分离的电气连接上，比如锡焊和压接；也不会出现在不可分离的电气连接上。

在可分离连接部件之间的污染通常涉及部件表面的氧化。稀有金属连接部件如金（Au）或钯（Pd），当受到诸如有机物、被污染的空气或潮湿的空气侵蚀时，会形成一层很薄的约 5nm 的氧化层。另一方面，普通金属如铜（Cu），镍（Ni）和锡（Sn）很活跃，因此会形成几十纳米的氧化层。这意味着稀有金属是电气连接部件很好的材料，而普通金属更容易受到接触污染的影响。

烧结效应清洗触点的方式有两种。如果电气连接端子已经绝缘，且承受的电压达到了临

界值，即烧结电压，因此产生了临界电场，从而引发放大和隧道效应㊀，也就会向绝缘层注入电子。在足够大的外界电场下，绝缘层内会产生一条导电路径。该物理过程的形成需要在普通金属表面形成一个很高的电场，比如，如果金属表面的绝缘层 D 为 10nm，则电场需要达到 $E=10^8\text{V/m}$。对于后面要讨论可分离的连接技术，这意味着内部的接触点上的电压 U 至少为 1V。附加的外层接触部分如图 2.22 所示。

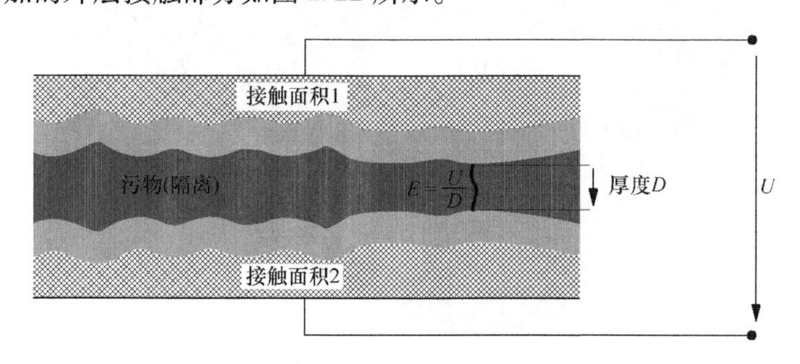

图 2.22　附加的外层接触部分

一旦由于这种机理产生一条导电通路，可能会形成第二种导电机理。这种机理是基于电流和击穿点的热效应导致的导电通道扩张。第二种导电机理是在第一种导电机理的基础上形成的。

在 IGBT 模块的电源和控制端子中，接触部件上的污染不是很严重，因为其电压总是足够高且电流也通常是足够大的，因此能够清理接触点。但是这不适用于温度测量，测量电路的电压和电流相对较小。由于腐蚀或污染，烧结效应不能完全和透彻地解决接触阻抗增加的问题。

2. 螺丝连接

螺丝连接是 IGBT 模块中最常用的电气连接。当使用合理时，螺丝连接很可靠，也是所有大电流和高电压 IGBT 模块的主要连接技术。当电流达到 200A，阻断电压达到 1.2kV 或更高时，由于印制电路板上的电气连接和走线的导电能力受到限制，这时在印制电路板上使用 IGBT 器件非常具有挑战性。螺丝连接的底座可以做得很大，因此接触电阻较低。大多数 IGBT 模块，电气连接㊁是通过 DCB 热粘合到基板上（见 2.3.1 节），这样会冷却接触端子而且可以防止满负荷时热量通过接触端子传递。

并不是只有电源端子采用螺丝连接，很多 IGBT 模块的电气辅助端子也通过螺丝连接。螺丝连接不仅仅是为了进行电气连接，也会提高模块的机械耐用性。功率端子和辅助端子采用螺丝连接的 IGBT 模块如图 2.23 所示。图 2.24 给出了英飞凌科技公司的 PrimePACK™㊂系列模块的应用参考信息。

当安装模块时，使用规定的螺丝和力矩是很重要的，其说明可参阅相关的数据手册/或应用信息文档。这里要注意的是，制造商提供的数值适用于干式或无油安装。如果润滑螺丝

㊀ 隧道效应是能够让电子克服有限势垒的量子机械效应。

㊁ 螺丝和 DCB 之间通过铜连接，而铜通常是镀银或者涂有镍/锡合金涂层，镀银的厚度一般为 3μm，而镍/锡合金涂层可以达到 14μm。

㊂ PrimePACK™是英飞凌科技的注册商标。

图 2.23　功率端子和辅助端子采用螺丝连接的 IGBT 模块

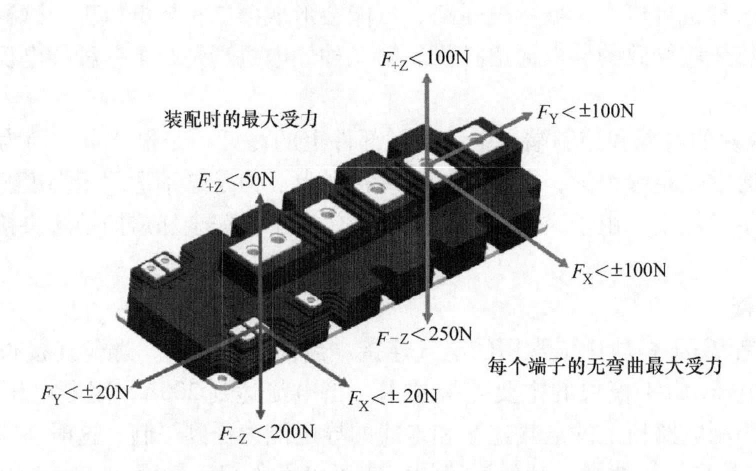

图 2.24　英飞凌科技公司的 PrimePACK™系列模块的应用参考信息

或使用锁定漆，采用的螺丝力矩将和制造商给出的不同。此外，IGBT 中的螺丝连接在实际应用中受到一定的限制。制造商只允许在他们的产品中施加有限的拉伸、压力和扭转负载。IGBT 模块因不当的机械问题而损坏并不少见，其原因就是由于负载或控制端子上受到超出许可范围的振动或力。

3. 焊接连接

迄今为止，对于中小功率应用，焊接仍然是最常使用的 IGBT 模块连接技术。如果阻断电压不高于 1.7kV 且电流不大于 200A，目前业界最常见的方案仍然是直接把 IGBT 模块焊接在印制电路板上。图 2.25 给出了印制电路板和 IGBT 模块的焊接。

焊接可以分为两类：硬焊和软焊。软焊分为有铅和无铅焊接。硬焊的温度在 400～1000℃，因此不适合在电子领域中应用。而工作温度在 230～400℃的软焊适用于该领域。

从可靠性的视角来看，焊接会造成一些潜在的问题。它们对温度冲击，机械变形很敏感

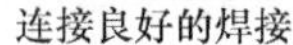

连接良好的焊接

连接较差的焊接

图 2.25　印制电路板和 IGBT 模块的焊接

而且容易折断。此外，还存在无法正确处理局部微电池[1]的问题。RoHS 标准的出台和实施，使这一问题更为突出。该条令禁止使用含铅焊料，虽然银可以作为替代品，然而，与铅相比，银的熔点要更高而且更硬，更脆。

IGBT 器件可以焊接到印制电路板上。一般器件的焊接可通过可编程或非可编程的机器人或波峰焊来完成，但是 IGBT 元件通常仍是手工焊接，而且整个过程中不存在监控。IPC－A－610 DE[2]给出了软焊必要的质量标准。

由于需要无铅焊接，很多制造商放弃了 SnPb（锡－铅）焊料，而使用其他的焊料，包括 Sn60Pb40，SnCu（锡/铜）或 SnAgCu（锡/银/铜）。含铅焊料在 190～250℃的温度范围进行焊接，无铅焊料在 220～260℃的温度范围进行焊接。这使得处理窗口更小且焊接温度更高。

4. 插件连接

在电力电子中，插件连接主要用于 IGBT 组件信号连接，通常与螺丝连接配合使用。

在插件连接中，接触起着关键作用。即使是现在，在 IGBT 器件中，只有低端的 IGBT 或门极控制信号通过插件连接。插件的材料很关键，它必须能够防止腐蚀且确保可靠性，即能够承受一定的机械负载如振动和热变化。触点通常是镀有银或镍/锡的铜，有时候也使用镀镍/金的黄铜。可以根据电力电子器件厂商的要求来选择合适的插件连接。图 2.26 给出了 IGBT 模块的接插件。

所有制造商都倾向于在 34～80mm[3]的 IGBT 半桥模块中采用 2.8mm 的易插连接器。这种连接器常用的标准尺寸为 34mm、45mm、48mm、62mm 和 80mm 的标准模块。

---

[1] 局部微电池是指那些腐蚀颗粒，通常小于 $1mm^2$，比如掺杂的结晶体，这些颗粒彼此接触从而导电。微电池常常导致点状腐蚀。

[2] IPC－A－610 DE 是德国软焊的标准。2000 年的版本更新为 2005 年 2 月的版本，也称作版本 5，其中包含了无铅焊接。

[3] “34～80mm”指 IGBT 模块基板的宽度。这是一种半桥模块的标准，绝大多数的制造商以基板的宽度来区别模块。

IEC 760 规定了该2.8mm 易插连接器：宽2.8mm，厚0.5mm，长8.6mm。然而，一些厂家也生产在长度和厚度上偏离标准的2.8mm 易插连接器。

对于2.8mm 连接器，可以采用不同的材料。连接器的基本材料是黄铜或磷/青铜，这些材料涂有锡或银。对于高达250℃的高温应用，也存在涂有镍的钢材接头。如果2.8mm 连接器有塑料绝缘，应注意其中不含 PVC、ABS、聚酯纤维或聚酯纤维绝缘，因为这些材料能够承受的上限温度仅有90℃。聚酰胺（nylon）能够适用于大于125℃的场合，所以是一个更好的选择。易插连接器的供应商包括 Wieland – Werke AG、Gustav Klauke GmbH 和 Tyco Electronics。

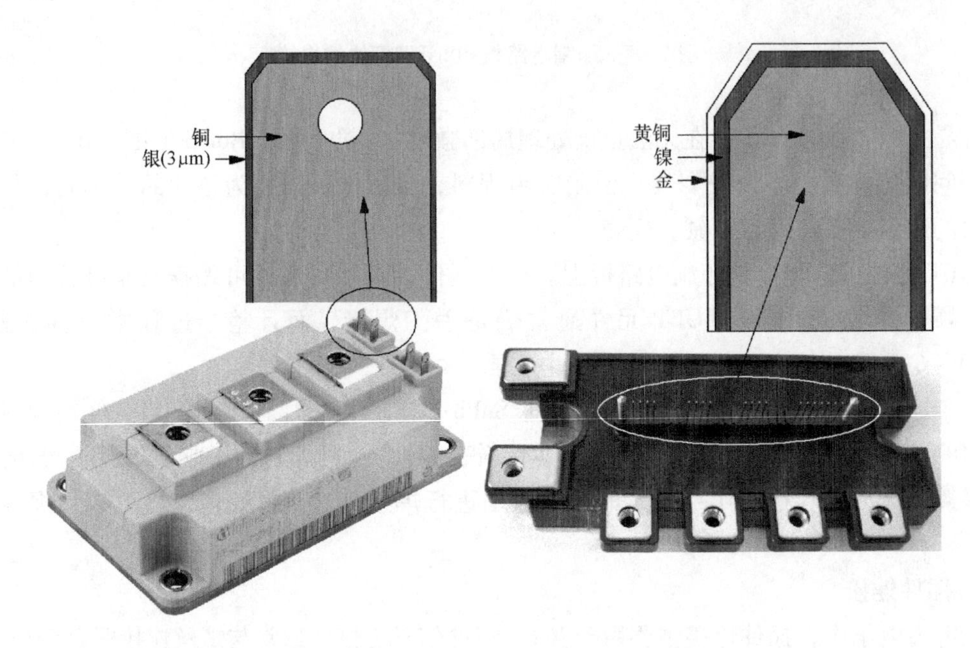

图2.26　IGBT 模块的接插件

5. 压接技术

压接连接属于冷压焊接技术的范畴，可以实现可分离的连接。多年以前，冷压焊接就开始广泛地应用。近年来，冷压焊接开始应用于 PCB 中，从而通过更高的电流。压接连接可以代替螺丝，例如，现在模块的控制端子和负载端子可以采用压接连接。

20 世纪 40 年代就提出了冷压焊的基本原理，如图 2.27 所示。工作过程如下：两种相同材料的金属接触面并不是100% 平滑（见图 2.27a）。当接触面相互接触时，电流仅通过一些直接接触点传输。由于外加压力的作用，导致金属一定程度的变形，这样就增加了接触点的有效面积（见图 2.27b）。增大压力还会带来另一个优点：通过摩擦和烧结消除了金属接触面的氧化层，而且接触点与空气隔离，这样就不容易受外面的污染物如盐水或氧化性气体的影响。实际接触点的连接是通过金属原子晶体中的自由电子实现的，自由电子的运动可以超出接触点范围，因此产生了交叉连接。刚开始，这个连接还比较脆弱，几个小时之后，这种结构得到增强，会在接触区附近形成一个稳定的晶体结构。在压接工艺完成，形成可靠的连接之后，通过直接比较连接器的对外应力来验证连接。

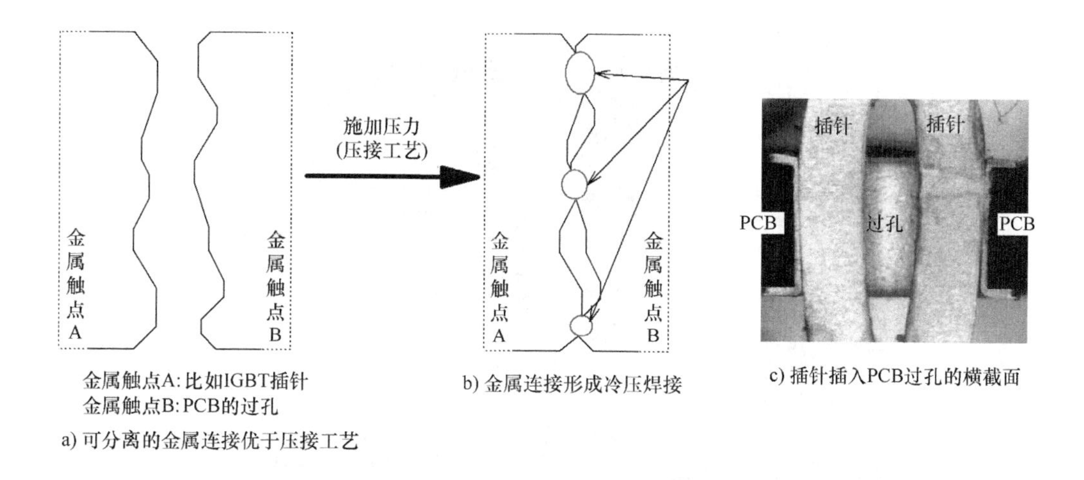

a) 可分离的金属连接优于压接工艺　b) 金属连接形成冷压焊接　c) 插针插入PCB过孔的横截面

图 2.27　冷压焊的基本原理

在 PCB 上压入一个合适的接插件可以形成冷焊连接，该连接具有良好的气密性，而且在某些条件下可以分离。冷焊连接是接触点能够流通大电流和保证可靠性的基础。接触电阻可以低至 0.1mΩ，使得每个插针可以通过的电流高达 25A。通过多个插针的并联，IGBT 电源模块可以处理 150A 甚至更大的电流。如果使用了镀锡的插针，镀锡 PCB[㊀] 就达到 RoHS 条令规定的无铅要求。

必须使用一个压接工具把 IGBT 模块压到 PCB 中，或把 PCB 压到 IGBT 模块上。为了能够把 IGBT 模块压到 PCB 中，必须在模块的每一个引脚上施加指定的力。例如，对于图 2.30b 中所示的叉形针，每个叉形针上受到的压力在 75 ~ 81N 之间。总压力的大小由 PCB 上引脚的数量决定。例如，如果在一个模块中有 30 个引脚，那么总压力在 2.25 ~ 2.43kN。图 2.28 给出了 PCB 和模块压入引脚的冷焊。

基本上，压接技术能够应用于任何标准的 PCB，只是存在细微差别。PCB 制造商提供的允许偏差可以通过压入针进行补偿，但是不同的生产工艺影响接触区域的电流处理能力。在众所周知的化学锡和 HAL[㊁] 工艺中，接触面负载能力的差异是可以预计的。在 HAL/HASL 工艺中，由于锡层是不均匀的，形成弓形的晶体，导致压入接触面和 PCB 的通孔之间粘合面积减小。也将最终影响这区域的电流承载能力。此外，在化学锡工艺中锡层厚度的公差比在 HAL/HASL 过程中低得多。图 2.29 给出了通过 HAL/HASL 和化学锡工艺的 PCB 表面。

压接技术相对焊接的另一个优点就是拆卸 PCB 变得很容易。借用一个合适的工具，能够在几秒钟内把 IGBT 从 PCB 上拆卸下来。卸下的 PCB 还可以重复使用，但是 IGBT 模块不

㊀ 化学锡是平滑的，易于焊接，在 PCB 上的厚度约为 0.8 ~ 1.2μm。该名称来源于制作的化学工艺。化学锡适合于压接连接，经过长时间的存储后，由于在铜导体和锡之间形成金属间相，导致可焊性下降。IPC - 4554 标准规定了化学锡在 PCB 应用的标准。

㊁ HAL/HASL 热风整平即一种给 PCB 涂锡的物理工艺。

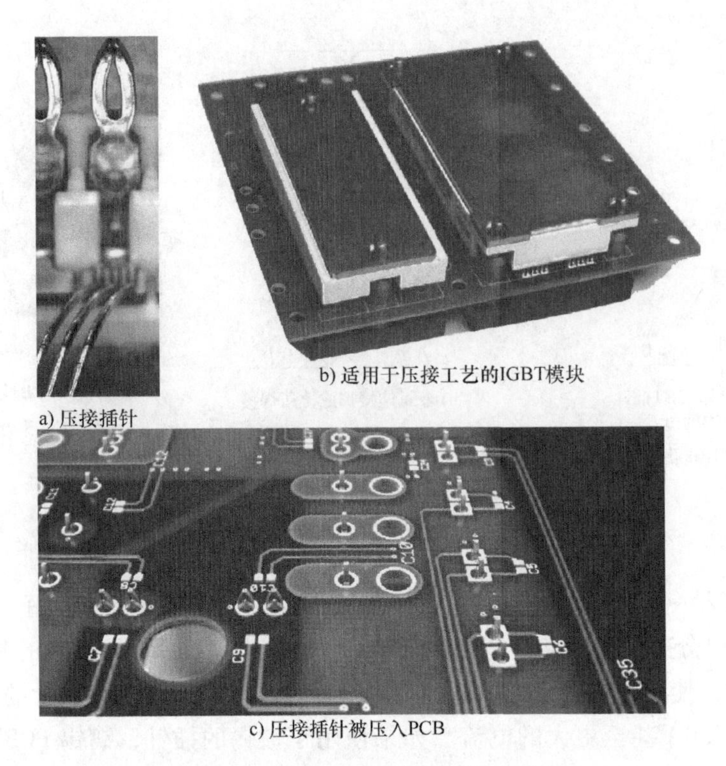

图 2.28　PCB 和模块压入引脚的冷焊

能再使用压接连接，因为其引脚在第一次压接时已经产生变形。然而，这些模块能够焊接[㊀]到 PCB 上。

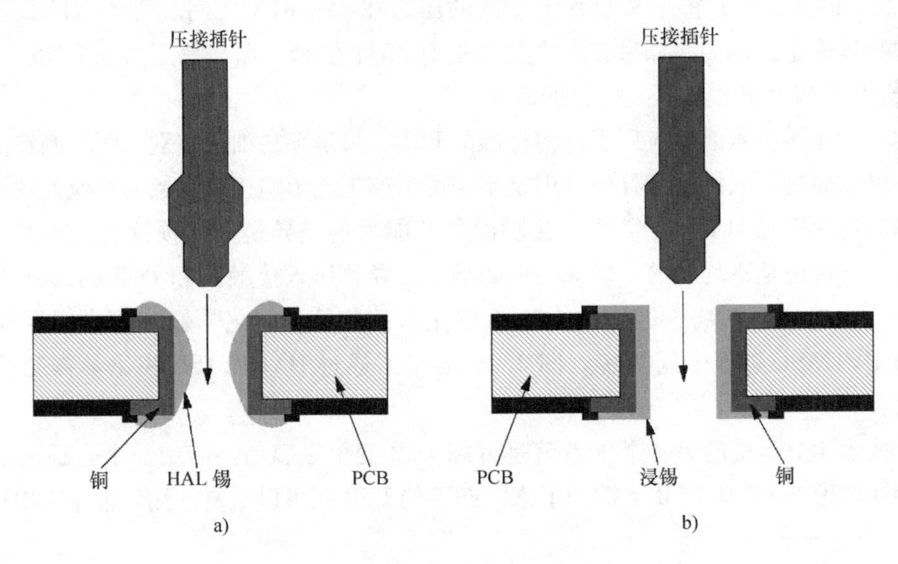

图 2.29　通过 HAL/HASL 和化学锡工艺的 PCB 表面

㊀ Press-in pins 压接针通常适合焊接，因而这些针会提供两种选择。

与其他常用连接相比较，压接技术更为可靠。表2.1摘录于西门子标准SN 29500－5/版2004－06第五部分，该表列出了不同连接技术的失败率。

表2.1 不同连接技术的失效率

工艺	导体截面积/mm^2	失效率 λ_{ref} FIT⊖	相关标准
焊接（人工）		0.5	IPC 610, Class 2
焊接（机器）		0.3	IPC 610, Class 2
绕线	0.05～0.5	0.002	DIN EN 60352－1 /IEC 60352－1 CORR1
接插件	0.05～300	0.25	DIN EN 60352－2 /IEC 60352－2 A1 & A
端部连接	0.1～0.5	0.02	DIN 41611－4
压接	0.3～2	0.005	IEC 60352－5
绝缘压穿连接	0.05～1	0.25	IEC 60352－3 IEC 60352－4
螺丝	0.5～16	0.5	DIN EN 60999－1
夹具	0.5～16	0.5	DIN EN 60999－1

除了能够承载大负载的叉形插针，在电力电子领域还形成了另一种压接技术——ERNI连接。该技术由ERNI Electronics GmbH开发，用于信号连接的历史已经有几十年了。DIN 41612/IEC 60603－2标准规定了ERNI引脚的规格。ERNI连接可作为易插连接器或焊接连接的替代品，所以在IGBT电源模块中越来越受欢迎。PCB设计需求现在已经标准化。IEC60352－5中描述了PCB设计的FR4和ERNI插针的规格。图2.30给出了IGBT模块不同类型的压接引脚。

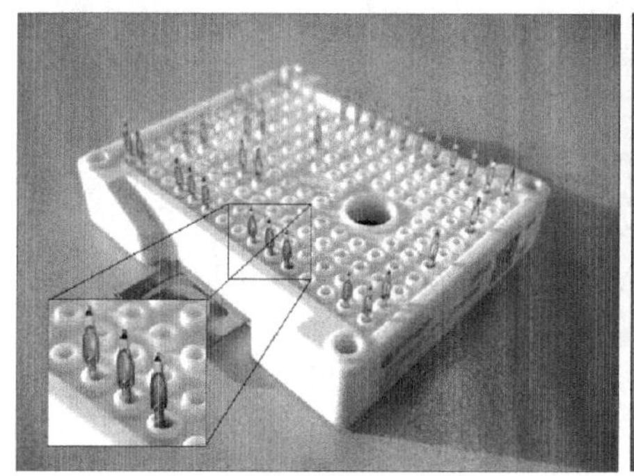

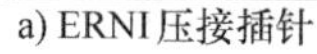

a) ERNI压接插针

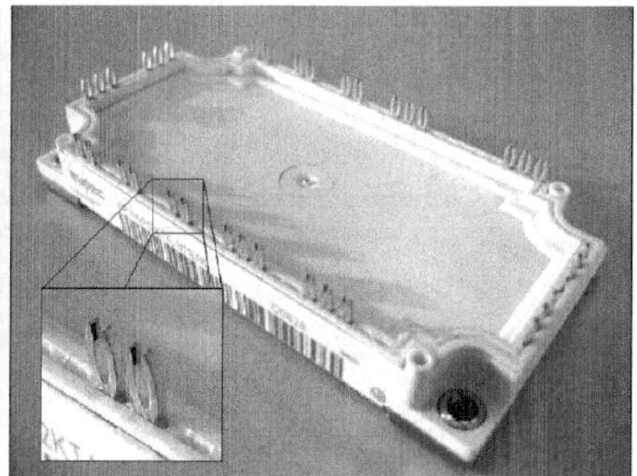

b) Fork压接插针

图2.30 IGBT模块不同类型的压接引脚

自从2009年以来，除了标准连接的IGBT模块，还特别研发了以压接安装为优化目标的模块。压入装置模块有两部分：压盘和模块。PCB放在压盘和模块之间。压接加工的同时把模块通过中央的螺杆装配在附加的散热器上。为压接装配特别设计的模块如图2.31所示。

⊖ FIT的定义请查阅第14章14.1.1。

6. 弹簧连接

在中小功率应用中，类似于压接和焊接技术，弹簧连接常应用于负载和/或辅助端子的（后者常与螺丝连接组合使用）连接。弹簧连接是一种可分离的连接技术，并且能够多次安装和拆卸。现在这种连接只用于电力电子器件和PCB连接，PCB表面作为弹簧负载的一个连接部分。PCB表面的布局必须合理，从而能够抵消制造偏差；另外表面还要符合可分离连接技术的规范。

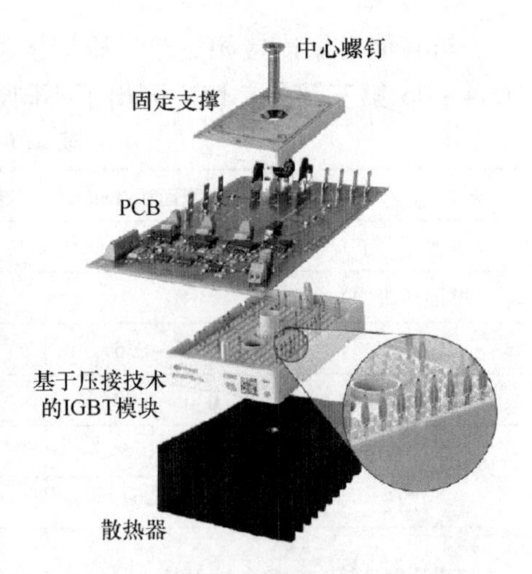

图2.31　为压接装配特别设计的模块

图2.32所示的弹簧连接实现了电和热的连接，利用螺丝产生的压力把PCB、IGBT和散热器连接起来。一旦这个结构装配完成，弹簧连接通过弹簧的压力实现模块和PCB的电气连接，同时把DCB紧紧地压在散热器上。通常，弹簧连接的一个接触点能够承受大约10A的电流。对于大于10A的电流，弹簧连接可以并联工作。

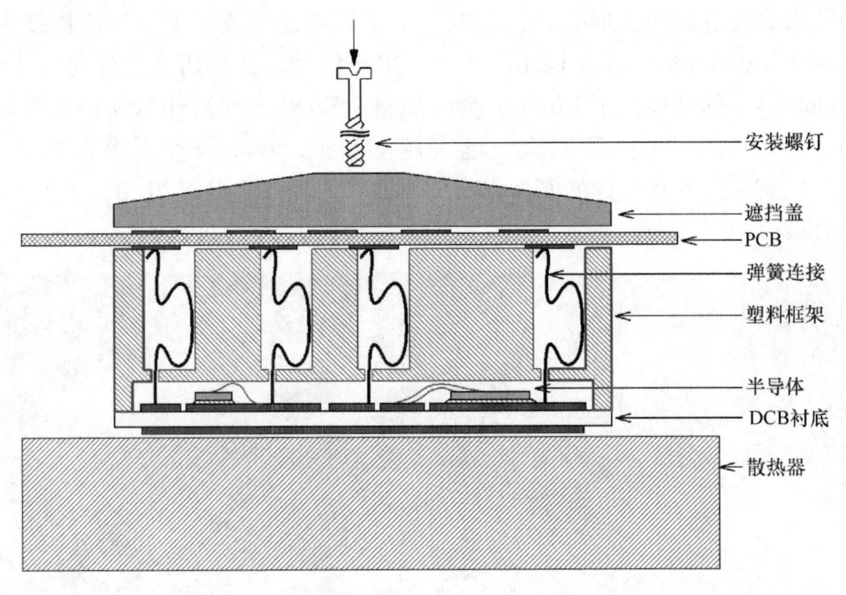

图2.32　弹簧连接示例（Semikron MiniSKiiP*㊀）

图2.33为Semikron公司SEMiX®㊁系列模块，该模块通过弹簧把PCB连接到模块内的DCB上。DCB通过螺丝连接到IGBT模块上。

为了保证接触电阻足够低，在弹簧及PCB表面的触点必须没有被氧化也没有受到其他污染。由于烧结效应（见2.3.2节）对于承载负荷的连接是相对简单的，这样，如果有必要可以扩展接触点。但是，对于只有很小电流流过的接触点，例如测量温度的传感器的连接

㊀ MiniSKiiP®是Semikron公司的注册商标。

㊁ SEMiX®是Semikron公司的注册商标。

或测量 IGBT 去饱和电压的连接，烧结效应发挥不了作用。一种替代的方法是，在设计和结构上保证弹簧能够承受足够的压力（即垂直于接触点）。这样可以通过微运动分解原先的氧化层，从而使接触产生一个直接的金属连接，这是唯一能够去除氧化层的方法。但是，在系统的寿命周期内，所需的压力必须保持允许的规格之内，否则微动效应[㊀]（不要与烧结效应混淆）将导致微动腐蚀，这将大幅度增加连接点的电阻。

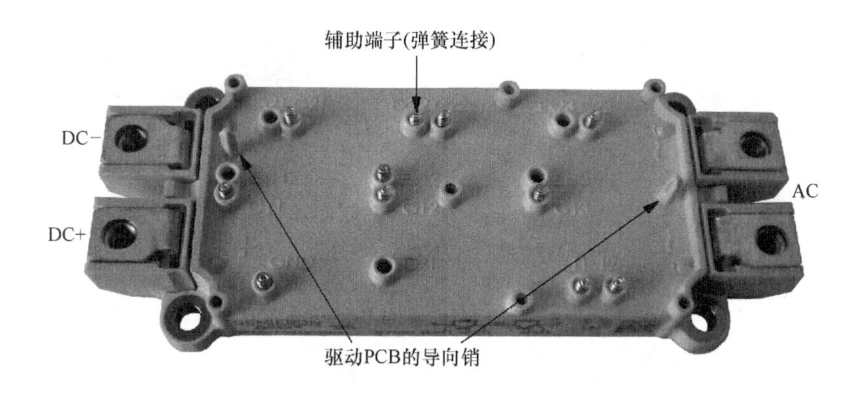

图 2.33　SEMiX®系列模块

2.4　设计理念

2.4.1　标准 IGBT 模块

标准的 IGBT 模块按照前文所述过程步骤来设计。最新的发展趋向于利用现代技术（如扩散焊接和超声波焊接）来代替传统的建造技术（如软焊）。图 2.1、图 2.3、图 2.14 和图 2.16 给出了一些标准 IGBT 模块。

2.4.2　压接式 IGBT

压接式 IGBT 类似于大功率二极管和晶闸管的设计理念，采用陶瓷封装为标准。其独特的特征是，压接封装的顶部和底部同时也是器件的电源端子和冷却表面。其优点是可以在两面进行冷却。但是也带来了一个缺点，即散热片必须绝缘。

在压接式封装中，安装时需要给接触面提供足够的压力。这是保证在接触元素（铜盘、钼盘和半导体芯片）之间具有良好的内部电气和机械接触的唯一方法。此外，只有压力足够大时，散热片的热阻才会足够低。

ABB 公司的 StakPak™[㊁]封装是一种特殊类型的压接式封装，这个封装结合了传统压接的设计理念和标准 IGBT 模块的元素。不需要内部连接或焊接，因此具有优越的负载周次能力（详见第 14 章）。

㊀ 微动效应这个词来源于摩擦学，阐述了接触点因为摩擦和振动而退化的现象。由于微动，接触点的氧化颗粒由于被研磨和挤压，在接触点形成固态的弱导电层。这种效应与材料、接触压力、润滑油或液体、振动的幅度即循环的次数都有关。

㊁ StakPak™是 ABB 公司的注册商标。

压接式 IGBT 主要用来代替大功率应用中的门极可关断晶闸管（GTO），比如中压驱动和 FACTS⊖。传统的压接 IGBT 和 StakPak™ IGBT 如图 2.34 所示。

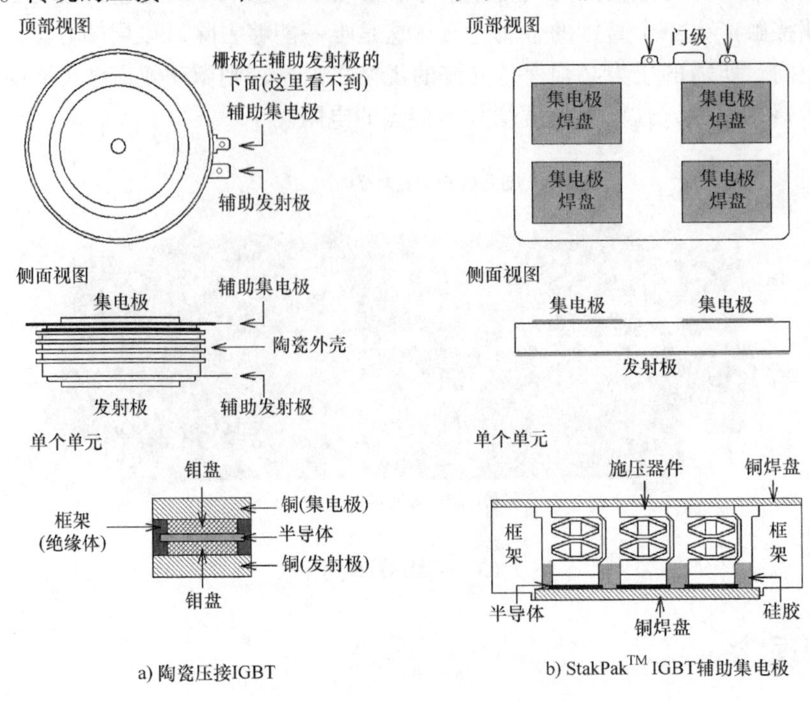

图 2.34 传统的压接 IGBT 和 StakPak™IGBT

2.4.3 智能功率模块（IPM）

图 2.35 给出了三菱 150A/1.2kV 智能功率模块。传统智能功率模块的制造过程类似于标准 IGBT 模块，其增加了额外的控制和评估逻辑单元，而且集成在 IGBT 模块（如图 2.35a 所示）的 PCB 上。DIP－IPM 常用于阻断电压低于 600V 的小功率场合，而控制和评估逻辑单元位于无铅框架或 PCB 上。

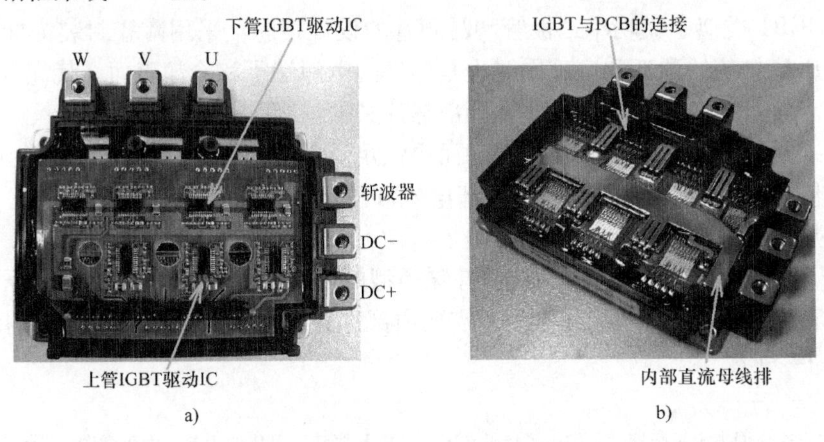

图 2.35 三菱 150A/1.2kV 智能功率模块

⊖ FACTS（交流输电系统）广泛地应用于电能传输和电能质量领域。

目前没有被业界广泛接受的 IPM 标准。就功能而言，每个厂家都有自己的设计理念，因而术语 IPM 有不同的意思。传统的 IPM 是指由日本生产商制造的模块，其产品支配着 IPM 市场。所有的 IPM 都有模拟或混合信号的集成电路，还包含能够实现诸如门驱动和故障检测等功能的集成电路，这部分电路因制造商而异。

传统的 IPM 中，IGBT 驱动电路的输入和输出没有实现隔离。隔离需要由外部提供，通常是光电耦合器。但是，IPM 确实提供了一些功能，如 IGBT 驱动、短路检测并关断、供电电压检测和过热关断。也有在片上实现短路检测和过热检测的 IGBT 芯片（见图 1.50）。图 2.36 给出了传统 IPM 的功能设计结构。

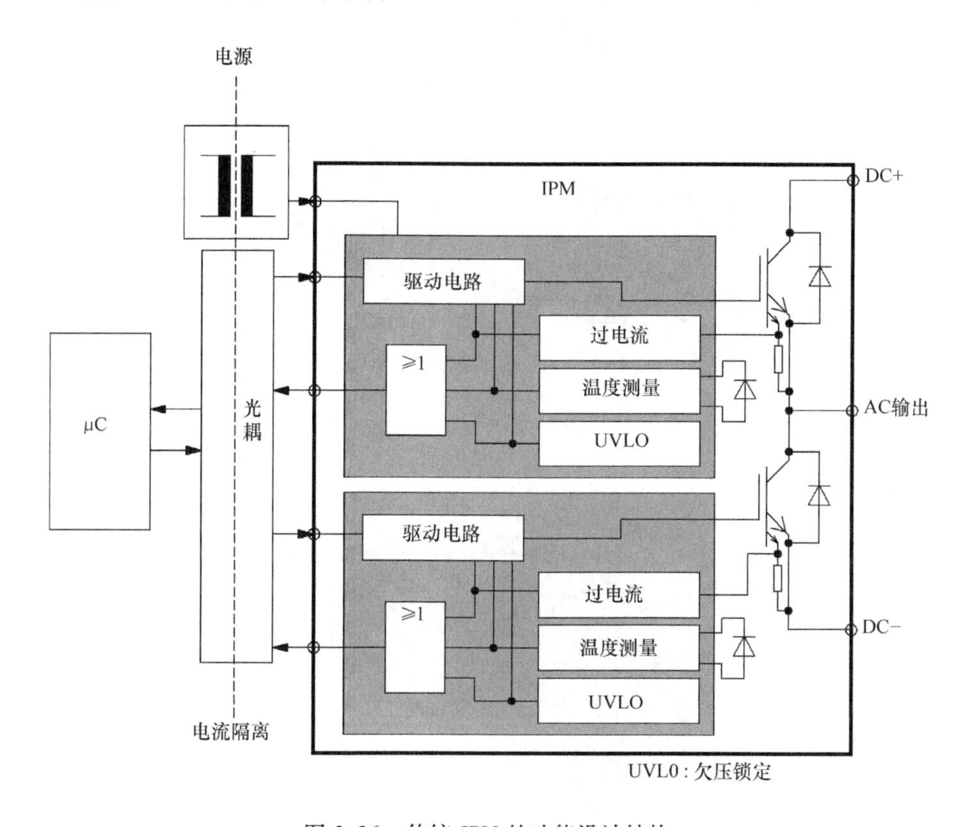

图 2.36　传统 IPM 的功能设计结构

2.4.4　IGBT 模制模块

有两种类型的模制模块：DIP（双列直插式）和 SIP（单列直插式）封装。这二者就像分散 IGBT 一样，都是建在引线框架上。通常，控制电子集成在模制模块中（模制 IPM）。

图 2.37 给出了 DIP - IPM 的结构和电气设计，该图是一个纯粹的引线框架，由焊接和键合工艺实现电气连接。除了引线框架也有其他一些设计方式，比如 DCB 衬底和 PCB。

这些结构除了有利于集成 HVIC（电平转换器）之外，还可以集成其他无源元件。这些无源元件可能包括供电用的自举二极管和电源电容及栅极电阻。有时候也可以通过焊接和键合工艺来实现电气连接。图 2.38 给出了 SIP - IPM 的结构和电气设计示例。

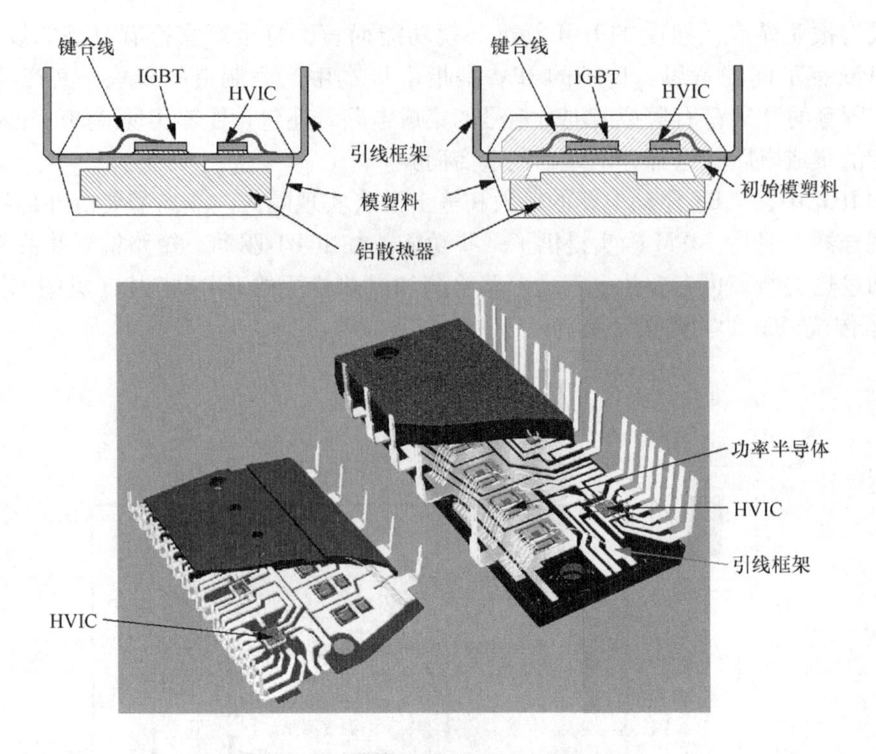

图 2.37　DIP - IPM 的结构和电气设计

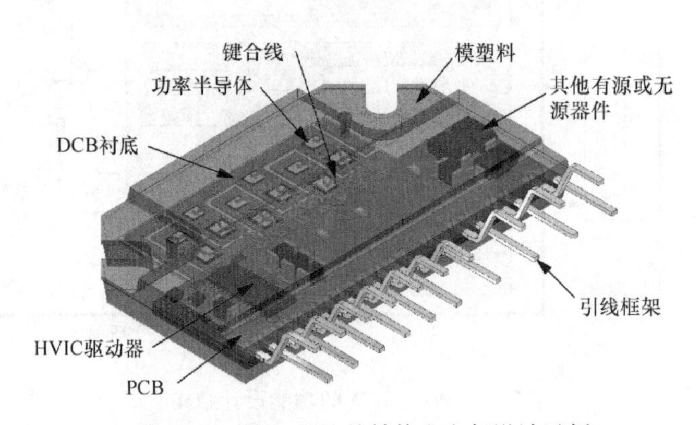

图 2.38　SIP - IPM 的结构和电气设计示例

2.4.5　分立式 IGBT

现代分立式 IGBT 一般采用 TO247 封装，具有 1.2kV 的阻断电压能力。少量的分立 IGBT 有着高达 1.7kV 的电压等级，但它们更常用在 600V ~ 1.2kV 电压的小功率范围内。分析一个独立的芯片能够很好地解释分立 IGBT 的设计。图 2.39 给出了分立式 IGBT 设计。

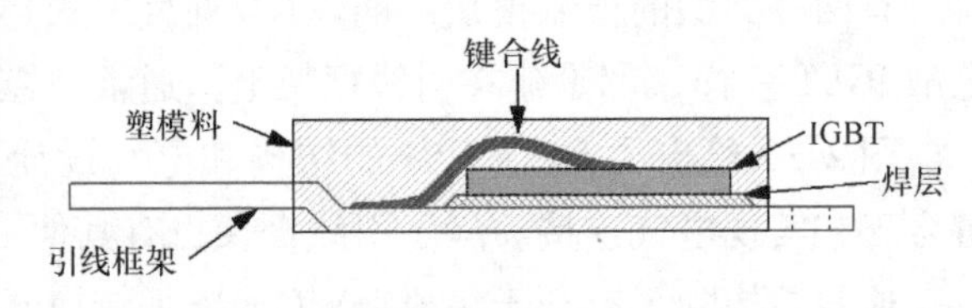

图 2.39　分立式 IGBT 设计

首先是引线框架，由铜合金构成，其表面全部或部分镀有一层磷化镍铜合金（NiP）。

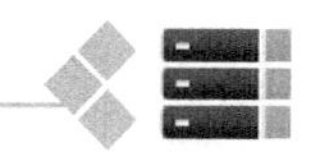

引线框架由冲压而成。IGBT一般通过使用无铅银焊料焊接到引线框架上。接下来的是键合工艺。栅极通过细线键合，发射极通过粗线键合。另一方面，集电极通过焊接与引线框架连接。此时，所有的连接点都和引线框架连接上了。直到引线框架模制封装后，其中包含了焊接和键合的IGBT芯片，独立的引线框架才通过冲压工艺而分离生成。这时也产生了栅极、发射极和集电极的电气连接点。

分立式IGBT的复合材料是在高温（大于150℃）和高压（大于5MPa）下，在引线框架周围注塑成型。几秒钟后，把模制组件置于高温中硬化，数小时后就可以生成分立元件。图2.40给出了分立式IGBT通过焊接和键合工艺的电气连接。

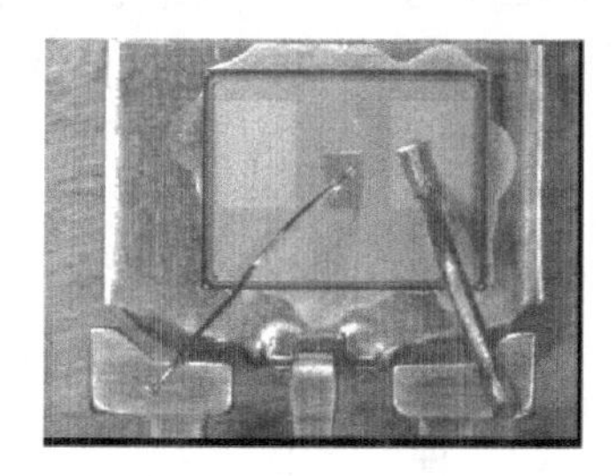

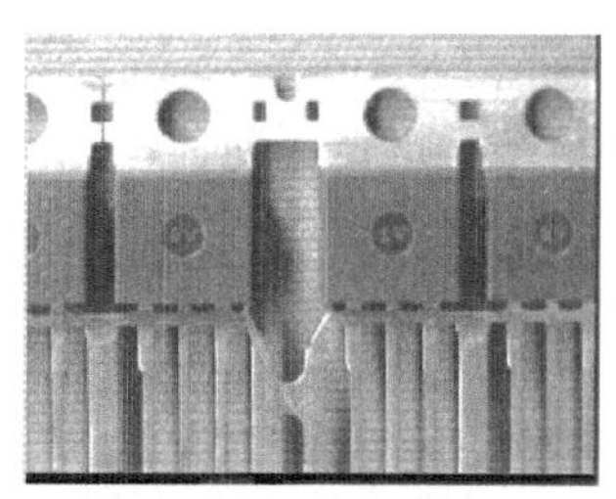

图2.40 分立式IGBT通过焊接和键合工艺的电气连接

2.4.6 套件

套件，这个词通常意义上不是一个实际的IGBT变体。但是，因为一些IGBT模块制造商会提供这些产品，所以将在这里简要地讨论其设计理念。

套件通常是一个集成设计，除了IGBT模块外，包含驱动电路，有时候还包含各种传感器，比如电压测量传感器（如DC总线电压），电流测量传感器（如相电流），和温度测量传感器（如模块温度），也包含散热器和相应的DC总线。套件可满足电压在600V~1.7kV级别的应用，如风力发电机、太阳能设备和电机驱动等。

套件主要用来减少用户在研发、资质和关键电力电子器件集成上所花费的时间和费用，即由于“产品从构思到市场所需时间”的原因。图2.41给出了一些套件示例。

a) PrimeSTACK

b) ModSTACK™㊀

图2.41 一些套件示例

㊀ ModSTACK™是英飞凌科技公司的注册商标。

2.5 半导体的内部并联

当前 IGBT 和二极管的生产和设计结构水平，可以保证单芯片在结温 $T_{vj,op}=150℃$㊀，最大工作电流做到 200A。如果电流增大，IGBT 和二极管必须并联运行，可以通过在外部并联 IGBT 模块或选择容量更大的 IGBT 模块。

这些更大容量的 IGBT 模块内部包含多个 IGBT 和二极管芯片。目前在市场上的 IGBT 模块，最高电流为 3.6kA，其内部由 24 个 IGBT 和二极管芯片并联组成。图 2.42 给出了一个中等功率的例子——EconoDUAL™3㊁模块，其每个开关上并联了三个 IGBT 和二极管组合（在图中的显示为模块一和模块二）。

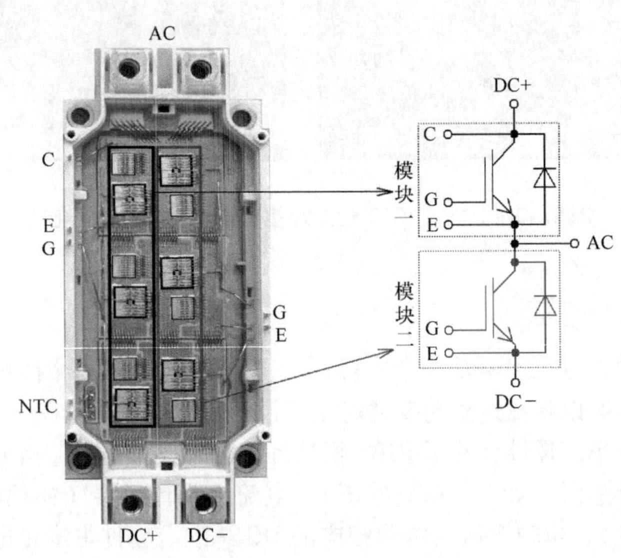

图 2.42 EconoDUAL™3 模块

为了保证模块中的每一个芯片都能有效利用，电流必须均匀地分配给每个 IGBT 和二极管芯片。厂家要保证即使是在满负载和过载状况下，负载电流也必须均匀分配。均流可描述为在不同时间状态下的两个过程：

- 静态均流；
- 动态均流。

静态均流由半导体芯片的热耦合引起。材料的温度系数及其特定的通态电阻，IGBT 或二极管的 U_{CEsat} 和 U_F 值及其受温度影响的特性都会影响静态均流。

除了 PT IGBT 外，即使在电流很小时，IGBT 也表现出正温度系数的特性，然而二极管具有负温度系数，这可能导致在大电流（“低”或“高”是相对于制造商的数据表电流等级而言）时会改变模块原来的正温度系数特性。通常，正温度系数作为模块本身的调节使得并

㊀ 可以工作于更高结温 $T_{vj,op}=175℃$ 的 IGBT 和二极管模块已经商业化生产（原书为“预计 2011～2013 年可以系列化生产”——译者注）。

㊁ EconoDUAL™ 3 是英飞凌科技公司的注册商标。

联更容易。如果一个半导体通过了比与之并联的其他半导体更高的电流，它将比其他半导体热得更快。这样其内部电阻将上升（由电压 U_{CEsat} 和/或 U_F 的增量表示），因而这个半导体通过的电流将减小，并且到最后达到并联半导体电流分配的动态平衡状态。对于具有负温度系数的半导体，总是存在一个风险，即如果单个芯片之间的热耦合不符合要求，并联连接中的一个半导体由于电流错配而过载。IGBT 模块内的热耦合由于相关的 DCB 或基板而接近，因此模块中的 IGBT 和二极管能够并联连接而不会发生不良的电流错配现象。

不同的温度对键合材料的影响微不足道，即温度对铜和铝电阻的影响相比于 IGBT 或二极管的电阻可以忽略不计，因此电气键合技术对 IGBT 模块静态均流的影响不大。图 2.43 给出了三个 IGBT 和二极管的并联结构。

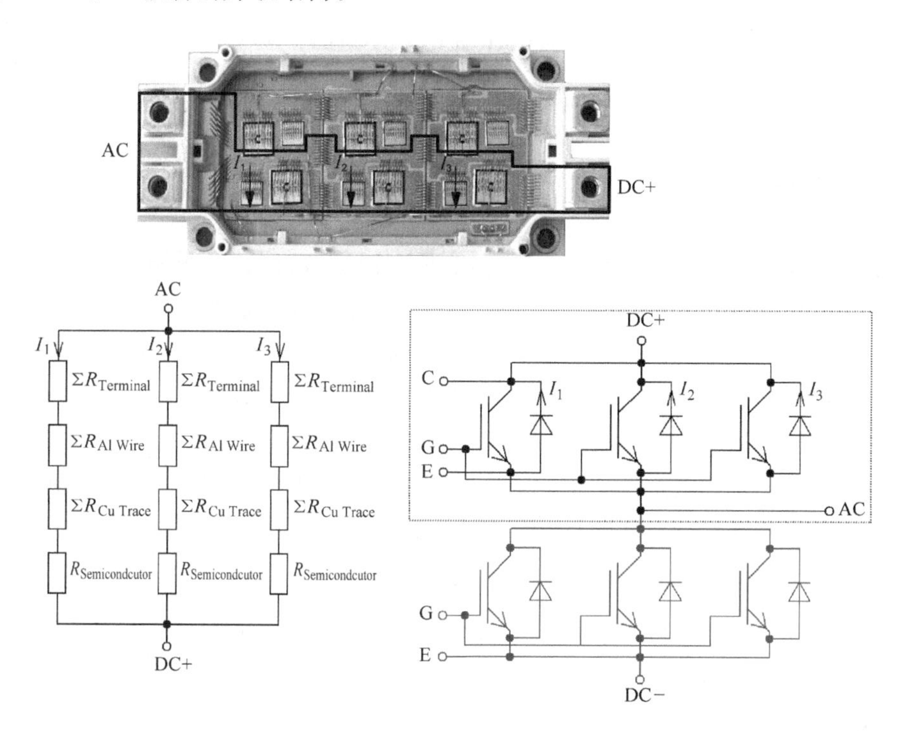

图 2.43 三个 IGBT 和二极管的并联结构

依据 IGBT 模块的电感设计及栅极和发射极的连接可以阐述动态电流分配的原理。外部因素的影响，例如相对于并联连接的驱动电路和冷却，将在后面的章节叙述。

为了保持均流，即 IGBT 和二极管必须同步开通和关断，DCB 布局和键合布局必须排除可能优先开关或不利于开关的芯片。这就意味着，要保持所有并联的半导体寄生参数尽可能的一致。除了其他方法之外，增加辅助的发射极有利于均流。这个辅助的发射极连接所有 IGBT 的发射极。该连接的位置对于 IGBT 的开关行为和模块的短路能力非常关键。这也被称为正和负发射极反馈。一些特殊的情况下，在芯片的上表面（发射极）通过额外的键合线把并联的 IGBT 和二极管连接起来，这样可使得并联 IGBT 的开关行为更对称，而且可以防止高频率振荡。将在第 9 章中进一步讨论。图 2.44 给出了三个 IGBT 和三个二极管的并联结构。

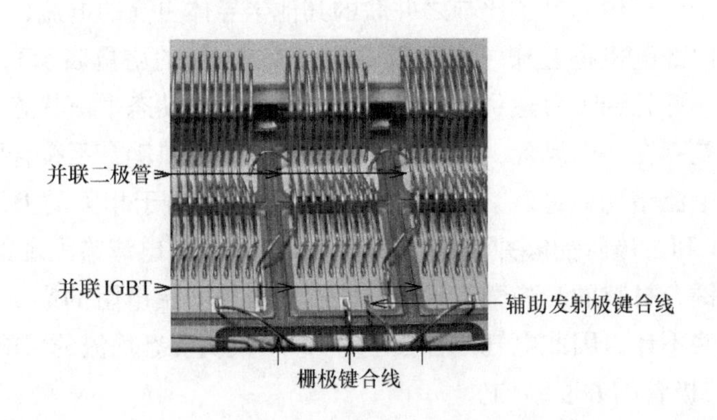

图 2.44　三个 IGBT 和三个二极管的并联结构

2.6　低感设计

对于半导体器件，特别是硬开关半导体器件，降低换流回路（见第3章3.9节和第7章7.7节）中的杂散电感 L_{σ} 是很重要的，这部分内容将在接下来的章节中更加详细地讨论。杂散电感包括由 IGBT 外部元件形成的寄生电感，其中就包括 DC 总线的寄生电感。IGBT 模块的寄生电感也属于总杂散电感的一部分，因此开发 IGBT 模块的一个目标就是确保 IGBT 模块自身的寄生电感最小。近年来，相比于先前的产品，高功率模块中采用一些降低内部寄生电感的设计策略。寄生电感最小化的基本原理是以并联的方式布局 DC＋和 DC－的内部总线，且使它们尽可能地接近。新的封装理念中，已经实现了模块内部寄生电感不大于 10nH。模块的杂散电感见表 2.2。

表 2.2　模块的杂散电感（任何一个模块的杂散电感随着拓扑的变化而改变）

模块封装	模块杂散电感
34mm	30nH
62mm	20nH
EconoDUAL™3㊀	20nH
IHM 140×190（第一代）	10nH
IHM 140×190（第二代）	6nH
PrimePACK™3	10nH

图2.45 给出了 IGBT 模块的低电感设计结构。两个新一代模块电源线的内部设计使得这个类型的低电感设计成为可能。

㊀ EconoDUAL™和 PrimePACK™是英飞凌科技公司的注册商标。

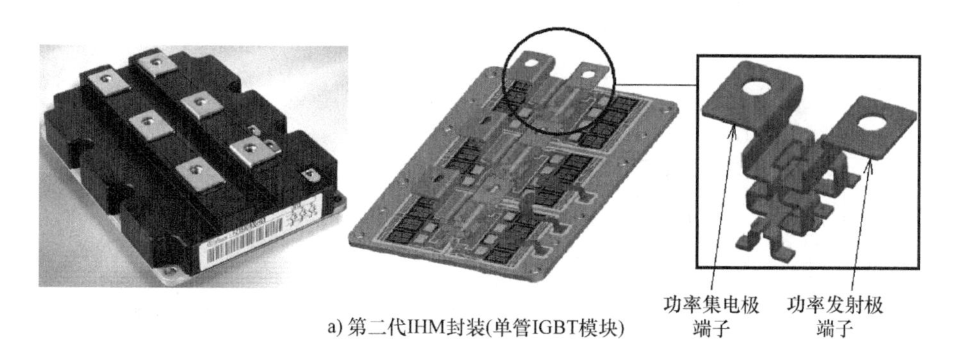

a) 第二代IHM封装(单管IGBT模块)

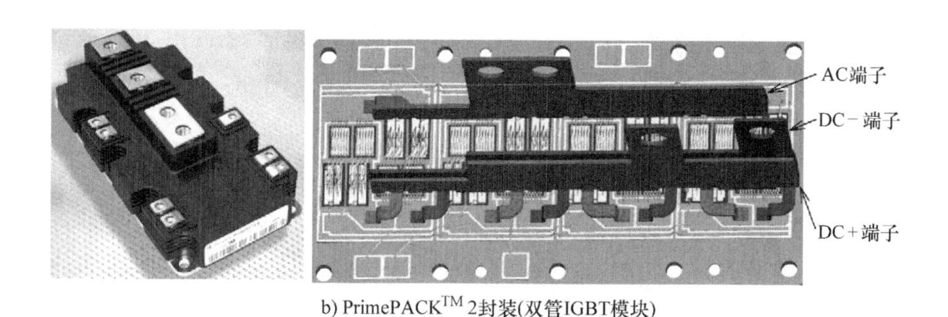

b) PrimePACK™ 2封装(双管IGBT模块)

图 2.45 IGBT 模块的低电感设计结构

2.7 IGBT 模块的电路拓扑

为了使 IGBT 和二极管更具有吸引力，更具技术性和商业化，在模块内可以集成不同的电路拓扑。功率越低，阻断电压越低，可达到的集成度越高。在 3.3kV、4.5kV 和 6.5kV 的 IGBT 模块中主要集成了单个开关和半桥电路，电压等级在 600V ~ 1.7kV 的模块中集成了所有的拓扑种类。图 2.46 ~ 图 2.48 给出了最常见的拓扑，即所谓的标准拓扑。

图 2.46 给出了目前常用的拓扑：单开关、斩波电路、半桥电路、两电平和三电平拓扑以及级联 H 桥拓扑。

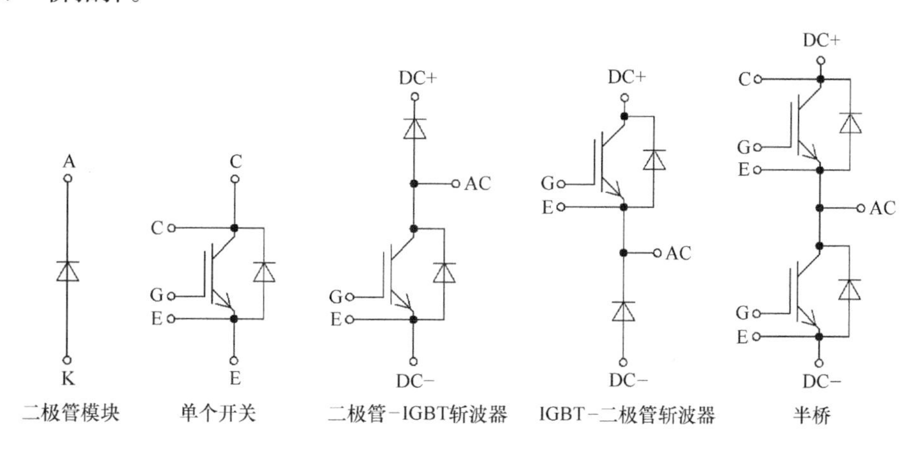

图 2.46 二极管和 IGBT 模块的各种标准拓扑 1

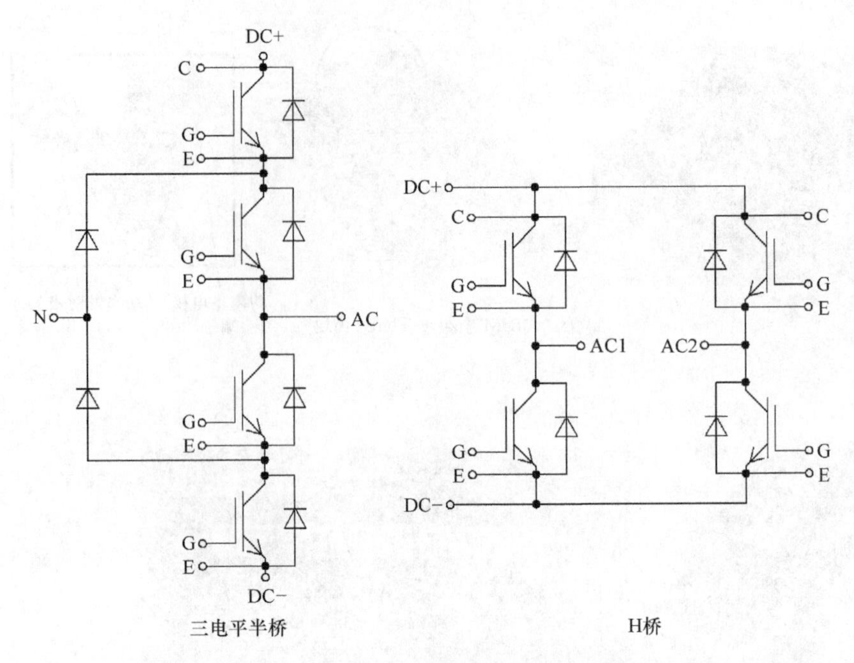

图 2.46　二极管和 IGBT 模块的各种标准拓扑 1（续）

图 2.47 给出了全桥电路拓扑，可以集成制动斩波器、不可控整流器或半控整流器桥。显然，图中所示拓扑适用于三相电路。如果应用于单相系统只需要 H 桥电路。

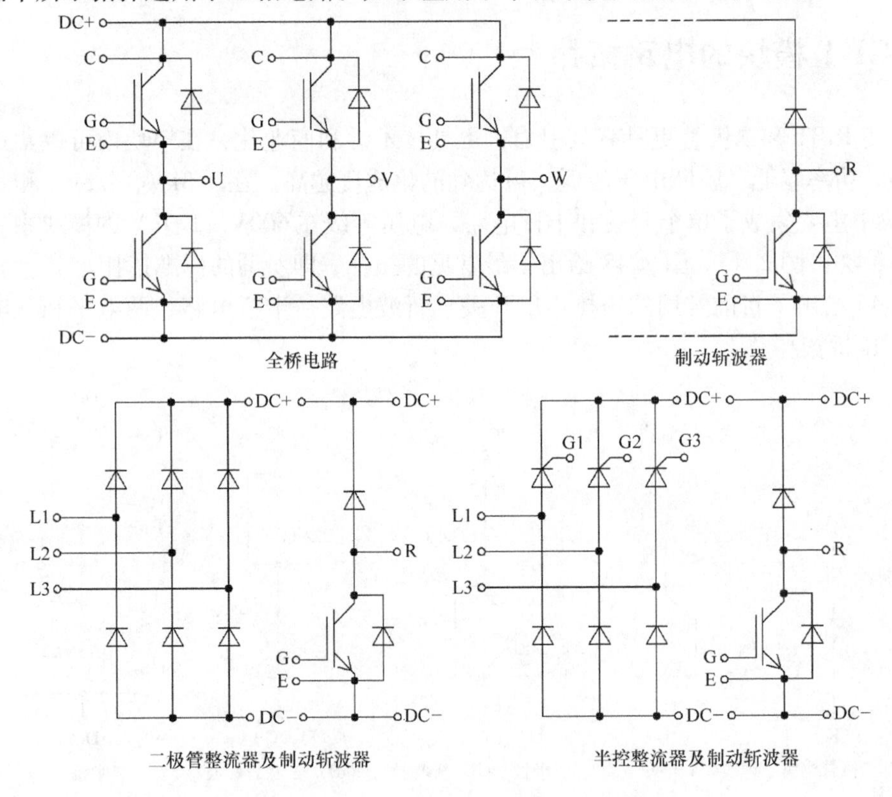

图 2.47　二极管和 IGBT 模块的各种标准拓扑 2

图 2.48 给出了富士电机公司制造的标准 PIM/CIB 模块。术语 IPM（功率集成模块）和 CIB（变换器逆变器制动单元）具有同样的意思，采用两个术语的原因是不同厂家为其产品取了不同的名字。一般欧洲多用 PIM，而日本则用 CIB。

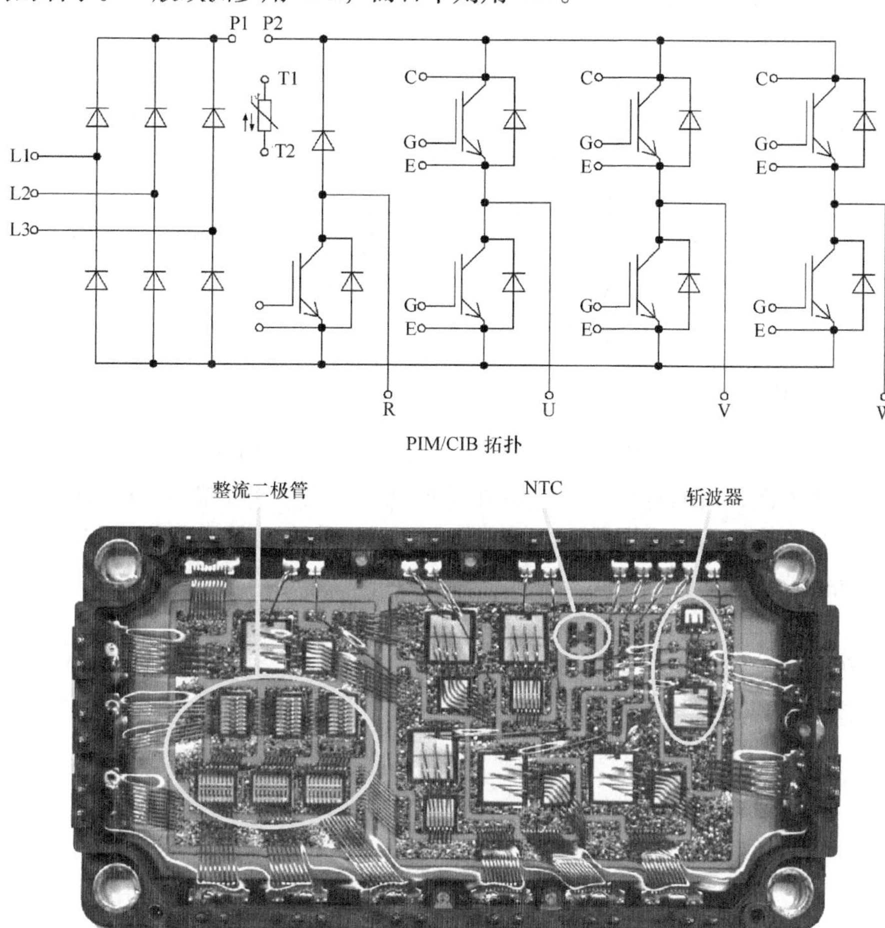

图 2.48 富士电机公司制造的标准 PIM/CIB 模块

2.8 IGBT 绝缘配合

绝缘配合是指集成的各个独立部件（例如 IGBT 模块，逆变器）。考虑每个器件的绝缘等级，必须综合考虑设备的特性，应用对象和任何必要的安全措施。从经济性和可操作性上，降低由于绝缘造成设备损坏的可能性。

为了更好地散热，IGBT 模块和基板安装在散热器上。散热器通常是接地的，并有可能与操作人员接触。另一方面，IGBT 模块连接到几百伏到几千伏的供电电压（DC 总线电压）上。这就是为什么导致这样的需求，如同一些国内和国际标准规定的那样——通过专业的绝缘及配合，实现系统绝缘的耐用性和可靠性。首先使用具有高绝缘性的陶瓷底物（DCB）来实现绝缘，第二，在基板保持足够的电气间隙和爬电距离，从而把辅助端子和电源端子隔离开来。

相关的标准定义了不同类型的绝缘：

- 功能绝缘　导电部分之间的绝缘，且仅是保证系统的正常运行。
- 基本绝缘　导电部分之间的绝缘，用来防止电击。
- 补充绝缘　除基本绝缘之外的一种绝缘方式，如果基本绝缘失败的话，用来进一步防止电击。
- 双绝缘　基本绝缘和补充绝缘的组合。
- 增强绝缘　一个单绝缘系统，通过决定相关的标准，提供防止电击的保护，其等效于双绝缘。增强绝缘不必要由单层组成，但是也许由几层组成，尽管这些不能够单独测试。
- 安全绝缘　指导电部分的距离，其包括双绝缘或增强绝缘。

所设计的系统或子系统将决定用什么类型的绝缘。例如，IGBT 驱动通常需要安全绝缘来把高电压电路（IGBT 侧）从低电压电路（微控制器侧）中分开来。相反地，如果用于逆变器的输出相间隔离，功能绝缘就足够了。

2.8.1　电气间隙和爬电距离

电气间隙是指两个导电体在空气的最短距离。相应地，爬电距离是指在两个导电体之间沿着它们的绝缘表面最短的近似距离，如图 2.49 所示。图 2.49a 描述这两种概念，图 2.49b 给出了在两个导电体之间插入了另一个导电体的例子。然而，它并没有进行电气连接。在这种情况下电气间隙和爬电距离减小了。

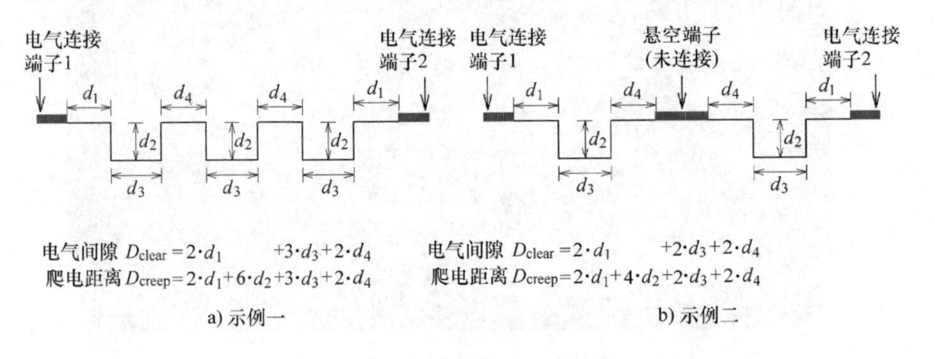

图 2.49　电气间隙和爬电距离

决定 IGBT 模块和整个系统所需要最小的电气间隙和爬电距离的相关标准如下：

- EN 50124－1　铁路应用——绝缘要求，第 1 部分：基本要求——所有电气和电子设备的电气间隙和爬电距离及附件 EN 50124－1/A1 和 EN 50124－1/A2。
- EN 50178　动力装置上的电子设备。
- IEC 60077－1　铁路应用——机车车辆的电气设备，第 1 部分：一般服务条件和一般规则。
- IEC 60664－1　低压系统设备的绝缘要求，第 1 部分：原理，要求和测试和附件 IEC 60664－1 修订版 1 及 IEC 60664－1 修订版 2。
- IEC 60664－2　低压系统设备的绝缘要求，第 3 部分：防止污染的涂料，封装或模制。
- IEC 61800－5－1　可调速的电机驱动系统，第 5－1 部分：安全要求——电，热和能量。

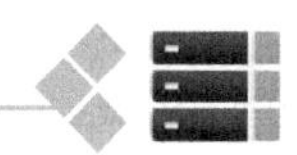

- UL 508c　电力转换设备。
- UL 840　电气设备的绝缘要求包括电气间隙和爬电距离。

需要一系列工作来决定所需要的电气间隙和爬电距离，主要涉及设备操作和工作环境条件。一个需要考虑的重要因素是系统环境中的污染等级，这个污染分为四类[⊖]：

- 污染等级 1　意味着没有或只有干燥不导电的污染物出现，它们对系统的运行没有影响。
- 污染等级 2　假设在正常状况下，只出现不导电的污染物。然而，如果元件没有在运行状态下，露水会导致轻微的导电性。
- 污染等级 3　允许可导电的污染物出现，例如，当出现露水时，通过正常状况下干燥的、不导电的污染物进行导电。
- 污染等级 4　允许出现持续的污染物，例如，导电的粉尘、雨水和雪。

IGBT 模块通常按照污染等级 2 来设计，偶尔地，也按照污染等级 3 来设计。

此外，必须明确过电压等级，也分为四类：

- 过电压等级 1　指的是连接到电源的系统，且已经采取措施来限制电压浪涌，使浪涌电压足够低。
- 过电压等级 2　应用于连接到一个固定的电源系统，包括家电设备和便携式设备。下一个等级即过电压等级 3，只有对它们在可靠性和可用性上有着不寻常的要求，才应用于这些设备上。
- 过电压等级 3　也应用于连接了固定电源的系统，但是对于可靠性和可用性有特殊的要求，如工业系统。
- 过电压等级 4　应用于如连接电表的现场供电系统。

根据应用对象，IGBT 模块通常归到过电压等级 2（如消费类应用）或过电压等级 3 中（如工业类应用）。可以通过应用系统的电压和过电压等级在相关的标准找到可能的脉冲电压。例如，根据标准 IEC 60664－1，过电压等级 2 和 300V 的系统电压能产生 2.5kV 的脉冲电压。下一个步骤是在相关标准的表格中找到需要的最小电气间隙。如果脉冲电压为 2.5kV、污染等级为 2 级，按照标准 IEC 60664－1，假设电场是不均匀的，为了保证功能，绝缘间隙至少为 1.5mm。需要注意的是这适用于海拔不超过 2000m 的场合。如果系统应用于海拔大于 2000m 的场合，必须考虑修正系数，所需的间隙将会增大。在前面的例子中，如果最高海拔为 5000m，在 1.5mm 的基础上再增加 1.48～2.22mm。

为了决定所需的最小爬电距离，除了污染等级和相关的电压，还需考虑第三个因素——材料组。有四个标准材料组，按照爬电距离或 CTI（相对漏电起痕指数）值来分等级。特别是在潮湿和污染的影响下，漏电电阻给出了绝缘材料表面的介电强度。如果应用了 50 滴标准化的电解质溶液而不导电的电压，则通常在一个被侵蚀的表面进行测量，每 30 秒在两个铂电极之间掉落一滴电解质溶液。标准 IEC 60112 给出了测量 CTI 值的具体方法。该标准规定的四个材料组如下：

- 材料组Ⅰ，600≤CTI；
- 材料组Ⅱ，400≤CTI＜600；

⊖ 标准 IEC 61287－1 对于电力牵引在这四个分类外还定义了三个子类。

- 材料组Ⅲa，175≤CTI<400；
- 材料组Ⅲb，100≤CTI<170。

通常 IGBT 模块的值是在材料组Ⅲa 中，或是在不常用的材料组Ⅱ中。高压模块的 CTI 值通常在材料组Ⅰ中，或在作为最小值的材料组Ⅱ中。

一旦确定了污染等级、相应的电压和材料组，这些标准就能够确定最小爬电距离。例如，对于污染等级为 2 级、400V 的电压和材料组Ⅲb，根据标准 IEC 60664－1 功能，绝缘距离至少为 4mm。不像电气间隙的大小会受海拔影响，爬电距离与海拔没有任何关系。

IGBT 模块的数据手册通常给出了在个别接触点之间及基板和接触点之间的间隙和爬电距离的信息。表 2.3 给出了英飞凌科技公司生产的模块的爬电距离和电气间隙。这里给出的值在其他数据手册中通常超过了标准最小距离，如 1.7kV 模块 FF650R17IE4 的例子清晰地给出了最小距离是为 1.7kV 级别设计的，但是其符合 3.3kV 模块的距离要求。

表 2.3　一些模块的爬电距离和电气间隙

模块电压等级	爬电距离/mm		电气间隙/mm		CTI
	端子之间	端子和散热器之间	端子之间	端子和散热器之间	
600V（如 FS75R06KE3）	10.0	10.0	7.5	7.5	>225
1.2kV（如 FF450R12ME4）	13.0	14.5	10.0	12.5	>200
1.7kV（如 FF650R17IE4）	33.0	33.0	19.0	19.0	>400
3.3kV（如 FZ1500R33HL3）	32.2	32.2	19.1	19.1	>400
6.5kV（如 FZ750R65KE3）	56.0	56.0	26.0	26.0	>600

需要注意的是，数据手册给出的是 IGBT 模块在没有安装情况下的电气间隙和爬电距离。根据相应的设计和所使用的安装螺丝，把模块安装在散热器上可以减小这些距离。连接直流母线和负载端子也可能减小有效距离。

2.8.2 绝缘电压

IGBT 模块的数据手册提供的信息中通常包括了绝缘电压 U_{iso}。这个电压适用于所有短路的外部端子（包括辅助和电源接线）和基板之间，测量绝缘电压的原理电路如图 2.50 所示，其中使用了一个双 IGBT。如果模块没有基板，则测量 DCB 的金属表面的背面。

依据 IGBT 模块的电压级别，根据应用标准需要达到不同的绝缘电压能力。例如，对于工业应用，EN50178 需要的绝缘电压由式（2.1）给出：

$$U_{iso} = 1.5\frac{U_{Module}}{\sqrt{2}} + 750\text{V} \tag{2.1}$$

基于不同的标准和应用（例如牵引应用），也可以使用式（2.2）：

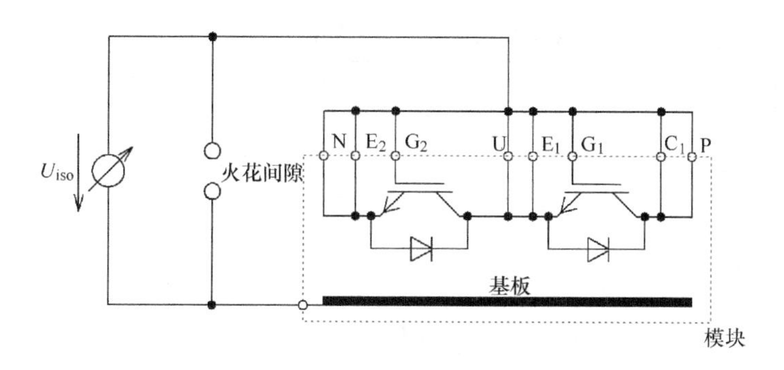

图 2.50 测量绝缘电压的原理电路

$$U_{iso} = 2\frac{U_{Module}}{\sqrt{2}} + 1000\text{V} \tag{2.2}$$

当测试时没有产生电击穿或电弧，绝缘电压可认为是可靠的。对于阻断电压 $U_{CES} >$ 1.7kV 的模块，还要通过局部放电试验。测试时间的长短由相关的标准[㊀]定义。

2.8.3 局部放电

绝缘材料内的空隙或者绝缘材料之间的空隙都可能产生局部放电，另外不均匀的电场导致高场强区域内也可能产生局部放电。这些内部局部击穿会导致侵蚀性破坏，或至少是产生轻微的表面损坏。多次局部放电（也被称为局部放电击穿通道），使得相邻的电极更接近，最终导致完全的击穿或电弧。局部电场增强可能会引起局部放电。

在 1.5kV 或更高的电压系统中，要确保没有局部放电，特别是在 3.3kV 或更高电压等级的电力牵引应用中更为重要。相应地，在设计更高要求的 IGBT 模块时，确保使用没有局部放电的元件和工艺非常重要，这也是制造商的数据手册给出局部放电上限的原因。该限制适用于特定的灭弧电压 U_{ext}。在测试期间，用灭弧电压 U_{ext}来验证模块的绝缘电压 U_{iso}。

至于测量绝缘电压，为了测量局部放电，所有的接线都短路，同时在基板上施加测试电压。局部放电测量原理电路如图 2.51 所示，其中模块用电容代替。如果出现局部放电，可以测量到瞬间的电流脉冲。通过一个积分电路可以把电流转化为电荷 Q_{PD}。如果电荷在标准规定给出的上限之下，模块被视为没有局部放电。

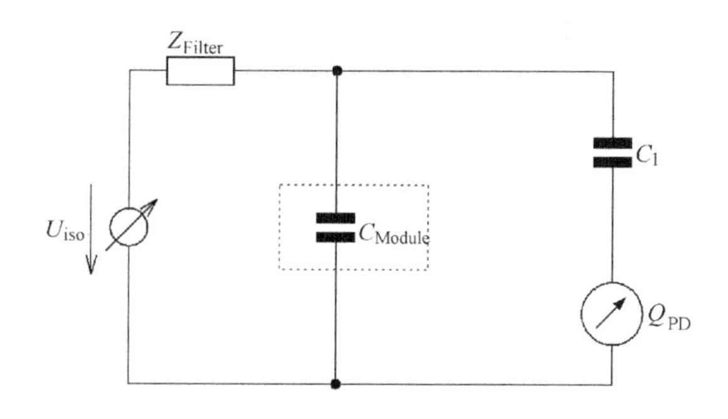

图 2.51 局部放电测量原理电路

㊀ 标准规定的测试时间是 60s。但是对于系列产品的测试，可以通过升高测试电压，而把测试时间降到 1s。

模块的数据手册给出了模块的绝缘电压和局部放电灭弧电压，其电压级别见表 2.4。

表 2.4　模块的绝缘测试电压和局部放电灭弧电压

模块的电压等级	绝缘测试电压 U_{iso}/kV	局部放电测试电压 U_{ext}/kV
600V （如 FS75R06KE3）	2.5	没有测试
1.2kV （如 FF450R12ME4）	2.5	没有测试
1.7kV （如 FF650R17IE4）	4.0	没有测试
3.3kV （如 FZ1500R33HL3）	6.0	≥2.6
6.5kV （如 FZ750R65KE3）	10.2	≥5.1

2.9　制造商概览

表 2.5 列出了一些 IGBT 制造商及其产品，总结了一些相同或类似的封装形式。它们要么在键合技术上有差异，比如焊接连接、压接或弹簧连接，要么在封装大小上有轻微差异。由于技术的不断发展，新的封装形式不断出现，所以这里没有列出所有的封装类型。

表 2.5　制造商一览表[⊖]

	封装分类	ABB	丹佛斯	丹尼克斯	富士	日立	英飞凌	IXYS/西码	三菱	西门康	威科
小功率 （0.6～1.2kV）	EasyPIM™ EasyPACK flowPIM flowPACK						×	×			×
	SmartPIM SmartPACK						×		×		
	MiniSKiiP®									×	×
	SEMITOP®									×	
	EconoPIM EconoPACK™		×		×		×	×			

⊖ HIPak™、StakPak™是 ABB 的注册商标；
EasyPIM™、EconoDUL™、EconoPACK™和 PrimePACK™是英飞凌科技的注册商标；
Mega Power Dual™是三菱电机的注册商标；
MiniSKiiP™、SEMITOP™、SEMITRANS™和 SEMiX™是 SEMIKRON 国际的注册商标。

（续）

	封装分类	ABB	丹佛斯	丹尼克斯	富士	日立	英飞凌	IXYS/西码	三菱	西门康	威科
中功率 (0.6～1.7kV)	34mm SEMITRANS®				×		×	×		×	
	45mm				×	×					
	48mm				×						
	62mm SEMITRANS®			×	×	×	×	×	×	×	
	80mm				×	×					
	EconoDUAL™ flowSCREW SEMiX®		×		×		×		×	×	×
	EconoPACK™ +		×		×		×	×	×		
大功率 (1.7～6.5kV)	PrimePACK™		×		×		×				
	Mega Power Dual™								×		
	IHM HiPak™	×		×	×	×	×	×	×		
	IHV HiPak™	×		×		×	×	×	×		
	Press Pack StakPak™	×		×				×			

本章参考文献

1. electrovac curamik, "Warum DCB Substrate", electrovac curamik 2006
2. Mitsubishi Electric, "Using IGBT Modules", Mitsubishi Electric Application Note 1998
3. G. Wagner, D. Eifler, "Aktuelle Entwicklungen auf dem Gebiet der Pressschweißverfahren", Carl Hanser Verlag 2003
4. Infineon Technologies, "Soldering of EconoPACK™, EconoPIM™, EconoBRIDGE™, EconoPACK™ +, EconoDUAL™, EasyPACK and EasyPIM™, Modules", Infineon Technologies Application Note 2005
5. H. Schwarzbauer, R. Kuhnert, "Novel Large Area Joining Technique for Improved Power Device Performance", IEEE Transactions on Industrial Applications Vol. 27 No. 1, 1991
6. C. Mertens, J. Rudzki, R. Sittig, "Top-side chip contacts with low temperature joining technique (LTJT)", PESC 2004
7. R. Amro, J. Lutz, J. Rudzki, M. Thoben, A. Lindemann, "Double-sided low-temperature joining technique for power cycling capability at high temperature", EPE Dresden 2005

8. M. Thoben, I.Graf, M. Hornkamp, R. Tschirbs, "Press-FIT Technology, a Solderless Method for Mounting Power Modules, PCIM Nuremberg 2005
9. T. Stolze, M. Thoben, M. Koch, R. Severin, "Reliability of PressFIT connections", PCIM Nuremberg 2008
10. M. Freyberg, N. Bakijam T. Stockmeier, "Druckkontakte statt Lötstifte", Elektronik Ausgabe 10, 2004
11. E. Hornung, U. Scheuermann, "Reliability of low current electrical spring contacts in power modules", Microelectronics Reliability Vol. 43 Issues 9-11, 2003
12. F. Wakemann, G. Lockwood, M. Davies, "New high reliability bondless pressure contact IGBTs", PCIM 1999
13. S. Gunturi, J. Assal, D. Schneider, S. Eicher, "Innovative Metal System for IGBT Press Pack Modules", ISPSD Cambridge 2003
14. Abb Ltd, "Mounting Instructions for ABB StakPaks", ABB Ltd Application Note 2004
15. M. Iwasaki, T. Iwagami, M. Fukunaga, X. Kong, H. Kawafuji, G. Majumdar, "A New Version Intelligent Power Module for high Performances Motor Control", PCIM China 2004
16. J.Horn, "Fehler und Fehlervermeidung bei der Applikation von Steckverbinderkon-takten", ITG 2006
17. Mitsubishi Electric, "Using Intelligent Power Modules", Mitsubishi Electric Applica-tion Note 1998
18. Mitsubishi Electric, "IPM L-Series", Mitsubishi Electric Application Note 2007
19. M. Watanabe, Y. Kusunoki, N. Matsuda, "R-IPM3 and Econo IPM Series of Intelligent Power Modules", Fuji Electric Review Vol. 48 No. 4, 2003
20. Infineon Technologies, "Mounting Instruction for PrimePACK™ modules", Infineon Technologies Application Note 2006
21. G. Hilgarth, "Hochspannungstechnik", B.G. Teubner Verlag 1992
22. EN 50178, "Electronic equipment for use in power installations", European Standard 1997
23. IEC 60664-1, "Insulation coordination for equipment within low-voltage systems, Part 1: Principles, requirements and tests", International Electrotechnical Commission, Edition 1, 1992
24. IEC 60664-1, "Insulation coordination for equipment within low-voltage systems, Part 1: Principles, requirements and tests", International Electrotechnical Commission, Amendment 1, 2000
25. IEC 60664-1, "Insulation coordination for equipment within low-voltage systems, Part 1: Principles, requirements and tests", International Electrotechnical Commission, Amendment 2, 2002
26. IEC 60664-3, "Insulation coordination for equipment within low-voltage systems, Part 3: Use of coating, potting or moulding for protection against pollution", International Electrotechnical Commission, Edition 2, 2002
27. IEC 61800-5-1, "Adjustable speed electrical power drive systems, Part 5-1: safety requirements – Electrical, thermal and energy", International Electrotechnical Commission, Edition 1, 2003
28. UL 508c, "Power conversion equipment", Underwriter Laboratories Inc., Edition 2, 1997
29. UL 840, "Insulation Coordination including clearances and creepage distances for electrical equipment", Underwriter Laboratories Inc., Edition 2, 2000

第3章 电气特性

3.1 简介

前文已经介绍了半导体技术和IGBT模块的设计思路，本章将着重介绍其电气特性，具体分析功率半导体器件的静态和动态特性，并进一步说明其测试方法。

本章将采用一个感性负载来测试IGBT器件的电气特性。这意味着人们的关注点并不是单个半导体本身的特性，而是它们在应用时与常规器件结合起来的特性。图3.1给出了IGBT VT_2 的特性测试电路，图3.2给出了续流二极管 VD_2 的特性测试电路。根据不同目的，可以选择图3.1或图3.2中的测试电路。在实际应用中，由于负载为感性，IGBT和续流二极管之间会相互作用。实际应用工况对半导体开关特性和导通特性的影响将在第7章做更详细的分析。

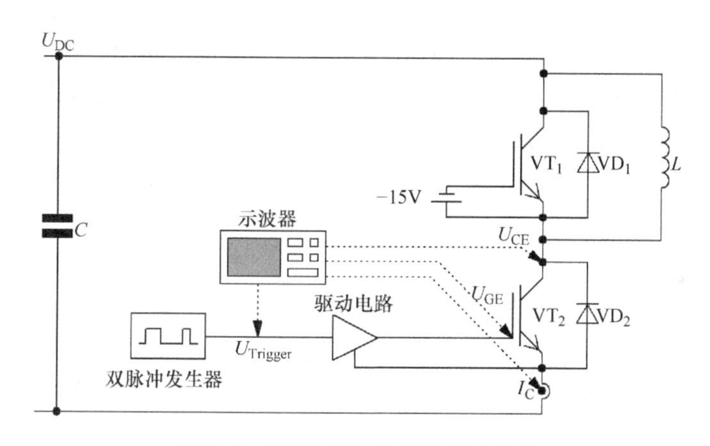

图3.1 IGBT VT_2的特性测试电路

本章对于开关损耗和导通损耗的计算公式主要参考了D. Srajber和W. Lukasch[4]的研究成果。

图3.1可以用来对IGBT的短路特性进行分析。根据短路的类型，可以用短路跳线替代电感L，或者用一个只有几nH的小电感来替代电感L。短路跳线用来模拟短路类型SC1，而小电感用来模拟短路类型SC2，具体细节见3.6节。

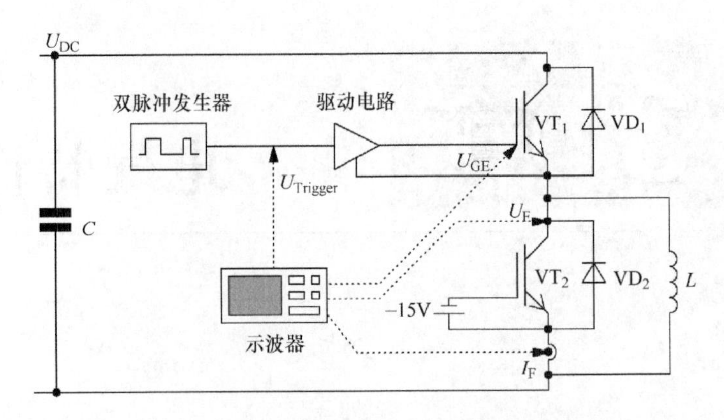

图 3.2　续流二极管 VD_2 的特性测试电路

下面介绍一些术语的定义。

1. 电压

• 集电极-发射极阻断电压 U_{CES}：栅极和发射极短路时，集电极和发射极之间的电压。这时集电极电流很小，通常等于 I_{CES}。

• 集电极-发射极击穿电压 $U_{(BR)CES}$：栅极和发射极短路，当集电极的电流大幅上升时，集电极和发射极之间的电压。

• 集电极-发射极维持电压 $U_{CES*sus}$：在特定的栅极-发射极控制[⊖]下，集电极和发射极之间的击穿电压。这时集电极电流值相对较高，击穿电压集电极电流的变化相对不敏感。

• 集电极-发射极饱和电压 U_{CEsat}：在栅极和发射极之间加入一定的电压，且集电极电流几乎不受栅极-发射极电压控制，这时在集电极和发射极之间的电压。

• 栅极-发射极之间的阈值电压 $U_{GE(TO)}$：集电极电流有一个较小的特定值时，栅极和发射极之间的电压。此时 IGBT 内部 MOSFET 沟通开启，允许一个很小的电流流过。

• 二极管正向导通电压 U_F：当二极管流过一个特定的正向电流 I_F时，阳极和阴极之间的电压。

2. 电流

• 集电极电流 I_C，$I_{C,nom}$：通常称作集电极电流或集电极标称电流。在数据手册中也用来表示最大连续集电极直流电流。

• 重复峰值集电极电流 I_{CRM}：在时间 t 中（一般是 1ms）最大的重复电流。很多厂商指定 I_{CRM}的值是 $I_{C,nom}$的两倍。

• 栅极-发射极漏电流 I_{GES}：发射极和集电极短路，在指定的栅-射电压下，流入栅极的漏电流。

• 集电极-发射极漏（截止）电流 I_{CES}：在指定的集-射电压下，通常取额定阻断电压 U_{CES}，流入集电极的漏电流。

• 拖尾电流 I_{CZ}：IGBT 关断过程中，拖尾时间 t_Z内的集电极电流。

• 二极管电流 I_F，$I_{F,nom}$：正向导通时通过二极管的电流或标称电流。数据手册中通常

⊖ 具体的控制类型由 $U_{CES*sus}$中的符号 * 标注。IEC 60747-7 定义了标示符的规则。

指二极管最大连续正向直流电流。

- 二极管重复峰值电流 I_{FRM}：在时间 t 中（一般是1ms）正向通过二极管的最大重复电流，很多厂商指定 I_{FRM} 是 $I_{F,nom}$ 的两倍。
- 二极管反向恢复电流 I_{RM}：在给定的测试条件下反向恢复电流最大值。
- 输出电流 I_{out}：一般情况下指一个半桥电路的输出电流，但也不是绝对的。根据实际半导体器件的控制方法，I_{out} 可以是 IGBT 集电极电流 I_C，也可以是二极管电流 I_F，或者是二者之和。

3. 时间

- 开通延时 $t_{d(on)}$ 或者 t_d：IGBT 的栅极开启电压脉冲到集电极电流开始上升的时间间隔。通常以栅极电压幅值的 10% 和集电极电流 10% 作为开通延时计算参考点。
- 上升时间 t_r：通常指 IGBT 开通后，集电极电流从最大值的 10% 上升到 90% 的时间间隔。
- 开通时间 t_{on}：$t_{d(on)}$ 和 t_r 之和，如图 3.3 所示。

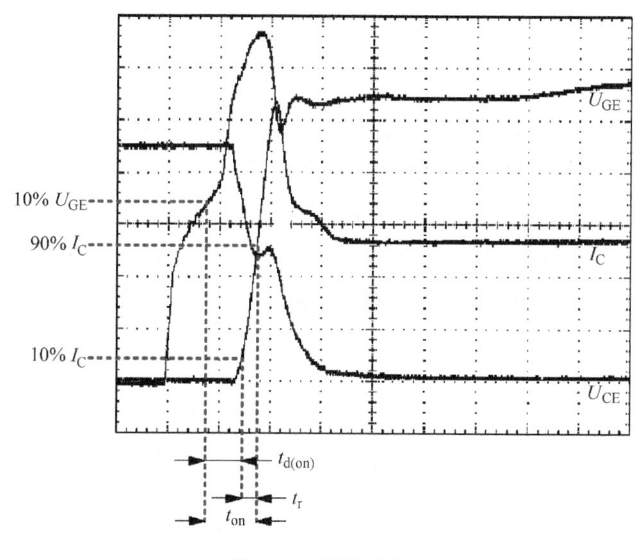

图 3.3 开通时间

- 关断延时 $t_{d(off)}$ 或 t_s：维持 IGBT 导通的栅极电压脉冲的末端时刻到集电极电流开始下降的间隔。在这段时间内，IGBT 进入关断状态。一般情况下，以栅极电压幅值的 90% 和集电极电流的 90% 作为关断延时计算的参考点。
- 下降时间 t_f：一般指集电极电流从最大值的 90% 下降到 10% 的时间。如果集电极电流 90% 的值到 10% 的值不是一条直线，则做一条下降电流曲线的切线，在切线上读取集电极电流的 10% 。
- 关断时间 t_{off}：$t_{d(off)}$ 和 t_f 之和，如图 3.4 所示。
- 拖尾时间 t_z：关断时间 t_{off} 的末端到集电极电流下降到其标称值 2% 时的时间间隔。

4. 温度

- 等效结温 T_{vj}：功率半导体的 PN 结温度。虽然半导体的结温无法直接测量，但是可以通过间接的测量手段获得结温，通常用等效结温表示。对于 IGBT 和功率二极管来说，结

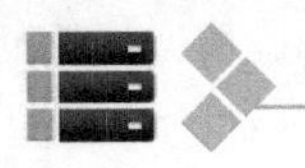

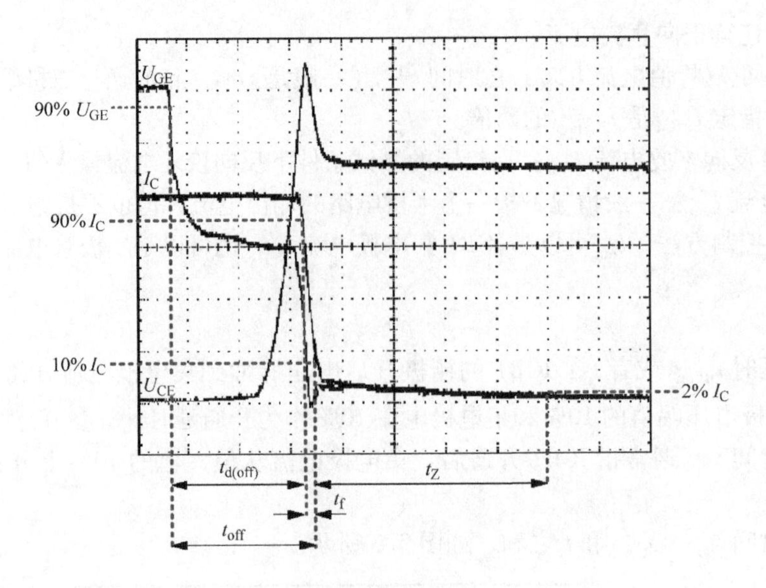

图 3.4　关断时间

温 T_{vj}并不是指某个特定 PN 结的温度，也不是 PN 结中某一特定区域的温度。简单来说，结温描述了半导体内温度的空间分布。由于工作条件不同，不同部位的温度梯度各不相同。有些部位的电压和电流的乘积最大，换句话说耗散功率最大。图 3.5 给出了 IGBT 和二极管内典型的等效电阻，这些电阻导致功率损耗。这也表明，损耗不仅仅只发生在 PN 结处。当 IGBT 处于导通状态时，R_{J1}是导致主要损耗的电阻，而对于二极管则是 R_J。

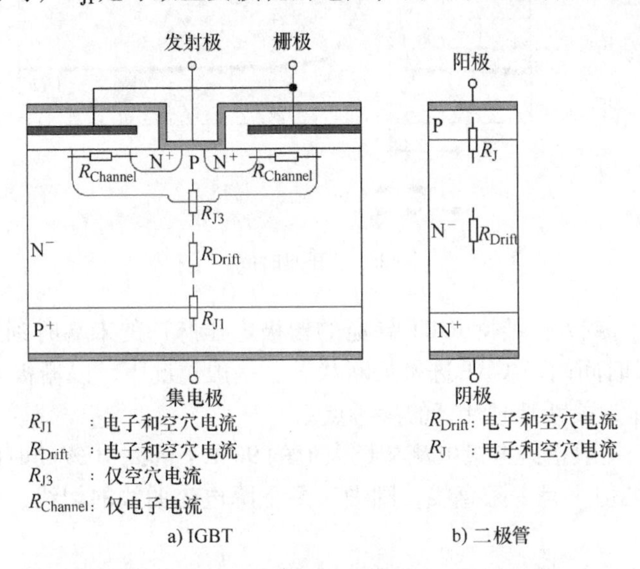

图 3.5　IGBT 和二极管内典型的等效电阻

- 最大结温 $T_{vj,max}$：半导体器件通过直流电流时所允许的最大结温。该温度几乎与实际应用散热设计无关。

• 工作结温 $T_{vj,op}$：半导体器件处于开关工作状态时的温度范围，用于散热设计和寿命计算。

5. 能量

• 开通能量 E_{on}：单个集电极电流脉冲开通时 IGBT 产生的能耗。定义 E_{on}的时间跨度为 t_{Eon}，如图 3.6 所示，它从 I_C上升到正常值的 10% 开始，U_{CE}下降到标称值的 2% 时结束。E_{on}可由下式定义：

$$E_{on} = \int_0^{t_{Eon}} u_{CE}(t) \cdot i_C(t) \mathrm{d}t \tag{3.1}$$

在实际操作中，可用一个数字示波器来测定 E_{on}（详见第 12 章 12.2 节）。示波器可以跟踪并记录 $u_{CE}(t)$和 $i_C(t)$的数值，然后利用上述数学公式对两者的乘积进行积分，积分结果的最大值就是开通能量 E_{on}。另外，可以把数据导入计算机，然后再进行数学分析。

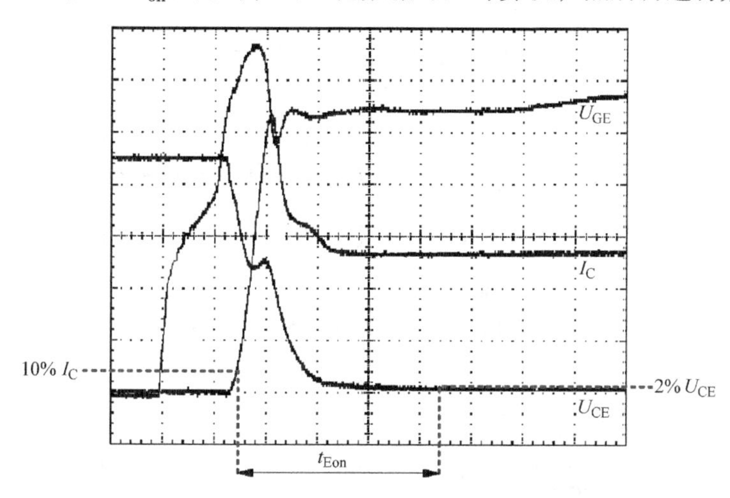

图 3.6 定义开通能量的时间跨度

• 关断能量 E_{off}：单个集电极电流脉冲关断时 IGBT 产生的能耗。定义 E_{off}的时间跨度为 t_{Eoff}，如图 3.7 所示，它从 U_{CE}上升到正常值的 10% 开始，I_C下降到正常值的 2% 时结束。E_{off}可以由下式定义：

$$E_{off} = \int_0^{t_{Eoff}} u_{CE}(t) \cdot i_C(t) \mathrm{d}t \tag{3.2}$$

在实际操作中，E_{off}可由数字示波器测定。示波器可以跟踪并记录 $u_{CE}(t)$和 $i_C(t)$，然后利用上述公式对两者的乘积进行积分。积分结果的最大值就是关断能量 E_{off}。另外，可以把数据导入计算机，然后再进行数学分析。

• 反向恢复能量 E_{rec}：二极管关断过程中其内部产生的能耗。定义 E_{rec}的时间跨度为 t_{Erec}，如图 3.8 所示，它从 U_R上升到其标称值的 10% 时开始，I_{RM}下降到标称值的 2% 结束。E_{rec}可以由下式定义：

$$E_{rec} = \int_0^{t_{Erec}} u_R(t) \cdot i_F(t) \mathrm{d}t \tag{3.3}$$

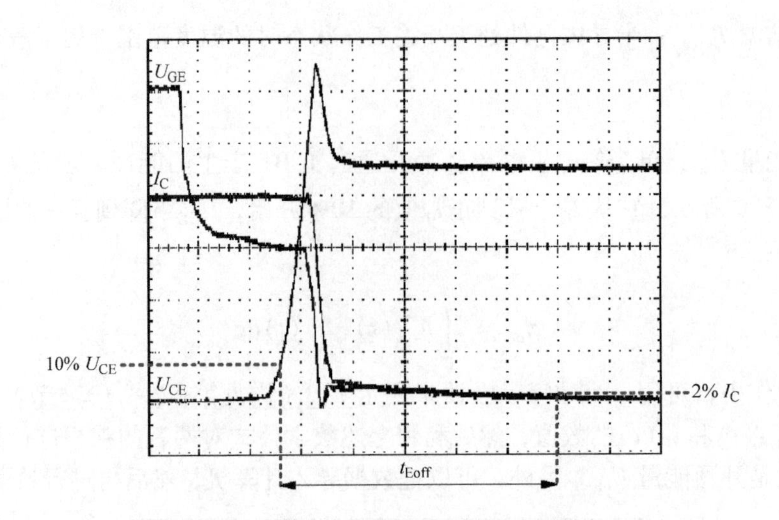

图 3.7　定义关断能量的时间跨度

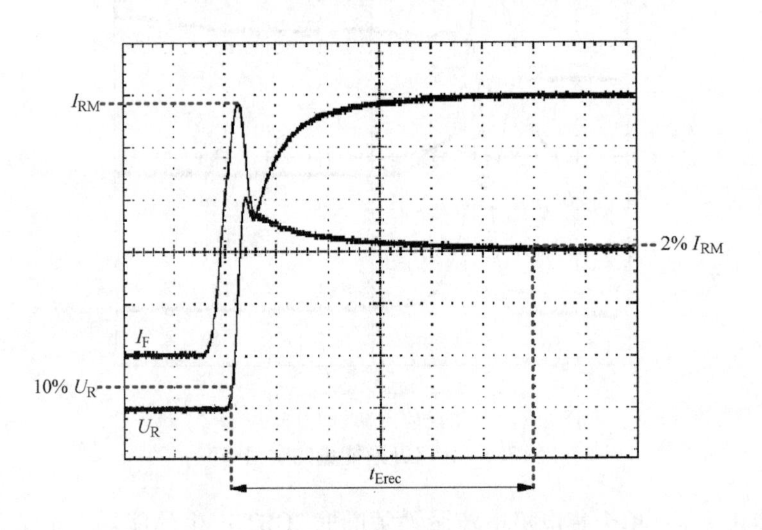

图 3.8　定义反向恢复能量的时间跨度

在实际应用中，E_{rec}也是通过数字示波器来测定。示波器可以跟踪并记录其$u_R(t)$和$i_F(t)$。然后利用上述公式对两者的乘积进行积分。积分结果的最大值就是反向恢复能量E_{rec}。另外，可以把数据导入计算机，然后再进行数学分析。

- 正向恢复能量E_{frec}　二极管开通过程中其内部产生的损耗。由于目前IGBT的续流二极管具有很快的开通速度，所以其正向恢复能量在总损耗中的比重很小，可以忽略不计。

注意：在测量损耗时，必须要考虑捕捉电流的延迟时间。在使用罗氏线圈测量电流时，也会产生延时，所以必须对延时进行补偿。

6. 调制比

调制的目的是为相关的应用产生理想的输出电压和电流。比如电机驱动需要一个圆形磁场，而且尽可能的没有谐波。对于功率半导体损耗与选用的调制方法和调制比m有关，而且计算损耗需要用到m。

在众多应用中，脉冲宽度调制（PWM）是一种标准的调制方法，其有很多实现方式，其常见的改进方法是基于三角波的消谐波法。下面将讨论在图3.9所示的IGBT半桥电路中，基于三角波的消谐波法PWM调制比 m 的计算方法。

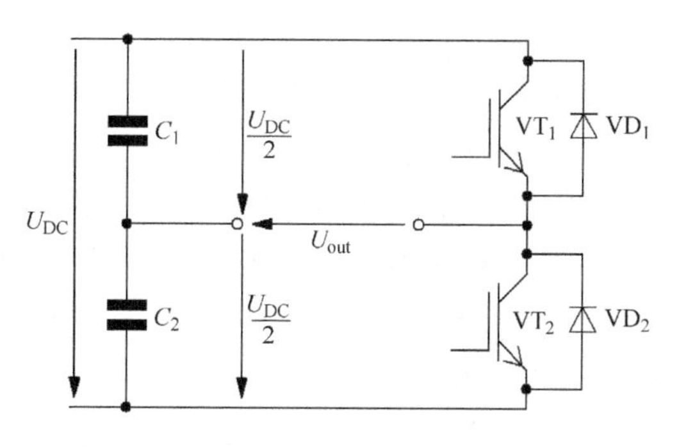

图3.9　IGBT半桥电路

为了得到某一个特定频率的正弦波，需要该频率的正弦参考电压 $U_{ref}(t)$ 和三角波电压 $U_{tri}(t)$ 进行比较。实际应用中，三角波的频率就是IGBT的开关频率 f_{sw}。当三角波电压 $U_{tri}(t)$ 和参考电压 $U_{ref}(t)$ 相交时，IGBT的控制信号就产生了。如果参考电压高于三角波电压，则 VT_1 导通，反之则 VT_2 导通。脉冲宽度调制原理如图3.10所示。

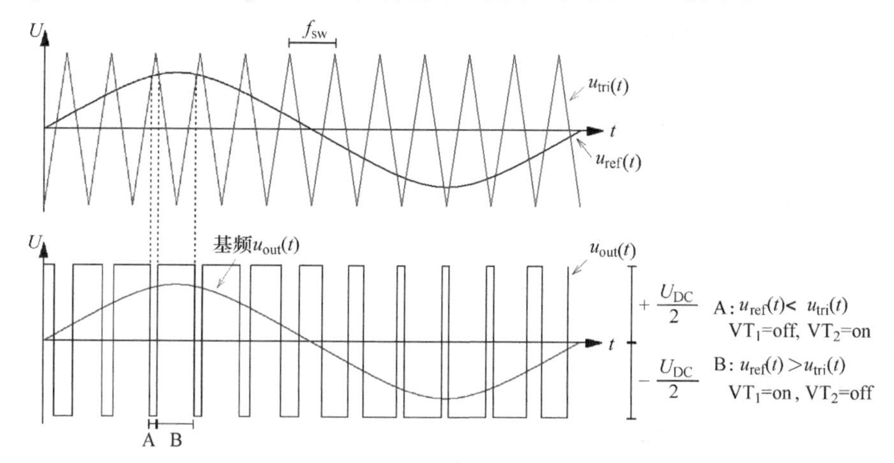

图3.10　脉冲宽度调制原理

这里所提到消谐波法可以通过同步或异步脉冲方式实现。同步PWM意味着开关频率 f_{sw} 是输出频率 f_{out} 的整数倍，而且和 f_{out} 同步。

开关频率 f_{sw} 和输出频率 f_{out} 的比值称为载波比 m_f㊀，如下式：

$$m_f = \frac{f_{sw}}{f_{out,1}} \tag{3.4}$$

参考电压 $\hat{U}_{ref}$ 的幅值和三角波电压的幅值 $\hat{U}_{tri}$ 的比值称做调制比 m，如下式：

$$m = \frac{\hat{U}_{ref}}{\hat{U}_{tri}} \tag{3.5}$$

输出电压的幅值由下式可得：

$$\hat{U}_{out} = m \cdot \frac{U_{DC}}{2} \tag{3.6}$$

㊀ 同步PWM常用于载波比不大于21的场合。为了降低输出电压的谐波，载波比 m_f 通常是奇数。如果载波比大于21，则常采用非同步PWM，因为此时输出谐波的影响已经很小了。

输出电压的幅值 $\hat{U}_{out}$ 与调制比 m 的关系曲线如图 3.11 所示。通常 m 的值有以下三种情况：

- $m \leqslant 1$ 时，PWM 处于线性区。输出电压的幅值 $\hat{U}_{out}$ ㊀ 随着调制比 m 线性上升，而且不受 m_f 的影响。
- $1 < m < 4/\pi$ 时，PWM 过调制㊁。输出电压的幅值 $\hat{U}_{out}$ 不再随着调制比 m 线性变化，这时输出电压的幅值与 m_f 有一定关系，即使是为此选择了一个较大的值㊂。
- $m = 4/\pi$ 类似于方波控制，也就意味着不再存在 PWM。在每个周期内，一个开关分别打开或者关断 180°的电角度。

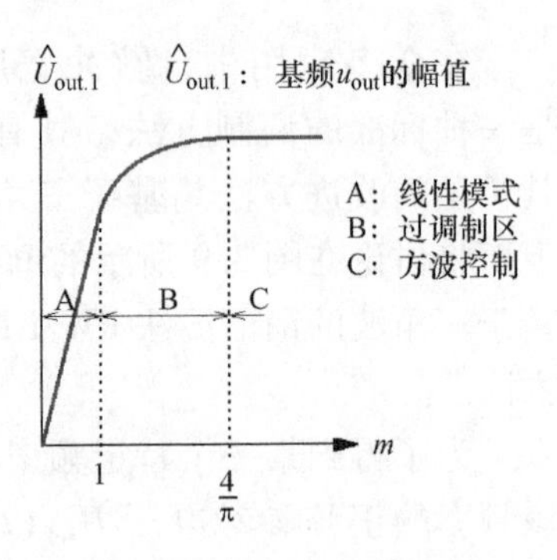

图 3.11 输出电压的幅值 $\hat{U}_{out}$ 与调制比 m 的关系曲线

详细的关于调制比及 PWM 的相关内容可参见第 13 章 13.12 节。

3.2 二极管的正向特性

二极管的正向特性由以下参数决定：

- 正向压降 U_F；
- 正向电流 I_F；
- 二极管的正向电阻 r_T；
- 阈值电压 $U_{(TO)}$；
- 结温 T_{vj}；
- 二极管的电压等级；
- 二极管芯片技术或制造技术。

图 3.12 为二极管的 I/U 曲线，它对这些参数给出了图形化的表示（电压等级和二极管制造技术除外）。

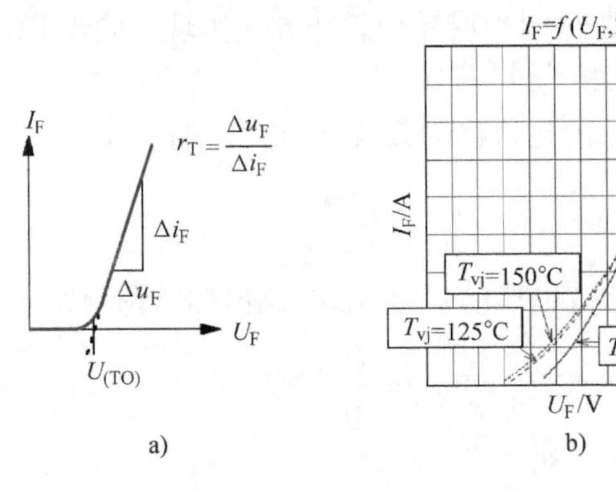

图 3.12 二极管的 I/U 曲线

㊀ 准确地说，这里仅仅给出了输出电压的基波，而忽略了输出电压的谐波。

㊁ 过调制 PWM 常用于电机驱动装置，而线性 PWM 则常用于 UPS。这是因为在电源系统中，输出电压中的谐波毫无用处。因此，当采用过调制时，常常使用同步 PWM。

㊂ 这里没有给出其详细关系的推导过程，详见参考文献［3］。

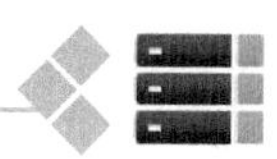

稳态工作时，二极管的损耗可由下式计算

$$P_{D} = U_{F}(I_{F},T_{vj}) \cdot I_{F} = [U_{(TO)}(T_{vj}) + r_{T}(T_{vj}) \cdot I_{F}] \cdot I_{F} \tag{3.7}$$

IGBT模块续流二极管的参数，在数据手册中给出的正向压降通常是额定电流下的芯片级数据，而且通常会给出两种不同结温（25℃和125℃）下的正向压降。对于最新的芯片技术，数据手册甚至会给出三种不同结温（25℃、125℃和150℃）下的数值。除此之外，数据手册也会给出负载电流在0～$2I_{F,nom}$范围内的特征曲线（见图3.12b）。如果没有给出芯片级的U_F，而只是给出了模块级的压降，就需要通过计算得到芯片级的压降。要做到这一点，需要从模块压降$U_{F,Module}$中减去模块电阻$R_{CC'+EE'}$的压降，模块电阻通常会在数据手册中给出。计算方法见下式：

$$U_{F,\,Chip} = U_{F,\,Module} - R_{CC'+EE'} \cdot I_{F} \tag{3.8}$$

阈值电压$U_{(TO)}$可以通过二极管的伏安特性曲线获得。在额定电流$I_{F,nom}$处做切线，切线与横坐标的交点就是$U_{(TO)}$，如图3.12a所示。另外，从二极管的伏安特性曲线中，也可以获得二极管的正向斜率，或者称为（差分）电阻r_T。如果确定这些参数，就可以计算二极管在某一正向电流下的损耗。

然而在实际应用中，一般不是稳态电流。比如在电机驱动中，流过二极管的电流会根据控制算法按正弦波变化。所以在计算时要考虑这些变化。在一个正弦周期内的平均损耗可由式（3.9）来计算，这里假设二极管导通和关断的时间各占50%即半周期导通，则

$$P_{cond,\,D} = \frac{1}{T}\int_{0}^{\frac{T}{2}} u_{F}(t) \cdot i_{F}(t) \cdot \tau(t) \cdot dt \tag{3.9}$$

这里$U_F(t) = U_{(TO)}(T_{vj}) + r_T(T_{vj}) \cdot i_F(t)$且$i_F(t) = \hat{i}_F \sin(\overline{\omega} t)$。

二极管的导通时间可由式（3.10）来定义，这里假定采用脉冲宽度调制算法，则

$$\tau(t) = \frac{t_{on}}{T} = \frac{1}{2}(1 + m \cdot \sin(\overline{\omega} t + \varphi)) \tag{3.10}$$

将式（3.10）代入式（3.9）得到：

$$P_{cond,\,D} = \frac{1}{2}\left(U_{(TO)}(T_{vj}) \cdot \frac{\hat{i}_F}{\pi} + r_T(T_{vj}) \cdot \frac{\hat{i}_F^2}{4}\right) - m \cdot \cos\varphi \cdot \left(U_{(TO)}(T_{vj}) \cdot \frac{\hat{i}_F}{8} + \frac{1}{3\pi} r(T) \hat{i}_F^2\right) \tag{3.11}$$

求解式（3.11）需要以下数据：

- 阈值电压$U_{(TO)}$（T_{vj}）。这个值可由图3.12中二极管在不同结温下的I/U曲线获得。对于图3.12没有给出的温度，可以通过线性插值的方法计算得出。
- 通态斜率电阻$r_T(T_{vj})$。这个也可以从图3.12中I/U曲线获得。

$U_{(TO)}$和r_T的值依赖于电压等级和二极管本身的技术。其原理是因为这些值基本上取决于二极管中N^-漂移区的厚度及掺杂浓度。

另外，还有一些参数需要介绍：

- 正向峰值电流$\hat{i}_F$；
- 调制系数m；
- 功率因素$\cos\varphi$。

为了计算方便，不同的制造商提供了在线或离线式的计算/仿真软件及网址，见表3.1。

表3.1 不同制造商提供的计算/仿真软件及网址

供应商	工具名称	网络地址
ABB	—	http：//www. abb. com
富士	IGBTSim	http：//www. fujielectric. com
英飞凌	IPOSIM（离线）	http：//www. infineon. com
英飞凌	IPOSIM（在线）	http：//www. infineon. com
三菱	Melcosim	https：//www3. mitsubishichips. com
赛米控	SemiSel	http：//www. semikron. com

图3.13给出了一个可以计算二极管损耗的软件。这个软件由英飞凌公司基于Excel[㊀]开发，称作“IPOSIM”。这个软件只要输入有关二极管的一些应用参数，就能看到二极管损耗及其他数据。

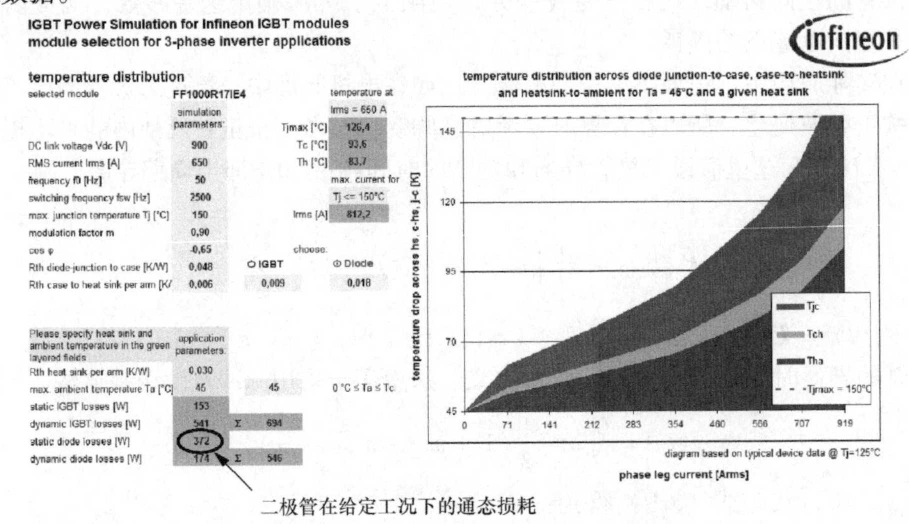

图3.13 计算二极管损耗的IPOSIM软件

3.3 二极管的开关特性

3.3.1 二极管的开通

二极管的开通特性如图3.14所示，可由图3.2所示的半桥电路进行测试。首先，在一个给定时间段t_1内开通IGBT VT_1。根据这个时间段的长度和电感L的大小就可以计算负载电流I_{out}的大小。具体可见式（3.12）。

$$I_{out} = \frac{U_{DC} \cdot t_1}{L} \tag{3.12}$$

㊀ Excel是微软办公软件里的表格处理软件。

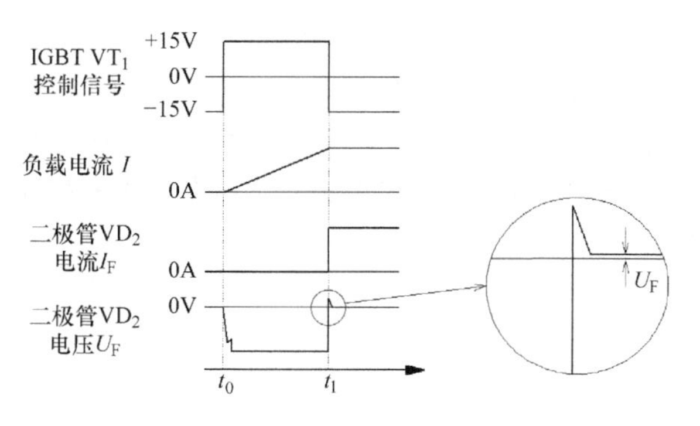

图 3.14 二极管开通特性

在 t_1 时刻 IGBT VT_1 关断，则负载电流 I_{out} 通过二极管 VD_2 换流，这个时候的二极管导通。在二极管导通之前，全部直流母线电压（忽略 IGBT 导通压降）施加在负载上，即二极管承受母线电压。一旦 IGBT VT_1 被关断，二极管上承受的电压下降到 U_F，即二极管的正向压降。在二极管开通期间，会产生电压过冲（见图 3.15），下面将详细介绍。

正如第 1 章 1.2 节里所说，功率二极管有一个 PN^-N^+ 的结构，为了获得所需的电压阻断能力，其中心部分 N^- 掺杂的浓度较低。另外，这个 N^- 区域的长度根据需要的电压阻断能力而定。由于以上两个因素，该区域表现出相对高的阻抗。当二极管关断时，比如在阻断模式下，N^- 区会形成耗尽层。在二极管能够进入正向导通模式之前，必须先消除耗尽层并注入载流子，以尽可能降低等效电阻。随着载流子的注入，漂移区的电阻随之降低。这个过程将花费不少时间，可以把这个过程叫作电导调制。

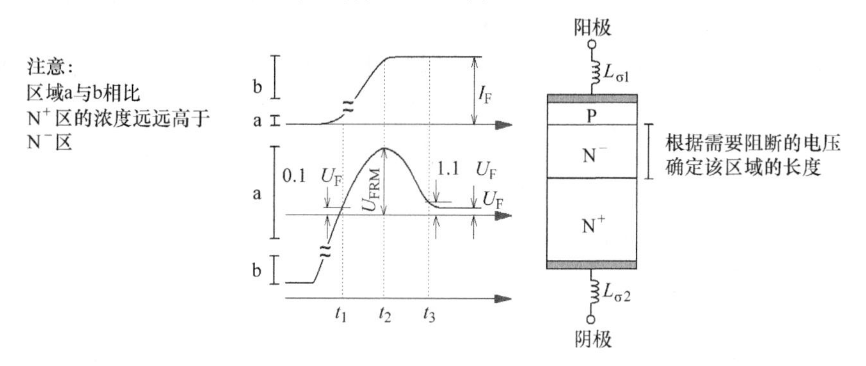

图 3.15 二极管开通过程中产生的电压过冲

当二极管流过部分负载电流时，开始承受电压，其峰值为 U_{FRM}。一旦漂移区注满载流子，二极管两端压降会最后降低到 U_F。该机理可通过一个电感电压 ΔU 来解释，该电压等于二极管的杂散电感 L_σ 和电流变化率 di_F/dt 的乘积，即

$$\Delta U = L_\sigma \cdot \frac{di_F}{dt} \tag{3.13}$$

根据二极管的类型和应用环境，U_{FRM} 的值可以达到几十伏，甚至几百伏。这个电压以反向电压的形式施加在 IGBT 的两侧。尽管 IGBT 的反向阻断能力通常没有标明[㊀]，但也必须

㊀ 由于绝大多数的应用中，IGBT 都并联续流二极管，所以厂商没有给出 IGBT 反向阻断的数据。

避免高 U_{FRM}。

在实际应用中，换流速率 di_F/dt 由 IGBT 的关断特性和换流路径中的电感来决定。式（3.14）给出了二极管开通损耗的表达式。在实际应用中，不管高电压乘以低电流或者大电流乘以低电压时，这个开通损耗都是可以忽略的，尤其是与关断损耗相比，而关断损耗将在 3.3.2 节进行详细分析。

$$P_{on,D} = \int_{t_1}^{t_3} u_F(t) \cdot i_F(t) \cdot dt \tag{3.14}$$

3.3.2 二极管的关断

为了测试二极管的关断特性，也会用到图 3.2 中的测试电路。二极管 VD_2 在 t_1 时刻开通，根据 3.3.1 节所述过程，电感中的电流流过二极管（忽略损耗），直到 t_4 时刻，IGBT VT_1 再次开启，电流从二极管 VD_2 换流到 IGBT VT_1。这就是二极管的关断过程，如图 3.16 所示。

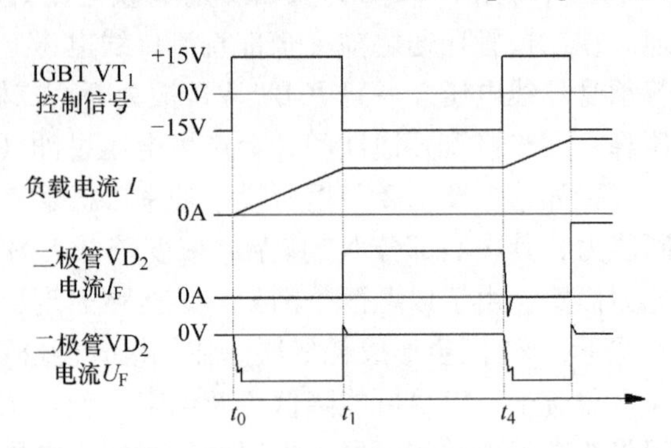

图 3.16　二极管的关断过程

只有在移除漂移区所有载流子后，二极管中才能够建立起耗尽层，二极管才能够具有阻断电压的能力。载流子的移除是通过复合来完成的（见第 1 章 1.1.2 节）。那些不能复合的载流子会通过一个反向电流移出漂移区。电流斜率、电流峰值及关断时间都是选择二极管的关键因素，这些因素一方面会影响 IGBT 的开通过程和开通损耗，另一方面可能会造成 EMI 问题。

图 3.17 给出了硅功率二极管的典型关断特性。关断过程从 t_4 时刻开始，这时流过二极管 VD_2 的电流开始换流。换流通路中的电感决定了换流的速率 di_F/dt。

当从二极管里移除足够多的载流子时（t_6），二极管开始承受反向电压。在 t_7 时刻，反向恢复电流达到最大值 I_{RM}，然后以 di_r/dt 的速率开始衰减。按照定义，当二极管电流下降到 I_{RM} 值的 20% 的时候，关断过程就结束了。

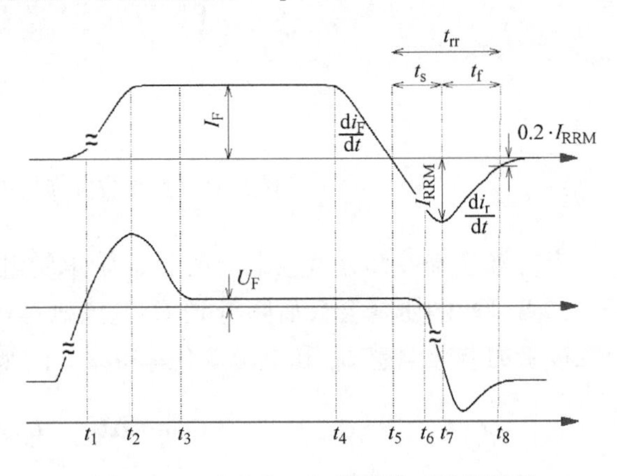

图 3.17　硅功率二极管的典型关断特性

在关断过程中，也许会出现一个如图 3.17 所示的电压过冲，实际的工作状态决定过冲电压的大小。这个电压也许比较低，不会超过额定电压，如图 3.16 所示。

经过复合后在漂移区仍然存在的电荷 Q_{rr} 可由式（3.15）进行估算：

$$Q_{rr} = \frac{1}{2} I_{RRM} \cdot t_{rr} \tag{3.15}$$

这里假设在反向恢复时间 t_{rr} 内，反向恢复电流的波形是三角形。如果要得到更精准的 Q_{rr} 就必须用到示波器进行积分计算。测量二极管的电流并在反向恢复时间积分。和上述时间定义不同，这里积分的边界条件开始于 I_F 的过零点，结束于 I_{RM} 的2%，而非20%。

同样也可以定义二极管的关断损耗 $P_{sw,D}$ 和关断能量 E_{rec}（反向恢复能量）。通过示波器测量二极管的电流和电压，然后把这两条曲线相乘就可以得到峰值损耗功率 P_{RQM}。对这个功率在反向恢复时间内积分就是 E_{rec}。积分的边界范围是 U_R 的10%和 I_{RRM} 的2%。最终，二极管的开关损耗 $P_{sw,D}$ 等于 E_{rec} 乘以开关频率 f_{sw}。

另外，在实际应用中，开关损耗 $P_{sw,D}$ 也可以根据数据手册提供的 E_{rec}（I_{nom}，U_{nom}，T_{vj}）值来计算。通常情况下，数据手册上给出 E_{rec}（I_{nom}，U_{nom}，T_{vj}）是指二极管在额定电压和额定电流下的数值。同样，制造商会限定 di_F/dt 值。在实际应用中，可以通过线性插值来匹配给定的 di_F/dt 值。这种方法存在20%的偏差。

$$P_{sw,D} = \frac{1}{\pi} f_{sw} \cdot E_{rec}(I_{nom}, U_{nom}, T_{vj}) \cdot \frac{\hat{i}}{I_{nom}} \cdot \frac{U_{DC}}{U_{nom}} \tag{3.16}$$

需要记住的是，如式（3.17）所示，反向恢复能量 E_{rec} 是非线性的。

$$E_{rec}(\hat{i}) = E_{rec}(I_{nom}, T_{vj}) \cdot \left(0.45 \times \frac{\hat{i}}{I_{nom}} + 0.55\right) \tag{3.17}$$

把式（3.17）代入式（3.16），得到一个可实用的二极管关断损耗近似计算公式，即

$$P_{sw,D} = \frac{1}{\pi} f_{sw} \cdot E_{rec}(I_{nom}, T_{vj}) \cdot \left(0.45 \times \frac{\hat{i}}{I_{nom}} + 0.55\right) \cdot \frac{U_{DC}}{U_{nom}} \tag{3.18}$$

除了开关损耗，所谓的软恢复也是二极管一个比较有趣的概念，它代表了二极管的一种软关断特性，即二极管的反向恢复电流不是突然关断的，也不会产生谐振。通常情况下，软关断特性由软因数 S 来表示，它代表了 t_f 和 t_s 的比值，即

$$S = \frac{t_f}{t_s} \tag{3.19}$$

然而，在实际的应用中，这个软因数如同软关断和硬关断一样无法很好地界定。有文献提出用式（3.20）定义软因数 S，即

$$S = \left| \frac{\left(\frac{di_F}{dt}\right)_{I_F = 0A}}{\left(\frac{di_r}{dt}\right)_{max}} \right| \tag{3.20}$$

图3.18给出了软恢复和硬恢复二极管的关断特性。根据式（3.20），图3.18中间的情况也可以正确地识别出来。如果根据式（3.19）的定义，即使在 t_f 时刻恢复电流出现突变，这个开关行为也会被定义为软关断。

评价二极管的开关特性，需要在 I_{nom}、$2I_{nom}$ 和 $0.1I_{nom}$ 分别进行测量，在这种情况下可以充分有效地检测和定义二极管相关的工作点。特别是，低温环境中关断小电流是二极管一个重要的工作测试点。由于电流很小，所以在关断过程中少量的载流子会被迅速移除。相比于大电流和高温，这样更容易产生谐振。图3.19给出了在不同IGBT栅极电阻下二极管的关

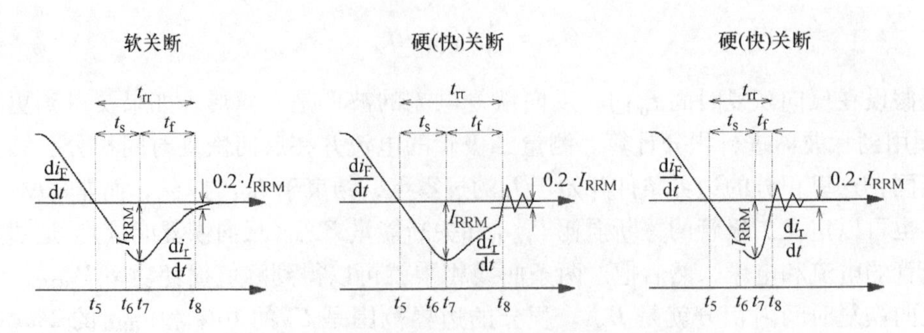

图 3.18　软恢复和硬恢复二极管的关断特性

断特性。

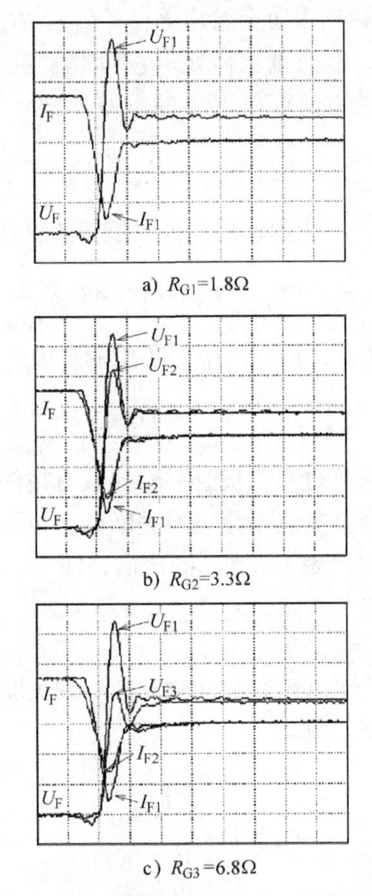

图 3.19　在不同 IGBT 栅极电阻下二极管的关断特性

其他影响二极管关断特性的因素如下：

- 结温 T_{vj}；
- 直流母线电压 U_{DC}；
- 电流变化率 di_F/dt。

可以通过调整 IGBT VT_1 的栅极电阻 R_G 来调整电流变化率。电阻 R_G 越大，di_F/dt 的值越低，最大峰值电流 I_{RRM} 和 U_R 越低（如图 3.19 所示的 U_{F1}、U_{F2} 和 U_{F3}）。

其他与开关特性相关的内容见第6~7章。

除了硅功率二极管外，肖特基碳化硅二极管常用做续流二极管。硅二极管和碳化硅二极管的不同之处，在第1章1.2节中有具体的说明。后者最大的优点在于由于电容效应，它的反向恢复电荷 Q_{rr} 很低。图3.20给出了碳化硅肖特基二极管和硅二极管的关断特性。可以看出，碳化硅二极管几乎没有反向恢复电流 I_{RM}，这也是碳化硅二极管的关断损耗远远低于硅二极管的原因。

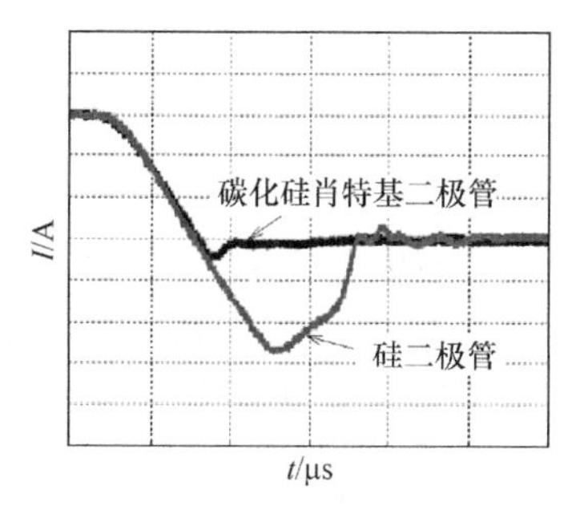

图3.20 碳化硅肖特基二极管和硅二极管的关断特性

3.4 IGBT的正向特性

IGBT的正向特征由以下的因素决定：

- 饱和压降 U_{CEsat}；
- 负载电流或集电极电流 I_C；
- IGBT通态斜率电阻 r；
- 结温 T_{vj}；
- IGBT电压等级；
- IGBT生产制造工艺。

上述参数以图形化的方式总结在图3.21所示的IGBT I/U 曲线中（除了电压等级和制造工艺）。

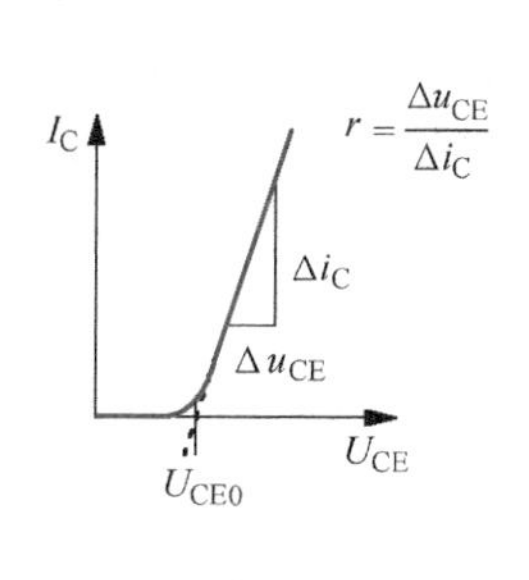

a)

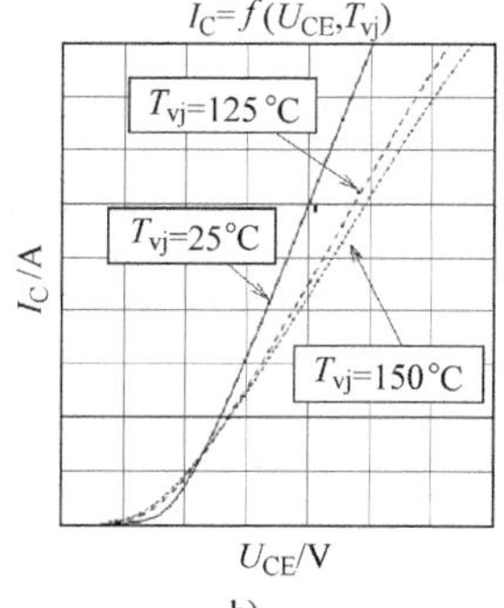

b)

图3.21 IGBT的 I/U 曲线

稳态时，IGBT损耗为

$$P_D = U_{CE}(I_C, T_{vj}) \cdot I_C = [U_{CE0}(T_{vj}) + r(T_{vj}) \cdot I_C]I_C \tag{3.21}$$

通常情况下，数据手册中会给出IGBT模块在额定电流时两种不同结温下（25℃和125℃）的饱和压降 $U_{CE\,sat}$ 的数值。对于最新的一代IGBT，有些厂商会给出三种不同结温（25℃、125℃和150℃）下的数值，而且会给出负载电流从零到两倍额定电流之间的特征曲线（如图3.21b所示）。如果给出的数据不是芯片级的压降，而是模块级的压降，则需要从模块级压降中减去模块内部电阻 $R_{CC'+EE'}$ 两端的压降。$R_{CC'+EE'}$ 可以从数据表格中查到。

$$U_{CE,\,Chip} = U_{CE,\,Module} - R_{CC'+EE'} \cdot I_C \tag{3.22}$$

阈值电压 U_{CE0} 可以从曲线中推导获得。在额定电流 $I_{C,nom}$ 处做一条切线，切线与横坐标轴的交点就是 U_{CE0}，如图3.21a所示。另外，IGBT的正向斜率电阻（微分电阻）r 也可以从这些特性曲线中获得。如果能够确定这三个变量，就可以估算在一定电流下IGBT的通态损耗。

然而，在实际的应用当中，电流恒定的情况非常少。比如在电机驱动中，由于控制算法，IGBT的电流按照正弦变化。所以，当计算通态损耗时，需要考虑这种变化。可以通过式（3.23）计算IGBT在一个正弦周期内的平均损耗。这里假设IGBT半周期导通，另半周期不导通。

$$P_{\text{cond, I}} = \frac{1}{T}\int_{0}^{\frac{T}{2}} u_{\text{CE}}(t) \cdot i_{\text{C}}(t) \cdot \tau(t) \cdot \mathrm{d}t \tag{3.23}$$

这里，$U_{\text{CE}}(t) = U_{\text{CE0}}(T_{\text{vj}}) + r(T_{\text{vj}}) \cdot i_{\text{C}}(t)$，而 $i_{\text{C}}(t) = \hat{i}_{\text{C}} \cdot \sin(\overline{\omega}t)$。

根据式（3.10）的定义，IGBT的导通周期 $\tau(t)$ 就是二极管的导通周期。把式（3.10）代入式（3.23），并且积分，可得

$$P_{\text{cond, I}} = \frac{1}{2}\left[U_{\text{CE0}}(T_{\text{vj}}) \cdot \frac{\hat{i}}{\pi} + r(T_{\text{vj}}) \cdot \frac{\hat{i}_{\text{C}}^{2}}{4}\right] + m \cdot \cos\varphi \cdot \left[U_{\text{CE0}}(T_{\text{vj}}) \cdot \frac{\hat{i}_{\text{C}}}{8} + \frac{1}{3\pi} \cdot r \cdot \hat{i}_{\text{C}}^{2}\right] \tag{3.24}$$

求解方程式（3.24），需要以下参数：

- 阈值电压 $U_{\text{CE0}}(T_{\text{vj}})$：如图3.21所示，能够从不同的结温对应的曲线中获得。由于图3.21没有温度，可以通过数学插值的方法获得。
- 通态斜率电阻 $r(T_{\text{vj}})$：也可以从图3.21中得到。

IGBT的电压等级和技术都会影响 U_{CE0} 和 r 的数值。其主要原因在于 N^- 区的掺杂浓度和厚度不同。图3.22给出了一些IGBT的典型饱和压降的数值，这些IGBT（2009年的技术指标）来自英飞凌公司。每条垂直的线代表不同的电压等级 U_{CES}，每一个点代表一种特定的技术。从图中很明显地看出，随着额定电压的上升，饱和压降也会增大。对于同样的额定电压，最下面的点代表最新的IGBT技术，上面的点代表较早的IGBT技术。

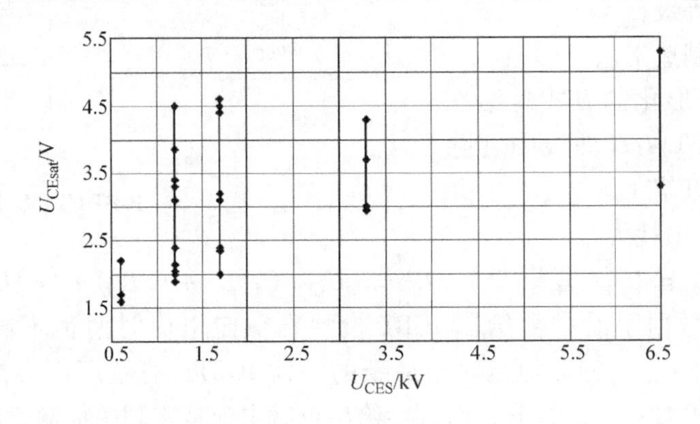

图3.22　典型的IGBT饱和压降（$T_{\text{vj}} = 125℃$），按照电压等级和技术水平分类

下面几个参数对解公式（3.24）是很有必要的。这些数据都直接能从应用中得到：

- 正向峰值电流 $\hat{i}_{\text{C}}$；
- 调制系数 m；
- 功率因数 $\cos\varphi$。

为了便于计算，很多厂商提供了在线或离线的计算和仿真软件。具体的说明可以参考图3.13。

下面来介绍IGBT在低温下的正向特性。

如前文所述，IGBT的饱和电压随着结温的变化而改变。通常数据手册给出了结温和饱和压降关系的数据或表格，但是缺少25℃以下的数据。

图 3.23 给出了在给定集电极和驱动电压时饱和电压与温度的关系曲线。在低于 20℃ 时，从图 3.23 中可以看出，NPT IGBT 和 FS IGBT 会从 PTC（正温度系数）转为 NTC（负温度系数）。这也就说明，从这里开始 IGBT 就表现出了 NTC 的特性。这样 IGBT 发射极效率很低，比如 P 型的集电区。由于掺杂浓度很低，所以半导体表面载流子的浓度也很低，低温下 P 集电极区和背面金属之间的电阻影响增大。在温度低于 20℃ 时，这种效应开始起主导作用，饱和电压开始表现出 NTC 的特性。精确的转变点取决于实际的掺杂形貌以及 P 区和与背面金属的连接方式。不同的 IGBT 技术表现出不同的行为。

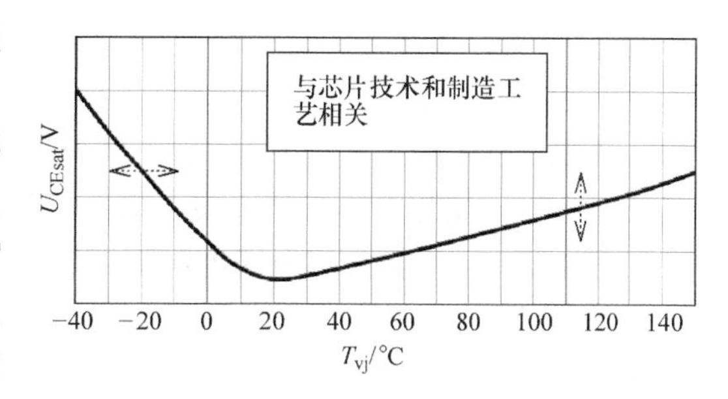

图 3.23 给定集电极电流和驱动电压时饱和电压与温度的关系曲线

3.5 IGBT 的开关特性

3.5.1 IGBT 的开通特性

IGBT 的开通特性如图 3.24 所示，可以通过图 3.1 所示的半桥电路测试。IGBT VT_2在一定的时间段 t_1 内开通。根据这个时间周期和电感 L 的大小，决定流过负载及 IGBT 集电极电流的大小［式（3.12)］。

IGBT VT_2在 t_1时刻关断，电流 I 换流到二极管 VD_1（t_1时刻用以描述 IGBT 关断行为，详细的讨论见 3.5.2 节）。一旦时间到达 t_2，IGBT VT_2 再次被开通，这个时刻用来描述 IGBT 的开通行为。忽略负载电阻和二极管的压降，IGBT VT_2在开通之前承受所有的直流母线电压 U_{DC}。

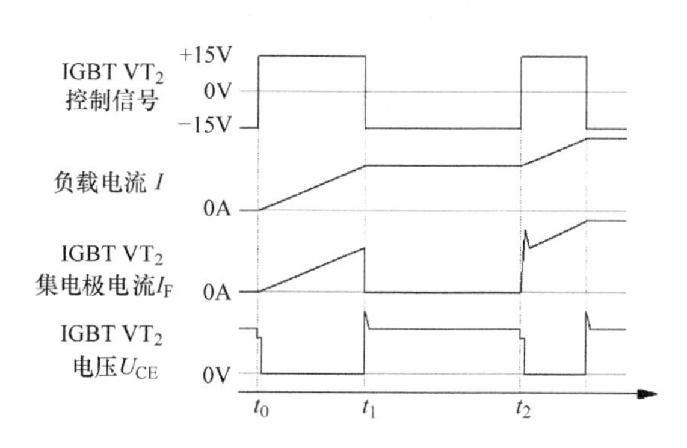

图 3.24 IGBT 开通特性

IGBT 开通过程如图 3.25 所示。在 IGBT VT_2开通后，栅极 - 集电极电压 U_{GE} 开始上升。在时间 t_3 处，U_{GE}上升到阈值电压 $U_{GE(TO)}$，这时集电极电流 I_C 开始上升。集电极电流的上升产生了电流变化率 di_F/dt，同时由于换流通路中的杂散电感，导致集 - 射电压 U_{CE}迅速下降，即

$$U_{CE} = U_{DC} - \Delta U_{CE} = U_{DC} - L_\sigma \cdot \frac{di_{C,\ t_4-t_3}}{dt} \tag{3.25}$$

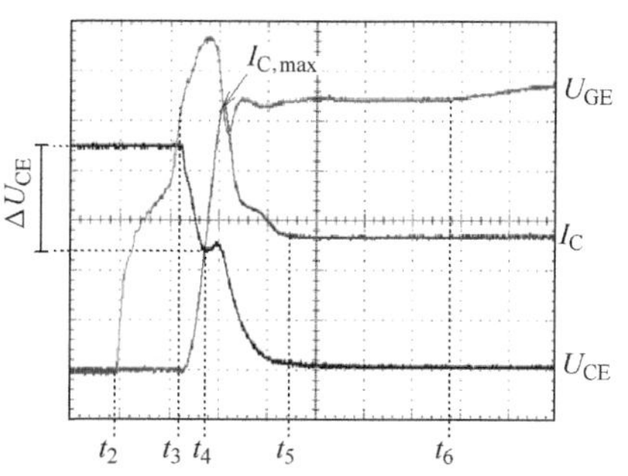

图 3.25 IGBT 的开通过程

在 t_4时刻，集电极电流 I_C已经上升到由电感大小决定的额定值。然而，这时二极管开始关断，由于二极管的反向恢复特性，I_C继续增大。最大集电极电流 $I_{C,max}$的值是由以下因素

决定的：

• 二极管的设计；

• IGBT 的外围部件（比如驱动电路），这些外围电路会影响电流变化率$\mathrm{d}i_C/\mathrm{d}t$和$\mathrm{d}i_F/\mathrm{d}t$。图 3.26 给出了一个最大集电极电流随驱动电阻变化而改变的示例。驱动电阻越大，$\mathrm{d}i_F/\mathrm{d}t$就越低，因而最大集电极电流就越低；

• 结温T_{vj}；

• 直流母线电压U_{DC}。

如果其他参数保持不变，负载电流对$I_{C,max}$的大小没有影响。

随着时间的推移，集电极电流开始衰减，在t_5时刻降到负载电流的大小。同时集－射极电压也会逐渐下降，但是受驱动电压的密勒平台（见 3.5.3 节）影响，不会马上下降到U_{CEsat}，而是经过一定的时间，在t_6时刻到达这一个水平。在t_6时刻也标志着开通过程的结束。

仔细观察这个过程就会发现，IGBT 开通过程的损耗和二极管有着不可分割的联系。IGBT和二极管的匹配是优化损耗的关键，这也就是为什么新一代的 IGBT 产品总是匹配新一代二极管的原因。图 3.26 给出了 IGBT 的开通过程与驱动电阻的关系。

IGBT 开通损耗功率$P_{on,i}$的估算方法如下：

通过示波器测量集电极电流和集－射极电压，将两条曲线相乘即可以得到峰值损耗功率。然后对功率曲线积分，就可以计算出开通能量E_{on}。积分的边界条件是 10% 的I_C到 2% 的U_{CE}。E_{on}和开关频率f_{sw}的乘积就是 IGBT 开关损耗$P_{on,I}$。

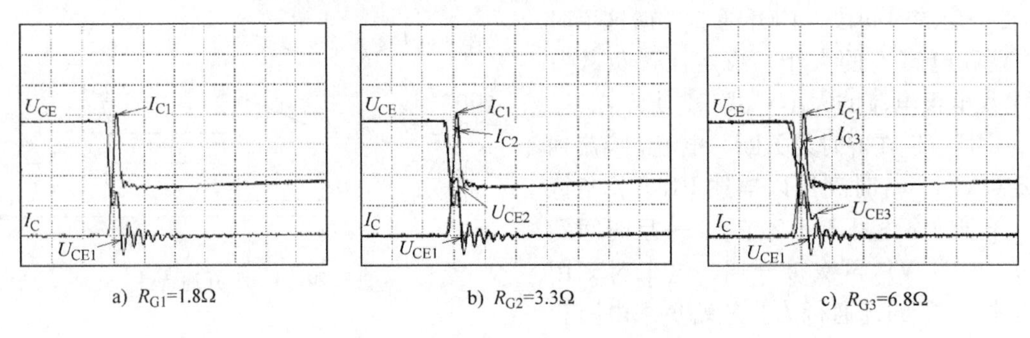

a) R_{G1}=1.8Ω　　b) R_{G2}=3.3Ω　　c) R_{G3}=6.8Ω

图 3.26　IGBT 的开通过程与驱动电阻的关系

另外，开关损耗$P_{on,I}$也可根据应用参数，由数据表中给出的E_{on}（I_{nom}，U_{nom}，T_{vj}）值计算。通常情况下，E_{on}（I_{nom}，U_{nom}，T_{vj}）的值是 IGBT 在给定电流和给定电压下的开通能量。同时，厂商会在数据手册中指定一定的$\mathrm{d}i/\mathrm{d}t$。将这个数值与实际应用匹配可以通过线性插值的方法，这种方法可能和标称值有 20% 的误差。

$$P_{on,I} = \frac{1}{\pi} f_{sw} \cdot E_{on}(I_{nom}, U_{nom}, T_{vj}) \cdot \frac{\hat{i}}{I_{nom}} \cdot \frac{U_{DC}}{U_{nom}} \ominus \tag{3.26}$$

换流回路的杂散电感会影响 IGBT 的开通特性，详见 3.9 节和第 7 章 7.7 节。

⊖ 适用于正弦电流。

3.5.2 IGBT 的关断特性

IGBT 关断过程如图 3.27 所示，图 3.1 所示的测试电路也适合于测试 IGBT 的关断过程。在 t_1时刻关断 IGBT，此时根据式（3.12），负载电流或者 IGBT的集电极电流已经达到设计需求。

当 IGBT 关断时，由于换流回路中的杂散电感，集-射极电压会出现过冲 ΔU_{CE}。集-射极最大电压为

$$U_{CE,\max}=U_{DC}+\Delta U_{CE}=U_{DC}+L_{\sigma}\cdot\frac{di_C}{dt} \tag{3.27}$$

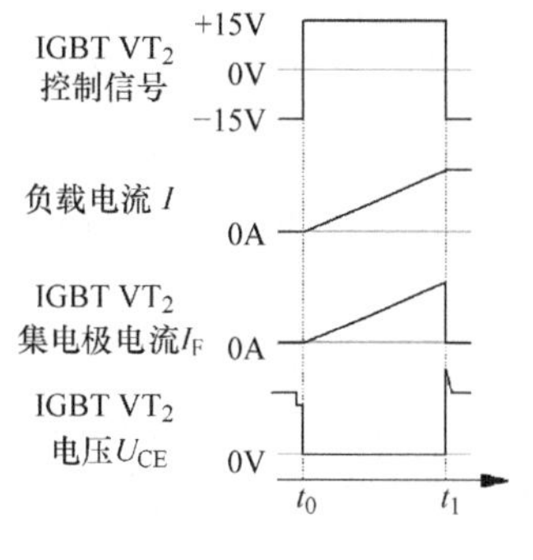

图 3.27　IGBT 关断过程

为了防止损坏 IGBT，就必须保证 $U_{CE,max}$低于 IGBT 的阻断电压 U_{CES}[⊖]。如果必要的话，可以通过一些特殊手段使得 $U_{CE,max}$低于 IGBT 的阻断电压，详见第 6 章和第 7 章。

IGBT 关断过程中的另外一个显著特性就是拖尾电流 I_{CZ}，其长度和形状与下列参数有关：

- IGBT 技术和掺杂浓度；
- 结温 T_{vj}；
- 杂散电感 L_{σ}；
- 直流母线电压 U_{DC}。

图 3.28 给出了在相同温度下，IGBT 拖尾电流 I_{CZ}与直流母线电压 U_{DC}的关系。这里用的是一个 Trench-FS IGBT。这类 IGBT 的漂移区比较薄，在直流母线电压比较高时，空间电荷区几乎扩展到整个区域，因此几乎没有残留的载流子形成拖尾电流。当直流母线电压下降，空间电荷区也会降低，所以残留的载流子会导致更明显的拖尾电流。

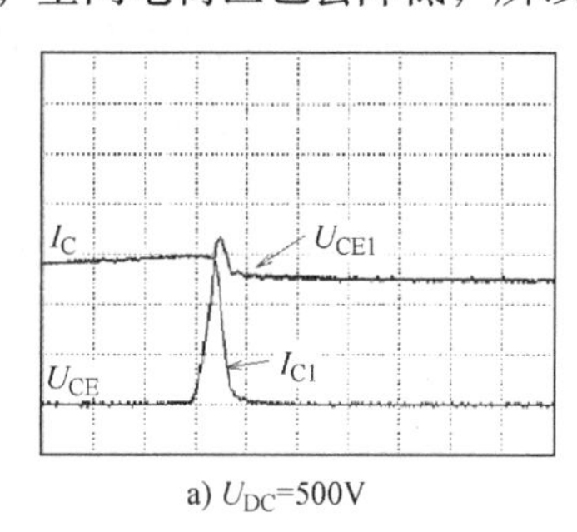

a) U_{DC}=500V

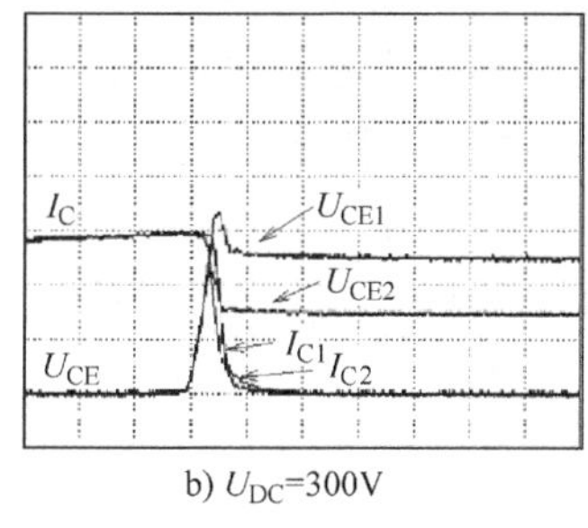

b) U_{DC}=300V

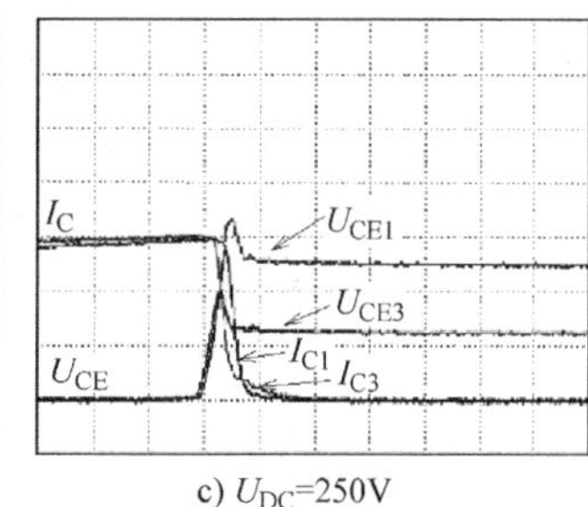

c) U_{DC}=250V

图 3.28　IGBT 拖尾电流 I_{CZ}与直流母线电压 U_{DC}的关系

对于 FS 或 Trench-FS IGBT，应用于高直流母线电压时，可能会导致空间电荷区扩展到场截止层。这样导致实质上没有载流子形成拖尾电流，从而使得集电极电流快速衰减。如果衰减发生得太快，集电极电流就会发生硬关断。这样可能会引起强烈的震荡，从而在实际应用中造成 EMI 问题。在小功率的应用场合，因为降低或没有拖尾电流意味着更小的关断损耗，相比于系统（相对低的）振荡，低损耗会更重要一些。但是对大功率应用则完全不

⊖　虽然 U_{CES}低于击穿电压 $U_{(BR)CES}$，实际工作电压必须低于 U_{CES}，否则就说明 IGBT 工作于 RBSOA 之外。

同，振荡不仅会导致显著的EMI问题，还会增加不可忽略的关断损耗。所以各厂商也提供具有软关断特性的IGBT。同样，在实际应用中，通过一些手段调整软关断的特性也是可行的。比如，可以把负载电路中的 di_C/dt 反馈到驱动电路中。相关的内容可见第6章6.7.5节。

IGBT关断损耗功率 $P_{off,I}$ 的估算方法如下：通过示波器测量集电极电流和集－射极电压，然后两条曲线相乘即可以得到峰值损耗功率。然后对功率曲线积分，就可以算出关断能量 E_{off}。积分的边界条件是10%的 U_{CE} 和2%的 I_C。E_{off} 和开关频率 f_{sw} 的乘积就是IGBT开关损耗 $P_{off,I}$。

另外，关断损耗 $P_{off,I}$ 也可根据实际的应用参数，由数据表中给出的 E_{off}（I_{nom}，U_{nom}，T_{vj}）值计算得到。通常情况下，E_{off}（I_{nom}，U_{nom}，T_{vj}）的值是IGBT在额定电流和额定电压下的关断能量。同时，在数据手册中厂商会指定一定的电压变化率 dU_{CE}/dt。可以通过线性插值的方法将这个数值与实际应用匹配，这种方法可能有20%的误差。

$$P_{off,I} = \frac{1}{\pi} f_{sw} \cdot E_{off}(I_{nom}, U_{nom}, T_{vj}) \cdot \frac{\hat{i}}{I_{nom}} \cdot \frac{U_{DC}}{U_{nom}} \quad (3.28)$$ [㊀]

把开通损耗和关断损耗加在一起就是IGBT的开关损耗 $P_{SW,I}$，即

$$P_{sw,I} = P_{on,I} + P_{off,I} = \frac{1}{\pi} f_{sw} \cdot [E_{on}(I_{nom}, U_{nom}, T_{vj}) + E_{off}(I_{nom}, U_{nom}, T_{vj})] \cdot \frac{\hat{i}}{I_{nom}} \cdot \frac{U_{DC}}{U_{nom}} \quad (3.29)$$ [㊀]

3.5.3 栅极电荷和密勒效应[㊁]

IGBT的栅极对外显示出类似电容的特性，即电压由充电电荷和电容决定，即

$$Q = C \cdot U \quad (3.30)$$

电容的数值一般是恒定不变的，所以在一定电压下，电压与电荷呈线性关系，但是IGBT的等效电容则不一样，图3.29给出了栅极电荷 Q_G 标幺值和栅极电压 U_{GE} 的关系，最终充电电荷到达E点。栅极电荷充电过程可以分为四个区域。

在时间A处，栅极电荷处于积累模式。在时间段AB之间电容 C_{GE} 被充电，U_{GE} 根据式（3.31）上升。在实际的应用之中，时间 t_{A-B} 由驱动电阻（包括内部和外部电阻）和等效栅极电容决定，所以，C_{GE} 不是线性上升，而是按指数规律上升[㊂]。

$$U_{GE,A-B} = \frac{I_G \cdot t_{A-B}}{C_{GE}} = \frac{Q_{G,B}}{C_{GE}} \quad (3.31)$$

在时间B处，U_{GE} 到达了平带电压 U_{FB}[㊃]，受电压影响的MOS电容（属于 C_{GE} 的一部分）不再影响充电过程。这时相比于时间段AB，C_{GE} 的值降低。相应地，栅极充电斜率上升。在时间段BC之间，栅极电压 $U_{GE,B-C}$ 超过栅极阈值电压 $U_{GE(TO)}$，所以IGBT开始工作。

㊀ 适用于正弦电流。

㊁ 密勒效应以美国物理学家John Milton Miller（1882～1962）命名，他在1919年第一次阐述了密勒效应。

㊂ 在绝大多数应用中，驱动电源是一个电压源，因此在开通过程中，由于驱动电压下降，栅极电流 I_G 的增大依赖于时间。用一个电流源代替电压源驱动IGBT，可以实现 U_{GE} 的线性增大，因此 Q/U 的梯度总是线性的。

㊃ 平带电压 U_{FB} 描述了在某一时间，栅极表面和下层半导体金属氧化层（两者之间有栅极氧化层隔离）之间的电位相同。这时，由于栅极电荷和半导体电荷互相抵消，半导体金属氧化层的能带是平坦的。

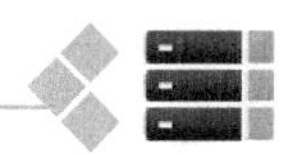

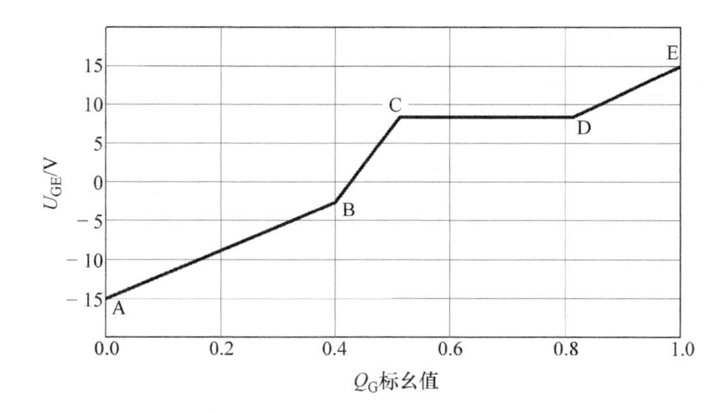

图 3.29 栅极电荷 Q_G标幺值和栅极电压 U_{GE}的关系

在时间段 CD，栅极的充电过程是由反馈电容 C_{GC}（也叫作密勒电容）决定的。这时，集-射极电压 U_{CE}不断降低，电流 I_{GC}通过 C_{GC}给栅极放电㊀，这部分电流需要驱动电流 I_{Dirver}来补偿。这时栅极出现一个恒定的电压，这种现象叫作密勒电压或密勒平台。

$$I_G = I_{Driver} + I_{GC} = I_{Driver} + C_{GC} \cdot \frac{dU_{CE}}{dt} \tag{3.32}$$

IGBT 一旦进入饱和，此时的电压为饱和电压 U_{CEsat}，dU_{CE}/dt 会下降到零，也没有任何反馈。在到达时间点 E 之前，驱动电流会对栅极一直充电，其效果和在 AB 段相似。

不同厂家的数据手册和应用文档都给出了类似于图 3.29 的栅极电荷充电曲线，也给出了在时间点 E 时的电荷 $Q_G = f(U_{GE})$。

如果给出了 IGBT 栅-射极之间的推荐电容 C_{GE}，就可以根据该电容找到栅极充电曲线或者充电电荷 Q_G。因为栅极电荷与温度无关，所以这些测量都是在环境温度为 25℃时完成的。但是栅极电荷与 IGBT 的技术和标称电流有关，和 IGBT 的阻断电压 U_{CES}无关。

由于栅极几何结构上的不同，沟槽栅 IGBT 比平面 IGBT 具有更高的栅极电荷。所以对于沟槽栅 IGBT，栅极电容 C_{GE}和充电电荷 Q_G的值相对大一点，所以，沟槽栅 IGBT 需要提供更大的驱动功率。

3.5.4 NPT IGBT 与沟槽栅 IGBT 关断特性比较分析

正如 1.5 节所述，相比于平面栅极结构的 NPT IGBT，沟槽栅 IGBT 具有更高的载流子浓度，特别是在发射极区域内。由于这个原因，它们的关断过程有所不同，如图 3.30 所示。

由图 3.30 可以看出，与 NPT IGBT 相比，沟槽栅 IGBT 在密勒平台之后出现了一个明显的倾角。这是因为，当栅极电压低于密勒平台时，也就低于阈值电压 $U_{GE(TO)}$，内部 MOS 通道关断，负载电流依靠漂移区的剩余载流子维持。所以从此时开始，IGBT 的关断行为是不受控制的。IGBT 在关断过程中表现出自限式的电压梯度 dU_{CE}/dt。dU_{CE}/dt 由掺杂和元胞的

㊀ 由于集电极-发射极之间的电压变换率为负，所以 C_{GC}上的电流也负值，比如，集电极-发射极电压由近似直流母线电压 U_{DC}降为饱和电压 U_{CEsat}。

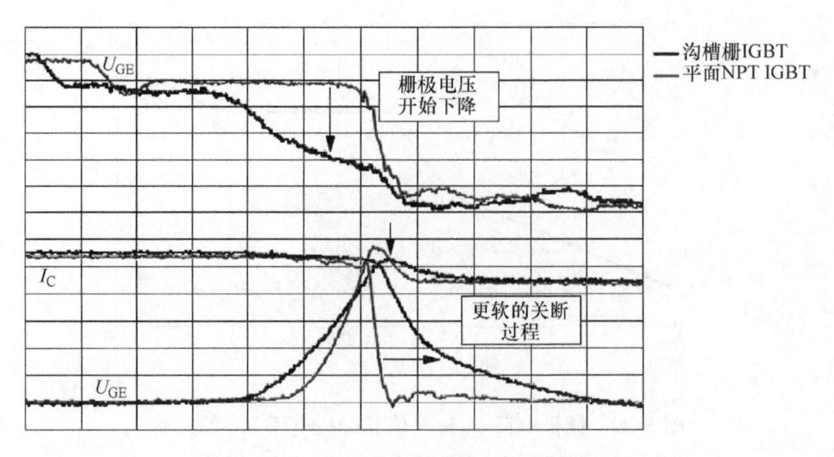

图 3.30　NPT 与沟槽栅 IGBT 关断过程

几何尺寸决定，也与负载电流和结温有关。与平面栅型 NPT IGBT 相反，沟槽型 FS IGBT 不能通过降低外部驱动电阻增加 dU_{CE}/dt。在正常工作状态下，沟槽栅 IGBT 的关断更软，而且电压过冲更小。

3.6　短路特性

正如前文提到的，可以在图 3.1 所示的半桥电路中测试 IGBT 的短路特性 SC1 和 SC2，如图 3.31 所示。SC1 型短路是指在 IGBT 开通前，已经发生短路，测试中电感 L 需要更换为一个低电感的导线实现桥臂短路。SC2 短路指 IGBT 开通时发生短路。

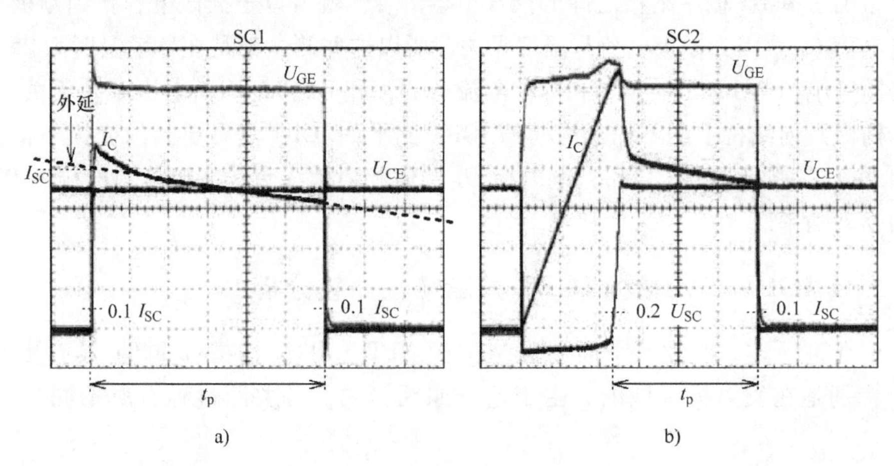

图 3.31　SC1 和 SC2 短路

虽然数据手册或者应用文档中没有明确提及，厂家通常只标定 SC1 短路，对于 SC2 短路却没有相关说明。在第 6 章 6.7.3 节和第 7 章 7.6 节将会讨论在实际应用中可能产生的 SC2 短路问题。这里将详细地分析 IGBT 两种基本的短路行为。

虽然演示 SC2 短路有一定的危险性，但可通过以下步骤模拟：如图 3.1 所示的半桥测试电路中，用一只几十 nH 的小感量电感 L。当 IGBT 开通时，集电极电流以正斜率 di_C/dt 上

升，电感承受全部电压。当短路电流大到一定程度时，IGBT 开始退饱和。这时电流不再上升，比如 di_C/dt 趋向于零。因此电感不再承受电压，IGBT 也从饱和模式进入短路工作模式。电感的取值要保证 IGBT 在 5μs 后进入退饱和模式。图 3.31 给出了两种短路特性的实验结果。对于 SC1 型短路，短路时间 t_p 指电流从上升 I_{SC}10% 的时刻开始到短路电流下降到 10% 时之间的时间。然而对于 SC2 型短路，这个时间是从电压上升到 20% 的 U_{DC} 时开始，到电流下降到 10% 的 I_{SC} 为止。

IGBT 的短路特性由以下几点决定：

● 驱动电压 U_{GE}：数据手册给出的短路电流或短路 SOA 图表，通常指定驱动 U_{GE} = 15V。不同 U_{GE} 时的短路电流 I_{SC} 如图 3.32 所示。由于 IGBT 存在跨导㊀，即集电极电流依赖于驱动电压，驱动电压增大或减小会影响短路电流的增大或减小。因此对于 SC1 短路，短路电流不是集电极电流 I_C 的峰值电流，而是在驱动电压为 15V 时，短路电流的线性外延值，如图 3.31a 和图 3.32 所示。

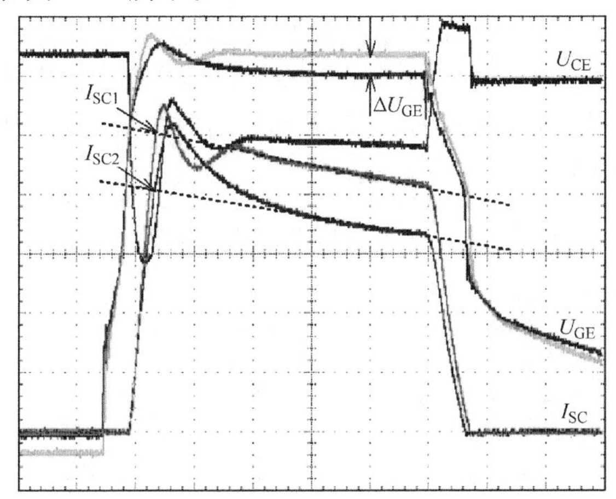

图 3.32 不同 U_{GE} 时的短路电流 I_{SC}

● 直流母线电压 U_{DC} 及集-射极电压 U_{CE}：数据手册中标识的短路电流 I_{SC} 通常是在指定的直流母线电压 U_{DC} 或集-射极 U_{CE} 下的值，或者以短路 SOA 图表代替。由于不同的厂商采用不同的最大电压 U_{CE}，下文的 U_{CE} 参考了 IGBT 的标称电压㊁，比如：

- 600V IGBT⇒U_{CE}≤360 ~ 400V
- 1.2kV IGBT⇒U_{CE}≤800 ~ 900V
- 1.7kV IGBT⇒U_{CE}≤1.0 ~ 1.1kV
- 3.3kV IGBT⇒U_{CE}≤2.5kV
- 6.5kV IGBT⇒U_{CE}≤4.4kV

● 短路时间 t_{SC}：短路时间表明了多长时间的短路会对 IGBT 产生影响（图 3.31 中的 t_p）。一般情况下，短路时间是由短路能量决定的，短路能量可通过在短路时间内对短路电

㊀ 跨导 g_m 表示了输出电流和输入电压之间的关系。跨导这个词来源于“转移电导率”。这里电导率指电子元件的有效电导系数。

㊁ 这些值只是作为参考电压，而且不同厂商各不相同。

流和电压的乘积积分计算得到。但是，需要特别注意的是，短路电流越大，所允许的短路时间就越短。如果短路时间过长，就会损坏元件。因此如果发生短路，需要在短路时间内关断IGBT，这就对驱动电路提出更高的要求。常用短路时间 t_{SC} 的取值范围在 6 ~ 10μs，而短路电流在 4 ~ 8 倍的额定电流。需要注意的是，短路时间 t_{SC} 只适用于数据手册中指定的条件。比如，如果 IGBT 在很低的直流母线电压下运行，那么 t_{SC} 也可以选取更大的值。但是，厂商很少给出这种关系。短路时间不是唯一的判定标准，进一步分析可以看出，可以用短路时芯片内部传递的能量 E_{SC} 来替代短路时间。但是集－射极电压会影响短路能量，而前者又受到比如换流回路的杂散电感、短路电流等的影响。同样，短路电流依赖于驱动电压，而驱动电压又与电压梯度 dU_{CE}/dt 及结温相关。这些参数之间的相关性来之于实际的应用对象，很难确定其间的定量关系。所以为了简化，厂商给出了最大短路时间作为一个参考值。

• 结温 T_{vj}：在短路之前，结温通常低于数据手册中给出的最大结温 $T_{vj,op}$。当 IGBT 短路时，产生的热量使得芯片温度上升，当结温超过芯片的极限温度（≥200℃）时就可能损坏。IGBT 温度升高也是图 3.31 和图 3.32 测量的集电极电流下降的原因。数据手册中给出了 $T_{vj,op}$ 下短路时间 t_{SC}。对于较低的结温，短路时间也许变大，但是厂商没有明确地给出这两者之间的关系。结温也可以决定短路电流的绝对值。短路之前的结温越高，短路电流就越小。图 3.33 给出了短路电流 I_{SC} 和结温 T_{vj} 之间的关系。

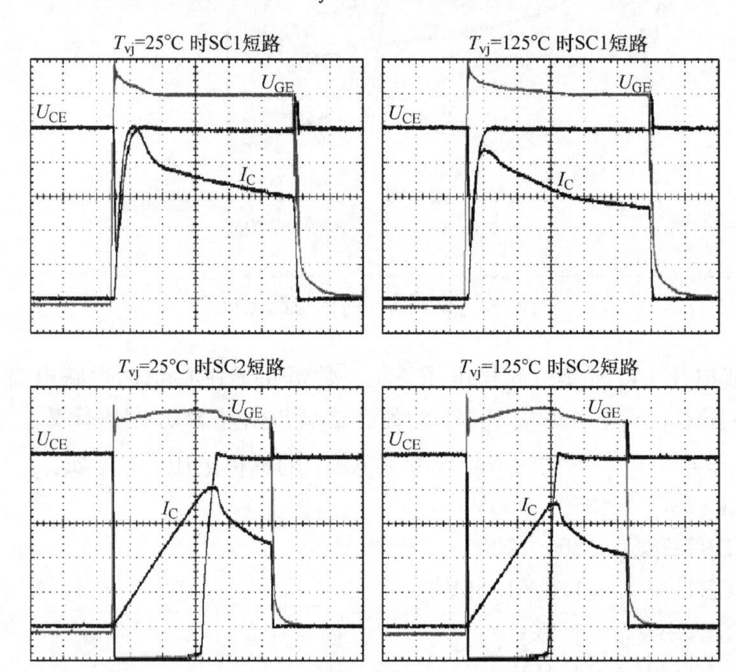

图 3.33　短路电流 I_{sc} 和结温 T_{vj} 之间的关系（测试条件一致，且没有采用栅极或集电极钳位）

• IGBT 技术：IGBT 技术决定它们的特性，其中就包括 MOS 沟道的宽度（1.5.4 小节）。根据设计不同，不同的参数相互作用导致不同的开关特性：

－ 关断损耗/关断能量 E_{off}：MOS 沟道越宽，关断损耗就越大；

－ 饱和压降 U_{CEsat}：MOS 沟道越宽，饱和压降就越低。

以上两种特性的依赖关系可以从 IGBT 折中特性曲线上看出来。

– 短路时间 t_{sc}：MOS 沟道越宽，短路时间越短。这是因为更宽的 MOS 导电通道意味着较低的阻抗，也就是可以流过更高的短路电流，所以 IGBT 的温度就上升得越快。因此对于宽 MOS 沟道的 IGBT，要限制短路时间 t_{sc} 以防止损坏器件。

其他的关于短路方面的应用可以查阅第 7 章 7.6 节。

3.7　阻断特性

IGBT 的特性通常是指阻断正向电压的情况，而反向阻断能力一般不会在数据手册中提及，一般可以认为 IGBT 反向阻断能力要明显地低于正向阻断能力。由于 IGBT 通常会反并联续流二极管，所以对实际应用并没有什么不良影响。除了由于二极管换流造成的反向电压过冲的场合外，IGBT 的反向阻断能力不是必需的，这一点在 3.3.1 节和第 7 章 7.9 节提及。在实际应用中，如果需要特别的反向阻断能力，可以把 IGBT 和一个二极管串联使用，从而获得反向阻断能力。

IGBT 的正向阻断能力通常决定了它的电压等级。比如一个 600V 的 IGBT，其正向阻断电压为 $U_{CES}=600V$。不论是动态电压还是静态电压，IGBT 的工作电压不可以超过数据手册中给出的 U_{CES}。在 $T_{vj}=25℃$ 时，U_{CES} 比击穿电压 $U_{(BR)CES}$ 低，这是由于厂商为了安全，保留一定的裕量。

当 IGBT 关断时，由于热能的作用，会产生一个很小的集 – 射极漏电流 I_{CES}。实际应用中的 I_{CES} 通常达不到数据手册中给出的数值。数据手册给出的通常是 IGBT 模块生产终测时设备所能检测到的最小电流，而这个下限电流比实际的截止电流要高出几个数量级。相应地，由 U_{CES} 和 I_{CES} 相乘而得到断态损耗功率非常小。断态损耗功率相比其他的损耗（通态及开关损耗）来说是可以忽略不计的。

除了热能外，宇宙射线也可以产生漏电流 I_{CES}（详见第 14 章 14.8 节）。宇宙射线的影响与器件工作环境的海拔相关，也与结温、断态电压及额定电压相关。器件工作的海拔越高，损坏的可能性就越高。这一点可以通过 FIT[㊀] 来说明。图 3.34 给出了阻断电压与结温的关系。

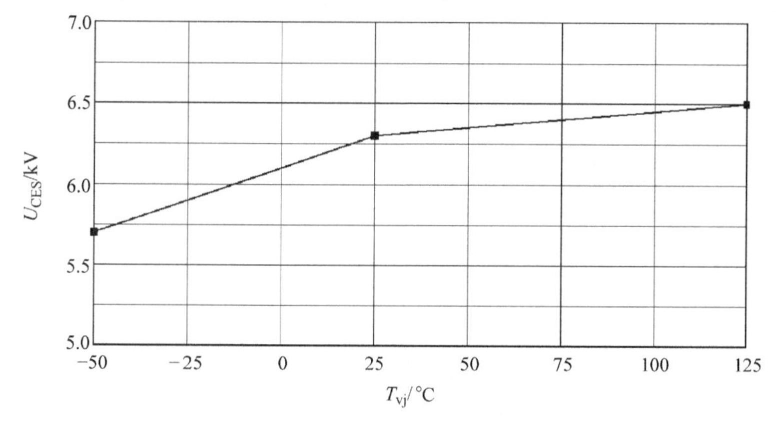

图 3.34　阻断电压与结温的关系（以 6.5kV IGBT 为例）

㊀ FIT 代表了故障时间（详见第 14 章 14.1.1 节）。

3.8 静态和动态雪崩击穿

如果 IGBT 工作在高于集 - 射极断态电压 U_{CES}时，就可能会出现雪崩击穿（详见第 1 章 1.6 节）。如果 PN 结中 P 区和 N^- 区之间漂移区电场强度过大，那么 PN 结 J_2就会失去电压阻断能力。如果出现雪崩击穿，晶体中会产生大量的载流子。这样，在正向阻断方向会产生大电流。这种类型的雪崩击穿常常发生于 IGBT 静态关断时，通常会导致器件损坏，如图 3.35 所示。

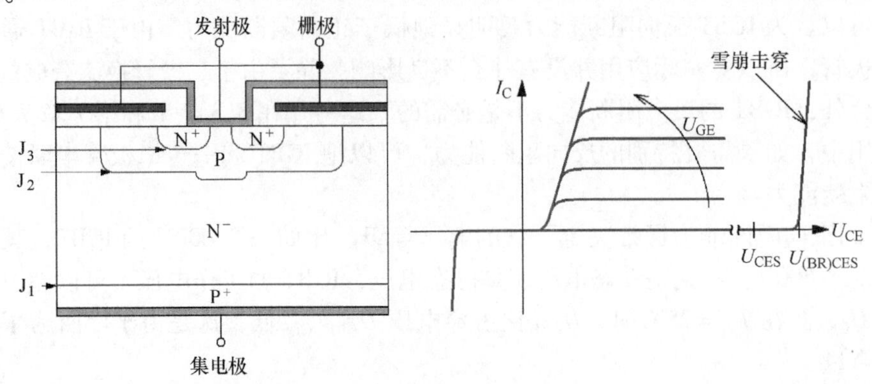

图 3.35 IGBT 静态雪崩击穿

在 IGBT 关断时，伴随着大电流和高电压的出现可能会导致动态雪崩击穿。

这种击穿机理类似于二极管的雪崩击穿，下面将会详细讨论。如果此时没有超出 IGBT 的安全工作区（SOA），那么器件就不会损坏。NPT IGBT 和 FS IGBT 在动态雪崩时会将最大过冲电压限制在某个值，而这个值会高于 IGBT 的击穿电压 $U_{(BR)CES}$。图 3.36 给出一个此类的例子，一个 1.2kV 的 NPT IGBT 在动态雪崩击穿时，集 - 射极之间的电压达到了 1850V。此时 IGBT 的工作状态超出了安全工作区的范围，因此必须禁止 IGBT 工作于这种状态。最新的 IGBT 技术以降低动态电压限制为目标，使其低于击穿电压从而保护 IGBT 不被损坏。这类技术被称作"动态钳位"或者"开关自钳位模式（SSCM）"。

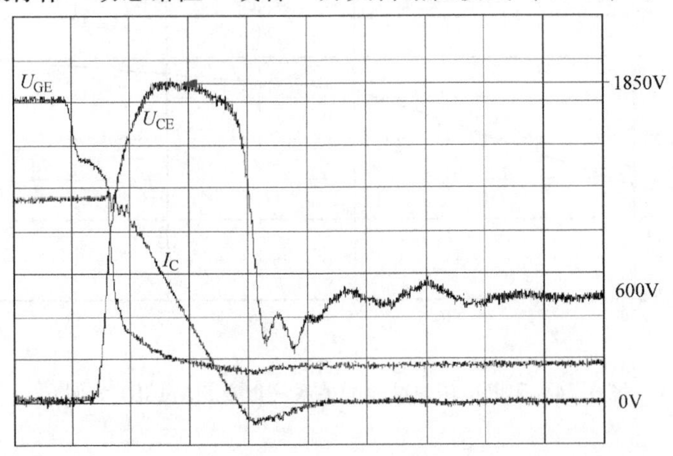

图 3.36 1.2kV NPT IGBT 高于静态击穿电压的动态限制电压

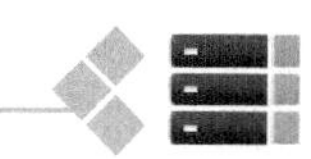

通过内部结构和掺杂浓度的调整，已经可以实现动态钳位的 IGBT，详见参考文献【14】、【15】和【16】。当然，到量产还需要一定的时间。图 3.37 给出了自限压的 1.2kV IGBT，其集－射极电压可以被限制到额定静态击穿电压。

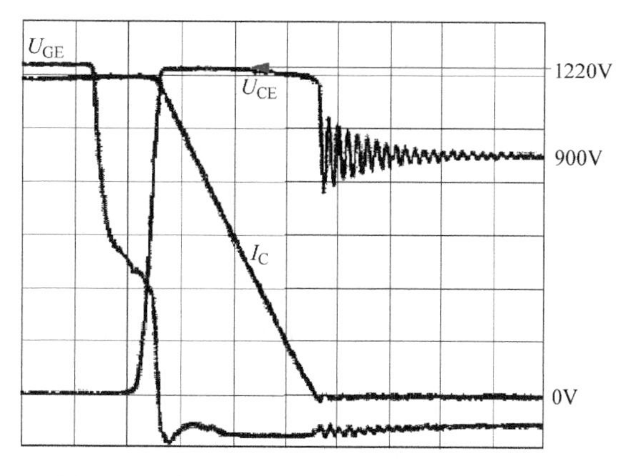

图 3.37　自限压的 1.2kV IGBT，其集－射极电压可以被限制到额定静态击穿电压

像 IGBT 一样，续流二极管也可能发生雪崩击穿。续流二极管关断期间，尽管已经开始形成反向阻断能力，但是仍然会导致明显的反向恢复电流。反向恢复电流以空穴的形式穿过空间电荷区，流向正极。根据式（1.51），由于空穴电流产生的载流子浓度 P 和漂移区的载流子浓度 N_D 相加，从而降低了二极管的阻断能力。等效的掺杂为

$$N_{D,eff} = N_D + P \tag{3.33}$$

动态雪崩击穿会在低于二极管实际阻断电压的情况下发生（与二极管的静态击穿特性相反）。相应的 IGBT 在换流过程中开通得越快，且换流电流的变化率越高，动态雪崩击穿就发生得越快。但是这种效应实际上已经被补偿了一部分，因为雪崩击穿时产生的电子（电子和空穴成对出现），通过 PN 结向 N 区（阴极）漂移并与 N 区的空穴复合。如果发生二次击穿，二极管可能被损坏。

在大电流变换率和高直流母线电压的情况下，一个强壮的二极管能够在发生雪崩击穿时不被损坏。

3.9 杂散电感

在电力电子器件开关过程中，换流回路中寄生的杂散电感 L_σ 扮演着非常重要的角色。根据杂散电感的感量和电流的变化率 di/dt，器件要承受额外的应力，极端条件可能会造成半导体的损坏。图 3.38 给出了换流回路中的简化等效杂散电感，其由以下部分构成：

- 模块内部的杂散电感（图 3.38 中的 $L_{\sigma3,\mathrm{Module}}$ 和 $L_{\sigma4,\mathrm{Module}}$）：这些杂散电感一般可以在 IGBT 模块㊀的数据手册中找到。
- 直流母线结构导致的杂散电感 $L_{\sigma2,\mathrm{DC-link}}$：可以通过仿真或实验来估算该电感的数值。
- 直流母线电容的杂散电感 $L_{\sigma1,\mathrm{Capacior}}$：可以在电容器的数据手册中查到。

杂散电感不受负载电感 L_{Load} 的影响，所以负载电感不在考虑范围之内。

㊀ 通常，数据手册只会给出单个开关或半桥器件的最大杂散电感值。在这个例子中，数据手册列出了杂散电感为 $L_\sigma = \frac{1}{3}(L_{\sigma3,\mathrm{Module}} + L_{\sigma4,\mathrm{Module}})$（这里假设三个半桥的杂散电感相同）。

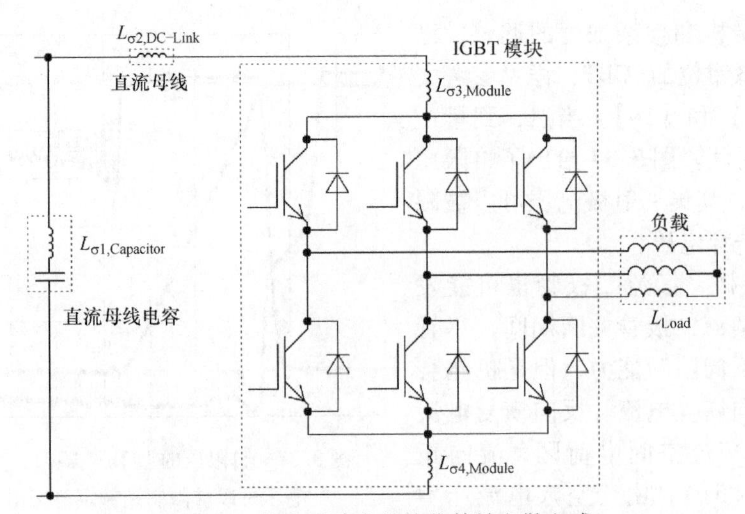

图 3.38　换流回路中的简化等效杂散电感

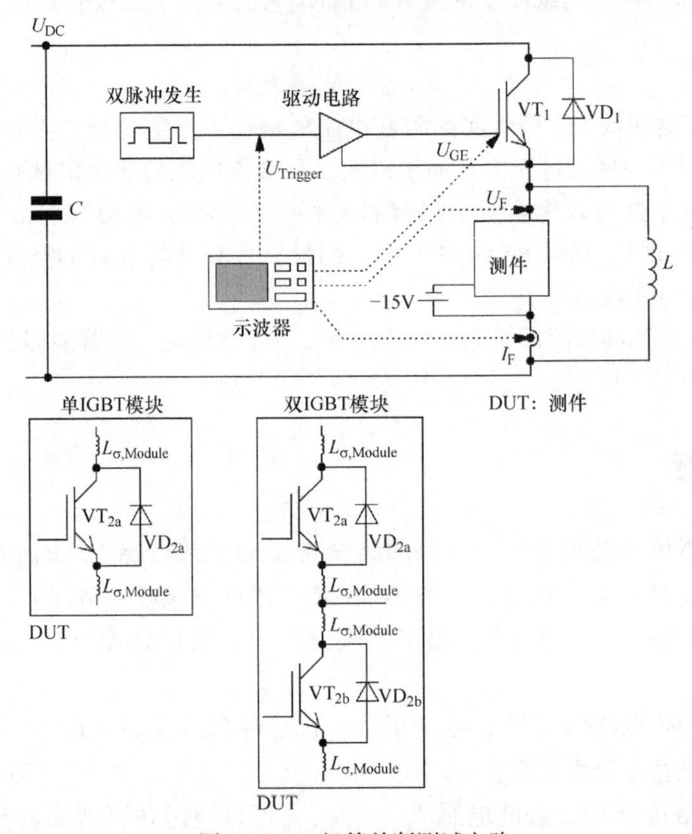

图 3.39　二极管关断测试电路

图 3.39 所示的二极管关断测试电路可以用来测量单个开关或半桥模块总的杂散电感。可以把被测模块（DUT）当作一个二极管，作为电感 L 的续流回路。通过这种测试，可以确定模块一个桥臂的杂散电感。如果测量一个 6 单元的模块，每次只能测量一个桥臂。模块的其他两个桥臂可能需要在内部分离（这样可能会对模块产生破坏性的改动）。

图 3.39 的测试结果如图 3.40 所示。这个测试需要形成足够稳定的 U_F。为了达到该目的，可能要调整直流母线电压 U_{DC}。二极管电流 I_F 的过零点可以作为读取 di 和 dt 的参考点，

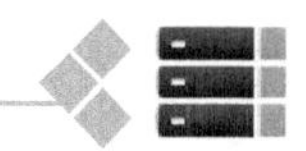

因此需要尽可能地保证电流的线性度，避免扭曲。这就需要调整 VT_1 的驱动电路（如门极电阻）。从 $I_F=0$ 开始，dt 时间内的电压就是 ΔU_F。如果确定了所有的参数，那么被测模块DUT 所在桥臂的杂散电感为

$$L_\sigma = \Delta U_F \cdot \frac{\mathrm{d}t}{\mathrm{d}i} \tag{3.34}$$

在测试中需要恰当地设置示波器，以便正确地读取所需要的数据。如图 3.40 所示的电压过冲与测量杂散电感无关，所以不需要在屏幕上显示出来。

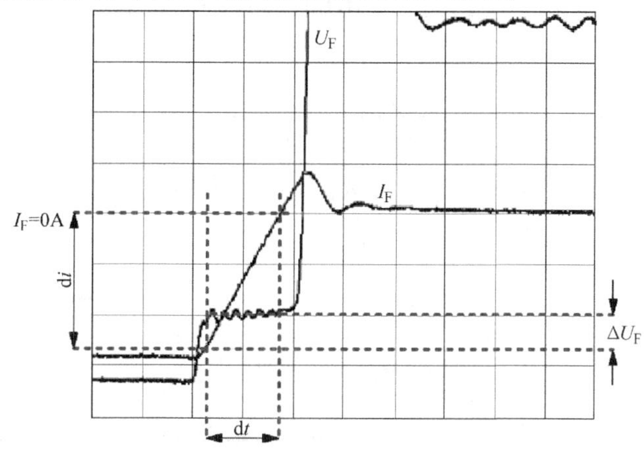

图 3.40 二极管关断过程测试结果

也可以用图3.1 所示的半桥电路测定杂散电感。根据式（3.34），在 IGBT 开通时测量总的杂散电感，如图 3.41a 所示；另外，也可以通过 IGBT 的关断过程测量，如图 3.41b 所示。

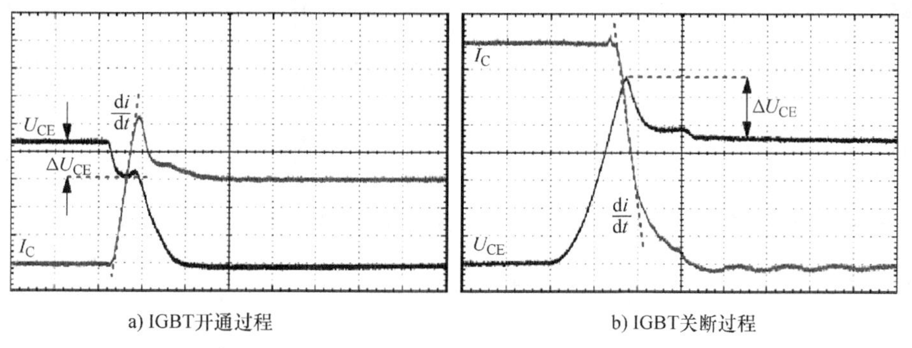

a) IGBT开通过程　　b) IGBT关断过程

图 3.41 通过 IGBT 开通和关断测试杂散电感

更多杂散电感相关的内容及在实际应用中对开关特性的影响见第 7 章 7.7 节。

3.10 不同的半导体来源

IGBT 模块的制造厂家获得功率半导体（如 IGBT 芯片和二极管芯片）的途径要么是自己生产，要么是别人生产。有时候，也可能同一系列模块（并不是在同一模块中）的芯片来自两个不同的厂商。比如，晶圆尺寸从 6～8 英寸过渡过程中，半导体芯片来自两种不同晶圆尺寸的厂商。再举个例子，如果半导体厂商营运多个工厂，那么模块制造商的芯片来源

就会有多个。

对于多批次不同来源的芯片，可以假定在制造过程中存在很小的差异。这些差异也许会影响到半导体的特性，可以通过一系列比较测试确定。

图3.42给出来自不同工厂的同种功率半导体在相同条件下的开关特性。对于来自不同工厂的8英寸晶圆制造的IGBT，从开关特性上来说几乎没有什么差异。但是对于使用不同尺寸晶圆制造的IGBT，其开关特性有明显的差异。通过来自工厂A的8英寸和6英寸晶圆生产的IGBT模块相比较，可以看出前者IGBT体现出更好的软特性，且二极管的关断过程也更软。

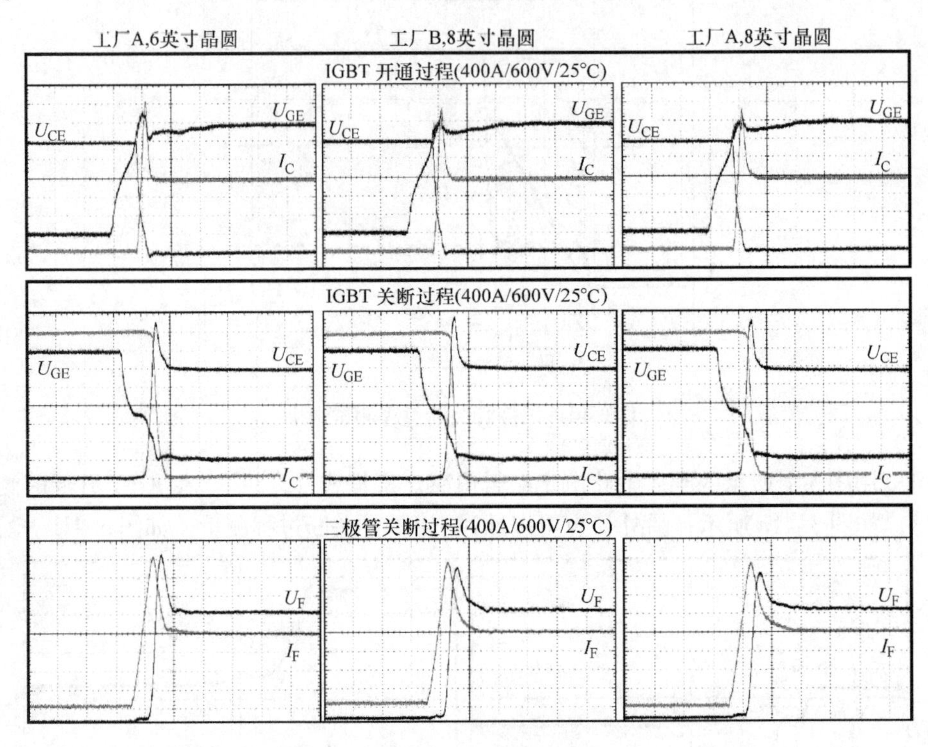

图3.42 来自不同工厂的同种功率半导体的开关特性（这里采用的都是62mm封装的400A/1.2kV IGBT模块）

因为如上所述的差异性，半导体或模块厂商会向他们的客户提供PCN（产品变更通知）或者MN（商品销售通知）。

本章参考文献

1. IEC 60747-9, "Semiconductor devices – Discrete devices – Part 9: Insulated-gate bipolar transistors (IGBTs)", International Electrotechnical Commission, Edition 1.1, 2001
2. Infineon Technologies, "Definition and use of junction temperature values", Infineon Technologies Application Note 2008
3. N. Mohan, T.M. Undeland, W.P. Robbins, "Power Electronics – Converters, Applications, and Design", John Wiley & Sons, 3rd Edition 2003
4. D. Srajber, W. Lukasch, "The calculation of the power dissipation for the IGBT and the inverse diode in circuits with the sinusoidal output voltage", Electronica 1992

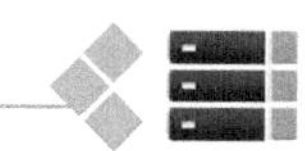

5. R. Schnell, U. Schlapbach, "Realistic benchmarking of IGBT-modules with the help of a fast and easy to use simulation-tool", PCIM Nuremberg 2004

6. U. Nicolai, T. Reimann, J. Petzoldt, J. Lutz, "Application Manual Power Modules", Verlag ISLE 2000

7. A. Volke, V. Jadhav, "Power Switching Devices – Strategies for driving IGBT Power Modules", NPEC India 2007

8. J.M. Miller, "Dependence of the input impedance of a three-electrode vacuum tube upon the load in the plate circuit", Scientific Papers of the Bureau of Standards 1920

9. L. Palotas, "Elektronik für Ingenieure", Vieweg Verlag, 1st Edition 2003

10. M. Bohlländer, R. Bayerer, J. Lutz, T. Raker, "Desaturated switching of Trench-Fieldstop IGBTs", PCIM Nuremberg 2006

11. Infineon Technologies, "Short Circuit Behaviour of IGBT3 600V", Infineon Technologies Application Note 2006

12. Infineon Technologies, "Short Circuit Operation of 6.5kV IGBTs", Infineon Technologies Application Note 2006

13. T. Laska, F. Pfirsch, F. Hirler, J. Niedermeyr, C. Schäffer, T. Schmidt, "1200V-Trench-IGBT Study with Square Short Circuit SOA", ISPSD Kyoto 1998

14. T. Laska, M. Bässler, G. Miller, C. Schäffer, "Field Stop IGBTs with Dynamic Clamping Capability – A New Degree of Freedom for Future Inverter Designs?", EPE Dresden 2005

15. M. Rahimo, A. Kopta, S. Eicher, U. Schlapbach, S. Linder, "Switching-Self-Clamping-Mode SSCM, a breakthrough in SOA performance for high voltage IGBTs and Diodes", ISPSD Kitakyushu 2004

16. M. Rahimo, A. Kopta, S. Eicher, U. Schlapbach, S. Linder, "A Study of Switching-Self-Clamping-Mode SSCM as an Over-voltage Protection Feature for High Voltage IGBTs", ISPSD Santa Barbara 2005

第 4 章 热原理

4.1 简介

功率半导体器件在开关和导通电流时会产生损耗，损失的能量会转化为热能，表现为半导体元件发热。IGBT 器件散热如图 4.1 所示。本章主要讨论热原理及功率半导体元件散热的工程问题。

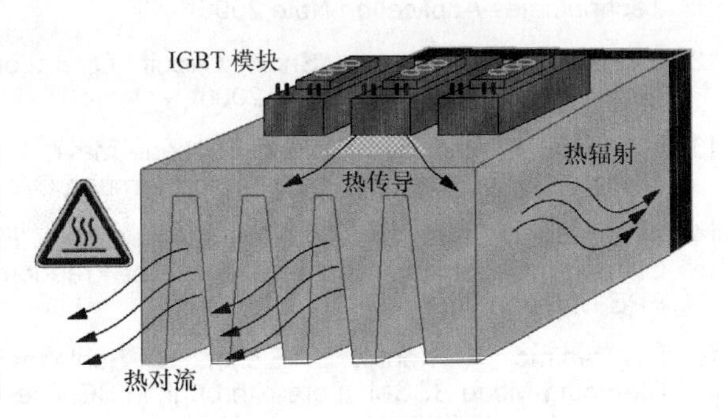

图 4.1 IGBT 器件散热

散热的主要形式如下：

- 热传导；
- 热辐射；
- 热对流。

4.1.1 定义

1. 温度

- 等效结温 T_{vj}，最大结温 $T_{vj,max}$，工作结温 $T_{vj,op}$：定义见第 3 章 3.1.1 节；
- 壳温 T_C：IGBT 模块的基板温度；
- 环境温度 T_a：散热器周围的传热介质温度。

2. 功率

- 总耗散功率 P_{tot}：当壳温 T_C 为 25℃，同时半导体结温达到最大允许结温 $T_{vj,max}$时的耗散功率为总耗散功率。采用直流电流 I_{DC}标定总耗散功率，但由于电压 U 是在模块端子处测得，因此要减去此时模块内阻 $R_{CC'+EE'}$产生的损耗，否则结果是错误的。

$$P_{tot} = U \cdot I - R_{CC'+EE'} \cdot I^2 \tag{4.1}$$

3. 热阻和热阻抗

- 热阻 $R_{th,jc}$：产生功率消耗的半导体结和模块基板之间的热阻；
- 热阻 $R_{th,ch}$：模块基板和模块所安装的散热器之间的热阻；
- 热阻 $R_{th,ha}$：散热器与可以耗散热能的周围介质之间的热阻；
- 热容 $C_{th,jc}$：产生功率耗散的半导体结和模块基板之间的热容；
- 热容 $C_{th,ch}$：模块基板和模块所安装的散热器之间的热容；
- 热容 $C_{th,ha}$：散热器与可以耗散热能的周围介质之间的热容；

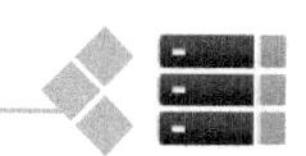

- 热阻抗 $Z_{th,jc}$：产生功率耗散的半导体结和模块基板之间的热阻抗，包括 $R_{th,jc}$ 和 $C_{th,jc}$；
- 热阻抗 $Z_{th,ch}$：模块基板和模块所安装的散热器之间的热阻抗，包括 $R_{th,ch}$ 和 $C_{th,ch}$；
- 热阻抗 $Z_{th,ha}$：散热器与可以耗散热能的周围介质之间的热阻抗，包括 $R_{th,ha}$ 和 $C_{th,ha}$。

4.1.2　热传导

热传导是指固体或液体之间因为温度差而产生的热量传递或扩散。热传导的特性可以类比为电气工程中的欧姆定律，如图 4.2 所示。热能工程中的热源就像电气工程中的电源，热能工程中的受热体就像是电气工程中的负载。而且，正如电气工程存在无源元器件，热能工程也有类似的元器件。下面将介绍的热阻、热容和瞬态热阻都涵盖在“传导”一词内。

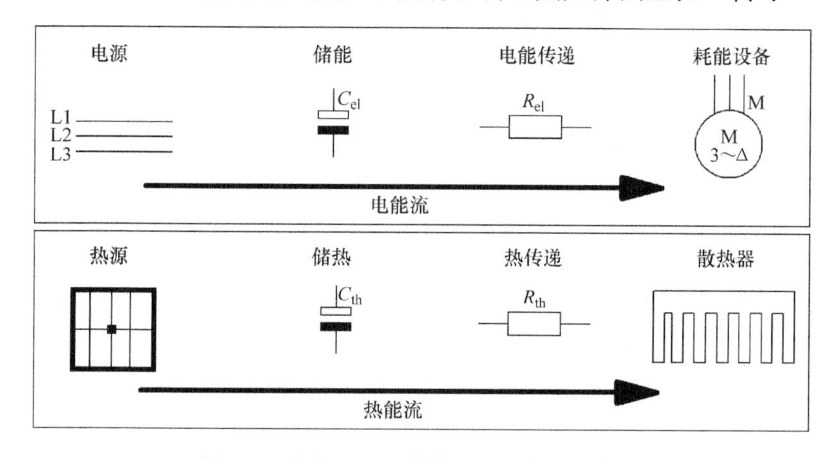

图 4.2　电气工程和热能工程之间的相似性

1. 热阻

如上文所述，热能工程和电气工程有很多相似的地方。图 4.3 给出了电阻和热阻之间的相似性。

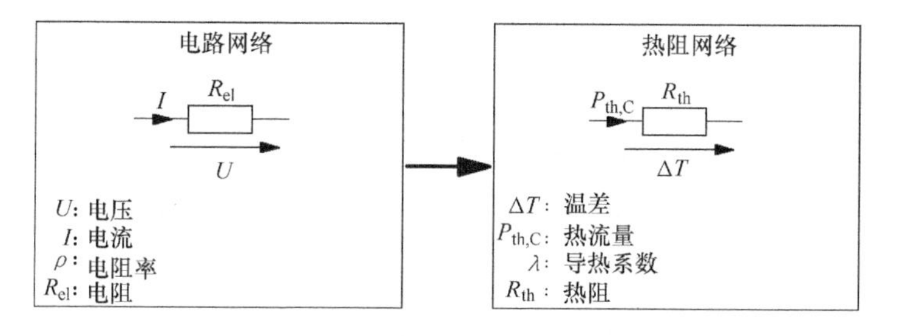

图 4.3　电阻和热阻之间的相似性

介质（固体、液体或气体）以热的形式为传输热能的能力定义为导热系数 λ。因为导热系数是介质的特定功能，所以某种材料的导热系数可以看作是一个常数。导热系数又称热导率，单位是 W/(m · K)。表 4.3 给出了一些材料的 λ 值。

如果已知介质的横截面积 A 和厚度 d，就可以得到热阻 R_{th}，其单位是 K/W，如图 4.4 所示，用公式表示为

$$R_{\mathrm{th}}=\frac{d}{\lambda\cdot A}\tag{4.2}$$

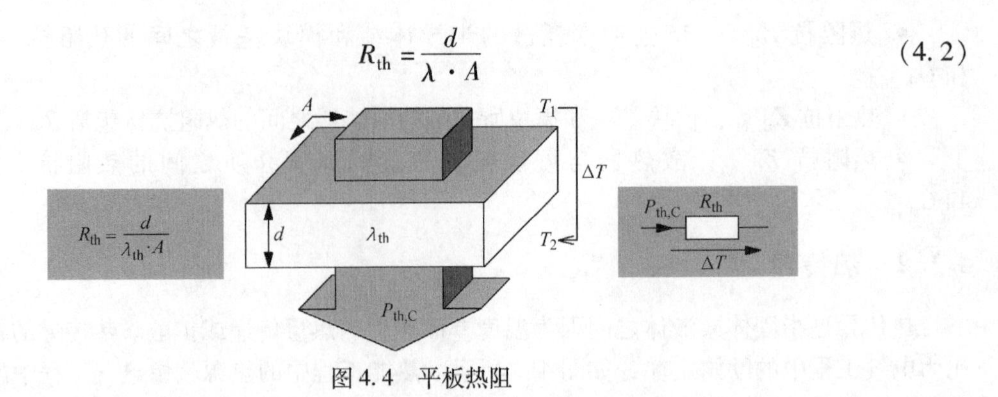

图 4.4　平板热阻

如果能够通过介质的厚度 d 推导它的温差 ΔT，再加上导热系数 λ 就得到热流 $P_{\mathrm{th,C}}$（单位为 W），可由热传导定律或傅立叶定律[㊀]表示为

$$P_{\mathrm{th,C}}=\frac{\lambda\cdot A\cdot\Delta T}{d}\tag{4.3}$$

也就是说式（4.2）也可以写成

$$R_{\mathrm{th}}=\frac{\Delta T}{P_{\mathrm{th,C}}}\tag{4.4}$$

2. 热容

热容 C_{th} 像热阻 R_{th} 一样也有相对应的电气参数。热容像电容一样，用物理术语描述成储存能量的能力。平板电容器电容和热容的关系如图 4.5 所示。

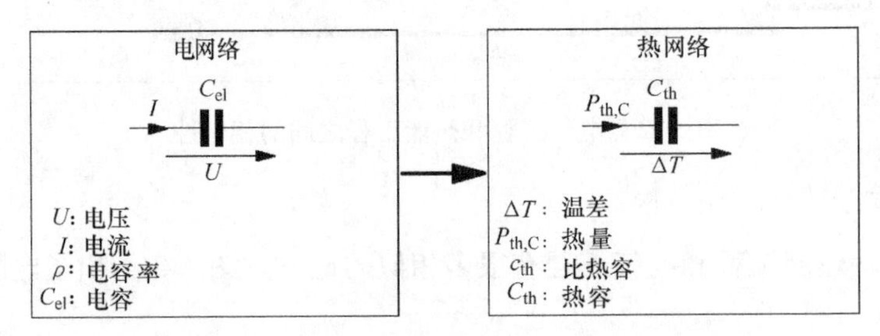

图 4.5　平板电容器电容和热容的关系

电容 C_{el}（单位为 A · s/V）表示电荷 Q 和电压 U 之间的关系。

热容 C_{th}（单位为 J/K）是表示热量 Q_{th} 与温度差 ΔT 之间的关系，如图 4.6 所示。换句话说，热容可以被描述为热量变化与温差的比值，即

$$C_{\mathrm{th}}=\frac{\Delta Q_{\mathrm{th}}}{\Delta T}\tag{4.5}$$

热量 Q_{th} 可以由比热容 c_{th}、质量 m 和温差 ΔT 得到，即

$$\Delta Q_{\mathrm{th}}=c_{\mathrm{th}}\cdot m\cdot\Delta T\tag{4.6}$$

某一确定材料的比热容 c_{th} 是常数，单位为 J/(kg · K)（见表 4.4）。如果用式（4.6）代替式（4.5）中的 ΔQ_{th}，则热容的关系变成

$$C_{\mathrm{th}}=c_{\mathrm{th}}\cdot m\tag{4.7}$$

㊀ 以法国物理学家、数学家巴普蒂斯 · 约瑟夫 · 傅立叶（1768 ~ 1830）命名。

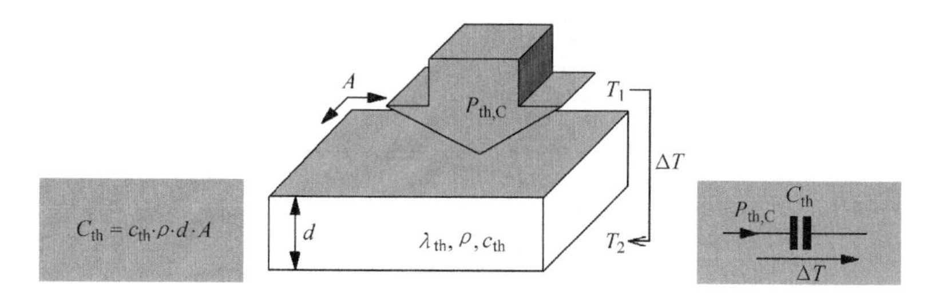

图 4.6　平板的热容

因此，可以利用材料的比热容 c_{th}、相对密度 ρ 和体积来计算电力电子器件的热容。

$$C_{th}=c_{th}\cdot\rho\cdot d\cdot A \tag{4.8}$$

3. 热阻抗

利用热阻 R_{th} 和热容 C_{th}，可以构建一个类似 RC 低通电路的热模型，可以用瞬态热阻或热阻抗 Z_{th} 表示这种模型。而每一个实际对象都具有热阻和热容。下面以电热器为例从物理学的角度进行说明。电热器是钢制品，具有良好的导热性和散热性，因此热阻非常低。然而，即便有恒定的热源，由于电热器的热容，所以也需要一段时间才能加热。加热器的热容量越大，加热时间就越长。换一种说法就是：电热器的质量越大，其热容量越大。而热能存储在电热器里，一旦热能存储空间已满，加热器也就加热到了最高温度。如果关闭炉子，加热器存储的能量就会再次消散掉。这种现象随处可见，形成了以下物理原理的基础。

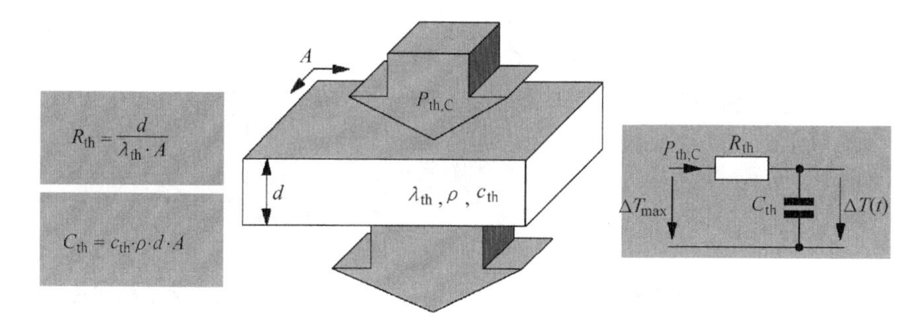

图 4.7　瞬态热阻抗 Z_{th}，包括平板的热阻 R_{th} 和热容 C_{th}

图 4.7 给出了瞬态热阻抗 Z_{th}，包括平板的热阻 R_{th} 和热容 C_{th}。可以在时域中描述热阻抗 Z_{th}，即由于热容，温差 ΔT 随时间而变化，有

$$\Delta T(t)=\Delta T_{max}\cdot(1-e^{-\frac{t}{\tau}}) \tag{4.9}$$

与电气工程中的时间常数的定义方式类似，热容充满的时间常数 τ 为

$$\tau=R_{th}\cdot C_{th} \tag{4.10}$$

过渡过程的时间在 0 ~ 5τ，分别代表了达到终值 0 ~ 99.3% 的时间。超过 5τ 或者 99.3% 以后的时间被视作稳态（即热平衡），也就是说等于终值。这时 ΔT_{max} 不再改变，热容不再对热阻抗有任何的影响，这样就可以把热阻抗 Z_{th} 与热阻 R_{th} 看成相同的。

图 4.8 给出了热阻抗 Z_{th} 随时间的变化过程，可以通过 $\Delta T(t)$ 和 $P_{th,C}$ 计算热阻抗，即

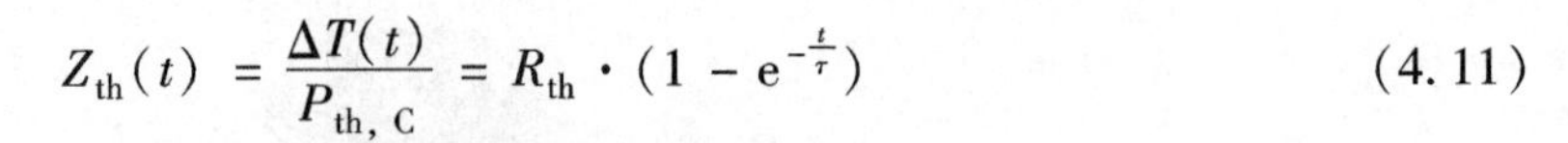

$$Z_{\text{th}}(t)=\frac{\Delta T(t)}{P_{\text{th, C}}}=R_{\text{th}}\cdot(1-\mathrm{e}^{-\frac{t}{\tau}}) \tag{4.11}$$

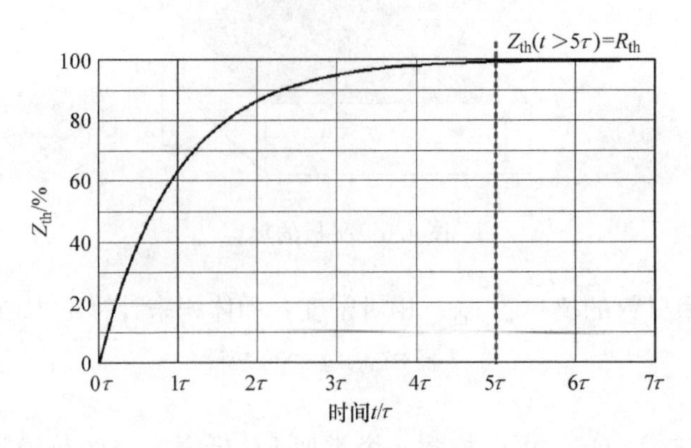

图 4.8　热阻抗 Z_{th} 与时间的关系

4. 热的横向传导

除了热容量，另一个影响半导体散热的重要物理效应为热的横向传导。这个术语指热能在热导体内立体交叉传输，即热量不仅能垂直传导也可以横向传导。根据式（4.2），可由表面积 A 和厚度 d 计算 R_{th}。如果热源的热流 $P_{\text{th,C}}$ 从一个有限面向另一个面积更大的热导体传导，热量的出口面积 A_{out} 比进口表面积 A_{in} 大，如图 4.9 和图 4.10 所示。

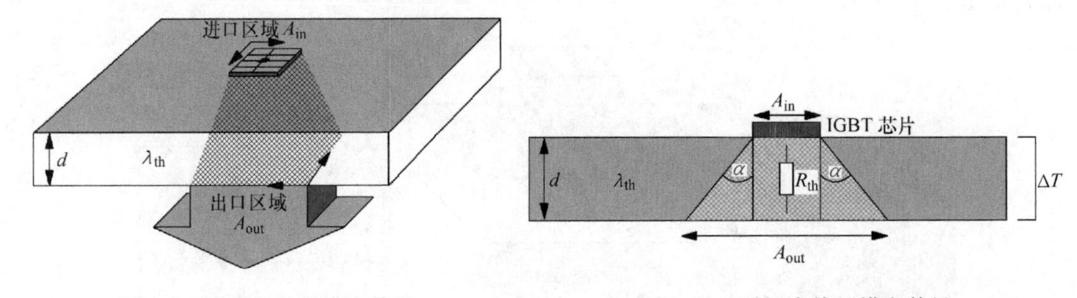

图 4.9　平板上热的横向传导　　图 4.10　平板中热的横向传导

出口表面积 A_{out} 比进口表面积 A_{in} 大多少取决于两个因素：①平板的厚度 d；②热扩散角 α。

在热的横向传导时，假定为一个方形热源，则热导体的热阻可以近似计算为

$$R_{\text{th}}\approx\frac{d}{\lambda\cdot A_{\text{out}}}=\frac{d}{\lambda\cdot(a_{\text{in}}+2\cdot d\cdot\tan\alpha)^2} \tag{4.12}$$

式中，a_{in} 为入口表面 A_{in} 的边长（m）。

热扩散角 α 表示热导体的一种特性，本章参考文献［1］、［2］和［3］可能会有助于计算热扩散角。如果有几层不同的材质，每层的 R_{th} 必须单独确定，然后综合所有热阻值得出总热阻。图 4.11 给出了采用两层不同材质散热时热的横向传导。

由于热的横向传导，根据方形进口表面积 $A_{\text{in}}=a_{\text{in}}^2$，第一层材料的热阻为

$$R_{\text{th},1}=\frac{d_1}{\lambda_{\text{th},1}\cdot(a_{\text{in}}+2\cdot d_1\cdot\tan\alpha_1)^2}$$

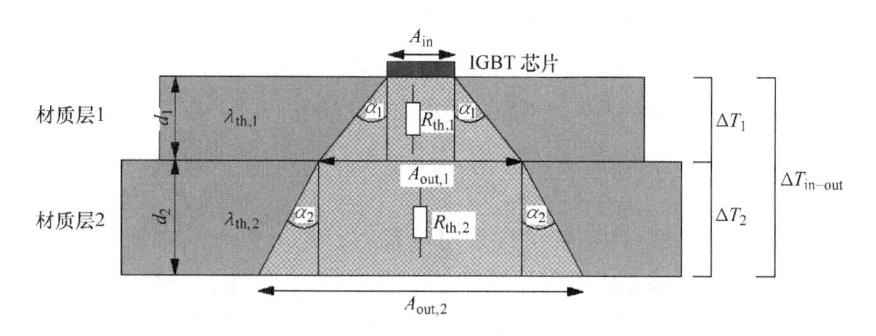

图 4.11 采用两层不同材质散热时热的横向传导

而对于第二层材料，第一层的横向传导导致第二层入口表面积增大为 $A_{in,2} = A_{out,1} = (a_{in} + 2 \cdot d_1 \cdot \tan\alpha_1)^2$，这样第二层材料的热阻为

$$R_{th,2} = \frac{d_2}{\lambda_{th,2} \cdot (a_{in} + 2 \cdot d_1 \cdot \tan\alpha_1 + 2 \cdot d_2 \cdot \tan\alpha_2)^2}$$

而它有效的出口面积 $A_{out,2} = (a_{in} + 2 \cdot d_1 \cdot \tan\alpha_1 + 2 \cdot d_2 \cdot \tan\alpha_2)^2$。因此，综合两层的情况得到总的热阻为

$$R_{th,tot} = R_{th,1} + R_{th,2} = \frac{d_1}{\lambda_{th,1} \cdot (a_{in} + 2 \cdot d_1 \cdot \tan\alpha_1)^2} + \frac{d_2}{\lambda_{th,2} \cdot (a_{in} + 2 \cdot d_1 \cdot \tan\alpha_1 + 2 \cdot d_2 \cdot \tan\alpha_2)^2}$$

4.1.3 热辐射

热辐射是不受基本粒子约束的热能传播，因此，与热对流不同，在真空中也可以发生热辐射。热辐射是电磁辐射，所以辐射的速度是光速，并且在发送或吸收能量的过程中不需要考虑其温度。根据材料的温度不同，辐射的波长也有所不同。图 4.12 为电磁波频谱。

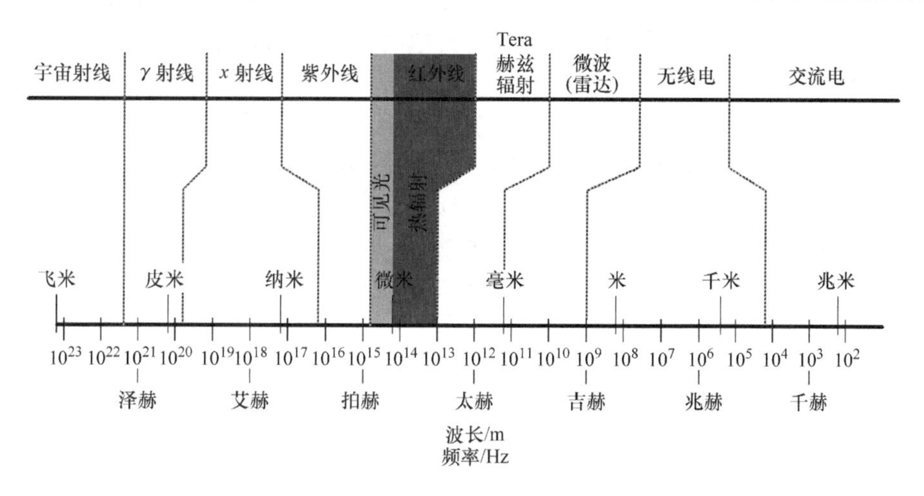

图 4.12 电磁波频谱

在热辐射谱中，随着温度的升高，物体的热辐射强度增加，从而增加了发射频率。这种

物理特性被称为史蒂芬－玻耳兹曼定律㊀，一般定义为

$$P_{th,S} = \varepsilon \cdot \sigma \cdot A \cdot (T^4 - T_0^4) \tag{4.13}$$

式中，$P_{th,S}$为物体的辐射功率（W）；A 为辐射面积（m^2）；σ 为史蒂芬－玻耳兹曼常数，$\sigma = 5.67040 \cdot 10^{-8} W/(m^2 \cdot K^4)$；$\varepsilon$ 为发射因子；T 为辐射表面的温度（K）；T_0 为环境温度（K）。

需要注意的是，每个散热体不仅可以发出热辐射，也可以吸收辐射（如前文所述）。就电力电子技术领域来说，热辐射源就是散热器，只要它的温度比环境温度高，就会辐射热能。但这并不适用于散热器中散热片之间的区域，那里的热辐射会被反射。当 $T = T_0$ 时，吸收、发射和反射之间会形成热平衡。图 4.13 为散热器的热辐射图解。

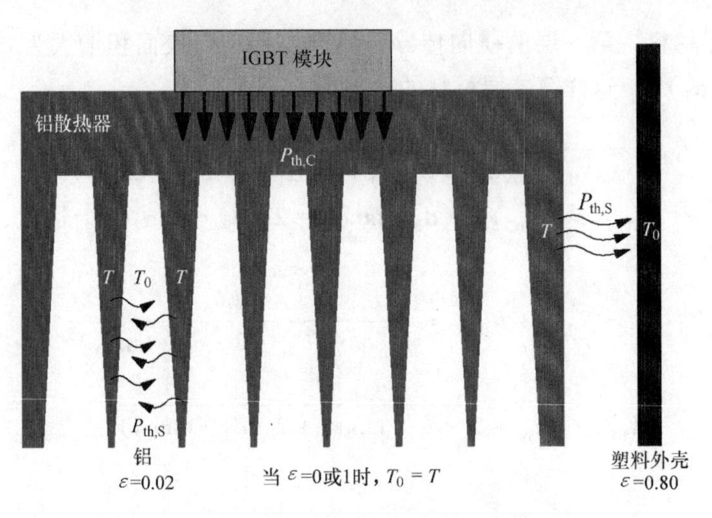

图 4.13　散热器的热辐射图解

辐射强度由发射因子 ε 决定，该因子是根据物体辐射与绝对黑体辐射的对比，对辐射多少的一种定量描述。绝对黑体为在理论上可以完全吸收任何频率的辐射并且能发出最大可能热辐射值的理想物体。这样与绝对黑体相比，其他所有真实的物体有一个大小在 0～1 之间的无量纲发射因子。

与散热片的表面水冷，强制风冷，或对流冷却相比，由辐射引起的热传导效应几乎可以忽略不计。然而，不同的散热表面确实存在一定的影响。同样散热器表面可以影响辐射强度，镜子和表面抛光的铝就是两个例子，其发射因子接近于 0。而表面是黑色磨砂的氧化器，例如黑色阳极氧化散热器，发射因子几乎是 1。不同材料的发射因子见表 4.1。

表 4.1　不同材料的发射因子

材料	表面	ε
铝	抛光	0.02
铝	氧化	0.02
铝	阳极氧化	0.55

㊀ 以奥地利物理学家约瑟夫·史蒂芬（1835～1893）和路德维希·玻耳兹曼（1844～1906）命名。

（续）

材料	表面	ε
铜	抛光	0.05
铜	氧化	0.60
玻璃	平坦	0.94
FR4 PCB		0.94
铁	镀锌	0.03
漆	平坦	0.90
阻焊剂		0.94
锡	抛光	0.07

如前文所述，在功率半导体器件的散热中热辐射的作用不大。然而对于非接触温度测量则大不相同。因为所有的测量过程都基于热辐射原理，所以发射因子 ε 非常重要。这也是为什么被测部件（如 PCB 或IGBT模块），在热成像时要涂成黑色的原因。否则，IGBT 芯片的铝表面只有约 0.02 的发射因子，如上所述，这样想要像图 4.14 中测量芯片温度将不可能或者很难。

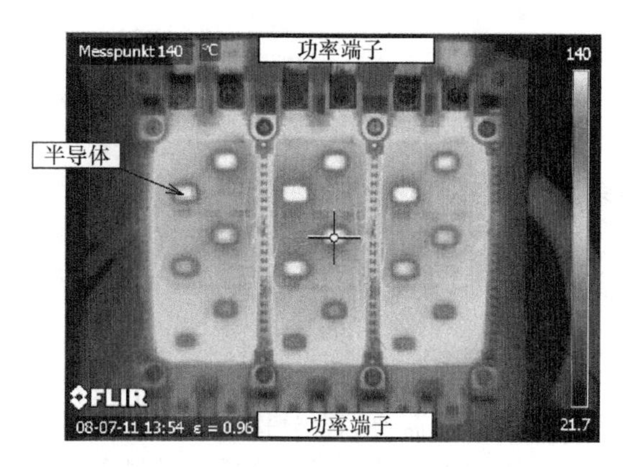

图 4.14 IGBT 模块工作时的热成像

4.1.4 对流

对流是另一种通过永久自由漂浮的微粒进行热量传递的方式。这些粒子携带着热能，因此在固体物体或者真空中不会产生对流，但可以通过气体和液体进行热传递，由气体或液体中流动的粒子形成对流。一般来说，用空气或水（必要的时候增加添加剂）作为功率半导体器件的散热介质。热源中的粒子，或更准确地说，通过粒子的分子或者原子振动来吸收能量。同时，材料的密度变小，能量可以传输和存储到其他地方。

对流有两种类型：自然对流和强制对流。由于材料在不同温度下的密度差形成的对流称为自然对流。随着材料逐渐加热，它的体积也在扩大，密度逐渐降低，地球的引力会使粒子上升。同样地，同一种材料在热能较低时的粒子会下沉。暖气散热器就是一个典型的例子。散热器的暖空气上升，冷空气下沉。不同温度下，空气湍流仅仅由空气密度差决定。图 4.15 给出了风冷系统和液冷系统中的对流。

强制对流是人工形成的液体或气体的流动，这种散热方法广泛应用于功率电子中。最常用的方法是空气冷却，用风扇将空气吹入或吸入散热器的散热片中。在液体冷却系统，通过吸收或放出热量的液态流体产生强制对流。在边界区域内的转移功率 $P_{th,\alpha}$，为

$$P_{th,\alpha} = \alpha \cdot A \cdot \Delta T = \alpha \cdot A \cdot (T_{hs} - T_{cool}) \tag{4.14}$$

式中，A 为面板表面积（m^2）；α 为传热系数$\left(\frac{W}{m^2 \cdot K}\right)$；$T_{hs}$为散热器温度（K）；$T_{cool}$为冷却

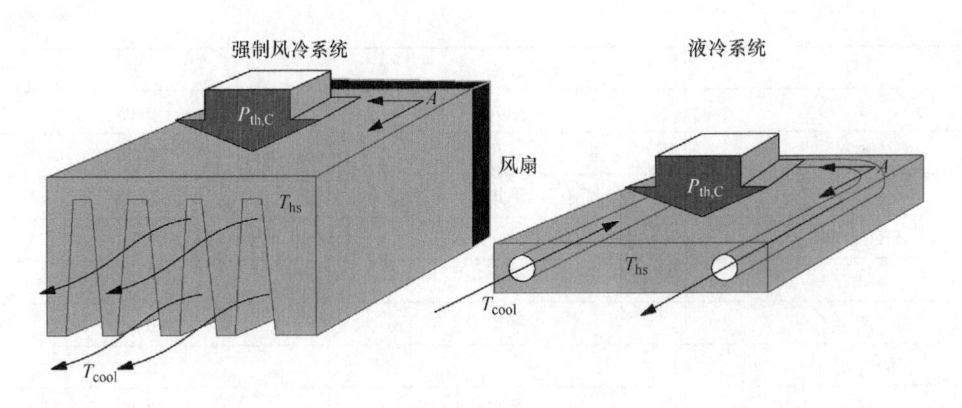

图 4.15　风冷系统和液冷系统中的对流

介质的温度（K）。

传热系数或传热因子 α 决定了冷却器与冷却介质之间的传热强度。传热系数是一个特性指标，跟界面的几何形状、性质、类型、方向、流速以及界面材料的热物理性能有关。传热系数 α 越大，导热性越好。

4.2　材料以及导热性能

如前文所述，电力电子器件散热使用的材料非常重要。因为散热是电力电子技术中一个关键问题，因此需要综合分析其机理。良好的热特性并不一定意味着高绝缘强度，也不意味着更高的可靠性。通过组合合适的材料和边界层，并以恰当的方式连接起来，同时考虑下列因素，得到一个合理的平衡点：

- 热性能；
- 热机械性能（功率周次和热周次，参见第 14 章）；
- 电气绝缘性能（绝缘强度和耦合能力）；
- 材料成本。

众所周知，金属，如铜、银、金、铁和铝，都是良好的热导体。然而，这些良好的热导体都不具备任何电气绝缘性能。另一方面，塑料和陶瓷具有良好的绝缘特性，但都不是热的良导体。如第 2 章 2.2 节所述，电力电子技术需要综合这些材料以达到满意的特性。然而，当金属、陶瓷或塑料相结合，可以产生热和电性能良好的复合材料，但是会引入一个新的效应：热机械效应；而如果只使用金属，又会产生双金属效应。温度变化时，由于材料的热膨胀系数不同导致接缝处产生不均匀的扩张或收缩，严重时会使复合物分离，此时原先键合在一起的原子晶格会发生不可逆的分层。DCB（又称直接铜键合）就是这种典型的复合材料，它通过焊接和 IGBT 的基板连接在一起。一旦原子晶体被破坏，其热导率会降低，从而影响整个系统的性能。

模块制造商的目标是设计性能良好的复合材料，即低热阻和必要的绝缘性能。为了把热机械效应降到最低，复合材料的热膨胀系数尽可能的接近。热膨胀系数（CTE）α 描述了温度变化对材料或物质尺寸影响性能的特征参数。线性膨胀系数定义见式（4.15），其单位为 K^{-1}。由于在整个温度范围内，多数材料的热膨胀系数 α 不是线性的，它只能是在参考温度

内的定义

$$\alpha=\frac{\Delta L}{L_0 \cdot \Delta T} \tag{4.15}$$

式中，L_0 为材料的总长度（m）；ΔL 为 L_0 的线性变形差异值（m）；ΔT 为在 L_0 上的温度变化差异值（K）。

表4.2给出了20℃时选定材料的线性热膨胀系数 α。从表中可以看出，硅、AlN和AlSiC的热膨胀系数很相近，所以容易结合在一起。硅、AlN和AlSiC组合材料的功率周次能力远高于硅、Al_2O_3 和铜组合的周次能力，因此前者组合主要用于电力牵引模块，而后者组合则多用于标准的IGBT模块[⊖]。

表4.2　20℃时选定材料的线性热膨胀系数 α

材料	属性	$\alpha/10^{-6}K^{-1}$
Al_2O_3	陶瓷	8
AlN	陶瓷	5
AlSiC	合金	7～10
银	金属	23
黄铜	金属	18.4
铜	金属	17
金	金属	14.2
铁	金属	12.2
硅	半导体	3
银	金属	19.2
焊料（SnAg3，5）	合金	57

与线性膨胀系数 α 相同，还有面膨胀系数 β、体积膨胀系数 γ。对于各向同性[⊜]的材料，这些系数可以简化为

$$\beta \approx 2 \cdot \alpha \tag{4.16}$$

$$\gamma \approx 3 \cdot \alpha \tag{4.17}$$

一般来说，一定的材料，线性膨胀的性能越好，导热性就越差。例如，AlSiC的导热性就不如铜。因此功率周次能力较强的复合物的热阻就比较大。表4.3就所选材料的热导率 λ 进行了比较。

表4.3　所选材料的热导率 λ

材料	属性	$\lambda\Big/\frac{W}{m \cdot K}$
空气	气体	0.0261
Al_2O_3	陶瓷	25
AlN	陶瓷	180

⊖ 最新的工艺和材料的复合物可以用像铜和 Al_2O_3 那样的标准材料来实现牵引级模块的功率周次能力（详见第14章14.5节）。

⊜ 各向同性材料具有与方向无关的特性，即特性均匀分布。

（续）

材料	属性	$\lambda\Big/\frac{W}{m\cdot K}$
AlSiC	合金	180
铝	金属	220
铜	金属	380
金	金属	314
硅	半导体	100
银	金属	429
焊料（SnAg3，5）	合金	28
TIM	复合物	0.5~6
TIM	薄膜	0.01~4

比热容 c_{th} 表示材料的热容与质量之间的关系，其单位为 J/(kg·K)。表 4.4 给出了所选材料的比热容 c_{th}。

表 4.4　所选材料的比热容 c_{th}

材料	属性	$c_{th}\Big/\frac{J}{kg\cdot K}$
空气	气体	1005
AlN	陶瓷	700~760
Al_2O_3	陶瓷	850~1000
铝	金属	896
铜	金属	381
金	金属	130
银	金属	234
硅	半导体	741

图 4.16 列举了 IGBT 模块中采用的不同材料组合。值得注意的是，欧洲和日本的制造商标准模块选用的陶瓷不同。同样显而易见的是，迄今为止，大部分用于牵引的模块还是使用 AlSiC 基板。

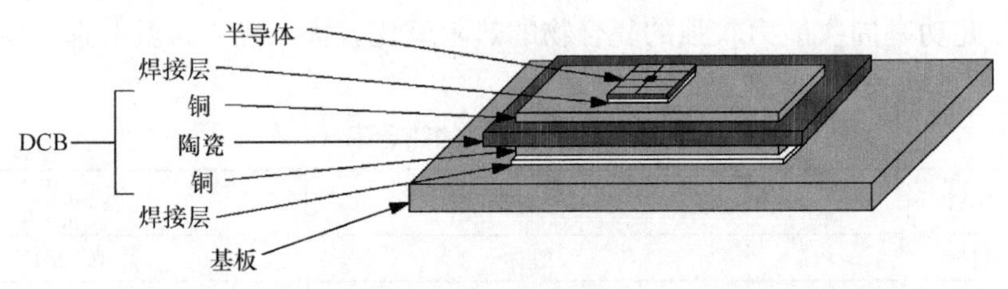

	标准IGBT模块（欧洲货源）	标准IGBT模块（日本货源）	牵引IGBT模块
陶瓷	Al_2O_3	AlN	AlN
基板	铜	铜	AlSiC

图 4.16　所用材料示例

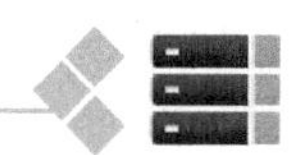

下面介绍导热界面材料（TIM）。

在电力电子技术中，IGBT模块和散热器的热粘合是最常被忽视的问题。生产商只对基板或DCB负责，而用户的责任从散热器开始，没有人关注中间部分。其后果就是工作人员像使用画家的滚子一样使用热复合物，而没有考虑最佳的热耦合、工作寿命、可靠性及基板、DCB和散热器的成本。最近几年来，模块制造商才开始关注这件事。

原则上，TIM（导热界面材料）是一种热绝缘体。尽管如此，TIM比空气具有更好的导热性，空气的热导率 λ 只有0.0261W/(m·K)。用TIM的原因是：它填充了IGBT模块与冷却介质之间的空间和空隙。

TIM复合物的主要成分是硅油和氧化锌，也可以用铝、铜或银粒子来代替氧化锌。颗粒的大小是粘合质量的关键，颗粒越小，热键合越好。也可用无硅复合物，但由于它们的挥发性，不建议用于电力电子器件。

温度波动造成的影响称为“基板泵”效应，可以转移复合物。经过一段时间后，有硅复合物沉淀到底板下面，而无硅复合物被抽走，这样IGBT模块的下面只有固体颗粒或干燥的复合物，导致热阻明显增加，有时甚至会导致模块失效。表4.5给出了常用的TIM复合物。

表4.5 常用的TIM复合物

名称	属性	$\lambda / \frac{W}{m \cdot K}$
AOS 370	硅基	0.7
AOS 340W	无硅	1.3
Assmann V53xx	硅基	1
Assmann V65xx	无硅	1
Austerlitz WPN 10	硅基	0.8
Austerlitz WPS/WPS II	无硅	0.5/0.8
Bergquist TIC4000	相变材料	4
Dow Corning 340	硅基	0.55
Dow Corning SC102	硅基	0.8
Dow CorningTC－5021/5022	硅基	3.3
Electrovac S27Z－2	无硅	0.017
Elektrolube HTC	无硅	0.9
Elektrolube HTCP	无硅	2.5
Elektrolube HTSP	硅基	3
Elektrolube HTS	硅基	0.9
Fischer WLP	石墨粉和油	10.5
Henkel Logtite PSX－P	相变材料	3.4
Novagard G641	硅基	0.7
Wacker P12	硅基	0.8

一直作为衬料的PCM（相变材料），近年来有了新进展。PCM材料是一种类化合物，其

状态在一定温度范围内可以从固态转化到液态。PCM材料大多数是石蜡，常用于封装工业。近年来这些相变材料才用于复合材料，其优点是：

- 制造商可以根据情况在60~80℃之间调整其熔点；
- 高热容量；
- 密度（体积）不变；
- 化学和物理性能稳定；
- 环保无毒害；
- 热阻率可达3~4W/(m·K)；
- 不含硅；
- 作为衬料或可印制复合材料时，加工工艺简单。

图4.17给出了IGBT模块长时间工作后底板上热复合材料的状态。

图4.17　IGBT模块长时间工作后底板上热复合材料的状态

虽然使用PCM膜，IGBT模块与散热器之间无法形成金属—金属接触，使器件与散热器之间的热阻相对较高，但是PCM复合物结合了所有PCM和传统复合物的优点（如图4.25所示）。在高于相变温度时，PCM复合物是柔性的，而当低于此温度再次成为固体，因此可以避免当实际温度达到相变温度时抽空PCM复合物。表4.6给出了可选的TIM材料。

表4.6　可选的TIM箔片

名称	材料	$\lambda\Big/\frac{W}{m \cdot K}$
AOS MicroFaze A	铝箔	0.02
AOS MicroFaze K	聚酰亚胺	0.03
Bergquist Hi-Flow	PCM	1~4
Denka HittPlate	铝箔或铜箔	4

一些制造商现在可以提供可行的PCM复合物，其中包括汉高的LOCTITE PSX-P复合物。事实上，TIM技术已经发展得相当先进。室温时可以把软化的PCM复合材料通过丝印工艺涂抹，处理后硬化成蜡状物。这样低于相变温度时，这种TIM材料易于运输和处理而不易被污染。

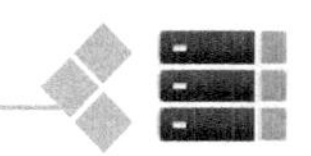

更多的 TIM 相关知识见第 10 章 10. 2. 2 节。

4.3 热模型

分层热模型可以帮助用户对电力电子系统进行热优化。传热过程的模拟对散热器的设计非常有用。利用现代计算机技术，通过测量负载电流可以实时计算电力电子开关的耗散功率。把实时的功耗信息送入分层热模型并与现有的静态温度值做比较，就可以直接计算动态温度的变化。然而，计算温度变化需要的基础是，电力电子开关的机械设计知识以及选择一个合适的热模型来描述这个设计。后者可以描述为一个连续网络或局部网络模型：

- 连续网络模型（Cauer 模型）㊀：根据 IGBT 模块的实际物理层和材料直接建立模型，如图 4. 18a 所示。这个模型需要精确的材料参数，特别是相关层的横向传热参数。所需 RC 组合的数目取决于预期模型提供的分辨率。

- 局部网络模型（Foster 模型）㊁：根据实际的物理层和材料没有关系，适合通过计量测定热阻和阻抗，如图 4. 18b 所示。使用局部网络模型没有必要知道确切的材料参数。RC 组合的数目取决于测量点的数量，通常在 3 ~6 之间。

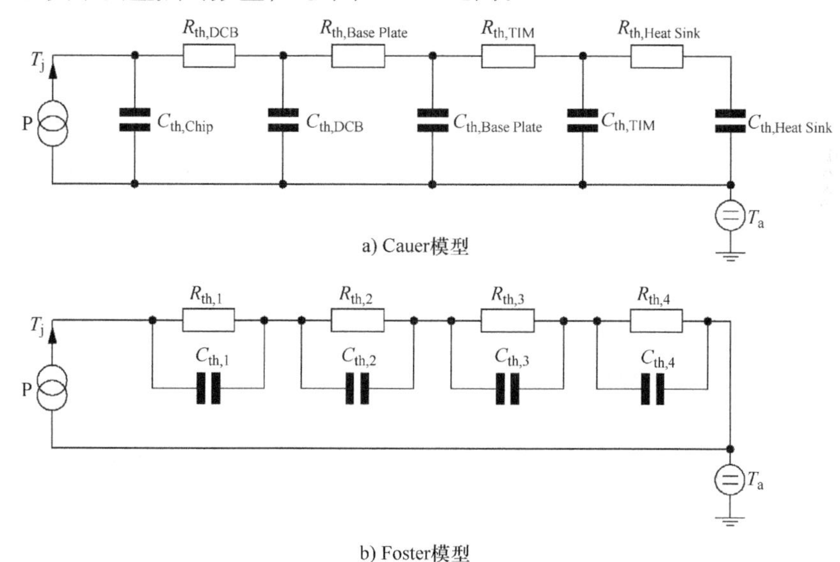

a) Cauer模型

b) Foster模型

图 4. 18 热网络模型

为了确定 $R_{th,jc}$、$R_{th,ch}$ 和 Z_{th} 数据值并测量其他热阻和阻抗，首先必须知道半导体的实际结温。实际结温的获得可以先测量 U_{CEsat} 或 U_F，然后通过校准曲线确定。校准曲线是按以下方式得到：

利用外部热源加热被测模块，然后让模块通过很小的测量电流 I_{ref}，记录此时的饱和电压 U_{CEsat} 或正向电压 U_F。所选的 I_{ref} 应该足够低，这样带来损耗足够小就可忽略模块的自加热。测量电流的典型值大约是 $I_{ref} = \frac{1}{1000} \cdot I_{nom}$。在不同温度下重复上述过程，就可以得到函

㊀ 以德国数学家、物理学家威廉·考尔（1900 ~1945）命名。

㊁ 以美国数学家罗纳德·马丁·福斯特（1896 ~1998）命名。

数 $U_{CEsat}=f(T_j, I_{ref})$ 或 $U_F=f(T_j, I_{ref})$ 的校准曲线[⊖]，如图 4.19 所示。

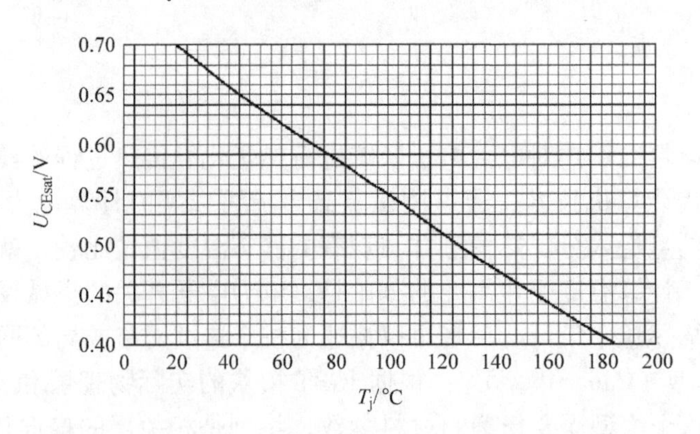

图 4.19　$U_{CEsat}=f(T_j, I_{ref})$ 的校准曲线

热阻和阻抗的值可以根据图 4.20 的设计而测定。图 4.20a 为有基板的 IGBT 模块测量结构，图 4.20b 为没有基板的 IGBT 模块测量结构。

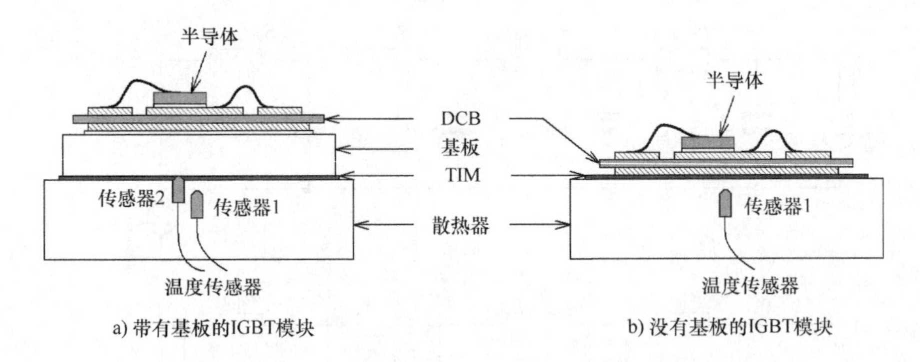

图 4.20　热阻和热阻抗的计量测定（没有考虑封装胶和端子）

首先让模块通过某一恒定电流，也就是在功率 P 恒定的情况下运行一定时间后，就形成了稳定的结温 T_j。然后，把电流降到测量电流 I_{ref}，测量饱和或正向电压，就可以利用预先准备好的校准曲线推导出来当前结温。利用传感器 2 确定功率半导体下面的基板温度 T_C，如图 4.20a 所示。这样，就可以得到设计的热阻抗，即

$$Z_{th,jc}(t)=\frac{T_j(t)-T_C(t)}{P} \tag{4.18}$$

传感器 1 用于测量无基板模块，放置在散热器内 TIM 层下面 1~2 毫米处，用于测量散热器的温度 T_h。这种情况下，不能得到阻抗 $Z_{th,jc}$，但可以测量出 $Z_{th,jh}$，即

$$Z_{th,jh}(t)=\frac{T_j(t)-T_h(t)}{P} \tag{4.19}$$

传感器 2 会影响模块到散热器的热传递，所以对于有基板和没有基板的模块采用两个不

⊖ 通常，现代 IGBT 的饱和电压表现为正温度系数。此图中出现负温度系数的原因是采用的电流很小。在温度不同时，只有负载电流达到一定的水平，正温度系数的特性才会表现出来（详见第 1 章 1.5 节）。

同的参考阻抗。对于有基板的模块，可以认为基板上热的横向传导导致约 5% 的误差。相反，因为没有基板上热的横向传导，并且热传递的有源面积减小，没有基板模块的误差会明显增加。因此，对于这种没有基板的模块，热阻抗的参考温度为 T_h 而不是 T_C。如果时间 t 大于 5τ，并减去 TIM 的值，通过上面的公式可以得到 R_{th}的值，这里假设 TIM 的 R_{th}值已知或设定。

数据手册中通常使用 Foster 模型，其中参数 r 和 τ 分别表示每个 RC 组合，两种模块数据手册中的 Z_{th}如图 4. 21 所示。总的 $Z_{th,jc}$曲线可以通过把 n 个 RC 组合综合在一起的分析计算得到

$$Z_{th,\,jc}(t) = \sum_{i=1}^{n} r_1 \cdot (1 - e^{-\frac{t}{\tau_i}}) \tag{4.20}$$

对于没有基板的模块来说，计算是相同的。

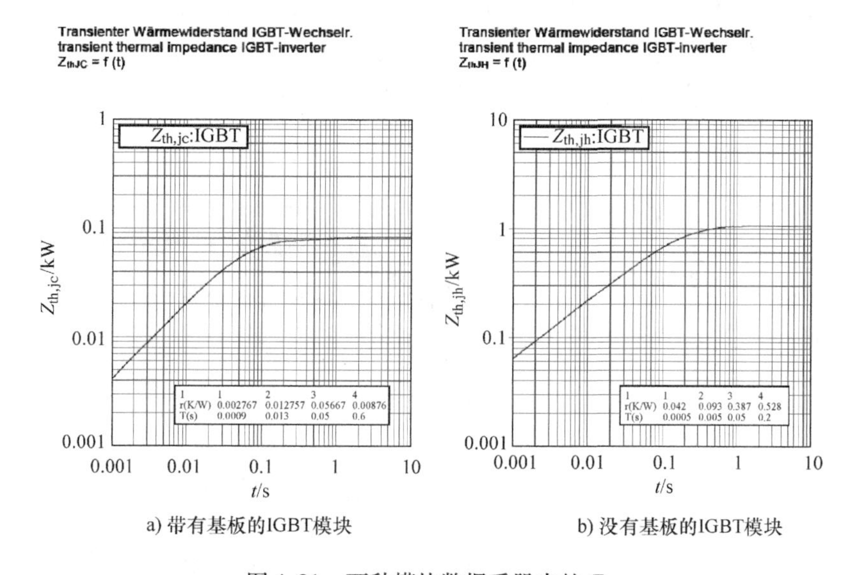

a) 带有基板的IGBT模块　　b) 没有基板的IGBT模块

图 4. 21　两种模块数据手册中的 Z_{th}

如果损耗已知，例如，利用第 3 章的公式和测量到的温度 T_C，连同数据手册中$Z_{th,jc}(t)$就可以确定某个特定应用的结温，即

$$T_j(t) = P(t) \cdot Z_{th,\,jc}(t) + T_C(t) \tag{4.21}$$

式（4. 21）包括 T_C 等温度相关参数，但是在实际应用中温度 T_C 不会是恒定不变的。散热片（TIM）和冷却系统之间的热连接会影响 T_C。因此，计量时把整个系统都考虑进去，并尽可能地使用真实的参数，就可能得到最准确的结果。为了防止或减少需要测量的物理量，可以把各自单独的 IGBT 模块模型（基于数据手册值）与冷却系统模型（基于数据手册值或单独的测量值）结合起来。然而，这样得到的结果在很大程度上取决于冷却系统的类型，并且永远只能得到一个近似值。冷却系统的时间常数越大，对 IGBT 模型的影响越小。同样的，冷却系统时间常数越小，如水冷系统，对 IGBT 模型的影响越大。相比之下，没有强制冷却的风冷系统的时间常数很大。

制造商根据式（4. 2）计算散热片和基板之间的热阻 $R_{th,ch}$，以便在数据手册中可以提

供。基板和散热片之间的厚度 d，即填充的导热材料的厚度，假定在 50 ~ 100μm 之间。并且假定导热材料的热导率 λ 为 1W/(m · K)。因此通过此方式计算出的数据手册中 $R_{th,ch}$ 的值只能作为一个参考，因为实际应用时，用户使用的参数完全不同。图 4.22 给出了数据手册中 $R_{th,ch}$ 的信息。

Übergangs-Wärmewiderstand thermal resistance, case to heatsink	pro IGBT / per IGBT λ_{Paste} = 1 W/(m·K) / λ_{grease} = 1 W/(m·K)	R_{thCH}		6,30		K/kW

图 4.22　数据手册中 $R_{th,ch}$ 的信息

用户可以使用热模型进行仿真。根据要求，这些仿真可能相当复杂，也可能相对简单。由表 3.1 可知，IGBT 模块生产商提供了可用的免费软件，为各种各样的应用场景提供足够精确的仿真结果。对于更复杂的模型，考虑到各层之间，多个开关之间交叉连接，就要用到特殊的软件。有些仿真会相对简单，例如图 4.23 所示的基于 SPICE[⊖] 的 Simplorer®[⊖] 仿真。

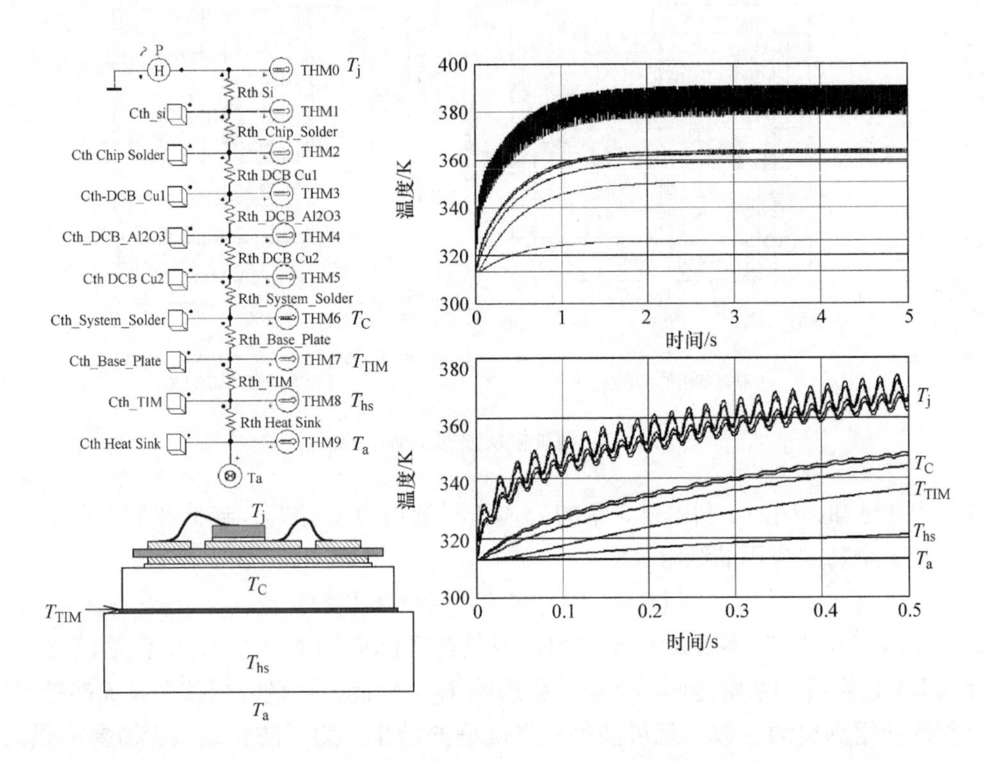

图 4.23　基于 SPICE 的 Simplorer® 对 IGBT 模块和散热器的动态温度仿真

⊖ SPICE 的意思是"集成电路通用仿真程序"，是开源的电气开关仿真软件。由加利福尼亚大学伯克利分校在 1973 年首先提出 SPICE 概念。此后，在 SPICE 的基础上扩展一些新的功能开发了一批商业仿真软件。

⊖ Simplorer® 是 Ansoft 公司的注册商标。

仿真中不仅考虑分层设计也要考虑相应材料的参数。如上所述，如果已知材料特性及其尺寸，那么就可以很容易计算各层的 R_{th} 和 C_{th}。施加虚拟功耗就可以得到功率半导体的应用热模型，也可以把这个模型集成到逆变器的控制单元中。这样，利用模块内的 NTC 检测模块温度，就可以在线计算电力电子开关所能工作的最大电流。

另一种方法是基于有限元法（FEM）进行分析。同一时间需要考虑一些相关的系统特别适合用这种方法分析，比如说，分析一个完整的 IGBT 模块，即同时考虑其中的 IGBT 和二极管。图 4.24 给出了利用 FEM 软件进行热仿真的示例。

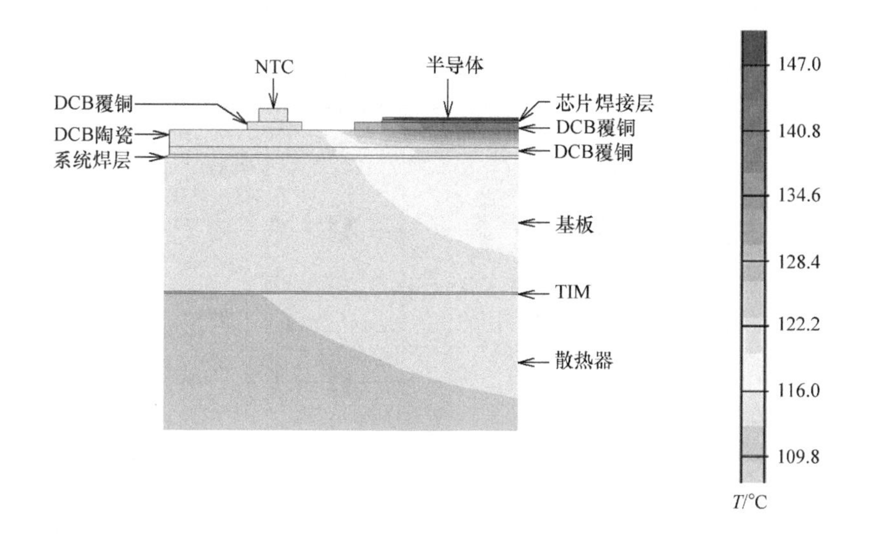

图 4.24 利用 FEM 软件进行热仿真示例

根据图 4.23 所示的例子，可以推导出所需最佳的 TIM 材料。TIM 是热导率最差的一层，不仅上述例子中是这样的，现实中几乎所有应用都是这样的。因此，需要使用最少的 TIM 材料，详见第 10 章 10.2.2 节。

从理论上讲，最好的选择是基板和散热器之间有广泛的金属接触。由于基板的曲率和接触表面粗糙度，只能实现部分金属接触。通常情况下，基板与散热器之间的安装点位置就可以实现金属—金属接触。然而，随着与安装点之间的距离增加，有效接触点会减少。大范围的金属—金属接触有助于改善 TIM 固有的导热性差的特点，提供更好的整体散热设计，如图 4.25b 所示使用导热膏作为 TIM 材料的设计。另一方面，如果基板和散热器之间没有金属—金属接触，热阻则会更大，例如图 4.25a 所示使用导热箔片作为 TIM 材料的设计。

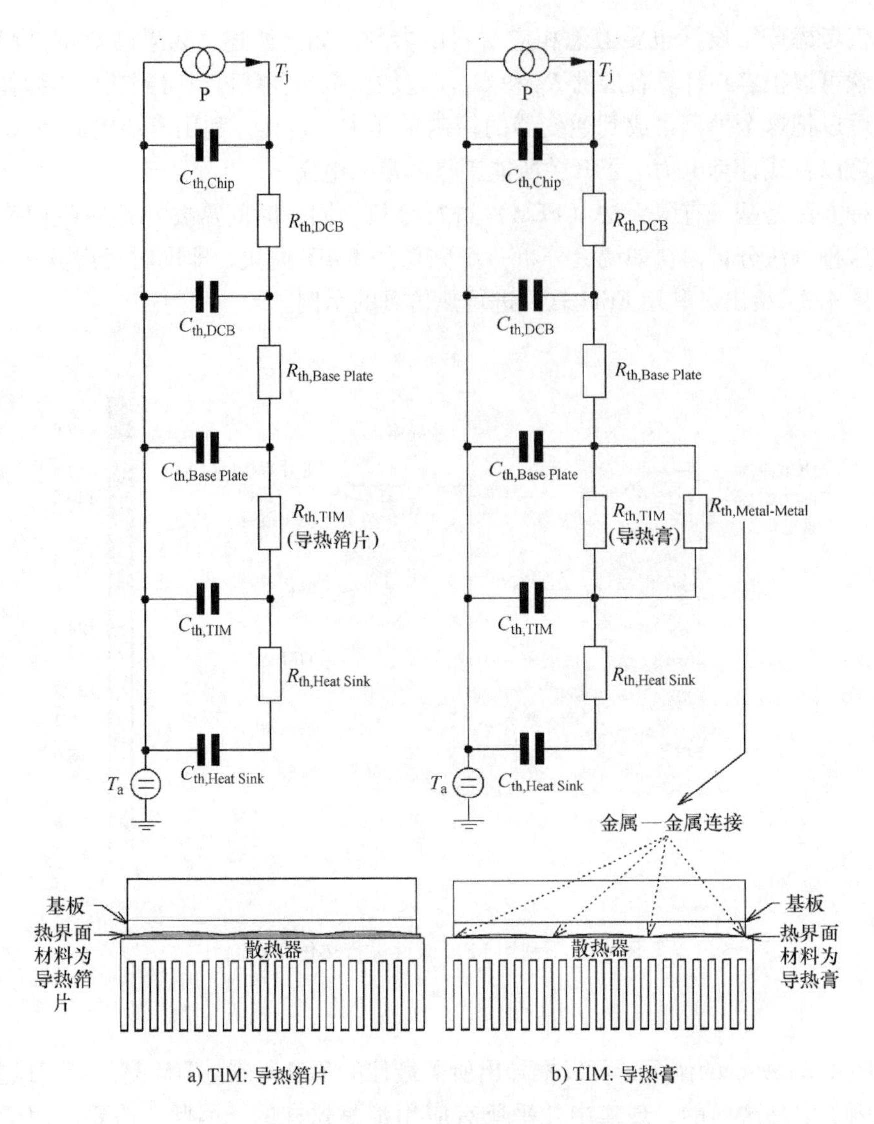

图 4.25　选用不同热界面材料进行热设计

4.4　散热器

所有功率半导体无论是一个芯片还是封装在模块里都需要将产生的功率损耗及时耗散掉，只有这样，才能实现开通或关断功率（或电流）。从功率损耗开始发生到散热结束，散热是整个热链的最后一环。散热器的种类有很多，选用哪一种将取决于所使用的半导体和应用情况。此外，散热器也可以作为一个机械元件，例如作为逆变器的一部分。散热器的任务是尽可能有效地把热能传递给冷却介质（实际上，如果不考虑介质本身释放的能量，冷却介质才是热链中的最后一个环节）。

已在前文讨论过，且如第 10 章 10.2.2 节详细说明的那样，应特别注意电力半导体器件或模块和散热器表面之间的热接触。而热接触的性能取决于接触表面的质量、平整度、接触

压力和填充物质的绝缘性。

表 4.7 给出了部分散热器供应商[⊖]。

表 4.7 散热器供应商

供应商	网站主页
Aavid Thermalloy	http://www.aavidthermalloy.com
Alutronic	http://www.alutronic.com
Fischer Elektronic	http://www.fischerelektronic.de
Lytron	http://www.lytron.com
Webra Industri	http://www.webra.se

4.4.1 空冷散热器

当散热器自然冷却时，其热能直接导入周围空间的空气中。基本上，散热器散热主要通过对流和部分热辐射来实现。通过热辐射散热所占的比例取决于散热器的形状。以鳍片型散热器为例，热辐射散热几乎都是通过散热器的圆周部分进行的，由于鳍片之间的间隙通常较窄而不能向外辐射，唯一通过辐射散热的就是相邻的鳍片之间的相互辐射（见图 4.13）。因此，辐射散热的比例不与热对流表面面积成比例增加（目前使用的散热器都按热对流优化，没有针对热辐射优化）。

现在有两类强制冷却方式：强制风冷和液冷。对于强制风冷，根据通风机在散热器上的安装位置把冷空气通过散热器的鳍片吸入或排出。散热器的热阻与冷空气吹过的速度有关。速度越快，能够散掉的热量就越多，直到达到某个平衡点，这时无法把更多的热能随着吹来的空气消散掉，且热阻达到一个值，基本上与空气的速度无关。与自然对流冷却相比，强制风冷的优势可以通过校正因子 f 来表达。f 与空气速度有关。强制风冷散热器 R_{th} 的校正因子 f 与风速有关，与对流冷却相比的例子大致如图 4.26 所示。

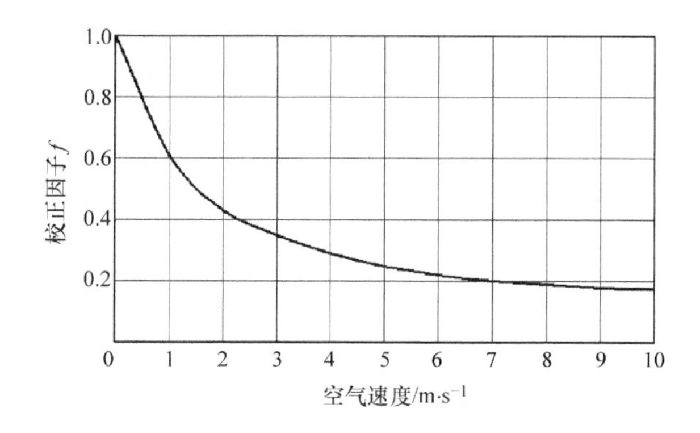

图 4.26 强制风冷散热器 R_{th} 的校正因子与对流冷却相比的例子

当对流冷却改成强制冷却时，散热器的 R_{th} 为

$$R_{th,forced} = f \cdot R_{th,convection} \tag{4.22}$$

⊖ 目前没有统一的具有约束力的国际标准来评价一个散热器的性能，大多数供应商都有自己的测试方法。

说起功率 P 或强制冷却风扇的工作点，就要考虑空气速度、空气压力和回压，液体冷却器同样需要考虑这些因素，将在 4.4.2 节详细讨论。

4.4.2　液冷散热器

对于液冷散热器，热量消散到流过的流体中。在大多数情况下，液体是水或水和乙二醇的混合物，也可能加入一些添加剂。冷却介质的流速和总冷却回路的压降是设计液冷散热器的重要规则。压降的意思就是冷却介质为能在冷却回路中流动而产生的压力差值。压降由冷却介质的摩擦力和重力决定，因此在入口连接处和弯曲处等处分别产生的压降，在系统中必须综合考虑。如果散热器和其他应用的组件制造商没有提供任何压降特性的信息，比如说与流速的函数关系，则必须通过实际测量得到整个系统的压降。

压降和流速之间的关系可以用一个指数函数表示，图 4.27 为根据泵的特性和冷却回路

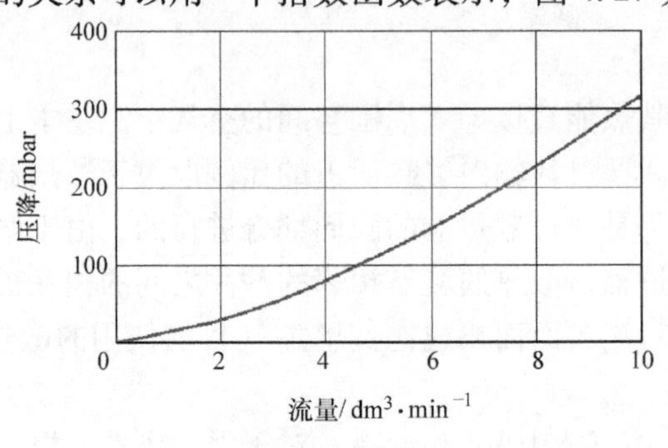

a) 冷却液压降和流量之间的关系

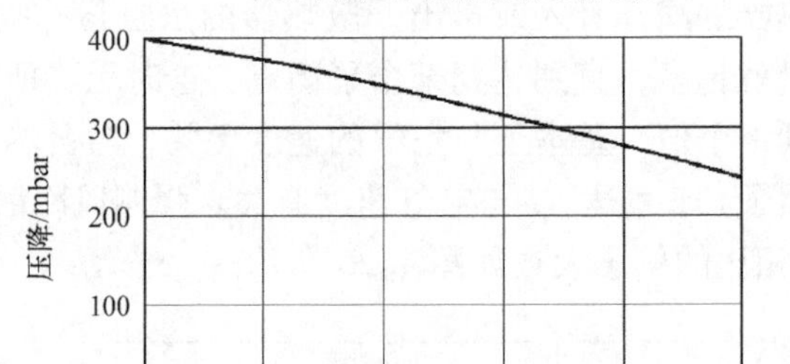

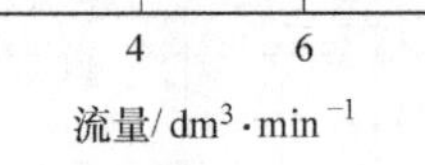

b) 水泵压降和流量之间的关系

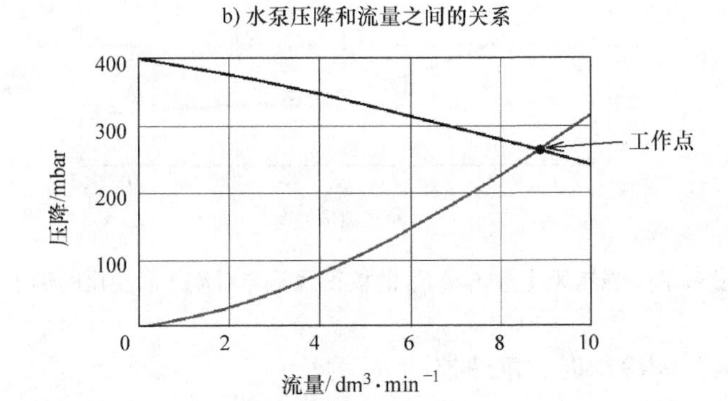

c) 最后确定水泵的工作点

图 4.27　根据泵的特性和冷却回路中的压降确定工作点

中的压降确定工作点。压降越大，产生的流速越大（如图 4. 27a 所示）。为了达到所需的流速，必须使用适当的压力泵。如果提供了压力泵和流速的函数（如图 4. 27b 所示），工作点可以通过叠加两个函数的图像确定，它位于两个图的交叉点（如图 4. 27c 所示）。

为了减少系统中的压降应注意以下几个基本问题：

- 冷却介质管道的横截面尽可能大；
- 冷却介质的管道越短越好；
- 冷却介质管道弯曲的角度大于 90°；
- 冷却介质的粘度越小越好。

和设计或应用相关的机械因素可能与上述要求背道而驰，所以并不是总能达到所有上述要求。

当用液体冷却时，腐蚀是个常见的问题。腐蚀会导致冷却循环系统出现沉积物，从而减少横截面积，并最终导致系统的压力上升。沉积物同样会改变管壁的表面，这样会增加传输的热阻。两者都会导致冷却系统的效率下降。在极端的情况下，腐蚀会导致冷却系统渗漏，从而导致整个系统的瘫痪。腐蚀是由冷却介质中的溶氧粒子导致的，溶氧粒子会与冷却系统的金属发生反应。如果是封闭的冷却系统，那么其包含的氧气的数量是有限的，氧气的消耗也相对较快，可能不再产生腐蚀。然而对于开放的系统，氧气会随时进入系统，将会导致持续的腐蚀。为了阻止腐蚀和沉积物，注意以下几个方面：

- 最好使用封闭的冷却系统；
- 氯化物的腐蚀性极高，所以减少水中氯化物含量，避免使用自来水；
- 为了避免水中含有像镁和钙会使冷却系统产生沉积物的成分，最好使用去离子水和软化水；
- 使用防蚀剂，尤其是使用去离子水和软化水，含有少量磷酸盐的冷却介质可以和铝或钢这样的金属配合使用，而铜可以和 TTA 一起使用；
- 保证冷却介质不停地流动。

在低温时使用液体冷却，冷却系统中的水存在冰冻的可能。所以可以使用乙二醇和水的混合物，这样就会使液体的冰点降至零度以下，至于具体能降多少度，取决于混合比。请记住，乙二醇的传热效率要远远低于水。如果散热器不在冰点以下工作或存储，最好别用乙二醇。

除了众所周知的铝制和铜制液冷散热器外，越来越多的冷却器通过液体直接冷却 IGBT 模块基板。比较经济的合成（塑料）冷却器会在底板加入 O 形环（见第 10 章 10. 2. 3 节），这需要电力电子模块具有镀镍基板。塑料散热器直接冷却 IGBT 标准模块的示例如图 4. 28 所示。

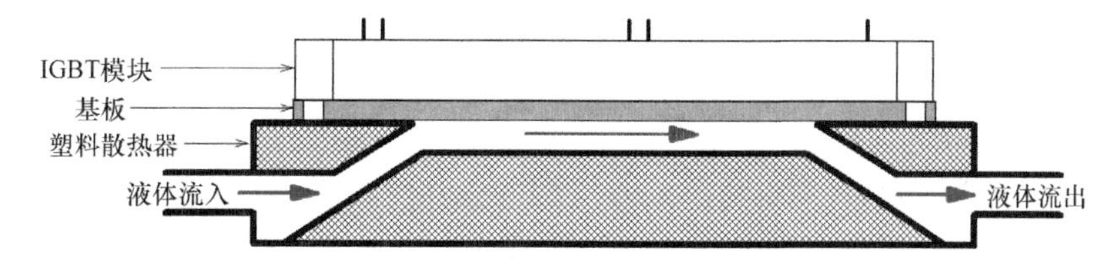

图 4. 28 塑料散热器直接冷却 IGBT 标准模块的示例

本章参考文献

1. Fraunhofer IISB, "Grundlagen der Entwärmung", peak-Seminar 2005
2. J. Adam, "Die Leiterplatte als Kühlkörper", Haus der Technik, 3. Tagung Elektronikkühlung 2009
3. R. Schacht, "Entwurf und Simulation von Mikrosystem", Vorlesung TU Berlin WS 2007/2008
4. S. Linder, "Wege zur Ausschöpfung des vollen Potenzials von Silizium Leistungshalbleiter-Bauelementen", PES Seminar 2007
5. Infineon Technologies, "Thermal equivalent circuit models", Infineon Technologies Application Note 2008
6. U. Hecht, U. Scheuermann, "Static and Transient Thermal Resistance of Advanced Power Modules", PCIM Nuremberg 2001
7. S. Lee, "Optimum design and selection of heat sinks", IEEE Semi-Therm San Jose 1995
8. S. Lee, "How to select a heatsink", Electronics Cooling Vol. 1 No. 1, 1995
9. Fischer Elektronik, "Profile heatsinks and fluid coolers - Technical Introduction", Fischer Elektronik Application Note 2007

第5章 模块数据手册

5.1 简介

本章主要介绍 IGBT 模块数据手册中给出的相关信息。在第 3 章和第 4 章已经涉及大部分参数，下面将引用英飞凌科技公司真实的数据手册来举例说明。在视觉外观上，本手册与其他制造商的数据手册存在很大的不同，但对于某一具体产品，这些数据手册通常会包含相同的信息。因此，总体上来说本章详细阐述的信息适用于多数 IGBT 模块。图 5.1 给出了某一数据手册的封面。

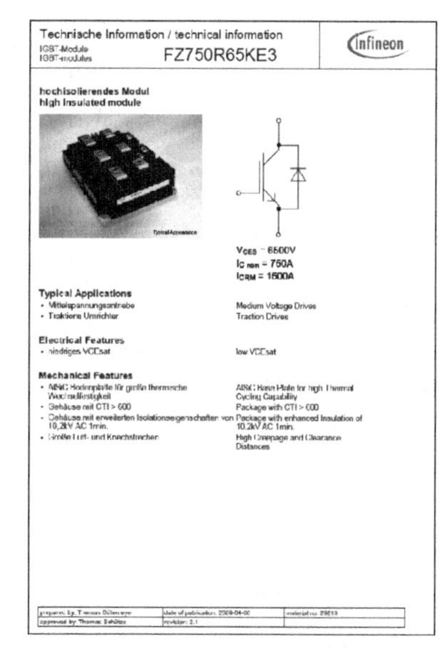

Technische Information / technical information
IGBT-Module
IGBT-modules
FZ750R65KE3
Infineon

hochisolierendes Modul
high insulated module

Typical Appearance

V_{CES} = 6500V
$I_{C\,nom}$ = 750A
I_{CRM} = 1500A

Typical Applications
- Mittelspannungsantriebe — Medium Voltage Drives
- Traktions Umrichter — Traction Drives

Electrical Features
- niedriges VCEsat — low VCEsat

Mechanical Features
- AlSiC Bodenplatte für große thermische Wechselfestigkeit — AlSiC Base Plate for high Thermal Cycling Capability
- Gehäuse mit CTI > 600 — Package with CTI > 600
- Gehäuse mit erweiterten Isolationseigenschaften von 10,2kV AC 1min. — Package with enhanced Insulation of 10.2kV AC 1min.
- Große Luft- und Kriechstrecken — High Creepage and Clearance Distances

图 5.1　某一数据手册的封面（英飞凌的模块 FZ750R65KE3）

典型的数据手册分成不同的部分，包含如下几方面的内容：

- IGBT 的特性；
- 续流二极管的特性；
- 供电整流器的特性（针对 PIM/CIB 模块）；
- 制动斩波器的特性（一些 PIM/CIM 模块可选的）；
- NTC 电阻器的特性（可选的）；
- 整个模块的特性；
- 图表；
- 电路拓扑和封装信息。

5.2 IGBT

数据手册的第一部分描述了 IGBT 模块允许的最大值，如图 5.2 所示。

Höchstzulässige Werte / maximum rated values

Kollektor-Emitter-Sperrspannung collector-emitter voltage	T_{vj} = 125°C T_{vj} = 25°C T_{vj} = -40°C	V_{CES}	6500 6500 6000	V
Kollektor-Dauergleichstrom DC-collector current	T_C = 80°C, T_{vj} = 150°C	$I_{C\,nom}$	750	A
Periodischer Kollektor Spitzenstrom repetitive peak collector current	t_P = 1 ms	I_{CRM}	1500	A
Gesamt-Verlustleistung total power dissipation	T_C = 25°C, T_{vj} = 150°C	P_{tot}	14,5	kW
Gate-Emitter-Spitzenspannung gate-emitter peak voltage		V_{GES}	+/-20	V

芯片级U_{CES}

$I_{CRM}=2\cdot I_{C.nom}$

$P_{tot}=\dfrac{T_{vj}-T_C}{R_{th.jc}}$

图 5.2　IGBT 模块所允许的最大值

其中包括最大集－射极电压 U_{CES}，该电压总是芯片级的最大电压，而不是模块级的，因此模块接线端的最大电压 $U_{term,max}$ 必须减去模块关断过程中模块内部杂散电感 $L_{\sigma CE}$ 和电流的负梯度 $\frac{di_C}{dt}$ 的乘积才能得到 U_{CES}，即

$$U_{term,max} = U_{CES} + L_{\sigma CE} \cdot \frac{di_C}{dt} \tag{5.1}$$

由于这个数值会受到温度的影响，标定温度通常特指25℃。如果温度降低，预计这个电压也会随之减小；然而，如果温度升高，电压值则没有详细说明（详见第3章3.7节）。在所有参数中，如果为某一特定的应用选择合适的模块，U_{CES} 值是最重要的参数。和其他情况一样，在这里，可以根据给定的供电电压来判断选择的模块是否合适。表5.1给出适宜两电平逆变器的模块电压的选取。

表5.1　供电电压以及相应模块电压等级的选择

		IGBT 功率模块额定的电压值		
		600V	1.2kV	1.7kV
线/输入电压	中国	200～220V	380V	
	欧洲	200～240V	380～440V	690V
	日本	100～220V	400～440V	
	美国	115～246V	460～480V	575/380V

这部分数据手册同时给出了最大连续集电极电流 $I_{C,nom}$，这个值取决于功率损耗 P_{tot}、最大结温 $T_{vj,max}$ 和环境温度 T_C。进一步来说，这个值还受到模块功率端子所能承受最大电流的限制，但是，在实际应用中这种情况很少。图5.3给出了模块功率端子的电流能力限制了集电极电流等级 $I_{C,nom}$ 的例子，但正如上文所述，此例是相当罕见的。

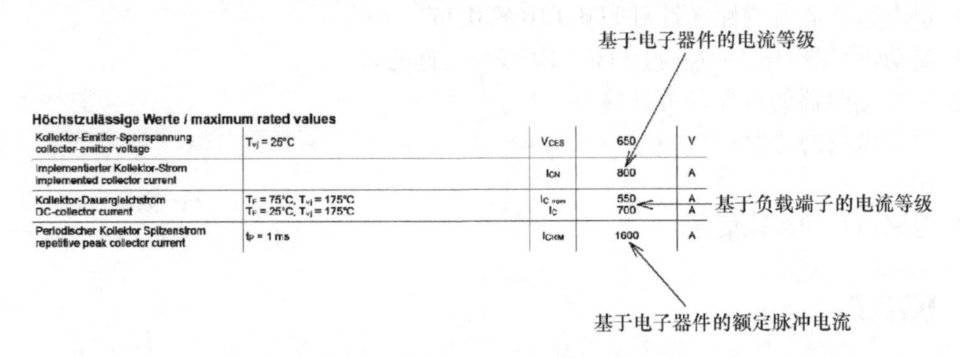

Höchstzulässige Werte / maximum rated values

Kollektor-Emitter-Sperrspannung collector-emitter voltage	T_{vj} = 25°C	V_{CES}	650	V
Implementierter Kollektor-Strom implemented collector current		I_{CN}	800	A
Kollektor-Dauergleichstrom DC-collector current	T_F = 75°C, T_{vj} = 175°C T_F = 25°C, T_{vj} = 175°C	$I_{C\,nom}$ I_C	550 700	A A
Periodischer Kollektor Spitzenstrom repetitive peak collector current	t_P = 1 ms	I_{CRM}	1600	A

图5.3　模块功率端子的电流能力限制了集电极电流等级 $I_{C,nom}$ 的例子

标称电流 $I_{C,nom}$ 在模块选型中常常用到，除此之外，集电极重复峰值电流 I_{CRM} 也常常用到。重复峰值电流是在最小重复时间 t_p 内的最大的周期性电流。多数情况下，其值是 $I_{C,nom}$ 的两倍。接着就是总功耗 P_{tot}，这个是根据式（5.2）计算而得。

U_{CES} 和 I_{CRM} 构成IGBT的反偏安全工作区（RBSOA）。安全工作区的右侧，U_{CES} 界定了芯片级，或者引用模块级 $U_{term,max}$。RBSOA顶部由 I_{CRM} 界定（见图7.17a）。

在列出IGBT的最大值后，数据手册开始介绍IGBT的特征参数。通常来说，这里会列

出典型值。另外，有些生产商列出一些参数的最小值或者最大值。

重要的特征参数如下：

- 饱和电压 U_{CEsat}（计算损失所需）；
- 栅极电荷 Q_G（IGBT 栅极驱动设计所需）；
- 热阻 $R_{th,jc}$（热设计所需）。

每个开关器件对应一个热阻 $R_{th,jc}$，不论这个开关器件是由多少芯片并联组成的，这里只对应一个 IGBT。图 5.4 给出了 IGBT 的特征参数。

当然，其他参数也是重要的，尽管这些参数强烈依赖于不同应用的实际工作条件。例如，开关损耗参数仅仅与数据手册中指定的工作条件相符合。进一步来讲，定义开关损耗的时间轴非常重要。例如，通常来说开关损耗的测定受到 IEC 60747 - 9（参见第 3 章 3.1.1 节）的限定。然而，一些生产商违背了这个标准，使用较短的时间轴，从而导致更低的开关损耗。在开关时间上也采用相似手法。

Charakteristische Werte / characteristic values

				min.	typ.	max.	
Kollektor-Emitter Sättigungsspannung collector-emitter saturation voltage	I_C = 750 A, V_{GE} = 15 V I_C = 750 A, V_{GE} = 15 V	T_{vj} = 25°C T_{vj} = 125°C	$V_{CE\ sat}$		3,00 3,70	3,40	V V
Gate-Schwellenspannung gate threshold voltage	I_C = 100 mA, V_{CE} = V_{GE}, T_{vj} = 25°C		V_{GEth}	5,4	6,0	6,6	V
Gateladung gate charge	V_{GE} = -15 V ... +15 V, V_{CE} = 3600V		Q_G		31,0		μC
Interner Gatewiderstand internal gate resistor	T_{vj} = 25°C		R_{Gint}		0,75		Ω
Eingangskapazität input capacitance	f = 1 MHz, T_{vj} = 25°C, V_{CE} = 25 V, V_{GE} = 0 V		C_{ies}		205		nF
Rückwirkungskapazität reverse transfer capacitance	f = 1 MHz, T_{vj} = 25°C, V_{CE} = 25 V, V_{GE} = 0 V		C_{res}		3,20		nF
Kollektor-Emitter Reststrom collector-emitter cut-off current	V_{CE} = 6500 V, V_{GE} = 0 V, T_{vj} = 25°C		I_{CES}			5.0	mA
Gate-Emitter Reststrom gate-emitter leakage current	V_{CE} = 0 V, V_{GE} = 20 V, T_{vj} = 25°C		I_{GES}			400	nA
Einschaltverzögerungszeit (ind. Last) turn-on delay time (inductive load)	I_C = 750 A, V_{CE} = 3600 V V_{GE} = ±15 V R_{Gon} = 1,0 Ω	T_{vj} = 25°C T_{vj} = 125°C	$t_{d\ on}$		0,70 0,80		μs μs
Anstiegszeit (induktive Last) rise time (inductive load)	I_C = 750 A, V_{CE} = 3600 V V_{GE} = ±15 V R_{Gon} = 1,0 Ω	T_{vj} = 25°C T_{vj} = 125°C	t_r		0,33 0,40		μs μs
Abschaltverzögerungszeit (ind. Last) turn-off delay time (inductive load)	I_C = 750 A, V_{CE} = 3600 V V_{GE} = ±15 V R_{Goff} = 6,8 Ω	T_{vj} = 25°C T_{vj} = 125°C	$t_{d\ off}$		7,30 7,60		μs μs
Fallzeit (induktive Last) fall time (inductive load)	I_C = 750 A, V_{CE} = 3600 V V_{GE} = ±15 V R_{Goff} = 6,8 Ω	T_{vj} = 25°C T_{vj} = 125°C	t_f		0,40 0,50		μs μs
Einschaltverlustenergie pro Puls turn-on energy loss per pulse	I_C = 750 A, V_{CE} = 3600 V, L_S = 280 nH V_{GE} = ±15 V R_{Gon} = 1,0 Ω	T_{vj} = 25°C T_{vj} = 125°C	E_{on}		4200 6500		mJ mJ
Abschaltverlustenergie pro Puls turn-off energy loss per pulse	I_C = 750 A, V_{CE} = 3600 V, L_S = 280 nH V_{GE} = ±15 V R_{Goff} = 6,8 Ω	T_{vj} = 25°C T_{vj} = 125°C	E_{off}		3600 4200		mJ mJ
Kurzschlussverhalten SC data	V_{GE} ≤ 15 V, V_{CC} = 4500 V V_{CEmax} = V_{CES} - L_{sCE} · di/dt	t_P ≤ 10 μs, T_{vj} = 125°C	I_{SC}		4500		A
Innerer Wärmewiderstand thermal resistance, junction to case	pro IGBT / per IGBT		R_{thJC}			8,70	K/kW
Übergangs-Wärmewiderstand thermal resistance, case to heatsink	pro IGBT / per IGBT λ_{Paste} = 1 W/(m·K) / λ_{grease} = 1 W/(m·K)		R_{thCH}		8,80		K/kW

仅仅是给定情况下的数值。其他情况下与 I_C 和 $I_{G.on}$ 有关，可参见数据手册给出的图表。

仅仅作为参考，实际值因应用而不同。

图 5.4　IGBT 的特征参数

典型短路电流 I_{SC} 不是动态短路过程中短路电流的最大值，如第 3 章 3.6 节所述，该电流是基于栅极电压 U_{GE} = 15V 短路电流的线性外推，仅仅是一个参考值。

热阻 $R_{th,ch}$ 也只是一个参考值，来源于模块基板与散热器表面之间的理论研究。对于其他情况，比如说，采用不同规格和不同厚度的热复合物将得到不同的值。在利用厂商提供的计算或仿真软件（见表 3.1）做热电评估时，通常会用到这个参考数值。就像 $R_{th,jc}$、$R_{th,ch}$ 总是相对于一个开关而已。

5.3 续流二极管

同IGBT数据一样，本节详细介绍续流二极管的最大允许值，如图5.5所示。峰值损耗P_{RQM}（如果数据表中提到）描述了二极管的安全工作区（SOA）（详见第7章7.8.2节）。右侧受限于U_{RRM}，上面受限于I_{FRM}。这些参数之间的边界线来源于二极管的损耗，即

$$P_{\mathrm{RQM}} = U \cdot I \tag{5.2}$$

式中，$U \leqslant U_{\mathrm{RRM}}$且$I \leqslant I_{\mathrm{FRM}}$。

Höchstzulässige Werte / maximum rated values

Periodische Spitzensperrspannung repetitive peak reverse voltage	T_{vj} = 125°C T_{vj} = 25°C T_{vj} = -40°C	V_{RRM}	6500 6500 6000	V	芯片级U_{RRM}
Dauergleichstrom DC forward current		I_F	750	A	
Periodischer Spitzenstrom repetitive peak forward current	t_P = 1 ms	I_{FRM}	1500	A	$I_{\mathrm{FRM}}=2 \cdot I_{\mathrm{F.nom}}$
Grenzlastintegral I^2t - value	V_R = 0 V, t_P = 10 ms, T_{vj} = 125°C	I^2t	470	kA²s	
Spitzenverlustleistung maximum power dissipation	T_{vj} = 125°C	P_{RQM}	3000	kW	给定二极管的SOA
Mindesteinschaltdauer minimum turn-on time		$t_{on\ min}$	10,0	μs	

图5.5　二极管的最大允许值

如果数据手册中没有给出详细的数据，可以通过这种方法构造出续流二极管的SOA，如图5.6所示。

一些数据手册中，尤其是对于大功率模块，给出了二极管的最小开通时间。不超过这个值，二极管承受动态负载时就不会达到临界值。第7章7.3节将详细讨论关于最小导通时间的问题。

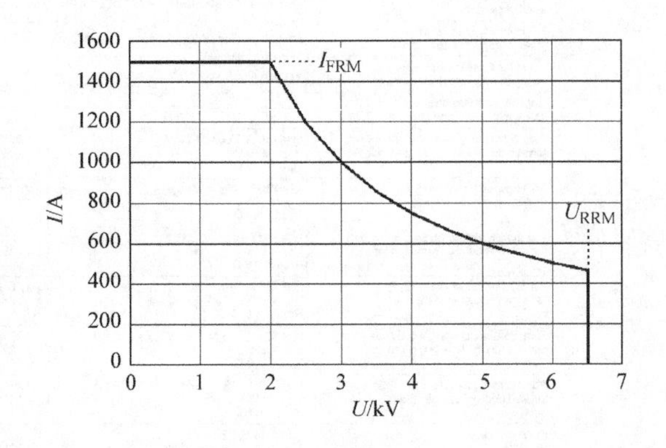

图5.6　续流二极管的SOA

接下来介绍了续流二极管的特征参数。图5.7给出了续流二极管的特征参数，跟IGBT一样，有些参数强烈地依赖于实际应用的条件，因此或多或少地与数据手册中的值有所偏离。而且，由于不是所有的制造商都使用相同的时间段来标定数据，这些值也可能存在偏差。

Charakteristische Werte / characteristic values

				min.	typ.	max.	
Durchlassspannung forward voltage	I_F = 750 A, V_{GE} = 0 V I_F = 750 A, V_{GE} = 0 V	T_{vj} = 25°C T_{vj} = 125°C	V_F		3,00 2,95	3,50	V V
Rückstromspitze peak reverse recovery current	I_F = 750 A, - di_F/dt = 3000 A/μs (T_{vj}=125°C) V_R = 3600 V V_{GE} = -15 V	T_{vj} = 25°C T_{vj} = 125°C	I_{RM}		1100 1200		A A
Sperrverzögerungsladung recovered charge	I_F = 750 A, - di_F/dt = 3000 A/μs (T_{vj}=125°C) V_R = 3600 V V_{GE} = -15 V	T_{vj} = 25°C T_{vj} = 125°C	Q_r		850 1600		μC μC
Abschaltenergie pro Puls reverse recovery energy	I_F = 750 A, - di_F/dt = 3000 A/μs (T_{vj}=125°C) V_R = 3600 V V_{GE} = -15 V	T_{vj} = 25°C T_{vj} = 125°C	E_{rec}		1400 3000		mJ mJ
Innerer Wärmewiderstand thermal resistance, junction to case	pro Diode / per diode		R_{thJC}			18,5	K/kW
Übergangs-Wärmewiderstand thermal resistance, case to heatsink	pro Diode / per diode λ_{Paste} = 1 W/(m·K) / λ_{grease} = 1 W/(m·K)		R_{thCH}		14,0		K/kW

仅仅是给定情况下的数值。

仅仅作为参考，实际值因应用而不同。

图5.7　续流二极管的特征参数

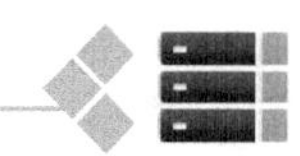

5.4　整流二极管（PIM/CIB 模块）

对于 PIM/CIB 模块，进一步提供了整流二极管的最大值和特征参数的相应信息，如图 5.8 所示。除了每个整流二极管的最大均方根电流 I_{FRMSM} 和最大整流器输出均方根电流 I_{RMSM} 外，手册中也提供二极管一个很重要的参数：最大负载电流积分值，即 $\int i^2 \mathrm{d}t$（也称作 I^2t）。

当最大负载电流积分值超过 I^2t 时，结温就无法恢复到连续工作规定的温度，整流二极管就失去部分或完全的阻断能力。这种情况可能会在高峰值电流时出现，比如在首次开通时或者电源电压短时跌落之后，给 DC－BUS 充电时，I^2t 值越大，整流二极管针对此类事件的鲁棒性越强。此外，这个 I^2t 值也用来选择半导体专用熔断器，熔断器的 I^2t 值必须低于熔断器保护的半导体的 I^2t 值。

Höchstzulässige Werte / maximum rated values

Periodische Rückw. Spitzensperrspannung repetitive peak reverse voltage	T_{vj} = 25°C	V_{RRM}	1600	V
Durchlassstrom Grenzeffektivwert pro Dio. forward current RMS maximum per diode	T_C = 80°C	I_{FRMSM}	100	A
Gleichrichter Ausgang Grenzeffektivstrom maximum RMS current at Rectifier output	T_C = 80°C	I_{RMSM}	150	A
Stoßstrom Grenzwert surge forward current	t_p = 10 ms, T_{vj} = 25°C t_p = 10 ms, T_{vj} = 150°C	I_{FSM}	1150 880	A A
Grenzlastintegral I^2t - value	t_p = 10 ms, T_{vj} = 25°C t_p = 10 ms, T_{vj} = 150°C	I^2t	6600 3850	A^2s A^2s

芯片级U_{RRM}

Charakteristische Werte / characteristic values

			min.	typ.	max.	
Durchlassspannung forward voltage	T_{vj} = 150°C, I_F = 100 A	V_F		1,00		V
Sperrstrom reverse current	T_{vj} = 150°C, V_R = 1600 V	I_R		1,00		mA
Innerer Wärmewiderstand thermal resistance, junction to case	pro Diode per diode	R_{thJC}			0,40	K/W
Übergangs-Wärmewiderstand thermal resistance, case to heatsink	pro Diode / per diode λ_{Paste} = 1 W/(m·K) / λ_{grease} = 1 W/(m·K)	R_{thCH}		0,18		K/W

仅仅作为参考，实际值因应用而不同。

图 5.8　整流二极管特征参数

I^2t 值与数据表中给出的 I_{FSM} 值有直接的相关性，I_{FSM} 描述了非重复浪涌电流。I_{FSM} 是 50Hz 半波时的最大允许电流。当以此电流运行时，整流二极管将失去阻断能力。因此随后二极管不会呈现负电压。

5.5　制动斩波器（PIM/CIB 模块）

有些 PIM/CIB 模块含有制动斩波器，因此手册中也会给出制动斩波器的最大值和特征参数，如图 5.9 所示。

这部分的布局和内容跟逆变器的 IGBT（见 5.2 节）和相关续流二极管（见 5.3 节）相似，因此这里就不再赘述了。

IGBT

Höchstzulässige Werte / maximum rated values

Parameter	Bedingungen / conditions	Symbol	Wert / value	Einheit / unit
Kollektor-Emitter-Sperrspannung collector-emitter voltage	T_{vj} = 25°C	V_{CES}	1200	V
Kollektor-Dauergleichstrom DC-collector current	T_C = 95°C, T_{vj} = 175°C	I_{Cnom}	50	A
Periodischer Kollektor Spitzenstrom repetitive peak collector current	t_P = 1 ms	I_{CRM}	100	A
Gesamt-Verlustleistung total power dissipation	T_C = 25°C, T_{vj} = 175°C	P_{tot}	280	W
Gate-Emitter-Spitzenspannung gate-emitter peak voltage		V_{GES}	+/-20	V

Charakteristische Werte / characteristic values

Parameter	Bedingungen / conditions		Symbol	min.	typ.	max	Einheit / unit
Kollektor-Emitter Sättigungsspannung collector-emitter saturation voltage	I_C = 50 A, V_{GE} = 15 V I_C = 50 A, V_{GE} = 15 V I_C = 50 A, V_{GE} = 15 V	T_{vj} = 25°C T_{vj} = 125°C T_{vj} = 150°C	$V_{CE\,sat}$		1,85 2,15 2,25	2,25	V V V
Gate-Schwellenspannung gate threshold voltage	I_C = 1,60 mA, V_{CE} = V_{GE}, T_{vj} = 25°C		V_{GEth}	5,2	5,8	6,4	V
Gateladung gate charge	V_{GE} = -15 V ... +15 V		Q_G		0,38		μC
Interner Gatewiderstand internal gate resistor	T_{vj} = 25°C		R_{Gint}		4,00		Ω
Eingangskapazität input capacitance	f = 1 MHz, T_{vj} = 25°C, V_{CE} = 25 V, V_{GE} = 0 V		C_{ies}		2,80		nF
Rückwirkungskapazität reverse transfer capacitance	f = 1 MHz, T_{vj} = 25°C, V_{CE} = 25 V, V_{GE} = 0 V		C_{res}		0,10		nF
Kollektor-Emitter Reststrom collector-emitter cut-off current	V_{CE} = 1200 V, V_{GE} = 0 V, T_{vj} = 25°C		I_{CES}			1,0	mA
Gate-Emitter Reststrom gate-emitter leakage current	V_{CE} = 0 V, V_{GE} = 20 V, T_{vj} = 25°C		I_{GES}			100	nA
Einschaltverzögerungszeit (ind. Last) turn-on delay time (inductive load)	I_C = 50 A, V_{CE} = 600 V V_{GE} = ±15 V R_{Gon} = 15 Ω	T_{vj} = 25°C T_{vj} = 125°C T_{vj} = 150°C	$t_{d\,on}$		0,16 0,17 0,17		μs μs μs
Anstiegszeit (induktive Last) rise time (inductive load)	I_C = 50 A, V_{CE} = 600 V V_{GE} = ±15 V R_{Gon} = 15 Ω	T_{vj} = 25°C T_{vj} = 125°C T_{vj} = 150°C	t_r		0,03 0,04 0,04		μs μs μs
Abschaltverzögerungszeit (ind. Last) turn-off delay time (inductive load)	I_C = 50 A, V_{CE} = 600 V V_{GE} = ±15 V R_{Goff} = 15 Ω	T_{vj} = 25°C T_{vj} = 125°C T_{vj} = 150°C	$t_{d\,off}$		0,33 0,43 0,45		μs μs μs
Fallzeit (induktive Last) fall time (inductive load)	I_C = 50 A, V_{CE} = 600 V V_{GE} = ±15 V R_{Goff} = 15 Ω	T_{vj} = 25°C T_{vj} = 125°C T_{vj} = 150°C	t_f		0,08 0,15 0,17		μs μs μs
Einschaltverlustenergie pro Puls turn-on energy loss per pulse	I_C = 50 A, V_{CE} = 600 V V_{GE} = ±15 V R_{Gon} = 15 Ω	T_{vj} = 25°C T_{vj} = 125°C T_{vj} = 150°C	E_{on}		5,70 7,70 8,40		mJ mJ mJ
Abschaltverlustenergie pro Puls turn-off energy loss per pulse	I_C = 50 A, V_{CE} = 600 V V_{GE} = ±15 V R_{Goff} = 15 Ω	T_{vj} = 25°C T_{vj} = 125°C T_{vj} = 150°C	E_{off}		2,80 4,30 4,80		mJ mJ mJ
Kurzschlussverhalten SC data	V_{GE} ≤ 15 V, V_{CC} = 900 V V_{CEmax} = V_{CES} - L_{sCE} · di/dt	t_P ≤ 10 μs, T_{vj} = 125°C	I_{SC}		180		A
Innerer Wärmewiderstand thermal resistance, junction to case	pro IGBT per IGBT		R_{thJC}			0,54	K/W
Übergangs-Wärmewiderstand thermal resistance, case to heatsink	pro IGBT / per IGBT λ_{Paste} = 1 W/(m·K) / λ_{grease} = 1 W/(m·K)		R_{thCH}		0,245		K/W

二极管

Höchstzulässige Werte / maximum rated values

Parameter	Bedingungen / conditions	Symbol	Wert / value	Einheit / unit
Periodische Spitzensperrspannung repetitive peak reverse voltage	T_{vj} = 25°C	V_{RRM}	1200	V
Dauergleichstrom DC forward current		I_F	25	A
Periodischer Spitzenstrom repetitive peak forw. current	t_P = 1 ms	I_{FRM}	50	A
Grenzlastintegral I^2t - value	V_R = 0 V, t_P = 10 ms, T_{vj} = 125°C V_R = 0 V, t_P = 10 ms, T_{vj} = 150°C	I^2t	90,0 80,0	A^2s A^2s

Charakteristische Werte / characteristic values

Parameter	Bedingungen / conditions		Symbol	min.	typ.	max	Einheit / unit
Durchlassspannung forward voltage	I_F = 25 A, V_{GE} = 0 V I_F = 25 A, V_{GE} = 0 V I_F = 25 A, V_{GE} = 0 V	T_{vj} = 25°C T_{vj} = 125°C T_{vj} = 150°C	V_F		1,75 1,75 1,75	2,25	V V V
Rückstromspitze peak reverse recovery current	I_F = 25 A, $-di_F/dt$ = 1200 A/μs (T_{vj}=150°C) V_R = 600 V V_{GE} = -15 V	T_{vj} = 25°C T_{vj} = 125°C T_{vj} = 150°C	I_{RM}		30,0 40,0 41,0		A A A
Sperrverzögerungsladung recovered charge	I_F = 25 A, $-di_F/dt$ = 1200 A/μs (T_{vj}=150°C) V_R = 600 V V_{GE} = -15 V	T_{vj} = 25°C T_{vj} = 125°C T_{vj} = 150°C	Q_r		2,40 4,10 4,40		μC μC μC
Abschaltenergie pro Puls reverse recovery energy	I_F = 25 A, $-di_F/dt$ = 1200 A/μs (T_{vj}=150°C) V_R = 600 V V_{GE} = -15 V	T_{vj} = 25°C T_{vj} = 125°C T_{vj} = 150°C	E_{rec}		0,90 1,50 1,70		mJ mJ mJ
Innerer Wärmewiderstand thermal resistance, junction to case	pro Diode per diode		R_{thJC}			1,36	K/W
Übergangs-Wärmewiderstand thermal resistance, case to heatsink	pro Diode / per diode λ_{Paste} = 1 W/(m·K) / λ_{grease} = 1 W/(m·K)		R_{thCH}		0,61		K/W

图 5.9　制动斩波器允许最大值和特征参数

5.6　负温度系数热敏电阻（可选）

如果模块中包含用来判定底板温度的负温度系数热敏电阻（NTC），在数据手册中可以查找到有关热敏电阻的数据。

在进行 25℃（额定零功率损耗的电阻 R_{25}）标定电阻的测定时，测试功率影响的热敏电阻的自加热最小，而且相对于实际测量公差，可以忽略（即测量电流相当低）。B 或 β 值是根据标称电阻 R_{25} 确定的，这些参数描述了电阻相对温度的梯度，即

$$B_{25/\mathrm{x}} = \frac{298.15\mathrm{K} \cdot T_{\mathrm{x}}}{T_{\mathrm{x}} - 298.15\mathrm{K}} \cdot \ln \frac{R_{25}}{R_{\mathrm{x}}} \tag{5.3}$$

由于电阻值的梯度是非线性的，数据表中给出对应不同温度值的几个 B 值，因而可以估算实际的梯度。图 5.10 的示例给出了负温度系数热敏电阻的特性参数，基于 25℃，给出了 50℃、80℃和 100℃温度下的三个 B 值。

使用负温度系数热敏电阻的评估电路来推导基板的实际温度的一个示例将在第 12 章 12.5 节进行讨论。

Charakteristische Werte / characteristic values

			min.	typ.	max.	
Nennwiderstand rated resistance	T_C = 25°C	R_{25}		5,00		kΩ
Abweichung von R_{100} deviation of R_{100}	T_C = 100°C, R_{100} = 493 Ω	ΔR/R	-5		5	%
Verlustleistung power dissipation	T_C = 25°C	P_{25}			20,0	mW
B-Wert B-value	$R_2 = R_{25}$ exp $[B_{25/50}(1/T_2 - 1/(298,15\ K))]$	$B_{25/50}$		3375		K
B-Wert B-value	$R_2 = R_{25}$ exp $[B_{25/80}(1/T_2 - 1/(298,15\ K))]$	$B_{25/80}$		3411		K
B-Wert B-value	$R_2 = R_{25}$ exp $[B_{25/100}(1/T_2 - 1/(298,15\ K))]$	$B_{25/100}$		3433		K

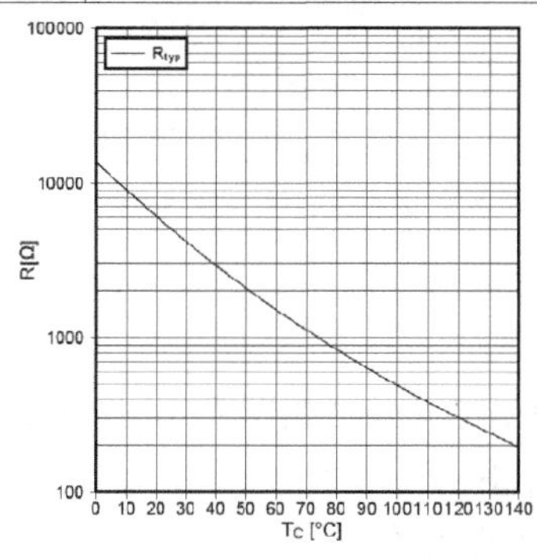

图 5.10　负温度系数热敏电阻的特性参数

5.7　模块

模块这部分包含介电强度（绝缘性）、模块电感和电阻的相关数据，以及功率端子和模块安装到散热器的扭矩，并且模块工作温度和存储温度也都包括在内。图 5.11 给出了模块数据。

			min.	typ.	max.		
Isolations-Prüfspannung insulation test voltage	RMS, f = 50 Hz, t = 1 min.	V_{ISOL}		10,2		kV	
Teilentladungs Aussetzspannung partial discharge extinction voltage	RMS, f = 50 Hz, Q_{PD} typ 10 pC (acc. to IEC 1287)	V_{ISOL}		5,1		kV	
Kollektor-Emitter-Gleichsperrspannung DC stability	T_{vj} = 25°C, 100 fit	$V_{CE\ D}$		3800		V	← 仅仅在高压模块中给出
Material Modulgrundplatte material of module baseplate				AlSiC			
Material für innere Isolation material for internal insulation				AlN			← DCB的陶瓷材料
Kriechstrecke creepage distance	Kontakt - Kühlkörper / terminal to heatsink Kontakt - Kontakt / terminal to terminal			56,0 56,0		mm	仅适用于未安装的模块
Luftstrecke clearance distance	Kontakt - Kühlkörper / terminal to heatsink Kontakt - Kontakt / terminal to terminal			26,0 26,0		mm	仅适用于未安装的模块
Vergleichszahl der Kriechwegbildung comparative tracking index		CTI		> 600			← 塑封的CTI
Modulinduktivität stray inductance module		L_{sCE}		18		nH	
Modulleitungswiderstand, Anschlüsse - Chip module lead resistance, terminals - chip	T_C = 25°C, pro Schalter / per switch	$R_{CC'+EE'}$ $R_{AA'+CC'}$		0,12 0,12		mΩ	
Höchstzulässige Sperrschichttemperatur maximum junction temperature	Wechselrichter, Brems-Chopper / Inverter, Brake-Chopper	$T_{vj\ max}$			150	°C	← 仅仅适用于非开关状态
Temperatur im Schaltbetrieb temperature under switching conditions	Wechselrichter, Brems-Chopper / Inverter, Brake-Chopper	$T_{vj\ op}$	-40		125	°C	
Lagertemperatur storage temperature		T_{stg}	-40		125	°C	
Anzugsdrehmoment f. mech. Befestigung mounting torque	Schraube M6 - Montage gem. gültiger Applikation Note screw M6 - mounting according to valid application note	M	4,25	-	5,75	Nm	
Anzugsdrehmoment f. elektr. Anschlüsse terminal connection torque	Schraube M4 - Montage gem. gültiger Applikation Note screw M4 - mounting according to valid application note	M	1,8	-	2,1	Nm	
	Schraube M8 - Montage gem. gültiger Applikation Note screw M8 - mounting according to valid application note	M	8,0	-	10	Nm	
Gewicht weight		G		1400		g	

图 5.11　模块数据

通常只有高压（3.3kV 及以上）模块提供集 - 射极直流电压的数据，它与该直流电压下 100FIT 的故障率有关（FIT 定义详见第 14 章 14.1.1 节）。模块的长期稳定性与模块需要长期阻断的直流母线电压相关，因此也影响故障率。这里的主要失效机理与宇宙辐射相关，详见第 14 章 14.8 节。

电气间隙和爬电距离的值总是关于没有安装的模块。全面审视有效间隙和爬电距离（详见第 2 章 2.8 节）时，必须考虑连接螺栓、垫圈及类似的影响。

最大结温 $T_{vj,max}$的值只有当半导体工作在静态无开关时才是正确的。对于实际应用来说，这个参数作用不大。相反，$T_{vj,op}$值与正常的开关和短路操作有关，所以可以用于设计。

5.8 图表

许多厂家提供的数据手册中的图表示例如图 5.12 所示，包括以下信息：

- IGBT 输出特性随 U_{CE}、T_{vj}和 U_{GE}变化的函数；
- IGBT 的传输特性随 U_{GE}和 T_{vj}变化的函数；
- IGBT 开关损耗随 I_C、T_{vj}和 R_G 变化的函数；
- IGBT 瞬态热阻关于时间的函数；
- IGBT 的反向偏置安全工作区（RBSOA）；
- 续流二极管、整流二极管和制动斩波器二极管的正向特性，随 U_F 和 T_{vj}变化的函数；
- 续流二极管的反向恢复损耗随 T_{vj}、I_C 和 R_{Gon}变化的函数；
- 续流二极管的瞬态热阻关于时间的函数；
- 二极管的安全工作区（SOA）；
- 热敏电阻与温度的关系。

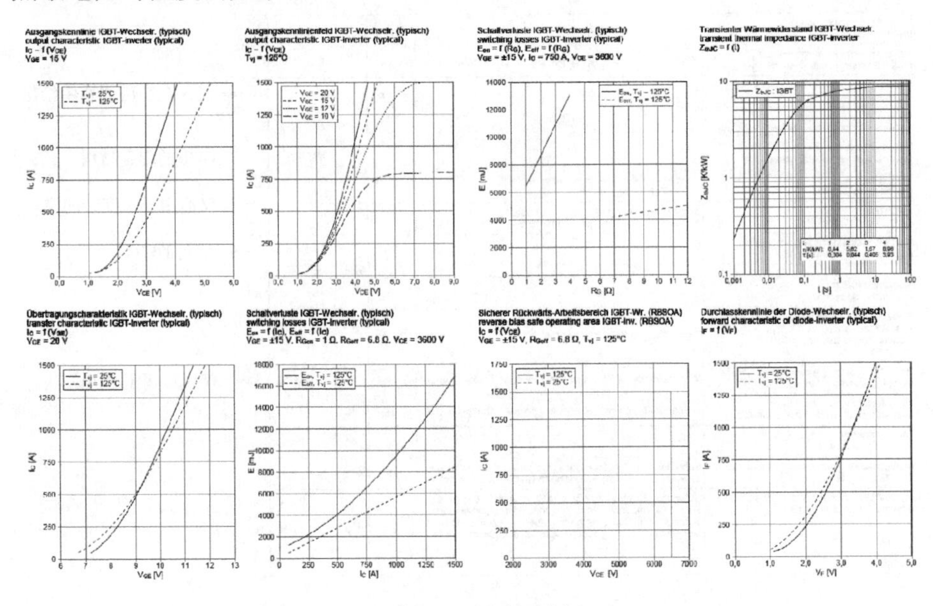

图 5.12 图表示例

5.9 电路的拓扑结构

这部分详细地介绍了各模块内部电路的拓扑结构，如图5.13所示。根据模块类型不同，手册提供外部连接的信息也不同。

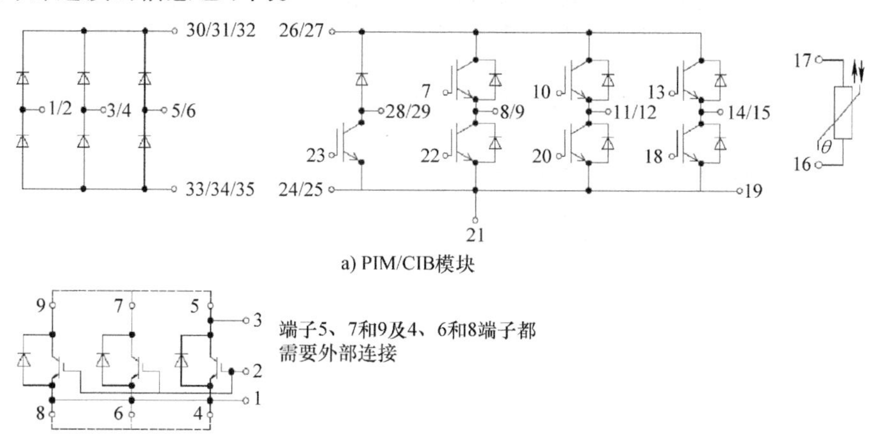

图5.13 电路拓扑结构示例

5.10 封装图

这部分详细介绍了包括公差在内的封装尺寸，如图5.14所示。

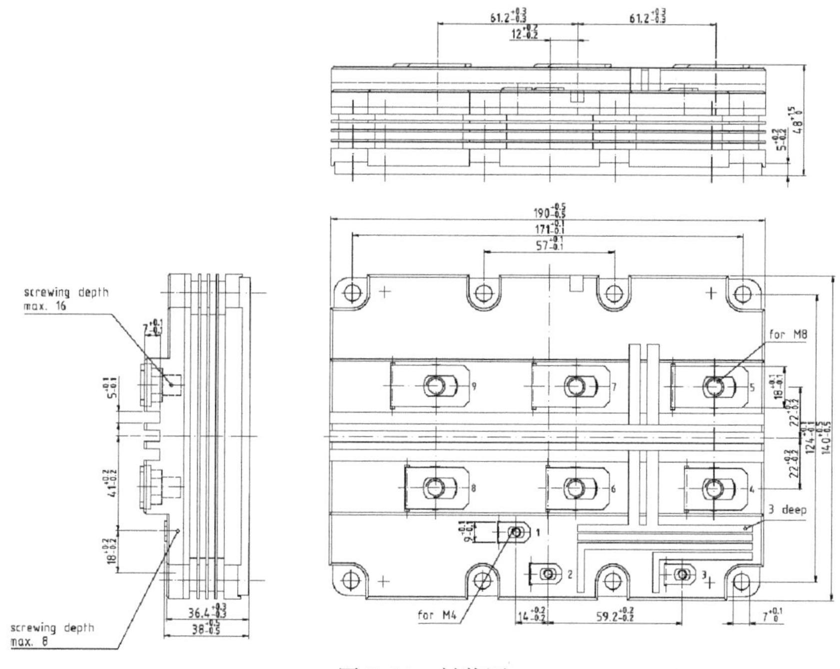

图5.14 封装图

本章参考文献

1. IEC 60747-9, "Semiconductor devices – Discrete devices – Part 9: Insulated-gate bipolar transistors (IGBTs)", International Electrotechnical Commission, Edition 1.1, 2001
2. IEC 60747-15, "Semiconductor devices – Discrete semiconductor devices – Part 15: Isolated power semiconductor devices", International Electrotechnical Commission, Edition 1.0, 2003
3. Infineon Technologies, "Technical Information FS800R07A2E3", Infineon Technologies 2009
4. Infineon Technologies, "Technical Information FP100R12KT4", Infineon Technologies 2007
5. Infineon Technologies, "Technical Information FZ750R65KE3", Infineon Technologies 2009

第6章 IGBT驱动

6.1 简介

IGBT的驱动电路需要同时提供多种功能。IGBT在开通过程中，栅极电容充电直到IGBT的开通阀值电压，反向传输电容（密勒电容）也如此。IGBT关断过程中，输入电容放电，直至其电压达到IGBT的关断阀值电压，反向传输电容（密勒电容）同样如此。更进一步，IGBT驱动可以具有保护IGBT免受损坏的功能。这些功能包括IGBT短路和过电压保护。同时，驱动器会影响IGBT和续流二极管的动态特性。此外，必须确保输入电路（低压侧）与输出电路（高压侧）的电压隔离。低压侧与控制电路连接，高压侧与IGBT电路连接。逆变器系统中带有光电耦合器的IGBT驱动案例如图6.1所示，每个IGBT驱动器都有独立的电源，由于半桥上部的IGBT在开关过程中，其发射极电位分别是直流母线的DC+和DC-的电位，因此电压隔离是必需的。

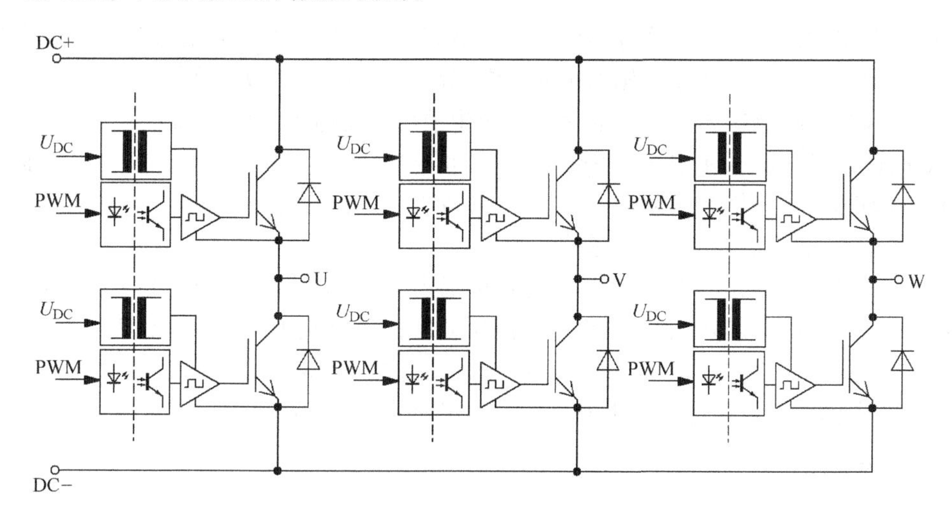

图6.1 逆变器系统中带有光电耦合器的IGBT驱动器案例

在这个最简单的例子中，半桥电路中两个IGBT必须电气隔离。如果微控制器也以DC-作为参考地，则这两个IGBT也必须电气隔离。根据应用不同，一般是提倡与用户接口进行隔离。在高压应用中，IGBT之间都必须实现电气隔离，每个IGBT采用单独的电源供电。

如果IGBT的发射极都连接到DC-，如图6.2所示，那么可以简化供电电源的复杂性。

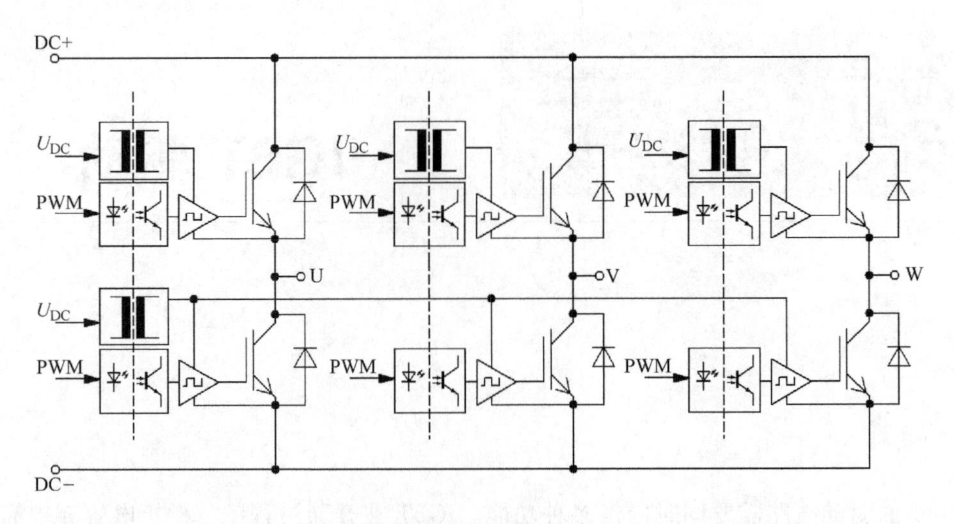

图6.2　光电耦合器驱动器在逆变系统中的应用

大部分情况下，IGBT 驱动需要用隔离的供电电源。因此，隔离电源可以看作是 IGBT 驱动的一部分。这些供电电源一般由 DC - DC 变换器或自举电路构成。

IGBT 驱动电路的其他功能可能包括死区时间、最小脉冲抑制或安全停止。

下文将详细地介绍 IGBT 驱动的所有功能，同时会给出相应的应用示例。

6.2　信号传输

正如简介中讨论的，IGBT 需要隔离的控制信号包括开通、关断信号，有时还有反馈信号。这些控制信号的传输路径的隔离是通过电隔离或非电隔离[㊀]方式形成的。这种电隔离被进一步划分为基于磁感应的、光学的隔离，极少情况下是电容性的隔离。

一般而言，对于低压和中压应用，IGBT 阻断电压升至 $U_{CES}=1.2kV$，电平位移芯片和光电耦合驱动芯片将应用于信号隔离。然而在高压应用或阻断电压高于 1.2kV 时，隔离装置将采用磁感应式、光学式信号传送器。

除了这种设计之外，IGBT 驱动器在提供的通道数量上也有所不同。信号隔离的 IGBT 驱动可以控制一个、两个或是六个 IGBT。其他明显的特征是应用于同一桥臂上下两个 IGBT 的不同的隔离方式，这将在后面的章节中更详细地介绍。图 6.3 给出了集成额外逻辑功能的 ACPL - 333J 光耦和具有脉冲变压器和 DC - DC 变换器的 2SC0108T。

6.2.1　电平转换

在消费类应用中，IGBT 驱动器主要采用单片[㊁]电平转换器，即通过一个集成电路实现输入信号和输出信号之间的隔离，其原理如图 6.4 所示。值得注意的是，这个电平转换的输

㊀ 绝缘可以为两个电气导体提供电气隔离，比如，由于没有导体的连接，也就无法把电荷载流子从一个电路移动到另一个电路。只有通过如变压器这样特殊的耦合设备，才能实现两个电路信号和能量的交换。

㊁ 单片集成电路作为一个整体电路而制造。假设 IGBT 栅极驱动器中有一个单片电平转换器，那么表明所有功能包括隔离都是通过一个单独的芯片电路实现。

入和输出电路之间并没有电气隔离。如果出现差错，电路的高压侧和低压侧将会直接连在一起。因此，在实际应用中，用户界面的充分隔离是必要的。

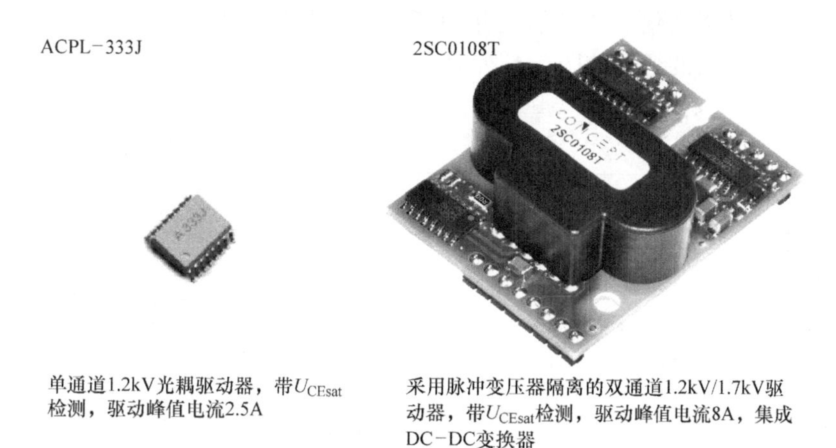

图6.3　集成额外逻辑功能的ACPL-333J光耦和具有脉冲变压器和DC-DC变换器的2SC0108T

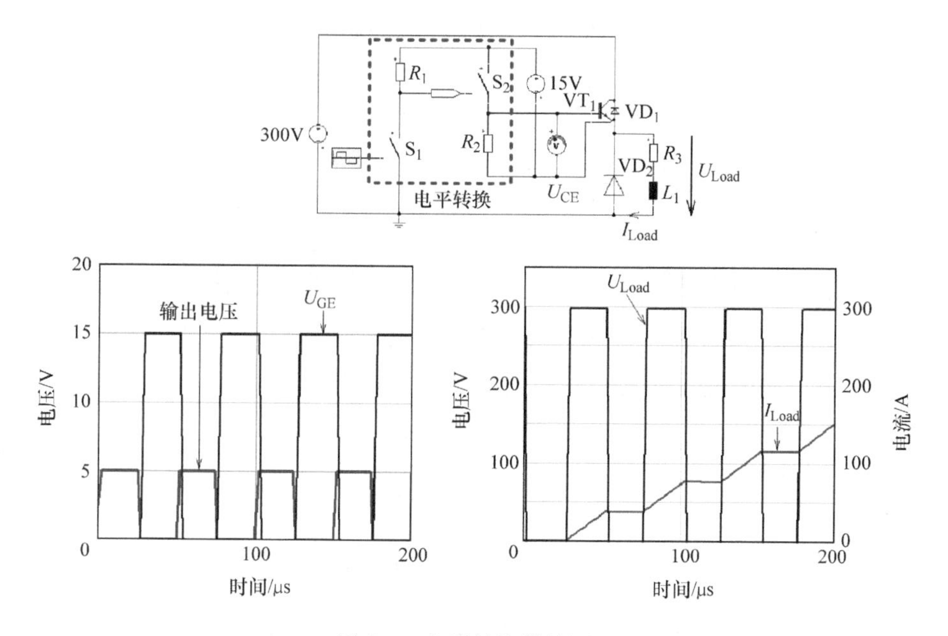

图6.4　电平转换器的原理

单片电平转换器主要应用于U_{CES}低于600V的IGBT，通常一个驱动器有六路输出。由于该类驱动芯片在1.2kV的IGBT驱动中与其他的驱动方式相比，其成本不占优势，因而很少采用。

IGBT开关时，输出侧由于寄生电感的存在会产生负电压瞬变，从而导致集成芯片的损坏，这也是单片电平转换器的缺点之一。一般而言，没有自锁结构的单片转换器，其内部电路只能承受大约-0.3V的静电电压或大约-5V的瞬变电压。当超出这些电压值时，内部的PN结将会正向偏置，可能导致不可控的开关状态或产生不可控的内部电流从而损坏器件。

将SOI（绝缘硅）技术应用于电平转换器解决了这一缺陷。这样的SOI装置不是由PN结反向偏置，而是通过一层绝缘层［通常是二氧化硅（SiO_2）］为不同的内部电路提供隔离。它的反向电压耐压因此提高到-100V。寄生电感的影响如图6.5所示，通过加入两级电平转换器形成对下部驱动器的解耦如图6.6所示。

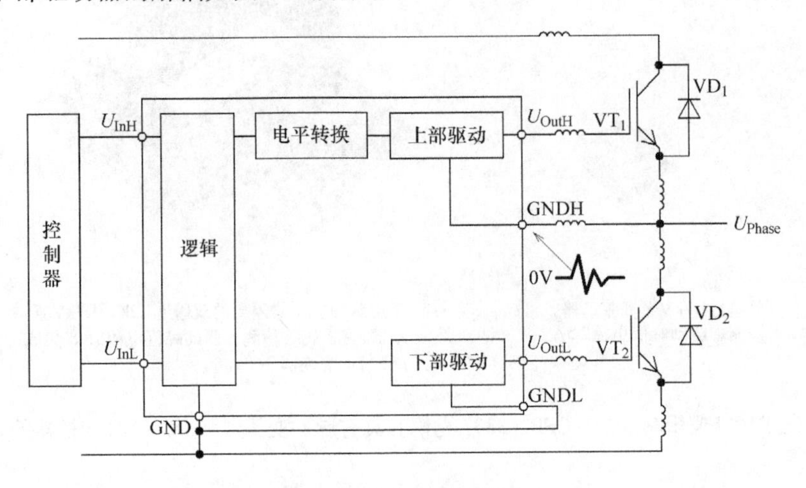

图6.5　寄生电感的影响

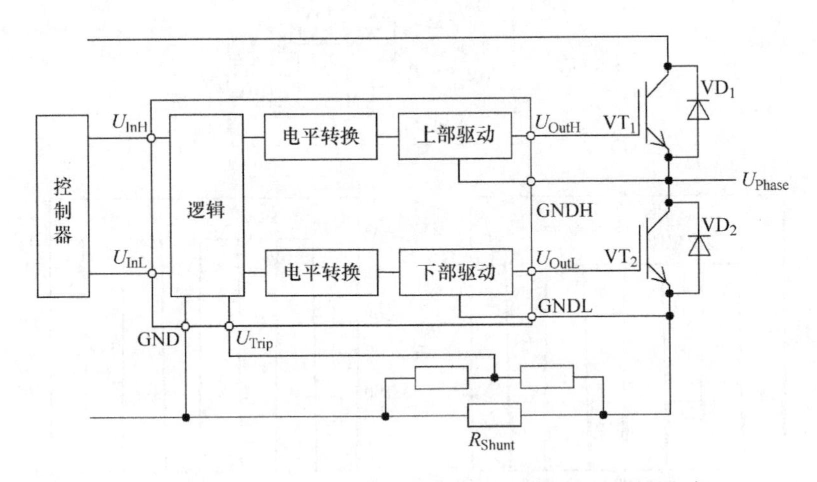

图6.6　通过加入两级电平转换器形成对下部驱动器的解耦

如图6.5所示，输入电路的参考地GND与下部的IGBT驱动器的参考点GNDL完全一致，因此所有的参考点要相互连接。然而，当GNDL直接与下部IGBT的发射极相连时，由于电路中的寄生电感和电阻，GNDL和GND将会有压差。只要不引起自锁，隔离就不是必要的。无论如何，一个上下部通道都有电平转换器的驱动，可以交替工作，这样就消除了GND和GNDL之间的耦合。如果在直流母线的负极上加一个分流电阻R_{shunt}，则更有实用意义。这样的设计常见于消费电子类产品。图6.7给出了IR公司的IR2136作为单片电平转换器应用于六通道驱动芯片的例子。

当前使用电平转换器的IGBT驱动芯片见表6.1。除了集成了逻辑功能外，一些电平转换器芯片也具有自举二极管。这个自举二极管可用于为上部驱动电路提供电源，这将会在第

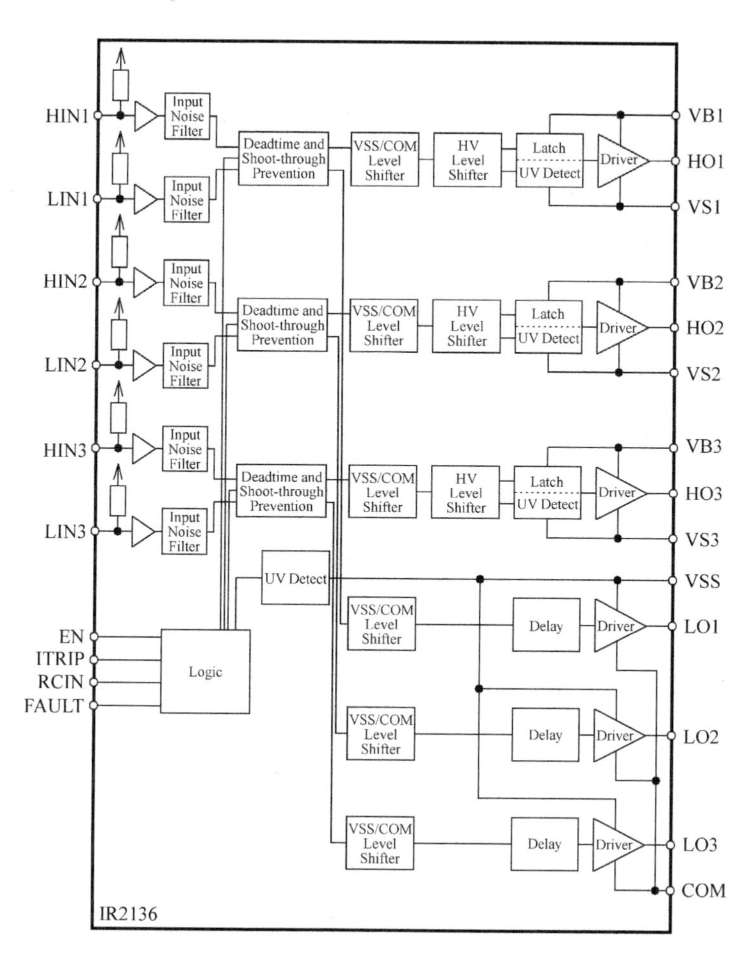

图 6.7 IR 公司的 IR2136 作为单片电平转换器应用于六通道驱动芯片的例子

6 章 6.4.1 节中讨论。

表 6.1 当前使用电平转换器的 IGBT 驱动芯片

制造商	型号	U_{BR}	集成
仙童	FAN7080，FAN7081，FAN7361，FAN7362	600V	集成电路
英飞凌	6ED003L06 - F	600V	集成电路
国际整流器公司	IR2110，IR2113，IR2133，IR2135，IR2136	600V	集成电路
国际整流器公司	IR2213，IR2214，IR22141，IR2233，IR2235	1.2kV	集成电路
安森美半导体	NCP5106，NCP5111，NCP5304	600V	集成电路
意法半导体	L6384E，L6387E，L6393	600V	集成电路

6.2.2 光电耦合器

为了实现输入电路与输出电路的绝缘，必须确保输入和输出电路之间的电气隔离。一种常用的电隔离方法就是采用光电耦合器。这里，一个发光装置与一个光敏性元件组合来传输信息。就IGBT驱动而言，这个信息对于随后的驱动核心就是开关命令，并且如果必要，状态和错误信号也可由驱动器传入微控制器中。因此，光电耦合器和驱动核心既能集成在一个芯片中，也可以在两个分离的芯片中。集成光电耦合器的IGBT驱动器如图6.8所示。

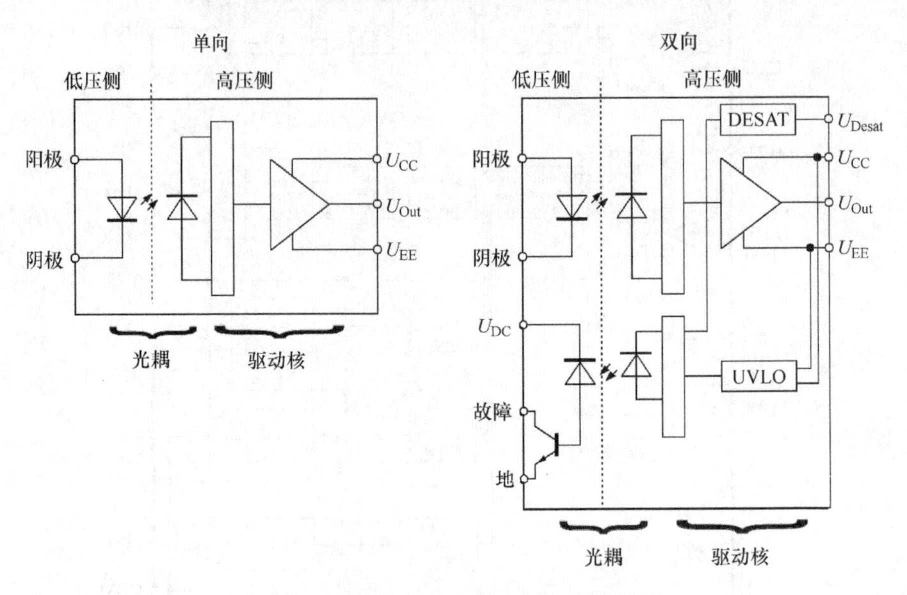

图6.8 集成光电耦合器的IGBT驱动器

光电耦合器只能传递信息，不能为任何设备提供充足的能量。因此，需要一个隔离电源给驱动核心和光电耦合器的二次侧（高压侧）供电。所以，在图6.1所示的全桥逆变中，上部的每个IGBT都对应一个隔离光耦和隔离电源。下部的IGBT可以根据应用情况，选择是否需要使用光耦隔离。下部IGBT的供电隔离电源至少一个（所有下部的IGBT参考一个公共地），至多三个（每个IGBT都有相应的参考点作为GND）。光耦驱动器芯片ACPL-330的传输延迟时间和不匹配如图6.9所示。

光电耦合器目前可用于额定电压U_{CES}高达1.2kV的IGBT中。更高的电压理论上讲是可能的，但需要更大的集成电路封装，以达到所需的爬电距离和电气间隙距离。出于成本的原因，对于U_{CES}大于1.2kV的IGBT采用光电耦合集成电路没有任何意义。对于更高的电压通常使用脉冲变压器。可利用一个独立的光发射器和接收器作为替代，通过光纤电缆（FOC）（见第6章6.2.5节）连接，但是成本较高。这样的设计基本上可用于任何级别电压的应用。然而，在二次侧的电源问题仍然存在，并且必须分别考虑。

对于光电耦合器，有一个相当重要的参数：传输延迟时间，即信号从输入到输出的时间。对于常规光电耦合器而言，传播延迟时间t_{PLH}和t_{PHL}在几百个纳秒内，但通常大于200ns。这种延迟本身不会构成真正的问题，因为微控制器的控制算法可以考虑到这一点。问题是延迟时间的公差（传输延迟时间不匹配），即最小和最大延迟的不一致性。传输延迟

时间误差越大，上下桥臂上 IGBT 的死区时间 t_{DT}就越大（详见第 7 章 7.4 节）。这反过来又导致逆变器输出电流的失真更大。另外，光电耦合器里信号延迟的误差跟随使用（操作）时间会发生巨大的变化，最终可导致高达 1μs 的偏差。如果在逆变器的设计过程中不考虑光电耦合器这个特性，随着时间的推移，可能导致不可预测的问题。

除了死区时间的问题外，如果延迟时间的误差变大（见第 8 章），对于采用 IGBT 并联或串联连接的系统，光电耦合器也可能是一个问题。目前采用光耦的 IGBT 驱动芯片见表 6.2。

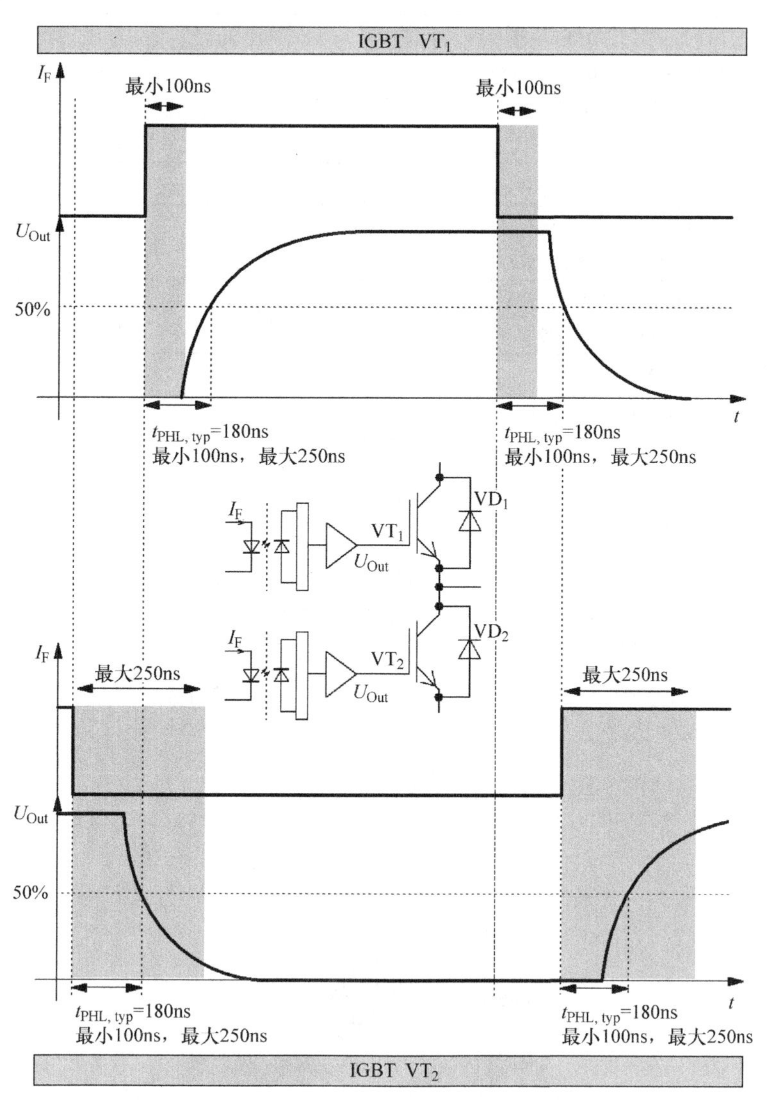

图 6.9 光耦驱动器芯片 ACPL－330 的传输延迟时间和不匹配

6.2.3 脉冲变压器

光电耦合器可以实现电气隔离，但不能传输能量，比如无法为其他设备供电。为此，通常需要一个独立的变压器，这是 DC－DC 变换器的一部分。该变压器必须满足两个功能：传

递能量，并提供一定的绝缘。此外，它能通过同一变压器发送信息，这种方案已经在一些应用中实现。然而，市场常用的是一个分立式解决方案，这个解决方案由一个传递信号的变压器和作为 DC－DC 转换器一部分的变压器组成，如图 6.10 所示。驱动器通道 A 和 B 有两个独立的脉冲变压器以及 DC－DC 变换器中的第三个变压器。这种分离的优点是减少了干扰，提高了传输速度并减小了耦合电容。

表 6.2　目前采用光耦 IGBT 驱动芯片

制造商	型号	U_{BR}	集成
安华高	ACPL－312J，ACPL－330J，ACPL－333J，ACPL－3130，ACPL－H342，HCPL－3120，HCPL－316J	1.2kV	集成电路
仙童	FOD3120	1.2kV	集成电路
日本电气	PS9305L，PS9306L，PS9505，PS9506，PS9552	1.2kV	集成电路
夏普	PC923，PC924，PC925，PC928，PC929	1.2kV	集成电路
东芝	TLP250，TLP251	1.2kV	集成电路
威世	VO3120，VO3150A	1.2kV	集成电路

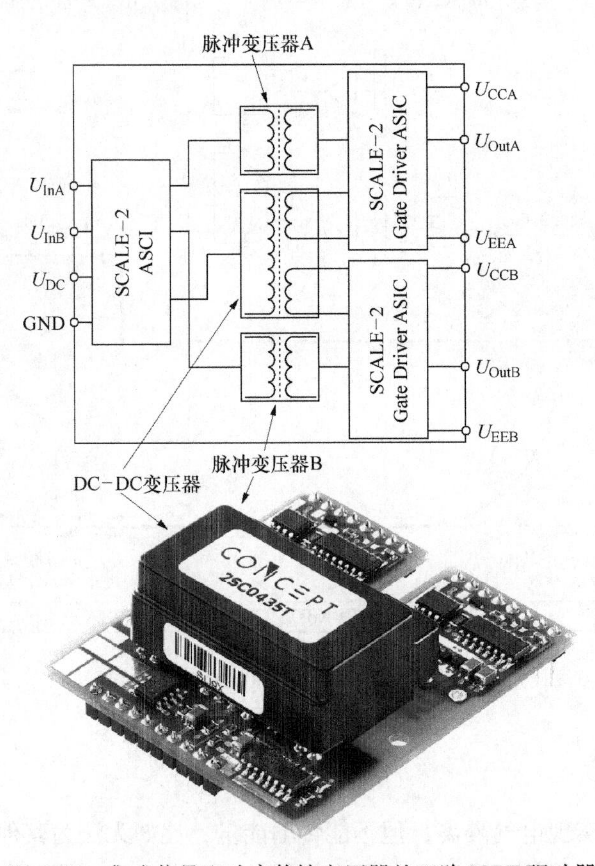

图 6.10　集成信号和功率传输变压器的双路 IGBT 驱动器

集成信号变压器和功率变压器的驱动适用于所有电压等级的 IGBT。随着电压等级的提升，变压器的尺寸也相应增加，以确保所需要的最小爬电距离和电气间隙。通常，在高压应用中结合电源变压器和光纤电缆（见第 6 章 6.2.5 节）传输控制和状态信号。

除了适用于几乎所有的电压等级，脉冲变压器也有其他的优点。与光电耦合器相比，脉冲变压器的传播延迟时间非常短，这主要是由所涉及的电子电路决定。此外，由于感应器件没有老化效应，传播延时及其误差在设备的工作寿命内不会发生变化。只是现在对于 80ns 传播延时，其公差只有 ±8ns[⊖]。对于这样小的公差，可以很容易地实现 IGBT 的并联和串联连接。

2003 年，基于离散变压器的原理开发出了一种新型的驱动器 IC，其中嵌入一个或多个变压器。在 IC 金属化层上构造出变压器的绕组。一次侧和二次侧之间的绝缘绕组是一层适当厚度的二氧化硅（SiO_2）。由于一次和二次绕组非常接近，电磁耦合性能优异，可以不需要变压器铁心。由于缺少铁心，该变型被称为“无磁芯变压器”，如图 6.11 所示。目前基于所谓无磁芯变压器的驱动器 IC 可用于 U_{CES} 为 1.2kV 的 IGBT。基于脉冲变压器的 IGBT 驱动器见表 6.3。

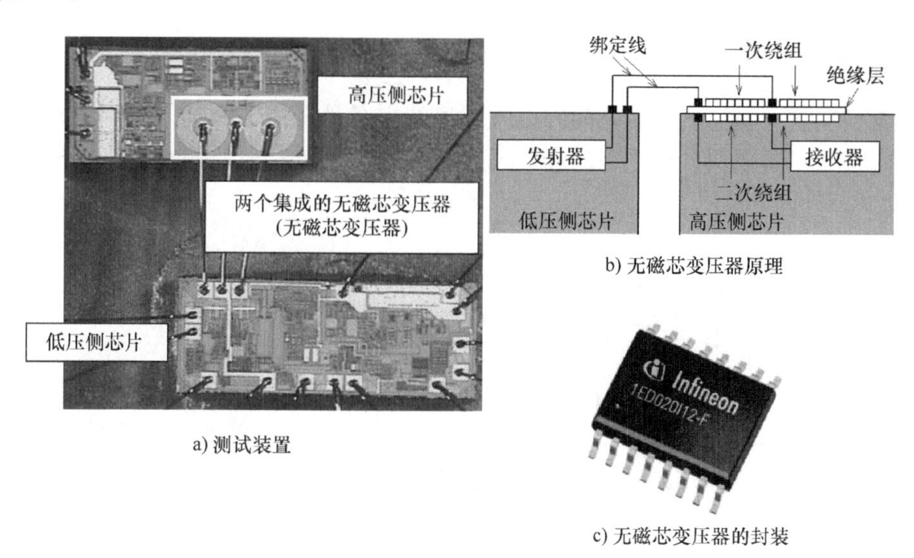

a) 测试装置

b) 无磁芯变压器原理

c) 无磁芯变压器的封装

图 6.11　基于无磁芯变压器的驱动 IC 设计原理和示例

表 6.3　基于脉冲变压器的 IGBT 驱动器

制造商	型号	U_{BR}	集成
CONCEPT	2SC0108T，2SC0435T，2SC0650P，2SC0108T，1SC2060P，2SC300C17	1.7kV	应用于 PCB 的 ASIC
CONCEPT	1SP0635，1SD536F2	3.3kV	应用于 PCB 的 ASIC
CONCEPT	1SD210F2，1SP0335	6.5kV	应用于 PCB 的 ASIC

⊖　以 CONCEPT 公司的驱动器为例。

（续）

制造商	型号	U_{BR}	集成
英飞凌	1ED020I12 - F，1ED020I12 - FA	1.2kV	集成电路
英飞凌	2ED300C17 - S，2ED300C17 - ST	1.7kV	应用于 PCB 的分离器件
赛米控	SKYPER 32，SKYPER 42，SKYPER 52	1.7kV	应用于 PCB 的 ASIC
赛米控	SKHI22	1.2kV	混合

与光电耦合器一样，必须给二次侧（其被连接到 IGBT）提供隔离电源。这种集成变压器的芯片无法传输能量，至少目前无法实现采用无磁芯变压器的驱动器 IC。

由于变压器的感应技术，嵌入了无磁芯变压器的驱动 IC 适合工作在较高的环境温度，并具有很低的信号传输延时和匹配的误差。

6.2.4　电容耦合器

另一种实现输入和输出电路之间的电气隔离的方案是采用电容器作为耦合元件。根据应用要求，这些电容器必须具有适当的介电强度，并且需要具有较低的电容值。电容耦合器如图 6.12 所示。

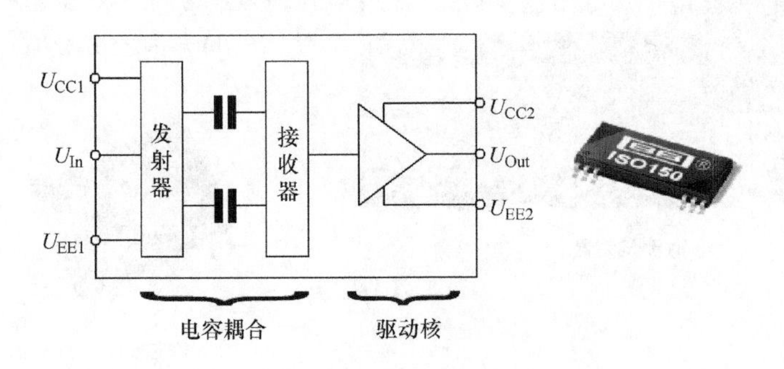

图 6.12　电容耦合器

由于 IGBT 开通和关断时会产生瞬态电压 du/dt，所以这些耦合器需要一个低耦合电容。对于过高的耦合电容，根据式（6.1），产生的位移电流可能导致一些不好的后果，包括自锁，甚至破坏驱动核心和附加的电子器件。因此，与光或磁耦合器相比，电容耦合元件都处于劣势。因此，目前相关供应商还没有大批量提供这种 IGBT 驱动器。表 6.4 给出了一个电容耦合器示例。

$$I = C \cdot \frac{\mathrm{d}u}{\mathrm{d}t} \tag{6.1}$$

式中，I 为位移电流（A）；C 为耦合电容（F）；du/dt 为在 IGBT 导通和关断时集电极和发射极之间的瞬变电压（V）。

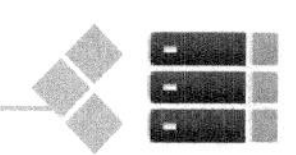

表 6.4 一个电容耦合器示例

制造商	型号	U_{BR}	描述
德州仪器	ISO150	1.2kV	集成电路

6.2.5 光纤

在电力电子装置中，光纤系统常用于IGBT控制信号和状态以及故障信号的传输。相对于其他隔离技术而言，光纤比较明显的优势在于其无限制的隔离能力，以及远距离可以通过灵活的光缆（FOC）连接起来。进一步来说，信息传输完全不受EMC效应的影响，比如强静电场和电磁场。另外，可以避免IGBT开关过程中由于du/dt而产生的通信干扰。如同光耦合器一样，光纤技术的劣势同样在于传输延时的不一致性，这不是由传输原理导致的，而是由发送和接收技术引起的。同时，整个传输路径的花费（发送器、FOC、接收器）远远超出了其他传输系统。光纤技术的一个潜在问题在于发送器与接收器通过FOC连接的节点。由于污染和环境的影响，存在光路被干扰的危险。

光纤发射器的基础是光发射激光二极管VCSVL⊖或者发光二极管（LED），它决定了系统工作时所需要的波长。一般常用的波长为850nm、1300nm和1550nm。波长与光信号的衰减度是正相关的。因此，实际上光缆的长度是受限的，因为光缆的污染会引起光密度的丢失。在缆线的最后必须要有足够强大的光能量控制接收器。接收器是对光敏感的半导体，它能将入射光线转化成电能。光纤发射器和接收器原理如图6.13所示。

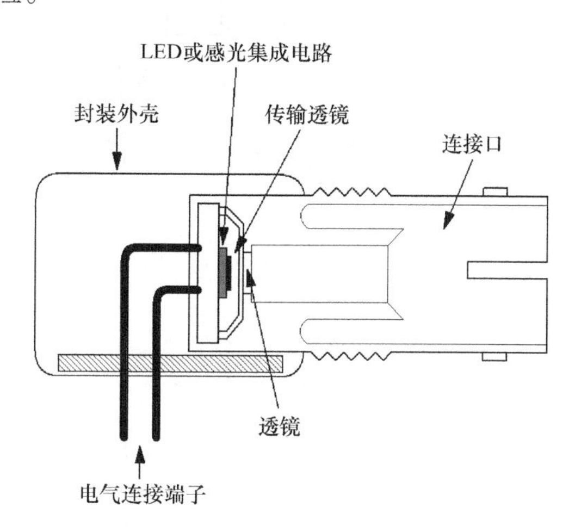

图 6.13 光纤发射器和接收器原理

光纤本身是高纯度（但并不是100%无污染）的玻璃纤维或者塑料电缆。在光缆里面，发射光线在纤维内的边界区域里被反射。因此，光纤可以以一种非常灵活的方式摆放。然而，不能随意弯曲光纤。在拼接过程必须观测其最小的弯曲半径。光纤结构如图6.14所示。

如果在推荐温度范围之内，光纤在电力电子系统中的应用前景可观。如今，光纤系统能够覆盖数百米，数据传输速率能够达到10G/s。然而，在电子电力系统中，数据传输速率不是关注的焦点，而传输延时公差是很重要的尺度。另外，系统的可靠性和寿命是至关重要的。图6.15表明了如今在工业和交通运输中光纤系统的标准设计。

通常，每路IGBT的传输通道需要两条光纤：一条用于传输控制信号，另外一条用于状态反馈（报错通道）。表6.5给出了光纤接收器和发射器供应商。

⊖ VCSEL（垂直腔面激光发射器）主要用于高速数据传输。

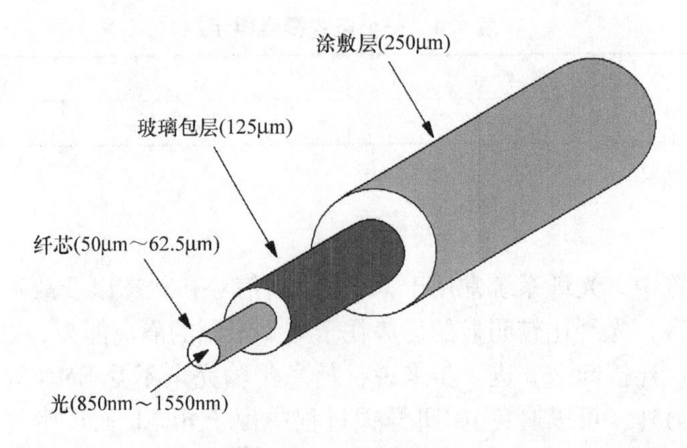

图 6.14　光纤结构

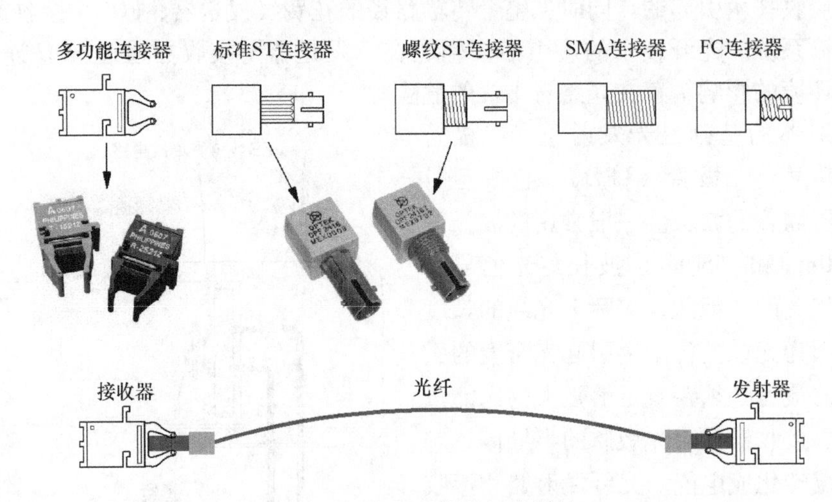

图 6.15　光纤系统的标准设计

表 6.5　光纤接收器和发射器供应商

制造商	接收器	发射器	波长
安华高	HFBR252x	HFBR152x	660nm 红色
安华高	HFBR2312T	HFBR1316T	1300nm
安华高	HFBR24xx	HFBR13xx	820nm
安华高	SFH551/1	SFH551/1 - 1V	780nm
霍尼韦尔		HFE3637	850nm
霍尼韦尔	HOD2340	HOD1340	850nm
Optek	OPF2412	OPF1412	840nm
Optek	OPF2414	OPF1414	780nm

6.2.6　总结

表 6.6 概述了基于不同设计理念的驱动器的优势和劣势。

表 6.6　基于不同设计理念的驱动器的优势和劣势

原理	优势	劣势
单片电平转换器	- 成本 （用于电压等级 低于 600V 的 IGBT） - 易于和其他功能集成	- 无法电隔离 - 瞬态负电压容易导致损坏 （如果没有 SOI 技术） - 无法传输能量
光耦	- 绝缘能力通常可以达到 1.2kV	- 老化问题 - 传输延时误差较大 - 无法传输能量 - 绝缘能力有限
光纤	- 绝缘优异 - 电磁兼容特性优异	- 价格昂贵 - 传输延时误差较大
脉冲变压器	- 绝缘能力较高 - 可以传输能量 - 传输延时误差极小	- 体积较大
无磁芯变压器	- 成本 - 绝缘能力通常可以达到 1.2kV - 易于和其他功能集成 - 传输延时误差极小	- 无法传输能量 - 绝缘能力有限
电容耦合器	- 成本	- 需要大容量的耦合电容 - 无法传输能量 - 不常用于 IGBT 驱动

6.3　IGBT 栅极驱动器

如前文所述，微控制器发出的隔离驱动信号通过驱动器管理功率半导体器件（例如 IGBT）。概括地说，IGBT 的栅极驱动器是一个放大器，它通过提高电压和电流来放大控制信号。栅极驱动器的主要作用是对 IGBT 的输入和反向传输电容充放电。因此，栅极驱动器（除其他影响因素外）与 IGBT 的开关性能密切相关，也与通态损耗和开关损耗有关。

栅极驱动器不仅可以开通和关断 IGBT，还可以实现更为复杂的控制，后文将详细介绍。例如，实现保护功能和控制开关阶段的 du/dt 和 di/dt。因此，首先介绍常用的驱动 IGBT 的基本电路，然后进一步分析那些复杂的功能。

基本上，栅极驱动器要对某个电容进行充放电，这个电容充电电荷被称为栅极电荷 Q_G（见第 3 章 3.5.3 节），而且原则上可以由以下两种方法确定：

电压作为参考，即

$$Q_G = C \cdot U \tag{6.2}$$

电流作为参考，即

$$Q_G = I \cdot t \tag{6.3}$$

在实际应用中，采用参考电压的栅极驱动器相对于后者有一些优势，后文有更详细的介绍。

下面将介绍电压源驱动器。

现在，几乎绝大多数的 IGBT 驱动器都是基于电压源。与电流源栅极驱动器相比，它的优势是其功率损耗在栅极电阻上，而不是在驱动中的电流源内。通过栅极电阻，可以调整最大的栅极电流。栅极电流的计算推导将在后文进行说明。电压源驱动器的另一优势是相对简单的电路和控制方法。如今，驱动器的市场由像 BJT 射极跟随器的电压源驱动器和 MOSFET 驱动器平分，但实际这两者有所不同。更新的一代，例如，N 沟道推挽栅极驱动已经在混合信号 ASIC㊀中实现并提高了电路的集成度。

图 6.16 给出了 IGBT 电压源驱动的基本电路。像栅极电感 L_{GE} 等参数不能忽视，必须加以重视。

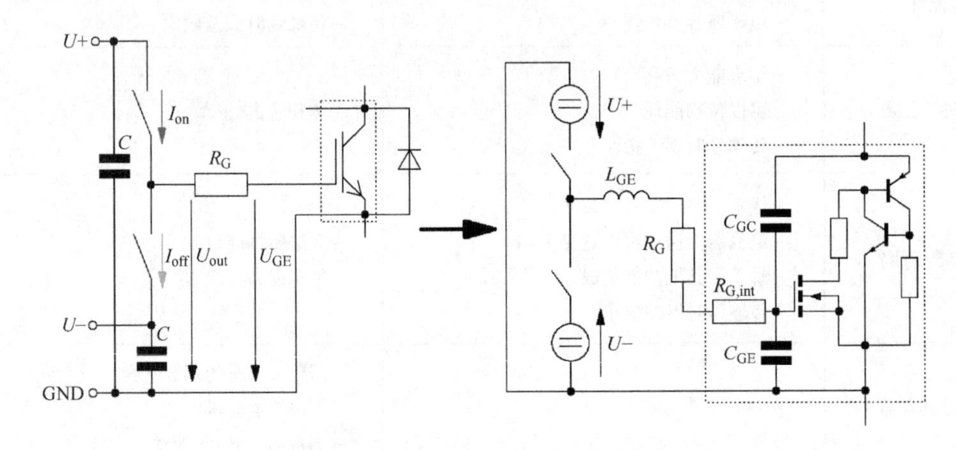

图 6.16　电压源驱动的基本电路

1. H 桥电路

H 桥电路可以很简单地实现在 IGBT 栅极上电位的逆转。基于 H 桥电路的 IGBT 驱动器如图 6.17 所示。这里，控制信号被转换成反相和非反相信号。非反相信号导通晶体管 VT_3 和 VT_2，相应地，反相信号导通 VT_1 和 VT_4。当 VT_3 和 VT_2 导通时，正电压施加于 IGBT 的栅极，栅极电阻 R_G 则限制了给 IGBT 的输入电容和反向转移电容的充电电流。如果开关 VT_1 和 VT_4 导通，正电源电压施加在 IGBT 发射极，相当于一个负的栅－射极电压 U_{GE} 加在先前充电的电容上，这样电容将被放电。H 桥电路的优点是只需要单极性电源，即不需要负电压电源。H 桥电路的缺点是晶体管控制方法较复杂，同时，需要升压电路来增加驱动级峰值电流的能力。此外，不可能在一个逆变器系统中仅使用同一个电源用于所有底部 IGBT 的驱动。每个 H 桥电路需要一个单独的隔离电源。

2. 栅极路径中的射极跟随器

（互补的）射极跟随器的电路是由双极结型晶体管组成，带有互补射极跟随器的 IGBT 栅极驱动器如图 6.18 所示。当输入电压 U_{in} 为正时，VT_1 在这里的作用就像射极跟随器（见图 6.18），这意味着输出电压 U_{out} 等于输入电压减去 VT_1 发射结上的压降。这时，VT_2 是关

㊀ 混合信号 ASIC（专用集成电路）包含模拟和数字器件。CONCEPT 公司的 SCALE－2 IGD 芯片就是一个典型的带有 N 沟道推挽栅极驱动器的混合信号 ASIC。

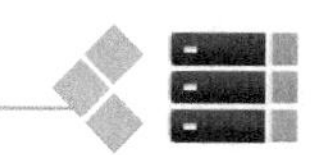

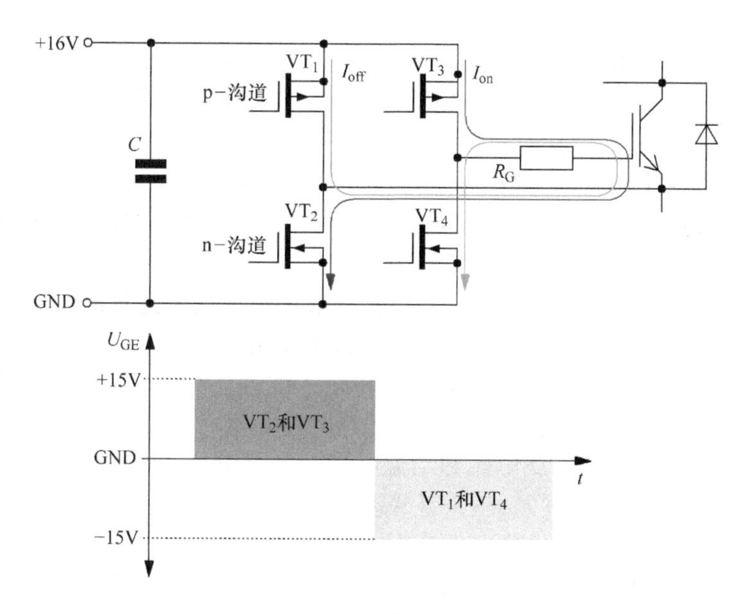

图 6.17 基于 H 桥电路的 IGBT 驱动器

断的。IGBT 输入电容和反向传输电容的充电电压

$$U_{out} = U_{in} - U_{BE} = U_{in} - 0.7V \tag{6.4}$$

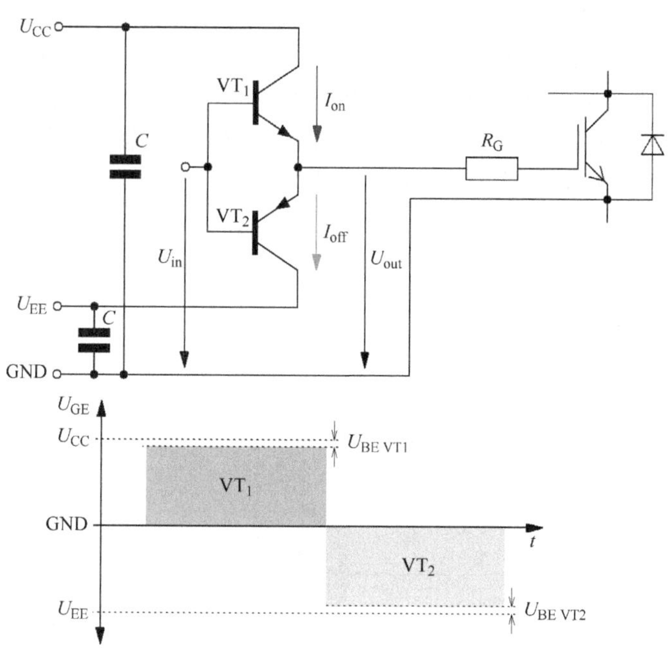

图 6.18 带有互补射极跟随器的 IGBT 栅极驱动器

因此，为了确保 IGBT 栅极电压达到标准导通电压即 15V，施加的输入电压 U_{in} 必须比 U_{BE} 高，比如 15.7V。当 $U_{in} = U_{EE}$ 时，控制 VT_2 导通，这时 VT_2 也可以看成是射极跟随器。此时 VT_1 关断，U_{EE} 可以等于 0V，或是任何不小于 -15V 的负电压（典型的电压值在

-15 ~ -5V)[⊖]。

这个驱动电路的输出电流不会受晶体管限制，但受栅极电阻和引线电感的制约。如果晶体管负载电流的能力不足，可以用一个额外升压级或者用多个晶体管并联在 VT_1 和 VT_2 上来提高输出能力。

通常，晶体管 VT_1 和 VT_2 都是数字控制，即 IGBT 开通和关断的电压在 U_{CC} 和 U_{EE}（减去基－射极 PN 结电压降）之间转换。后面的章节将会讨论射极跟随器的这种可控制性，使得它与额外的保护电路结合使用时具有一定的优势。

射极跟随器晶体管的直流增益是由 h_{FE} 或 β 参数定义，这个值是最大输出电流 I_C 和基极电流 I_B 的比值［见式（1.58）］。如果 IGBT 的最大栅极电流（由栅极电阻 R_g 测定）大于由 I_B 和 h_{FE} 给出的 BJT 最大集电极电流，晶体管将进入线性工作区，并可以作为一个电流源。这时 IGBT 电容的充电和放电速度会变慢，所以应该避免这种工作模式。通常 BJT 的数据手册会给出 h_{FE} 参数，而且它与负载电流和结温有关。一旦确定 IGBT 的最大栅极电流，射极跟随器的基极电流 I_b 就可以通过 h_{FE} 值来计算获得。

缓冲电容 C 提供了 IGBT 输入电容和反向传输电容的充放电电流。缓冲电容会产生纹波电流，其频率相当于驱动信号的开关频率。因此，只有那些专为该频率设计的电容才适合。在 IGBT 和功率 MOSFET 的驱动控制中，这个陶瓷电容必须比功率驱动器的输入和反向传输电容大 10 倍左右。这里不推荐使用铝电解或钽电解电容，因为它们不适合这种工况。如果使用了上述电容，将会带来很大的风险[⊖]。

3. 发射极路径中的射极跟随器

通常，IGBT 发射极路径上的射极跟随器采用与栅极射极跟随器相同的电路拓扑和设计规则，不同的是这个射极跟随器不是接在栅极，而是接在发射极，如图 6.19 所示。晶体管 VT_2 开通，IGBT 电容充电，VT_1 开通，IGBT 电容放电。与图 6.18 相比，正好相反。在发射极路径上采用射极跟随器，IGBT 的栅极与驱动级的地相连，这样会阻止由于密勒电容和发射极电感产生的高 du/dt 或 di/dt 而引起 IGBT 误导通。

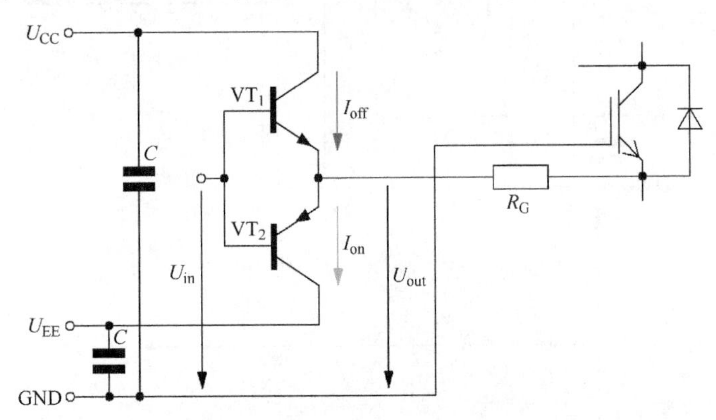

图 6.19　在发射极路径中带有射极跟随器的 IGBT 驱动器

⊖ 由于 IGBT 的阈值电压 $U_{GE(TO)}$ 约为 5 ~ 6V，因此通常关断电压为 -8 ~ -5V 甚至 0V 都是足够的。负电压关断的主要功能是为了避免寄生效应引起的误开通（见 7.2 节）。微控制器控制信号［其数字信号的典型电压为 0V，3.3V，5V 或 15V（很少）］通过电平转换生成双极性控制信号满足射极跟随器电源电压 U_{CC} 和 U_{EE} 的需要。

⊖ 然而，对于自举电路，推荐铝电解或钽电解电容与瓷片电容并联使用。

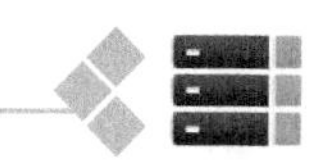

这个电路在IGBT并联连接时是有一定的优势。当并联IGBT使用同一个驱动级，由于“栅极电阻”与发射极相连，因此平衡电流很小。

对于供电电压，U_{EE}需要保持在-15V，而U_{CC}则在0~15V之间。相似地，关断时供电电压的栅极路径与开通时恰好相反。

表6.7给出了常用于射极跟随器的BJT芯片，可以通过查表选择合适的晶体管。

4. MOSFET推挽栅极驱动器

由于MOSFET推挽电路的栅极驱动器适用于IGBT数字控制，因而被广泛应用。然而，与BJT射极跟随器相似，其不能工作在线性区。P沟道MOSFET VT_1的源极与正电压源相连。如果VT_1栅极电位低于源极电位时，VT_1开通，从而开通IGBT，此时IGBT输入电容和反向传输电容的充电电流I_{on}由栅极电阻R_{Gon}限定，关断IGBT由N沟道的MOSFET VT_2完成。在这种情况下，R_{Goff}决定了栅极电流I_{off}。N沟道MOSFET的源极引脚与负电源电压连接。开通VT_2时，栅-源极电压需要达到10V（取决于MOSFET的特定类型），而0V关断VT_2。图6.20给出了控制电压为5V的MOSFET推挽栅极驱动器原理。

表6.7 常用于射极跟随器的BJT芯片

制造商	NPN-BJT	PNP-BJT	U_{BR}	封装
美台半导体	ZX5T851G	ZX5T951G	60V	SOT223
美台半导体	ZXTN2010Z	ZXTP2012Z	60V	SOT89
仙童半导体	MJD44H11	MJD45H11	80V	D-PAK
恩智浦半导体	PBSS4350Z	PBSS5350Z	50V	SOT223
安森美半导体	MJD44H11	MJD45H11	80V	D-PAK

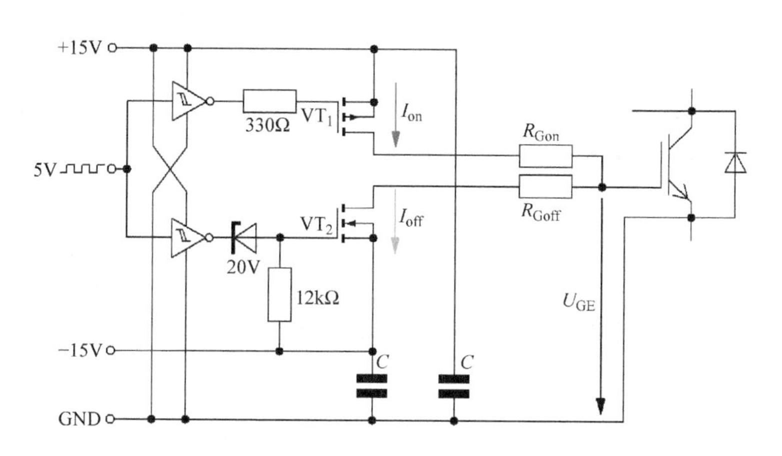

图6.20 控制电压为5V的MOSFET推挽栅极驱动器原理

与BJT的栅极驱动器相比，MOSFET栅极驱动器有自身的优势，可以用一个很小的控制电流产生一个较大的栅极驱动电流。此外，MOSFET开关速度快，开关损耗低。对于低电压

IGBT 的应用而言，并不需要精密的控制，所以这样的驱动器成本比那些使用 BJT 的驱动器成本更低。

对于应用于大功率或高阻断电压的 IGBT，为了更好地控制 MOSFET 的驱动级，驱动器可能要选择不同的栅极电阻。

IGBT 导通时的 du/dt 和 di/dt 受栅极导通电阻 R_{Gon} 影响。在 IGBT 关断时，R_{Goff} 能控制 du/dt，且较大的栅极关断电阻 R_{Goff} 也能降低 di/dt。由于以上特点，可以采用一个较大的 R_{Goff}，当检测到短路或是过电流，可以关断 IGBT。这样可以减小 di/dt，保护 IGBT 免受断开电路所产生的过电压尖峰损毁。在 IGBT 开通时，开通电阻 R_{Gon} 也可以影响到二极管的换流。图 6.21 给出了一个栅极电阻可调的 MOSFET 驱动器，该驱动器采用了不同的开通和关断电阻。

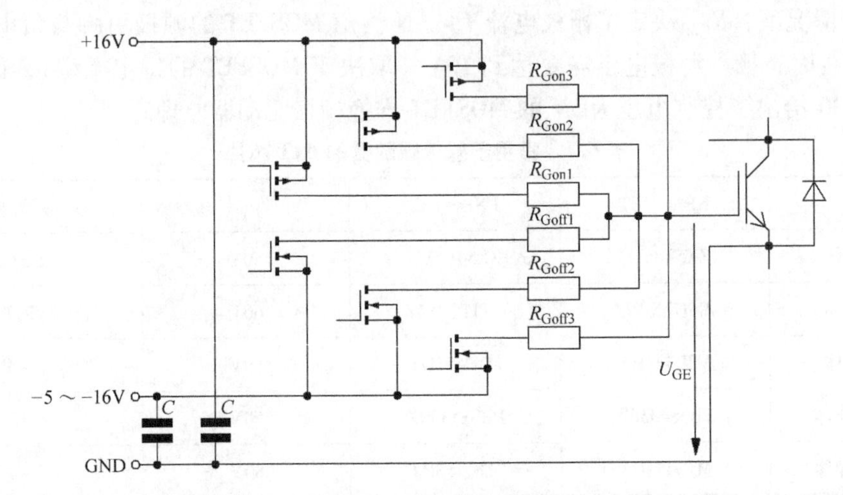

图 6.21 栅极电阻可调的 MOSFET 驱动器

何时选择哪个栅极电阻，可由一个足够快的数字控制器控制，如 FPGA。同时可通过调整栅极电阻实现栅极电压泵升。现在，这种栅极控制系统多以数字驱动器闻名。当使用这类驱动器时，设计者必须注意 IGBT 不超过功率半导体的安全工作区。同时，在使用 EPROM 时，必须考虑工作温度范围，避免数据丢失。因此，在与安全相关的应用中，要事先仔细考虑使用可编程设备的可行性。如果使用得当，采用数字驱动器可以减小开关损耗，同时增加半导体的可控性。表 6.8 给出了能用于 IGBT 栅极驱动器的 MOSFET[⊖]芯片。

表 6.8 能用于 IGBT 栅极驱动器的 MOSFET 芯片

制造商	型号	U_{BR}	封装
美台半导体（捷特科）	ZXMC4559DN8	−60V/+60V	SO−8
国际整流器公司	IRF7343	−55V/+55V	SO−8

⊖ 还有很多 MOSFET 适用于 IGBT 栅极驱动器，如英飞凌和 NXP 都有规格众多的 N 沟道和 P 沟道单管 MOSFET。

5. MOSFET 源极跟随器

MOSFET 源极跟随器并不适用于 IGBT 栅极驱动系统。然而，当引用和介绍 N 沟道推挽栅极驱动器时，会涉及 MOSFET 源极跟随器，因此下面将简要讨论。

MOSFET 源极跟随器包含 MOSFET。MOSFET 应用于此，原则上比 BJT 有一些优势。然而，作为功率 MOSFET，这个器件的漏 - 栅极电容和栅 - 源极电容较大。因此，它可以作为一个源极跟随器，以实现更好的互连，如图 6.22 所示。在这种情况下，漏 - 栅极电容不会因密勒电容而动态增加，同时栅 - 源极电容也更小。当 MOSFET 导通时，IGBT 的输入和反向传输电容充电，电流不再流入 IGBT 栅极。BJT 在这种情况下会在集电极和发射极间有 1V 的电压降，而 MOSFET 的漏极与源极电压降约为 0V，并且提供轨对轨输出。正向电压源不必调整为 16V 来抵消像 BJT 电路一样的内部电压降，即可以设计为 15V。另外 MOSFET 源极跟随器对 IGBT 出现短路时有优势。尽管有这些优势，MOSFET 源极跟随器并不用于 IGBT 栅极驱动。由于 N 沟道和 P 沟道控制需要一个比参考电压源高接近 10V 的栅 - 源极电压（见图 6.22），因此电压转换器和电荷泵的成本相对较高。

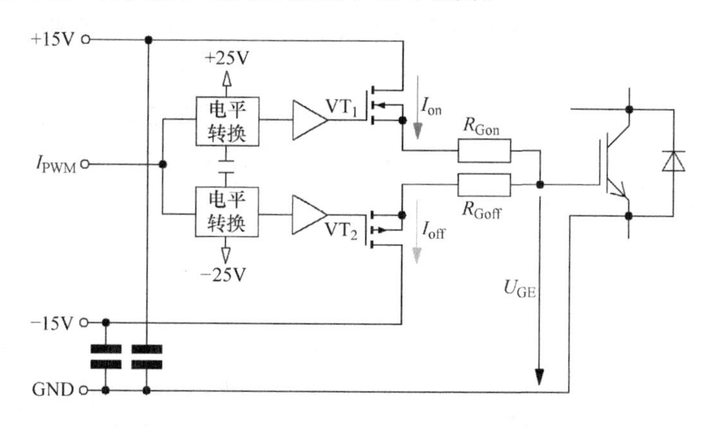

图 6.22 MOSFET 作为源极跟随器

6. N 沟道推挽驱动器

N 沟道推挽驱动器是成本和性能的折中方案。一方面，它利用了 BJT 射极跟随器的特点；另一方面，它也具有 MOSFET 推挽驱动器的优点。

N 沟道推挽驱动器如图 6.23 所示，这个驱动器包括两个 N 沟道的 MOSFET[⊖]。由晶体管 VT_2控制 IGBT 的关断。当正向的栅 - 源极电压加在 VT_2上时，VT_2导通，使得 IGBT 的输入电容和反向传输电容放电。要开通 VT_2，只要在 VT_2门极上施加一个电压高于 VT_2源极的电压就足够了。然而，MOSFET VT_2只能工作于开关模式，而不能工作在线性区。这是因为当关断 IGBT 时，线性模式是不需要的。如上文提到的，当栅极电压低于阈值电压 $U_{GE(TO)}$时，IGBT 会关断，此时 IGBT 失去可控性。因此，控制栅 - 射极的反向电压对 IGBT 的开关动作没有任何影响。然而，这个方案不同于正向栅 - 射极电压。控制正向电压对于降低 IGBT 开关时产生的 du/dt 和 di/dt 有益。这种策略与第 6 章 6.7.2 节介绍的有源钳位电路相配

⊖ 由于 P 沟道 MOSFET 的 P 掺杂区载流子的移动性较差，导致电阻增加。而 N 沟道 MOSFET 单位芯片面积的实际电阻 R_{DSon}相对低一些，所以通常都比 P 沟道 MOSFET 更具优势。

合可以改善 IGBT 关断时产生 di/dt。

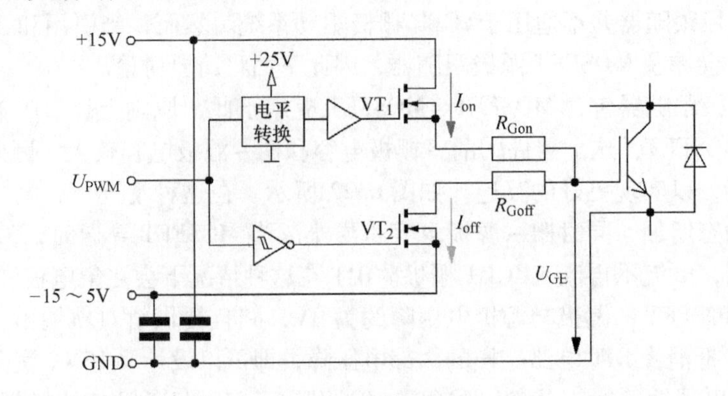

图 6.23　N 沟道推挽驱动器

在这个设计中，N 沟道推挽驱动器比前文中描述的 MOSFET 推挽栅极驱动器更加复杂，且需要电平转换器和电荷泵来开通和关断 MOSFET VT_1。VT_1 和 VT_2 都需要正向控制信号导通。

最后，需要注意的是 VT_1 可以用 NPN 的 BJT 取代。当然这里主要考虑了可控性，而没有考虑电压转换器的成本。同样，N 沟道 MOSFET 的优势也将不存在。BJT 和 MOSFET 组成的 N 沟道推挽驱动器如图 6.24 所示。

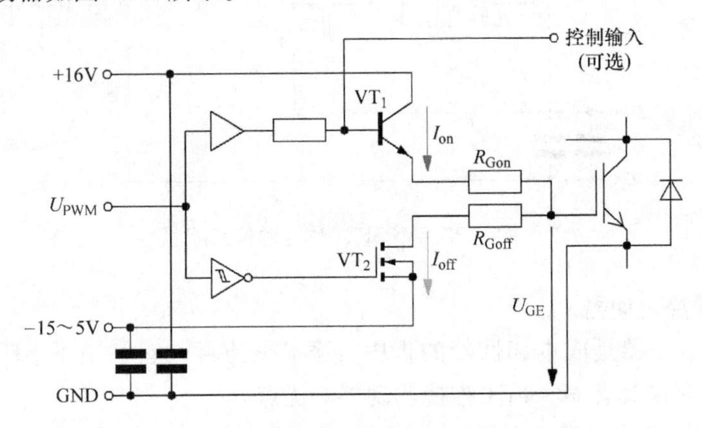

图 6.24　BJT 和 MOSFET 组成的 N 沟道推挽驱动器

7. IGBT 栅极升压/加强

如果 IGBT 按照惯例导通，充电电流取决于栅极电阻和栅极驱动电压。首先，在开通阶段，IGBT 栅 - 射极电压为 0V 或是负电压（由施加在栅极的关断电压决定），并且充电电流的峰值只受栅极电阻和电感限制。IGBT 的输入电容和反向传输电容被充电直至最大电压（一般为 15V）。

一种快速达到 IGBT 阈值电压 $U_{GE(TO)}$ 的方法是给栅极增压。通过较大的栅极电流，IGBT 能更快开通。为了保证续流二极管的软换流，当达到阈值电压时充电过程要立即放缓。通过这种策略可以在不损坏续流二极管的情况下，减小 IGBT 的开通损耗。事实上，可以选择一个很小的栅极电阻 R_{Gon}，一旦达到 $U_{GE(TO)}$，立即增大 R_{Gon}。这个过程称为两级开关。

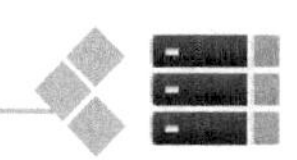

另一种方法是利用辅助升压电路，如图6.25所示。当增大栅-射极电压，门电路导通，IGBT栅极电流相应地增加。到达$U_{GE(TO)}$后，升压（24V）电路被关断，这样IGBT电容由正常的栅极驱动电压（15V）驱动，而栅极电流相应地降低。

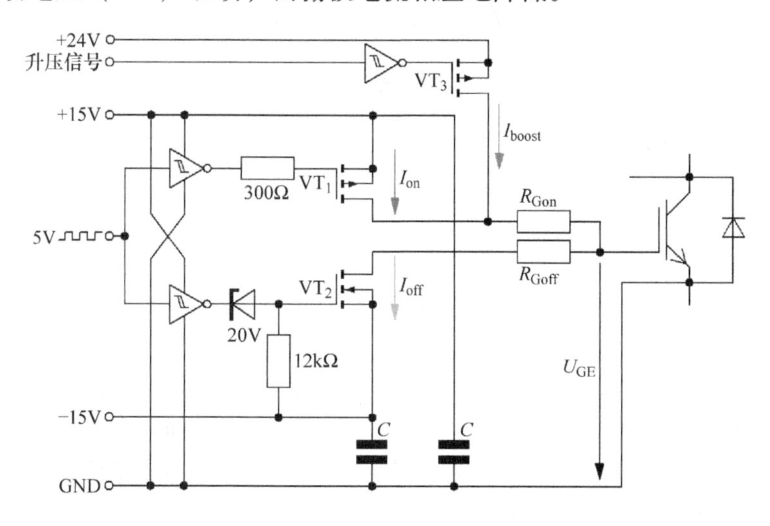

图6.25 有辅助升压电路的IGBT栅极升压

8. 栅极驱动器的设计

栅极驱动器的设计不仅要关注IGBT静态和动态特性，也需要注意相应续流二极管的特性。下文将探讨驱动设计的基本概念。权衡开关特性的影响和整合保护功能等方面的设计将在后面章节讨论。

当选择驱动器时，一个重要的参数是驱动IGBT的最大峰值电流I_{peak}。为此，需要分开考虑开通和关断电流。虽然在很多应用中，开通电流、关断电流都是一致的，但它们要分开计算，并估算出最小的栅极电阻。

可以通过式（6.5）来估算最大峰值电流，即

$$I_{peak} \approx 0.7 \times \frac{\Delta U_{GE}}{R_{Gmin}} = 0.7 \times \frac{U_{GE,max} - U_{GE,min}}{R_{Gint} + R_{Gext}} \tag{6.5}$$

式中，I_{peak}为驱动器必须提供的峰值电流（A）；$U_{GE,max}$为用于开通IGBT的正栅极电压（V）；$U_{GE,min}$为用于关断IGBT的负栅极电压（V）或0；R_{Gint}为IGBT内部的栅极电阻（如果存在）（Ω）；R_{Gext}为外部栅极电阻（Ω）。

如果IGBT驱动器增加了额外的外部栅-射极电容C_G，常用的近似方法是把这个电容等效于内部栅极电阻的短路。因此，R_{Gint}在式（6.5）中应被置为0。

在实际应用中，计算峰值电流的校正因数为0.7。这是因为驱动器内部阻抗总是存在的，同时也考虑到了寄生电阻和电感的效应。校正因数的推导过程需要考虑以下问题：

在开通和关断时，假设IGBT的内部电容C_{GE}恒定，寄生电感L_G和独立的引线电感L_{Gon}与L_{Goff}由二阶RLC电路的微分方程推导确定，即

$$L \cdot \frac{d^2 i_G(t)}{dt^2} + R_G \cdot \frac{di_G(t)}{dt} + \frac{1}{C_{GE}} \cdot i_G(t) = 0 \tag{6.6}$$

式中，L为栅极路径中电感的总和（H）；R_G为外部和内部栅极电阻的总和（Ω）；$i_G(t)$

为随时间变化的栅极电流（A）。

栅极路径中不会引起振荡的最小栅极电阻 $R_{G,min}$ 为

$$R_{G,min} \geqslant 2\sqrt{\frac{\sum L_G}{C_{GE}}} \tag{6.7}$$

式中，$\sum L_G$ 为栅极负载电感总和（$L_G + L_{Gon}$ 或 $L_G + L_{Goff}$）（H）。

求解式（6.6）得出 I_{peak} 为

$$I_{peak} = \frac{2}{e} \cdot \frac{\Delta U_{GE}}{R_{G,min}} \approx 0.74 \times \frac{\Delta U_{GE}}{R_{G,min}} \tag{6.8}$$

式中，e 为自然对数，e = 2.71828。

因此对于大的 L_G，R_G（主要是 R_{Gon}）的值也必须增大，以避免续流二极管的跳变行为。

如果采用不同的栅极电阻 R_{Gon} 和 R_{Goff}，所需峰值电流由最小的电阻确定，从而选择驱动器。需要注意的是一些驱动芯片在 IGBT 开关期间，提供不同的峰值电流。在这种情况下，开关期间的峰值电流都应该加以计算且驱动芯片也要做出相应的选择。图 6.26 给出了含寄生元件的驱动级。

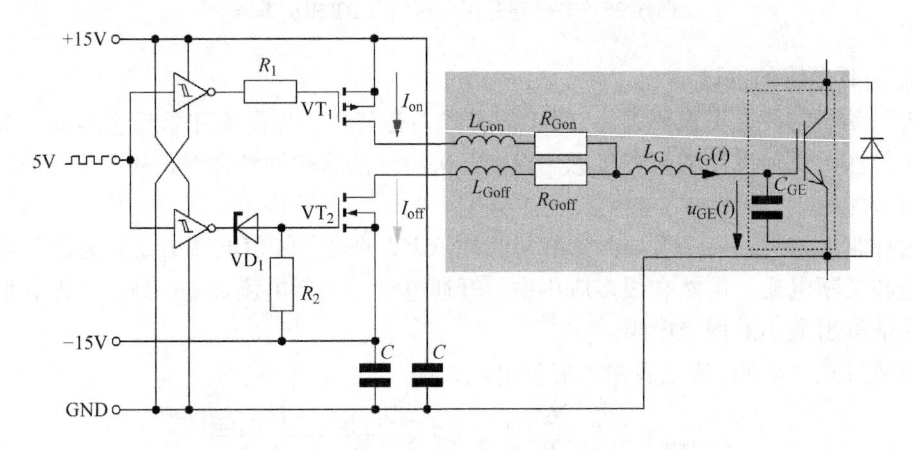

图 6.26　含寄生元件的驱动级

如果驱动级的峰值电流能力不足，可以在驱动器的输出和 IGBT 栅极电阻之间增加一个额外的升压器。当 BJT 作为升压级时，计算过程如下：

- 用式（6.5）计算所需的峰值电流。需要考虑不同的 R_{Gon} 和 R_{Goff} 以及一个合适的 C_G。
- 选择合适的 NPN 和 PNP 的 BJT 以及每个升压级的最大电流。当只用一个升压级时，这个电流与以前计算的峰值电流一致。然而，当有多个升压级一起使用时，可以并联。每个升压级提供电流可以由计算的峰值电流除以升压器的数量。
- 参照相应的数据手册确定 BJT 的电流传输比 h_{FE}。h_{FE} 取决于先前计算的每个升压级的电流。
- 计算驱动芯片驱动升压级所需的电流。这个电流取决于电流传输比和电路中升压级的数量。

双极性升压电路的计算示例如图 6.27 所示。

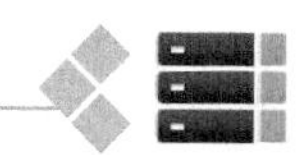

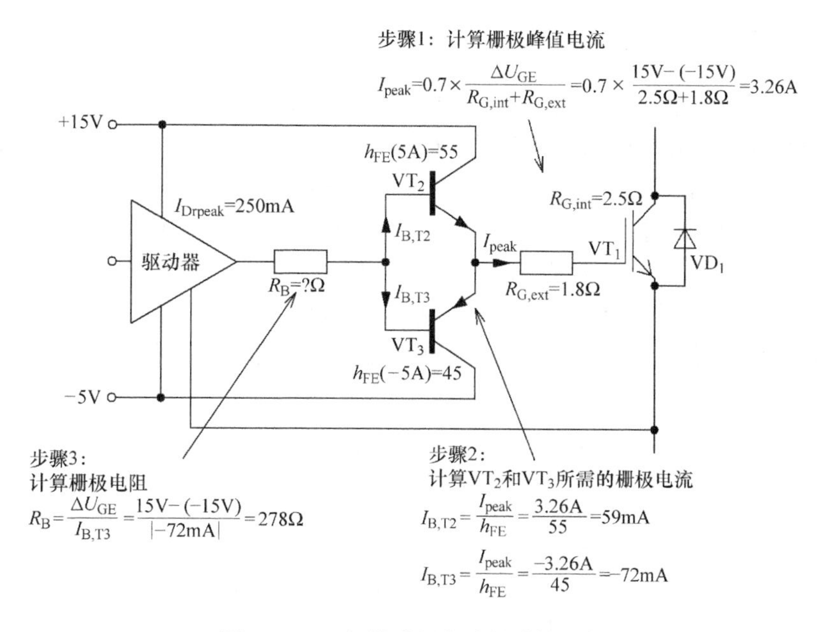

图 6.27　双极性升压电路的计算示例

6.4　驱动器电源

当 IGBT 栅极电压达到 15V 时，IGBT 就开通了。为了关断 IGBT，栅极电压必须为 0V 或者 −15V 到 0V 之间。这种策略的优缺点将在第 7 章 7.2 节详细讨论。无论如何，栅极电压应该是由栅极驱动单元提供，且大多数拓扑要求该电源隔离。因此，这一节将会更详细地介绍与栅极电源相关的内容。而且，电力电子开关器件要求电压源相互隔离。因此在实际应用中，需要密切关注电气间隙和爬电距离及相应的标准，且应该和测试条件一致。下面是工业和电力牵引中相关的标准。对于（混合）电动汽车，目前还没有被普遍认可的电气绝缘标准，现行的工业标准只是作为参考。

- EN 50178，电力系统中的电子设备。
- EN 50124－1，轨道应用－绝缘配合。第一部分：基本要求——所有电子设备的电气间隙距离和爬电距离。
- IEC 60077－1，车辆电子设备。
- IEC 60664－1，低压系统中设备的绝缘配合。第一部分：原则、要求和测试，以及相关的附件。相关的标准 IEC 60664－1 修订版 1 和 IEC 60664－1 修订版 2。
- IEC 60664－3，低压系统中设备的绝缘配合。第三部分：表面包覆、密封、模制的应用来抵抗污染。
- IEC 61800－5－1，可调速的电力传动系统。第 5－1 部分：安全要求——电，热和能量。
- UL 508c，功率变换设备。
- UL 840，电气设备的绝缘配合，包括电气间隙距离和爬电距离。

6.4.1 自举电路

在一些低成本的应用中，特别是对于600V的IGBT和一些小功率的1.2kV的IGBT，业界总是尝试把驱动级电源的成本降到最低。因而所谓的自举电路在这些应用中非常受欢迎。自举电路如图6.28所示。为了便于信号传输，自举电路通常被应用于电平转换器的连接处（见第6章6.2.1节）。自举电路仅仅需要一个15~18V的电源来给逆变器的驱动级提供能量，所有半桥底部IGBT的驱动器都与这个电源直接相连（见图6.28中的VSL引脚）。半桥上部IGBT的驱动器通过电阻R_b和二极管VD_b连到电源（VSH引脚）上。每个驱动器的电源引脚上都有一个电容器（C_1和C_2）来缓冲电压。电容器C_2只给底部驱动器缓冲电压和提供瞬态电流。

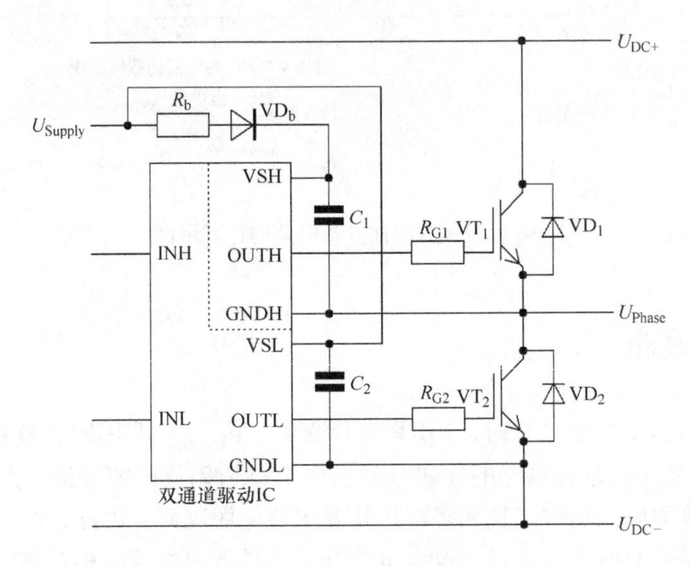

图6.28 自举电路

然而，上端电容器C_1还有另外的任务。刚开始，电容器没有或只是部分充电。但是当底部IGBT VT_2导通后，电流通过R_b和VD_b为C_1充电且基本达到电源电压的水平。当然这个电压需要减去二极管VD_b的正向电压，电阻R_b的压降和底部IGBT VT_2的导通压降。如果底部IGBT VT_2关闭，电容器C_1可以满足上端驱动级所需要的能量，所以该电容也被称作自举电容。一旦VT_1开通，电压发生变化，自举二极管VD_b要承受直流母线电压。

VT_1开通时，电容器C_1相应地放电。随着接下来IGBT VT_2的导通，C_1流失的电荷得到补充，这样能循环工作。

为了保证自举电路能够正常运转，需要注意很多问题：

- 开始工作后，总是先导通半桥的底部IGBT，这样自举电容能够被重新充电到供电电源的额定值。否则可能会导致不受控制的开关状态和/或错误产生。
- 自举电容器C_1的容量必须足够大，这样可以在一个完整的工作循环内满足上部驱动器的能量要求。
- 自举电容器的电压不能低于最小值，否则就会出现低压闭锁保护（详见第6章6.4.3节）。

• 最初给自举电容器充电时，可能出现很大的峰值电流。这可能会干扰其他电路。因此建议用低阻抗的电阻 R_b 来限制电流。

• 一方面，自举二极管必须快，因为它工作的频率和 IGBT 是一样的。另一方面，它必须有足够大的阻断电压，至少和 IGBT 的阻断电压一样大。这就意味着，有 600V 的 IGBT，就必须选择 600V 的自举二极管。在选择二极管的时候，考虑到其额定电压，二极管的封装必须保证足够大的电气间隙和爬电距离。

• 当选择驱动电源电压时，内部驱动器的电源下降了，必须考虑驱动器内部电压降及二极管 VD_b 和电阻 R_b 的压降，以防止 IGBT 栅极电压不会太低而导致开通损耗增加（因为电压 U_{CEsat}增加了）。更进一步，所确定的电压必须减去底层 IGBT VT_2 的饱和电压。上下驱动器的供电电压都是 U_{Supply}，然而，上部驱动器的供电电压需要减去上文提到的电压降，这样导致 IGBT VT_1 和 VT_2 在不同的正向栅极电压下开通。因此，电压 U_{Supply}应当保证 VT_1 有足够的栅极电压，并且同时 VT_2 的栅极电压也不会变得太高。

• 对于自举电容器，应该选用低 ESR㊀和 ESL㊁值的电容器（比如陶瓷电容），这样可以为驱动提供脉冲电流。根据需要和应用环境，也可以选用高容量的电容（比如电解电容）与这些电容并联使用。相比陶瓷电容，这些电容具有更高的 ESR 和 ESL 值。通常，这些需求也适用于下部驱动器的缓冲电容 C_2。

• 用自举电路来提供负电压的做法是不常见的，如此一来，就必须注意 IGBT 的寄生导通了（密勒钳位可以防止寄生导通，这将会在更下面的章节介绍）。

最后需要注意的是，IGBT 开关产生的 du/dt 通过自举二极管 VD_b 的结电容产生共模电流，因此选择合适的高压二极管是至关重要的。正如第 6 章 6.2.1 节所述，一些电平转换器芯片将高电压自举二极管集成在一起。应当指出的是，最大 du/dt 不能超出这些组件的最大承受能力。另外，二极管 VD_b 与其串联电阻 R_b 确定了充电电流，当开关频率为 f_{SW}时，可以计算最大 C_b。

可以用下面的公式估算自举电容的值，即

$$C_b > \frac{2 \times Q_G + \dfrac{I_q + I_{leak}}{f_{SW}}}{U_{CC} - U_F - U_{CEsat}} \cdot S \tag{6.9}$$

式中，Q_G 为相应 IGBT 的栅极电荷（C）；I_q 为相关驱动器的静态电流（A）；I_{leak}为自举电容的漏电流（只与电解电容有关）（A）；f_{SW}为 IGBT 的开关频率（Hz）；U_{CC}为驱动电源电压（V）；U_F 为自举二极管的正向电压（V）；U_{CEsat}为开关自举电容的下部 IGBT 的饱和电压（V）；S 为盈余因数（没有单位）。

在计算这个电容时，应该选用一个足够大的盈余因数 S，使得选择的电容在开通 IGBT 时，电压降小于 5%。S 的值通常大于 10。

㊀ ESR 是“等效串联电阻”的简写，表示每个电容的串联寄生电阻。这里，等效电阻包括内部导体的电阻和非导体的充放电损耗的等效电阻。该串联电阻的压降与通过的电流成比例，从而降低带载工作时的输出电压。如果 ESR 较大，对于高峰值电流的脉动负载会产生更高的压降。

㊁ ESL 是“等效串联电感”的简写，表示每个电容的寄生电感。在每次电流变化时，ESR 会产生内部压降并且降低带载时的输出电压。

6.4.2 DC－DC 变换器

DC－DC 变换器可以为 IGBT 栅极驱动器提供隔离的电压源。这些变换器主要为推挽或反激式转换器，所传输的功率相对较小，通常小于 10W，并且依赖于功率电子元件的开关频率以及栅极电压和栅极电荷。在特殊情况下，如驱动单元，高开关频率和大电流的 IGBT 或 IGBT 模块并联连接，高达 60W 的栅极功率可能是必要的。驱动器所需要的由 DC－DC 变换器提供的功率计算公式为

$$P_{GE} = f_{SW} \cdot Q_G(\Delta U) \cdot \Delta U \tag{6.10}$$

式中，$Q_G(\Delta U)$ 为 IGBT 栅极电荷（C），是被控制电压 ΔU 的函数。

如果栅极电荷 Q_G 没有完全给出（例如，一些生产厂商的 IGBT 模块只给出了栅极电压为 15V 的 Q_G 值），可通过测量后由式（6.11）计算而得，如图 6.29 所示，即

$$Q_G = \int I_G \cdot dt \tag{6.11}$$

式中，I_G 为栅极电流（A）。

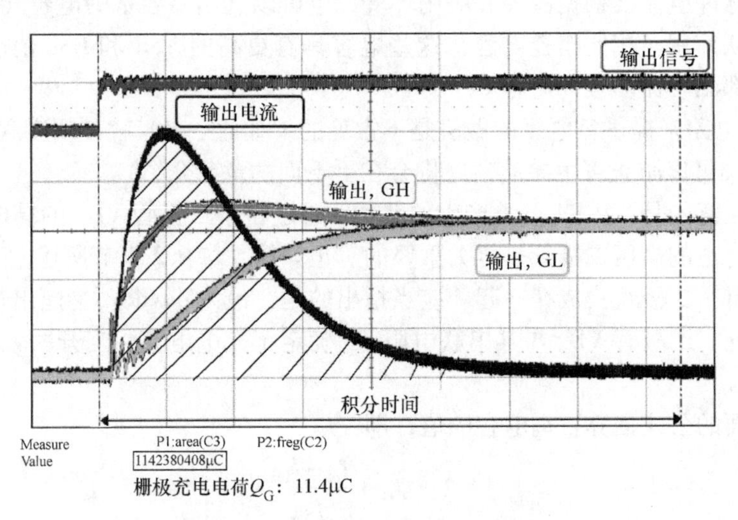

图 6.29　IGBT 导通时栅极电荷的测量

对于这种测量，ΔU 应该满足栅极驱动器的栅极电压需求。对栅极电流积分，直至栅极电压达到其终值。

如果 IGBT 栅极驱动含有外部栅－射极电容 C_G，那么在计算驱动电源时必须考虑它的数值，即

$$\begin{aligned} P_{GE} &= f_{SW} \cdot Q_G \cdot \Delta U \\ P_{CG} &= f_{SW} \cdot C_G \cdot \Delta U^2 \\ P_{DC-DC} &= (P_{GE} + P_{CG}) \cdot \eta \end{aligned} \tag{6.12}$$

式中，C_G 为外接的栅－射极电容（F）；P_{DC-DC} 为 DC－DC 变换器的总功率（W）；P_{CG} 为电容 C_G 电荷反转所需功率（W）；η 为 DC－DC 变换器效率。

图 6.30 是外接 C_G 并采用反激式 DC－DC 变换器的 IGBT 栅极驱动器，并由反激 DC－DC 转换器供电（本例中，IGBT 的驱动信号没有隔离）。功率的计算不依赖于转换器的类

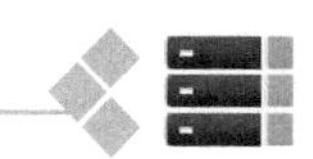

型。反激式和正激转换器之间的区别是显而易见的，主要是效率 η 的问题。

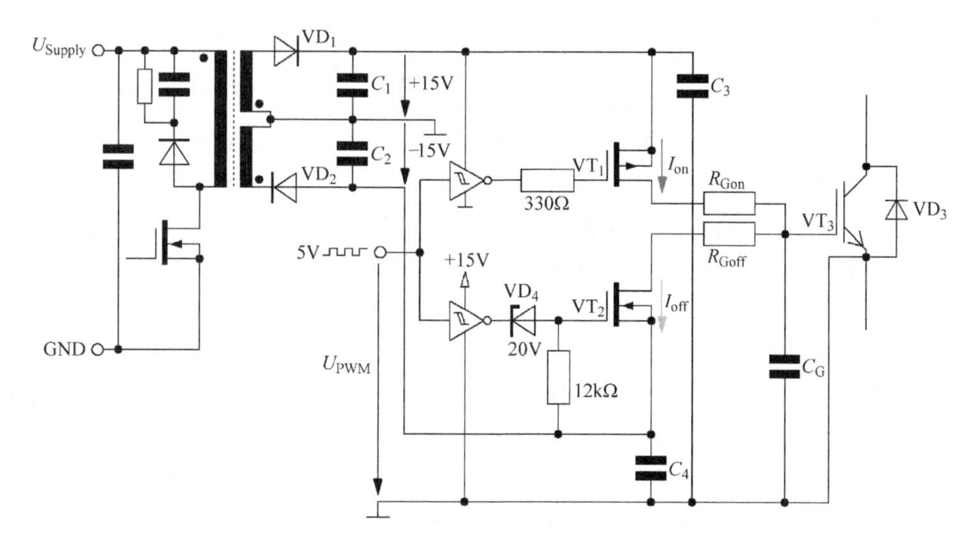

图 6.30 外接 C_G 并采用反激式 DC－DC 变换器的 IGBT 栅极驱动器

下面将介绍可用于 IGBT 驱动的典型 DC－DC 变换器，进一步对 DC－DC 变换器进行改进，得到更多的电路。

1. 反激变换器

反激变换器包括变压器，一次侧电子开关以及用于二次侧整流的二极管和电容器。这种变换器非常适合用于低于数百瓦的小功率场合，且其原理很简单。因为负载没有显著的变化，输出电压不需要闭环控制就可以满足 IGBT 栅极驱动器的需求，所以可以用线圈匝数和占空比确定输出电压。然而，反激变换器在连续工作模式也需要一个负载，否则由于变压器所存储的能量，电压将增大到不可接受。这也意味着，输出电压随着负载的变化而变化。

$$U_2 = \frac{t_{on}}{t_{off}} \cdot \frac{U_1}{n} \tag{6.13}$$

式中，U_1 为输入电压（V）；U_2 为输出电压（V）；t_{on}为 VT_1 导通时间（s）；t_{off}为 VT_1 关断时间（s）；n 为变压器匝数比。

一旦 VT_1 导通，一次侧线圈 N_1 中的电流为 I_1。因此，一次绕组 N_1上的电压为 U_{1N}。所以，在二次绕组的电压为 U_{2N}，即

$$U_{2N} = \frac{N_2}{N_1} \cdot U_{1N} \tag{6.14}$$

式中，U_{1N}为绕组 N_1 两端的电压（V）；U_{2N}为绕组 N_2 两端的电压（V）；N_1 为一次绕组匝数；N_2 为二次绕组匝数。

在此期间，二次侧的二极管是反向偏置的，这样，一次线圈上的电流就不断增加。变压器铁心被磁化，电磁能量储存在其中。

具有环形磁芯的反激变换器如图 6.31 所示，可以输出正负电压。当 VT_1 关断时，I_1 为续流，电压 U_{1N}反转，这时电流 I_2 开始由二极管流到电容器 C_2。存储在变压器铁心的磁能

量向电容器 C_2 转移（图 6.31 中，因为产生了一个正/负输出电压，电容 C_3 也开始充电）。在 VT_1 关断期间，电容器 C_2 保持的电压 U_2 不变。这种模式的电源，其开关频率通常在 70 ~ 200kHz 之间，这取决于磁性材料和匝数。占空比一般不超过 0.5，因为存储在磁芯的能量需要完全被二次侧消耗掉。为了存储所需要的能量，需要使用磁粉芯或带有气隙的磁芯。

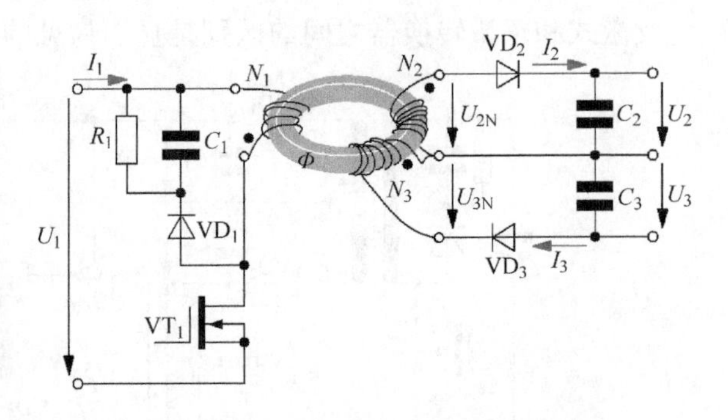

图 6.31　具有环形磁芯的反激变换器

导线的绝缘层可以实现一次侧和二次侧之间的电气隔离。为此，有必要注意现有的标准和进行绝缘测试的测试电压及局部放电测试的要求（见第 2 章 2.8.3 节）。一次侧和二次侧的电线可以不用漆包线，但是必须符合 UL 的要求。反激变换器通过所选合适材料就可以满足电力电子中所有隔离电压的需求，包括电气间隙和爬电距离。

2. 推挽变换器

反激变换器向二次侧传输脉冲直流电压，而推挽变换器将输入的直流电压在二次侧变换成交流电压。这需要一次侧至少有两个功率开关。带有环形磁芯的推挽变换器如图 6.32 所示。当 VT_1 闭合，VT_2 打开时，二次侧建立电压 U_{2N}，当变压器的匝数比为 1 时将有 $U_1 = U_{2N} = U_2$。二极管 VD_2 开始导通，电流 I_2 给电容器 C_2 充电直至其值为 U_2。当 VT_1 导通，VT_2 闭合时，电压反转且 U_{2N} 变为负值。若用相同的匝数比 1，U_1 等于 $-U_{2N}$，因此电流流过二极管 VD_3 且给电容 C_3 充电直至其电压为 U_3。应该注意的是，无论相应的开关是导通还是关断，晶体管 VT_1 和 VT_2 都将承受 2 倍的 U_1；同时，VT_1 和 VT_2 的占空比必须相等。这样变压器就不会出现磁芯直流饱和的问题。一个明显的优势就是两个功率器件 VT_1 和 VT_2 具有相同的电位，因此可以使用 N 沟道 MOSFET，如图 6.32 所示。同时，可以设置多个二次绕组，这将为几个通道的 IGBT 驱动器提供隔离电源。当然如第 2 章 2.8 节中所说的那样，电气间隙和爬电距离必须严格遵守相关标准。

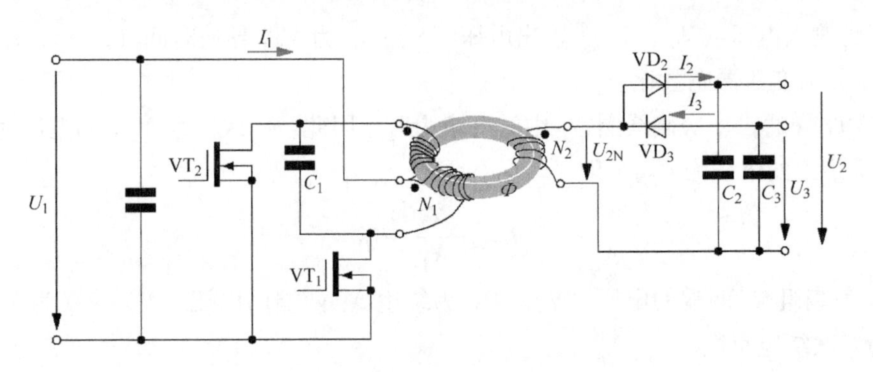

图 6.32　带有环形磁芯的推挽变换器

3. 半桥推挽变换器

半桥推挽变换器很像传统的推挽式变换器。图 6.33 给出了带环形磁芯的半桥推挽变换

器，这里，同样是把一次侧的直流电压变换成二次侧的交流电压，而不同的是两个晶体管的连接方式。一次绕组 N_1 通过晶体管连接到 $+\frac{1}{2}U_1 \sim -\frac{1}{2}U_1$ 之间。如果变压器的匝数比是1，电压 ΔU_{2N}将等于输入电压 U_1。该电路的优点是变压器结构较简单。但是，缺点也很明显，即功率开关 VT_1和 VT_2的电位不同。同时，需要在 VT_1 和 VT_2 之间设置更长的死区时间（联锁延迟）以避免晶体管之间的直通电流。

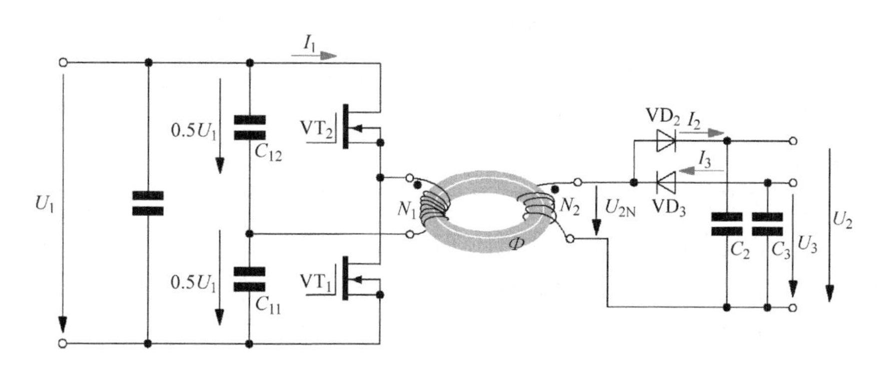

图 6.33　带有环形磁芯的半桥推挽变换器

6.4.3　欠电压闭锁

当 IGBT 栅极欠电压时，功率半导体的通态损耗增加，因此要避免欠电压操作。在给定电流时，栅极电压越低，IGBT 集－射极的电压降就越大。假定 IGBT 的导通路径有一个恒定电流，可由下面的等式得出通态损耗，即

$$P_{con} = U_{CE} \cdot I_C \tag{6.15}$$

这也可以由 IGBT 的输出特性来解释，如图6.34所示。

一旦电流发生变化，这个关系更复杂（见第3章3.4节），但上述原则基本上仍然有效。

为了防止驱动器在电源电压低于 11～12V 时工作，市场上销售的许多驱动器具有低电压检测功能，称为“欠电压闭锁（UVLO）”。如果驱动器栅极的控制电源电压输出级或 DC－DC 转换器低于某一点时，该驱动器关闭输出。最好的是，驱动器应该自动地产生一个低阻抗的接地路径（等于 IGBT 的发射极电位），从而保证可靠且稳定地关断 IGBT。如果驱动器有一个高阻抗的输出级，它可能导致由于寄生效应开通 IGBT，尽管这种导通时间是短暂的（见第 7 章 7.2.2 节）。

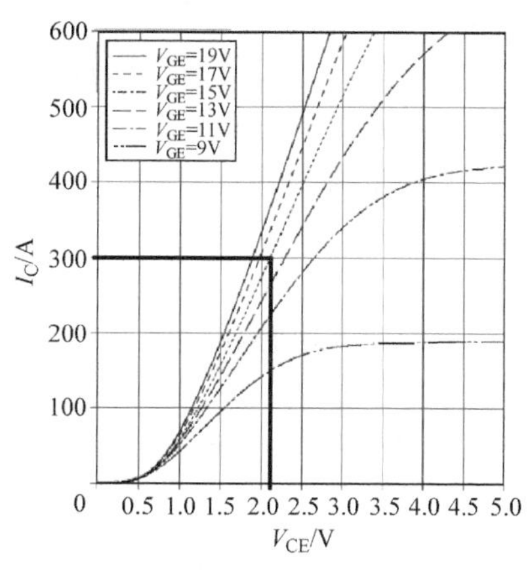

图 6.34　IGBT 的输出特性
（300A/1.2KV IGBT）

驱动器UVLO检测通常具有迟滞性[⊖]，以防止输出级的突然切换。一旦达到阈值的下限，就被关闭。直到阈值的上限，驱动器输出级切换回工作状态。该电路可以很容易地通过一个比较器实现。

具有输入、输出级内部隔离的驱动器（如利用耦和脉冲变压器进行隔离），一般具有二次侧供电电压和一次侧供电电压的UVLO检测功能。在UVLO故障的输入端，一个信号被发送到栅极驱动器的二次侧，从而确保关闭输出。为此，发生UVLO后，有必要确保（可能需与驱动器的外部电路配合，如大的缓冲电容器）一次侧将误差信号传送到栅极驱动器时具有足够的能量。同样，也应适用于驱动二次侧的输出级，以告知连接的微控制器关于二次侧电源电压的故障。不幸的是，这个错误的信号并不适用于所有标准的驱动器。

注：特别是在使用低开关频率的自举电路来提供驱动器输出级时，必须注意电容不能放电太深。否则就可能发生这类事情：例如，使用开关磁阻电动机时，该IGBT的开关频率等于控制电机输出频率。另外，如果驱动器的缓冲电容器容量不够大，或者电源电压的通道阻抗比较大，当输出级输出很大的峰值电流时也可能触发UVLO。

6.5 耦合电容

只要有动态的电位差，耦合电容就会生效，例如开关系统中的高du/dt。在电力电子中，耦合电容与所有的IGBT驱动器，PWM信号传输和相关的电源密切相关。对于电流和电压的测量，如果进行隔离测量，耦合电容会产生一定的影响。耦合电容的最大值受实际开关和环境的影响，在电力电子中，这也是IGBT、二极管和MOSFET与其冷却装置绝缘，并通过绝缘体相互绝缘的原因。

耦合电容无法完全避免，而且它们对整个系统的影响有时很严重。在电力电子装置中，每个开关动作都将引起电压变化。这个电压变化导致位移电流I_{CM}通过耦合电容C_{couple}，即所谓的共模电流，可表示为

$$I_{CM} = C_{couple} \cdot \frac{du}{dt} \tag{6.16}$$

位移电流在电感和电阻上产生相应的电压降，其对驱动器和信号电子产生不可预期的影响。对于一些集成的驱动解决方案可能会导致危险的闩锁效应。

许多栅极驱动器的制造商在数据手册里给出了最大的du/dt。此值表示栅极驱动器将无故障运行最高的du/dt。当IGBT开关时，很少有du/dt的值高于30kV/μs。而典型值要低得多。但是信号传输器和DC - DC变换器的耦合电容以及自举二极管的耦合电容，每个通道不能超过22pF。图6.35应作为一个例子来说明由于耦合电容所可能产生的共模电流。

⊖ 这里，希腊词汇“hysteresis（滞后现象）”特指电路中不同的响应电压。

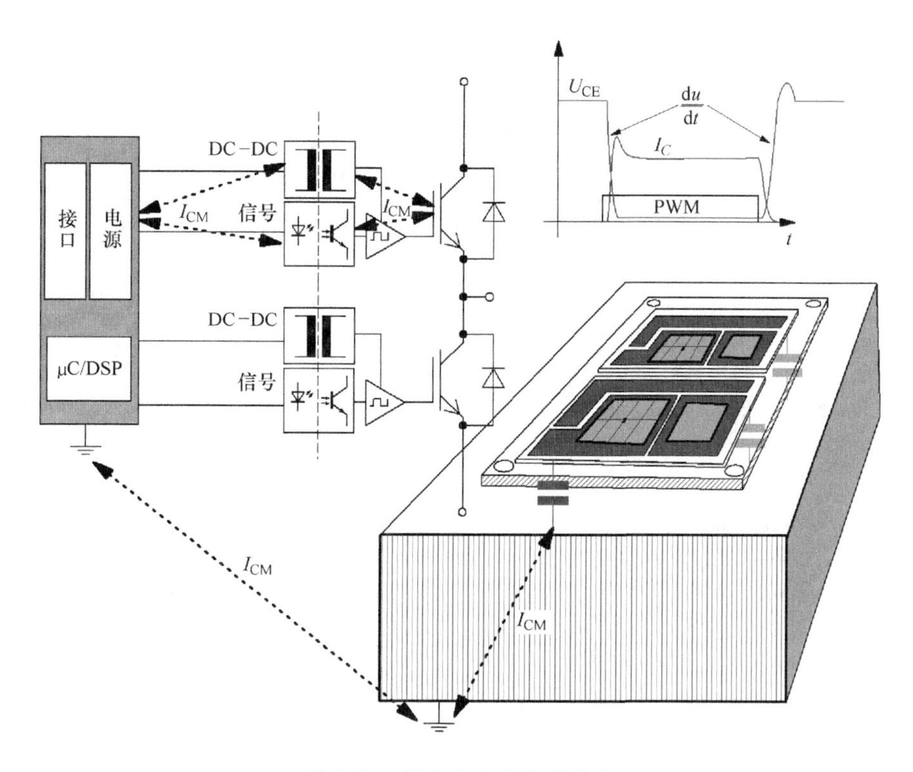

图 6.35　耦合电容和共模电流

6.6　影响开关特性的参数

6.6.1　栅极电阻

在电压驱动 IGBT 时，栅极电阻会影响 IGBT 的开关特性。根据栅极控制，在开通和关断过程[⊖]中栅极电阻可以相同或也可以不同。对于后者，开通电阻称为 R_{Gon}，关断电阻称为 R_{Goff}。利用 BJT 驱动时栅极电阻不同的配置方式如图 6.36 所示。

如图 6.36 所示，通过改变栅极电阻能显著地影响 IGBT 的开通特性。这也从本质上改变了相应续流二极管（FWD）的换流特性，最终反作用于 IGBT 的开通特性。理论上，如果不受到续流二极管的限制，IGBT 可以通过 0Ω 的 R_{Gon} 开通。如今，只有基于碳化硅（SiC）的续流二极管能实现不用栅极电阻而开通 IGBT。然而，在这里也会或多或少存在强烈的振荡。开通期间，IGBT 模块参数与栅极电阻的函数曲线如图 6.37 所示，这里给出了 R_{Gnom} 对应 t_{don} 的曲线。

⊖ 在特定的环境下，晶体管 VT_3 的基－射极可能会被击穿，从而导致 VT_3 的损耗增加，并且会减缓 IGBT 的开关过程，因而在双极性升压级中不建议采用图 6.36b 的电路。MOSFET 可用于替代双极性升压级或其他变体电路或栅极电阻的改变。

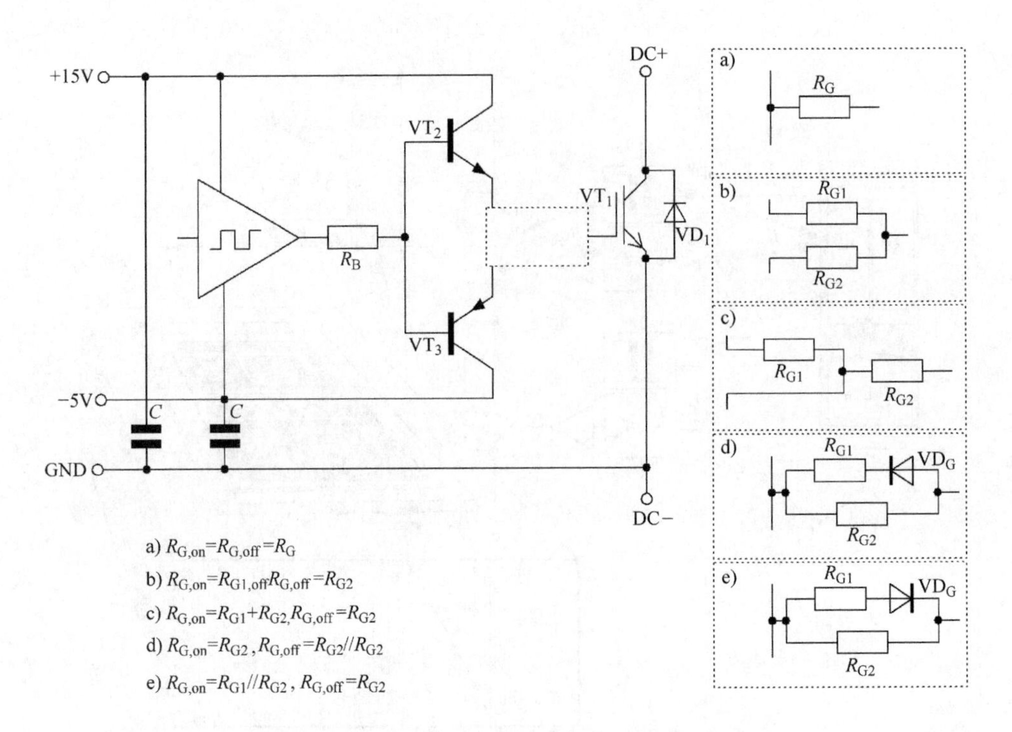

图 6.36　利用 BJT 驱动时栅极电阻不同的配置方式

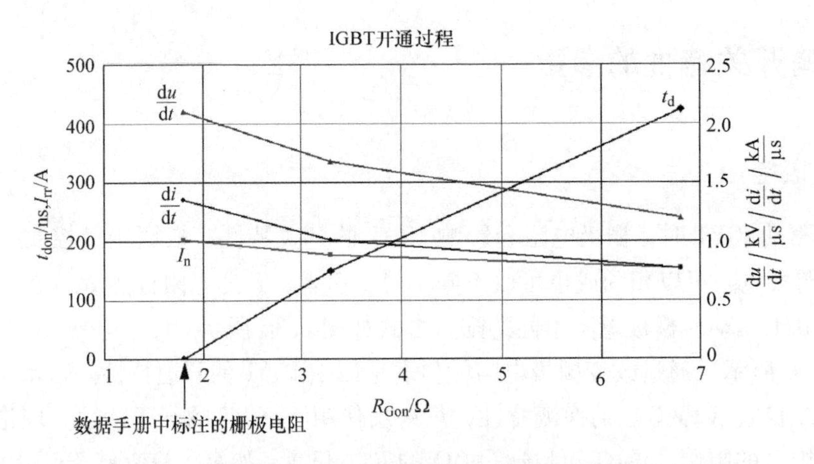

图 6.37　开通期间，IGBT 模块参数与栅极电阻的函数曲线

依赖于栅极电阻的电压梯度 $\mathrm{d}u_{CE}/\mathrm{d}t$ 和电流梯度 $\mathrm{d}i_C/\mathrm{d}t$ 都发生变化。一般而言，电阻 R_{Gon}越高，IGBT 的开通就越慢（相应的续流二极管关断也越慢）。然而，这引起的后果是 IGBT 的开通损耗增加（续流二极管的恢复损耗减小）。

在 IGBT 关断时，这个情况是不一样的。不同厂家的 IGBT 技术通常不一样。图 6.38 给出了 NPT 和 Trench - FS 的 IGBT（都是 1.2kV/200A 的芯片和 62mm 的封装）

数据手册中开关损耗与栅极电阻的关系曲线，图 6.39 给出了 Trench – FS IGBT 采用不同的栅极电阻在开通、关断时的开关延时。对于 PT 和 NPT 的 IGBT 而言，通过 R_{Goff}影响开关特性是可行的（虽然不及导通过程）。另一方面，只要 R_{Goff}不增大到一个相当大的值，对 Trench – FS IGBT 的影响几乎不存在。例如，这种现象也在图 6.38 和图 6.39b 中体现出来。

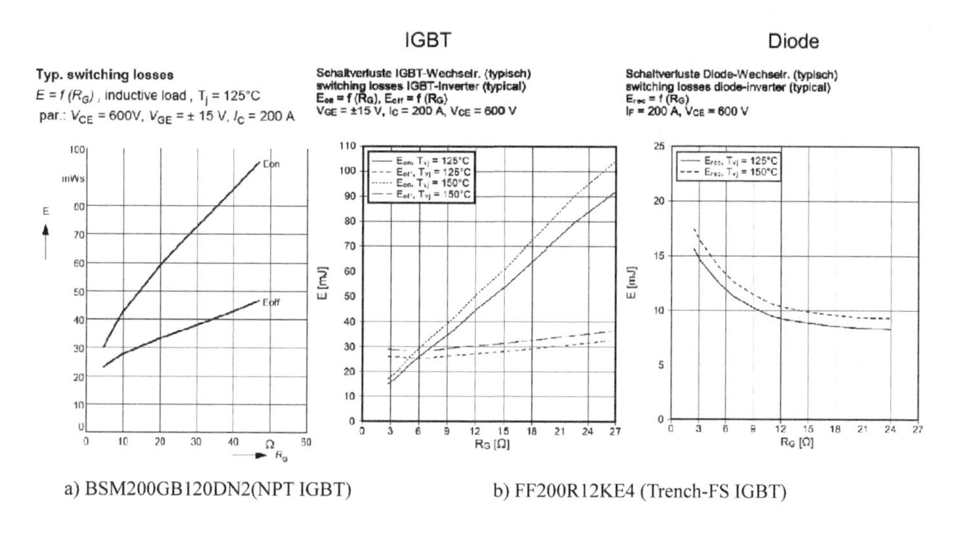

a) BSM200GB120DN2(NPT IGBT)　　b) FF200R12KE4 (Trench-FS IGBT)

图 6.38　NPT 和 Trench – FS 的 IGBT 数据手册中开关损耗与栅极电阻的关系曲线

如果需要使用相对于标称栅极电阻高非常多的栅极电阻，关断期间 Trench – FS IGBT 会进入欠饱和模式。这将导致集 – 射极电压缓慢升高，集电极电流迅速下降。在关断时，由于换向电路中的杂散电感相同，后者将导致更大的电压过冲。在极端的例子中，集电极不会产生拖尾电流而迅速衰减为零，这将导致额外的强烈振荡。然而，关于开关延时，图 6.39 中 Trench – FS IGBT 模块的实验结构，栅极电阻在导通和关断中都起重要作用。电阻 R_G 越大，开关过程中的延时越长。

6.6.2　栅 – 射极的外接电容 C_G

当 IGBT 开通时，栅极电阻 R_{Gon}可以调整 di_C/dt，而最大 di_C/dt 由相应的续流二极管决定。尤其是在高压模块中，R_{Gon}将会导致 di_C/dt 高于数据手册中的正常值㊀。同时更大的 R_{Gon}将会在开通时影响 du_{CE}/dt，使其降低。结果使得开关器件开通过程更加柔和，但与此同时将增加 IGBT 的开通损耗。因此不如独立于 du_{CE}/dt 来调整开通时的 di_C/dt。这意味着把 di_C/dt 调整为合适的值（较小）尽快能使 IGBT 实现软开通，而同时尽可能地增加 du_{CE}/dt。总的说来，开通损耗 E_{on}就可以保持在数据手册的正常值或者更小。另一种常规方法是增加额外的栅 – 射电容 C_G。可以通过栅极电阻 R_{Gon}和内

㊀ 在这个先决条件下，栅极引线电感 L_G 小于或等于 IGBT 模块在数据手册中的标注电感。

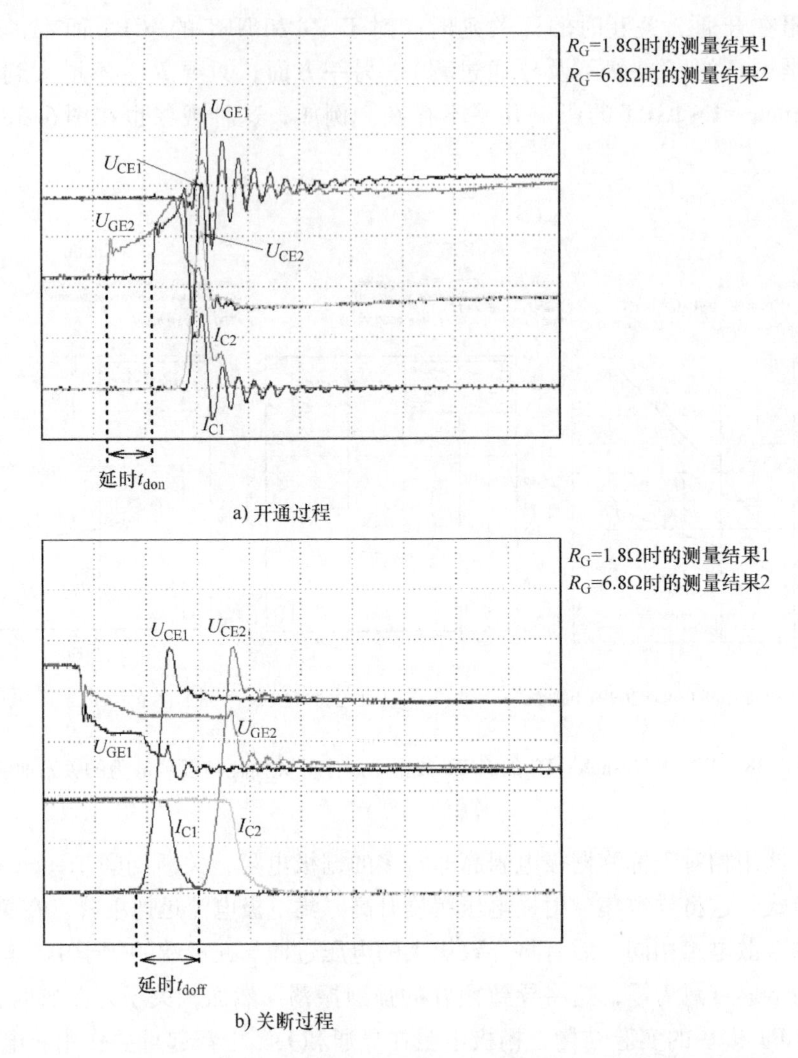

a) 开通过程

b) 关断过程

图 6.39　Trench - FS IGBT 采用不同的栅极电阻在开通、关断时的开关延时

部的密勒电容 C_{GC}来调整 du_{CE}/dt。相反，di_C/dt 受 R_{Gon}和外部栅 - 射极电容 C_G 及内部栅极电容 C_{GE}的影响。图 6.40 给出了对于一个 1.2kA/3.3kV 模块分别设置 di_C/dt 和 du_{CE}/dt 对比实验的结果，可以看出，一方面优化了开关特性，另一方面使通态损耗 E_{on}降到最低。

当 IGBT 关断时，如果有外部电容 C_G，du_{CE}/dt 和 di_C/dt 都减小，关断损耗增加，如图 6.41 所示。为了抵消慢速关断㊀过程的影响，不同的 R_{Goff}是有必要的。

㊀ 对于 Trench - FS IGBT 没有必要。

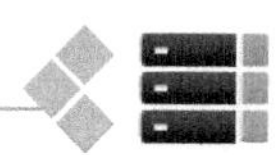

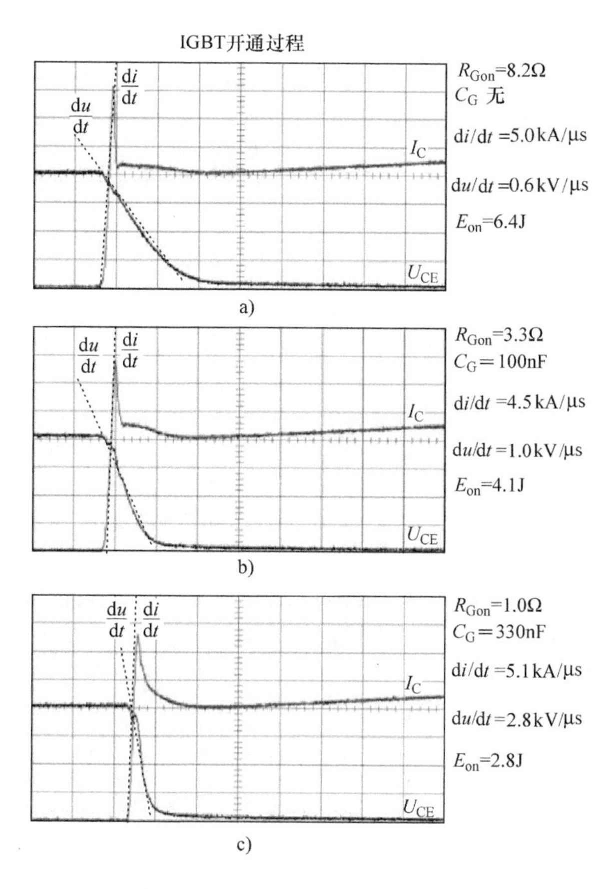

图 6.40　1.2kA/3.3kV 的 IGBT 模块优化栅极电阻和栅 - 射极电容后的开通过程

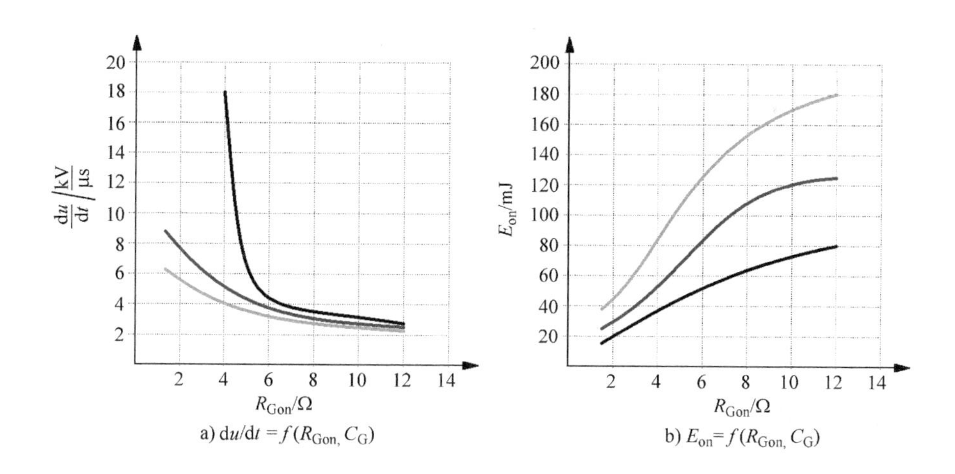

图 6.41　外部栅 - 射极电容 C_G 对一个 450A/1.2kV IGBT 模块开关特性的影响

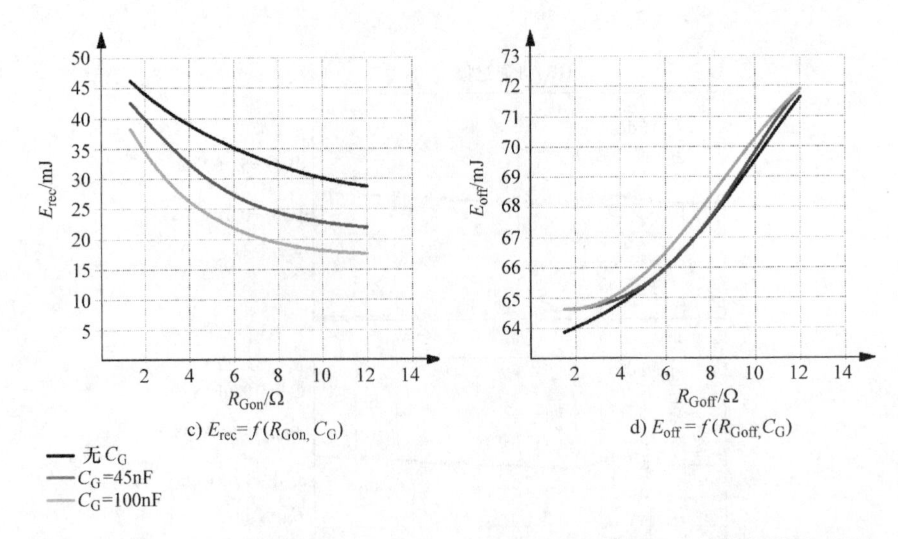

c) $E_{rec}=f(R_{Gon}, C_G)$　　d) $E_{off}=f(R_{Goff}, C_G)$

图 6.41　外部栅 - 射极电容 C_G对一个 450A/1.2kV IGBT 模块开关特性的影响（续）

本书推荐电阻 R_{CG}和 C_G 串联使用。电阻可以是从小于 1Ω 至数欧姆的任何值，其目的是为了抑制栅极路径等效电感和栅极路径等效电容形成谐振。如第 1 章 1.5 节中所描述，IGBT 的栅 - 射极电容 C_{GE}不是常数，而是随电流、电压和温度变化的。可能导致 C_G 和 G_{GE} 并联后与栅极路径中电感的谐振频率只能依靠实际工作状态的测量来确定。由于无法确定 C_{GE}对于不同工作点的特性，所以无法对谐振频率进行计算或模拟。需要指出的是模块内的栅极电阻有助于抑制可能的振荡。应用外部电容 C_G 的寄生电路原理如图 6.42 所示。

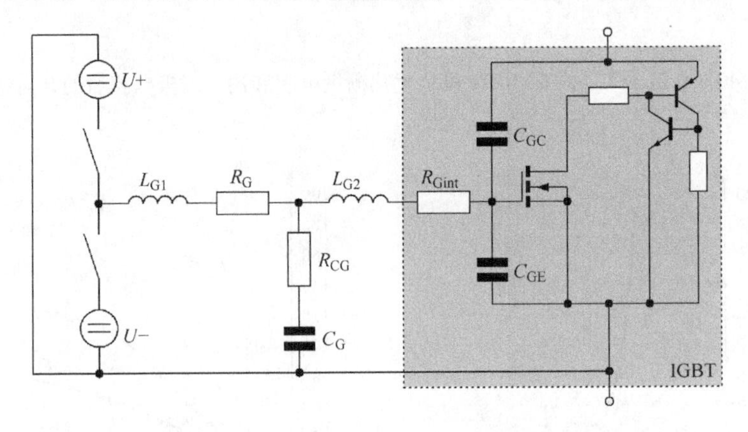

图 6.42　应用外部电容 C_G的寄生电路原理

6.6.3　栅极引线电感

当将驱动连接到 IGBT 栅极时，不可避免地会存在寄生电感，且寄生电感与栅极电阻串联。这个结果部分包括引线电感（无论这种连接是电缆或是电路板上的铜轨），栅极电阻自身电感和与栅极相连模块结构的电感（特别是当这种连接是通过弯曲的电缆，将出现高电感）。

栅极引线电感不同时对 IGBT 开通关断过程的影响如图 6.43 所示。引线电感越大，

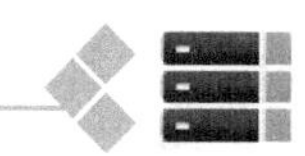

IGBT开通越快。然而，关断时开关速度保持不变。整个开关过程将只有一次延迟。

只有在双极性栅极电压如 -15V/15V 的开通过程中才会出现这种现象。另一方面，在单极性栅极电压 0V/15V，开通只会延迟，开关速度仍然没变。出现这一情况的原因是最初电感阻碍栅极电容充电，一旦达到最大栅极电流，电感就趋向维持这个电流，就像一个电流源一样为栅极电容充电，其充电电流相比会有所增大（相比于无或非常低的栅极引线电感）。对于 IGBT，当达到阈值电压 $U_{GE(TO)}$ 之前，它是关断的。在栅极电压为 0V/15V 的驱动器中，如果增加栅极引线电感，栅极电压超过 $U_{GE(TO)}$ 后，栅极电流才达到最大值。在这种情况下，只有离开密勒平台后，才会有更多的栅极电荷最终达到 15V。与此相反，在 -15V/15V 的栅极电压下，即将达到 $U_{GE(TO)}$ 时，栅极电流达到最大。因此，在这个时间点之前，由于栅极引线电感，栅极将被逐渐增大的栅极电流充电。

更多关于栅极引线电感的影响可见第 7 章 7.7.2 节和第 13 章 13.7 节。

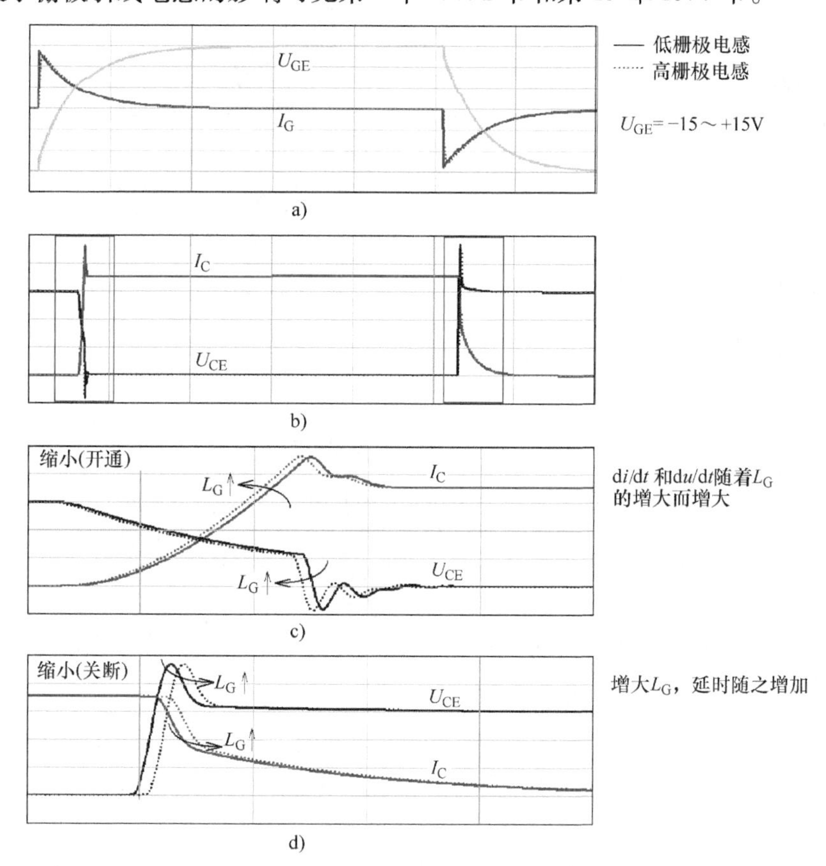

图 6.43　栅极引线电感不同时对 IGBT 开通关断过程的影响

6.7　保护措施

6.7.1　U_{CEsat}的监控

在正常情况下，IGBT 工作在饱和状态。这意味着集电极与发射极之间的电压已降至饱

和值 U_{CEsat}。IGBT 的输出特性详细描述了栅极电压 U_{GE}和负载 I_C之间的关系，如图 6.44 所示。然而，如果负载 I_C 增加至额定值（与 IGBT 技术和栅极电压无关）的四倍，IGBT 将退出饱和，即集 - 射极电压升高，最终达到直流母线电压 U_{DC}。

如图 6.44 所示，通过扩展 IGBT 的输出特性，强调集 - 射极电压 U_{CE}、负载电流 I_C 和栅极电压 U_{GE}之间的关系。

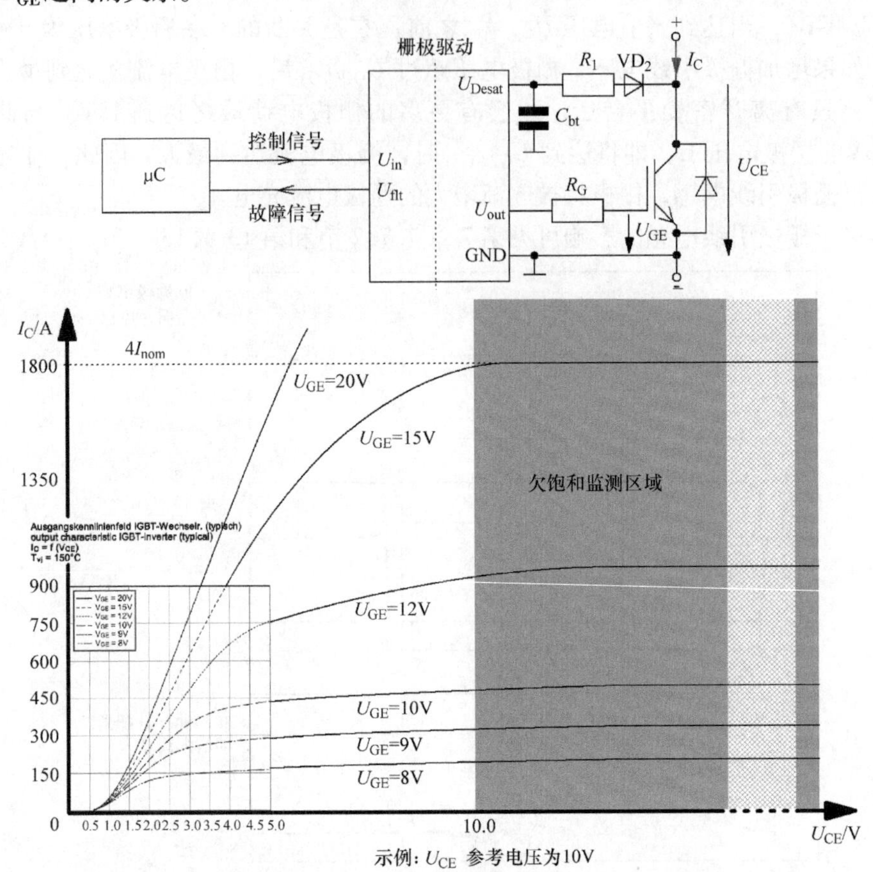

图 6.44　通过 450A/1.2kV IGBT 的输出特性阐明 U_{CEsat} 监控的原理

于是，当短路时，集 - 射极电压迅速升高且超过正常的饱和值 U_{CEsat}，U_{CEsat}监控就是利用这个原理检测短路故障。如果 U_{CEsat} 测量电路检测到 U_{CEsat} 超过了先前设定的参考电压，测量电路认为产生了故障就会关 IGBT 栅极驱动单元或者向微控制器报错，微控制器也可以关断功率电路中其他的 IGBT。

很多商业化的驱动器具有类似上述功能的测量电路，几乎所有的厂商都提供该类驱动器。通常在驱动器中用集成 U_{CEsat} 识别电路和简单的外部接线，包括一个额外的电容 C_{bl}、一个电阻和一个二极管。图 6.45 给出了在 SC1 和 SC2 短路时，可监测 U_{CEsat}的区域。

在常规的静态 U_{CEsat}测量中，可用比较器来比较两个电压值：通过 IGBT 的 U_{CE}和参考电压 U_{ref}。参考电压设定为某一固定值。只要驱动器收到来自微控制器的导通命令，则启动测量电路且通过恒定的电流源以电流 I_{Desat} 为电容 C_{bl} 充电[⊖]如图 6.46 所示。

⊖ 当 IGBT 关断时，电容 C_{bl}通过驱动器内部电路迅速放电，因此当再次开通 IGBT 时，C_{bl}具有明确的充电状态。

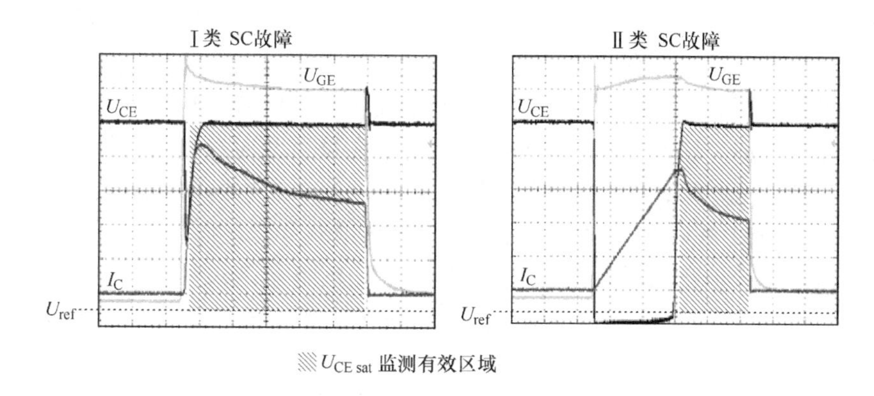

图 6.45 在 SC1 和 SC2 短路时，可监测 U_{CEsat} 的区域

$$t_{bl} = C_{bl} \cdot \frac{U_{ref}}{I_{Desat}} \tag{6.17}$$

式中，t_{bl}为消隐时间（s）；C_{bl}为消隐电容（F）；U_{ref}为参考电压（V）；I_{Desat}为内部电流源电流（A）。

经过时间 t_{b1}后，由式（6.17）可知，IGBT 的压降加上二极管 VD_2 的正向电压 U_F 及电阻 R_1 上的压降，比较器的同向输入为

$$U_{comp,pos} = U_{Desat} + U_F + R_1 \cdot I_{Desat} \tag{6.18}$$

只要这个电压低于比较器反向输入的内部参考电压，就表明 IGBT 没有短路。如果集－射极电压升高，最后的总电压高于 U_{ref}时，驱动器报错。

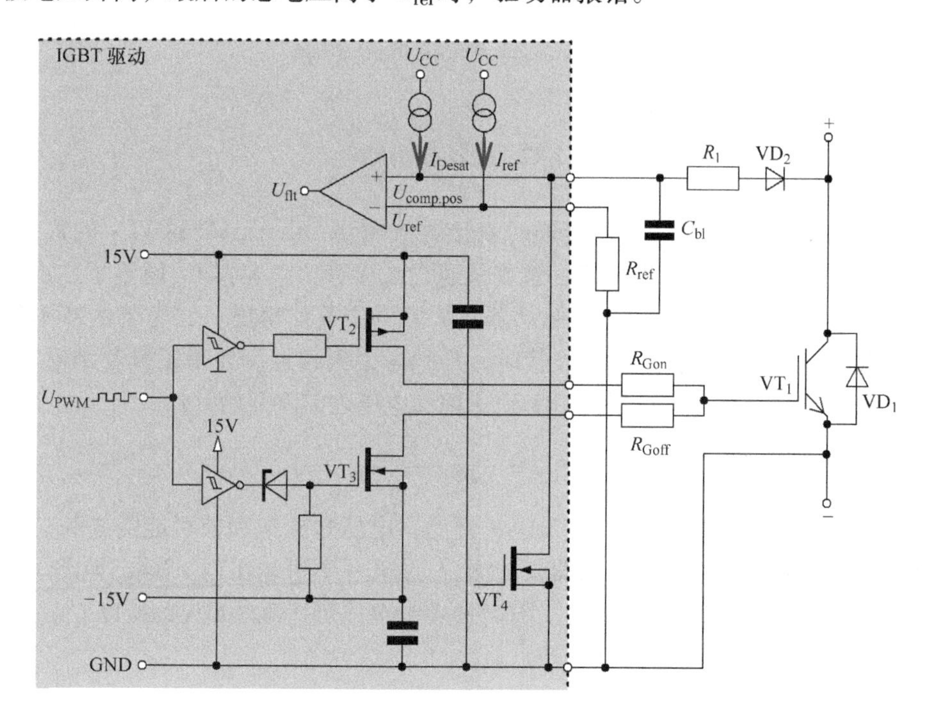

图 6.46 采用静态 U_{CEsat}测量电路的 IGBT 驱动器

当 IGBT 驱动器信号为正时，关闭 VT_4，同时激活 U_{CEsat} 监测电路。如果没有电容 C_{b1}，在激活 U_{CEsat} 监测电路后，会有一个比参考电压 U_{ref} 更大的电压施加于比较器的正输入端。这是由于 IGBT 接收开通指令后，在无延迟状态下无法从关断状态切换为导通状态，状态切换时间需要大概 100ns ~ 1μs 之间，从而导致驱动器在每个开通过程报告错误。然而，可以通过电容 C_{b1} 设置消隐时间，使得 IGBT 从接收到开通信号到达饱和前不发送错误信号。确定电容大小后，必须了解内部参考电压的公差（最大值）和恒流源（最小值）。另外还要考虑到被保护的 IGBT 必须在其指定的最大短路时间 t_{SC} 内安全地关闭（取决于 IGBT 技术）。t_{SC} 通常为 6μs 或 10μs[⊖]。去饱和的识别、内部的处理和 IGBT 的关断必须在最大短路时间内完成。选择的 C_{bl} 越大。消隐时间 t_{bl} 越大。

进行静态测试时，要牢记用此种方法计算的消隐时间 t_{bl} 在接通信号触发后会超时。电容 C_{bl} 的影响如图 6.47 所示。如果消隐时间超时而且 U_{CE}（加上二极管的正向电压和串联电阻两端的电压下降）超过参考电压，IGBT 栅级驱动器在本身内部处理时间后关闭，通常有1 ~ 3μs。

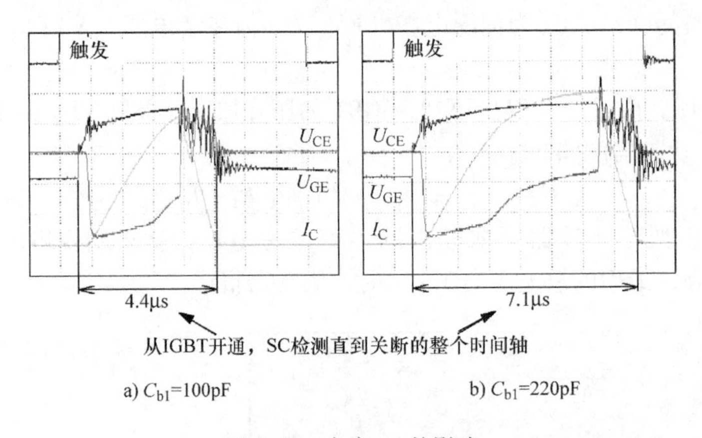

图 6.47 电容 C_{bl} 的影响

运用这种测试方法，如果 IGBT 接通时直接进入短路，由于二极管 VD_2 的寄生结电容，消隐时间比式（6.17）里计算得更短，也就是通过二极管为电容器 C_{bl} 设定了二次充电电流 I_{D2}，可由式（6.19）计算所得电流与驱动器电流源电流叠加得出。二极管的基本任务是对驱动器集电极电压进行解耦，选择二极管时，必须考虑到这点。如果二极管结电容比较大，U_{CEsat} 监测器可能会很敏感，例如在 IGBT 到达饱和电压之前就开始动作。

$$I_{D2} = C_{D2} \cdot \frac{du_{CE}}{dt} \tag{6.19}$$

对于高阻断电压的 IGBT，一般从 3.3kV 开始，电压达到饱和前可能需要长达数微秒的时间。在这些案例中，运用标准驱动器来监测 U_{CEsat} 几乎不可能实现。U_{CEsat} 监测电路还需要很高的参考电压（正常来说为 7 ~ 9V）。有时候参考电压可达 30 ~ 60V，所以 U_{CEsat} 监测必须实现隔离。

⊖ 这些时间都是在指定条件下的参考值。如果实际工况发生变化，该时间会发生变化，可能长一点，也可能短一点。

测量 U_{CEsat} 的另一种方法是通过动态 U_{CEsat} 测量。在这里，“动态”是指参考电压 U_{ref} 是一条曲线。

然而，在静态测量中，参考电压设定为恒定值（即通过图 6.46 中的 R_{ref}），而且通过一个电容器来消隐 IGBT 的开通。在动态测试中，参考电压可以是一条曲线。在开通时，参考电压具有可调性，如图 6.48 所示。如果比较器同向端的电压 $U_{com,pos}$ 超过参考电压，就会产生故障信号（短路）且 IGBT 被关断。

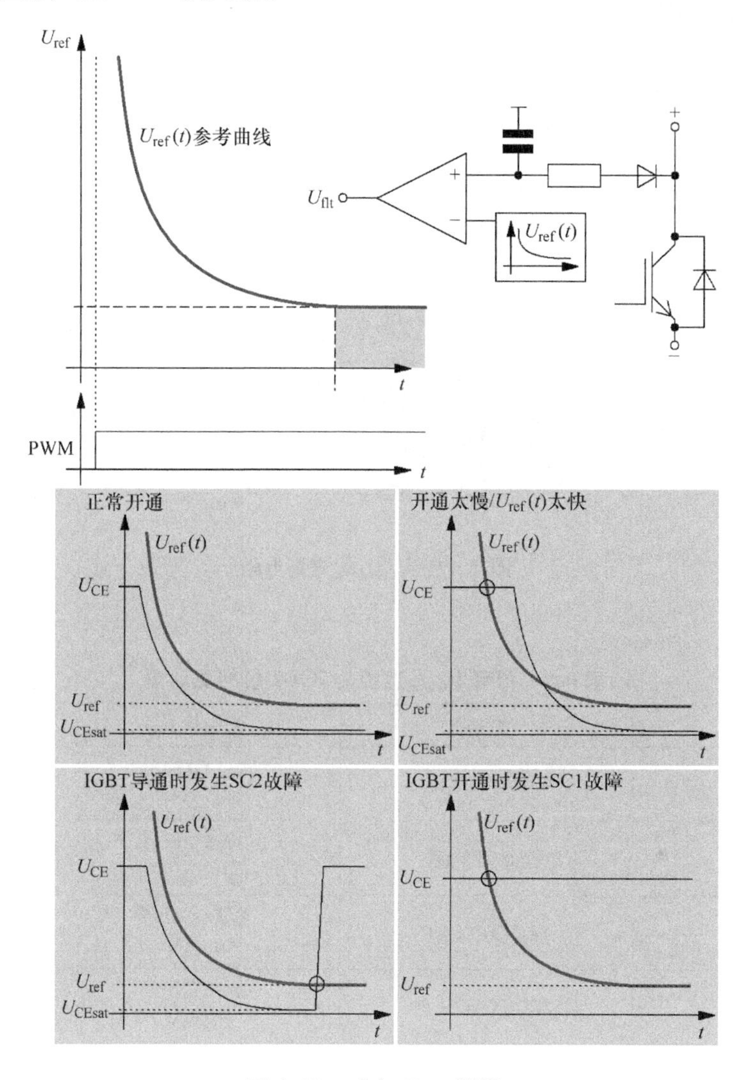

图 6.48 动态 U_{CEsat} 测量

在图 6.46 和图 6.48 中，U_{CEsat} 的测量是通过电流源和高压二极管来测定电压 U_{CE}。在这个方法中，采用高压二极管的缺点是它有相对高的结电容，所以 IGBT 每次开关时它都生效。流过这个二极管的位移电流是不必要的，它会对其他电子器件产生干扰。测量电路不使用高压二极管是一个更好的解决办法，这样在测量过程中电路的敏感度相对低一些。

在图 6.49 中，如果关断 IGBT，电流会从集电极流过电阻 R_1 通过二极管到达驱动供电电源。选择电阻 R_1 的值，使得只有约 1mA 的电流通过。同时，电容 C_{bl} 通过 VT_4 放电。当

VT_1 开通后，同时关断 VT_4，电容开始充电直至达到电压 U_{CEsat}。此时比较器仅仅测量 U_{CEsat} 的电压。如果其中出现了故障，那么经过一个时间的延迟后，电容 C_{b1} 中的电压会上升到一个新的水平。该电压一旦大于参考电压 U_{ref}，就会触发故障保护。这种方法可以很方便地应用于任何电压范围的应用中。如果参考电压需要为 IGBT 调整到更高的范围，则可以在比较器 U_{CE} 输入端增加一个分压器。表 6.9 给出了带有 U_{CEsat} 监控的 IGBT 栅极驱动器。

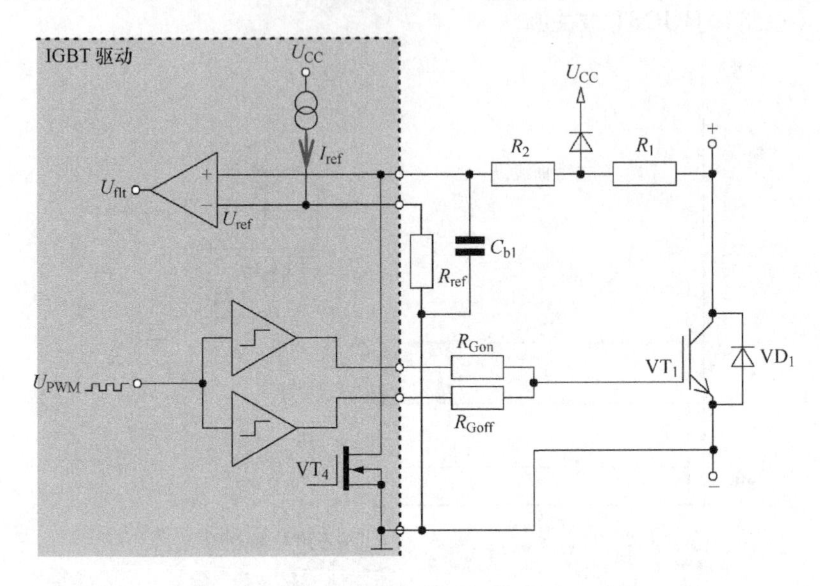

图 6.49 U_{CEsat} 的测量电阻

表 6.9 带有 U_{CEsat} 监控的 IGBT 栅极驱动器

制造商	型号	绝缘和 U_{BR}	集成形式
安华高	ACPL333J/316J	光耦 1.2kV	IC
CONCEPT	全系列产品	脉冲变压器 600V ~ 6.5kV	PCB
英飞凌	1ED020I12 - F	无磁芯变压器 1.2kV	IC
英飞凌	2ED300C17 - S	脉冲变压器 1.7kV	PCB
国际整流半导体	IR2214SS	电平转换器 1.2kV	IC
摩托罗拉	MC33153	无隔离	IC
赛米控	Skyper32/52	脉冲变压器 1.7kV	PCB
夏普	PC928/PC929	光耦 1.2kV	IC
意法半导体	TD350/ TD352	无隔离	IC

1. U_{CEsat}监控下的误动作

原则上而言，在某些特定的情况下，所有测量U_{CEsat}的电路中都会出现误动作，最有可能出现在动态过程中，例如伺服系统和高性能的驱动器，这也是为什么在很多情况下霍尔传感器电流测量比U_{CEsat}监控优先使用的一个原因。一个显著的物理效应也出现在零电流转换谐振应用中，这在高频开关的应用中是十分常见的。

假设U相的电流I_U流入电机为正，IGBT VT_1和二极管VD_2会交互地开通。一但VT_1被关断，无论IGBT VT_2是否导通，负载电流都开始向VD_2换流，VT_2的电流仍然保持为零。如果电流I_U是正弦波形，半个周期后它将过零点，然后反向，这样一来，IGBT VT_2和二极管VD_1就要开通了。如果二极管VD_2导通过程中，电流I_U由正变为负，相位发生改变，与此同时，IGBT VT_2被打开，电流会从VD_2流向VT_2。当VT_2的MOS通道已经建立，但是漂移带还没有充满电荷载流子时，IGBT在这个点上会有一个相对大的内部等效电阻。这个电阻和已经被导通的电流I_U会在IGBT中较短时间内产生电压降，这个电压降比IGBT在相同电流情况下标称饱和电压还要大。直到IGBT完全充满了电荷载流子，逐步降至标称饱和电压。另外，二极管VD_2的换流路径到IGBT VT_2时，由于内部杂散电感会导致瞬时电压，同时叠加上前面所述电压。如果总电压大于激励级的U_{CEsat}监控反馈临界值，将会产生误动作，此时电容C_{b1}将不会在测量电压U_{CEsat}的阶段提供消隐时间。

为了更好地阐述造成U_{CEsat}误动作的原理，图6.50给出其简化转换动作的仿真图，这也是众所周知的被动开通。图7.28展示了另外一个例子。

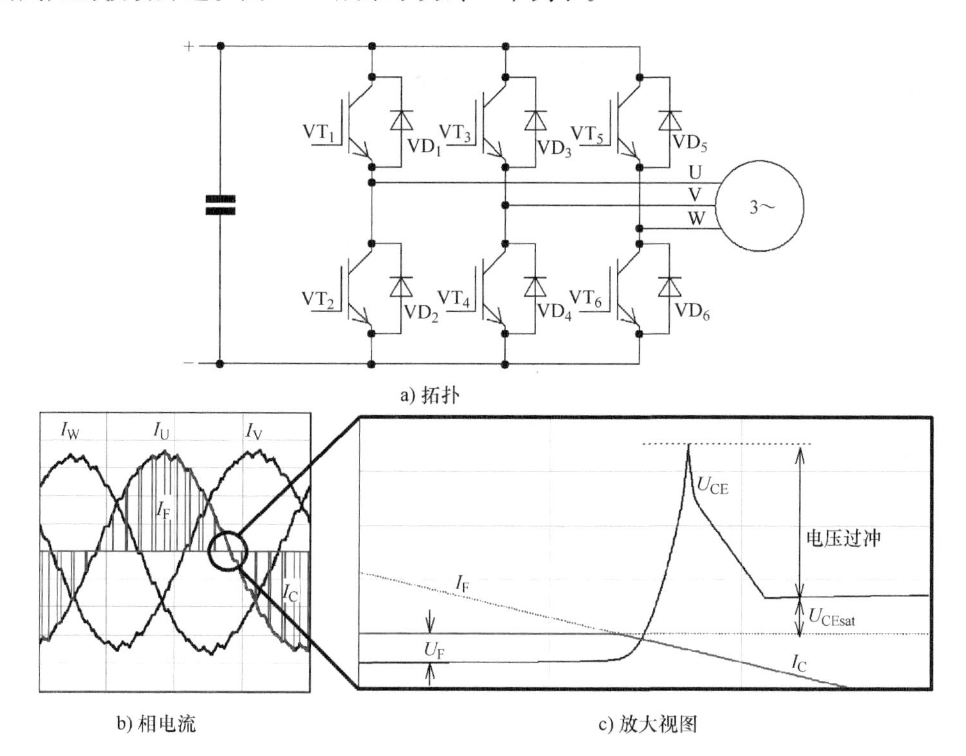

图6.50　相电流过零点时IGBT中瞬时电压的简化仿真

2. 带有容性负载的 U_{CEsat} 监控

如果电力电子电路的负载为容性负载，将会产生很高的反向充电电流（取决于它们的时间常数和电力电子开关的特性）导致 IGBT 欠饱和。下面以电缆电容为例解释这一现象，如图 6.51 所示。

电压 U_{CEsat} 误触发的其中一个原因是足够大的电容反向充电电流导致的 IGBT 欠饱和。比如在电机屏蔽电缆中，这种现象出现在当半导体被开通之后。根据 IGBT 技术不同，IGBT 的开通电流是其额定电流的几倍。电缆越长，电缆等效电容就越大。屏蔽电缆相比于未屏蔽电缆有更大的电缆电容。特别是对于小电流的 IGBT，仅仅是几米长的屏蔽电缆就有可能出现欠饱和。如果 U_{CEsat} 监控没有足够长的消隐时间 t_{bl}，那么误触发就会不经意地出现。逆变器输出滤波器（主要是电感）能够解决这一问题（详见第 13 章 13.10.3 节）。

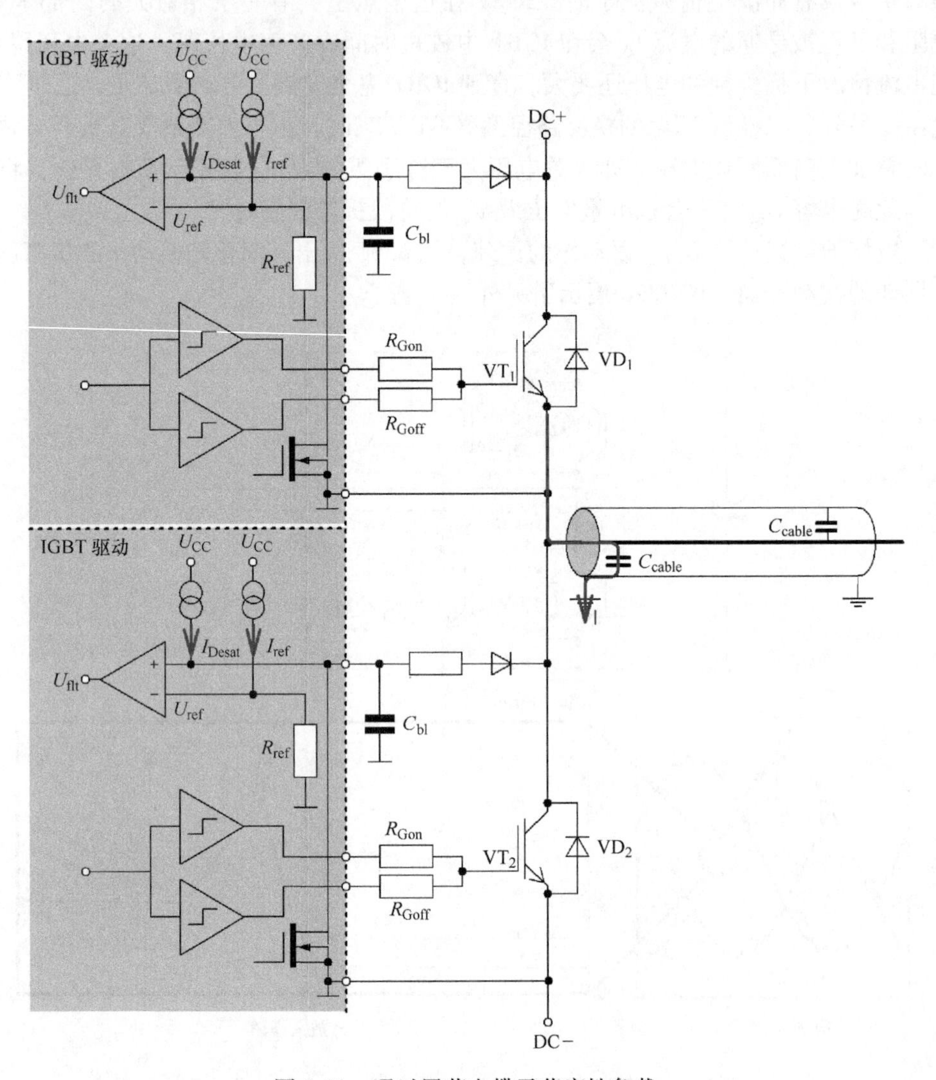

图 6.51　通过屏蔽电缆示范容性负载

6.7.2　集－射极钳位

当出现电流过载或者短路时，由于 di/dt 很高且在换流通路存在杂散电感，会导致电压过冲，这将可能超过 IGBT 的击穿电压并损坏 IGBT。如果直流母线电压很高，将会严格限制 IGBT 的应用范围。一种保护 IGBT 免受高压过冲损坏的方法就是集－射极钳位，也称为有源钳位㊀。图 6.52 给出了有源钳位的两种电路变体。所有的有源钳位电路，都是通过限制集电极和发射极之间的电压达到某一特定值而实现钳位目的。

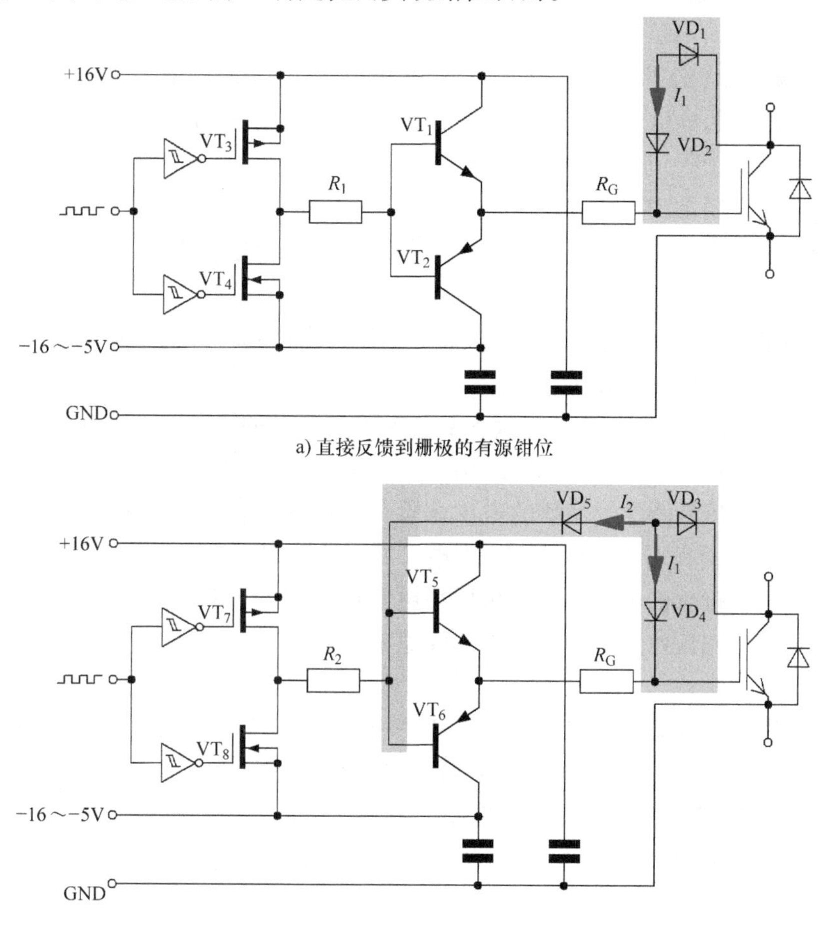

图 6.52　集－射极钳位（有源钳位）

如图 6.52 所示，有源钳位的原理是：只要集电极处的电位超过了某一特定电压临界值 U_{CE}，单向的 TVS㊁二极管 VD_1 就会导通且通过电流。这时 VT_2 开通，IGBT 被关断。如果 U_{CE}

㊀ 有源钳位这个术语不仅用于集－射极钳位，也用于其他阻尼电路。本书中，有源钳位专用于集－射极钳位。

㊁ TVS（瞬态电压抑制器）通常指用于抑制短时峰值电压的元件。例如，二极管和压敏电阻能用作 TVS 元件。TVS 二极管分为两类：单向和双向 TVS 二极管。当电压超出特定值时，单向 TVS 二极管只能抑制正向峰值电压，然而双向 TVS 二极管可以抑制正向和反向的峰值电压，这个值超出一个固定值。详见第 1 章 1.2.4 节。

电压高于二极管 VD_1 的雪崩电压，电流 I_1 流过 VD_1、VD_2、R_G 和 VT_2。为了减少其关断过程中的 di/dt，并且再次开通 IGBT，栅极电阻 R_G 的压降要高于 IGBT 的临界电压 $U_{GE(TO)}$。因此，为了增加栅极电压，必须产生大电流。

$$I_1 = \frac{\Delta U_{th}}{R_G},\ \Delta U_{th} > U_{GE(TO)} - U_{GEmin} \tag{6.20}$$

式中，ΔU_{th}为直到 IGBT 导通的栅极电压（V）（由负的栅极电压或单极性驱动的 0V 和 IGBT 临界电压组成。ΔU_{th}必须大于这两个电压的差值）；R_G 为外部栅极电阻（Ω）；I_1 为二极管 VD_1 的电流（A）。

例如，如果 IGBT 外部栅极电阻为 1Ω，栅极电压为 -15V，而临界电压为 6V，再次开通 IGBT，即控制它的电流 I_1 必须大于 21A，因此 TVS 二极管 VD_1 和阻断二极管 VD_2 必须满足这些脉冲电流的需求。此电路也有如下很多缺点：

- 这类二极管通常需要接线，并且会占用很多空间；
- 由于功能强大 TVS 二极管属于高压二极管，因此价格较贵。常用 TVS 二极管的系列型号为 1.5KExxx；
- 由于结电容较大，所以 IGBT 开关时，电流都会被 du/dt 额外加大；
- 击穿电压与温度密切相关。

另一个更加简洁的方案是把信号反馈到可控栅极驱动的栅极，如图 6.52b 所示。电流 I_2 通过阻断二极管 VD_5、电阻 R_2 和 MOSFET VT_8。电阻 R_2 比 R_G 的阻值要高很多，所以只要电流 I_1 有一部分流出就能产生足够的电压来打开 VT_5 和关闭 VT_6。一旦 VT_5 导通，I_1 不再通过栅极电阻 R_G，而是对输入电容 C_{GE}充电。所有这些都对电路有如下好处：

- 因为通过二极管的电流很低，可以用更便宜的 TVS SMD 二极管；
- 所需要的空间仅由爬电距离和电气间隙来决定；
- 电路反应非常快。

当 TVS 二极管被击穿时，IGBT 的集-射极的设定钳位电压取决于以下电压之和：TVS 二极管 VD_1 或 VD_3 的压降，阻断二极管 VD_2 或 VD_4 的压降，可选串联电阻的压降，如果选用了升压电路其基-射极电压降和 IGBT 栅-射极电压。就实际设计而言，充分地考虑 TVS 二极管 VD_1 或者 VD_3 的击穿电压及 IGBT 栅-射极电压就足够了。但应该牢记的是 TVS 二极管的击穿电压与时间相关，其关系为

$$U_Z \cdot (1 + \alpha_T \cdot \Delta\vartheta_j) \cdot (1 + T_Z) + U_{CD} \leqslant U_{CE,peak} \tag{6.21}$$

式中，U_Z 为 TVS 二极管标称击穿电压（V）；α_T 为 TVS 二极管的温度系数（K^{-1}）；$\Delta\vartheta_j$ 为 TVS 二极管相对于 25℃时的结温差（K）；T_Z 为 TVS 二极管的误差（%）；U_{CD}为 TVS 二极管的动态过电压（V）；$U_{CE,peak}$为 RBSOA 的 IGBT 图表给出的最大集-射极电压[㊀]（V）。

其他选择 TVS 二极管的条件如下：

- 标准化后的电流脉冲的脉冲耗散功率 P_{PPM}；

㊀ 考虑到模块内的杂散电感，从数据手册 RBSOA 图表中推导出的电压低于该模块的标称击穿电压值。模块的标称值通常与芯片电压等级有关，而 RBSOA 值是模块外部接线端子的值。

- 最大阻断电压 U_{WM}，等于系统的额定电压；
- 最小击穿电压 U_{BR}，其电压比最大的阻断电压 U_{WM} 大大约 10%；
- 最大钳位电压 U_Z。根据式（6.21）可知，电压峰值被限制在 U_Z，但是该电压依赖于温度。

TVS 二极管的电路模型和 I/U 曲线如图 6.53 所示。

图 6.54 给出了短路跳闸[⊖]时有源钳位的运行模式。这个例子中的直流母线电压 U_{DC} 为 800V，采用 1.2kV 的 IGBT，所以当短路或者电流过载时，有源钳位必须保证 IGBT 的集－射极电压保持在 1.2kV 以下。这个例子中应用了一个标称电压 U_Z = 920V 的 TVS 二极管。然而，如图 6.54 所示，因为 TVS 二极管对温度的依赖性和误差加上 IGBT 的栅－射极电压，在关断过程中集－射极电压约为 1050V。

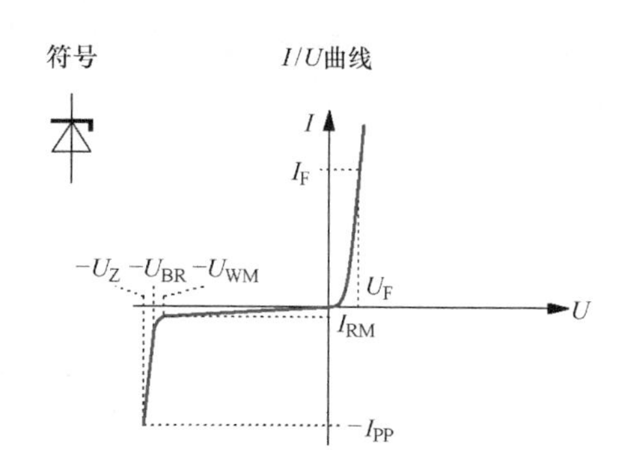

图 6.53 TVS 二极管的电路模型和 I/U 曲线

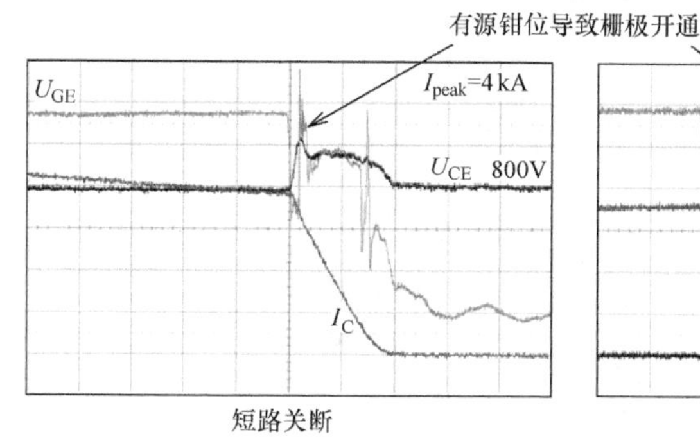

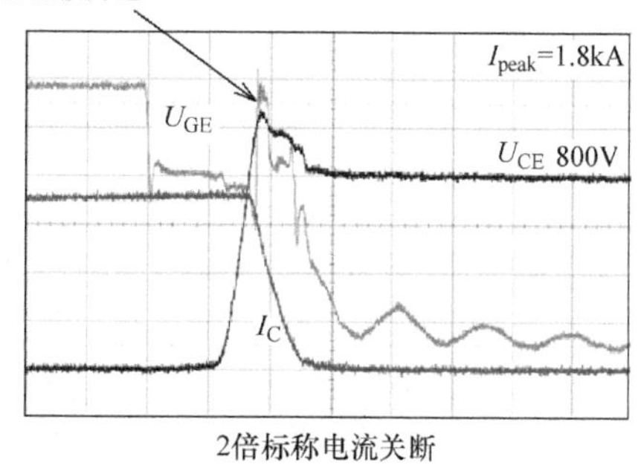

图 6.54 集－射极钳位（有源钳位）的效果

表 6.10 给出了适用于有源钳位电路的 TVS 二极管：

表 6.10 适用于有源电路的 TVS 二极管

制造商	型号	封装
常用的几个制造商有德欧泰克，美高森美，意法半导体，威世半导体等	1.5KE6.8xx －1.5KE540xx	DO－201
	P6SMB220xx－P6SMB550xx	SMB
	SMBJ5.0xx－SMBJ188xx	SMB

1. 选择性有源钳位

一些特定工况下，直流母线电压值可能升高以致超过 TVS 或者抑制二极管的击穿电压，但是仍然会低于 IGBT 的阻断电压。像太阳能逆变器的一些应用，冬天电池板电压通常要比夏天的高。如果逆变器停止工作就会导致直流母线上的能量无法耗散，通过有源钳位电路中

⊖ U_{CEsat} 监控可以识别短路故障。

TVS二极管的电流就可能过载，二极管和其他元件的过载最终会导致IGBT驱动器的毁坏。因此在类似应用中，很有必要取消有源钳位电路或者增加TVS二极管额定电压，虽然后者会减弱有源钳位的有效性。

在有些应用中，再生能量会升高直流母线电压（混合动力车），因此有必要改进有源钳位电路。改进的目的是为了当IGBT没有被触发时确保有源钳位不被激活。换句话说，除非IGBT工作正常，否则该电路禁止运行。其他情况下，有源钳位必须保持关闭状态。这种改进主要是加入额外元件实现的，比如在钳位通路中插入一个开关 S_1，栅极驱动信号参与对它的控制，如图6.55a所示。可以通过一个双极性晶体管 VT_4 代替开关实现工作状态的切换，如图6.55b所示。

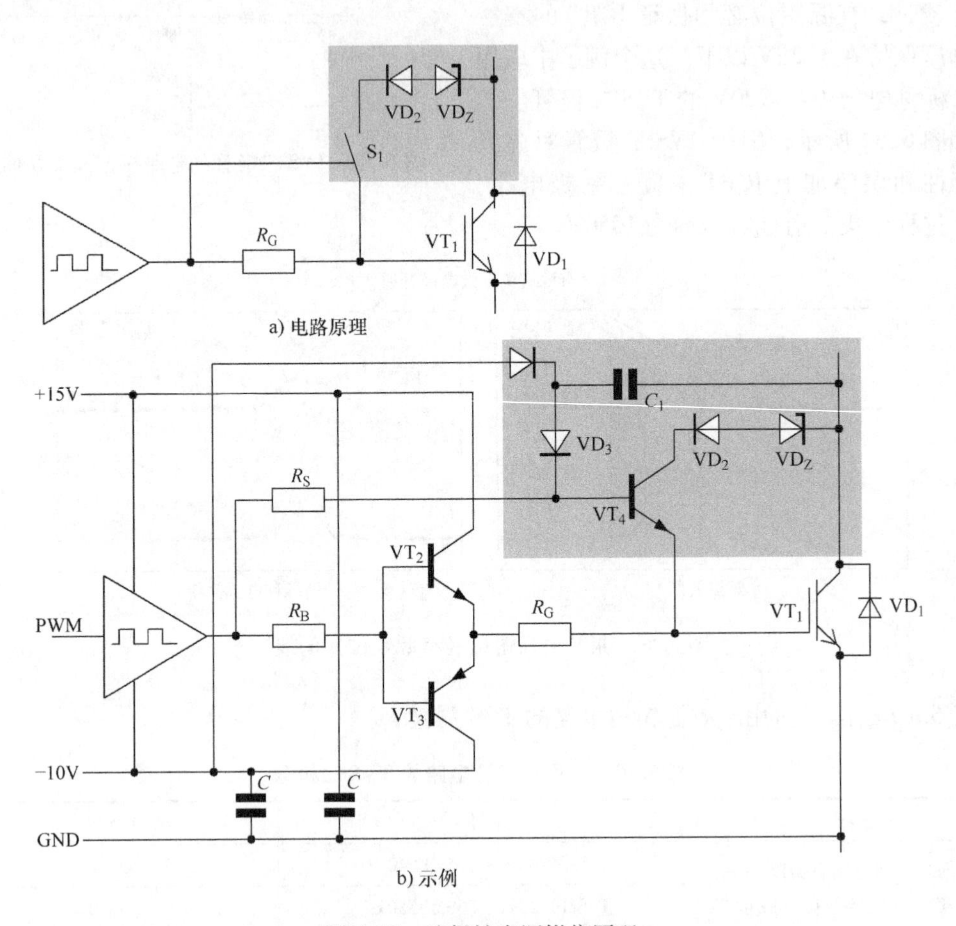

图6.55　选择性有源钳位原理

TVS二极管 VD_Z 的击穿电压和晶体管 VT_4 的击穿电压之和至少比 VT_1 的击穿电压要大。例如，如果一个920V的钳位二极管和一个1.2kV的IGBT配合使用，VT_4 必须具有至少280V的阻断能力。只要直流母线电压没有超出IGBT的击穿电压，就能有效地保护IGBT。然而，有效的钳位电压仍是由TVS二极管 VD_Z 和栅-射极电压 U_{GE} 所决定。

如果忽略晶体管 VT_4，其功能与传统的有源钳位电路本质上是一致的，这个晶体管的功能是为了“装备”钳位电压。每当驱动器触发 VT_1 时，VT_4 受到一定的偏置电压，尽管其

不足以导通晶体管。但是一旦 IGBT 的集电极的 du/dt 足够高时，就会有电流通过电容 C_1 ㊀，并帮助打开双极性晶体管，然后电路就会像正常的有源钳位电路一样工作。

当 IGBT 采用这个电路后，在直流母线电压降到其额定值前不要触发 IGBT，该电压比钳位电压要低。

图 6.56 给出了选择性有源钳位的工作模式及晶体管 VT_4 的功能。当直流母线电压 U_{DC} 低于击穿电压 U_Z 时，电路会向正常钳位电路一样工作（见图 6.56a）。如果逆变器的逻辑电路识别到直流母线电压升高到高于钳位电压（见图 6.56b），就会关断 IGBT VT_1。在这种情况下，由于 VT_4 禁止钳位电路工作，所以 IGBT 不会以一种不可控的方式偏置而开通。在图 6.56 中，控制电压标记为 U_{BE}，代表了 VT_4 基极和 VT_1 发射器之间的电压。

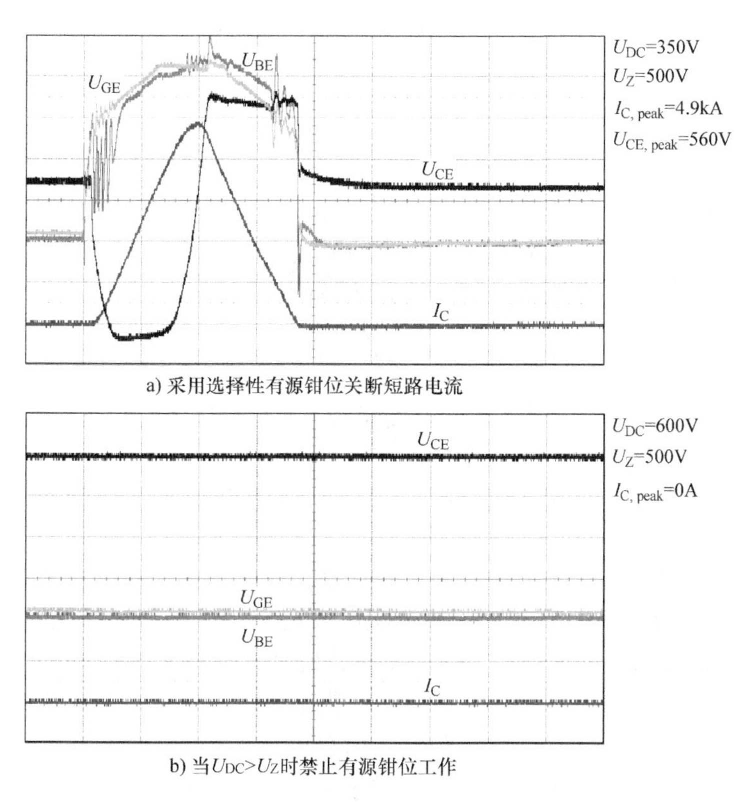

a) 采用选择性有源钳位关断短路电流

b) 当 $U_{DC}>U_Z$ 时禁止有源钳位工作

图 6.56　选择性有源钳位（工作模式）

可以通过 VT_4 的延时控制来代替上述电路。一旦 IGBT 驱动输出级关断，开关 VT_4 一直保持关闭状态，直到下一个 IGBT 驱动信号出现，VT_4 延时几个微秒才会打开。

注：有源钳位和选择性有源钳位并不适合限制一般的开关过电压。对于正常开关工作过程，可以通过调整换流通路中的杂散电感或者降低关断时的电流斜率等措施来控制过电压。频繁地、长期地使用有源钳位会使元件负荷过载，然而这些元件只是为瞬态设计的，也就是说只适合短期的、非重复性的故障。尽管如此，这也会明显地增加 IGBT 的开关损耗。

㊀ 由于需要阻断直流母线电压，所以电容 C_1 必须有足够的绝缘等级。对于一个 600V 的 IGBT，推荐使用绝缘等级为 1kV 的电容。电容容量可在 330pF ~ 1nF 之间（这取决于应用和所选的晶体管 VT_4 类型）。

2. 动态电压上升控制（DVRC）

对于场终止（见第1章1.5.3节）IGBT有这样的一个特点，即在高直流母线电压或高开关过电压关断时，不会形成拖尾电流。特别是在低温时，很容易产生这种效应。这是由IGBT的结构决定的。在关断时，IGBT内部的电场会扩展，并提取出该区域所有的载流子。而剩下的载流子不受电场的影响无法生成拖尾电流。集-射极电压较高时，如果电场能够到达场终止层，将不会剩余载流子，电流很快降低，也不会产生拖尾电流，但是这样会导致振荡。对于第一代大电流Trench-FS IGBT㊀，这种现象非常明显。大电流应用中，由于其杂散电感无法有效地降低，达到满足其额定电流的需求，导致di/dt增加。这将产生很高的关断过电压，最终会在关断阶段产生振荡，如图6.57所示。

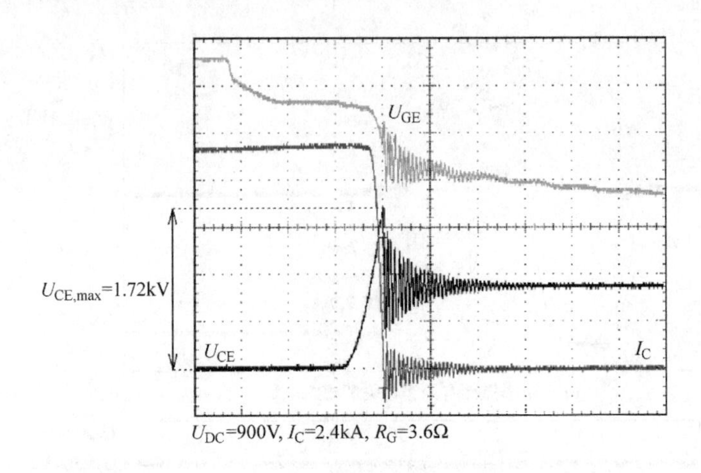

图6.57　第一代2.4kA/1.7kV Trench-FS IGBT关断阶段的振荡

对于这种情况可以采用一种方法抑制这些振荡，即用一个大的栅极电阻去减少di/dt及降低由此引起的开关过电压。然而，这种传统的方法会明显地增加损耗。对于同一类型的IGBT，关断损耗E_{off}和最大直流母线电压U_{DC}的关系如图6.58所示㊁。

因为栅极电阻增大会增加损耗，所以不建议使用这种方法。建议采用另外一种方法：当IGBT关断时，通过控制IGBT的du/dt和集-射极电压的最大幅值来控制di/dt。通过BJT发射极跟随器控制IGBT的du/dt和关断电压来控制IGBT的栅极信号。作为一种选择，这种持续性的干涉能够调整开关电压，从而达到最小化IGBT关断损耗的目的。这需要与VTS二极管VD_{DVRC1}到VD_{VDRCx}配合实现，如图6.59所示。当IGBT关断时，只要动态电压低于电压U_{DVRC}，DVRC电路就会停止活动。在IGBT关断过程中，一旦IGBT的du/dt超过这个U_{DVRC}，就会在R_3上产生一个控制电压，这使得晶体管VT_2导通。开始形成电流I_{DVRC}，并在R_4上产生压降，从而再次打开晶体管VT_3且使IGBT VT_5进入线性区。因此采用DVRC后，集电极电流的变化率di/dt将减小，开关过电压也会降低。然而，如果此时开关过电压

㊀ 随后Trench-FS IGBT根据不同的应用对象而优化，比如小功率，中等功率或大功率应用。例如，第二代大电流Trench-FS IGBT采用软关断设计，防止在同样情况下第一代IGBT发生振荡。

㊁ 图中所绘曲线的右侧，由于会产生过电压，所以IGBT绝对不允许工作在这种工况下。

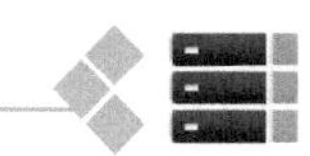

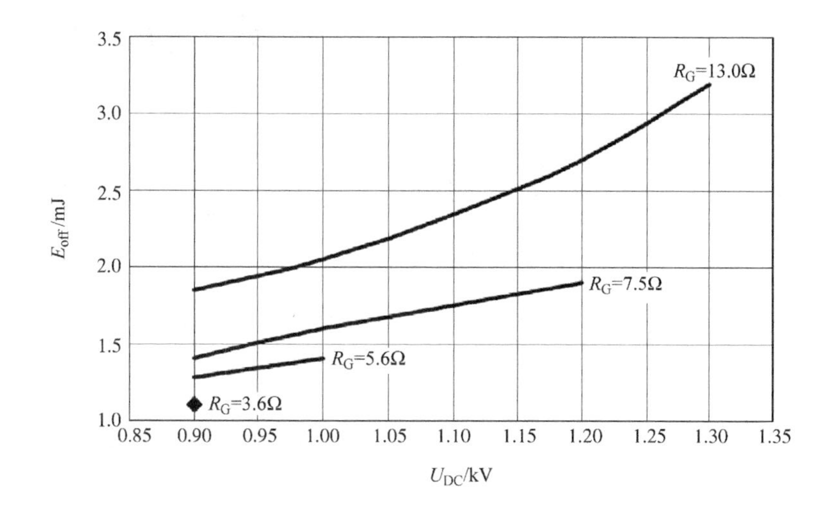

图 6.58 第一代 Trench - FS 2.4kA/1.7kV IGBT 模块的关断损耗与直流母线电压和栅极电阻的关系

仍然太高，危及 IGBT，钳位二极管 VD_{AC1} 到 VD_{ACx} 将开始投入工作。应当注意的是，二极管 VD_{DVRC1} 到 VD_{DVRCx} 也是属于有源钳位二极管的范畴。可以通过单个关断周期来描述 DVRC 电路的功能，如图 6.59 所示。

在 t_1 时刻，集 - 射极电压 U_{CE} 开始升高，而电压上升斜率由栅极电阻 R_G 决定。在 t_2 时刻，电压 U_{CE} 到达了阀值电压 U_{DVRC}，这是由二极管 VD_{DVRC1} 到 VD_{DVRCx} 决定的。电流开始流过电容 C_{DIF}，从而通过 DVRC 电路触发 IGBT VT_5。经过短暂的延迟后，U_{CE} 的电压上升斜率开始减小。本例中，从 t_3 开始，U_{CE} 达到了有源钳位电路的极限电压，这包含 DVRC 二极管 VD_{VDRC1} 到 VD_{DVRCx}，以及二极管 VD_{AC1} 到 VD_{ACx} 决定的电压，其结果是限制了 U_{CE} 的大小。直到 t_4 时刻，随着集电极的电流减弱，关断过程结束。

图 6.60 给出了 DVRC 和 DVRC 加有源箝位的对比实验结果，这里采用了 2.4kA/1.7kV IGBT 模块。关断过程的开始阶段，由于栅极电阻确定了 du/dt，使得集电极电压以一定斜率升高。一旦达到阈值电压 U_{DVRC}，电压上升斜率减小，同时电流下降斜率也减小，从而防止强烈振荡和过电压。图 6.60b 同时运用到了有源钳位电路，直流母线电压由 900V 增加了 400V 到 1.3kV。即使在这些情况下，在模块 1.5 倍的额定电流下，也很少有振荡。这两种方法中的栅极电阻只有 2Ω，而图 6.57 中所使用的栅极电阻为 3.6Ω。

图 6.61 比较了相同类型的 IGBT 带有 DVRC 和没有 DVRC 的关断损耗 E_{off}，并给出了关断损耗和直流母线电压 U_{DC} 的关系，其中没有 DVRC 的 IGBT 用了一个 13Ω 的栅极电阻，而带有 DVRC 功能的 IGBT 模块的栅极电阻只有 2Ω。

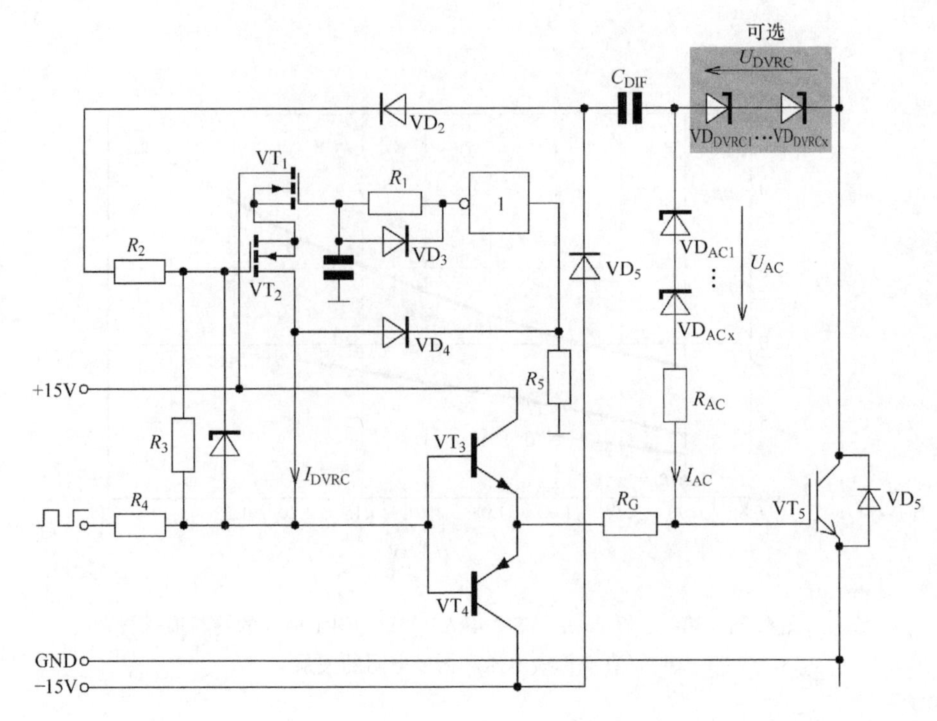

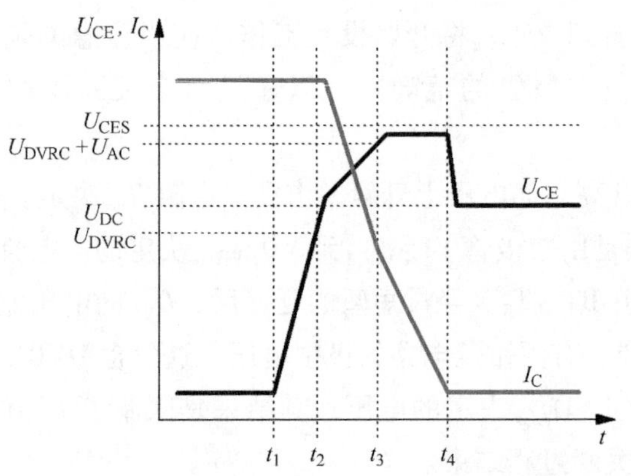

图 6.59　动态电压上升控制（DVRC）电路及其工作原理

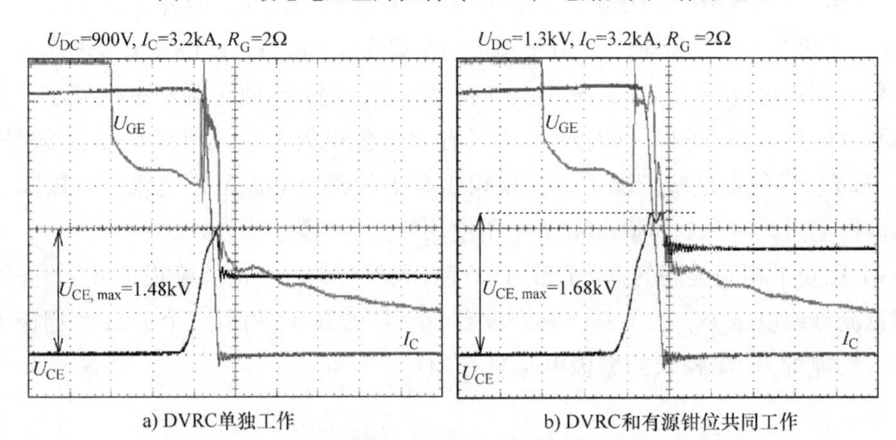

图 6.60　2.4kA/1.7kV IGBT 模块 DVRC 实验波形，其中集电极电流 3.2kA，直流母线电压分别为 900V 和 1.3kV

正是由于 DVRC，现在 IGBT 模块可以安全地运行在大电流模式而不用增加栅极电阻的体积（会增加关断损耗），同样当直流母线电压高于数据手册的标称值[⊖]时，IGBT 模块具有足够的过电流能力。

与有源钳位相比，DVRC 必须能够频繁地使用，且能在每一个开关过程控制 IGBT 的栅极。然而，需要检测系统的温度。这是因为 IGBT 在冷态开关时会产生很高的 du/dt。这时即使只有很小的开关电流，du/dt 也会增加，DVRC 的介入也会更频繁，这是因为 du/dt 增加，导致电流通过 C_{Dif}，在 R_3 上产生电压。

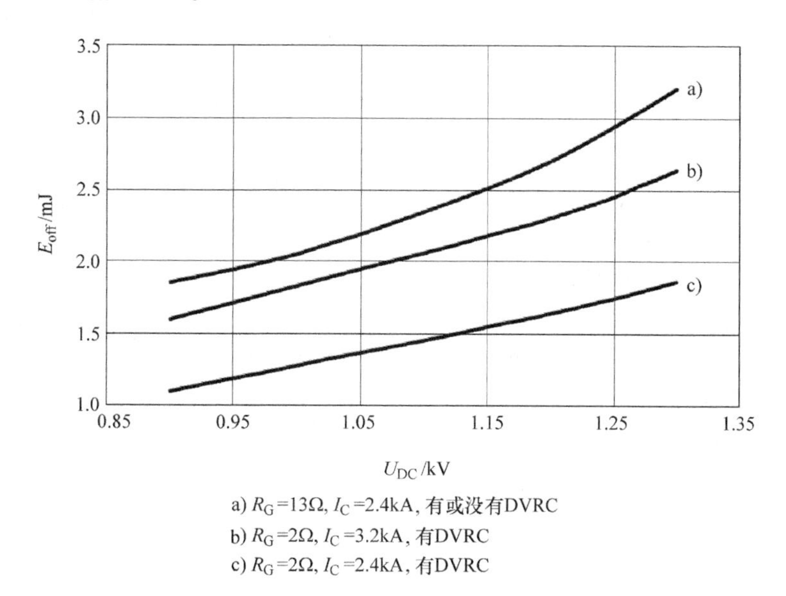

图 6. 61　2. 4kA/1. 7kV IGBT 模块具备 DVRC 和没有 DVRC 的关断损耗比较

3. 动态有源钳位

在某些特定的情况下，有源钳位可能会反应太慢，比如在栅极上的反馈作用直到栅极电压降低到门槛电压 $U_{GE(TO)}$ 以下才会起作用。对于高压模块，这种现象特别明显，如果有源钳位的目的是改善关断大电流时的过电压，那么这种现象有可能会损坏模块。图 6. 62a 展示了一个这种类型的故障。

这个故障的原因是，尽管 IGBT 的 MOS 通道已经关断，但是仍有相当大的电流流过 IGBT。从 MOS 通道不再通过任何电荷开始，其负载电流只能依靠空穴电流。动态有源钳位的原理很简单，就是在负载电流明显降低之前，保持 MOS 通道开通，因此允许自由电子和空穴电流通过（见图 6. 62b）。

⊖ 上述应用示例中利用的是 U_{CES} 值为 1. 7kV 的 IGBT 模块，而数据手册中的标称电压为 900V。由于主电源的波动，模块在工作时，其实际直流母线电压可能会高于这个值。在实际应用中，考虑可能出现的振荡及其导致的 EMI 问题，在设计时要保留一定的额外安全裕量。

如本节所讨论的传统意义上的有源钳位，TVS 二极管的标称电压要高于直流母线电压，但要低于 IGBT 的阻断电压。另一方面，动态有源钳位所要选择额定电压低于直流母线电压的 TVS 二极管。为了防止 IGBT 永久性的开通，需要在二极管链中加入一个电容来阻断直流电压分量。当超过 TVS 二极管的电压时，根据式（6.22），由于电容的作用，电压瞬变 $\mathrm{d}U_{CE}/\mathrm{d}t$ 产生位移电流。

$$I_{AC} = C_{AC} \cdot \frac{\mathrm{d}U_{CE}}{\mathrm{d}t} \qquad (6.22)$$

这种情况下，一旦达到触发电压，相比于传统的有源钳位，将会更早地重新打开栅极。为了达到比较的目的，在和图 6.22a 相同条件下，图 6.62b 采用动态有源钳位电路保护 IGBT 免受损坏。动态有源钳位的电路原理如图 6.63 所示。

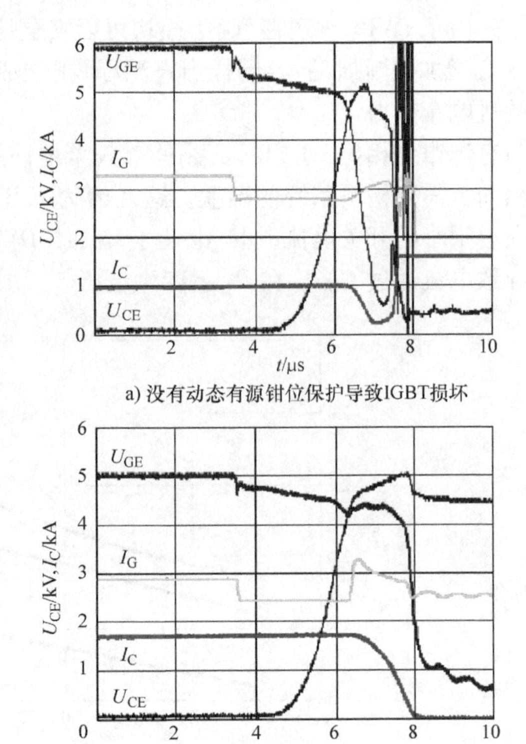

a) 没有动态有源钳位保护导致IGBT损坏

b) 动态有源钳位电路保护IGBT免受损坏

图 6.62 6.5kV IGBT 模块的关断过程

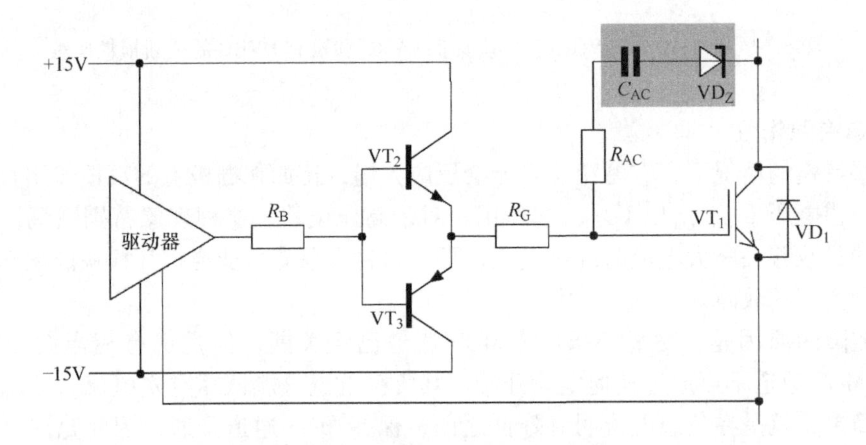

图 6.63 动态有源钳位的电路原理

6.7.3 栅极钳位

前文已经提过，位移电流能够通过 IGBT 的密勒电容给栅极充电。这个过程可能会增加 IGBT 栅极电压，特别是当关断过电流和短路电流时，如果出现短路，IGBT 的传输特征为

$$I_{SC} = f(U_{GE}) \qquad (6.23)$$

式中，I_{SC}为短路电流（A）。

因此，将栅极电压限制在某一最大值很重要，这样可以使得短路电流的值不至于过大，并且不会超出最大的短路能量。图 6.64 给出了 1.2kV IGBT 栅极电压、短路电流和最大短路时间的关系。栅极钳位限制了最大的栅极电压，因此也限制了最大的短路电流。

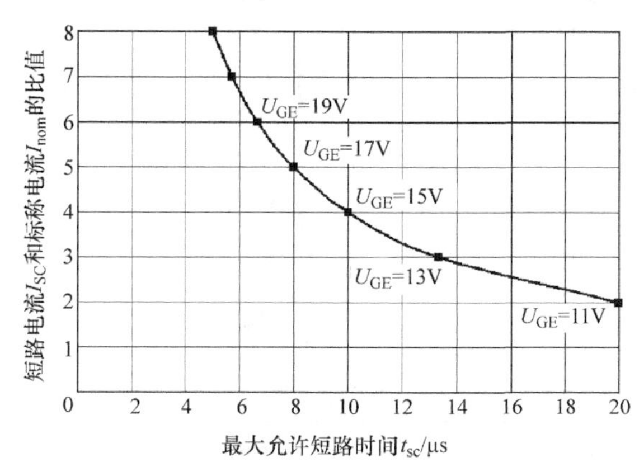

图 6.64 栅极电压、短路电流和最大短路时间之间的关系

图 6.65a 和 6.65b 展示了两种不同的栅极钳位方法。首先，可以利用一个单向或双向的 TVS 二极管接在 IGBT VT_1 的栅极和发射极之间。这可以限制栅极电压不超过 TVS 二极管的击穿电压，考虑误差和温度的影响，即

$$U_Z \cdot (1+\alpha_T \cdot \Delta\vartheta_j) \cdot (1+T_Z) \leqslant U_{GE,peak} \tag{6.24}$$

另外一种栅极钳位的方法是通过二极管 VD_2 直接将栅极和驱动电源电压连接，因此栅极电压被限制在电源电压以内，再加上二极管正向压降和误差。当驱动输出级是轨对轨输出时，这种类型的限制尤其有效，当电源电压为 +15V 时，如果出现短路，栅极电压可以有效地被限制在 +16V 以内。

在选择二极管时，应当注意某些特定的参数。对于 TVS 二极管而言，高低击穿电压之间通常都会有一个较宽范围，如图 6.66 所截取的数据手册所示。除了误差，也需要考虑温度对最小工作电压的影响，因为它会随温度升高而增大。为了使短路电流在可控范围之内并且使短路后的关断时间最大化，十分有必要把标准 15V 的正栅极电压降到 14V。这样，当考虑所有的因素之后，最大的栅极电压不会太高。

如果栅极被正电源[⊖]钳位，必须保证在高温下所用二极管的漏电流或反向电流 I_R 较低。如果反向电流太高，就成为驱动器电源不必要的负载，反向电流也会造成栅极电压的增加（此时 IGBT 处于关断状态）。在这种状态下，如果驱动级对地具有高阻抗，也可能会降低对 IGBT 阈值电压 $U_{GE(TO)}$ 的额定差值。在一些不利条件下，IGBT 可能会出现寄生开通。双向 TVS 二极管的电路符号和 I/U 曲线如图 6.67 所示。

⊖ 缓冲电容在栅极钳位中通常作为电源电压的参考点。如果驱动器和栅极之间存在升压级，升压级的缓冲电容就是参考点。

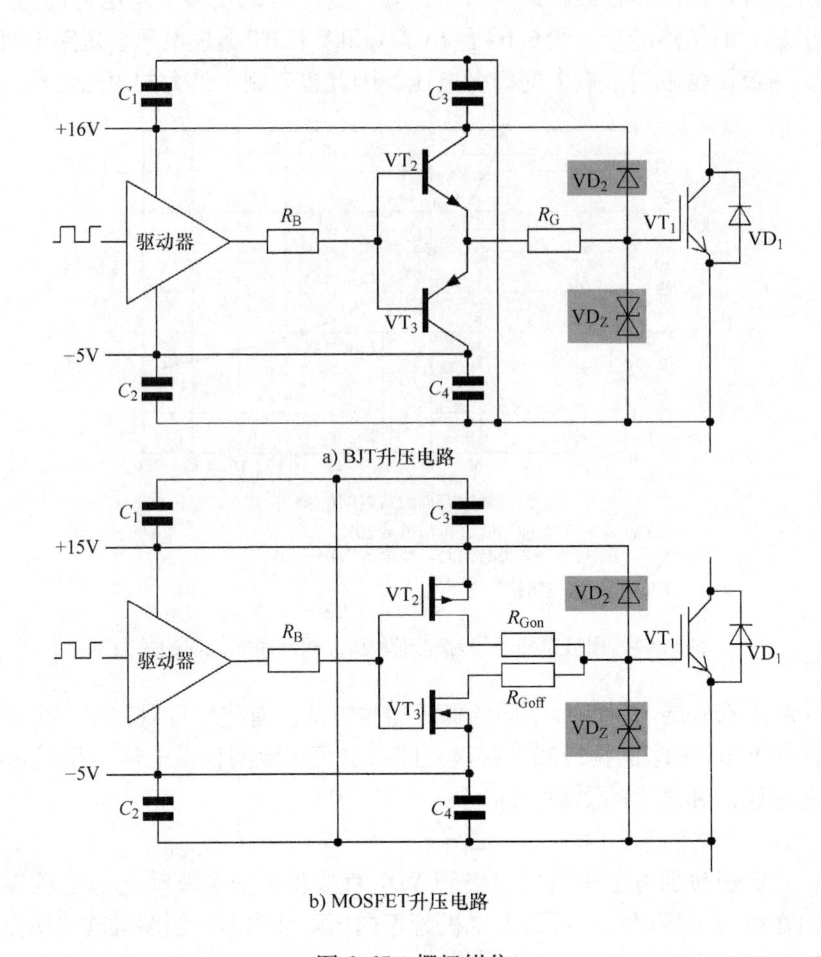

图 6.65　栅极钳位

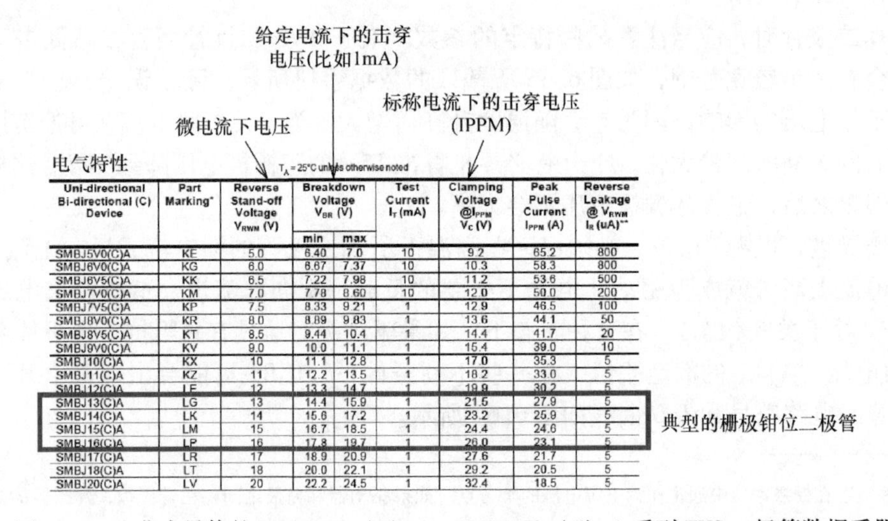

电气特性

T_A = 25°C unless otherwise noted

Uni-directional Bi-directional (C) Device	Part Marking*	Reverse Stand-off Voltage V_{RWM} (V)	Breakdown Voltage V_{BR} (V)		Test Current I_T (mA)	Clamping Voltage @I_{PPM} V_C (V)	Peak Pulse Current I_{PPM} (A)	Reverse Leakage @ V_{RWM} I_R (uA)**
			min	max				
SMBJ5V0(C)A	KE	5.0	6.40	7.0	10	9.2	65.2	800
SMBJ6V0(C)A	KG	6.0	6.67	7.37	10	10.3	58.3	800
SMBJ6V5(C)A	KK	6.5	7.22	7.98	10	11.2	53.6	500
SMBJ7V0(C)A	KM	7.0	7.78	8.60	10	12.0	50.0	200
SMBJ7V5(C)A	KP	7.5	8.33	9.21	1	12.9	46.5	100
SMBJ8V0(C)A	KR	8.0	8.89	9.83	1	13.6	44.1	50
SMBJ8V5(C)A	KT	8.5	9.44	10.4	1	14.4	41.7	20
SMBJ9V0(C)A	KV	9.0	10.0	11.1	1	15.4	39.0	10
SMBJ10(C)A	KX	10	11.1	12.8	1	17.0	35.3	5
SMBJ11(C)A	KZ	11	12.2	13.5	1	18.2	33.0	5
SMBJ12(C)A	LE	12	13.3	14.7	1	19.9	30.2	5
SMBJ13(C)A	LG	13	14.4	15.9	1	21.5	27.9	5
SMBJ14(C)A	LK	14	15.6	17.2	1	23.2	25.9	5
SMBJ15(C)A	LM	15	16.7	18.5	1	24.4	24.6	5
SMBJ16(C)A	LP	16	17.8	19.7	1	26.0	23.1	5
SMBJ17(C)A	LR	17	18.9	20.9	1	27.6	21.7	5
SMBJ18(C)A	LT	18	20.0	22.1	1	29.2	20.5	5
SMBJ20(C)A	LV	20	22.2	24.5	1	32.4	18.5	5

图 6.66　飞兆半导体的 SMBJ5V0（C）A—SMBJ170（C）A 系列 TVS 二极管数据手册

与 PN 结二极管相比，肖特基二极管的正向电压很低，因为这个正向电压要和电源电压相加，因此更适合用在这里。当选用 PN 结二极管后钳位电压至少为 17V，特别是在 BJT 输出的栅极驱动中。但是当肖特基二极管用于 MOSFET 推挽输出级时，有可能把栅极电压 U_{GE}钳在 +15V。相比于 PN 结二极管，肖特基二极管的缺点在于它们在高温时反向电流更高。因此必须根据其反向电流的特征选择合适的肖特基二极管。在图 6.68 中，US1B 代表快恢复 PN 二极管，ZLLS1000 为肖基特二极管，并给出了它们的反向阻断电流特性。由 NXP 生产的 PME G4010 是被证明可用的肖特基二极管。

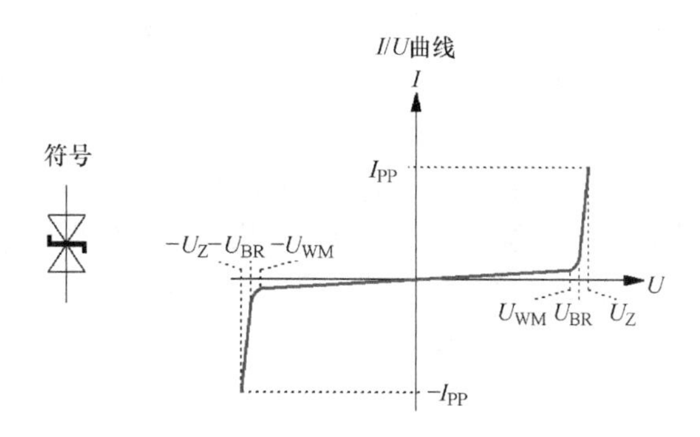

图 6.67　双向 TVS 二极管的电路符号和 I/U 曲线

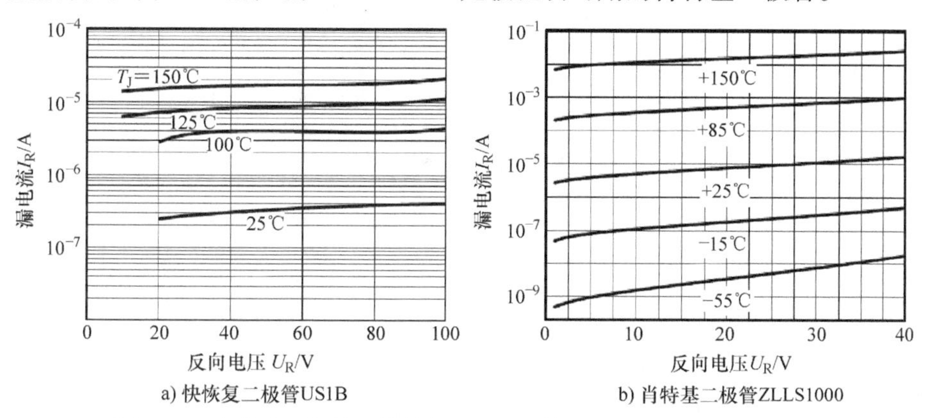

图 6.68　肖特基二极管和快恢复 PN 二极管的 $I_R=f(U_R, T_j)$ 特性

更进一步的，为了不对栅极钳位产生消极影响，栅极电压和电源之间的杂散电感应该尽可能的小。

注：就像有源钳位，栅极钳位也不适合永久性用于正常开关过程。驱动级电流会有一部分通过钳位二极管，这会造成驱动负载不必要的增加。

6.7.4　密勒钳位

在关断 IGBT 时，对于没有负栅极电压的驱动，通常用 0V 代替。在某些情况下，已经关断的 IGBT 可能被再次开通很短的时间。如果其他器件的开关过程在它的集电极产生 du_{CE}/dt，那么其内部的密勒电容 C_{GC}就会有位移电流流过，即

$$i_{GC} = C_{CG} \cdot \frac{du_{CE}}{dt} \tag{6.25}$$

这个电流会流过内部的栅极电阻（如果存在）、外部的栅极电阻和驱动器，最后到地（该地通常与 IGBT 的发射极电位相对应），并在栅极电阻和驱动的内部电阻 R_{DX}上引起电压降，即

$$u_{GE} = i_{GC} \cdot (R_{Gint} + R_{Gext} + R_{Dr}) \tag{6.26}$$

如果 u_M 达到 IGBT 的阀值电压 $U_{GE(TO)}$，IGBT 就开始导通。u_M 越大，IGBT 就被打开得

越多，这就是众所周知的IGBT寄生开通。这种开通的状态通常只持续很短的时间，大概在几十个纳秒到100ns之间，但是会导致很高的IGBT损耗，而且会影响相邻的电子设备，并导致故障（见第7章7.2.2节）。

为了防止寄生开通，必须确保u_M比IGBT的阀值电压小。一种可行的方法就是当IGBT关断时，在栅极和电源地之间构建一条低阻低感通路。这种栅极到电源地的钳位叫作密勒钳位。图6.69展示了几种不同的密勒钳位电路。一种方法是利用分立的PNP晶体管VT_3，当

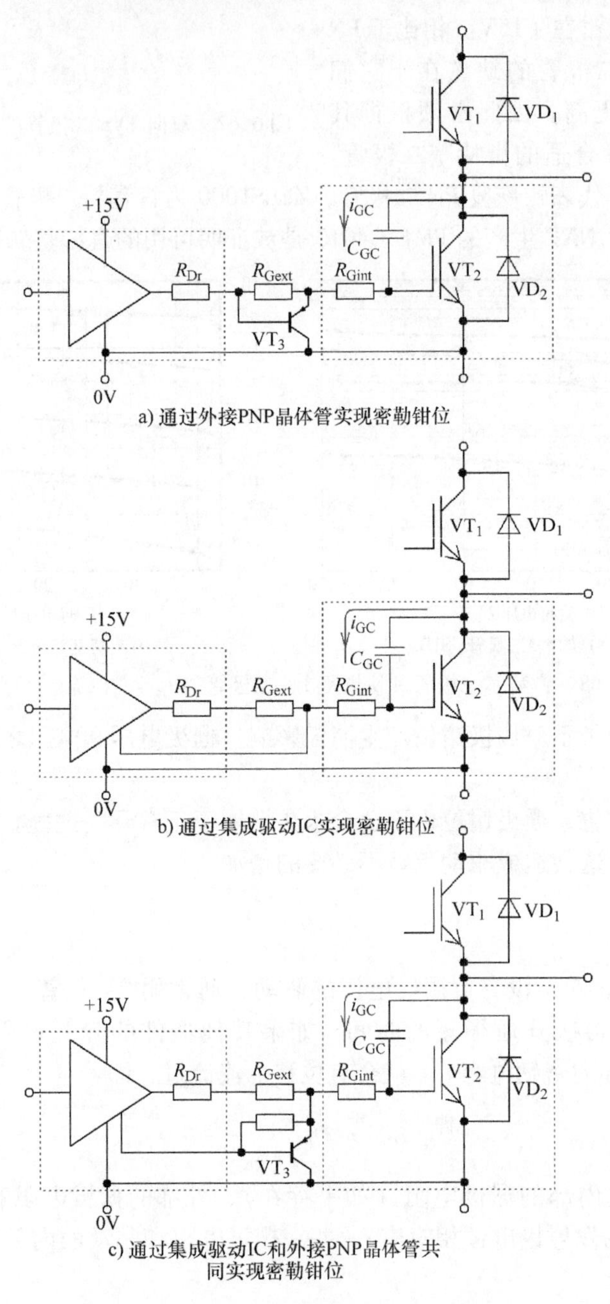

图6.69　不同的密勒钳位电路

发射极电压高于基极大约0.7V时，它就能导通（见图6.69a）。另外一种方法是直接利用集成驱动IC，里面已经放置了一个这种类型的晶体管。只需要将IC相关的引脚与IGBT的栅极（见图6.69b）相连就可以了。如果IC集成晶体管的电流不能满足特殊情况的应用，就需要外接一个大电流晶体管（见图6.69c）。

集成密勒钳位功能的IGBT驱动IC如下：安华高公司的ACPL-332J，英飞凌公司的1ED020I12-F和意法半导体公司的TD350。

注：内部栅极电阻会影响密勒钳位的效果，这使得其无法在IGBT栅极直接发挥效应。尽管采用了密勒钳位，根据IGBT和其应用的不同，栅极电压仍可能引起IGBT寄生开通。在这种情况下，建议最好不要用密勒钳位，取而代之的是用一个大约-15～-5V的负栅极电压来关断IGBT。

6.7.5　利用发射极的寄生电感

对于具有主发射极和辅助发射极的IGBT模块，关断IGBT时能够利用发射极内部寄生电感来限制过电压。该电路原理如图6.70所示。

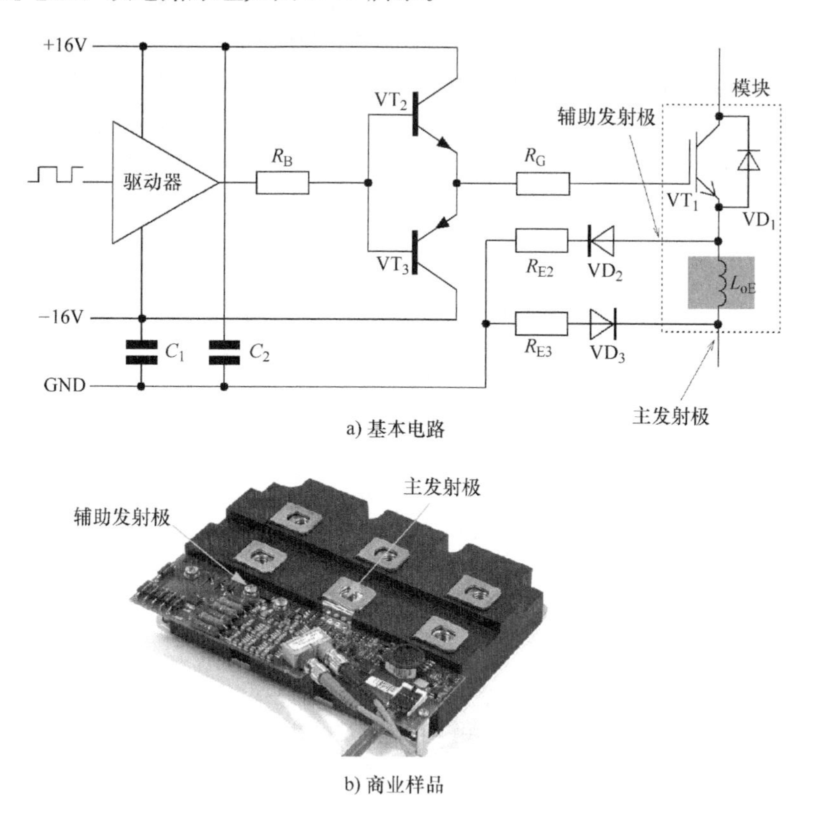

图6.70　利用IGBT模块发射极寄生电感限制关断过电压的原理和一个商业生产的样品

IGBT开通时，通过VT_2、R_G、VD_2、R_{E2}对栅极电容充电，不需要经过射极电感；相反，关断时受射极电感的影响，栅极电容通过VT_3、R_G、VD_3、R_{E3}、$L_{\sigma E}$放电。

由于IGBT关断时，集电极电流的变化率为$-di_C/dt$，发射极电感$L_{\sigma E}$两端会产生一个电压，这个电压和栅极电压方向是相反的。电流变化率越大，寄生电感产生的反电压也就越大。由于 $-\mathrm{d}i_C/\mathrm{d}t$ 的反馈，导致合并的栅极电压（包括驱动电压和反向电感电压）会软关断集电极电流，这样就限制了电流的变化率，同时降低了集-射极的过电压。这个电路的主要优点是能够自动调控，特别是在关断过电流或者短路电流时，这个优势十分明显。这种类型的电路主要适用于高压模块。

注：在关断过载电流或者短路时，尽管可以利用发射极寄生电感来限制开关过电压，仍然建议利用有源钳位（见第6章6.7.2节）来提供一个额外的安全保护。

6.7.6 两电平关断

在IGBT关断时，负载电流的负电流变化率 $-\mathrm{d}i_C/\mathrm{d}t$ 和换流路径中的杂散电感 L_σ 共同导致关断过电压。两电平关断（TLTO）的思想是在关断过程中减少 $-\mathrm{d}i_C/\mathrm{d}t$，从而把关断过电压降低到一个合理的值。当IGBT被关断时，栅极电压不用直接降到0V或者负电压，而是在很短的时间内，两电平关断把栅极电压转换到低于标准的正栅极电压 U_{TLTO}，然而这个电压必须高于当IGBT达到密勒平台的栅极电压。实际上，可以选择9~14V之间的电压，该电压值要根据IGBT的传输特征（见图5.12）进行调整。还可以同时调整第二电压 U_{TLTO} 的数值和时间长度 t_{TLTO}，当然这个时间必须在栅极电压降低至0V或者负电压之前，如图6.71所示。然而这意味着微控制器的栅极控制信号 U_{in} 将被时间 t_{TLTO} 改变，使得计算的PWM信号失真。为了防止PWM信号畸变，栅极开通信号需要延迟 t_{TLTO}。总之，将IGBT开通或者关断的延迟被相互抵消，没有PWM失真（时间 $t_3 \sim t_5$ 与 $t_4 \sim t_6$ 是完全一样的，只是被 t_{TLTO} 转换了）。

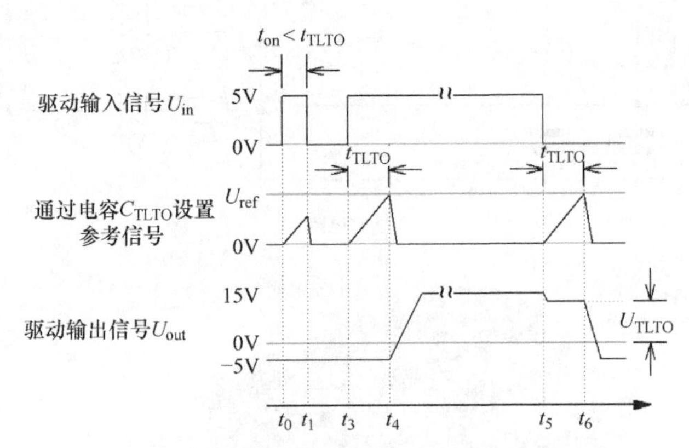

图6.71 两电平关断（TLTO）的概念

通常通过稳压二极管和 t_{TLTO} 来设置第二电压 U_{TLTO}，t_{TLTO} 用一个电容 C_{TLTO} 或者电容与电阻的结合体实现。当电容充电达到一个特定的值，就会触发驱动器的输出信号 U_{out}。如果输入信号 U_{in} 比设定的 t_{TLTO} 短，输入信号通常会被抑制，而输出信号会保持不变。图6.72给出了有无TLTO功能的关断短路电流对比。

当关闭IGBT时，由图6.72可看出，引入第二个电压级 U_{TLTO} 的优点在关断过电流和短路时很明显。图6.72a中的测量方法，没有使用TLTO技术而关掉了短路，而图6.72b显示应用了TLTO。能很清楚地看到栅极电压和发射极-集电极电压中的强烈振荡被阻止了。然而，更重要的是产生的过电压降低了。在这个例子中，图6.72a中出现了1125V的峰值电

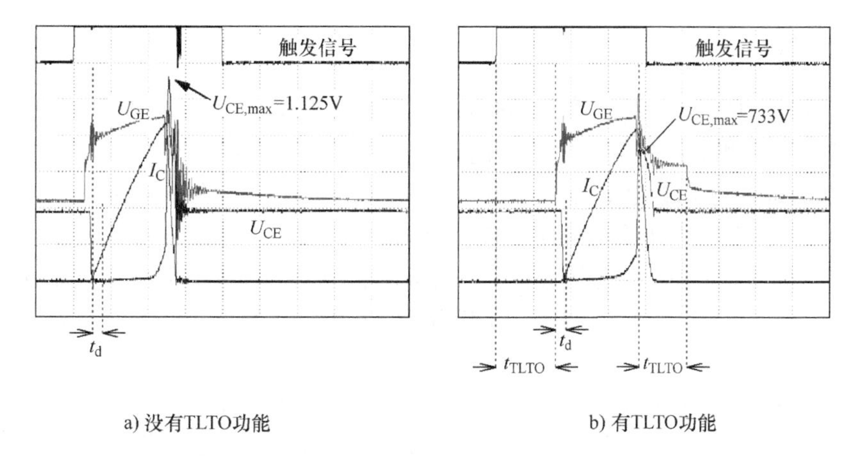

a) 没有TLTO功能　　b) 有TLTO功能

t_d：延迟时间(由于栅极驱动电路和IGBT)
t_{TLTO}：TLTO时间

图 6.72　有无 TLTO 功能的关断短路电流对比

压。在图 6.72b 所示的测量方法中，电压只有 733V（在每个例子中直流母线电压为 400V，且都使用了一个 400A/1.2kV 的 IGBT）。

通过计算得出 TLTO 电压和最好的时间序列是不可能的，所以这些必须通过实验和探索。初始值大约从 11V 和 1μs 开始，这已经在实际中被证明是十分有利的。

当 TLTO 被整合到驱动电路中后，它不能被任意的打开或者关闭，它是每一个开关时序中的一部分，不管是否存在过电流或是短路，或需要被关掉。然而，当关闭 IGBT 时，这个例子中额外增加的损耗并不重要，在实际中可以忽略。由于对短路进行抑制并采用正常关断（PWM 控制），与下面介绍的软关断相比，TLTO 的工作过程有很大的优势。软关闭的原则可能会产生直接的硬关断。集成 TLTO 功能的 IGBT 驱动器 IC 如图 6.73 所示。

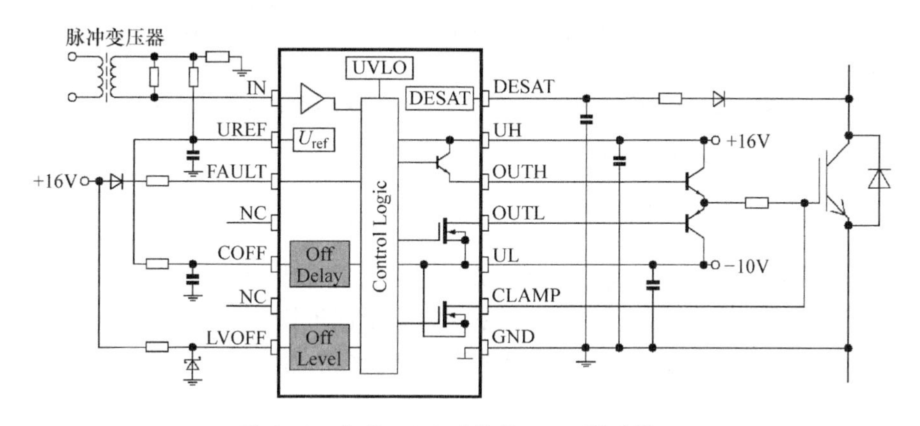

图 6.73　集成 TLTO 功能的 IGBT 驱动器 IC

注：尽管用 TLTO 可以限制过电流或者短路时关断导致的过电压，仍然建议用有源钳位（见 6.7.2 节）来作为额外的安全保护措施。

6.7.7 软关断

如果驱动检测到短路，例如通过 U_{CEsat} 监测，软关断功能不是将 IGBT 的栅极电压直接转换成 0V 或者一个相应的负栅极电压，而是提供一个相对高的阻抗，该阻抗能够延迟栅极电容的放电。最简单方式就是利用一个相对大的电阻，通过它给栅 - 集极电容放电，实现 IGBT 软关断。一旦栅极电压降低到某个值（例如 2V），高阻抗级或电阻就会被一个低阻抗级短路，这样可以确保快速而完全地给栅 - 射极电容放电。软关断的原理如图 6.74 所示。

软关断的目的在于防止当 IGBT 因短路而被关断时产生关断过电压，因为这有可能损坏 IGBT。

集成软关断功能的 IGBT 驱动如：安华高公司的 HCPL - 316J（驱动器 IC），CONCEPT 公司的 2SD300C17（驱动板）和英飞凌公司的 2ED300C17 - S（驱动板）。

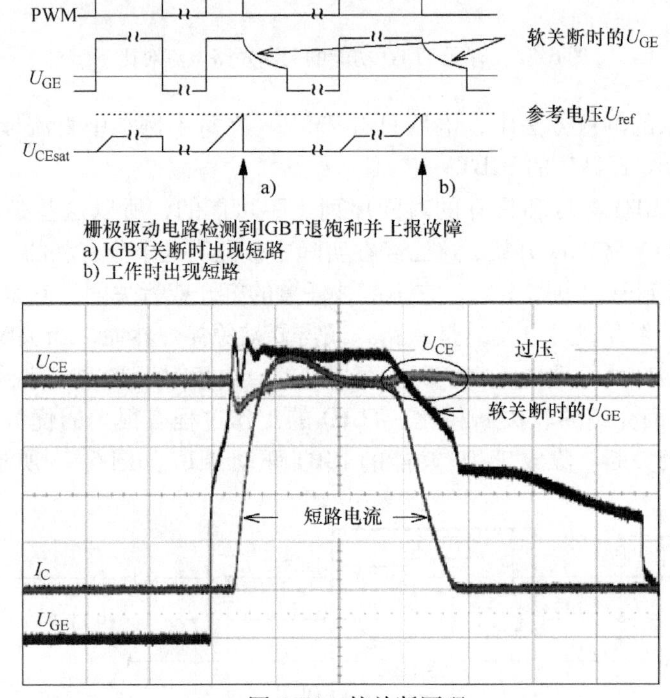

图 6.74　软关断原理

注：尽管 IGBT 由于过电流或者短路被关断时，软关断限制了关断过电压，仍然建议将有源钳位（见第 6 章 6.7.2 节）作为一个必要的安全保护措施。另外，如果在关断过程中出现了短路，将无法激活软关断功能，IGBT 也会在没有任何防护措施的情况下被关断。

6.8 逻辑功能

除了目前已经介绍的基本功能以外，栅极驱动器能够接管其他的功能以使功率半导体更加安全地工作。例如，在半桥式驱动中，半桥的半导体经常需要有一个互锁。同样，IGBT 驱动也可以实现故障记录功能和平均温度测量。下面将介绍一些最常用的功能。

6.8.1 最小脉冲抑制

最小脉冲抑制是为了防止没有足够长的开通或者关断时间来控制半导体的开通或关断。这些非常短的脉冲会造成耦合电容电荷的变化，增加电力电子元件的损耗及对周围环境的影响，一般不会对负载电流幅值有影响。同样，如果设计中不观测最短开通时间，会出现不可预期的动态影响，在某些条件下，这会损坏电力电子元件（见第7章7.3节）。

DSP和微控制器产生栅极驱动的控制信号。如果在编程时就注意到了最短开通时间，那么就不需要抑制最小脉冲硬件电路，但是这也不完全可靠。例如，在高压应用的设备中，需要尽可能保护硬件。控制线中的磁耦合与软件的差错都可能引起电压瞬变。如果这个电压高于驱动器输入电路的阈值电压，那么IGBT会开通，这不是人们所期望的。

最小脉冲抑制主要是为了防止意外地开通电力电子元件，因此不仅要考虑IGBT，也要考虑续流二极管。对于栅极驱动器而言，这意味着必须控制比电力电子元件最小开通时间短的导通脉冲。栅极驱动器最简单的最小脉冲抑制方法是在输入端增加具有低通滤波功能的施密特触发器。合理的时间设置是在100~800ns之间，高压（例如3.3~6.5kV）器件的时间可以更长一些。

应当注意的是，当最小脉冲抑制时间变长后，瞬变时间误差会增加。瞬变时间误差主要与其他元件的误差有关，特别是电容的误差。同向施密特触发器最小脉冲抑制原理如图6.75所示。

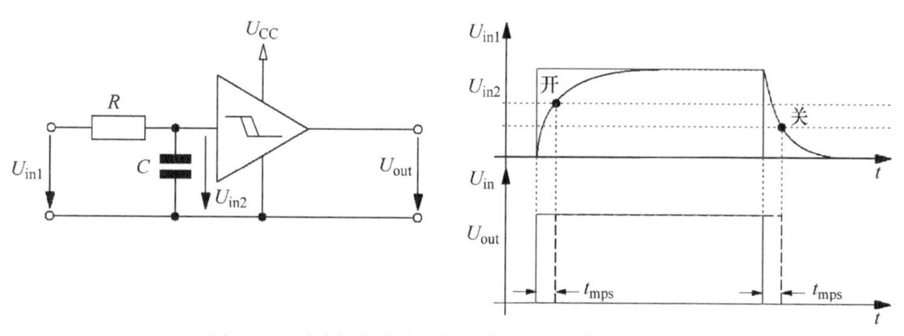

图6.75 同向施密特触发器最小脉冲抑制原理

6.8.2 死区生成和半桥互锁

理想开关的开通关断是非常快的，但是实际开关做不到，这就会导致半桥拓扑（一个开关已经导通，另一个还没有关断）的时间叠加（见第7章7.4节），造成直通电流，并产生额外的损耗。这会减少电力电子元件的寿命并且可能导致电磁干扰，所以需要严格禁止。如同最小脉冲抑制一样，其也可以通过控制实现。

然而，在许多应用当中，硬件解决方案相对更好，如半桥电路中的两个开关器件同时只能开通一个通道。当控制器同时给两个通道直接发送导通信号时，也要满足上述需求。图6.76给出了一个逻辑连接的例子。另外，每个通道都有延迟电路，且直到互补电路完全关断后才会开通，这就保证了在半桥电路中不会造成直通。

通常死区时间设置为1~4μs之间。在阻断电压为3.3~6.5kV的IGBT中，因为开关速度更慢，所以延迟时间会更长。

6.8.3 错误消息，阻断时间和故障存储

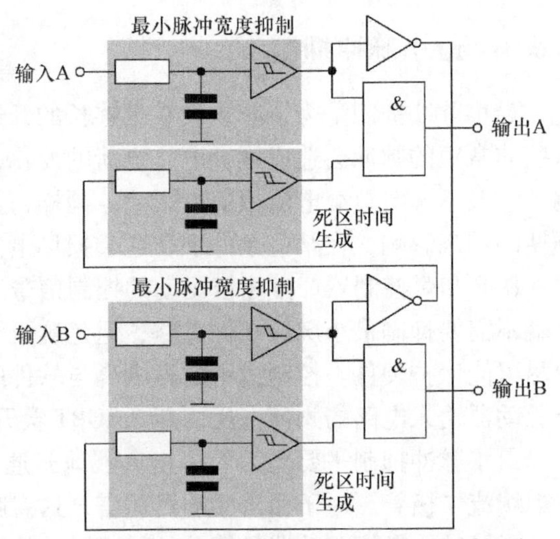

图 6.76 具有延迟和最小脉冲抑制的半桥电路互锁的原理图

如果栅极驱动检测出了故障（例如低压或者 U_{CEsat} 故障），那么栅极驱动应该关断受影响的通道。同时，控制器得到故障通知并识别故障类型。在这之前的一段时间内，因故障受影响的通道应该保持关闭状态。

对于如何设计这个控制过程，有很多不同的观点。最基本的原则是必须选择向上一级控制器传送已识别的故障信息。IC驱动器和驱动板通常都会用一个“集电极开路”电路来实现这个过程。这个故障信号可以存储在故障存储中，同时关闭栅极驱动。栅极驱动在监控发送重置之前将不会再次开通。如果没有故障存储和重置，栅极驱动将会在预设时间内停止工作，在这段时间内，栅极驱动将被关闭，同时高级监控开始动作。一旦超过这个时间，无论高级监控是否响应，栅极驱动都会再次工作。

6.9 安全停止

为了操作人员的安全考虑，一旦激活安全开关或功能㊀，旋转机械必须不能给操作人员带来任何风险。这特别适用于由变频器或其他装置驱动的电机。有三种安全停机功能：

- 电机驱动器与电源断开，称为“0 级停机”；
- 通过电机驱动器进行减速，以达到零力矩的平衡点停机，称为“1 级停机”；
- 通过电机驱动器进行减速，把输出频率调到 0Hz 并保持闭环控制，称为“2 级停机”或“安全操作性停止”。

这里没有包含其他的功能，因为它们与 IGBT 驱动器无关，比如“安全减速”“安全步进限制”“安全扭矩限制”。

除了关闭驱动器的转矩外，无论使用何种停止类别使驱动器处于待机状态，通常还需要进一步的安全保护措施。可以通过禁止控制信号（PWM 信号）来停止功率半导体，称为“安全停止（STO，或安全扭矩操作）”，对应 EN 60204－1 标准的 0 级停机。根据 EN 60204－1标准 5.4，“安全停止”意味着对电机驱动器意外启动的保护。机器必须保持在一个静止状态㊁。除了数种可能的措施外，还包括为了关闭电能加入的主电源接触器和电机

㊀ 虽然没有明确地提到，这里也包括直线电机驱动器。

㊁ 如果存在外部电源使电机在工作时保持静止状态，比如当起重机负载悬挂时，必须增加额外的安全措施，比如安装机械制动器。

接触器，如前文所述，也包括安全停止功率半导体的控制信号。原则上，为“安全停止”实施保护功能时，应该至少保持两条独立的检测通道。对于IGBT逆变器的驱动级可以通过不断检测被关闭的电源来实施保护功能，比如，如果检测到0V就表明驱动级没有工作。这种保护的设计概念如图6.77所示。图6.78展示具体工作原理，这种被称作“安全停止”的功能模块用在许多带集成欠电压监控（UVLO）的驱动器中。

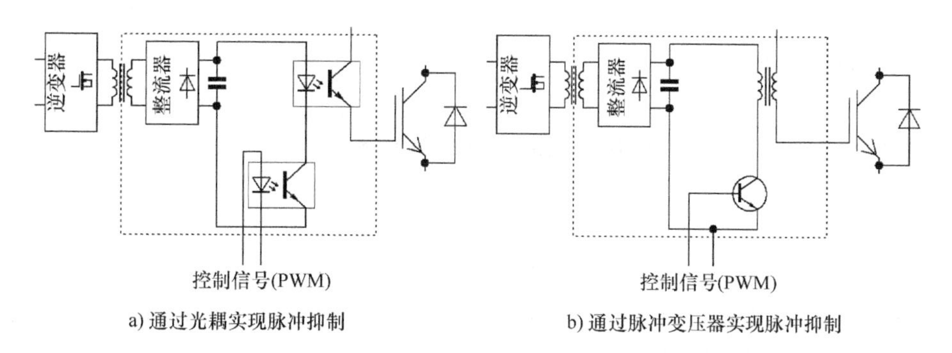

图6.77 通过光耦和脉冲变压器实现“安全停机”的概念

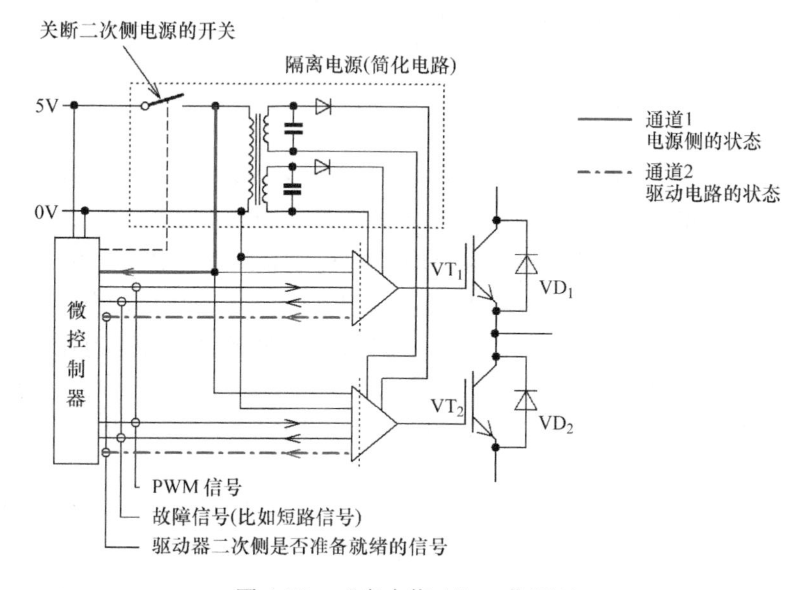

图6.78 “安全停止”工作原理

这类驱动级如果检测到电源被关闭，IGBT驱动器的实际电源电压经过延迟降到UVLO门限以下。延迟的长度取决于等效缓冲电容的总容量和实际该驱动器的负载。一旦电压降到UVLO门限以下，驱动器依靠剩余的能量马上关闭输出，同时关断IGBT（电压还继续维持在10V左右），并且从内部阻断对IGBT进一步的控制。故障信号，比如检测到UVLO，将会通知故障分析器（微控制器）[⊖]。故障信号和电源电压的实际值将分别通过独立的通道来通知控制器确保实现“安全停止”。

⊖ 各种各样的微控制器都可用于实现安全功能和控制半导体。这里仅仅给出了其概念性框图结构。

一旦 IGBT 的栅极不与任何电压源相连，它将无法导通。然而，由于直流母线电压，任何 du/dt 都能通过密勒电容将能量输入栅极从而导致 IGBT 开通，所以需要增加一个栅极发射极下拉电阻。

集成 UVLO 检测且能够明确通知驱动器输出级工作状态相关故障信号的驱动器包括安华高公司的 HCPL－316J 和英飞凌公司的 1ED020I12－F。

6.10 并联和串联

并联和串联 IGBT 的目的、应用需求和驱动器解决方案详见第 8 章。本章主要关注其基本的概念。

6.10.1 并联

对于 IGBT 并联，关键是平衡动态和静态下各个 IGBT 电流。为实现 IGBT 的均流，必须选择合适的 IGBT、母线结构连接和驱动设计。

并联 IGBT 驱动设计主要考虑以下方面：

- 利用一个共用的驱动器核实现几个 IGBT 的并联驱动；
- 利用独立的驱动器核驱动每一个 IGBT；
- 实现每个 IGBT 驱动信号的解耦；
- 平衡栅级阻抗。

前两点的决定性因素是驱动级的动态响应，比如所有 IGBT 是否共有一个驱动器或者一个单独驱动器（每个 IGBT 各一个）。并联驱动的关键参数是驱动器控制信号从输入到输出传输时间的误差，也称为传输延迟不匹配。驱动器传输时间偏差越大，每个IGBT运用单独驱动就越困难。这种情况下，所有的 IGBT 都必须使用同一个驱动核，因为这是栅极信号实现相同传输时间延迟的唯一办法。如果相关 IGBT 驱动之间的栅极开关电压偏差太大，或驱动级的电源误差太大，也建议用一个共享的驱动核。驱动 IGBT 时，不同栅级电压会导致不同的延迟时间，这不利于动态均流。如果正向栅级电压有所不同，并联 IGBT 的静态电流分布也不会平衡。

客观上看，共用驱动器还是有明显的成本效益，因此最好的解决方案是使用一个共享的驱动器。但是情况也不尽如此，从系统整体方面来看，共享一个驱动器不利于对 IGBT 的均流，而且增加整体系统的成本。因此，多数情况下，使用单一的驱动器会更有利，因为这使得驱动器和 IGBT 构成一个同电位的单元。就设计、开发和维护而言，统一设计意味成本降低。由于可能不再需要交流输出电感，所以母线结构的设计也变得简单。另外，栅极之间也不容易产生振荡。而且多个 IGBT 共用一个驱动，可能需要根据 IGBT 数量调整驱动级。这些调整意味着比如解耦信号和平衡栅级阻抗等问题。后者基本上由驱动器到 IGBT 电缆的长度和连接电路（因此有不同的杂散电感）的不同决定的。

确保所有 IGBT 的栅极电缆在长度上和设计上的一致性是必要的。如果每一个 IGBT 都有一个驱动器，这很容易实现，因为它们都被设计成一个样子。栅级阻抗的差别导致不同的上升和下降时间，这将对动态均流造成重大影响。如果栅级电阻的比例相差很大，也会影响 IGBT 静态均流。

每个 IGBT 提供独立的升压放大级可以实现共享驱动器核信号的解耦，即可以自动实现栅极解耦。如果栅极信号已经解耦就不需要发射极电阻，而且最好不要添加。另一方面，如果用到了 U_{CEsat} 检测，为了防止集电极线路里的环流，集电极信号必须解耦。

表 6.11 列举了影响并联 IGBT 均流的驱动器参数。影响整体设计的参数详见第 2 章和第 8 章。

表 6.11　驱动器参数对均流的影响（○：没影响，×：有影响）

每个 IGBT 的驱动参数	静态均流	动态均流
绝对传输延时	○	○
传输延时不一致	○	×
栅极电阻的偏差	×	×
栅极电感的偏差	○	×
栅极引线长度的偏差	○	×
栅极正向电压的偏差	×	×
栅极负电压的偏差	○	×

6.10.2　串联连接

IGBT 串联时，最重要的是实现均压，包括动态均压和静态均压。为实现均压，选择合适的 IGBT、母线的机械连接和驱动都很重要。

串联 IGBT 驱动设计主要考虑以下方面：

- 每个 IGBT 使用独立的驱动器核；
- 每个 IGBT 的驱动信号都解耦；
- 均压。

基本上，IGBT 并联连接相关的要点也适用于串联连接。除了串联外，要不遗余力地实现每个单独 IGBT 阻断电压的平衡。从实用的角度来看，采用额外的无源元件可以调整静态漏电流，且实现 IGBT 之间动态电压平衡（详见第 8 章 8.3 节）。

6.11　三电平 NPC 电路

如果考虑驱动器需求隔离电压，三电平 NPC 逆变器（见第 11 章 11.4.2 节）功率器件的控制和两电平逆变器没有什么区别，唯一的不同是关断短路电路。

总体来说，如果栅极驱动没有 U_{CE} 钳位保护电路，三电平 NPC 逆变器半桥外部的两个 IGBT 应该总是最先关断，这样可以保护内部 IGBT 避免承受过高的电压。

在一个三电平 NPC 拓扑里有三种不同类型的短路：

- 桥臂短路；
- 负载短路；
- 相输出对大地或直流母线短路。

实际上三电平 NPC 逆变器不会发生桥臂短路，因为所有的四个 IGBT 从来不会同时开通。

由于线路里存在大电感，负载短路通常是 SC2 型短路，这类短路通过电流检测器测量相电流而检测出来。然而，如果电感很小，这种短路相当于相输出短路。这里对大地短路和对直流母线短路作了区分。图 6.79 给出了对直流母线的短路情况。

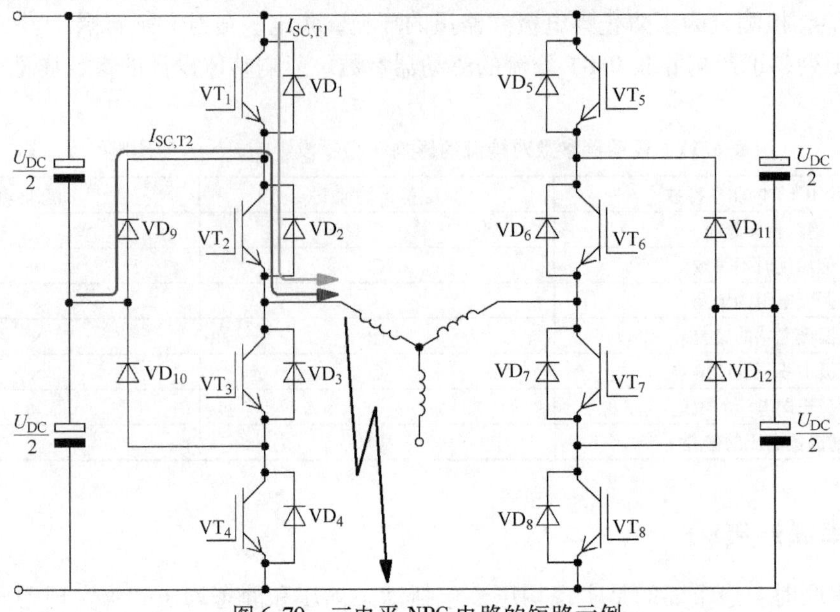

图 6.79　三电平 NPC 电路的短路示例

如果 VT_1 和 VT_2 导通，短路电流 $I_{SC,T1}$ 将通过开关到达直流母线的负极。如果先关断 VT_2，那么 VT_2 发射极与直流母线负极等电位，而集电极与直流母线正极等电位，这样 VT_2 要承受整个直流母线电压。由于单个开关的额定阻断电压通常低于直流母线电压，容易损坏 VT_2。然而，如果先关断 VT_1，短路电流通过 VD_9 和 VT_2，这时承受的电压减半，VT_2 可以安全关断。

当运用 U_{CEsat} 监控时，关断过程就非常重要。正如前文所述，一定在关断内侧 IGBT 之前关断外侧 IGBT。如果检测到了故障，一定要通知监控启动关断程序。如果做到，有源钳位为了保护 IGBT 遭受过电压的损坏，可能会在关断外侧 IGBT 开关前先关断内侧 IGBT 开关。

6.12　综合性能和成本选择驱动器

选择合适的栅极驱动器和整个逆变器设计息息相关。IC 电平转换驱动器和光电耦合器解决方案通常都是单电源解决方案，和单电源的驱动板一样。除了少数情况，大多数情况下都采用单电源解决方案。另一方面，开发一个可靠的包括控制和保护功能的栅极驱动器相当不容易，往往需要花费几年的时间。

可靠性、实用性，当然还有电气性能（比如耦合电容和 d*u*/d*t* 性能），都是重要的设计准则。光耦合器适用于很多成本敏感的应用，600V 级别的电平转换驱动器也是如此。脉冲变压器，由于优越的电气性能而比光耦合器有优势，也变得越来越受欢迎，使得这项技术变得更实用。集成控制和保护功能的 IC 和 ASIC 也满足了那些对质量要求严格的需求。由于整个电路器件更少，集成驱动 IC 使得栅极驱动器更加可靠。由于焊接点较少，所以整个设备也更加紧凑。

和成本、可靠性和功能性一样，采购渠道是否通畅也是选择合适驱动器的一个重要因素。获得组件和附件也成为一个关键问题。由于集成驱动电路的元器件数量可以减少 95%，

所以高度集成的解决方案具有明显的优势。

6.13 制造商概述

表6.12 列举了常用驱动器的制造商，这不是全部，只是选择了部分IGBT 驱动器和光电耦合器的制造商。

表6.12 制造商一览

	电平转化器	光耦	脉冲变压器	无绝缘
无隔离				艾赛斯 意法半导体
600V IGBT	仙童 英飞凌 国际整流器 安森美半导体 意法半导体		CONCEPT	
1.2kV IGBT	国际整流器	安华高 仙童 NEC Powerex 夏普 东芝 威世	CONCEPT 英飞凌 塞米控	
1.7kV IGBT		安华高 Powerex 东芝	CONCEPT 英飞凌 塞米控	
2.5kV IGBT			CONCEPT	
3.3kV IGBT			CONCEPT	
4.5kV IGBT			CONCEPT	
6.5kV IGBT			CONCEPT	

本章参考文献

1. M. Roßberg, B. Vogler, R. Herzer, "600V SOI Gate Driver IC with Advanced Level Shifter Concepts for Medium and High Power Applications", EPE Aalborg 2007
2. M. Münzer, W. Ademmer, B. Strzalkowski, K.T. Kaschani, "Coreless a new technology for half bridge driver IC's", PCIM Nuremberg 2003
3. A. Volke, M. Hornkamp, B. Strzalkowski, "IGBT/MOSFET Applications based on Coreless Transformer Driver IC 2ED020I12-F", PCIM Nuremberg 2004
4. CONCEPT, "IGBT drivers correctly calculated", CONCEPT Application Note 2010
5. Infineon Technologies, "Driving IGBTs with unipolar gate voltage", Infineon Technologies Application Note 2006
6. H. Ruedi, J. Thalheim, O. Garcia, "Advantages of Advanced Active Clamping", PEE 2009

7. Infineon Technologies, "Clamping of V_{CE}", Infineon Technologies Application Note 1998

8. P. Luniewski, U. Jansen, M. Hornkamp, "Dynamic Voltage Rise Control, the Most Efficient Way to Control Turn-off Switching Behaviour of IGBT Transistors", PELINCEC 2005

9. T. Hong, F. Pfirsch, M. Thoben, R. Bayerer, "Robustness improvement of high-voltage IGBT by gate control", PCIM Nuremberg 2008

10. Infineon Technologies, "Clamping of V_{GE}", Infineon Technologies Application Note 1998

11. M. Hornkamp, "IGBT Protection with CONCEPT", CONCEPT Technical Training 2009

12. M. Hornkamp, "Ansteuer- und Schutzschaltung für MOSFETs und IGBTs – Vom Konzept zur intelligenten Lösung", ECPE Nuremberg 2010

13. H. Ruedi, "Ansteuer- und Schutzschaltung für MOSFETs und IGBTs – Treiberplattformen für Industrie und Traktion", ECPE Nuremberg 2010

14. Avago Technolgies, "Mitigation Methods for Parasitic Turn-on effect due to Miller Capacitor", Avago Technolgies Application Note 2007

15. U. Tietze, C. Schenk, "Halbleiter Schaltungstechnik", Springer Verlag, 13th Edition 2009

16. Infineon Technologies, "Effect of Gate-Emitter Capacitor C_{GE}", Infineon Technologies Application Note 1998

17. J.F. Garnier, A. Boimond, "New IGBT Driver IC including advanced control and protection functions for 1200V, 3-phase inverter applications", PCIM Nuremberg 2004

18. STMicroelectronics, "Developing IGBT applications using TD350 advanced IGBT driver", STMicroelectronics Application Note 2006

19. G. Aw, "IGBT Treiber in Umrichteranwendungen", Elektronik Praxis 2008

20. A. Volke, V. Jadhav, "Power Switching Devices – Strategies for driving IGBT Power Modules", NPEC India 2007

21. U. Nicolai, T. Reimann, J. Petzoldt, J. Lutz, "Application Manual Power Modules", Verlag ISLE 2000

22. EN 60204-1, "Safety of machinery – Electrical equipment of machines – Part 1: General requirements", International Electrotechnical Commission, European Standard 2007

23. G. Herkommer, "Safety – die Umsetzung im Antrieb", Computer & Automation 2008

24. DRIVECOM, "Technische Leitlinie für Sicherheitsgerichtete Antriebe", DRIVECOM Konzeptpapier 2003

25. H. Dorner, "Wissenswertes über die Sicherheitsfunktionen elektrischer Antriebe, Peter Meyer Verlag 2007

第7章 实际应用中的开关特性

7.1 简介

实际应用中，IGBT 及其二极管的开关特性受很多参数的影响，所以实际的开关特性与数据手册描述的特性，比如开通和关断特性可能会存在一定的差异。因此，需要遵守一定的规则以降低功率器件不必要的应力，从而保护其不被损坏。

下面将详细地探讨 IGBT 在不同应用中的设计方案。

7.2 IGBT 的控制电压

在栅极和发射极之间加入正电压可以开通或使 IGBT 保持在导通状态。理论上，这个电压至少要高于阈值电压 $U_{GE(TO)}$㊀。如果栅极和发射极之间的电压低于阈值电压 $U_{GE(TO)}$，IGBT 将关闭或者保持在截止状态。如下文所述，这些理论值并非毫无价值，但事实上必须根据使用环境选择合适的电压。

7.2.1 正电压控制

如果 IGBT 栅极和发射极之间的电压为正，或者更准确的说法是该正电压高于阈值电压，IGBT 将被开通。由于 IGBT 的跨导㊁，集电极电流 I_C 是栅－射极电压 U_{GE}的函数，另外饱和压降 U_{GEsat}也受控于该电压。也就是说，栅－射极电压越高，集电极电流就越大和饱和压降越低。而通态损耗受控于饱和压降 $U_{CEsat}=f(I_C, U_{GE})$，因此需要使用一个相对高的控制电压来获得最低的通态损耗。必须牢记的是，短路时，高栅－射极电压将导致大短路电流。在应用中，需要在正常工作时的通态损耗和故障时的最大短路电流之间妥协。数据手册中其典型值为 15V，而 20V 是制造商给出的保证可靠工作的最大值，一般不应该超过 20V。否则，如上文所述，在短路时可能产生危险的大电流。如果考虑栅极氧化层的电压阻断能力，其最大耐受值可达到 60V 甚至到 80V。比如：通常 100nm 的氧化层和特定的绝缘强度为 10MV/cm，100V 以上才可能产生电弧。但是理论计算值并不被认可，这是因为在氧化层边缘处潜在的毛刺降低了绝缘强度。

㊀ 阈值电压 $U_{GE(TO)}$ 与 IGBT 的技术和制造商有关。

㊁ IGBT 的 g_m 定义了输入电压和输出电流之间的关系。跨导这个单词是“传输电导”的简化词。电导是指电子器件的导电性。

短路电流和栅极电压的关系详见7.6节。适用的保护电路已在第6章介绍。

7.2.2 负电压控制和0V关断

如果施加一个负的栅极电压，IGBT将关断。如同正栅极电压，负栅极电压不要低于-20V。通常，数据手册中给出的典型值是-15V。然而在实际应用中，成本跟性能同样重要，所以-15V并不适合所有场合。根据实际情况，关断电压可选-15~0V，很多应用场合选用-10~-5V的关断电压，其原因在于：

- 所需的驱动功率低，驱动功率与正负栅极电压的差值直接成正比；
- 可用的驱动IC。许多驱动IC是在COMS或者BiCMOS㊀上开发的，限制了阻断电压，比如正负电源电压之间最大值为30V。考虑到电源电压的误差和足够的电压安全裕量，通常栅极负电压的范围是从-10~-5V；
- 产生负栅极电压的同时节约电源功率，最小化成本。

小功率电力电子装置通常需要一个低成本IGBT驱动解决方案，而放弃负电源电压会简化驱动供电的设计，所以常见于该类应用。当然采用0V关断可能面临寄生开通的问题，对于小功率的电力电子装置，需要折中考虑成本和寄生开通问题。大功率的电力电子装置中，必须防止寄生开通，根据实际的应用可以采取相关的措施来解决，当然这可能存在一些困难，但也并非不可解决。

寄生开通是指被关断的IGBT再次短时间导通的过程。这种现象通常发生在IGBT半桥拓扑中（见第3章图3.9）。下述两种情况都可能导致IGBT误开通：

- 密勒电容效应导致寄生开通，产生的原因在于集电极和发射极之间的电压变化率du_{CE}/dt；
- 发射极的杂散电感也会引起寄生开通，产生的原因在于负载电流的变化率di_L/dt。

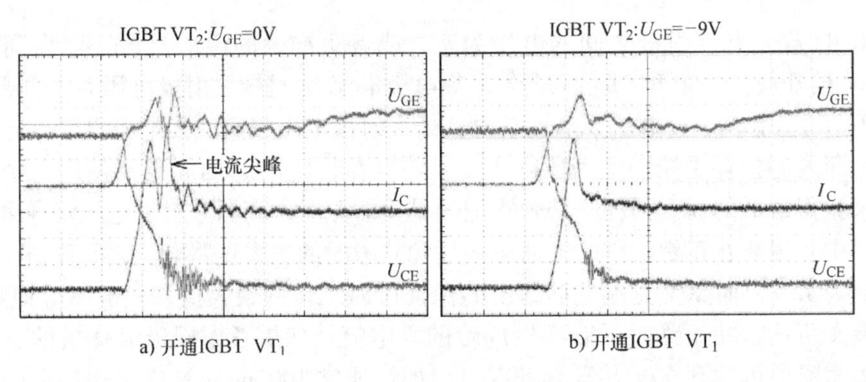

图7.1 U_{GE}分别为0V和-9V时的寄生开通的对比实验

㊀ BiCMOS结合了双极性半导体和CMOS半导体的技术。通常输入采用CMOS技术，而为了提高输出功率输出级采用双极性半导体技术。

图 7.1 给出了第 3 章图 3.9 半桥电路寄生开通的实验结果。由图 7.1a 可以看出 IGBT VT_1有两个明显的集电极峰值电流。第一个电流尖峰是来源于二极管 VD_2的反向恢复电流，同时，IGBT VT_2 的瞬时开通导致第二个电流尖峰，持续时间大约为 50ns㊀。额外脉冲电流不会直接危害功率半导体器件，然而，额外的损耗导致严重的温升并降低器件的寿命。另外产生的振荡可能造成驱动级或控制级中电子器件的损坏。多种针对措施，比如 IGBT VT_2采用栅极负电压关断，可以防止这种情况下的寄生开通㊁。

0 ~ -15V 关断电压也会影响 IGBT 开关时间。当采用 0V/15V 和 -9V/15V 的栅极电压分别控制一个 1.2kV 的 IGBT，其实验结果如图 7.2 所示。0V/15V 的控制电压相比 -9V/15V 的控制电压，IGBT 的开通过程略为滞后。本例中延迟时间约为 200ns，关断过程也会延迟约为 650ns。其他的参数，比如 U_{CEmax}，dU_{CE}/dt，di_C/dt 及产生的振荡基本不变，然而后者不再产生寄生开通。

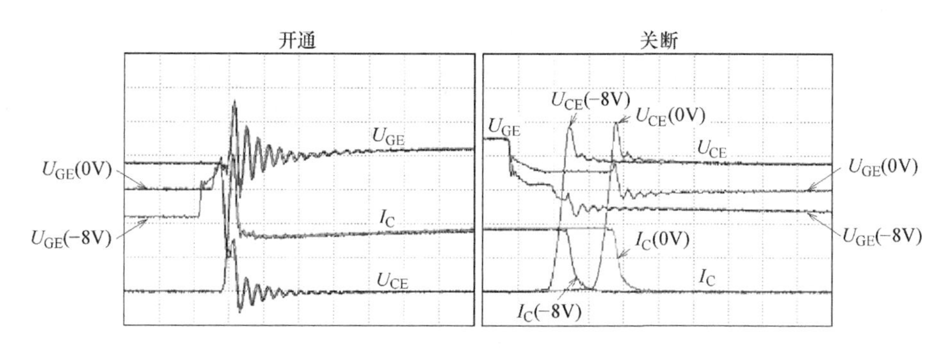

图 7.2　IGBT 开关特性与门极控制电压 U_{GE}之间的关系㊂

1. 密勒电容引起的寄生开通

当开通诸如半桥电路下桥臂 IGBT VT_2时，上桥臂 IGBT VT_1集 - 射极电压变化率dU_{CE}/dt发生改变（见图 7.3），反馈于密勒电容 C_{GC}，产生电流 i_{GC}，即

$$i_{GC} = C_{GC} \cdot \frac{du_{CE}}{dt} \tag{7.1}$$

该电流将通过可能存在的 IGBT 内部栅极电阻 R_{Gint}、外部栅极电阻 R_{Gext}，和驱动内部电阻 R_{Dr}，最后到电源地（这里，电源地和 IGBT VT_1发射极同电位），并产生栅极电压，其值可由式（7.2）计算，即

$$u_{GE} = i_{GC} \cdot (R_{Gint} + R_{Gext} + R_{Dr}) \tag{7.2}$$

只要栅极电压 U_{GE}高于 IGBT 的阈值电压 $U_{GE(TO)}$，就会产生寄生开通。反过来，如果 IGBT VT_2已经开通，将导致短路。由于这类短路持续的时间很短，通常大约是 10 ~ 100ns，

㊀ 时间坐标轴是 100ns/格。

㊁ IGBT VT_1 的栅极控制电压仍然是 0V/15V。当然实际应用中，两个 IGBT 的栅极控制电压相同，比如都是 -9V/15V。

㊂ 开通过程中，示波器由集电极电流 I_C 触发，但是关断时由栅极电压 U_{GE}触发。时间坐标轴是 500ns/格。

所以不会造成 IGBT 直通。但是，寄生开通导致 IGBT 产生额外的开关损耗，如果没有增加设计裕量，当结温超过最大允许结温 $T_{vj,op}$时，会引发 IGBT 的热失效。即使未发生热失效，使用寿命也会降低（见第 14 章的功率周次）。

在实际应用中，可以通过比较 IGBT 分别以 0V 和 -8V 电压关断的实验结果来确定是否发生了寄生开通。

如图 7.3 所示，除了寄生电容 C_{GC}，还有另外一个寄生电容 C_{GE}。部分 i_{GC}电流将会通过该电容直接到电源地。所以，在栅极和发射极之间额外增加电容 C_{GE}会降低密勒效应。然而，需要注意电容 C_{GE}将影响 IGBT 的开通特性（见第 6 章 6.6.2 节）。通常，为了抑制或衰减不需要的振荡，可以用一个小电阻和电容串联。这些振荡来源于包括电容 C_{GE}和寄生电感构成的谐振电路。

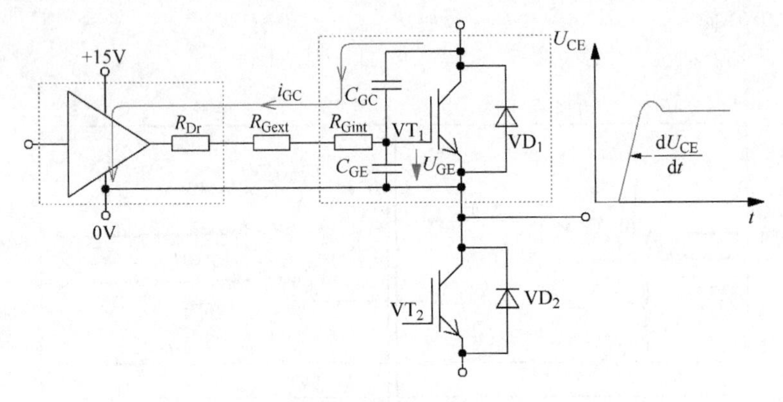

图 7.3　密勒电容引起寄生开通

2. 发射极杂散电感引起的寄生开通

IGBT 模块和单管 IGBT（集成了续流二极管）器件在实际芯片的发射极和外部接线端子的发射极之间存在寄生电感。对于小功率的单管 IGBT 和 IGBT 模块，其外部发射极接线端子既通过负载电流，也是驱动的参考地。对于大中功率的模块，发射极接线通常是分开的：一个射极接线端子为辅助端子，专用于驱动；另一个发射极端子专用于负载。发射极杂散电感引起的寄生开通如图 7.4 所示。

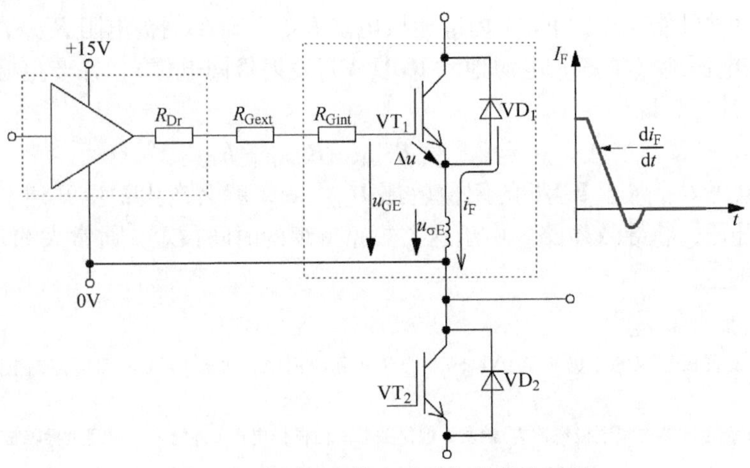

图 7.4　发射极杂散电感引起的寄生开通

当续流二极管关断时，芯片发射极和负载发射极之间会产生电流，并流经杂散电感 $L_{\sigma E}$。而电流的变化产生电压 $U_{\sigma E}$，即

$$U_{\sigma E} = L_{\sigma E} \cdot \frac{di_F}{dt} \tag{7.3}$$

对于那些辅助发射极和负载发射极公用接线端子的模块，$U_{\sigma E}$和栅－射极电压 U_{GE}叠加在一起。比如，如果下管 IGBT VT_2开通，那么根据式（7.3），二极管 VD_1的电流变化率 di_F/dt 会在发射极杂散电感上产生压降。

$$\Delta U = U_{GE} - U_{\sigma E} = U_{GE} - L_{\sigma E} \cdot \frac{di_F}{dt} \tag{7.4}$$

如果电压差超过了阈值电压 $U_{GE(TO)}$，IGBT VT_1就会发生寄生开通，其后果和密勒电容引起的寄生开通是一样的。实际测量时会发现，内部杂散电感引起寄生开通就像增大的二极管反向恢复电流一样。同样的，可以通过比较 IGBT 分别以 0V 和 －8V 电压关断的实验结果来确定是否发生了寄生开通。

作为一个防止寄生开通的针对性措施，建议增大栅极电阻 R_{Gext}，减慢开通 IGBT（这里是 IGBT VT_2），从而降低 di_F/dt。需要注意的是，这将增大 IGBT 的开通损耗。由于寄生开通发生在二极管反向恢复期间，所以采用软恢复二极管也可以有效地减少寄生开通。

如果实际应用中的参数，比如封装、成本等条件许可，应尽可能地把辅助发射极和负载发射极两个端子分开。

对于共发射极的 PIM/CIB 模块，需要特别注意寄生电感引起的寄生开通现象。在这些模块里，输出桥臂下管 IGBT 的发射极并联在一起并由一个或两个公共引脚接出来。当其中一个 IGBT 开关时，会通过公共的发射极及其中的杂散电感影响其他 IGBT。需要注意的是，对于诸如此类的拓扑，只能通过增大栅极电阻或额外的栅－射极电容来减缓 IGBT 的开通，而更改外围电路无法避免这种影响。

7.3 最小开通时间

当 IGBT 或二极管芯片刚开始开通时，不会立即充满载流子。事实上，载流子会以一定的速度在半导体内传输。当在载流子扩散时关断 IGBT 或二极管芯片，和在载流子完全充满后关断相比，由此产生的电流变化率 di_C/dt 或者 di_F/dt 可能会增加。由于 IGBT 的 di/dt 升高，加上换流通路中杂散电感的作用，会产生更高的关断电压过冲和增加二极管的反向恢复电流。这可能导致所谓的“Snap off”现象，并产生一个不可接受的电压变化率 du/dt。是否在功率半导体内会发生这种现象取决于功率半导体的芯片技术、电压等级和负载电流。图 7.5 给出了两个 IGBT 模块（1.2kV/450A 和 1.7kV/450A 的 Trench－FS IGBT）分别在不同开通时间，不同负载电流 I_C 或 I_F 下的实验结果。对于 1.2kV 的 IGBT 模块，无论是 IGBT 工作于标称电流还是两倍标称电流，当开通时间为 4～8μs 时，其过冲电压将增加。然而，对于 1.7kV 的 IGBT，其初始时刻电压过冲相对较低，在开通时间为 3～6μs 时，逐步增大至最大值，随后开始降低至较小值。开通时间对 1.7kV 模块二极管额定工作电流下的反向恢复峰值电流的影响不大，只有当工作电流为两倍标称电流时，其峰值电流才会受到最小开通时间的影响。当二极管工作于两倍标称电流时，其电流尖峰急剧下降。然而 1.2kV IGBT 模块的二极管显示出不同的特性，当开通时间低于 6μs 且二极管又工作在标称电流时，存在电流过冲；如果开通时间再长，过冲电流将不再受其影响。

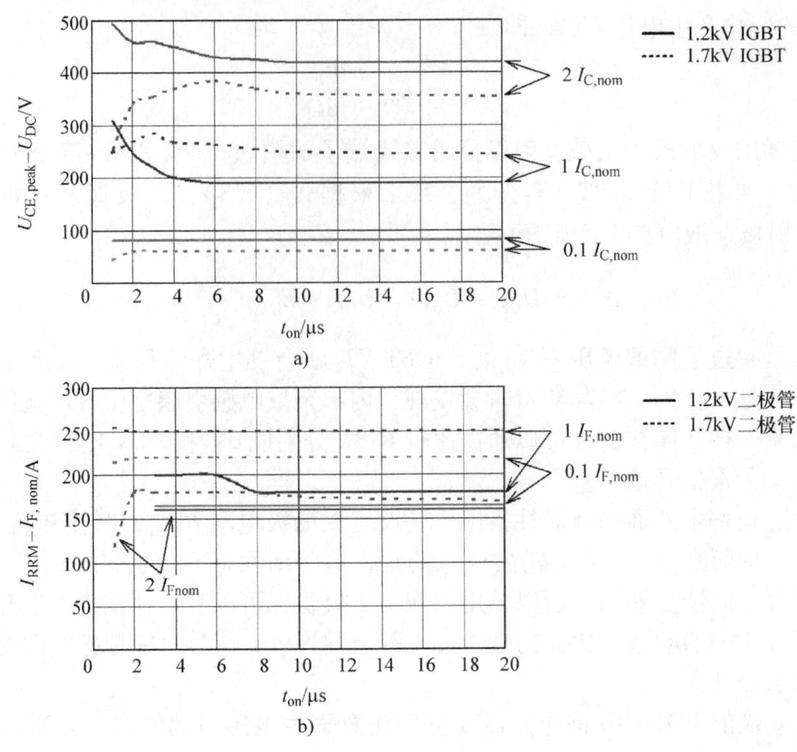

图7.5　1.2kV和1.7kV IGBT模块在不同负载电流和开通时间的电压过冲（IGBT）和反向恢复电流（二极管）

开通时间较短时，常常伴有振荡。当 $U_{DC}=700V$，$I_C=900A$ 时，图7.6给出了一个450A/1.2kV Trench－FS IGBT模块分别在开通1μs和20μs后的关断特性。

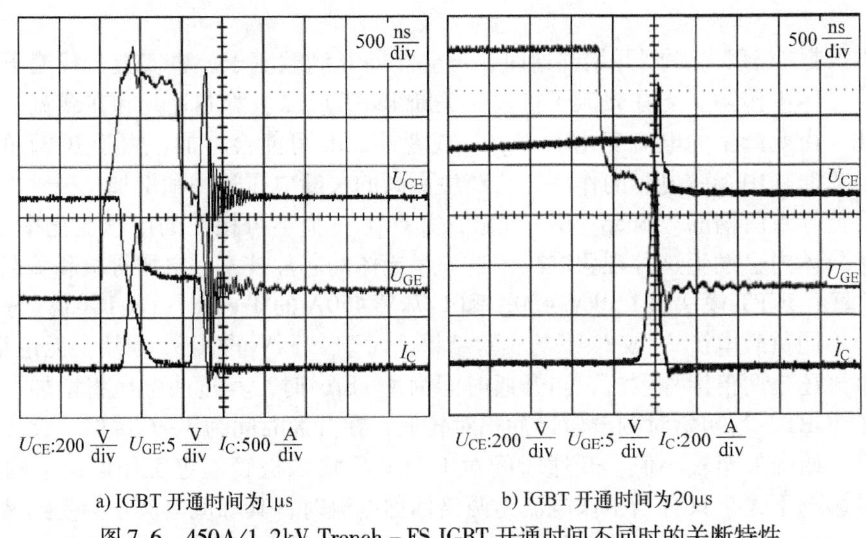

a) IGBT 开通时间为1μs　　b) IGBT 开通时间为20μs

图7.6　450A/1.2kV Trench－FS IGBT开通时间不同时的关断特性

由图7.5和图7.6可知，对于最小开通时间的影响没有统一的结论。这里给出的建议

是，在实际应用中，根据出现的问题调整 IGBT 和二极管的最小开通时间。这种调整的基本原则是，用一个 5 ~ 10μs 的最小开通时间作为参考点。有时 IGBT 模块的数据手册会标识出续流二极管的最小开通时间（见第 5 章 5. 3 节），需要在系统设计时考虑这一点。

7.4　死区

如第 3 章 3. 1. 1 节所述，根据调制模式 IGBT 不断地开通和关闭。对于图 3. 9 的半桥电路，这意味着上管 IGBT - VT_1 和下管 IGBT - VT_2 会交替开通和关断。然而重要的是，两个 IGBT 绝对不可以同时开通，即使重合时间非常短，也将导致桥臂直通并产生严重的后果㊀。必须指出，IGBT 不能瞬间从导通状态进入截止状态，而需要一些时间来清除漂移区所有的载流子。另外，栅极驱动信号也有一定的延时。总之，开通和关断 IGBT 需要注意以下几个问题㊁：

- 关断延迟时间 $t_{d(off)}$ 会受到结温 $T_{vj,op}$，负载电流 I_C，直流母线电压 U_{DC}，栅极关断电压 U_{GE} 和栅极关断电阻 R_{Goff} 的影响；
- 开通延迟时间 $t_{d(on)}$ 会受到结温 $T_{vj,op}$，负载电流 I_C，直流母线电压 U_{DC}，栅极开通电压 U_{GE} 和栅极开通电阻 R_{Gon}，以及可能存在的外部栅 - 射极电容 C_{GE} 的影响；
- 下降时间 t_f 会受到结温 $T_{vj,op}$，负载电流 I_C，直流母线电压 U_{DC}，栅极关断电压 U_{GE} 和栅极截止电阻 R_{Goff} 的影响；
- 驱动信号的传输时间由驱动单元决定（如会受到驱动器内部的电子器件和栅极引线寄生电感的影响，同时 IGBT 驱动器开通和关断的转换时间存在差异）。

为了避免同一桥臂上的两个 IGBT 在开关时直通短路，设计时需要考虑几个参数的影响。这需要在关断第一个 IGBT 和随后开启的第二个 IGBT 之间留出“死区时间（也称为互锁延时）” t_{DT}。然而现实中存在的问题是，这些参数是未知的或数据手册没有标识，比如关断延时。在应用中，只能依靠多个工况的实验来揭示其内在的关系㊂，然后通过式（7. 5）来计算最恶劣工况下的死区时间，并根据实际应用情况对其进行优化。

$$t_{DT} = [(t_{d(off),max} + t_{f,max} - t_{d(on),min}) + (t_{PHL,max} - t_{PLH,min})] \cdot S \tag{7.5}$$

式（7. 5）中第一部分代表了 IGBT 的特性，第二部分代表驱动器的特性。而 S 是安全因数，通常可选为 1. 5，这样死区时间的安全裕量约为 50%。图 7. 7 给出了一个根据 IGBT 和驱动级参数计算死区时间的例子。与温度相关的参数必须选择恰当的值，本例中，选用基于最大结温下的数值。

㊀ 当直通故障发生后并持续足够长的时间，保护电路就可以识别故障并关断 IGBT。如果短路时间非常短（仅指这种情况），以至于低于外部保护电路的检测时间，将无法触发保护，从而导致损耗增加，同时也会增加器件的压力，导致器件提前损坏。

㊁ 根据 IEC 60747—9 标准，开关时间的定义可参阅第 3 章。

㊂ U_{GE}、I_C 和 R_G 对 $T_{d(on)}$ 的影响较小，然而 U_{GE}、I_C、R_G 和 $T_{vj,op}$ 对 $T_{d(off)}$ 有明显的影响。

IGBT数据手册

Einschaltverzögerungszeit (ind. Last) turn-on delay time (inductive load)	I_C = 450 A, V_{CE} = 600 V V_{GE} = ±15 V R_{Gon} = 1,0 Ω	T_{vj} = 25°C T_{vj} = 125°C T_{vj} = 150°C	$t_{d\ on}$		0,20 0,25 0,27	μs μs μs	$t_{d(on),min}$
Anstiegszeit (induktive Last) rise time (inductive load)	I_C = 450 A, V_{CE} = 600 V V_{GE} = ±15 V R_{Gon} = 1,0 Ω	T_{vj} = 25°C T_{vj} = 125°C T_{vj} = 150°C	t_r		0,045 0,05 0,055	μs μs μs	
Abschaltverzögerungszeit (ind. Last) turn-off delay time (inductive load)	I_C = 450 A, V_{CE} = 600 V V_{GE} = ±15 V R_{Goff} = 1,0 Ω	T_{vj} = 25°C T_{vj} = 125°C T_{vj} = 150°C	$t_{d\ off}$		0,50 0,60 0,62	μs μs μs	$t_{d(off),max}$
Fallzeit (induktive Last) fall time (inductive load)	I_C = 450 A, V_{CE} = 600 V V_{GE} = ±15 V R_{Goff} = 1,0 Ω	T_{vj} = 25°C T_{vj} = 125°C T_{vj} = 150°C	t_f		0,10 0,16 0,18	μs μs μs	$t_{f,max}$

驱动电路数据手册

参数	符号	最小值	典型值	最大值	单位	
Vin至高电平输出传输延迟时间	t_{PLH}	0.10	0.30	0.50	μs	$t_{PHL\ max}$
Vin至低电平输出传输延迟时间	t_{PHL}	0.10	0.32	0.50		$t_{PLH\ min}$

计算得到的最短死区时间

当T_{vj}=25°C 时,f_{DT}=[(0.50μs+0.10μs−0.20μs)+(0.50μs−0.10μs)]×1.5=1.20μs

当T_{vj}=150°C 时,t_{DT}=[(0.62μs+0.18μs−0.27μs)+(0.50μs−0.10μs)]×1.5=1.40μs

→ 最短死区时间设为1.40μs

图 7.7　根据数据手册计算最小死区时间 t_{DT}的示例

7.5　开关速度

通常希望 IGBT 的开关速度尽可能的高，同时降低开关时间，减少开关损耗。然而考虑到一些参数的影响，实际的开关速度仍会受到一定的限制。

电流变化率 di/dt 意味着单位时间内电流的变化。在 IGBT 开通和关断过程中，增大电流变化率有利于减小开关损耗。一般来讲，IGBT 可以实现非常快的开通速度。但在实际应用中，开通速度只受续流二极管换流关断的限制（SiC 续流二极管除外）。二极管的反向恢复峰值电流会随着 IGBT 开关速度的增加而增大。另外，二极管反向恢复电流的拖尾也会增加。并且在此期间，二极管几乎承受全部的直流母线电压，可能导致二极管在额定电压以下发生雪崩击穿。这是由于半导体内的强电场，高浓度的载流子及其高变化率共同作用造成的。如果二极管没有足够的动态鲁棒性并且换流速度太快，可能会损坏半导体。

IGBT 单管或 IGBT 模块数据手册通常会标出开通电流变化率的参考值。制造商提供的参考值可以保证 IGBT 在给定的实验条件下不会振荡或在其他工作点不会损伤半导体。同样数据手册中提到的栅极电阻也应该这样理解：这是制造商在给定的测试条件下推荐的最小值。请注意，这些条件通常包括 - 15V 的控制电压，特定的寄生电感和未列明的驱动器输出阻抗（包括如第 6 章 6.6.3 节所述的栅极杂散电感）。在实际应用中，不同的工作条件将导致寄生电感和栅极引线电感发生变化，从而影响栅极电阻的选取（例如，如果寄生电感高于数据手册给定的值，那么要选用大一点的栅极电阻）。最后，电流变化率 di/dt 和电压变化率 du/dt 是关系到二极管过冲电压不超过击穿电压及半导体不超出安全工作区的关键参数。

IGBT 的关断过程有所不同，其限制因素是 IGBT 阻断能力（电压等级）。关断过程中的过电压来源于电流变化率和换流回路中的寄生电感，其与电源电压（直流母线电压）的和不得超过 IGBT 的集电极 - 发射极电压 U_{CES}。数据手册中的最大阻断电压通常是芯片级的。一般模块的最大阻断电压要低一些，有些制造商会在 RBSOA 图中标出（见 7.8 节）。

可以通过给定条件下的正常和过载运行工况计算最大允许电流变化率。这里不用考虑短路，短路一般用于保护措施的设计，详见下例。

假设逆变器电源电压为690V，其电压误差为±10%，换流回路中的杂散电感为80nH（不包含模块内部杂散电感），额定电流为350A，最大过载电流为525A。IGBT选用的参数如图7.8所示。本例的目标是计算该应用中的最大电流变化率。

IGBT数据手册

Kollektor-Emitter-Sperrspannung collector-emitter voltage	T_{vj} = 25°C		V_{CES}	1700	V
Kollektor-Dauergleichstrom DC-collector current	T_C = 100°C, T_{vj} = 175°C T_C = 25°C, T_{vj} = 175°C		$I_{C\,nom}$ I_C	650 930	A A
Anstiegszeit (induktive Last) rise time (inductive load)	I_C = 650 A, V_{CE} = 900 V V_{GE} = ±15 V R_{Gon} = 1,8 Ω	T_{vj} = 25°C T_{vj} = 125°C T_{vj} = 150°C	t_r	0,09 0,11 0,12	μs μs μs
Abschaltverzögerungszeit (ind. Last) turn-off delay time (inductive load)	I_C = 650 A, V_{CE} = 900 V V_{GE} = ±15 V R_{Goff} = 2,7 Ω	T_{vj} = 25°C T_{vj} = 125°C T_{vj} = 150°C	$t_{d\,off}$	1,00 1,25 1,30	μs μs μs
Fallzeit (induktive Last) fall time (inductive load)	I_C = 650 A, V_{CE} = 900 V V_{GE} = ±15 V R_{Goff} = 2,7 Ω	T_{vj} = 25°C T_{vj} = 125°C T_{vj} = 150°C	t_f	0,29 0,49 0,57	μs μs μs
Einschaltverlustenergie pro Puls turn-on energy loss per pulse	I_C = 650 A, V_{CE} = 900 V, L_S = 45 nH V_{GE} = ±15 V, di/dt = 5000 A/μs (T_{vj}=150°C) R_{Gon} = 1,8 Ω	T_{vj} = 25°C T_{vj} = 125°C T_{vj} = 150°C	E_{on}	205 300 320	mJ mJ mJ
Abschaltverlustenergie pro Puls turn-off energy loss per pulse	I_C = 650 A, V_{CE} = 900 V, L_S = 45 nH V_{GE} = ±15 V, du/dt = 3200 V/μs (T_{vj}=150°C) R_{Goff} = 2,7 Ω	T_{vj} = 25°C T_{vj} = 125°C T_{vj} = 150°C	E_{off}	140 205 230	mJ mJ mJ

图7.8 摘自一个IGBT的数据手册

直流母线电压 $U_{DC}=690V\times\sqrt{2}\times1.1\approx1100V$（系数1.1来自于电压误差为±10%）。IGBT模块的电压等级在数据手册中标识为芯片级的1700V。在模块等级，考虑到模块内部的寄生电感，其阻断能力大约是1560V。根据第3章式（3.27）可以计算关断时的最大电流变化率，即

$$\frac{\mathrm{d}i}{\mathrm{d}t_{max}}=-\frac{U_{CES}-U_{DC}}{L_{\sigma}}=-\frac{1560V-1100V}{80nH}=-5.75\frac{kA}{\mu s}$$

分别考虑额定电流和过载电流，理论关断时间为

$$t_{off\_nLoad}=\frac{350A}{5.75\frac{kA}{\mu s}}\approx61ns \quad 且 \quad t_{off\_oLoad}=\frac{525A}{5.75\frac{kA}{\mu s}}\approx92ns$$ [㊀]

如果对比理论关断时间与数据手册标识的关断时间（$t_f=290\sim570ns$）可知，实际IGBT关断得比较慢，产生的电流梯度将低于 $-5.75\frac{kA}{\mu s}$，所以不会影响实际应用[㊁]。

7.6 短路关断

工作时，外部事故或者硬件/软件的错误会导致短路。根据短路发生的时间点与IGBT工

㊀ 根据定义，关断时间只是其总时间的80%，即电流幅值在90%到10%之间的时间。

㊁ 注意数据手册中的数值仅仅适合特定的工作点，需要认真考虑实际应用情况与数据手册中给定工况的区别，有时候需要和厂商联系获得技术支持。

作状态的不同，可以分为以下两种短路：

- SC1 短路，IGBT 开通前已经发生短路；
- SC2 短路，IGBT 开通后发生短路。

第 3 章 3.6 节已经对这两种短路进行了详细的分析，所以这里将关注与实际应用相关的问题。

实际短路电流常常超过 IGBT 数据手册中标注的短路电流 I_{SC}，这是由于实际工况往往超过规格书给定条件。通常这些给定条件包括：栅极电压 U_{GE} 为 15V，最大结温 $T_{vi,op}$（125℃或 150℃），特定的直流母线电压 U_{DC} 和最大持续时间。由此产生的短路电流存在以下关系：

如果 $T_{vj,op}$ 升高，则 I_{SC} 下降；如果 U_{DC} 或 U_{GE} 增大，则 I_{CS} 增大。

$$I_{SC}=f(T_{vj,op}\uparrow\downarrow,U_{DC}\uparrow\uparrow,U_{GE}\uparrow\uparrow) \tag{7.6}$$

控制 $T_{vi,op}$ 和 U_{DC} 相对容易，而控制 U_{GE} 很困难，这是由于 IGBT 的反馈电容 C_{GC}（密勒电容）造成的。

短路时，IGBT 集电极和发射极之间出现高电压变化率 dU_{CE}/dt。特别是在 SC2 短路中，IGBT 从低导通压降 U_{CEsat} 的饱和状态迅速进入退饱和状态，从而几乎承受全部直流母线电压 U_{DC} 与换流路径杂散电感造成的过冲电压之和。如第 3 章 3.5.3 节所述，这种电压突变产生反馈电流 I_{GC}，其可能导致 IGBT 栅极电容进一步充电，导致栅极电压升高甚至超过驱动电路产生的标称栅极电压。根据 IGBT 的跨导，随着栅极电压的提升，集电极电流相应增加（不受外部条件的限制）。数据手册中的转移特性描述了这种对应关系，一般给出最高到两倍标称电流 I_{nom} 的曲线，如图 7.9 所示。

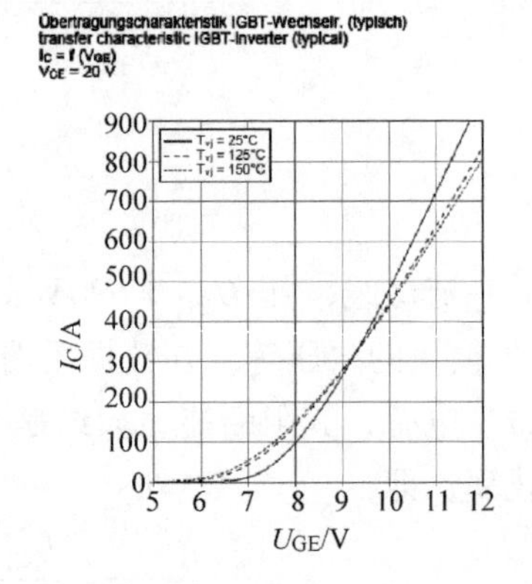

图 7.9　摘自 450A IGBT 模块数据手册的转移特性 $I_C=f(U_{GE})$

限制 IGBT 栅极电压对于限制短路电流非常重要。为了实现该目的，可以采用以下措施：

- 使用较小的栅极电阻 R_G，这会降低由电流 I_{GC} 引起的压降，从而抑制栅极电压；
- 添加外部栅－射极电容。电流 I_{GC} 需对更大的门极电容充电，但 IGBT 模块内部电阻 R_{gint} 使得内外电容解耦，从而限制了这种措施带来的好处；
- 通过快速齐纳二极管限制栅－射极电压。考虑到电源电压的误差及二极管温漂的影响，选择比栅极额定电压高 2～3V 即可；
- 也可以通过快速 PN 二极管或肖特基二极管把栅极钳位到驱动电源正电压。根据电源的公差和驱动电路内部的压降，可以保证栅极电压超过标称电压 0.3～3V。如果使用肖特基二极管，应该选择那些高温时仍然保持较低漏电流的器件；否则，高结温下漏电流很大，会增加驱动电源的压力；
- 降低栅极工作电压到 14V 左右，同时使用上文所述的一种或多种措施，以降低短路时栅极的最大电压。缺点是 IGBT 的通态损耗会增加；
- 采用 IGBT 栅极接地的驱动电路（见第 6 章 6.3.1 节）。

无论选择何种措施，IGBT 模块内部栅极电阻总是会导致更高的栅极电压，从而导致更

高的短路电流。上述外部措施可以用于限制 IGBT 模块的短路电流，但它们无法补偿对内部栅极电阻的影响。

另一个关键问题是 IGBT 从短路开始到截止的持续时间。绝大多数的 IGBT 要求短路时间不超过 10μs，该时间由 IGBT 短路时内部产生的能量损耗 E_{SC}决定，一般不要超过制造商所指定的短路时间。由于短路能量损耗很难测量或者说无法测量，所以在实际应用中采用数据手册标识的最大短路时间。在此期间，需要完成从“检测”“处理”到“关断”的整个控制过程。最大允许短路时间受结温 $T_{vi,op}$和直流母线电压 U_{DC}的影响较大。通常 $T_{vi,op}$越高或 U_{DC}越高，最大容许短路时间就越短，这样留给上述动作的时间将减少，即

$$t_{SC} = f(T_{vi,op} \uparrow \downarrow, U_{DC} \uparrow \downarrow) \tag{7.7}$$

现在的驱动单元通常集成了一些保护功能可以提供足够的检测性能和关断能力，比如退饱和检测（见第 6 章 6.7.1 节）。如果 IGBT 指定 $t_{SC}=6\mu s$（150℃）时，必须特别注意选择合适的驱动器或实现短路检测，并不是所有的驱动器或电路都能够确保 6μs 内完成所有的操作。

在实际应用中，最难处理的不是 SC1 型短路，而是 SC2 型短路，下文将探讨这个问题。对于 SC2 型短路，可能发生的一种极端情况：当 IGBT 关断的时刻，恰好是 IGBT 从饱和导通状态到退饱和状态的过渡过程，这时两个结果可能同时发生或各自发生。其一，换流回路中的寄生电感在高 $-di_C/dt$ 时产生最高的集－射极过电压，当该电压超出 IGBT 的电压等级 U_{CES}后就可能损坏器件，因此在应用中需要通过一些适当的措施来保护器件，例如：

- 有源钳位（见第 6 章 6.7.2 节）；
- 低电感设计的直流母排（见第 13 章 13.5 节）；
- 使用吸收电容（见第 13 章 13.6 节）。

除此之外，IGBT 的损耗可能导致器件热失效（$U_{CE} >> U_{CEsat}$且 $I_C = I_{SC}$）。

另一个问题是短路回路中的等效电感，该电感可以限制短路电流，如图 7.10a 所示，当短路电感值较小时，使得 IGBT 在 6μs 内退出饱和状态，由于 U_{CEsat}检测电路的作用，IGBT 被强制关断（这里使用有源钳位限制 IGBT 关断时的集－射极过电压）。然而在图 7.10b 中，短路电感值增加之后，IGBT 不会在 6μs 退出饱和，其电流会上升到模块标称电流 800A 的 4.6 倍，约 3.7kA；只有当短路时间持续到 14μs 时，IGBT 的电流到 5.7kA 才会退出饱和区。所以在触发 U_{CEsat}监控关断 IGBT 之前，短路电感值较大时将产生更多的能量损耗。也许保护电路动作之前，IGBT 已经由于产生的损耗而损坏。

短路电感小的 SC2 型短路是最常见的，如逆变器输出端直接短接。由于回路电感极低，IGBT 迅速退出饱和，同时产生很高的 du/dt，从而通过密勒电容对栅极充电并抬高其电压。

除了 du/dt 非常高（比之前短路还高）之外，密勒电容也很大（因为 IGBT 处于饱和区），因此栅极电压也将很高。这意味着即使存在保护电路，峰值电流可能也会达到损坏 IGBT 的程度。图 7.11 对比了 SC1 短路和 SC2 分别在小电感和极小电感下短路的结果。这三幅图比例相同且来自一个简化的仿真模型，可以明显看到短路电流峰值由短路类型决定。

SC2 短路还可能发生另一种极端情况：当 IGBT 开通后发生 SC2 短路故障，IGBT 还未进入饱和区，但不完善的 U_{CEsat}监测电路检测到短路并关断 IGBT。图 7.12 是一个的详细例子。由于开通过程较慢，IGBT 没有快速进入饱和区而处于线性区，这时关断 IGBT，其后果是损

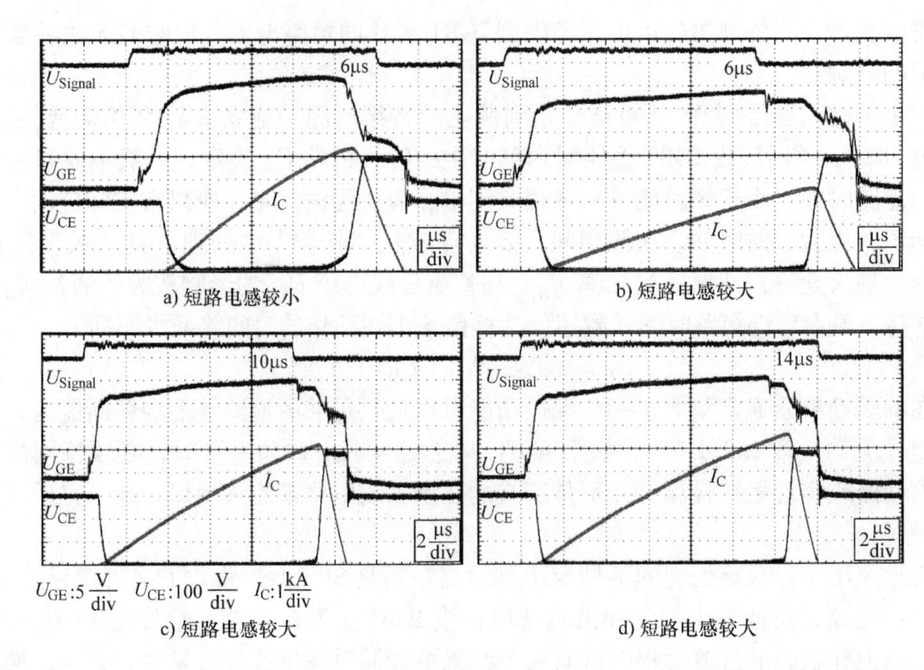

图 7.10 SC2 时，短路电感值对 800A/600V IGBT 模块的影响

坏 IGBT。建议使用可以迅速开通 IGBT 的驱动器来解决这类问题。可采用以下几种措施来迅速开通 IGBT：

- 采用较低的栅极电阻（无法无条件地推荐）；
- 降低门极 - 发射极电容（如果存在）；
- 具有快速开关能力的驱动器（优化驱动信号放大电路）；
- 减少驱动内部阻抗（可以增加驱动峰值电流）。

当选择一个 IGBT 或者 IGBT 模块时，需注意并非所有 IGBT 都明确给出短路定义，比如其短路时的特性和鲁棒性都是不确定的。

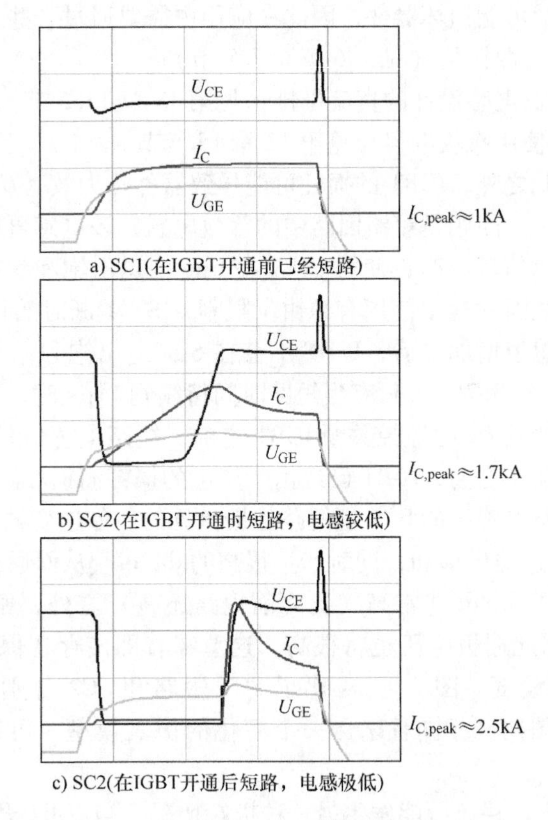

图 7.11 SC1 和 SC2 短路电路的仿真

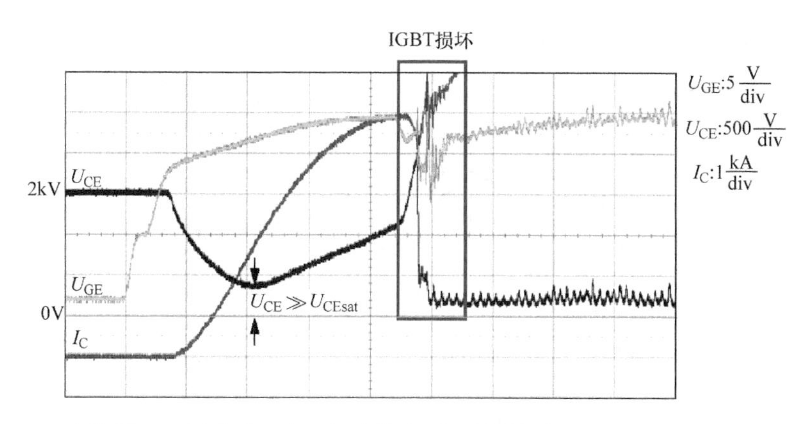

图 7.12　在关断 SC2 短路时，由于驱动能力不足导致损坏 1.5kA/3.3kV 的 IGBT 模块

7.7　杂散电感的影响

7.7.1　换流通路杂散电感

杂散电感 L_σ 对 IGBT 的开关特性存在明显的影响。换流回路中的所有寄生电感等效为杂散电感，但不包含负载电感。杂散电感主要包括：

- 直流母线电容的寄生电感；
- 直流母线电容到 IGBT 或 IGBT 模块连接母排的寄生电感；
- IGBT 或者 IGBT 模块的内部杂散电感，这包括接线端子之间的寄生电感，键合线及 DCB（如果有）和覆铜层的寄生电感。

杂散电感对 IGBT 开关特性的影响如图 7.13 所示，在 IGBT 开通过程中，其关系如下：

- 相同集电极电流时，L_σ 越大，集 - 射极之间电压跌落就越大；
- 相同集电极电流时，L_σ 越大，集电极电流上升率越小，意味着 $\mathrm{d}i_C/\mathrm{d}t$ 同样降低；
- L_σ 越大，开通损耗 E_{on}就越低。在图 7.13a 的例子中，当 $L_\sigma \approx 70\mathrm{nH}$ 时开通损耗接近 190mJ。然而，当 $L_\sigma \approx 155\mathrm{nH}$ 时开通损耗只有 140mJ。

在 IGBT 关断过程中，其关系如下：

- L_σ 越大，集 - 射极电压过冲越大；
- L_σ 越大，集电极电流下降率越慢，到达拖尾电流区的时间越长。这意味着 $-\mathrm{d}i_C/\mathrm{d}t$ 同样降低；
- L_σ 越大，拖尾电流越不明显；
- L_σ 越大，关断损耗 E_{off}越大。

在图 7.13b 的例子中，当 $L_\sigma \approx 70\mathrm{nH}$ 时，关断损耗接近 145mJ；然而，当 $L_\sigma \approx 155\mathrm{nH}$ 时，关断损耗只有约 170mJ。

如上所述，杂散电感有利于 IGBT 开通，而不利于关断。接下来从两方面详细讨论该问题。

一方面，在开通过程中，因杂散电感引起的关断过电压限制了最大直流母线电压和/或

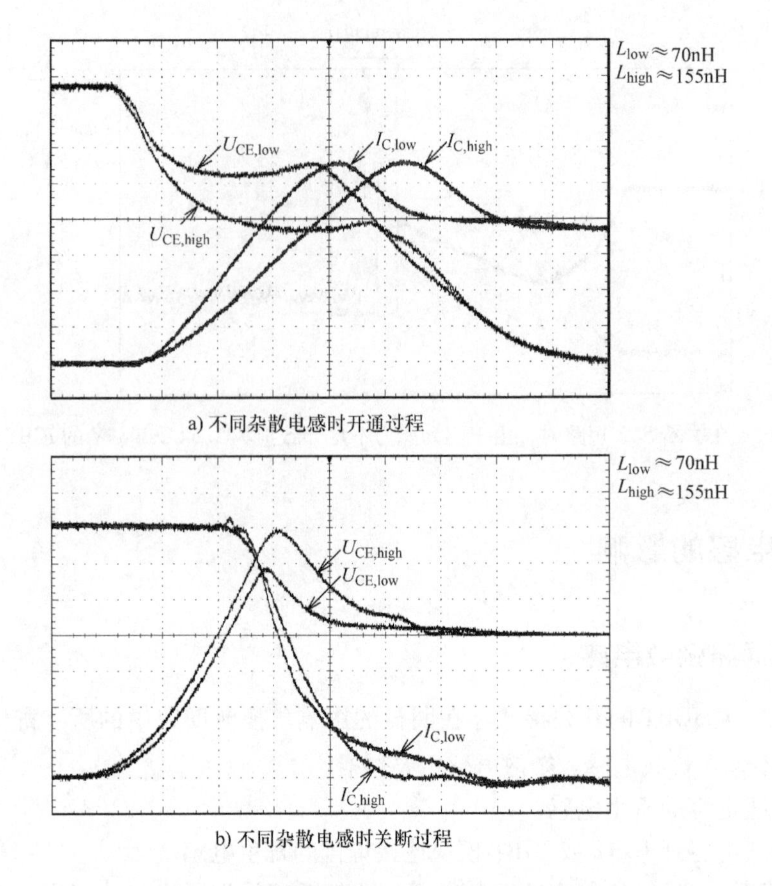

a) 不同杂散电感时开通过程

b) 不同杂散电感时关断过程

图 7.13　杂散电感对 IGBT 开关特性的影响

最大负电流变化率 di/dt，其关系见式（7.8）。为了把 U_{CE} 限制在 IGBT 电压等级 U_{CES} 以下，L_σ 和 di/dt 的乘积越大，最大可用直流母线电压 U_{DC} 就越小。

$$U_{CE}=U_{DC}-L_\sigma\cdot\frac{di}{dt}<U_{CES} \tag{7.8}$$

图 7.14 给出了 IGBT 在不同杂散电感和电流变化率时的关断过电压曲线。这里选用一个 1.2kV IGBT，最大应用母线电压为 620V。从图中可以看出，随着 di/dt 增加，换流回路中的杂散电感需要足够小以防关断过电压超过 IGBT 的击穿电压。

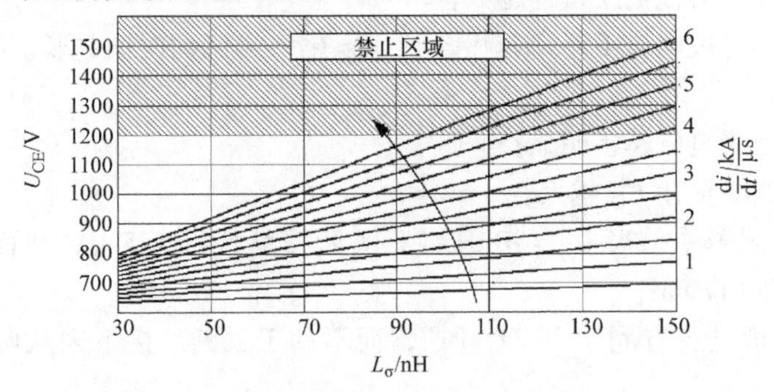

图 7.14　杂散电感和电流变化率对关断过电压的影响

第二个方面是杂散电感对拖尾电流的影响。增加 L_σ 会降低拖尾电流的原理如下：关断过电压增加会引起 IGBT 内的电场扩展并移除更多的载流子，而剩余的载流子才构成拖尾电流。发生在高母线电压大杂散电感下将会很危险。在这种条件下或者相似的工况下，将不会剩余载流子，也就无法生成拖尾电流。这将会导致电流突然截止，引起强烈的振荡［也叫突然关断（snappy turn - off）］。特别是对于 IGBT 的场终止层有重要影响（见第 1 章 1.5.3 节）。因此在实际应用中，功率半导体制造商会按照一条关断平衡曲线来优化设计 IGBT，使 IGBT 即使在非常苛刻的条件下也可以实现软关断。

7.7.2　栅极通路杂散电感

第 6 章 6.6.3 节讨论了栅极通路杂散电感 L_G 对驱动控制 IGBT 的影响，其他相关方面的影响将在本节中分析。

在图 6.43 的例子中，由于增加栅极通路杂散电感 L_G，使得 IGBT 开通过程加快，同时开通损耗降低。图 7.15 给出了一个实验测量结果。该实验中，第一次利用一条长约 6cm 的双绞线与 IGBT 相连，而第二次双绞线的长度约为 18cm，后者开通损耗 E_{on} 降低了约 31mJ。

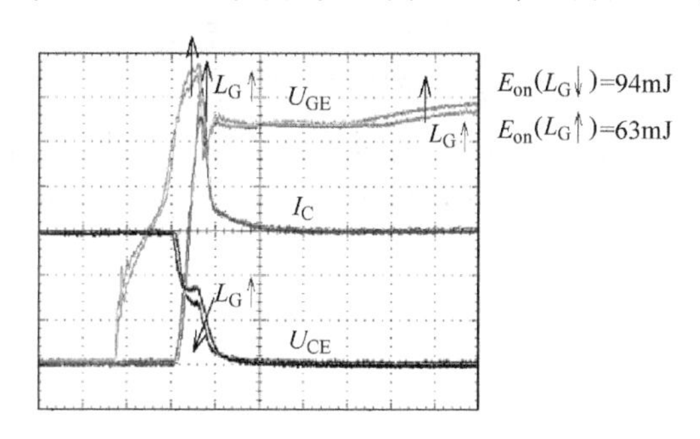

图 7.15　栅极杂散电感 L_G 不同时对开通损耗 E_{on} 的影响

IGBT 的开关过程越快，其续流二极管的换流过程就越快，导致二极管的反向恢复损耗增加。如果换流过程太快，可能会导致二极管电流突然关断（snap - off）从而引起振荡，甚至损坏二极管，如图 7.16 所示。

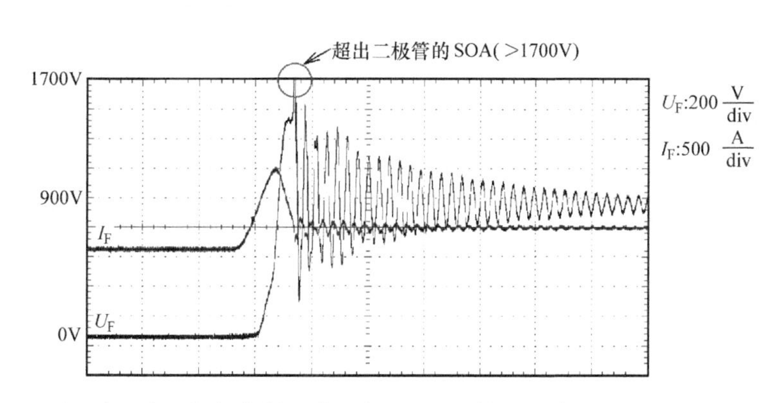

图 7.16　开通过程中，由于栅极杂散电感太高导致二极管振荡并超出 SOA（1.7kV IGBT 模块）

因此在实际应用中建议减少栅极杂散电感。最好的方法是把驱动器或其放大级直接安装

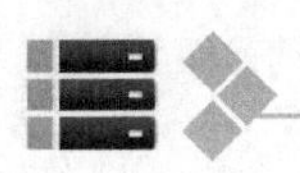

到 IGBT 模块上。这样不仅最小化栅极杂散电感，而且所有 IGBT 的栅极杂散电感一致。如果通过双绞线连接 IGBT，那么将存在因引线长度不同而导致栅极杂散电感不同的风险（由于驱动器到栅极的距离不同）。另外，当 IGBT 并联连接时影响会更加明显，非对称的栅极引线电感可能造成 IGBT 动态均流变差。最坏的情况下，可以导致一个 IGBT 的过载，进而影响整个系统。

上述讨论基于 IGBT 栅极电压的双极性控制（-15V/15V）。对于 0V/15V 的单极性控制，只会导致开通时间延迟，而不会影响开关速度。

7.8 安全工作区

7.8.1 IGBT 反偏安全工作区和短路安全工作区

RBSOA 意为“反偏安全工作区”，描述了 IGBT 承受反向偏置电压时能够安全工作的区域。IGBT 关断过程中不能超出该区域。

如图 7.17a 所示，根据参考不同，RBSOA 有两种定义：以模块端子为参考或以内部半导体芯片为参考。两种定义的区别来源于模块内部的杂散电感。总之，其最大可用直流母线电压和开关过冲电压之和必须低于模块的电压等级 U_{CES}。从图中可以清晰地看出，当模块电流工作于 $I_L=2\cdot I_{nom}$时，模块集电极和发射极接线端子之间的电压不得超过 1070V（在数据手册给定测试条件下）。

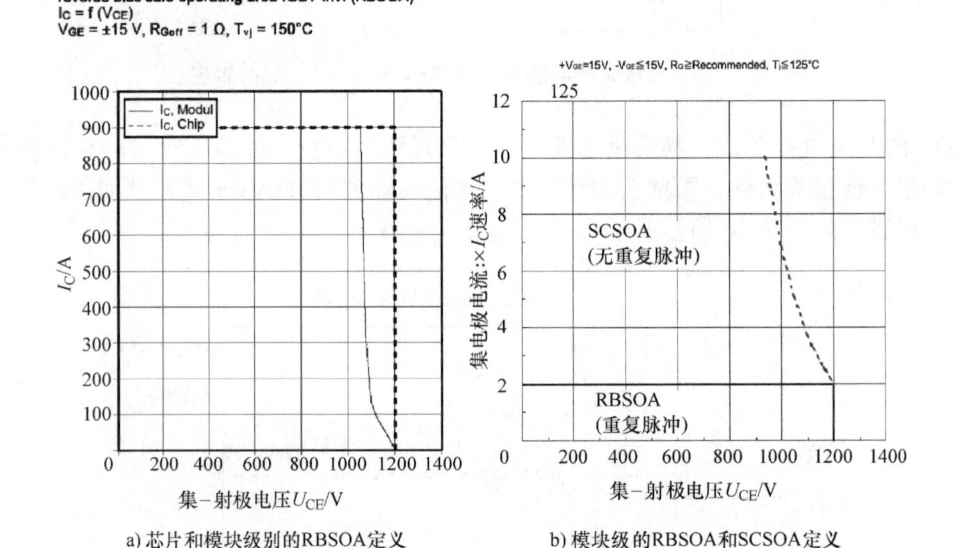

a) 芯片和模块级别的RBSOA定义　　b) 模块级的RBSOA和SCSOA定义

图 7.17　RBSOA（英飞凌科技）和 SCSOA（富士电机）举例

厂家只给出了两倍标称电流和最大 IGBT 阻断电压的 RBSOA，但是没有定义 $2I_{nom}$ 以上的工作区域。高于两倍标称电流到短路之间范围定义为 SCSOA（短路安全工作区），如图 7.17b 所示。

7.8.2　二极管安全工作区

峰值损耗功率 P_{RQM} 决定了续流二极管的安全工作区。二极管工作时的功率损耗，特别是在开关过程中的损耗不得超过峰值损耗功率，以防损伤或损坏半导体。最大损耗功率受限于正向重复峰值电流 I_{FRM}。大多数情况下，I_{FRM} 相当于二极管标称电流的两倍（$2I_{nom}$）并仅能承受 1ms 的时间。反向重复峰值电压 U_{RRM} 是安全工作区的右边界。U_{RRM} 与温度相关，温度越低，U_{RRM} 也越低。

二极管反向恢复开关特性如图 7.18a 所示，而图 7.18c 则给出了二极管损耗的瞬时功率 $p(t)=U_R(t)\cdot i_R(t)$。如果它与二极管的 SOA 对比（本例中，二极管工作于 125℃，且 $P_{RQM}=1.8\text{MW}$，$I_{FRM}=1.2\text{kA}$，$U_{RRM}=6.5\text{kV}$），那么就可以直接确定是否超出 P_{RQM}。从图中发现，在 $t=0.6\mu s$ 时刻，二极管发生短时过载。在实际应用中，可以通过增加 IGBT 栅极电阻的方法避免超出峰值损耗功率。

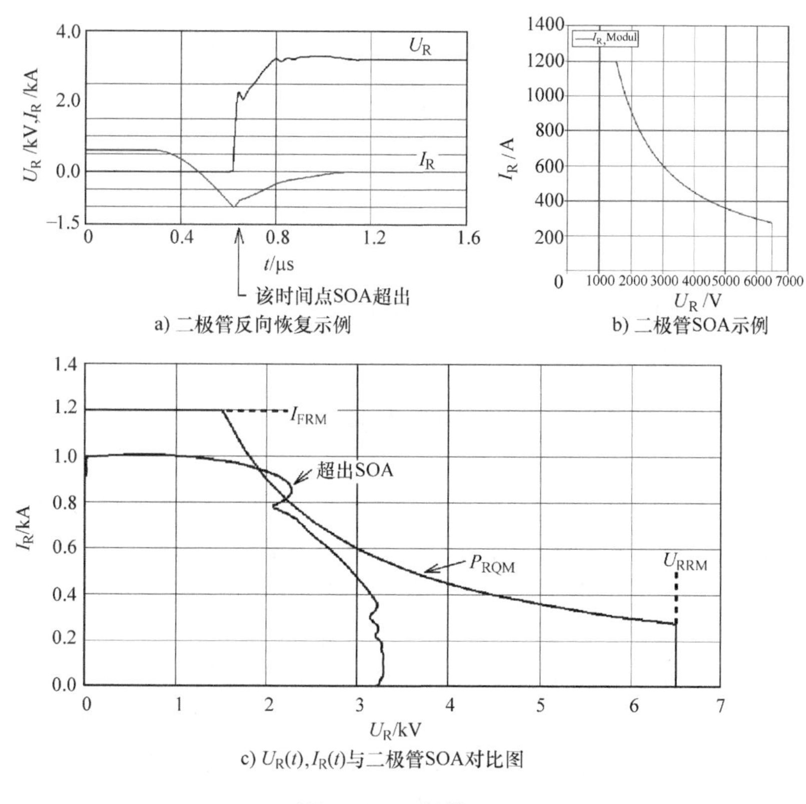

图 7.18　二极管 SOA

7.9　IGBT 反向阻断电压

通常 IGBT 可以阻断一定的反向电压。大多数情况下，IGBT 的负载都是感性负载，所以 IGBT 需要一个反并联的续流二极管。如果没有续流二极管，会产生反向高电压并损坏 IGBT。即使低于击穿电压时也可能损坏 IGBT，这是因为 IGBT 的击穿电压是按照正向电压定义的。虽然 IGBT 能够阻断一定的反向电压，但没有明确规定，因此应该避免 IGBT 承受反向电压。如上所述，实现这一点最简单方法就是并联一个续流二极管。

如第 3 章 3.3.1 节所述，在实际应用中，IGBT 反并联二极管换流开通时，可能出现电压 U_{FRM} 比二极管正向电压 U_F 高的情况。根据二极管及其换流速率 di_F/dt，该电压可能在几伏到几百伏之间，即 IGBT 两端产生反向电压。

因为没有定义 IGBT 反向阻断能力（如上文所述），如果反向电压过高，二极管换流成为制约 IGBT 正常运行的关键因素。实际应用时，必须确保电压 U_{FRM} 不超过 100V。例如，如图 7.19 所示，在 VT_2/VD_2 的电压恢复到标称电压 U_F 之前，出现一个约 32V 的反向电压 U_{FRM}（40V/div）。

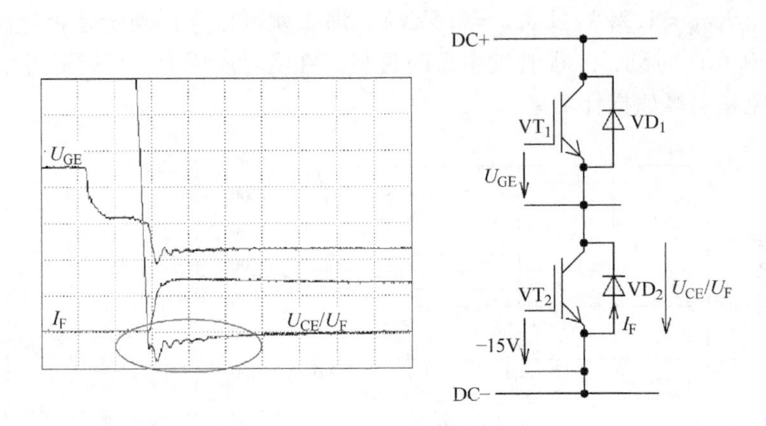

图 7.19　并联续流二极管的 IGBT 关断过程中反向阻断电压

7.10　集成碳化硅续流二极管的硅 IGBT

如第 1 和第 3 章所述，碳化硅肖特基二极管不存在反向恢复电荷 Q_r，因此当关断时不会产生（相关的）反向恢复峰值电流 I_{RM}。因此利用这类二极管作为 IGBT 的续流二极管，一方面可以减少 IGBT 的开通损耗，另一方面可以提高 IGBT 的开通速度（反过来又会降低 IGBT 的损耗）。当使用硅续流二极管时，IGBT 的开通速度受限于该二极管，如果 IGBT 开通过程中出现太高的电流变化率 di/dt，二极管可能会在换流关断中损坏。然而，如果使用碳化硅肖特基二极管，IGBT 理论上可以最大电流变化率 di/dt 开通，比如栅极电阻 R_{Gon} 为 0Ω。

如果 IGBT 模块安装了碳化硅肖特基二极管，在实际应用中需要考虑到以下几个方面：

• 目前已经商业化生产碳化硅肖特基二极管，其额定电流最大只有 15A（状态：2009）。这意味着几百安培的 IGBT 模块必须需要多个碳化硅二极管芯片并联使用，如图 7.20 所示。使用的芯片越多，内部并联设计就越困难。而且由于寄生效应，IGBT 在开关时可能会产生振荡，特别是在高速开关时问题更严重，比如 IGBT 的栅极电阻很小时；

• 由于寄生电容的影响，碳化硅肖特基二极管存在一定的反向恢复电流而不是理想的 0A。但该电流在整个工作温度范围内都是一个常值，因此与理想的器件相比，还是存在一定的开关损耗；

• 出于成本的考虑，碳化硅肖特基二极管的标称电流通常低于 IGBT 的标称电流。这里

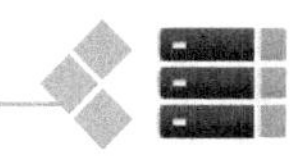

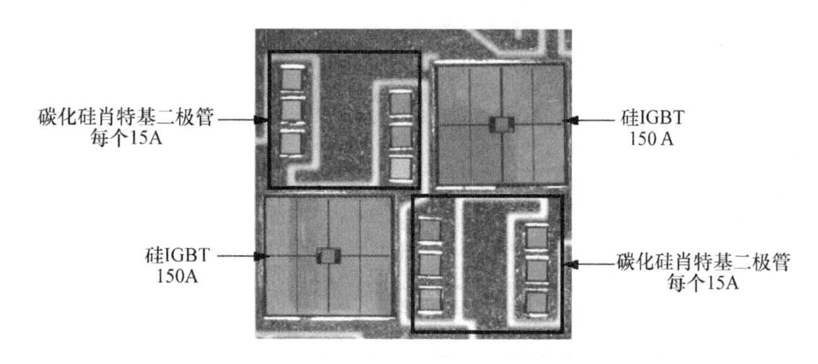

图 7.20　两个硅 IGBT 并联 12 个碳化硅肖特基二极管的结构图

暗指的是，实际应用中负载的功率因数应为正，即 IGBT 比二极管承担更多的负载。图 7.20 给出了这样一个例子，二极管的标称电流只有 IGBT 额定标称电流的 60%。然而，在那些存在较大再生电流的变换器或直流 - 直流变换器应用中，其二极管的标称电流应该与 IGBT 的相同。另外，碳化硅肖特基二极管适用于那些开关频率很高的场合。为了降低二极管的开关损耗同时充分利用 IGBT 的电流容量，这两个器件在高速开关时应相互匹配。

图 7.21 给出了一个 1.2kV IGBT 模块的开通和关断特性，其中 IGBT 是一个 600A 快速型硅 IGBT，而续流二极管为 180A 的碳化硅肖特基二极管。图 7.21 给出了不同栅极电阻的 IGBT 开通过程的实验结果。从图中可以看出，当栅极电阻选一个较小的电阻（0.5Ω）时发生振荡。由于 IGBT 的开通速度很快，所以集 - 射极电压 U_{CE} 可以很快降到饱和值，因而产生的开通损耗最小。如果增加栅极电阻 R_{Gon}，则电压变化率 dU_{CE}/dt 降低，从而电流振荡减少，但开关损耗急剧上升。

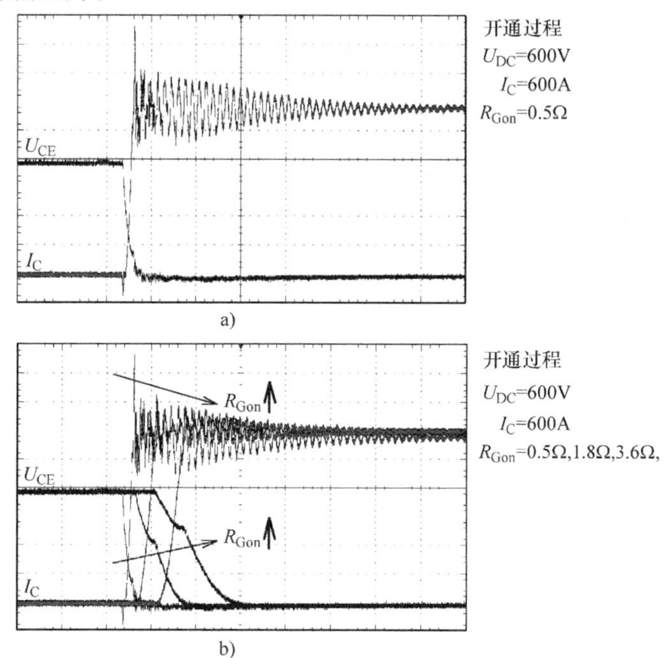

图 7.21　基于 SiC 续流二极管的 600A/1.2kV IGBT 模块开通和关断特性

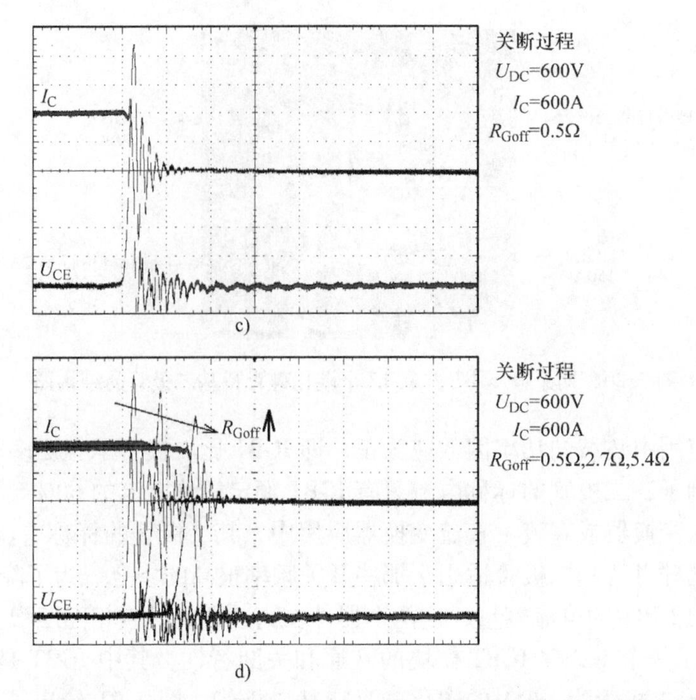

图 7.21　基于 SiC 续流二极管的 600A/1.2kV IGBT 模块开通和关断特性（续）

在 IGBT 关断时，关断过冲电压 $U_{CE,peak}$ 随着 IGBT 栅极电阻 R_{Goff} 的增加而降低。而增加的关断损耗与开通时相比不是那么明显。

对于使用碳化硅肖特基二极管的 IGBT 模块（特别是中等功率的模块），栅极电阻必须调较准确以防止产生振荡和增加不必要的开关损耗。事实上，IGBT 模块内并联的碳化硅芯片越少，其开关特性就越好。这也是碳化硅续流二极管在 100～150A 小功率应用中具有吸引力的原因。

7.11　降载开关和（准）谐振开关

目前，含有有源开关器件的开关电路被称为硬开关拓扑。如图 7.22 所示，当器件开关时，由于集-射极电压 U_{CE} 很高，集电极电流 I_C 也很大，从而产生很大的损耗 P_{on} 或 P_{off}。根据不同的应用对象，其瞬时损耗功率可以达到数千瓦或兆瓦。

开关频率越高，产生的损耗就越大，即开关损耗与开关频率 f_{SW} 成正比，可表示为

$$P_{SW} \sim f_{SW} \cdot (E_{on} + E_{off}) \tag{7.9}$$

随着开关频率升高，损耗逐渐增大且无法保证有效散热，因此硬开关拓扑具有一定的局限性。另外，在开通或关断过程中会产生较高的电流变化率 di/dt 或电压变化率 du/dt，从而导致 EMI/EMC 问题。

当 IGBT 应用于高开关频率的硬开关拓扑中时，一种有效的措施是采用开关负荷降载网络或缓冲电路。

7.11.1　缓冲电路

在开关过程中，缓冲电路的功能是降低有源开关的负荷。降载网络也是用来缓解开通过

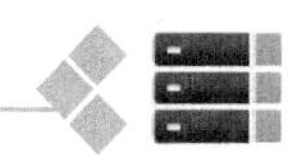

程或关断过程的，两者可以结合使用。下面以第3章图3.1半桥电路为例，分析其工作原理。

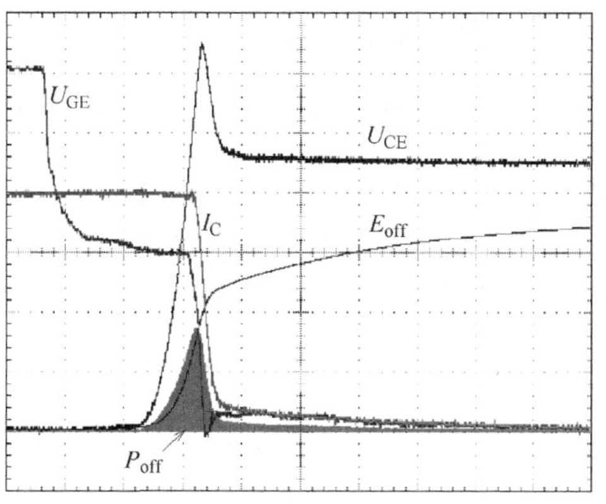

图7.22　IGBT关断特性（硬关断）

图7.23a给出了无降载开关网络的硬开关原理图。本例中换流路径中的杂散电感（包括VD_1和VS_1的杂散电感）是90nH。电流从VD_1到VS_1的换流过程中，其相应的峰值损耗功率大约为10kW。

图7.23b给出了同一电路带有开通缓冲电路的原理图。当VS_1开通时，比如在刚开始换流时，$L_{snubber}$几乎承受全部电压，而VS_1集－射极电压U_{CE}迅速下降，达到一个较低的值。$L_{snubber}$同时限制了换流过程中的电流变化率，从而减少VS_1的开关损耗。但RLD网络构成的缓冲电路会产生额外的损耗，因此总体效率并不会增加。

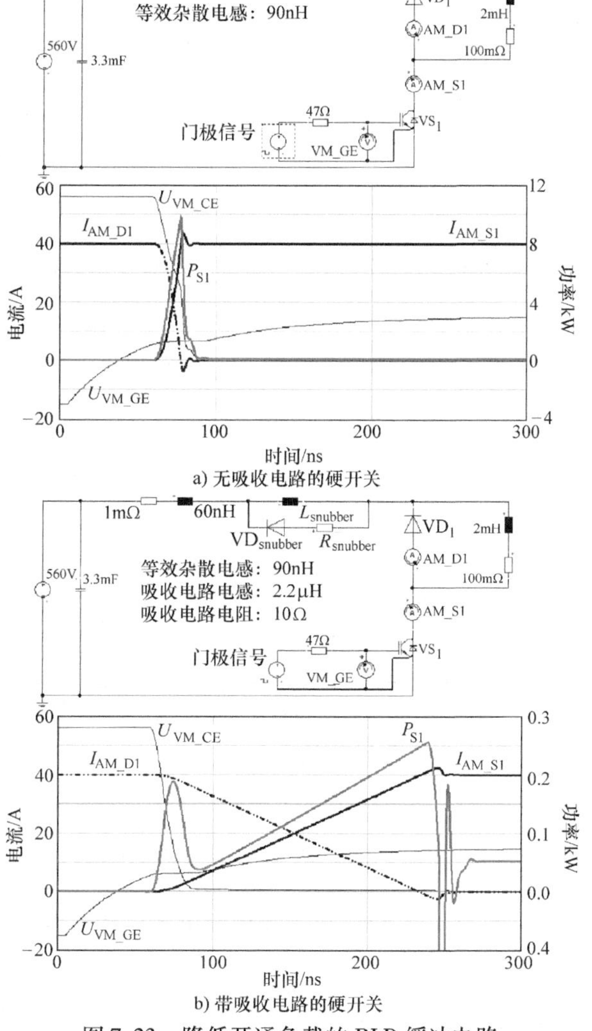

图7.23　降低开通负载的RLD缓冲电路

由于缓冲电路的存在，换流时间变长，所以必须增加半桥电路中两个 IGBT 之间的死区时间或开关互锁时间。考虑到吸收电路的时间常数 $\tau=\frac{L_{\text{snubber}}}{R_{\text{snubber}}}$，电感 L_{snubber} 需要一定时间去消耗换流过程中存储的能量，因此对 VS_1 的最小关断时间有要求。

图 7.24 解释了使用 RC 缓冲电路降载关断的原理。图 7.24a 是无降载网络的标准电路，图 7.24b 是同一拓扑的 IGBT 带有关断 RC 缓冲电路。

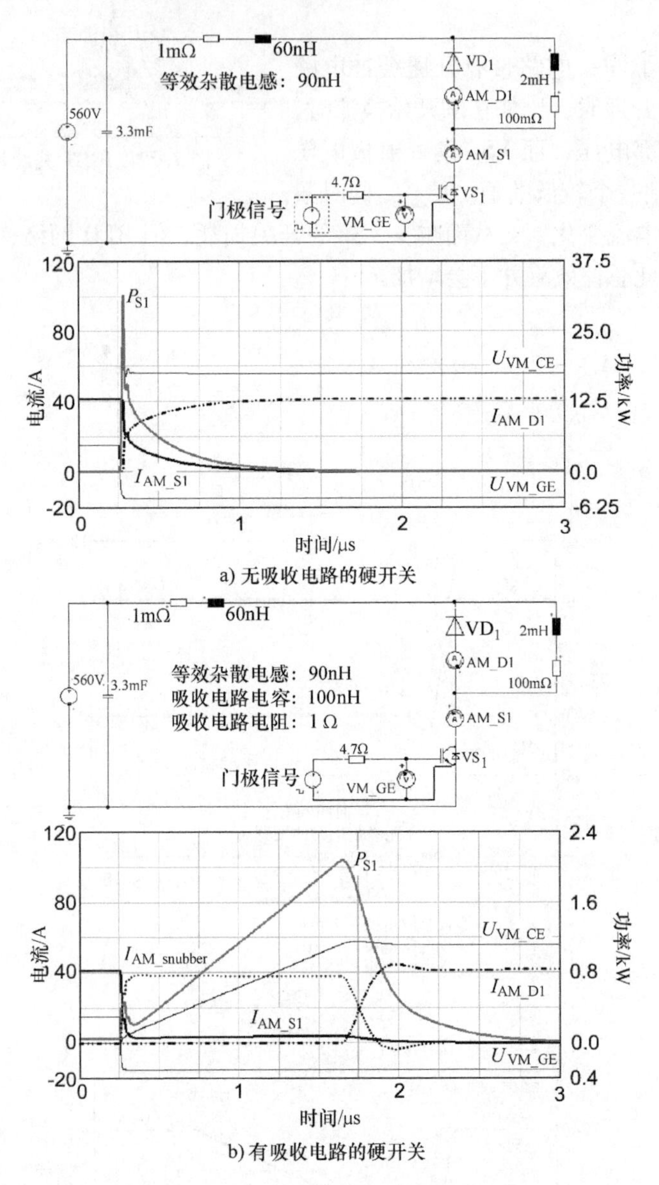

图 7.24　降低关断负载的 RC 缓冲电路

在关断过程中，吸收电容 C 可以在很短时间内为 IGBT 电流提供通路，此时续流二极管 VD_1 不会导通。

由于并联吸收电容的作用，IGBT 承受的电压只会慢慢升高，直到该电压达到直流母线

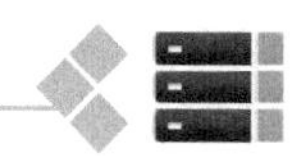

电压，电容 $C_{snubber}$ 的电流换流到 VD_1，则换流过程结束。

当 IGBT 下一次导通时，通过电阻 $R_{snubber}$ 消耗电容存储的能量，其结果是，IGBT 的最小开通时间由 RC 网络的时间常数 $\tau = R_{snubber} \cdot C_{snubber}$ 决定。只有当电容完全放电后，随后的关断降载才会有效。然而需要注意的是，在 IGBT 开通过程中，存储在电容器中的能量将通过 $R_{snubber}$ 产生电流，该电流将流过 IGBT 并相应地增加其损耗。

除了 RC 缓冲电路外，也可以通过 RCD 缓冲电路降低负载。图 7.25 给出了三种可行的关断缓冲电路。从原理上讲，其他变体也是可行的，甚至可以实现能量回收，但是这样的电路通常具有复杂的拓扑。

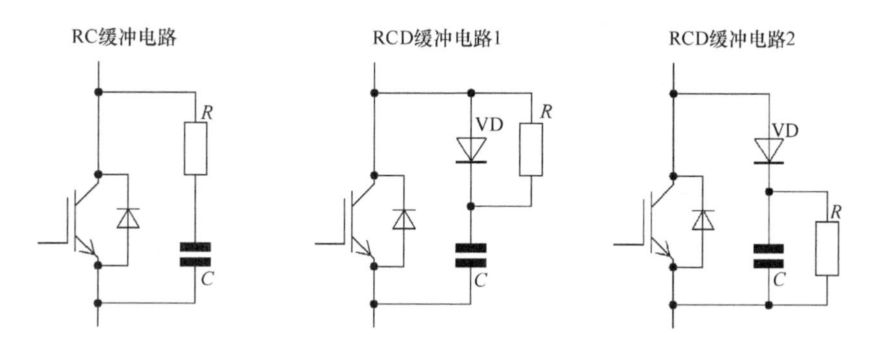

图 7.25 降低关断负载的缓冲电路

在实际应用中，开通和关断缓冲电路的匹配至关重要。如果设计有误，可能在直流母线中产生寄生振荡，从而 IGBT 可能超出 SOA。图 7.26 通过开通和关断缓冲电路来降低 IGBT 的负载。要选择合适的开关时间，确保 IGBT 无论是开通还是关断过程中都不会超出 SOA，储存的能量能够在给定的时间内完全消耗等。和前面的例子相比，这里选取的缓冲电路参数足以满足观测每个 IGBT 开关过程的需求，同时开通和关断缓冲电路可以互相匹配。为了阐明这个问题，通过仿真与上例进行比较，结果如图 7.26c 所示。与图 7.26b 所示的结果相比，这里缓冲电路的参数匹配不当。

其他缓冲电路优化还需要注意以下几点：

- 时间常数 $\tau = R_{sbr2} \cdot C_{sbr2}$ 必须小于相关 IGBT 的最小导通时间，否则电容器储存的能量不能完全耗尽。作为参考，最小导通时间可以取 $3 \sim 5\tau$。
- 电阻 R_{sbr2} 不要太小，否则 IGBT 开通时负载电流可能会太大。开通电流在任何情况下不能超过 IGBT 的 SOA，通常要求低于 $2I_{nom}$。作为参考，可选用的最小电阻 $R_{sbr2} \geqslant \dfrac{U_{DC}}{2 \cdot I_{nom}}$。
- 由于电感 L_{sbr1} 的作用，IGBT 关断时，集－射极电压会出现振荡，振荡的幅度和持续时间取决于 L_{sbr1} 和 R_{sbr1}。R_{sbr1} 主要是确定振荡的衰减。更小电阻有利于快速恢复到额定直流母线电压 U_{DC}。电感 L_{sbr1} 存储能量的耗散时间常数由 $\tau = \dfrac{L_{sbr1}}{R_{sbr1}}$ 决定，所以在 IGBT 可能再次导通之前，最小的关断时间是必需的。作为参考，可能再次导通之前最小的关断时间可以取 $3 \sim 5\tau$。
- 选择的电容器必须有足够的电压等级，至少等于直流母线最大电压。

一般来说，降载缓冲电路不是当前 IGBT 的主流技术。电力电子制造商多年前就为不同

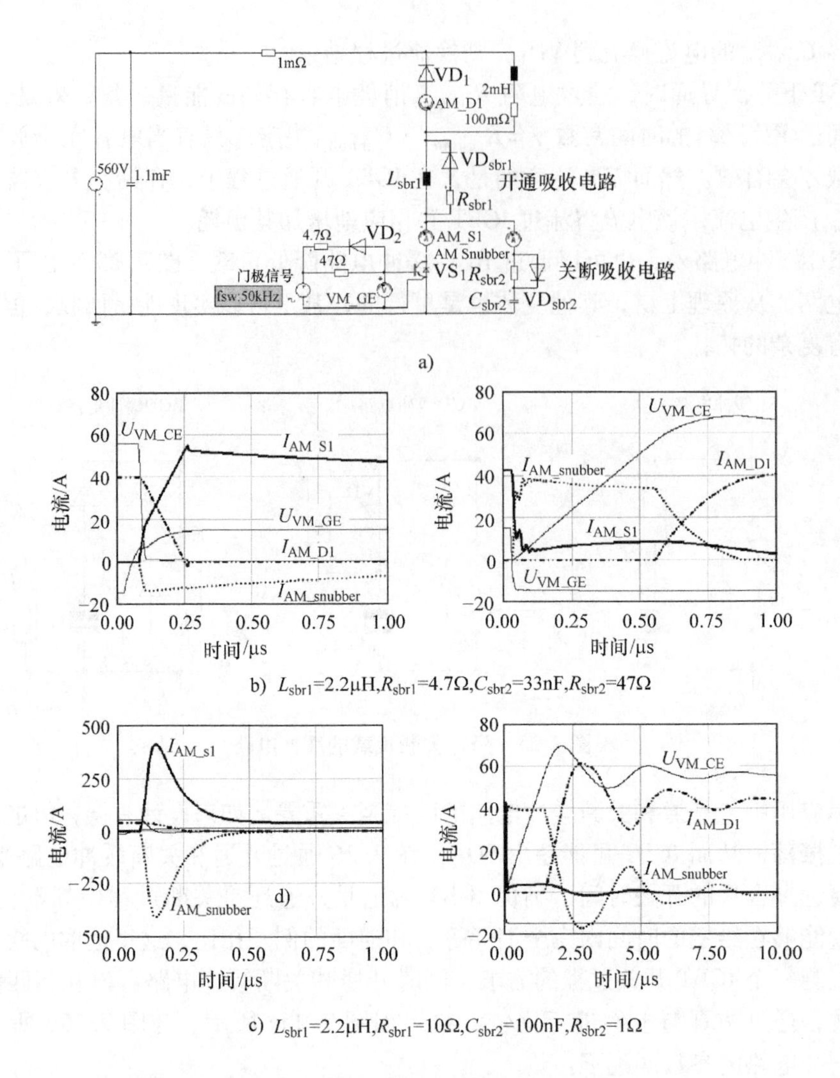

a)

b) L_{sbr1}=2.2μH,R_{sbr1}=4.7Ω,C_{sbr2}=33nF,R_{sbr2}=47Ω

c) L_{sbr1}=2.2μH,R_{sbr1}=10Ω,C_{sbr2}=100nF,R_{sbr2}=1Ω

图 7.26　开通和关断降载缓冲电路的简化仿真模型

的应用提供了优化设计的 IGBT 和二极管。这些器件的主要区别在于开关的软硬程度。有些 IGBT 专为高频开关和换流回路低杂散电感优化，有些 IGBT 专为低频开关和高杂散电感优化，而且可以根据应用对驱动核优化提供额外的性能提升（见第 6 章）。使用缓冲电路只应作为一种补充。

本节中，IGBT 和吸收电路不涉及短路。由于 IGBT 和吸收二极管之间 RCD 网络的振荡，无法简单地直接使用 U_{CEsat} 监控，所以如果采用缓冲电路，必须重新评估这些短路保护电路。

7.11.2　谐振开关

为了使 IGBT 能够适用于高频开关应用，可以在开关过程中令电流 I_C 或者电压 U_{CE} 这两个参数其中一个为零或接近零。如果能够保持 I_C 为零或接近零，这类开关被称作零电流开关（ZCS）。同理，如果能保持 U_{CE} 为零或接近零，则被称作零电压开关（ZVS）。为了达到

上述目的，电力电子变换器拓扑常常要添加 LC 网络，并工作在 LC 网络的谐振频率附近。这也是这类电路被称作“谐振拓扑”的原因。

图 7.27a 给出了在负载回路中串联谐振网络的电路原理图（并联谐振网络的示例详见第 11 章图 11.16）。LC 网络的谐振频率可以根据式（7.10）计算获得，这里设定为 25kHz，则有

$$f_0 = \frac{1}{2 \cdot \pi \cdot \sqrt{L_r \cdot C_r}} \tag{7.10}$$

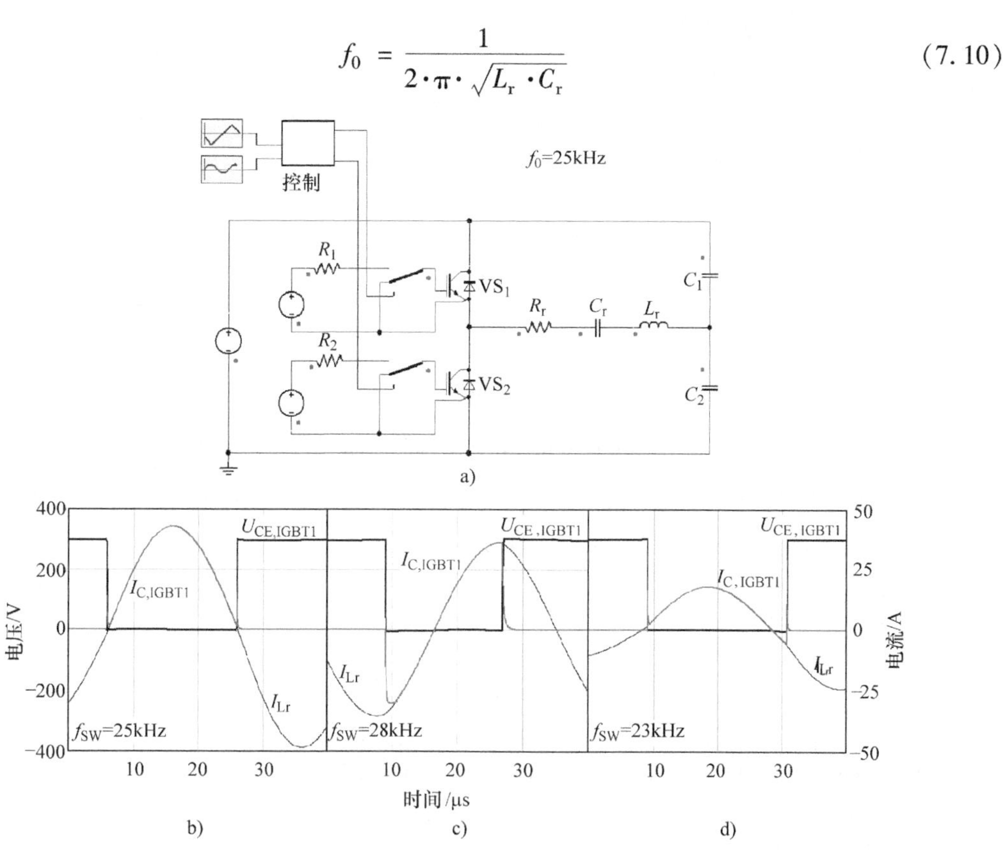

图 7.27 负载串联谐振网络的谐振开关仿真结果

如果 IGBT 的开关频率等于 LC 网络的谐振频率，那么 IGBT 会在负载电流过零时开关（见图 7.27b）。如果 IGBT 的开关频率高于 LC 网络的谐振频率，那么负载将表现为感性，即电流滞后于电压。这种情况下，IGBT 在电流过零时被动开通，但不会在电流为零时关断（见图 7.27c）。如果 IGBT 开关频率低于 LC 网络的谐振频率，那么负载将表现为容性，即电流超前电压。这种情况下，IGBT 无法在电流为零时开通，但是在电流过零时实现被动关断（见图 7.27d）。

需要注意的是，当 IGBT 被动开通时，一旦开始有电流通过，IGBT 集 - 射极电压会出现瞬时的电压提升。其原因是，虽然给 IGBT 施加了正向栅极电压，但是载流子不会流过 IGBT，同时 IGBT 内也不存在空间电荷区域（阻断电压等于相关联续流二极管的正向电压）。一旦它开始通过电流，IGBT 的电导仍然很低，但加上杂散电感的影响，可以预见其压降会高于标称的饱和电压。一旦由于 IGBT 的漂移区充满载流子引起电导上升，电压过冲就会下

降，直到接近饱和值，如图7.28所示。所以在实际应用中，当电压过冲超过U_{CEsat}监控电路的参考电压时，可能会触发保护电路（详见第6章6.7.1节）。

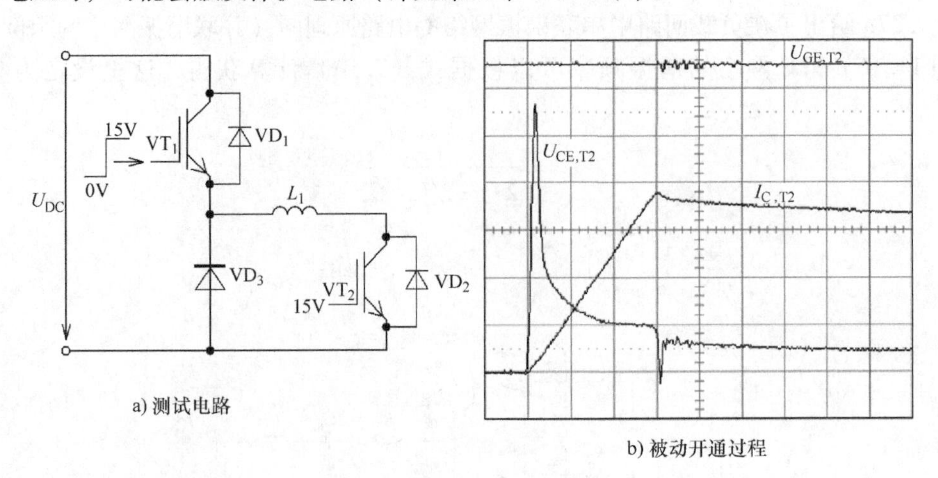

图7.28　IGBT被动开通特性

在图7.28b所示的例子中，IGBT被动开通过程中的电压过冲大约是25V，大约1μs后降到它的标称值。反向峰值电压是由集电极电流的di/dt和杂散电感共同作用引起的，这时IGBT VT_1已经关断，二极管VD_3的电流约为70A。

除了谐振拓扑外，还有准谐振拓扑。利用如7.11.1节所描述的降载网络可以减少开通和关断过程中的损耗。

本章参考文献

1. N. Mohan, T.M. Undeland, W.P. Robbins, "Power Electronics – Converters, Applications, and Design", John Wiley & Sons, 3rd Edition 2003
2. D. Schröder, "Elektrische Antriebe – Regelung von Antriebssystemen", Springer Verlag, 2nd Edition 2001
3. A. Volke, M. Hornkamp, B. Strzalkowski, "IGBT/MOSFET Applications based on Coreless Transformer Driver IC 2ED020I12-F", PCIM Nuremberg 2004
4. A. Volke, V. Jadhav, "Power Switching Devices – Strategies for driving IGBT Power Modules", NPEC India 2007
5. Infineon Technologies, "Driving IGBTs with unipolar gate voltage", Infineon Technologies Application Note 2005
6. U. Nicolai, T. Reimann, J. Petzoldt, J. Lutz, "Application Manual Power Modules", Verlag ISLE 2000
7. Infineon Technologies, "Empfehlung für Schaltzeiten", Infineon Technologies Application Note 2001
8. M. Helsper, F.W. Fuchs, M. Münzer, "Comparison of Planar- and Trench-IGBT-Modules for resonant applications", PCIM Nuremberg 2002

第 8 章 IGBT 模块的并联和串联

8.1 简介

本书第 2 章 2.5 节已经介绍过 IGBT 模块内的芯片并联技术，本节主要讨论 IGBT 模块并联和串联的技术。

对于模块的串联和并联，需要重点关注以下两个问题：

- 并联或串联模块的静态特性；
- 并联或串联模块的动态特性。

对于模块的静态特性，需要关注以下参数：

- 并联

-每个并联模块等效电阻的差异；

-温度对 IGBT 输出特性 $I_C=f(U_{CE}, T_j)$ 和续流二极管正向特性 $I_F=f(U_F, T_j)$ 的影响及并联模块之间该参数的差异。

- 串联

-每个串联组件反向漏电流的差异；

-温度对 IGBT 饱和电压 $U_{CEsat}=f(T_j)$ 及二极管正向电压 $U_F=f(T_j)$ 的影响及串联模块之间该参数的差异。

同样，对于动态特性也必须考虑以下要素：

- 并联

-每一个并联模块等效电感的差异；

-温度对 IGBT 转移特性 $I_C=f(U_{GE}, T_j)$ 及续流二极管正向特性 $I_F=f(U_F, T_j)$ 的影响及并联模块之间该参数的差异。

- 串联

-每个串联组件驱动电路的差异；

-温度对 IGBT 阈值电压 $U_{GE(TO)}$、开通延时 $t_{d(on)}$、关断延时 $t_{d(off)}$ 的影响及串联模块之间该参数的差异。也要考虑各个续流二极管之间反向恢复电荷 Q_{rr} 的差异。

8.2 并联

由于当前可获得的 IGBT 模块的电流容量有限，所以需要并联 IGBT 模块达到特定的电流容量，这是模块并联的主要原因。当然还有其他原因，且都在 IGBT 并联应用中扮演着重要的角色，例如：

• 所需电流等级的 IGBT 模块不存在。比如，假设需要开关电流为 5kA 的模块，而对于 1.7kV 等级的 IGBT 模块，目前厂商能够提供的最大标称电流为 3.6kA 。因此，实际应用中根据所需的额定电流选择两个或两个以上的模块并联使用。

• 虽然可以满足电流等级的需求，但是 IGBT 模块封装无法满足要求。例如，需要特定封装的 IGBT 模块，每一种封装结构都受到其最大允许电流的限制。比如，目前 62mm IGBT 模块的最大电流为 900A。如果预期负载超过单个模块的电流等级，同时由于其他原因也不能换用其他封装的模块，则必须使用几个模块并联。

• 当逆变器大规模生产时，只有几个特定的机械结构。通常在这种情况下需要特定封装的模块，如上文所述，这也意味着单个模块可用电流容量受到限制。

当 IGBT 模块并联使用时，很多关键事项需要注意：并联连接构架不合理，包括 IGBT 模块选择不当，驱动和直流母线设计不合理，如果需要，还包括输出滤波器，都可能造成模块之间或重或轻的电流不均匀。严重的甚至导致单个模块过载，从而引发停机。对于 IGBT 并联连接，无论是静态特性还是动态特性最主要的问题是要保证模块之间的均流。曾经认为静态均流对模块的并联非常重要，但是随着新一代芯片的应用，静态均流问题不再是主要问题，而动态均流成为制约模块并联的障碍，下文将进一步讨论。除此之外，模块并联还要考虑散热问题。表 8.1 给出了并联时，影响静态电流和动态电流匹配的参数。

表 8.1　并联时，影响静态电流和动态电流匹配的参数

	静态均流	动态均流
DC 母线杂散电感	○	+ +
AC 输出电感	+	+
温度	+ +	+ +
饱和压降 U_{CEsat}	+ +	○
栅 - 射极阈值电压 $U_{GE(TO)}$	○	+ +
AC 输出电阻	+ +	○
DC 母线电阻	+ +	○
栅极驱动电压 U_{GE}	+	+
栅极开通和关断延迟时间	○	+ +
栅极回路电阻	○	+ +
栅极回路电感	○	+ +
磁场影响	○	+

8.2.1　静态工作注意事项

静态方法是经典的模块并联均流的设计方法，“静态”是指电力电子组件在工作时已经完全开通。本节主要介绍元器件的饱和电压和正向导通电压对模块均流的影响，并详细讨论温度对其的影响。尽管第一代基于穿透概念的 IGBT 芯片具有负温度系数，如在第 1 章 1.5

节中所述，当前各类 IGBT 芯片都是正温度系数。另外，随着新技术在续流二极管中的应用，使得这些芯片仅仅存在轻微的负温度系数，或者当工作于额定电流或之上时表现出正温度系数。这些技术的发展给 IGBT 器件并联提供了有效的帮助。

功率半导体器件的参数差异性也改善了很多。随着产量的上升，半导体器件的生产工艺不断得到优化。目前，在大多数情况下，可以选择日期条码[⊖]相同的 IGBT 模块并联连接，而以前常用的做法是根据饱和压降 U_{CEsat}和正向压降 U_F 选择模块。

接下来的例子主要讨论 IGBT 模块并联时电流分布的典型值和最大值与其 IGBT 输出特性之间的关系，如图 8.1 所示。如果模块没有经过筛选就并联使用，那么必要的计算是不可缺少的，比如，对饱和压降 U_{CEsat}或日期条码一无所知。这种情况下，就必须注意制造商在数据表中给出的参数之间的最大误差。

首先在指定温度下对输出特性曲线线性化。本例中选取的温度为 125℃。假设 U_{CE0}的典型值和最大值相同，那么可以在手册中从 U_{CE0}开始分别到 $U_{CEsat,typ}$和 $U_{CEsat,max}$画一条直线。IGBT 并联运行时，U_{CE}总是保持最低，所以饱和电压（这里指 $U_{CEsat,typ}$）最低的 IGBT 承受的电流最低，而饱和电压（这里指 $U_{CEsat,max}$）最高的 IGBT 流过的电流最小。因此，本例中典型饱和电压的 IGBT 将承担 1000A 的静态电流，而另一个 IGBT 则承担 756A 的电流。为了不超过模块的静态电流容量，两个 IGBT 并联的总标称电流（1756A）小于他们单独工作的标称电流（2000A）。

减少静态并联总电流的等级称为降额，可以根据图 8.1 计算。δ_{der}称为降额因子，表示为一个百分比，即

$$\delta_{der} = (1 - \frac{I_{tot}}{n \cdot I_{nom}}) \times 100\% \tag{8.1}$$

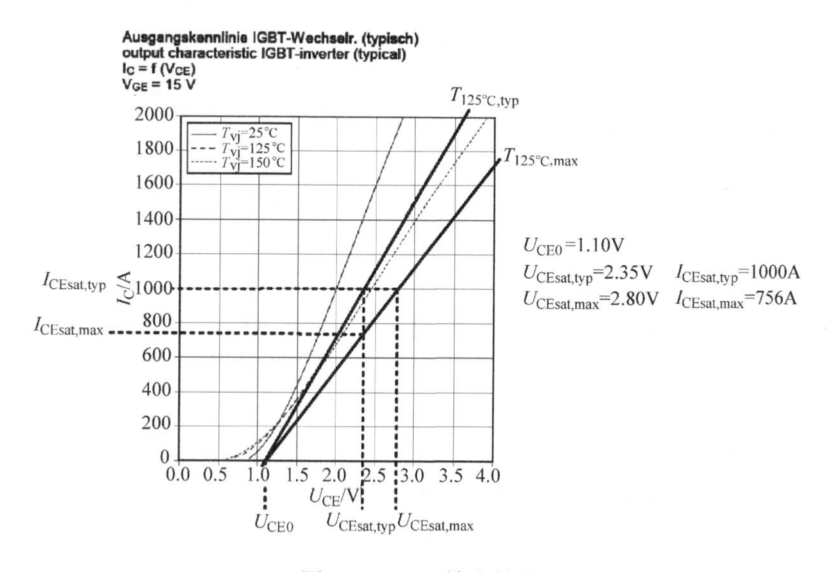

图 8.1　IGBT 输出特性

⊖ 日期条码表明了器件的生产日期，通常以数字或条形码的形式打印在器件上。虽然不能机械地假设，但是具有相同日期条码的 IGBT 模块其内部芯片来自同一批晶圆。

式中，I_{tot}为并联总电流；I_{nom}为模块的标称电流（直流）；n 为并联的模块数。

上述例子中，如果每个并联模块的标称电流为 1000A，其降额因子为

$$\delta_{det}=\left(1-\frac{I_{tot}}{n\cdot I_{nom}}\right)\times 100\%=\left(1-\frac{1000A+756A}{2\times 1000A}\right)\times 100\%=12\%$$

对于三个模块并联，假设一个模块工作于典型值而另外两个模块工作于最大值，那么降额因子为

$$\delta_{det}=\left(1-\frac{I_{tot}}{n\cdot I_{nom}}\right)\times 100\%=\left(1-\frac{1000A+756A+756A}{3\times 1000A}\right)\times 100\%=16\%$$

上述结果可以作为模块均流最坏情况下的计算原则。然而在现实情况中，通常 IGBT 的饱和电压差异不大。另外，一些厂商通过 IGBT 的饱和电压或日期条码来分类。因此，IGBT 模块并联中应使用同类饱和电压的模块或日期条码相同的模块。最后，如果考虑到动态均流，静态均流只是模块并联的部分问题。

计算二极管静态电流的分布方法与计算 IGBT 的静态电流分布方法相同，通常由 U_F-I_F 特性来计算静态电流分布。图 8.2 给出了 IGBT 模块并联时静态均流。

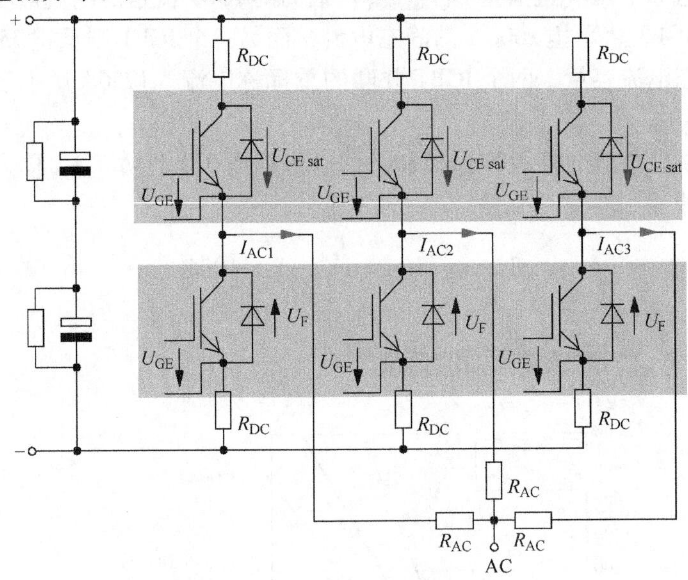

图 8.2　IGBT 模块并联时静态均流

对于静态均流，一个重要的措施是确保连接到每个 IGBT 模块导体的欧姆电阻 R_{DC}误差最小，这可以通过对称设计来实现。电源的阻抗应该非常低，以便尽可能地降低通态损耗和消除内部阻抗差异带来的影响。所以当考虑欧姆电阻时，连接端子的电阻 R_{AC}也应该包含在内。另外，并联连接之前，母线需要做防污染和腐蚀处理。

在实际运行中，必须确保所有并联模块散热均匀。由于饱和电压 U_{CEsat}和正向导通压降 U_F受温度的影响，所以散热不均会导致某个模块或部分模块偏移静态工作点，从而影响均流。而且由于会影响饱和电压 U_{CEsat}，每个 IGBT 模块的栅 - 射极电压 U_{GE}应保持一致。图 8.3 给出了三个 Econo DUAL™3㊀的 AC 母线并联示意图。

㊀ EconoDUAL™是英飞凌科技的注册商标。

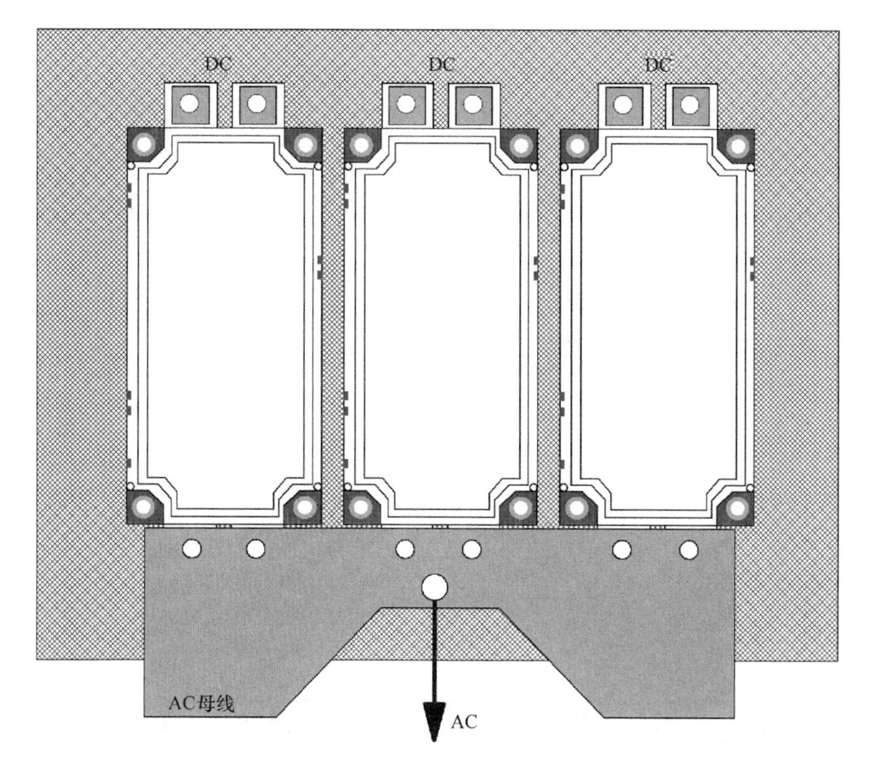

图 8.3 三个 EconoDUAL™3 的 AC 母线并联示意图

8.2.2 动态工作注意事项

动态工作指电力电子器件的开通和关断过程。IGBT 的开关频率越高，动态均流问题对整个系统的影响就越大。而当器件硬开关的开关频率足够高时，静态均流对系统的影响微乎其微。优化模块动态均流的核心是 DC 母线设计和 IGBT 驱动器设计，其目标是：

- 确保每个模块换流路径中的杂散电感相同；
- 所有并联模块的开通时间和关断时间相同。

杂散电感和驱动参数之间的差异越小，在开通或关断过程中的均流就越好。然而，需要注意，电气导体的周围存在磁场。模块并联连接的系统中，单个导体的磁场可能会重叠，这取决于模块之间的接近程度或者模块组之间的布局。在系统中，对导体而言这种重叠不是完全一样的。比如，对于系统边缘的模块，只有一个与之相邻的器件，所以磁场的分布不同于那些两侧都有模块的器件。IGBT 模块并联时的动态均流如图 8.4 所示。

IGBT 的开通或关断导致电流的变化，而磁场试图去抵消这种变化，从而影响了开关速度。因此在开关过程中，由于每个并联桥臂的磁场耦合不同，导致电流在上升或下降时产生不平衡。可以通过调整换流路径中的杂散电感来补偿电流的不平衡性。

图 8.5 介绍了调整 DC 母线中杂散电感的方法，调整的效果如图 8.6 实测结果所示。如果能够考虑到所有容差，DC 母线通过实验一旦调整成功，这种调整的结果就可以应用到生产中去。正如图 8.5 所示，这里有六个可调整点。当调整杂散电感时，必须考虑续流二极管特性的影响。

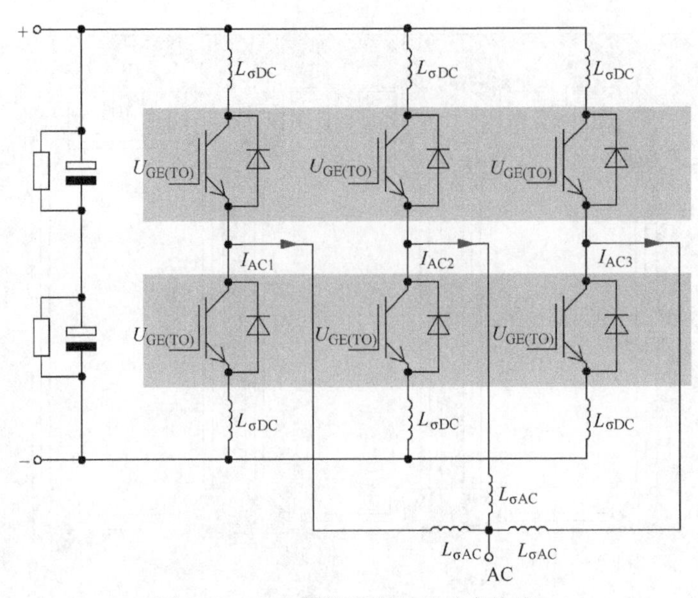

图 8.4　IGBT 模块并联时的动态均流

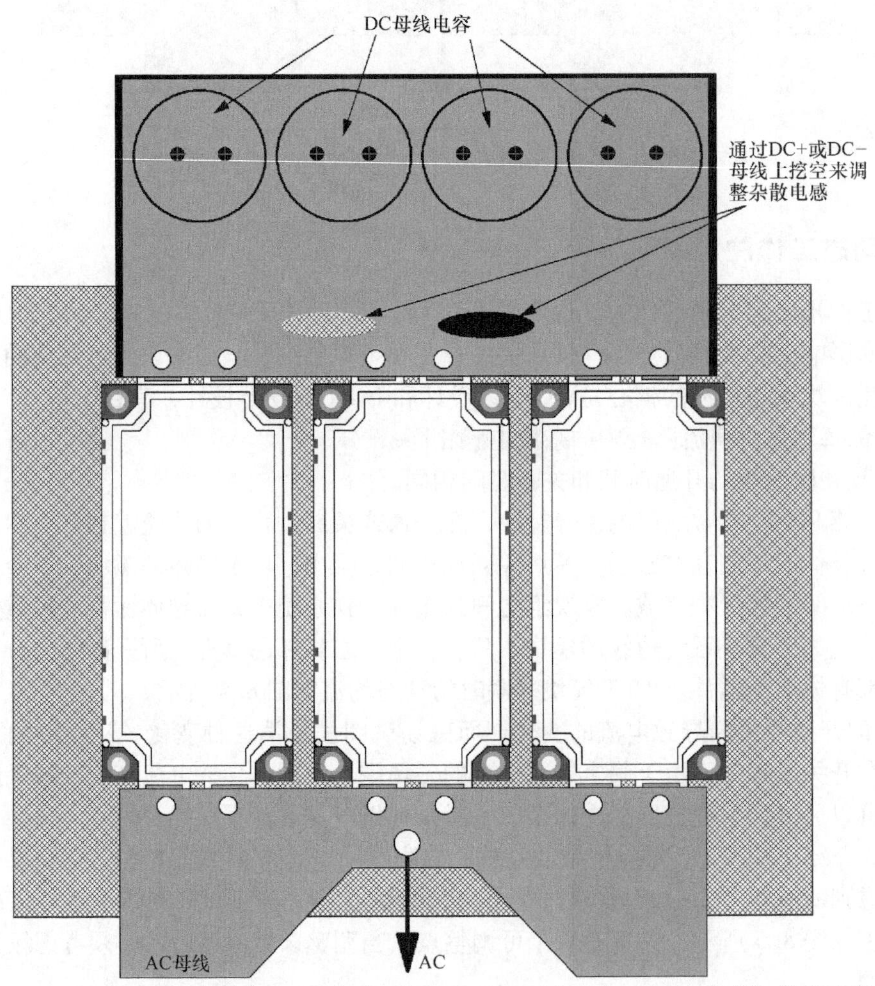

图 8.5　通过直流母线优化 IGBT 动态均流，这里采用三个 EconoDUAL^{TM}3 模块并联

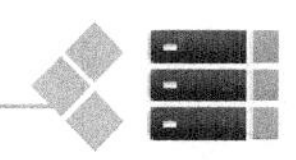

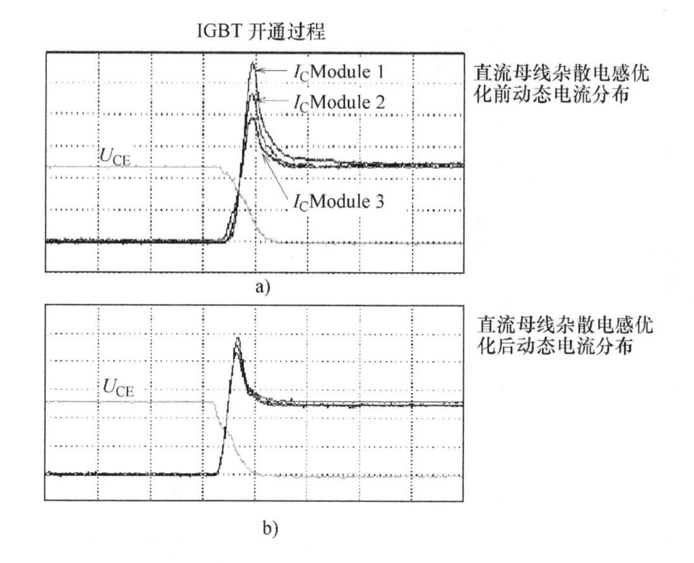

图 8.6 三个模块并联优化换流通路中杂散电感前后的动态电流分布

另一个影响模块动态均流的参数是阈值电压 $U_{GE(TO)}$。该电压越低，IGBT MOS 通道的打开速度就越快，集电极电流上升得就越快。$U_{GE(TO)}$ 的不同导致 IGBT 的开通时间不同，从而导致开关电流的动态不匹配。然而，通常来讲，现代的 IGBT 芯片中 $U_{GE(TO)}$ 的差异很小，所以建议使用相同日期条码的 IGBT 模块来减小这种差异。

最后，和静态工作一样，IGBT 模块之间的温差会影响并联均流。因为动态 IGBT 参数受温度的影响，从而影响并联的均流。因此，控制并联模块基板的温度尽可能均匀有利于 IGBT 并联动态均流。

为了验证应用装置的可行性，可利用第 12 章 12.6 节介绍的双脉冲法进行测试。通过测试，可以研究并联模块的静态和动态特性。然而，以下几点需要考虑在内：

- 在测试中，由于系统无法对器件加热，所以双脉冲测试法无法有效地反映器件温度的因素。也就是说，无法考虑 IGBT 正温度系数的影响。相应地，在双脉冲测试中，电流分布不均的系统在实际工作中能够展现更好的平衡性；
- 为了得到正确的结果，一般建议双脉冲测试不要在标准半桥电路下测试而是在 H 桥电路中进行。否则，观测到的电流通路将与在最终应用中的电流通路不一致。在实际应用中，当产生负载电流时，负载电感并非直接连接到母线电压，而总是连接到开关之间。

图 8.7 给出了标准及改进型双脉冲测试电路，测试模块由三个器件并联组成。

8.2.3 栅极驱动并联

栅极驱动不仅在模块并联静态均流中发挥核心作用，而且在动态均流中也至关重要。在静态均流中，只有栅极和发射极间的峰值电压起作用，而动态时电流不平衡则受到 IGBT 栅极驱动器的影响。

并联模块的动态特性很大程度上取决于使用的栅极驱动类型，如图 8.8 所示。下面将介绍 IGBT 模块并联常用的三种控制方法。

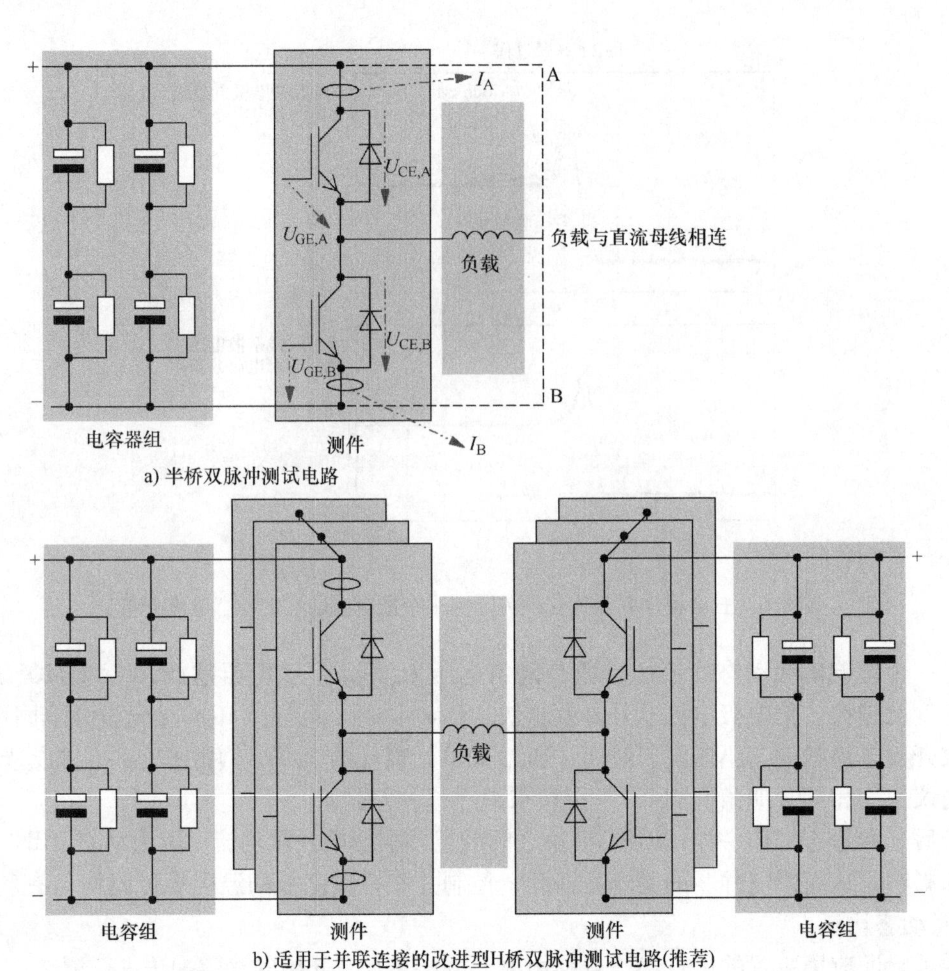

图 8.7　标准及改进型双脉冲测试电路

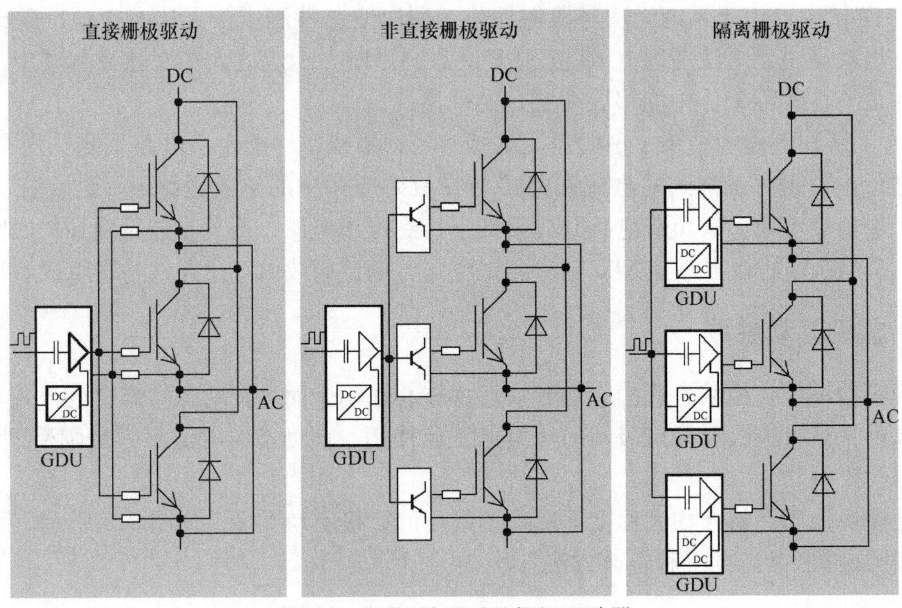

图 8.8　IGBT 并联时的栅极驱动器

1. 直接栅极驱动并联连接

由于历史原因，现如今直接栅极驱动是并联连接中最常用的驱动类型，如图 8.9 所示。栅极驱动单元（GDU）的设计相当简单，通过一个核心驱动器来控制并联的 IGBT，因此直接栅极驱动需要一个强有力的输出级。每一个栅极都有自己专门的栅极电阻和发射电阻，发射电阻可以吸收辅助发射极中的动态补偿电流。如果采用饱和电压监测，可以直接连接到 IGBT 的集电极。然而，如果采用有源钳位，每个 IGBT 需要独立的保护电路，这是由于有源钳位取决于本身的换流路径及其杂散电感。

发射极电阻器是直接栅极驱动系统中的一个关键因素，因为并联的器件具有一定的误差，所以 IGBT 不会绝对地对称开通或关断。其中的一个 IGBT 必将第一个被开通，并首先承担负荷。IGBT 阈值电压 $U_{GE(TO)}$ 的误差，直流母线和交流输出通路中的杂散电感，驱动电路阻抗误差都会导致开关不对称，其后果是辅助发射极通过补偿电流。如果不限制该电流，其峰值电流可能高达数百安培。在设计时，IGBT 的辅助发射极连接通常不会考虑如此大的脉冲电流，这将不可避免地导致器件损坏。

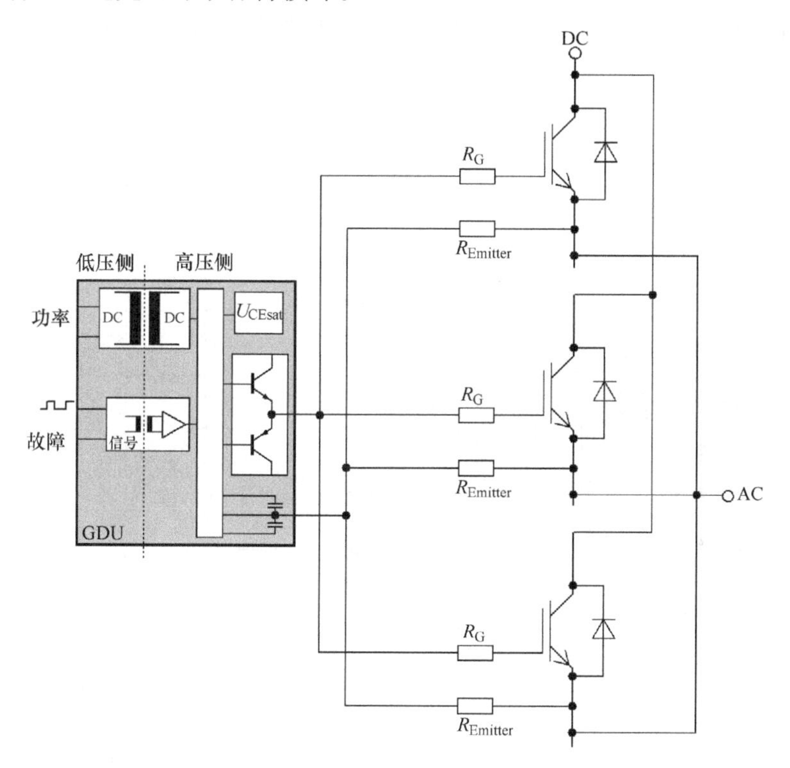

图 8.9　直接栅极驱动并联连接

基于经验，发射极电阻可以通过下式来计算：

$$R_{Gext} = R_G + R_{Emitter} \tag{8.2}$$

$$R_{Emitter} = \frac{1}{3} \cdot R_{Gext} \tag{8.3}$$

不同于栅极电阻 R_G，发射极电阻 $R_{Emitter}$ 必须具有一定的导通脉冲电流能力。因此为了避免上述损坏，建议采用脉冲电流等级较高的分流电阻或金属膜电阻。无论怎样，必须检测发射电阻电流，并根据实际运行情况调整设计。

需要注意的是，并联直接栅极驱动有一个不足之处，即辅助发射极中的补偿电流可能不会同步。而机械设计基本可以保证辅助发射极中杂散电感的对称，这样导致辅助发射极产生方向和幅值各不相同的补偿电流。相应地，发射极电阻的电压和方向也各不相同，会使得IGBT在开关时引起进一步的不对称。当两个IGBT模块并联使用时，这个影响就非常明显了。在一个发射极电阻上，补偿电流总是引起一个正向电压降；在另一个发射极电阻上，则会产生一个负电压降。栅极和辅助发射极之间导线的对称性也很重要。如果使用电缆的话，就要确保所有的电缆长度相等，并拧成一股线（见第7章7.7.2节）。同样的规则也适用于PCB的布局：对称连接，同时保证栅极和发射极之间的杂散电感尽可能的小。

为了避免发射电阻的缺点，可以在栅极路径中加入一个扼流线圈来代替发射极电阻，如图8.10所示。这样可以利用其感抗抑制栅极和辅助发射极电缆上的差值电流，并且磁阻也会减少动态补偿电流。如果栅极和辅助发射极的电流相同，扼流线圈表现为低阻抗。目前在SMPS（开关电源）和通信设备中采用大量不同的SMD贴片扼流线圈，同时这也是在栅极直接驱动中的理想应用。例如，所有无源EMI器件的制造商都提供种类繁多的SMD扼流线圈。

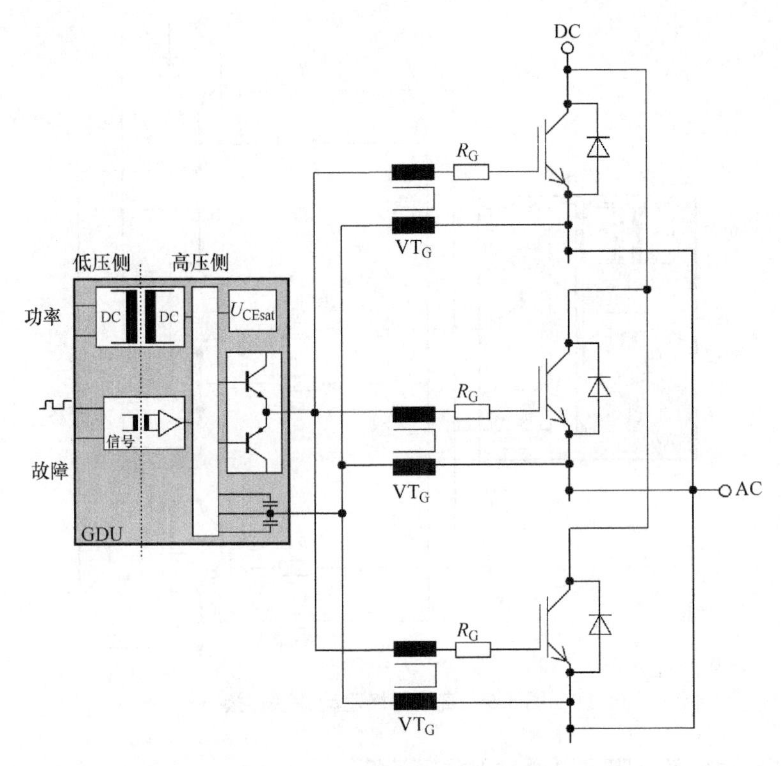

图8.10　在栅极回路中增加扼流线圈的并联连接

注意：IGBT模块DCB和散热器之间耦合电容对开关特性产生一定的影响，如果不同的辅助发射极和栅极之间没有电气隔离（直接或非直接并联驱动），这种影响尤为明显。如果IGBT模块基板与大地电位不同或者浮地，由于耦合电容的作用，IGBT模块开关特性会产生偏差。当调试栅极并联电路，就像在最终应用中一样，要特别保证所有IGBT模块基板表面

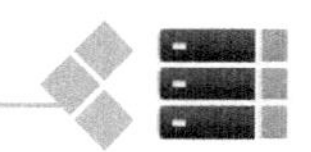

具有相同的电位。简单的电缆连接是不够的。

注意：在模块并联中，栅级和发射极电阻的精度要尽可能好。如果栅级电阻的误差为5%，那么在对称方面根本起不到任何作用。

2. 非直接栅极驱动并联连接

非直接栅极驱动也是一种高效的并联连接驱动方式。和直接驱动一样，非直接驱动是采用一个信号变送器和一个 DC - DC 变换器，如图 8.11 所示。不同之处在于，并联中每一个 IGBT 都拥有独立的推挽级，且每个推挽级具有自己的旁路电容。而且每个 IGBT 都有独立的充放电回路，推挽级的旁路电容可以为 IGBT 输入电路和密勒电容充电时提供能量。辅助发射极不再是通过控制电路解耦，而是通过推挽级的电压源解耦。既然由旁路电容提供再次充电电流，发射极电阻不会直接影响 IGBT 的开关特性，所以可以选用比以往发射极电阻更大的解耦电阻。这样对于辅助发射极补偿电流的吸收更加有效，而且也不再需要高脉冲电流等级的脉冲电阻。另外，每个 IGBT 可以独立设置带有反馈的集 - 射极有源钳位电路。

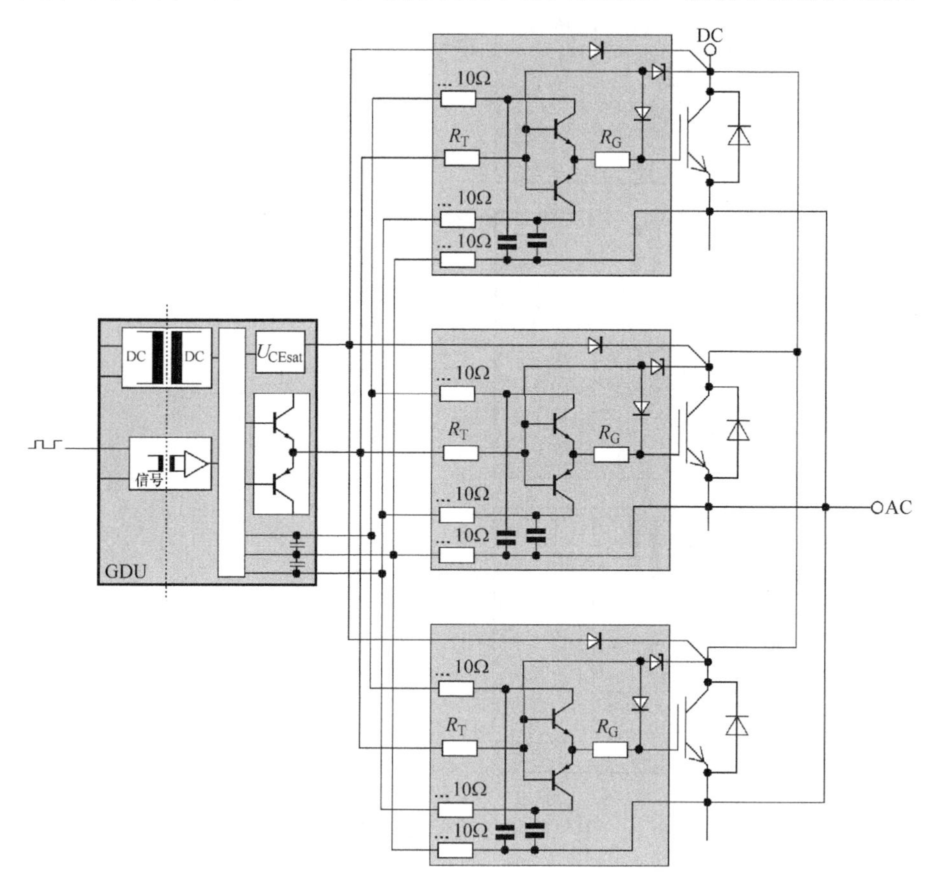

图 8.11　并联连接的非直接驱动电路原理

非直接驱动并联的缺点是：需要五芯电缆连接推挽级、实际信号单元和 DC - DC 变换器。这种解决方案相比其他的方案来说，需要更多的 PCB 和内部连接线。

当使用 BJT 时，为了使栅 - 射极电压能够达到 15V，必须确保推挽级的电压为 16V。

图 8.12 给出了 IGBT 输入电容充放电时的电流回路。由于推挽级中电压源侧串联电阻的

作用，辅助发射极之间的补偿电流可以实现最小化。

3. 隔离栅极驱动并联连接

IGBT需要尽可能同时开通或关断，这对并联连接中的电流均流至关重要。在直接和非直接驱动并联中，每个IGBT的控制信号都来自同一信号。当每个IGBT的控制部分采用电气隔离，使得每个IGBT接收到的控制信号也实现电气隔离。因此该过程中传输时间的差异性对并联连接来说十分重要。图8.13给出了电气隔离的栅极驱动并联连接原理。

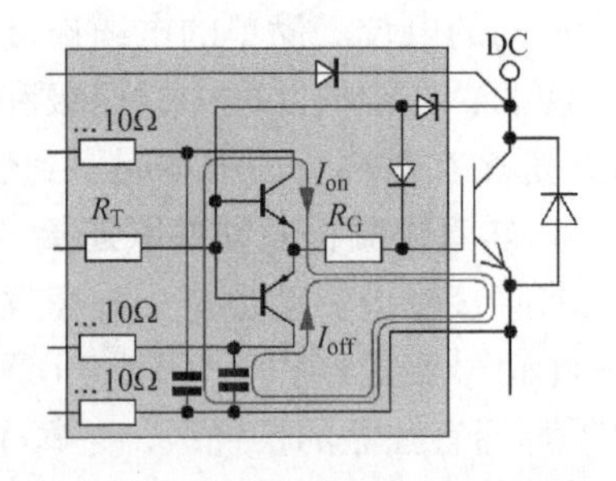

图8.12　非直接驱动中充放电回路

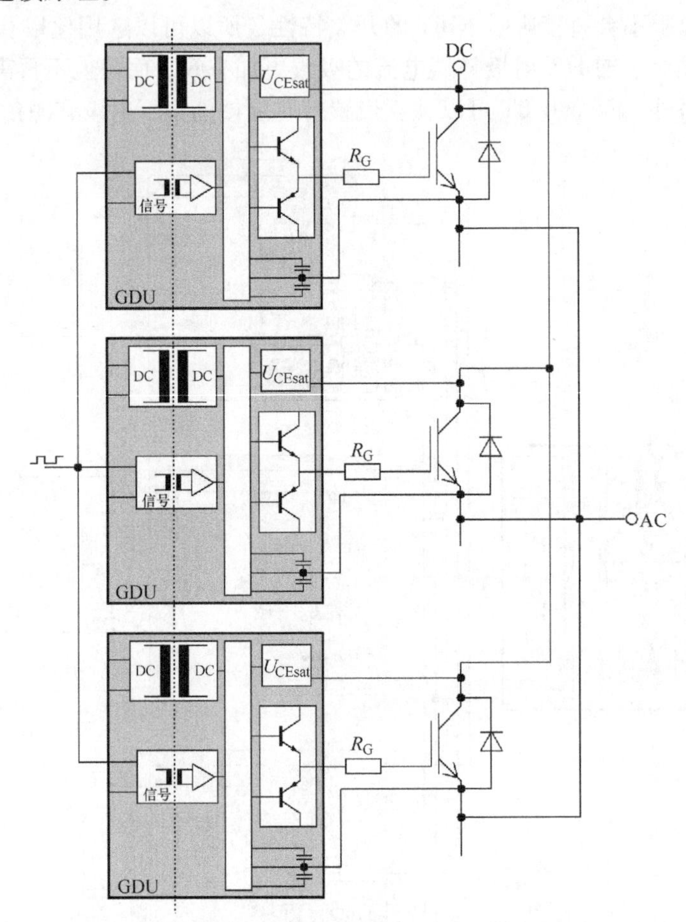

图8.13　电气隔离的栅极驱动并联连接原理

温度、绝缘老化和器件的误差都可能导致传输时间误差。对于直接或非直接并联驱动，由于逻辑功能和信号传输都在一个中央单元中完成，所以传输时间误差就不是那么重要。由于电气隔离与栅极驱动，每个IGBT具有自己的隔离控制单元，所以传输时间误差就至关重要。这种类型的控制电路有很多优点，但是只有当传输时间足够小时才有意义。传统的光耦合由于传输时间抖动较大，可以达到几百纳秒，因此不适用于这里（详见第6章6.2.2节）。光纤电缆（详见第6章6.2.5节）由于传输时间误差较大同样也是不适合的。由于磁

性变送器不存在老化问题，而且传输时间误差很小，已经被证实是一种最佳解决方案。英飞凌公司的无磁芯变压器IC方案和CONCEPT公司的SCALE－2集成方案是两个典型的解决方案。所有解决方案的信号传输时间误差都非常小。

这种并联连接控制策略的优点是可以防止栅极通道中的补偿电流。由于控制信号和辅助电源的电气隔离，动态补偿电流无法形成回路，这也就意味着负载电流的对称性将不再依赖于单个IGBT输出电感。而且如果保持栅极驱动对称，那么不会受到栅极通路的影响，栅极之间也不会产生谐振。如图8.14所示的隔离驱动并联中采用三个Prime PACK™㊀IGBT模块并联，驱动是SCALE－2，抖动时间低于8ns。

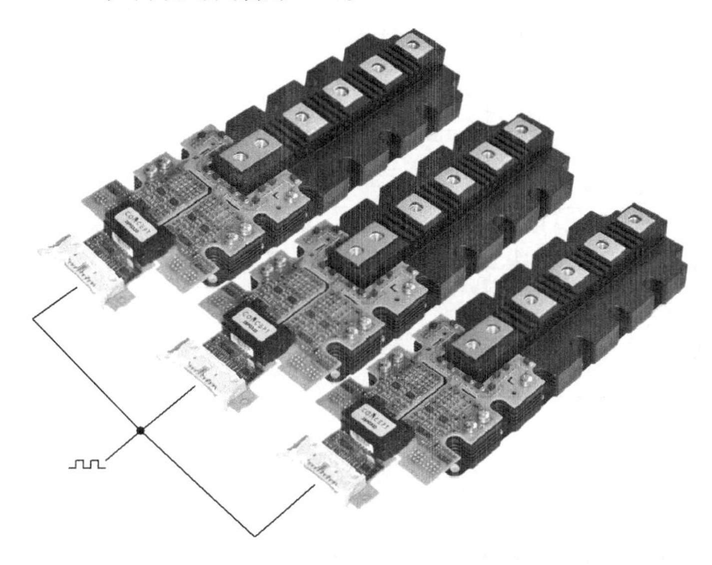

图8.14　采用CONCEPT公司SCALE－2驱动器实现并联连接

由于IGBT栅极电源电压非常重要，所以推荐在二次侧（驱动器的IGBT侧）采用反馈电压控制。在IGBT开关时，即使每个驱动器电压只有500mV的偏差，也会导致换流时间不平衡。

总而言之，通过8.2.2节所述直流母线调整方法和隔离控制，可以实现最佳的电流匹配。如果遵守上述规则，就不太需要过去常用的IGBT并联降额方法。

8.2.4　外部平衡组件并联连接

除了对称性设计、直流母线补偿和优化栅级驱动外，也可以通过增加外部无源器件来实现均流。这类并联措施可以和上一节所述的方法组合使用。

最常用的平衡电流的方法（也是成本最高的）是在半桥电路的输出相中串入电抗器。该电感可以防止瞬间电流脉冲，同时平衡输出电流，如图8.15所示。

如果使用输出电感，那么再结合高压电容器就可以当作 du/dt 滤波器，这样，输出电感可以实现双重功能。除了平衡电流外，输出电感还可以保护负载中的绕组和旋转设备的轴承。电机绕组的耦合电容处于高 du/dt 时会导致相当大的共模电流，从而导致在绕组中产生

㊀ Prime PACK™英飞凌科技的注册商标。

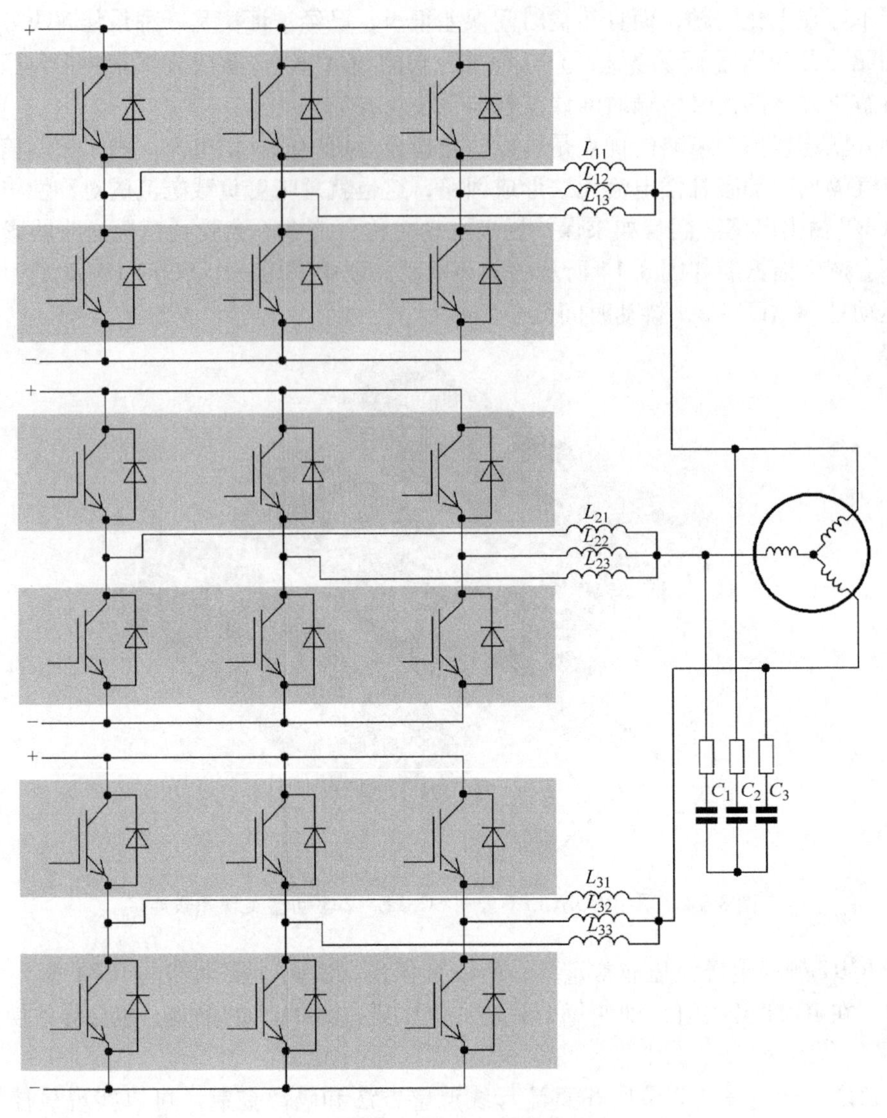

图 8.15　通过输出电感平衡电流

的损耗比较大。这也会损坏绕组线圈，尤其是在大型机械设备中，降低 du/dt 尤为重要。这涉及采用 IGBT 模块并联的逆变器和 du/dt 滤波器，将在下文中简要介绍。并联连接中的 du/dt 滤波器原理如图 8.16 所示。

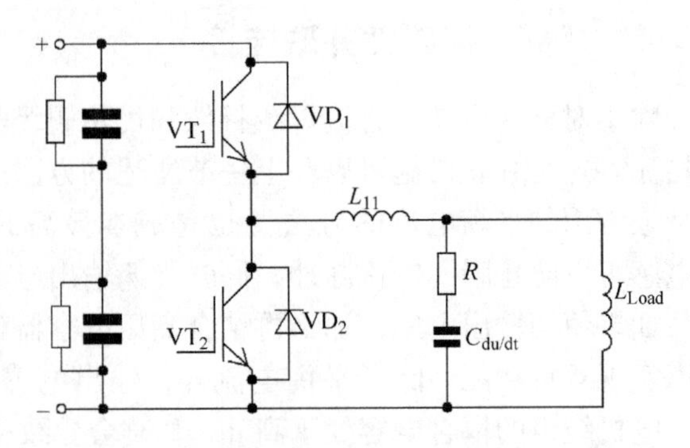

图 8.16　并联连接中的 du/dt 滤波器原理

正如在第 1 章和第 7 章中所述，现代 IGBT 的关断过程在本质上是不可控的。减小关断时的 du/dt 会导致关断损耗明显增大。当 IGBT 开关时，为了保

护电机避免承受过高的 du/dt，需要在逆变器的输出端接入 du/dt 滤波器。电容 $C_{du/dt}$ 和负载电感 L_{Load} 并联。比如，如果开通 IGBT VT_1，在器件开通的瞬间，电流流入电容器，所有的电压都由电感 L_{11} 承受。一旦电容器开始充电，$C_{du/dt}$ 的电压开始增加。这就意味着负载承受的 du/dt 不是由其连接的 IGBT 所决定，而是由 L_{11}、R 和 $C_{du/dt}$ 共同决定。R 限制电容 $C_{du/dt}$ 的最大电流。如果假定 IGBT 的开关电压是理想的，可以根据式（8.4）计算负载上的 du/dt，即

$$\frac{du}{dt}=\frac{U_{DC}}{\sqrt{L_{11}\cdot C_{du/dt}}} \tag{8.4}$$

同样如果使用输出电感，还有一种平衡电流的连接方法是扼流线圈环形连接。这种方法利用众所周知的共模效应。这种的想法来源于半导体晶闸管的并联，可以在 IGBT 并联中使用同样的方式。理想状态下，并联中的全部电流应该大小和方向一致。这样，扼流线圈中的电流应该方向相反，大小相等。这样扼流线圈不会产生磁阻，表现为一个低阻抗的电阻。

如果并联各相中的电流不同，那么扼流线圈就会发挥电感的作用。在图 8.17 中，三个桥臂互相连接，系统能够实现自平衡。应该记住，扼流线圈的损耗与电流的平衡密切相关。系统越不平衡，产生的损耗就越大。

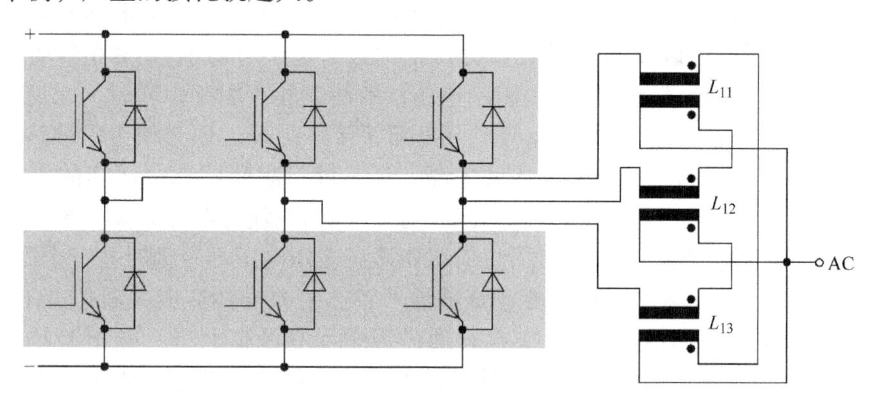

图 8.17 扼流线圈环形连接

铁粉芯磁环已被证明可以用于输出开关电流低于400A 的场合。按照图 8.18 所示方法相连，如果电流平衡，则电场会相互抵消；如果电流不平衡，电场就会相互叠加。

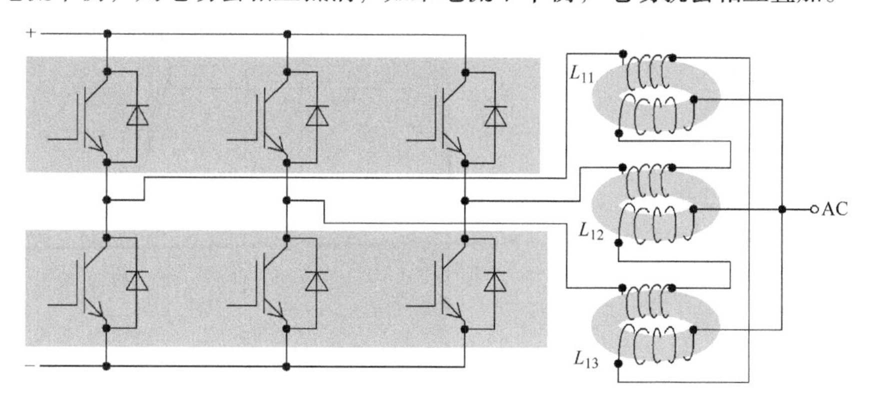

图 8.18 采用铁粉芯磁环的扼流线圈环形连接

8.3 串联

在实际应用中之所以使用IGBT模块串联，主要有以下一个或者几个因素：

• 没有所需电压等级的IGBT模块。比如，如果直流母线电压为6kV，关断过程中的过电压要求模块必须有一个适当高的阻断电压。然而，目前供应商所能提供模块的最大电压等级只有6.5kV。因此，两个模块必须串联使用。

• 在合适的电压范围内没有所需的封装IGBT模块。比如，只能使用特定封装结构的模块。在模块封装的整个范畴内，每一种封装都有最大电压限制，例如62mm的模块最大电压等级为1.7kV。无论如何，无法使用替代的封装结构，同时预期的开关电压超过单个模块的电压等级，这时候也必须采用模块串联。

• 成本原因导致不使用具有最大阻断电压的模块。可以用更低电压的便宜模块作为替代，比如两个3.3kV的模块串联可以代替一个6.5kV的模块。

• 效率的原因导致不使用具有最大电压的模块，而是使用相邻低电压等级的模块作为替代，这样可以减少开关损耗，而且可能提升开关频率，以减少滤波器的容量。

当IGBT模块串联时，需要关注几个特定的问题。如果串联设计不正确的话，包括合理的模块选择，驱动级设计以及有源或无源分压器的设计，会导致轻度或者严重的电压不匹配，最终引起过载或者超过模块的最大阻断电压，致使失效。因此串联时，无论是静态运行还是动态运行，确保所有的串联模块实现均压非常重要。另外，还必须考虑散热系统。

IGBT模块串联时，无论模块是开通或关断，还是处于阻断状态，面临的主要挑战都是确保均匀分配电压。这与并联连接相反，并联连接时均匀电流分配是首要任务。

为了说明这个问题，图8.19给出了当动态和静态工作电压不平衡时，三个IGBT串联连接的结果。由于关断速度不同（由于驱动级或器件特性的差异性造成关断速度不同），最快的IGBT承受最高电压，而最慢的IGBT在开通过程中承受最高电压。电压上升的主要原因是在IGBT关断时分压不均和换流路径中的杂散电感造成的。在开通过程中，由于分压不均也会导致电压过冲。静态运行时，电压不匹配是由于IGBT的漏电流I_{CES}不同造成的，而漏电流又受到阻断电压和温度的影响。

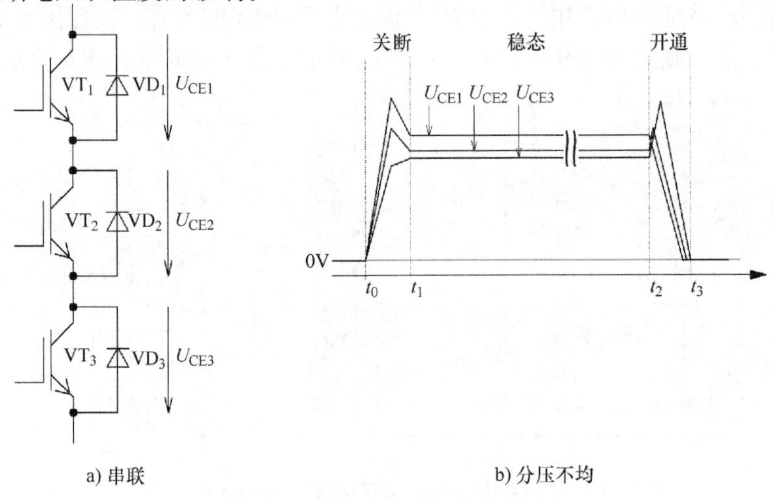

图8.19 IGBT串联连接的对称性

改善开关特性和动态及其静态均压的主要措施如下：

● 平衡电阻（详见图 8.20a）。模块静态运行时，可以给 IGBT 并联电阻，只要电阻分流大于 IGBT 的漏电流就可以实现电压匹配。通常 I_R 和 I_{CES} 的比值可以取 3: 1 ~ 10: 1 之间的数值；

● 缓冲电路（详见图 7.25）。可以给每个 IGBT 并联一个缓冲电路以提高动态分压性能。缓冲电路可以只是一个电容，也可以由电容、电阻或/和二极管组成缓冲网络。这个方法的不足之处在于要使用昂贵且有时体积很大的缓冲电容，同时会延迟开关过程。

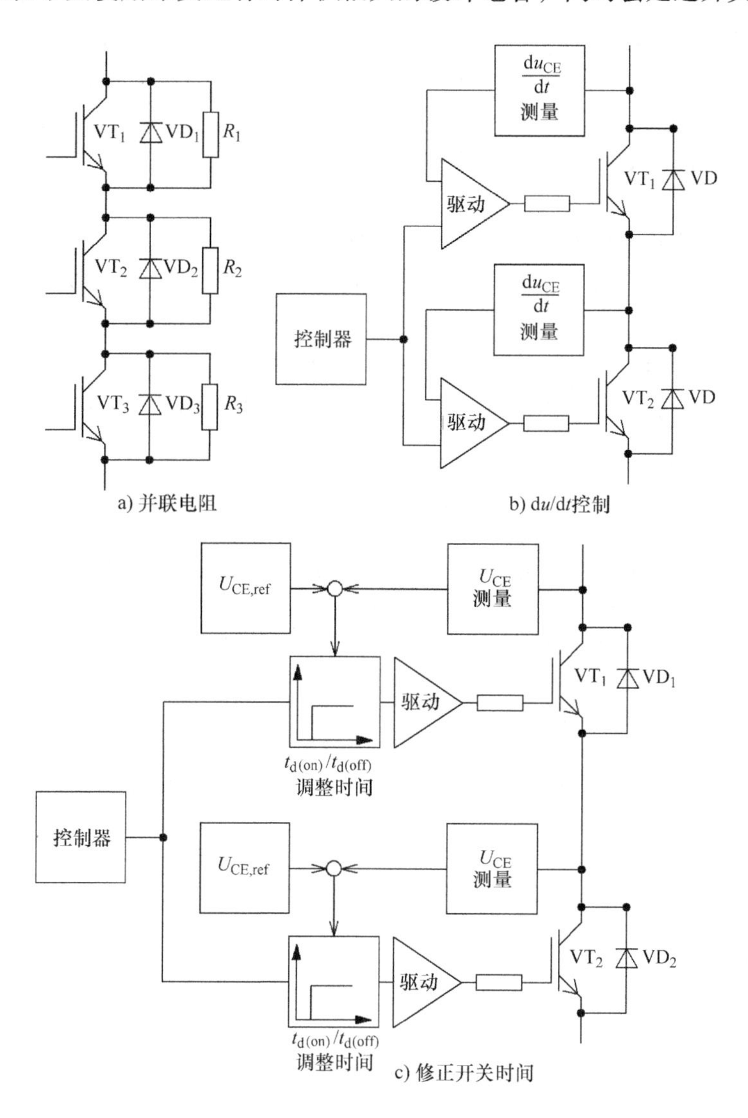

图 8.20　IGBT 串联连接措施原理

● 有源钳位（详见第 6 章 6.7.2 节）。在 IGBT 的集电极和栅极之间加入稳压二极管，一旦达到二极管的击穿电压，其动态关断电压就可以保持在一定的水平。通常情况下，为了实现必要的雪崩击穿电压，需要多个稳压二极管串联起来。在栅极和集电极串联额外的二极管可以实现两者之间的电压隔离。这种方法的不足之处是稳压二极管的雪崩击穿电压误差较大而且容易受到温度的影响。此外，使用永久性的有源钳位，会增加钳位二极管和 IGBT 的损耗，当然这需要另外考虑；

• 校正开关时间（详见图 8.20c）。在启动阶段（直流母线电压上升时），通过传感器检测电压平衡状态，然后由具有传输时间校正功能的控制电路去控制每个 IGBT。这就让同步开通和关断成为可能。这种方法的缺点是成本较高且需要传感器和额外的控制。

• du/dt 控制（详见图 8.20b）。当 IGBT 开通或者关断时，检测集电极和发射极之间的电压梯度 du_{ce}/dt，然后与参考值相比，如果与期望值有所偏差，就需要调整栅极的控制方式。这种方法的缺点是设计复杂且无法使用标准的驱动电路。可以通过在集电极和栅极之间插入一个电容实现简化的 du/dt 控制。另外，逻辑电路的响应必须非常快，对栅极驱动来说这也是另一个挑战。

通常来讲，上述任何措施都无法单独使用，但是可以和其他措施组合起来，比如平衡电阻、缓冲电路和有源钳位。

最后，为了能够关断短路电流和过载电流，所有串联的 IGBT 模块都应该在同一时间开关。由于 IGBT 存在误差，IGBT 退饱和监测无法同时检测所有的器件，所以退饱和监测不起作用。

必须指出的是串联中 IGBT 模块具有替代品，包括级联电路中的半桥、三电平 VSI 和多电平逆变器。比如在亚洲，对于中压或高压电机驱动逆变器最流行的方案是级联 VSI 电路。这将在第 11 章详细介绍。

本章参考文献

1. Dynex Semiconductor Ltd, "Parallel Operation of Dynex IGBT Modules", Dynex Semiconductor Ltd Application Note 2002
2. Infineon Technologies, "Paralleling of EconoPACK+", Infineon Technologies Application Note 2004
3. International Rectifier, "Design of the Inverter Output Filter for Motor Drives with IRAMS Power Modules", International Rectifier Application Note 2008
4. H. Zenker, A. Gerfer, B. Rall, "Trilogie der Induktivitäten", Swiridoff Verlag 2001, 2nd Edition 2001
5. H. Ruedi, O. Garcia, "Intelligent Paralleling", Bodo's Power Systems 2009
6. J.W. Baek, D.W. Yoo, H.G. Kim, "High-Voltage Switch Using Series-Connected IGBTs With Simple Auxiliary Circuit", IEEE Transactions on Power Electronics Vol. 37 No. 6, 2001
7. D. Zhou, D.H. Braun, "A Practical Series Connection Technique for Multiple IGBT Devices", PESC 2001
8. K. Fujii, K. Kunomura, K. Yoshida, A. Suzuki, S. Konishi, M. Daiguji, K. Baba, "STATCOM Applying Flat-Packaged IGBTs Connected in Series", IEEE Transactions on Power Electronics Vol. 20 No. 5, 2005

第9章 射频振荡

当IGBT模块在特定的工作点开关时，可能会在栅极电压、集-射极电压和/或者集电极电流中产生高频振荡。发生振荡的原因及应对措施将在下面介绍。

9.1 简介

一般而言，IGBT可以当作一个反相放大器（见图9.1a），此时IGBT工作于放大区。如果输出信号能够无相移地反馈到输入端，系统的放大倍数就降低（负反馈）。然而，如果反馈存在相移，系统的放大倍数会增大（正反馈）并可能最终导致振荡。IGBT内部的寄生电容如密勒电容（见图1.34）和模块内的杂散电感提供了反馈路径。这里形成的LC振荡电路（见图9.1b）包括一个三通容性耦合电路，称作科尔皮兹振荡器[1]。发射极接地的科尔皮兹振荡器也称作皮尔斯振荡器[2]。

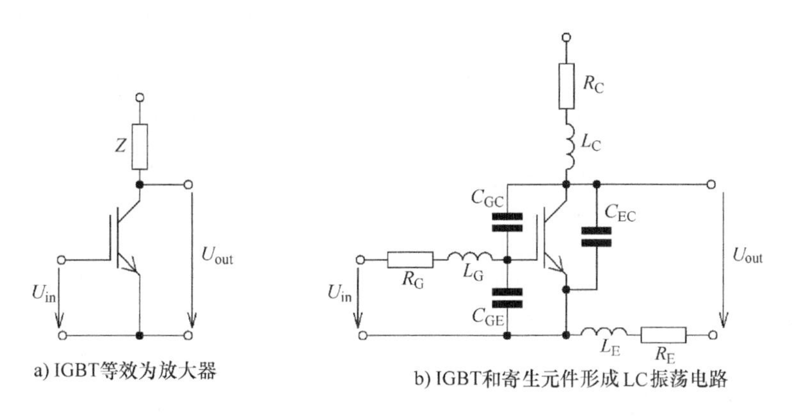

图9.1 IGBT振荡原理

这些振荡会导致对其他电子电路的干扰。包括其栅极驱动器，可能导致不正确的IGBT控制。另外，这些振荡会引起并联半导体器件的电流分配不均，进一步导致一个或者多个半导体器件过载，甚至整个模块失效。比如，在大功率模块中，为了获得所需的电流等级，需要多个半导体器件并联连接。IGBT模块的电流等级越高，则需要并联的芯片就越多。在3.6kA的模块中共有24个 IGBT和二极管并联运行。

[1] 以加拿大物理学家 Edwin Henry Colpitts（1872～1949）命名。

[2] 以美国物理学家 George Washington Pierce（1872～1956）命名。

9.2 短路振荡

SC1 短路引发的振荡和 SC2 有所区别（见第 3 章 3.6 节）。图 9.2 给出了这两种典型振荡的实验结果。如图 9.2a 所示，在 SC1 短路过程中，在形成恒定短路电流后的很短时间内发生振荡且可以在栅极电压中观测到明显的电压振荡；然而，也可能在集 - 射极电压或者集电极电流产生振荡（图中没有显示）。SC2 型短路振荡与此相似，但是振荡却发生在 IGBT 的退饱和阶段。因此，这时集 - 射极电压会上升。表 9.1 给出了影响 IGBT 短路振荡的参数。

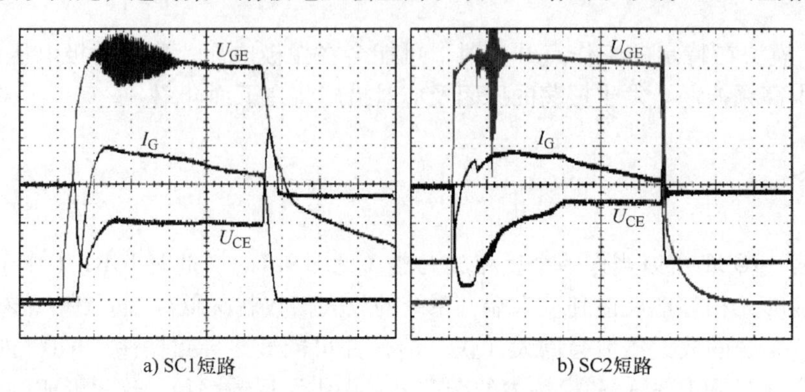

a) SC1短路　　b) SC2短路

图 9.2　SC1 和 SC2 短路时观测到的振荡

表 9.1　影响 IGBT 短路振荡的参数

	SC1	SC2
产生的时刻	形成恒定短路电流很短时间后	IGBT 的退饱和阶段
振荡频率	10 ~ 20MHz	> 10MHz
影响因素	模块内部结构 IGBT 特性 低结温 低集 - 射极电压 高栅 - 射极电压	模块内部结构 IGBT 特性 低结温 高集 - 射极电压 $\frac{du_{CE}}{dt}$较低

影响振荡产生的时间和程度的主要因素包括模块的构造、IGBT 的特性以及应用环境。

通常 IGBT 和 IGBT 模块的制造商在研发阶段测试其振荡特性，并采取针对措施。这些措施包括：

- 如果可行，调整内部栅极电阻。这是因为增加内部栅极电阻即使不会完全消除振荡也会减少振荡。
- 调整栅 - 射极门槛电压 $U_{GE(TO)}$。提升门槛电压会限制振荡。
- 优化内部模块布局可以减小 IGBT 模块内反馈回路或者防止这些反馈进入模块的应用，如图 9.3 所示。

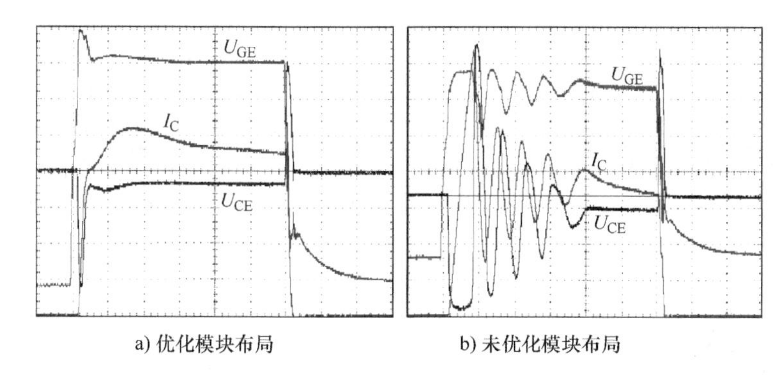

a) 优化模块布局　　b) 未优化模块布局

图 9.3　在 SC1 短路时，IGBT 模块布局对振荡特性的影响

9.3　IGBT 关断振荡

IGBT 关断过程中，集－射极电压变化率 du_{ce}/dt 通过密勒电容 C_{GC}反馈到栅极。根据式(7.1)，会形成位移电流 i_{GC}。在电压 U_{CE}缓慢上升时，栅极电压处于密勒平台，这个位移电流最初保持稳定并有助于维持平台电压恒定。位移电流的幅值完全依赖于反馈电容 C_{GC}。反过来这也会受到 IGBT 内部的氧化层等效电容和电流控制等效结电容的影响。IGBT 关断的电流 I_C越大，电容 C_{GC}也就越大。这是由于 IGBT 内部空间电荷区的结构造成的，该结构由结电容组成。因此，被关断的集电极电流 I_C越大，产生的位移电流 i_{GC}就越大，这也就容易理解了。当半导体并联连接时，这种正反馈可能引发振荡。表 9.2 给出了影响 IGBT 关断振荡的参数。

表 9.2　影响 IGBT 关断振荡的参数

	IGBT 关断振荡
发生的时刻	IGBT 关断过程中的密勒平台末尾
振荡频率	10～50MHz
影响的因素	模块内部结构 IGBT 特性 低结温 集－射极电压较高 集电极电流 外部连接结构

因此，IGBT 和 IGBT 模块制造商在研发阶段就测试其振荡特性，并采取应对措施。这些措施包括：

- 如果可行，调整内部栅极电阻；
- 筛选低密勒电容 C_{GC}和高栅－射极电容 C_{GE}的 IGBT；
- 考虑到半导体芯片并联的同时优化模块内部布局；
- 并联连接时优化 IGBT 模块外部连接布局。

图 9.4 给出了模块内部布局优化前后的实验结果对比。

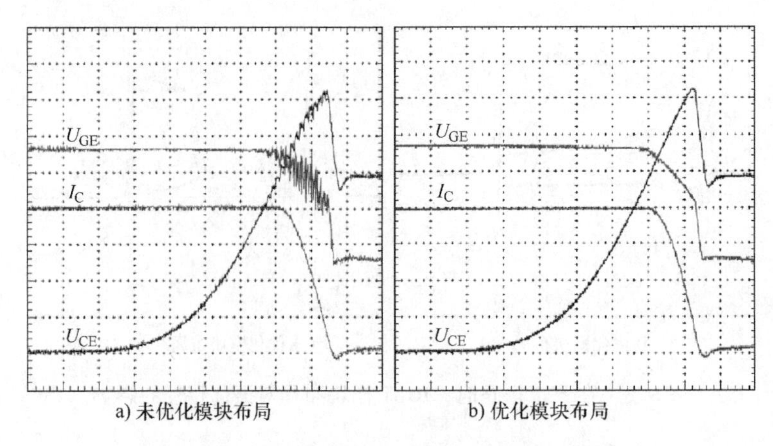

a) 未优化模块布局　　b) 优化模块布局

图 9.4　模块布局对 IGBT 关断特性的影响

9.4　拖尾电流振荡

有些情况下，IGBT 甚至二极管的拖尾电流也有可能发生振荡。芯片的内部工艺可能激发 LC 振荡（由半导体芯片和上述描述的杂散部分），这种激发的原理也被作 PETT（等离子提取传输时间）机理。下面将介绍基于 BARITT（势垒注入传输时间）二极管的振荡机理。

BARITT 二极管通常作为微波振荡器的激发器件，在这种应用中，二极管的一个 PN 结稍微正偏，而另一个 PN 结则稍微反偏。只要外部电压低于临界穿透电压，由于反偏 PN 结的作用，会产生一个很小的阻断电流。当外部电压达到穿透电压时，空间电荷区恰好会通过 N 区延伸到正偏的 PN 结。这时，由于热激发导致少子（空穴）穿过 PN 结到达 N 区，二极管的电流将急剧上升。由于半导体内的电荷流动及电压传输的滞后会形成一个等效的负微分电阻，如果该负微分电阻大于谐振回路中的等效正电阻，那么就会产生振荡。谐振频率受控于载流子在二极管 N 区的传输时间。这也是二极管名字的由来。BARITT 二极管的分层模型和 I/U 曲线如图 9.5 所示。

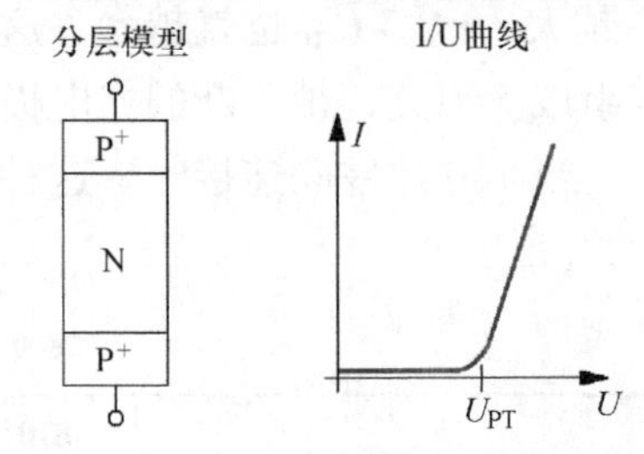

图 9.5　BARITT 二极管的分层模型和 I/U 曲线[⊖]

PETT 的机理与 BARITT 的机理相类似，如图 9.6 所示。不同之处在于空间电荷区并没有延伸到另一个 PN 结因而无法放电。N 区剩余的离子由于没有被空间电荷区所复合，因此转化为载流子，这也是形成拖尾电流载流子的原因。流过半导体的电流由进入空间电荷区的载流子形成。在特定情况下，比如负微分电阻大于谐振回路中的等效正电阻，将会引发振荡。从原理上来说，任何具有双极特性的半导体都可能发生 PETT 振荡。因此，IGBT 和二极管都可能产生振荡。

⊖ 除了 P^+NP^+ 结构外，BARITT 二极管也可以是 MNM 结构，即它含有两个肖特基接触端，这里 M 代表金属接触端。

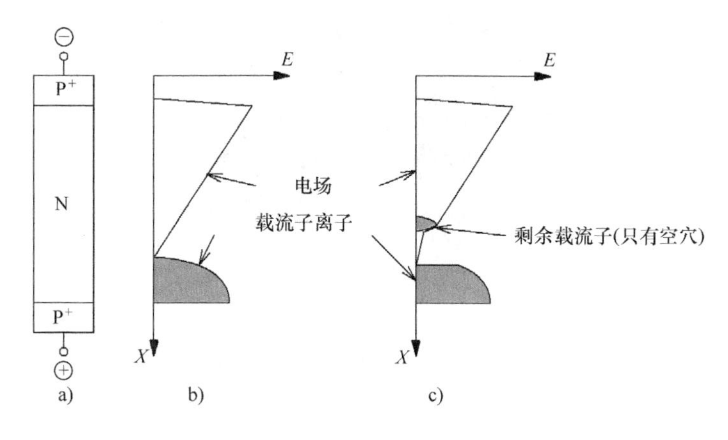

图 9.6 PETT 机理

振荡产生的时间和程度完全取决于所工作的环境。可能影响 IGBT 和二极管拖尾电流振荡的参数见表 9.3。

表 9.3 可能影响 IGBT 和二极管拖尾电流振荡的参数

	IGBT/二极管 关断
产生振荡的时刻	IGBT 或二极管关断后 5μs 内
振荡频率	200 ~ 500MHz
影响因素	模块内部结构 IGBT 或二极管特性 结温

例如，可以在模块内通过放置附加键合线的方式来避免模块内并联半导体之间的振荡。这主要是改变谐振回路中寄生参数的影响，从而避免振荡。IGBT 和二极管关断时拖尾电流振荡实验波形如图 9.7 所示。图 9.8 给出了附加键合线前后 IGBT 拖尾电流实验结果对比。

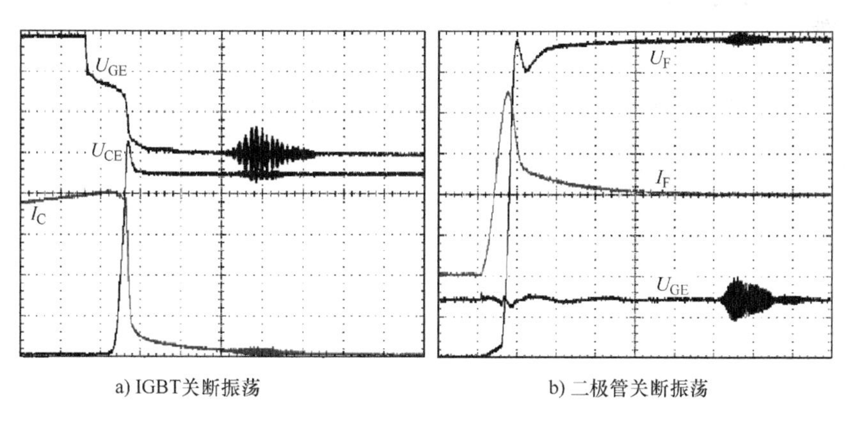

a) IGBT关断振荡　　b) 二极管关断振荡

图 9.7 IGBT 和二极管关断时拖尾电流振荡实验波形

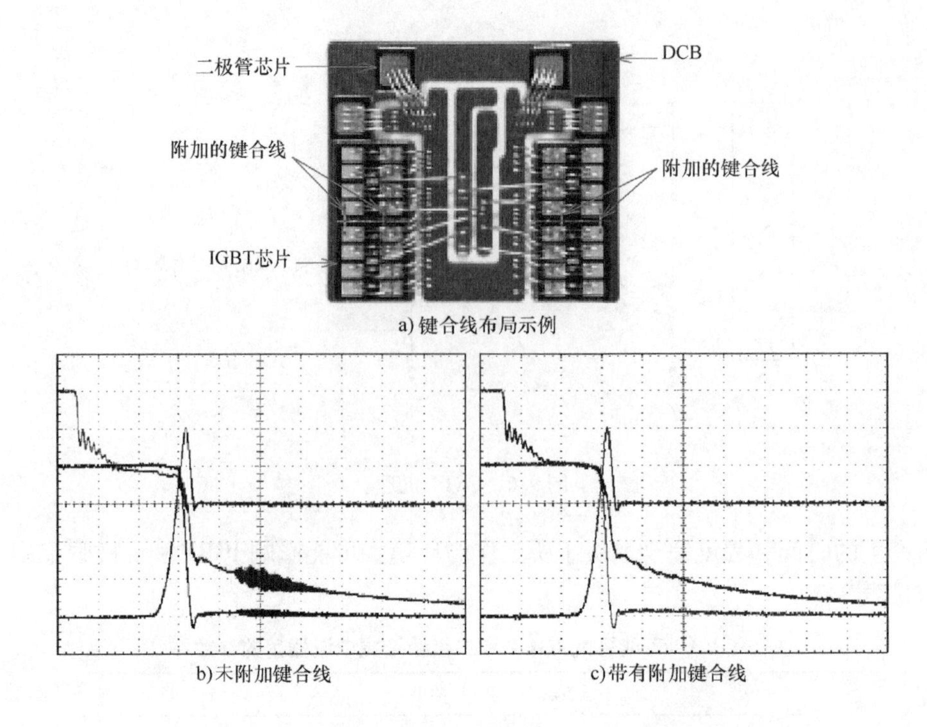

a) 键合线布局示例

b) 未附加键合线

c) 带有附加键合线

图 9.8　附加键合线前后 IGBT 拖尾电流的实验结果对比

本章参考文献

1. U. Tietze, C. Schenk, "Halbleiter Schaltungstechnik", Springer Verlag 13th Edition 2009

2. J. Lutz, "Halbleiter-Leistungsbauelemente", Springer Verlag 2006

3. S.K. Roy, M. Mitra, "Microwave Semiconductor Devices", Prentice-Hall of India, 3rd Edition 2006

4. S.M. Sze, K.K. Ng, "Physics of Semiconductor Devices", John Wiley & Sons, 3rd Edition 2007

5. R. Siemieniec, J. Lutz, R. Herzer, "Analysis of Dynamic Impatt Oscillations caused by Radiation Induced Deep Centers", ISPSD Cambridge 2003

6. B. Gutsmann, D. Silber, P. Mourick, "Hochfrequenzoszillationen im IGBT-Schweifstrom", Freiburger Kolloqium 2001

第 10 章 机械安装指导

10.1 简介

本章是对第 2 章内容的补充，主要探讨 IGBT 模块的外部连接和结构，包括 PCB 板、电缆、母线排和散热器等外部组件的连接技术。另外，还将进一步讨论一些共性问题，比如环境对模块运行、储存和运输的影响。

10.2 连接技术

10.2.1 电气连接

对于电气连接，需要区分功率连接和辅助连接。总的来说，模块的标称电流是关键因素。根据以上两方面，表 10.1 给出了常用的连接方式。字母“C”代表控制（辅助）连接端子，“L”代表负载（功率）连接端子。

表 10.1 IGBT 模块根据功率和连接方式的分类

	小功率（<150A）	中等功率（约 150~600A）	大功率（>600A）
焊接	C，L	C	
弹簧连接	C，L	C	
压接	C，L	C	
接插件		C	
螺丝连接		L	C，L

在实际应用中，如何选择最好的连接方法取决于多种设计准则，例如：

- 连接需要通过的电流容量或电阻；
- 连接的可靠性，比如振动和腐蚀（见表 2.1）；
- 连接材料的选择，比如是 PCB 连接，还是电缆或母线排连接；
- 最终产品生产过程中的复杂性和成本，比如必要的工作步骤，设备的投资，完成连接的循环周期以及员工的培训等。

对于小功率应用，传统连接工艺多年以来一直都是焊接（见第 2 章 2.3.2 节），现已越

来越多地被压接（见第 2 章 2.3.2 节）和弹簧触点连接（见第 2 章 2.3.2 节）所取代。然而对于中功率应用，焊接和插入式连接（见第 2 章 2.3.2 节）曾广泛应用于控制端子的连接。近年来，压接和弹簧触点连接在某种程度上已经占据主导地位，这样可以简化安装工艺从而降低生产成本。在中、大功率应用中，螺丝连接仍然是负载端子标准的连接方式，目前还没有计划用其他的方式来代替。对于大功率应用，考虑到可靠性和机械弹性，螺丝连接也是控制端子的标准连接方式。

除了选择连接方式外，还需要遵守制造商提供的有关电源端子连接安装的说明书。一般来说，说明书会明确给出连接端子的最大负载和可能的受力局限。对于螺丝连接，通常会限定安装时的最小和最大扭矩。

注：模块电气连接端子设计的目的是提供可靠的电气连接，而不是承受很高的机械应力，所以必须严格遵守厂商数据手册中规定的扭矩。模块的连接端子不能作为 PCB、电缆或母线排的主要机械安装点，应该通过另外的措施去实现机械固定，否则很容易受机械效应的作用而损坏，比如持续的振动和冲击。图 10.1 给出了 62mm 模块由于承受过度的扭力而弯曲。

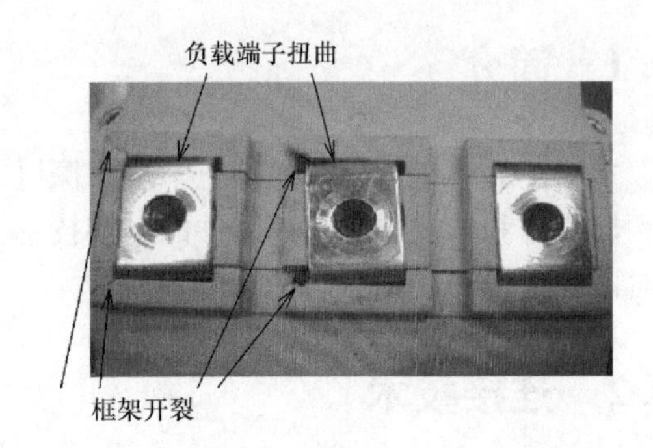

图 10.1　62mm 模块由于承受过度的扭力而弯曲

10.2.2　散热器安装和导热硅脂

为了充分利用电力半导体的容量，需要让其充分的冷却，否则就无法输出几百安到几千安的工作电流。对于模块或类似的半导体可以用散热器作为冷却器实现散热。

为了使模块和散热器之间的连接效果最好，并确保两者之间的低热阻 $R_{th,ch}$，应尽可能让模块和散热器直接接触。然而事实上，由于接触表面不够均匀，这种方法也有缺点。比如，IGBT 模块的基板不是百分百水平，即使被安装在散热器上后，其表面仍然存在一定的

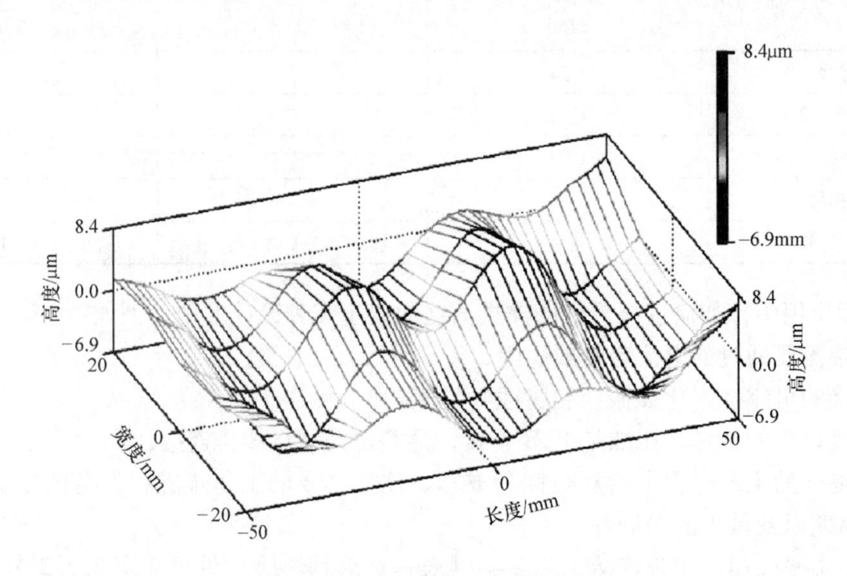

图 10.2　IGBT 模块基板表面的形变

形变，如图 10.2 所示。同样，散热器表面也不可能是百分之百水平。结果就是，接触面有金属直接连接的区域，也有空气填充的空隙。虽然这些连接区域表现出很低的热阻，但是空隙的热阻非常大。在这种条件下，IGBT 模块的运行性能会受到一定的限制。

IGBT 模块基板的空隙原本就有，其根源是基板和衬底的连接问题。在传统的焊接过程中，由于各种材料的膨胀系数不同导致基板发生扭曲；另外，制造商设定 IGBT 模块达到运行温度时，基板不再扭曲。在冷环境下，实测到的空隙会缩小，其原因是抽气效应。抽气效应能够把基板和散热器之间粘度较低[㊀]的导热硅脂轻而易举地抽离出去。

而且，由于 DCB 的数量、表面面积和厚度不同，基板的扭曲程度也不同。

为了减小热阻 $R_{th,ch}$，需要用一种比空气热阻低的物质填补这些弯曲或空隙，即常用的导热硅脂（导热膏）。需要注意的是，相比于空气，尽管利用导热硅脂可以降低 $R_{th,ch}$，但是仍然与金属直接连接区域芯片到环境的热阻差很远。因此，只有适量的导热硅脂才会真正起作用。所以，一些 IGBT 模块厂商针对特定的模块通过实测基板的粗糙程度，计算出硅脂在基板上涂层的厚度及位置，设计并提供具有最佳涂层的应用模具。如果利用这种模具组装模块，只要把硅脂涂在实际需要的地方，就可保证金属直接连接的区域最大化[㊁]。图 10.3a 给出了硅脂涂在模块基板上（见图 10.3b）的模具例子。完成安装后，通过检查发现硅脂均匀地分布在模块和散热器之间（见图 10.3c），而且用量较少。相反，如果不用模具而是用滚筒，硅脂的分布情况如图 10.3d 所示。尽管有部分硅脂被挤出基板的边缘，但是模块和散热器之间仍有许多硅脂，导致热阻 $R_{th,ch}$ 没有达到最佳值。

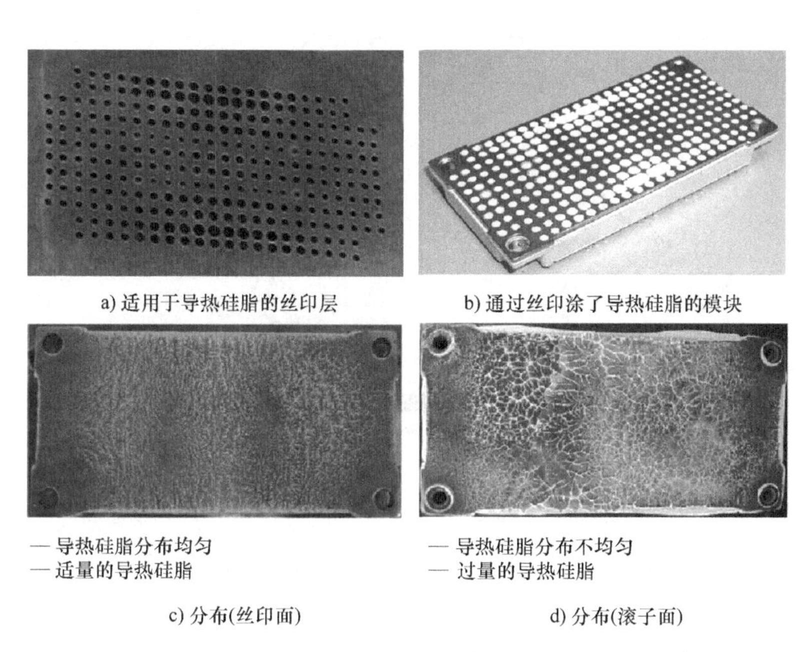

a) 适用于导热硅脂的丝印层

b) 通过丝印涂了导热硅脂的模块

— 导热硅脂分布均匀
— 适量的导热硅脂

— 导热硅脂分布不均匀
— 过量的导热硅脂

c) 分布(丝印面)

d) 分布(滚子面)

图 10.3　使用模具涂抹导热硅脂

㊀ 粘度指液体的粘性程度（流动性和附着性）。粘度越大，材料就越稠。

㊁ 导热硅脂必须涂在 IGBT 模块的基板上。绝对不能直接涂在散热器上以防止堵塞螺丝安装孔，否则会影响螺栓的安装扭矩。

图 10.3 中的模具使用的是圆孔。另一种模具则使用了六边形穿孔，如图 10.4 所示。相比圆孔模具，这种模具更容易控制硅脂的分布和厚度，所以实践中这种方法更容易被接纳。

注意：此处以英飞凌公司的一个 EconoDUAL™模块举例。即使其他厂商也可以提供类似的模块，但是这个模具无法直接应用于他们的模块。其原因是模块内部 DCB 的位置和尺寸。在图 10.4 中，能够清楚地看到模块内部使用了三个 DCB。

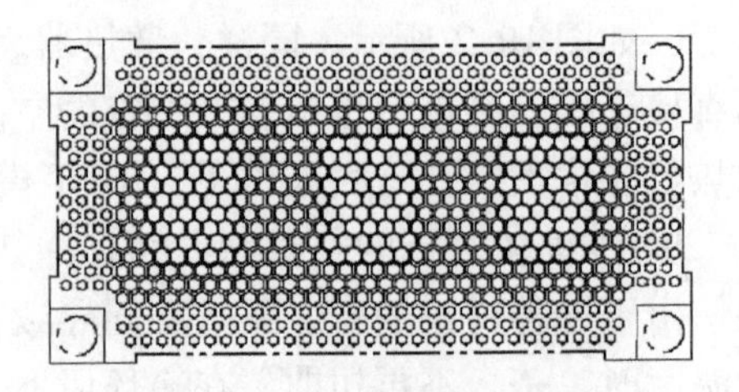

图 10.4　六边形穿孔的模具

如果没有预制模具，而是利用滚筒或抹刀完成硅脂涂层，必须手动检查涂层的厚度。为此，需要利用一种特殊的齿形抹刀垂直于涂层面，插到硅脂中，稍微停顿，这样浸湿牙齿的顶部和非湿牙齿的底部之间的距离就是涂层的厚度，其原理如图 10.5 所示。通常涂层的厚度在 50 ~ 100μm 之间。

很多厂商都可以提供不同粘度的硅脂，从液态到非液态都有。从装配的角度来说，低粘度的硅脂相对容易涂覆。但是这些硅脂在加热时有可能分解成油性原料和填充物，有损硅脂的长期稳定性。导致热阻 $R_{th,ch}$将随时间慢慢增加，使得散热不足，半导体的工作结温会逐步升高，最终会降低整个系统的可靠性。因此，大多情况下更倾向于使用中高等粘度的硅脂。不仅是因为这类硅脂更适合模具，还将简化安装过程，此外还可重复操作，从而可靠性更高。

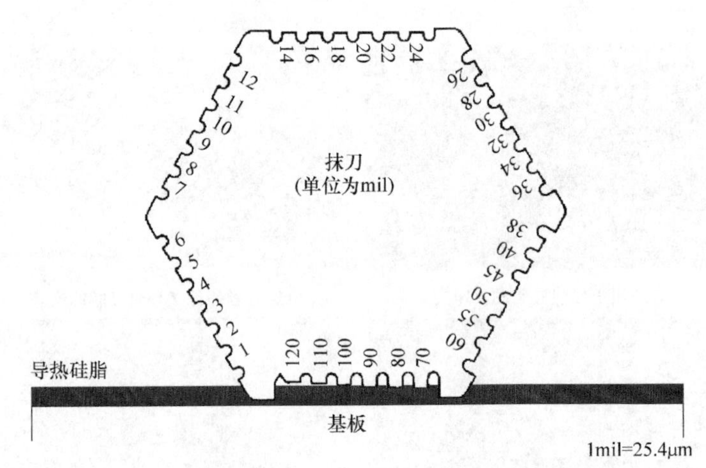

图 10.5　IGBT 基板完成硅脂涂层后，用一个特殊齿形抹刀来评估涂层的厚度

这里必须提及的是，散热器的表面抛光也必须满足一些特定的需求。因此，IGBT 制造商所需的散热器必须满足以下四条要求：

- 散热器上安装模块的区域，表面粗糙度不能超过 10μm，然而最小限度的粗糙度仍然是有必要的（详见下文）；
- 散热器上安装模块的区域，表面平整度不得超过 50μm；
- 散热器（和模块基板）没有损坏和污染；
- 散热器（和模块基板）在安装前使用无尘布并用异丙醇或乙醇清理。

此外，当把模块安装在散热器上时，必须遵循厂商的操作指导，特别是要注意固定螺栓的最小和最大力矩及紧固顺序[㊀]。这样，一方面确保硅脂均匀分布，另一方面使组件之间的机械连接长期可靠。为此，厂商为其模块出版了应用指南。

除了正确组装模块和散热器及最大可能地应用硅脂外，选择合适的硅脂也发挥着极其重要的作用。散热器和模块基板的表面粗糙不平，如果其中一个表面的粗糙度非常低，比如已经被磨光，那么可以在图 10.6a 中清楚发现其热阻增大。这时，导热硅脂中的颗粒无法进入表面的空隙，使得模块和散热器之间留有间隙，因此无法建立金属接触，而这才是确保低热阻 $R_{th,ch}$ 的关键。如果能确保接触表面粗糙度最小（空隙不会太大），就可以产生金属直接连接，从而降低热阻 $R_{th,ch}$。

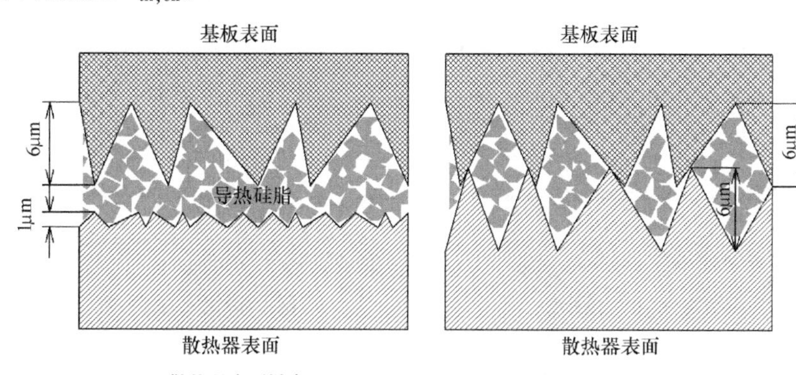

a) 散热器表面抛光　　b) 散热器表面的粗糙度增加

备注：导热硅脂颗粒之间的空隙填充了导热油，这里只是给出了颗粒的示意图。

图 10.6　表面粗糙度的影响

除了这些原则外，硅脂颗粒的尺寸也发挥着很重要的作用，如图 10.7 所示。图 10.7a 给出了粗颗粒对接触的影响，图 10.7b 给出了细颗粒对接触的影响。前一种情况无法建立直接金属接触，并且其热阻 $R_{th,ch}$ 高于后者。

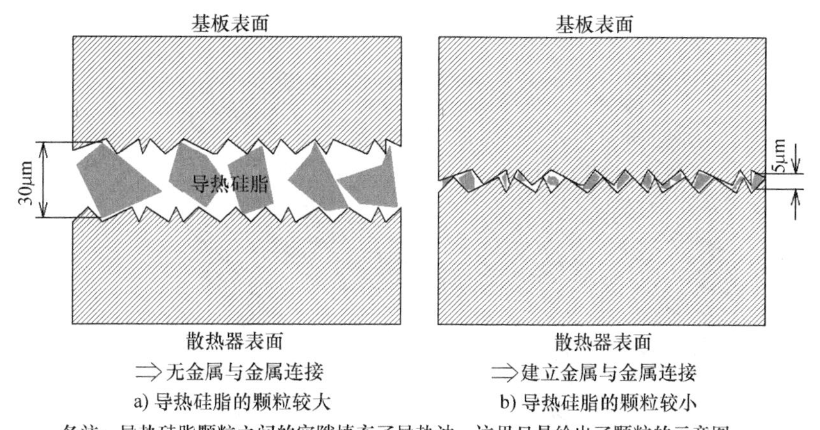

⟹无金属与金属连接　　⟹建立金属与金属连接

a) 导热硅脂的颗粒较大　　b) 导热硅脂的颗粒较小

备注：导热硅脂颗粒之间的空隙填充了导热油，这里只是给出了颗粒的示意图。

图 10.7　硅脂颗粒（大小尺寸）的影响

㊀ 采用高粘度的导热硅脂时，当初步收紧螺栓后需要暂停一下，等硅脂均匀地分布在模块表面后再拧紧螺栓。

另一方面是选择导热硅脂的粘度。如果粘度过低，可能导致连接分离。如果粘度太高，硅脂无法完全地在空隙内散开，从而接触面也无法紧密连接，如图 10.8 所示。其结果是无法建立金属直接连接，且热阻 $R_{th,ch}$ 也不尽如人意。

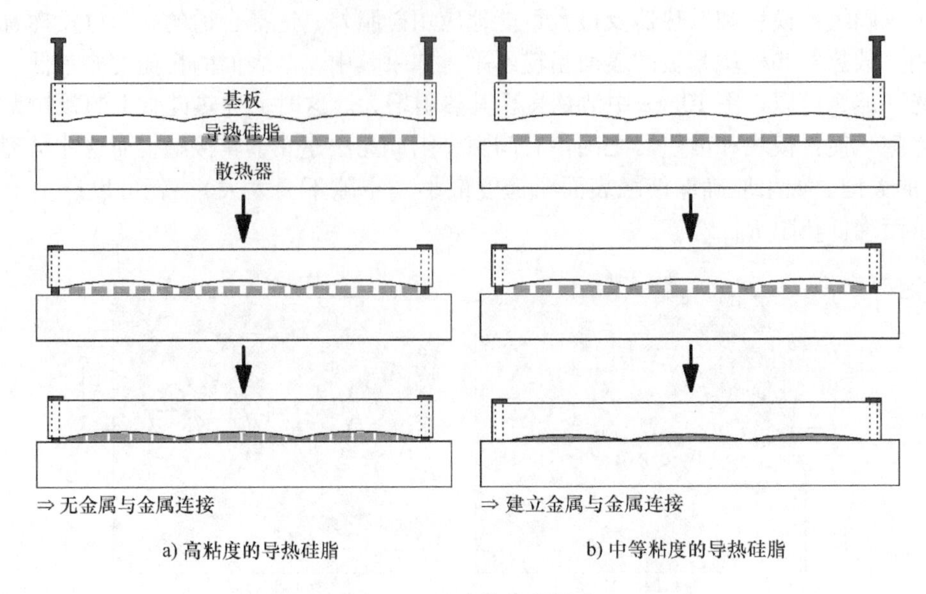

图 10.8　硅脂粘度的影响

10.2.3　直接冷却模块安装

直接冷却模块大多数采用镀镍铜基板或者在基板的底部安装所谓的针翅扰流片，如图 10.9 所示。在这两种情况下，基板直接和冷却系统的冷却液接触。为此，散热器需要在顶部开孔，再把模块安装在开孔上。散热器也不一定要用金属制造，如果使用合成的（塑料的）冷却器，基板需要和大地零电位连接起来以满足 EMC 的需求。特别是，公共地非常有利于 IGBT 模块并联连接。

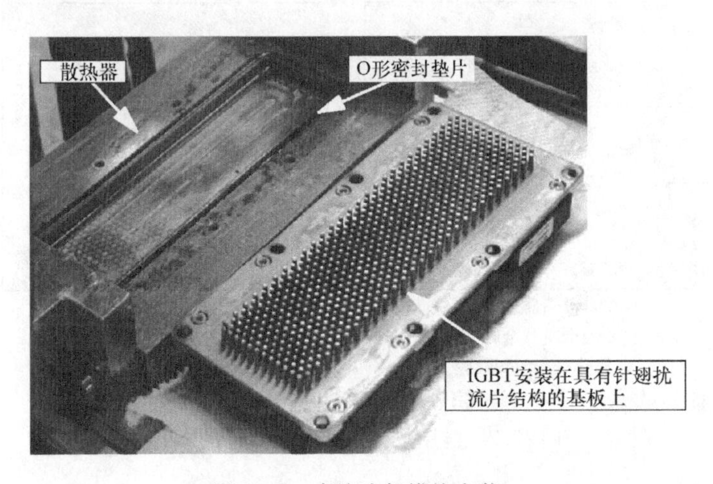

图 10.9　直接冷却模块安装

当采用直接冷却时，模块和散热器之间的密闭性（O 形圈）非常重要，需要保证在任何工况下及整个产品寿命周期内不会发生泄漏。另外，也需要注意水压、基板面积和尺寸参数等。如果压力太大，可能导致基板扭曲从而损坏 DCB。

因此，需要严格遵守制造商提供的应用规则。很多密闭方案倾向于采用 O 形密封圈而不是平垫片，原因是模块安装到散热器上时会压紧密封件。对于 O 形密封圈，根据类型不同，可以在拧紧螺栓前预装在凹槽中。在实际工作时，冷却回路中的液体对密封圈施压，从而实现密封。另一方面，用平垫片的话，就完全依靠螺栓来实现密封，冷却液的压力不会增加密封效果，其后果是平垫片受力不均（在这种情况下，可认为是最终的密封压力），螺栓安装点附近的压力最大，相应的平垫片承受的压力也最大，而安装螺栓之间的压力最低，可能导致模块基板因受力而产生轻微的扭曲。最坏的情况是模块基板扭曲严重，导致冷却液溢出[⊖]。作为一种防范措施，应该在安装时使用支撑垫圈，以防垫片在这些部位的过度压缩，从而保证密封区域内的高度一致，确保基板形变最小或没有形变。支撑垫圈对密闭垫片的作用如图 10.10 所示。

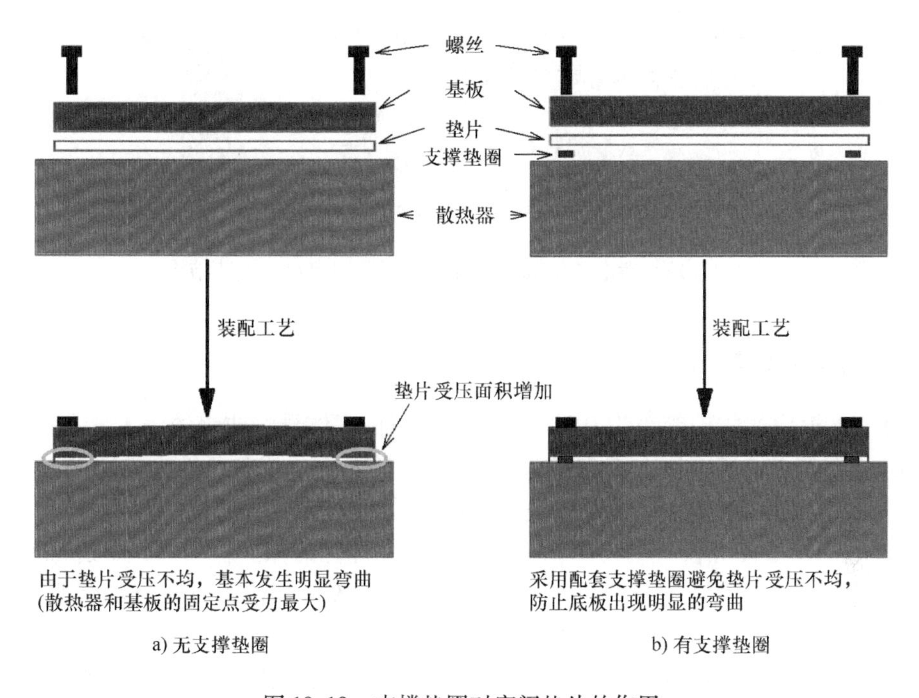

图 10.10 支撑垫圈对密闭垫片的作用

10.3 环境影响

10.3.1 机械负载

IGBT 模块所受到的机械负载大多是振动和冲击，因此，模块制造商会在合格性测试过

⊖ 最严重的情况可能导致 DCB 断裂，产生短路或电气连接断裂（开路）。

程中测试模块的可靠性。比如，图 10.11 中的振动测试装置可以直接测试模块在三个轴向的振动。为了模仿母线电容和其他元件，外加的重量需要和 PCB 匹配。

这也表明不仅需要考虑模块本身，还需要从总体上设计系统。根据安装结构，可能产生共振从而损坏整个系统。所以增加额外的安装支撑也是至关重要的。图 10.12 给出了一个安装结构示意，该结构摘自模块 EconoDUAL™ 安装说明书。此外，安装说明也特别注明在运行过程中不能超过的安装扭矩和压力。

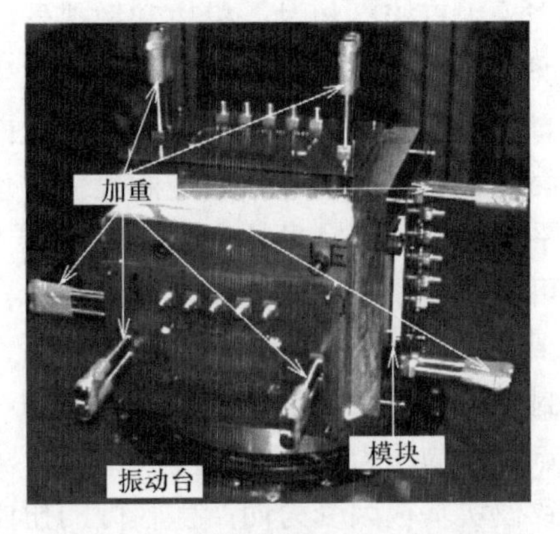

图 10.11　对安装在 PCB 上的模块进行振动测试

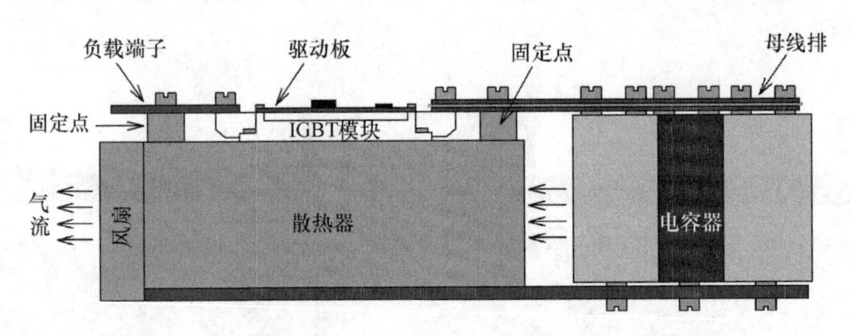

图 10.12　考虑了负载和直流母线端子固定点的安装结构

10.3.2　气体和液体

通常 IGBT 模块的防护等级为 IP00㊀，即无法防护固体异物或水的浸入。在这种情况下，“侵入”的意思是指接触模块上带有危险电位的电气端子。考虑到最终应用的要求和标准，可以通过采取适当的措施以防 IGBT 模块意外接触或者免受液体侵入。

然而，电力半导体和模块的内部构造会受到封装外壳的保护。当然，不透气的密封壳体（比如模制模块）效果最好。非模制模块的内部是一个胶化结构，有时也带有额外的一层环氧树脂㊁（见第 2 章 2.2.4 节）。然而，目前对于大多数工业化生产的 IGBT 模块，胶化结构是一种标准结构。由于环境影响，有些模块的应用受到一定限制（受环境影响，这些模块及其金属零件容易受到腐蚀）。有些物质可能会穿过（扩散）硅胶并和 DCB 的铜发生反应。比如，硫化氢（H_2S）就属其中一种物质。它会腐蚀镀铜层，从而可能导致模块开路或短路，如图 10.13 所示。这是因为腐蚀会形成一些晶体结构，从而缩小两个导体之间的距离。

㊀ IP 是防护安全标准。第一个数字代表固体侵入防护等级，分为 0 ~ 6 级，其中 0 级代表无防护，6 级代表无尘级。第二个数字代表防水等级，分为 0 ~ 8 级（有时候是 9 级），其中 0 级代表无防护，8 级代表绝对防水浸入。9 级和其他信息配合，表示可以承受多个方向、具有一定压力的水浸入。

㊁ 考虑到工艺的复杂性及可能存在的污染风险，现在通常在生产工艺中不再增加环氧层。

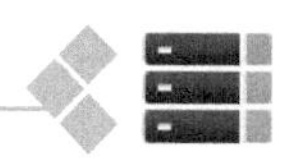

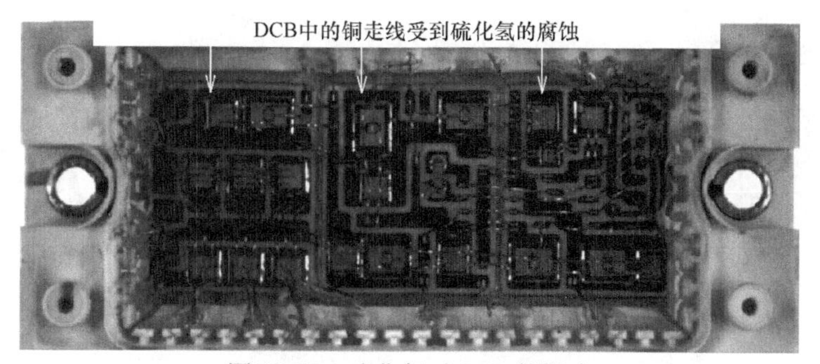

图 10.13 硫化氢对 DCB 的影响

然而，环境也可能影响模块的外在部分。典型的例子就是盐雾的污染，会腐蚀模块的连接端子。刚开始电源、PCB 或直流母线对模块接触电阻的影响并不明显。当然，腐蚀绝不能演变成机械失效。图 10.14 给出了盐雾实验结果。

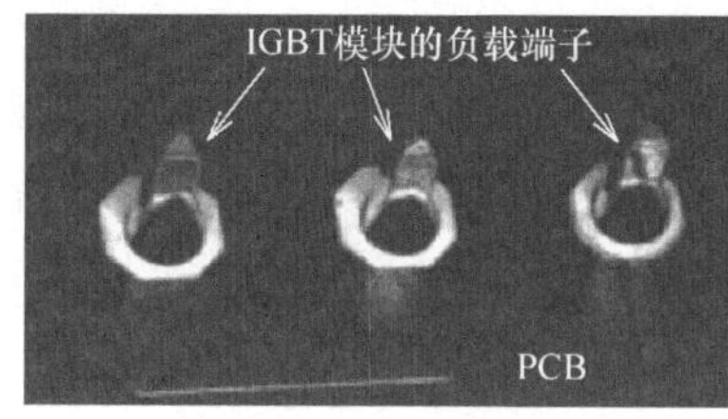

a) 盐雾实验前

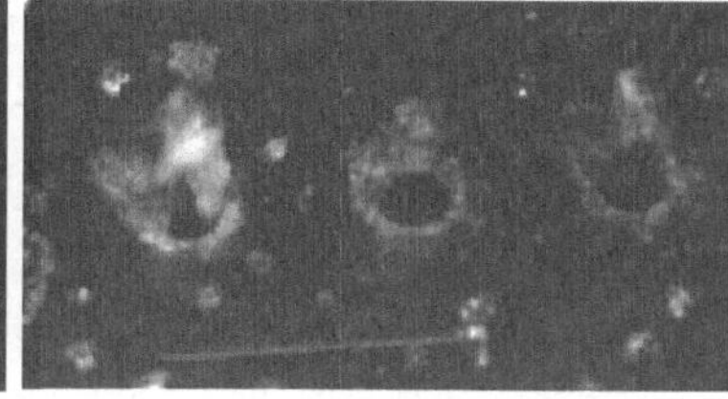

b) 盐雾实验后

图 10.14 盐雾（蒸汽）实验结果

10.4 运输与储存

在 IGBT 模块的运输与储存过程中，要尽可能地降低由于环境影响导致的振动和冲击而产生的机械应力。一般来说，数据手册会标注模块储存的极限值，但是尽量不要把模块储存在极限环境下。目前模块公认的最长储存时间不得超过两年。而且储存环境条件不能超过以下值（IEC 60721 -3 -1 1K2 标准明确了储存条件）：

- 最低环境温度 $T_{\mathrm{min,air}}=5℃$；
- 最高环境温度 $T_{\mathrm{max.air}}=40℃$；
- 最低相对湿度 $\varphi_{\min}=5\%$；
- 最高相对湿度 $\varphi_{\max}=85\%$；
- 不得出现凝露，淋雨和结冰。

1K2 气候环境标准定义了温度可控时的空气条件和密闭储存环境（窗口和门都密闭），湿度的控制还没有规定。储存的产品可能会接触到光照、热辐射以及流动的空气。

本章参考文献

1. Infineon Technologies, "Mounting instructions EconoDUAL™3 modules", Infineon Technologies Application Note 2006

2. IEC 60721-3-1, "Classification of environmental conditions – Part 3: Classification of groups of environmental parameters and their severities – Section 1: Storage", International Electrotechnical Commission, Edition 2, 1997

第 11 章 基本电路与应用实例

11.1 简介

IGBT 模块可应用于各个领域。尽管应用种类繁多，但是这些应用电路可以归纳为几种典型电路。通常，这些基本电路就是电力电子变换器。这里所说的电力电子变换器是指通过功率半导体器件实现一种或多种功率变换的装置。电力电子变换器的主要电气参数有：电压 U，电流 I，频率 f，相数 n。

根据运行方式，电力电子变换器可分为图 11.1 所示的四类：

- 整流，如 AC－DC 变换器；
- 直流变换，如 DC－DC 变换器或斩波器；
- 逆变，如 DC－AC 逆变器；
- 交流变换，如 AC－AC 变换器。

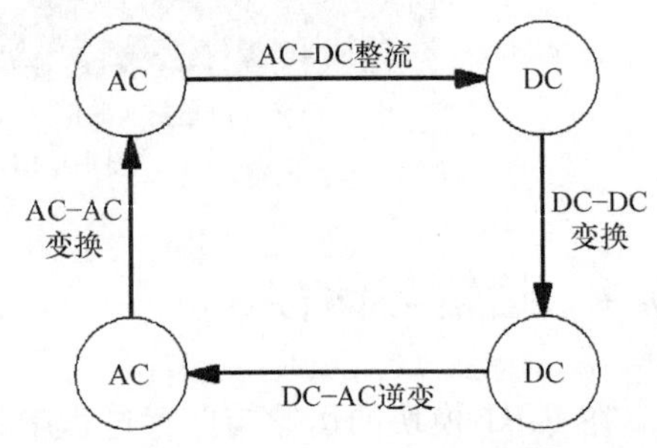

图 11.1 电力电子变换器

在变换器的运行期间（通常），电流周期性地从一个半导体开关换流到另一个半导体开关，这个过程称为电流换流或换流。换流是指电流从变换器的一条支路换到另一条支路，且在重叠时间（换流期间）里两个支路都通过电流。换流可以分为两种情况：外部换流和内部换流。

外部换流变换器可以分为电网换流变换器和负载换流变换器。比如，如果电网和外部换流变换器与三相交流电网相连，并且由于输入电压的极性改变导致了变换器中电流的方向发生变化。由于这种换流或引导电压来源于外部，所以称为外部换流。另一方面，在内部换流功率变换器中，由变换器内部的储能元件提供换流电压，因而可以控制可关断功率半导体器件（比如 IGBT 和 MOSFET）。

图 11.2 给出了一种典型换流过程的简化仿真图，电流从变换器含有续流二极管 VD_1 的支路换流到含有开关 S_1 的支路。在 t_0 时刻之前，开关 S_1 开路，并且负载电流 $I_{load}=I_{AM\_D1}$ 通过续流支路。在 t_0 时刻闭合 S_1。由于没有采用理想开关，但使用（用作模型的）实际功率半导体的模型，并且考虑到换流路径中存在寄生电感和电阻，因此 VD_1 中的电流不会瞬间变小，同样，S_1 中的电流 I_{AM_S1} 也不会突然变大。因此从 t_0 到 t_1 时刻，两个半导体开关都通过电流。到 t_1 时刻换流过程结束，这时 $I_{load}=I_{AM\_S1}$。

旋转电机的变频调速是功率变换器最主要的应用领域。很大一部分功率半导体应用于这

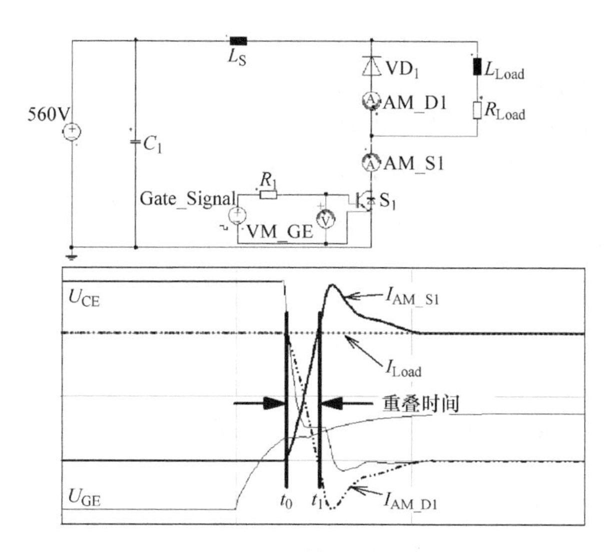

图 11.2　换流过程

个领域，因此优化半导体设计是十分必要的。这些优化包括，对于电动机或发电机来说表现为电感-电阻负载，同时硬开关特性是相关的一部分；另外由于存在续流二极管，所以不需要反向阻断能力。同样，10μs 的短路能力也是重要的。当然除了电动机驱动外，还有许多其他应用，见表 11.1。

表 11.1　常用应用领域，示例和变换器拓扑㊀

应用	举例	拓扑
通用及伺服驱动	传送带，泵，风扇，机器人	H 桥，VSI，CSI，矩阵变换器
中压驱动	泵，风扇	H 桥，VSI，CSI，三电平逆变器，多电平逆变器
能量传输和电能质量	PFC，STATCOM，HVDC	升压斩波器，H 桥，多电平逆变器，级联型逆变器
光伏发电	光伏逆变器	升压斩波器，H 桥，H5，HERIC，VSI，三电平逆变器
风力发电	直驱，双馈	AFE，VSI
工业加热	熔炉，熔化装置	VSI，CSI
交通运输	EV，HEV，电力牵引辅助逆变器	Buck-boost 变换器，H 桥，VSI，三电平逆变器
消费电器	空调，洗衣机	H 桥，VSI

后面章节将会分析所介绍的拓扑，并给出一些应用示例。

11.2　AC-DC 整流器和制动斩波器

整流器通常采用二极管或晶闸管，可以在市场上发现各种各样的拓扑。首先，桥式结构

㊀ 这些术语将在随后的章节中解释，也可参阅附录。

常用于单相和三相交流整流器，在 IGBT 模块中，有时会集成输入整流桥，比如集成功率模块（PIM 或 CIB）。图 11.3 给出了一些通用拓扑结构。从左到右，依次是单相不可控整流器 B2，三相不控整流器 B6 和半控整流器 B6H。这里没有给出三相全控整流桥 B6C，与 B6H 相比，把每个桥臂下面的二极管换成晶闸管就是 B6C 结构。由这些整流电路可以组成其他的 AC－DC 整流器，比如 B12 电路，它是由两个 B6 电路组成，每个桥臂的输入相电压差 30°，直流输出接到同一直流母线上[⊖]。

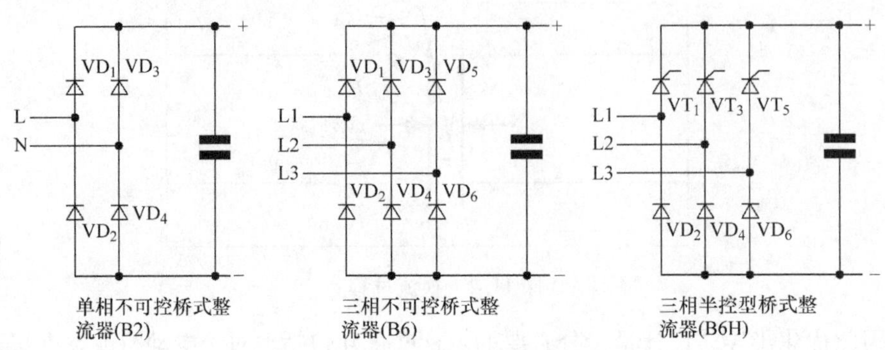

图 11.3　二极管和晶闸管桥整流器举例

下面将用一个单相 B2 电路详细介绍整流电路的工作原理，输入是单相正弦交流，为此加入线路阻抗 L_N 如图 11.4a 所示。DC 侧的负载由一个电流源代替。为了简化分析，先假设 $L_N=0\text{H}$，且在电路中没有电容。再进一步的分析考虑 $L_N>0\text{H}$，并加入滤波电容的情况。

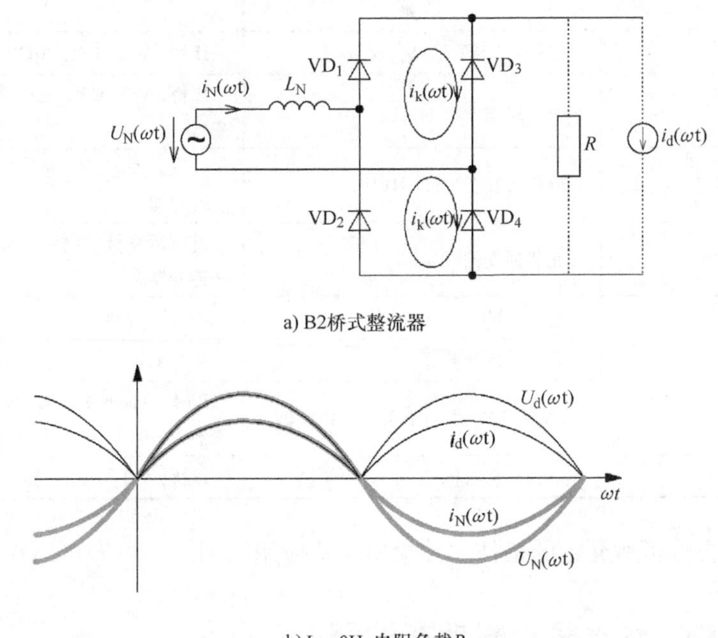

图 11.4　单相不可控桥整流器 B2

⊖ B12 拓扑通过移相变压器应用于三相电源中，移相变压器的两组输出绕组分别接成三角形和星形。这种电路拓扑可以提升输出功率级别，常见于风力发电系统中。

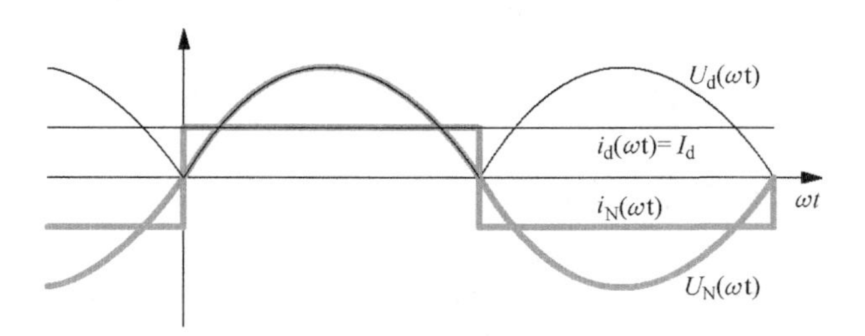

c) L_N=0H，电流源负载

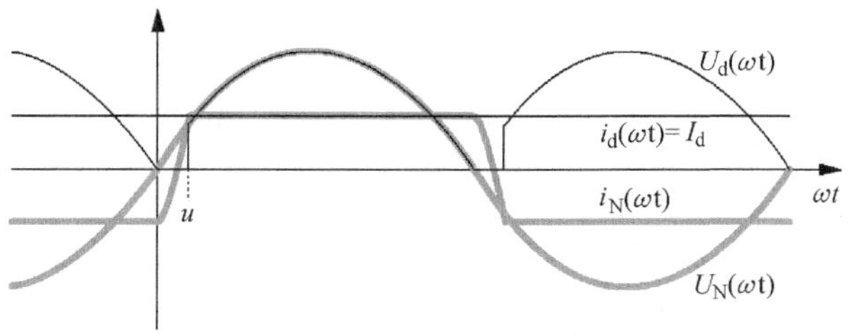

d) L_N>0H，电流源负载

图 11.4 单相不可控桥整流器 B2（续）

图 11.4b（假设负载为电阻）和图 11.4c（假设负载中的电感足够大，可等效为一个电流源）分别给出了在 $L_N=0H$ 时的电压和电流曲线。输入电流 i_N（ωt）为

$$i_N(\omega t)=\begin{cases} i_d(\omega t) & u_N(\omega t)>0V \\ -i_d(\omega t) & u_N(\omega t)<0V \end{cases} \tag{11.1}$$

由于换流通路中没有电感，从 VD_1 和 VD_4 到 VD_3 和 VD_2 的换流时间很短。理想的开路直流平均电压 $U_{di(B2)}$ 为

$$U_{di(B2)}=\frac{1}{\pi}\int_0^{\pi}\sqrt{2}U_N\sin(\omega t)\mathrm{d}(\omega t)=\frac{2\sqrt{2}}{\pi}U_N=0.90\cdot U_N \tag{11.2}$$

现在，假定 L_N 大于 0H，电流就不能立即从 VD_1 和 VD_4 到 VD_3 和 VD_2 换流，而需要一定的时间（换流时间）。

当 $L_N>0$ 时，电压和电流曲线如图 11.4d（假设负载为电流源）所示。假定在 $\omega t=0$ 时之前，二极管 VD_3 和 VD_2 通过电流 I_d，也就是输入电压 $u_N(\omega t)$ 为负。在时刻 $\omega t=0$，输入电压 $u_N(\omega t)$ 变成正值，且 VD_1/VD_4 开始导通。由于输入阻抗 L_N 的影响使得 $i_N(\omega t)=-i_d(\omega t)$ 到 $i_N(\omega t)=i_d(\omega t)$ 再发生延时。对于电流，在换流期间，由下式计算：

$$i_{D1}(\omega t)=i_{D4}(\omega t)=i_k(\omega t)$$
$$i_{D3}(\omega t)=i_{D2}(\omega t)=I_d-i_k(\omega t) \tag{11.3}$$

这段时间内，四个二极管都是导通的，使得输出电压为 0V（假定二极管是理想的）。相应地，作为开路电压，其值会变小，这可以由下文推导得出。

输入阻抗上的电压为

$$u_{LN}(\omega t)=\sqrt{2}U_N\sin(\omega t)=L_N\frac{\mathrm{d}i_k}{\mathrm{d}t}\text{ 且 }u_d(\omega t)=0V \tag{11.4}$$

式（11.4）可以用 ω 展开并移项得

$$\begin{aligned}
&\sqrt{2}U_{\mathrm{N}}\sin(\omega t)\mathrm{d}(\omega t) = \omega L_{\mathrm{N}}\mathrm{d}i_{\mathrm{k}} \\
&\Rightarrow\int_{0}^{t_u}\sqrt{2}U_{\mathrm{N}}\sin(\omega t)\mathrm{d}(\omega t) = \int_{-L_{\mathrm{d}}}^{L_{\mathrm{d}}}\omega L_{\mathrm{N}}\mathrm{d}i_{\mathrm{k}} \\
&\Rightarrow\sqrt{2}U_{\mathrm{N}}(1-\cos u) = 2\omega L_{\mathrm{N}}L_{\mathrm{d}} \\
&\Rightarrow\cos u = 1-\frac{2\omega L_{\mathrm{N}}}{\sqrt{2}U_{\mathrm{N}}}L_{\mathrm{d}}
\end{aligned} \tag{11.5}$$

由于换流过程，所以输出平均电压 $U_{\mathrm{d(B2)}}$ 会降低，即

$$\begin{aligned}
U_{\mathrm{d(B2)}} &= \frac{1}{\pi}\int_{u}^{\pi}\sqrt{2}U_{\mathrm{N}}\sin(\omega t)\mathrm{d}t \\
&= \frac{1}{\pi}\int_{0}^{\pi}\sqrt{2}U_{\mathrm{N}}\sin(\omega t)\mathrm{d}t-\frac{1}{\pi}\int_{0}^{u}\sqrt{2}U_{\mathrm{N}}\sin(\omega t)\mathrm{d}t \\
&= 0.90U_{\mathrm{N}}-\frac{2\omega L_{\mathrm{N}}}{\pi}L_{\mathrm{d}}
\end{aligned} \tag{11.6}$$

对于 $L_{\mathrm{N}}=0\mathrm{H}$，式（11.6）包含式（11.2）。

下一步，将分析采用滤波电容 C_1 和电阻负载时整流器 B2 的工作原理。电容可以看成是一个电压源。这样，只有输入电压高于电容电压时二极管 VD_1 和 VD_4 或 VD_2 和 VD_3 才导通。因此，输入电流产生失真和相移 ϕ。B2 的电压和电流的仿真波形如图 11.5 所示。

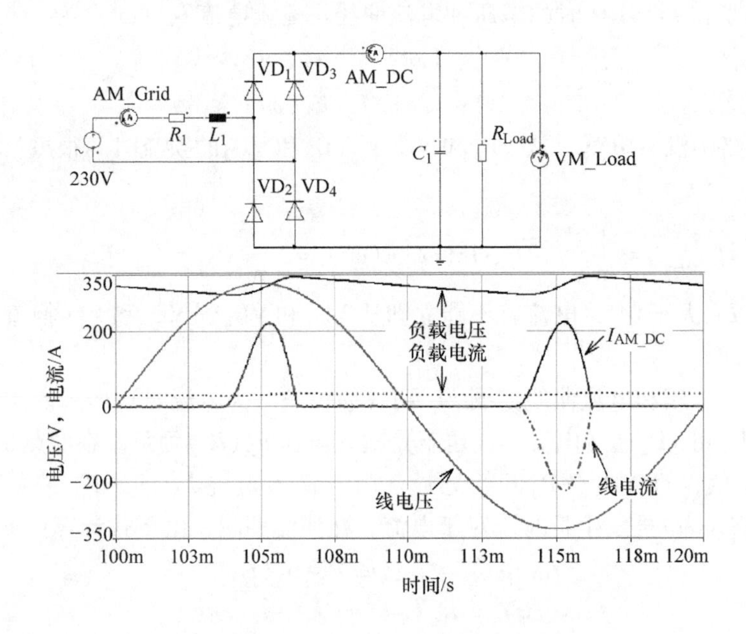

图 11.5　单相不可控桥整流器 B2

同理，可以确定三相不控整流器的电压和电流特性。对于不控的整流器 B6 的理想开路电压遵循：

$$U_{\mathrm{di(B6)}}=2.34U_{\mathrm{Str}}=1.35U_{\mathrm{LL}} \tag{11.7}$$

式中，U_{Str}表示相电压；U_{LL}表示在 B6 中的三相系统的线电压[⊖]。

对于采用晶闸管的全控整流器 B6H，如果全相位导通，其输出电压满足式（11.7），这时，晶闸管表现得像二极管。其他情况下，考虑到触发延迟角 α，理想的开路直流电压 U_{id}满足以下关系：

$$U_{di(B6H)} = 2.34 U_{Str} \cos\alpha = 1.35 U_{LL} \cos\alpha \tag{11.8}$$

由于存在滤波电容，不可控整流器开通时会给没有充电的电容充电，从而产生峰值电流。为了降低半导体器件的负荷，通常需要在整流器和电容器之间增加一个预充电（软充电）单元。该单元包含一个充电电阻，一旦电容器充电到合适的电压，就用一个继电器或者接触器短路该电阻。预充电电路结构如图 11.6 所示，图中同时给出了该电路在400V/50Hz三相系统中的仿真结果。在此电路中，当电容电压达到 510V 时，通过一个继电器短接该串联电阻；当电容电压达到 560V 时，开始工作。

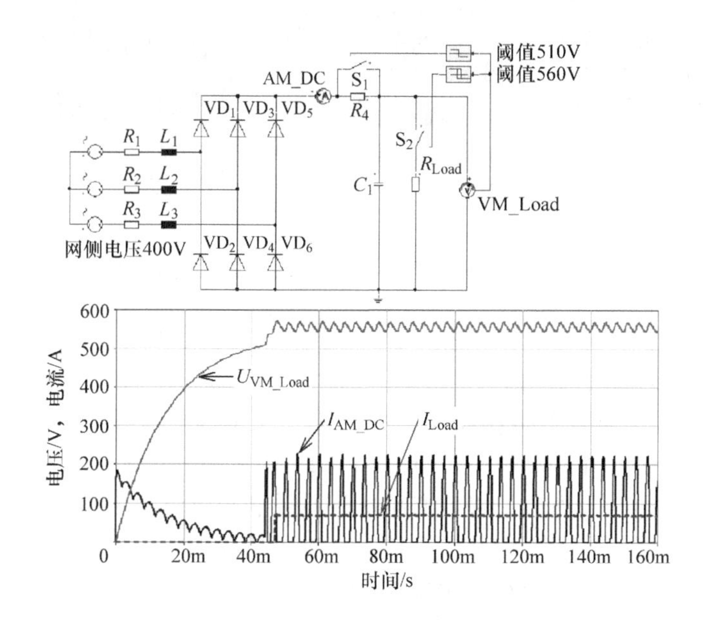

图 11.6　预充电电路

不仅在主电路接通时可能产生尖峰电流，在额定电压短暂跌落后的恢复过程中也可能产生尖峰电流。这将增大半导体器件的应力，并受到电压跌落的影响。对于上述事件，预充电电路应该设计得具有一定“智能”，比如能够实现欠电压保护。否则，这些充电电流（也叫浪涌电流），必须通过主电路或直流母线中的扼流线圈来进行限制。简单的主电路电压跌落及相应的浪涌电流可能导致电力电子元件损坏，如图 11.7 所示。在 PIM 或者 CIB 模块里，整流二极管与芯片前端通过键合线连接在一起。前部侧面的芯片金属（通常是铝）可能会被浪涌电流损坏。高电流密度可能使得键合脚的铝熔化，也将导致键合线松动。

到目前为止，所讨论的整流器都不能把直流母线的能量反馈到电网。因此，当电动机制动时，不得不通过其他方式消耗电动机反馈到直流母线的能量。另外，直流母线电压会随着

⊖　三相电源中线电压的幅值是相电压幅值的$\sqrt{3}$倍。

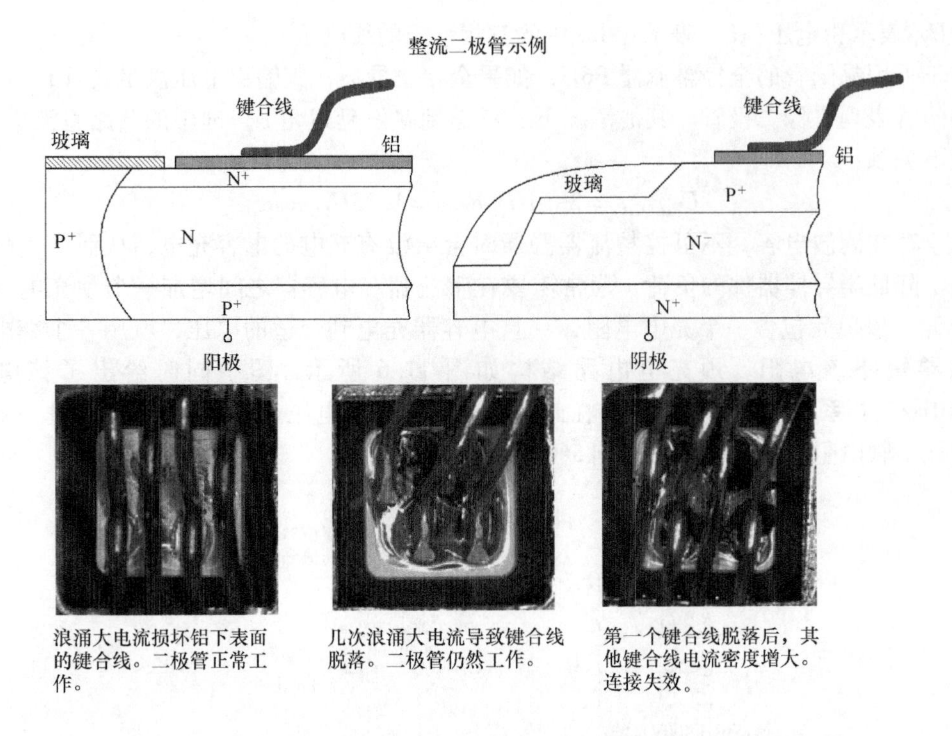

图 11.7　浪涌电流压力导致采用焊接技术的整流器二极管失效

电容的充电而提高，因此最简单的解决方式是通过一个制动斩波器（动态断路器）来消耗负载向直流母线反馈的能量。图 11.8 给出了两个类似的例子，每一个制动斩波器都有一个 IGBT VT_7 和两个续流二极管 VD_7 和 VD_8。一旦直流母线电压超过某一特定值，VT_7 就会脉冲导通，制动能量将消耗在制动电阻 R 上。在 VT_7 关断期间，续流二极管 VD_7 可以避免由于寄生电感而产生过电压，所以二极管必须能够承受满载电流（就像是 IGBT VT_7）。由于寄生电感较小，储存能量也少，所以续流二极管 VD_8 的容量可以选得更小。斩波器 IGBT 的开关频率通常只有 100Hz 左右，所以开关损耗较低。因此，斩波器电路 IGBT 的容量比逆变器中的要小。

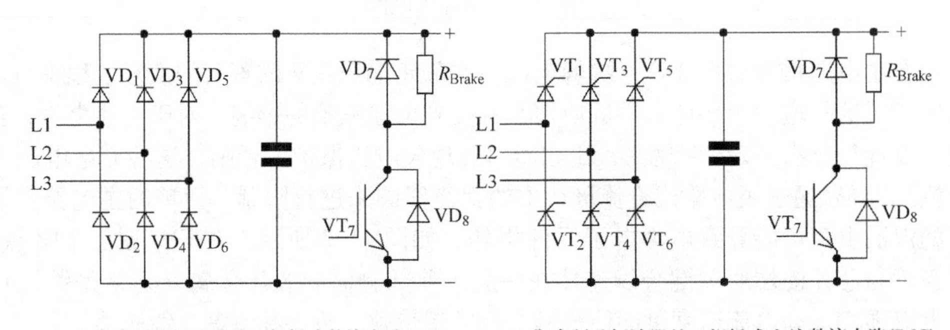

a) 集成制动斩波器的三相桥式整流电路(B6)　　b) 集成制动斩波器的三相桥式全控整流电路(B6C)

图 11.8　集成 IGBT 斩波器的二极管 B6 和晶闸管 B6C

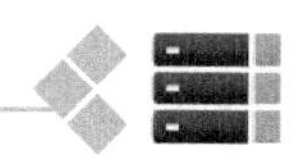

11.2.1　主动前端

斩波器的一个缺点是制动电阻上的温度很高，尤其高功率应用更明显。一种更好的解决方案是直接将再生的能量反馈到电网。可以通过另一组反并联的晶闸管整流桥实现该功能，如图11.9所示。

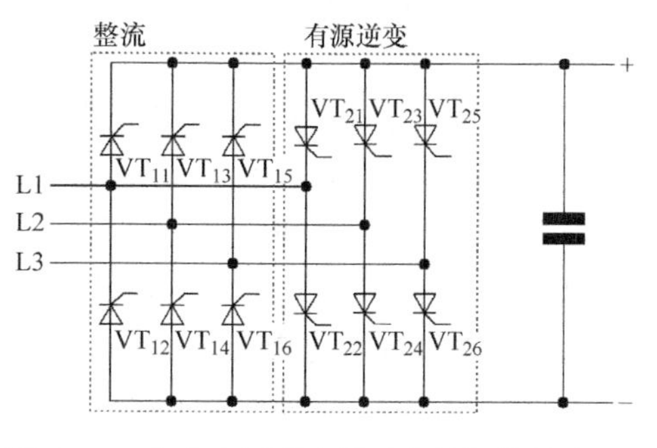

图11.9　集成有源逆变单元的晶闸管整流器

更进一步的解决方案是采用IGBT的有源前端（AFE - 整流/回馈单元）。与基于晶闸管的再生发电单元的整流器相比较，采用IGBT的主动前端（AFE）优点如下：

- 可以避免相控晶闸管再生发电过程中容易发生的换流故障。当电网电压跌落或失败时相控晶闸管会发生换流问题，使用IGBT可以不再依赖电网实现换流。
- 当使用IGBT时，需要设计合适的直流母线电压（上升模式），要略高于晶闸管整流器的电压。这就需要增加主电路的阻抗，比如输入变压器或额外输入电感。
- 通过合适的IGBT控制可以实现有源功率因数控制。即在不增加额外元件的条件下，可以实现功率因数校正[㊀]（PFC），功率因数 $\cos\phi$ 接近于1。

图11.10给出了基于IGBT的三相主动前端电路，这类电路的缺点之一是需要传统的IGBT模块。相比于整流二极管，这些模块的快恢复续流二极管承受浪涌电流的能力较弱。电路的另一缺点是需要额外的预充电单元给直流母线电容充电。这种电路可以设计成图11.6所示的结构，或安装额外的主动开关，如图11.11所示（VT_{1*}、VT_{3*}和VT_{5*}）。每个开关分别与相对应的开关VT_1、VT_3和VT_5[㊁]共发射极串联连接，其任务是通过PWM控制（类似于用晶闸管控制B6H电路）给直流母线充电，这样就可以限制电力半导体器件的电流不超过临界值。一旦直流母线电压达到额定电压，IGBT VT_{1*}、VT_{3*}和VT_{5*}就处于开通状态，其他开关（VT_1到VT_6）保持不变。如果常规的预充电单元（电力电阻器和继电器）的

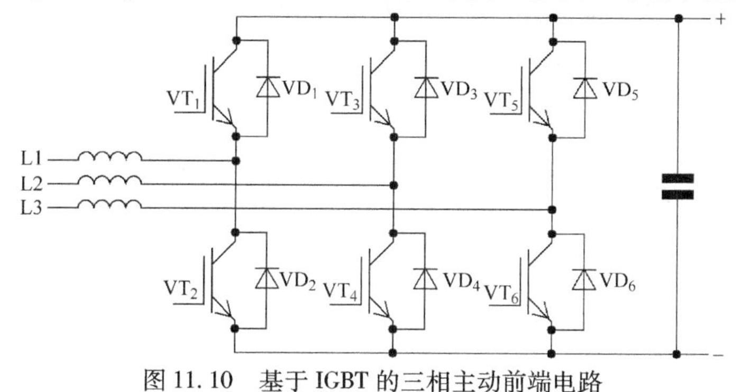

图11.10　基于IGBT的三相主动前端电路

㊀ 功率因数校正（PFC）装置可以把电子设备的功率因数 $\cos\phi$ 提升到接近1。

㊁ 也可以让VT_{1*}、VT_{3*}、VT_{5*}和VT_2、VT_4、VT_6串联。功率因数校正装置并不是强制性的，这些额外的开关也可以和传统的B6结构的二极管整流器协同工作，实现功率因数校正。

损耗高于半导体损耗，这个电路就很有意义。

在正常工作时，如果完成直流母线电容充电，开关 VT_{1*}，VT_{3*} 和 VT_{5*} 是常开的，这样会导致额外的 IGBT 通态损耗，即

$$P = U_{CEsat} \cdot I_C \tag{11.9}$$

为了确保给定电流下的损耗降到最小，可以通过提高栅极电压 U_{GE}，令其大于 15V 来减小饱和电压 U_{CEsat}（见第 7 章 7.2.1 节）。这种情况下，要特别注意直流母线上的短路问题。由于栅极电压超过数据手册提供的电压等级（15V），短路电流 I_{sc} 也会明显的超过数据手册给出的电流值。因此，对于 IGBT 来说，这意味着最大短路时间 t_{SC} 减小；此外，由于寄生参数的影响（比如说关断过电压），关断这个短路电流可能导致开关损坏。因此，必须要对开关 VT_{1*}、VT_{3*} 和 VT_{5*} 采取合适的保护措施。可以在短路通路中增加一个足够大的电感来缓解短路的影响，例如，可以利用直流母线中常用的扼流线圈。

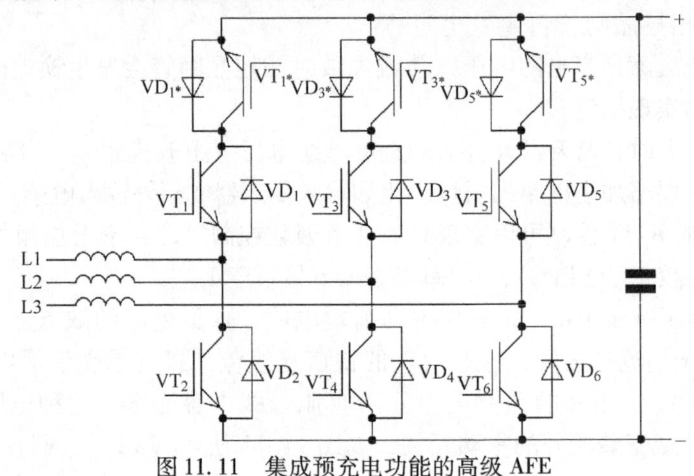

图 11.11　集成预充电功能的高级 AFE

11.2.2　维也纳整流器

另外还有一些整流拓扑，例如维也纳整流器，如图 11.12 所示。但是这些拓扑无法向电网回馈能量。这里提到的维也纳整流器㊀仅仅用了三个 IGBT，可实现高功率因数。

相比于应用两相或三相系统的主动前端，维也纳整流器有如下优点：

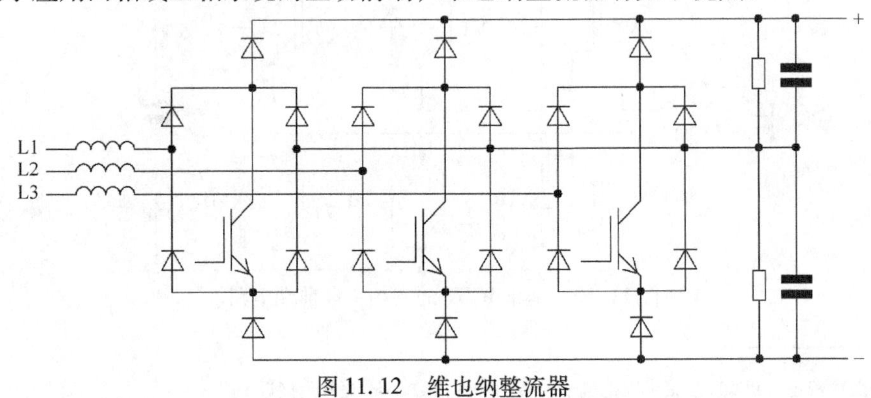

图 11.12　维也纳整流器

㊀ 维也纳科技大学的 Johann W Kolar 和 Franz C Zach 于 1994 年首次提出维也纳整流器，也称作三电平整流器。

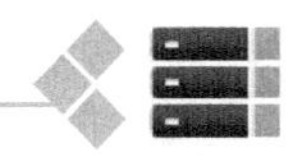

• 有源开关器件（IGBT）的数量减少一半。

• 开关频率降低，因此在同等条件下，开关损耗减少，或者对于同样的开关频率，可以减少输入电感。

• 所需有源开关的电压等级降低一半（不考虑开关过电压）。因此也就降低了通态损耗和半导体成本。这也部分或全部地补偿了额外所需的两个二极管。

• 通过适当的 IGBT 控制可以校正功率因数。由于它本身就是一个不需要额外元件的功率因数校正单元，因此可以实现功率因数 $\cos\phi$ 接近于 1。

依据电网电压和 IGBT 开关状态，图 11. 13 给出了维也纳整流器部分开关状态。

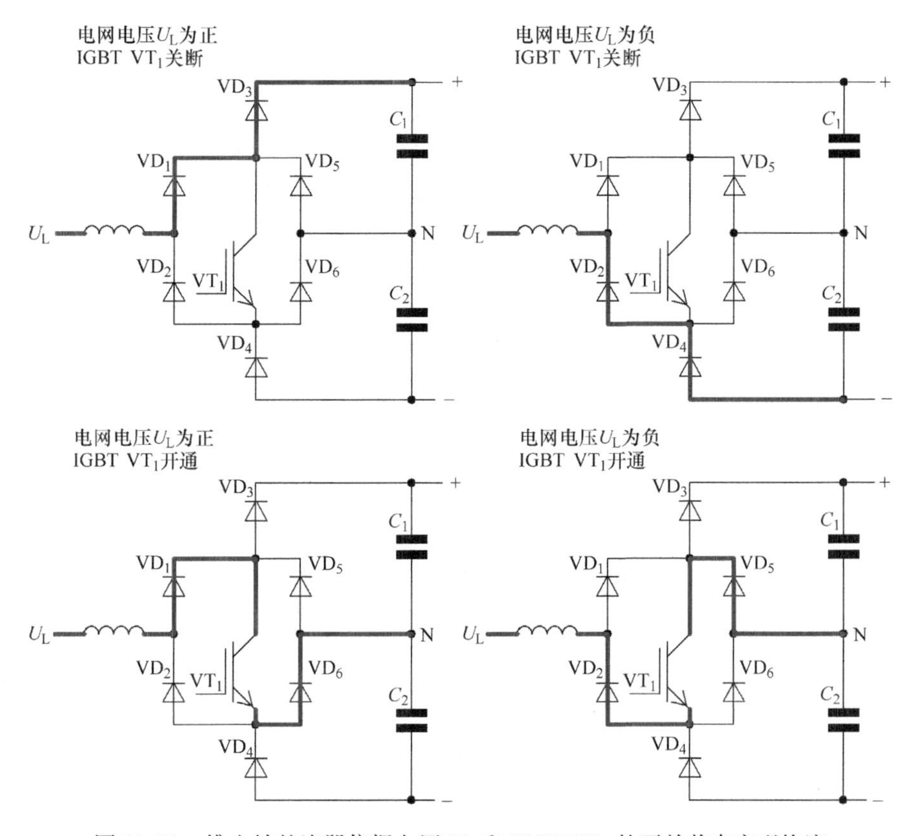

图 11. 13　维也纳整流器依据电压 U_L 和 IGBT VT_1 的开关状态实现换流

相对于中性点 N，每个桥臂可以输出三个电压：$+\frac{1}{2}U_{DC}$、0 和 $-\frac{1}{2}U_{DC}$，也就是说该电路有三电平特性。这也是维也纳整流器的另一个名字：三电平 PWM 整流器的由来。

11. 3　DC – DC 变换器

可以通过 DC – DC 变换器或者 DC 斩波器把一个给定的直流电压转变为另一种不同幅度或不同极性的直流电压。多年以来，该领域中已经研发出各种各样的拓扑，而且针对某一特定的应用都具有相应的拓扑。尽管拓扑种类多样，但这些拓扑通常可以简化为下面将介绍的几个典型拓扑。

直流变换器的应用涉及几十种功率级别，尤其是在低压应用中，MOSFET 已经确立了主导地位。这里，IGBT 的使用相当独特，因为其开关频率覆盖了从几十 kHz 到超过 100kHz 的范围。IGBT 不仅适用于中等功率应用，也适用于兆瓦级的应用场合。然而，电路的基本功能没有改变。

11.3.1　降压型变换器

图 11.14 给出了降压型变换器的工作原理。这里，输入电压被转换成同一极性的输出电压，但幅值降低了。

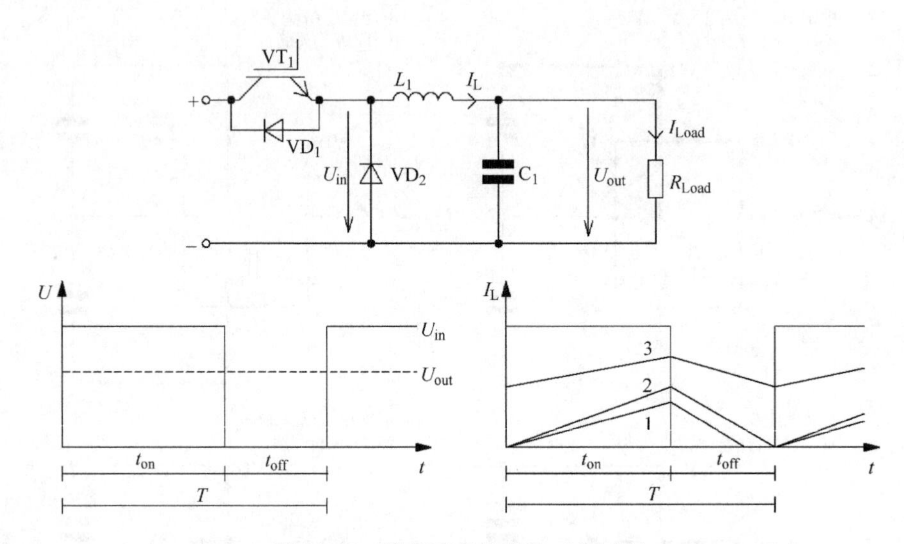

图 11.14　降压型变换器的工作原理

通过有源开关晶体管 VT_1，输入电压 U_{in}通过电感 L_1周期性地施加在负载 R 上。晶体管开通时间 T_{on}与总时间周期 T 的比值叫做占空比 D，即

$$D=\frac{t_{on}}{t_{on}+t_{off}}=\frac{t_{on}}{T} \tag{11.10}$$

因此输出电压 U_{out}为

$$U_{out} = \frac{1}{T}\int_0^T u_{out}(t)\,dt = \frac{1}{T}\left(\int_0^{t_{on}} U_{in}\,dt + \int_{t_{on}}^{t_{off}} 0\,dt\right) = \frac{t_{on}}{T}U_{in} = D\cdot U_{in} \tag{11.11}$$

由于电感电流 I_L 的不同会产生三种不同运行模式，如图 11.14 所示波形中断续模式（DCM）1，临界状态 2，连续模式（CCM）3。

由于 t_{off}期间负载的作用，工作于 DCM 的电流 I_L 会下降到 0A。然而，对于 CCM 模式，电流在任何阶段都不会降低到 0A。在 DCM 到 CCM 的临界状态，电流 I_L 在 t_{off}的末尾恰好减小到 0A。

相应的输出电压随着输入电压的变化而改变。式（11.11）仅适用于 CCM 模式。对于 DCM 运行模式，其关系如式（11.12），这里就不再深入讨论了。

$$U_{out}=\frac{1}{\dfrac{2L_1 I_{Load}}{D^2 T U_{in}}+1}U_{in} \tag{11.12}$$

感应加热是降压斩波电路在大功率范围的一种典型应用，如图 11.15 所示。

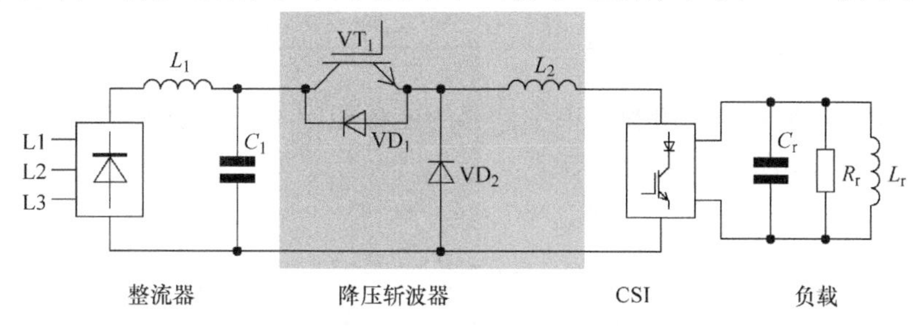

图 11.15 降压型变换器在感应加热中的应用

一方面，在输入侧，不可控整流器生成恒定的输入电压；另一方面，输出侧的电流源逆变器（见 11.4.3 节）需要根据负载的需求调整直流母线电压从而控制输出功率。在这个应用中，降压型变换器可以调整直流母线电压。需要注意的是在此例子中，电感 L_2 不但是降压型变换器的一部分，也是电流源逆变器的一部分。

图 11.16 给出了上述例子的仿真结果。从图中可以看出输出电压 U_{Load}，直流母线电流 I_{DC}（电流通过 L_1）和输出电流 I_{Lr}（电流通过 L_r）与变换器占空比之间的关系。

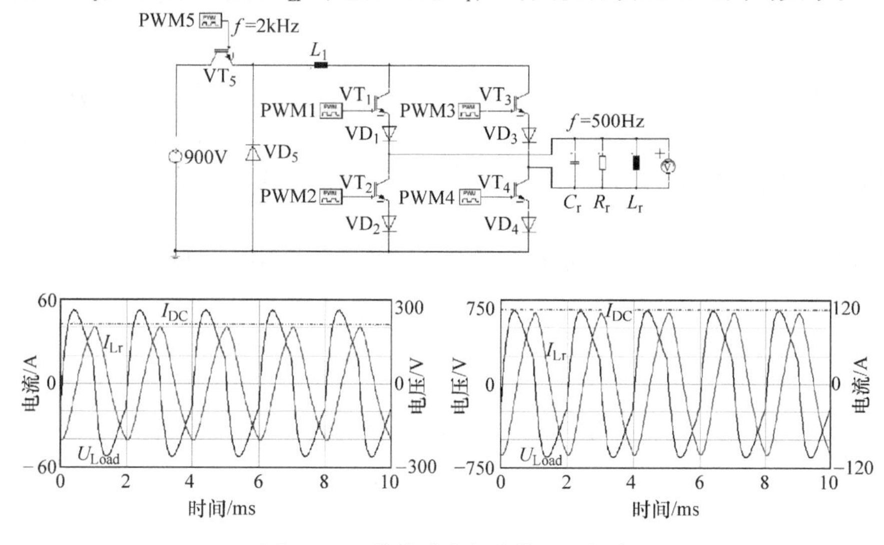

图 11.16 简化感应加热模型的仿真

11.3.2 升压型变换器

升压型变换器基本电路如图 11.17 所示。该电路可以提升输出电压，而极性不变。

在 T_1 时间内，晶体管导通，电流流过电感 L_1。期间电感电流增量为

$$\Delta I_{L,on}=\frac{t_{on}\cdot U_{in}}{L_1}=\frac{D\cdot T\cdot U_{in}}{L_1} \quad (11.13)$$

一旦晶体管被关断，电流换流到二极管 VD_2。这时，输入电压 U_{in} 和电感的电压相加。

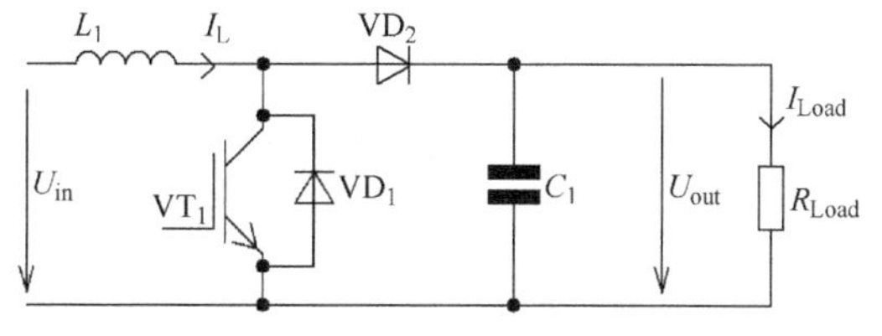

图 11.17 升压型变换器基本电路

假设输出电容 C_1 足够大，输出电压 U_{out} 保持不变，则关断期间电感电流增量为

$$\Delta I_{L,off}=\frac{t_{on}\cdot(U_{in}-U_{out})}{L_1}=\frac{(1-D)\cdot T\cdot(U_{in}-U_{out})}{L_1} \tag{11.14}$$

假设电感在一个周期的开始和结束中储存的能量相同（忽略所有的损耗），电流 $\Delta I_{L,on}$ 和 $\Delta I_{L,off}$ 在一个周期内的和为零，那么

$$\begin{aligned}&\Delta I_{L,on}+\Delta I_{L,off}=0\\ \Leftrightarrow&\frac{D\cdot T\cdot U_{in}}{L_1}+\frac{(1-D)\cdot T\cdot(U_{in}-U_{out})}{L_1}=0\\ \Leftrightarrow&U_{out}=\frac{U_{in}}{1-D}\end{aligned} \tag{11.15}$$

与降压型变换器类似，根据电感 L_1 电流的不同状态，升压型变换器也有三种不同的运行模式。式（11.15）适用于 CCM 模式，式（11.16）适用于 DCM 模式（在此就不深入分析了）。

$$U_{out}=\left(1+\frac{D^2\cdot T\cdot U_{in}}{2\cdot L_1\cdot I_{Load}}\right)\cdot U_{in} \tag{11.16}$$

11.3.3 升降压型变换器

如果把降压型变换器和升压型变换器组合在一起，就会构成所谓的升降压型变换器。比如频繁应用于混合动力汽车的变换器拓扑，如图 11.18 所示。在升压模式中，VT_2（VT_1 关断）和 VD_1 协同工作把输入电压 U_1 提升（升压）到输出电压 U_2。然而在降压模式中，VT_1（VT_2 关断）和 VD_2 协同工作，使得 U_2 降低到 U_1。

在另一种升降压型变换器中，根据工作模式不同，输出电压可以比输入电压高也可以低，但是极性相反，如图 11.19 所示。

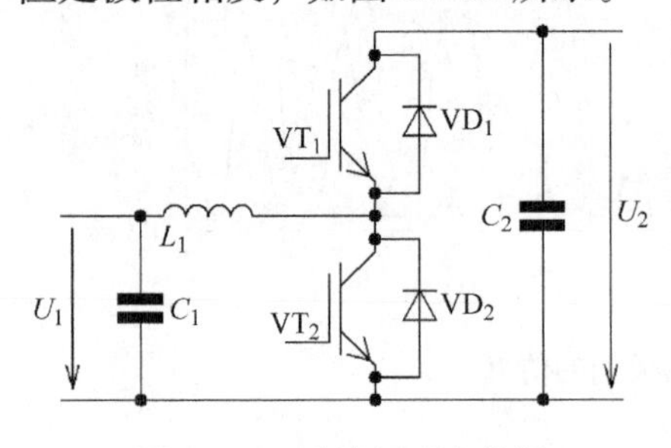

图 11.18　升降压型变换器

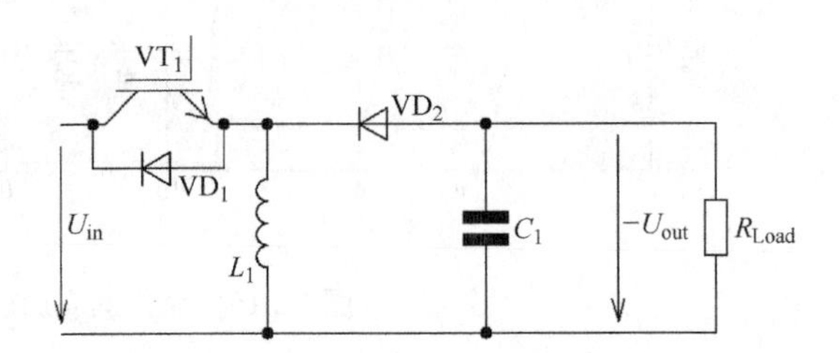

图 11.19　另一种升降压型变换器

在 CCM 模式下，输出电压为

$$U_{out}=-\frac{D}{1-D}\cdot U_{in} \tag{11.17}$$

在 DCM 模式下，输出电压为

$$U_{out}=-\frac{D^2\cdot T\cdot U_{in}}{2\cdot L_1\cdot I_{Load}}\cdot U_{in} \tag{11.18}$$

升降压型变换器的另一个变形电路称为 SEPIC（单端一次电感变换器），如图 11.20 所示，它由 R. P. Massey 和 E. C. Snyder 在 1977 年提出。这种类型的 DC – DC 变换器常用于电

池或太阳能系统中，依靠电池或者电池板电压，输出电压就会相应地增加或者减小。

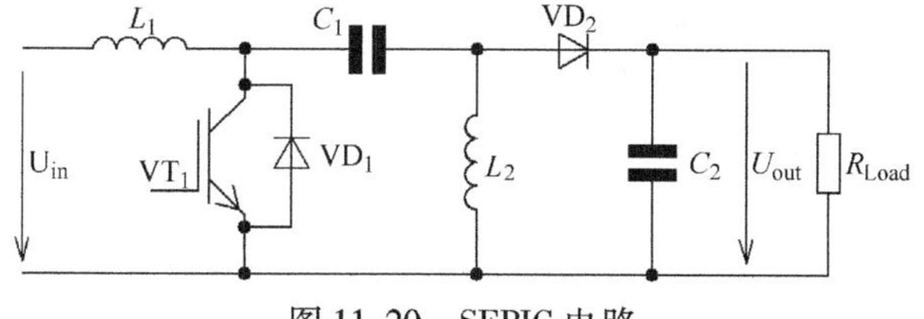

图 11.20　SEPIC 电路

SEPIC 的开关状态如图 11.21 所示。如果开通 VT_1，输入电压 U_{in} 对电感 L_1 充电。在 VT_1 开通之前已经被充电的电容 C_1 会迫使电流流过电感 L_2。如果关断 VT_1，电流流经 L_1 和 C_1 给输出电容 C_2 充电，这时由于 L_2 保持电流不变，会进一步给 C_2 充电。

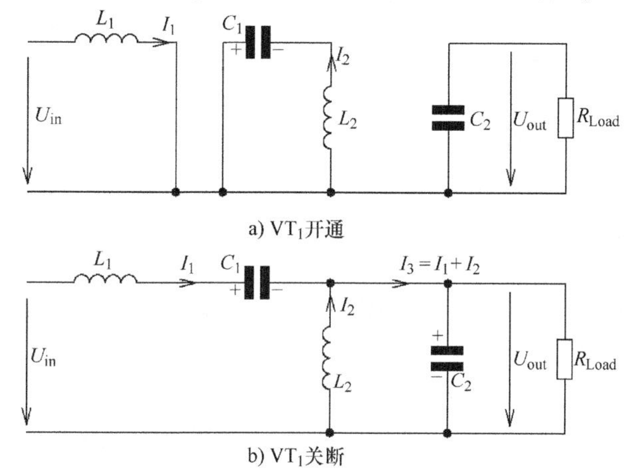

图 11.21　SEPIC 的开关状态

在 CCM 模式下，输出电压为

$$U_{out} = \frac{D}{1-D} \cdot U_{in} \tag{11.19}$$

在 DCM 模式下，输出电压为

$$U_{out} = D \cdot \sqrt{\frac{T \cdot R_{Load}}{2} \cdot \left(\frac{L_1 + L_2}{L_1 \cdot L_2}\right)} \cdot U_{in} \tag{11.20}$$

11.3.4　H 桥电路

一台电动机可以运行在多种工作模式。首先，它可以工作在驱动或者制动模式；其次，它可以正转或反转。总之，可以用一个四象限图来表示电动机的工作模式，如图 11.22 所示。前文所述的 DC - DC 变换器在保持电流方向不变时，不能改变输出电压的极性，也就是说，它只能运行在一个象限内。对于一些电阻性负载的应用，希望电压的极性和电流方向都能够改变，也就是说允许工作在两个象限内，比如第 1 象限和第 3 象限。

根据图 11.23 所示的 H 桥或全桥电路可以实现阻性负载 R 的两象限运行，即斜对角两个晶体管同时开通或者关断。在图 11.23 中，晶体管 VT_1 和 VT_4 同时开关，VT_3 和 VT_2 同时开关。

这种 H 桥拓扑也可以实现感性负载的四象限运行。通过续流二极管 VD_1 和 VD_4 或者 VD_3 和 VD_2 就可以实现再生发电。

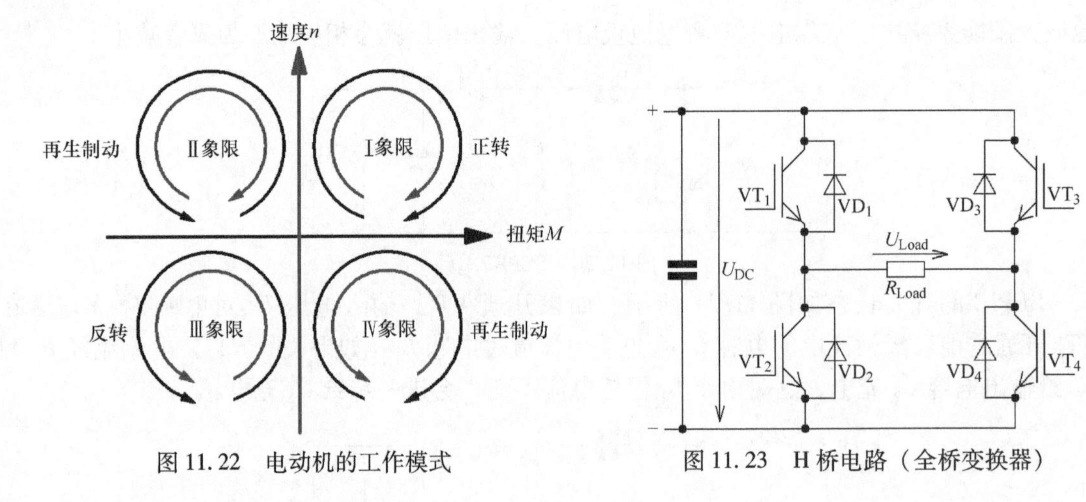

图 11.22　电动机的工作模式

图 11.23　H 桥电路（全桥变换器）

11.4　DC－AC 逆变器

11.4.1　电压源逆变器

电压源逆变器（VSI）可以将直流电压转变为交流电压，图 11.24 给出了 VSI 的基本结构。一个理想的（假定的）直流电压 U_{DC} 给由六个 IGBT 以及并联的续流二极管组成的 B6 全桥供电。通过控制 IGBT 的开关状态，可以在 U、V 和 W 输出脉冲电压 U_U、U_V 和 U_W，从而在感性负载中产生正弦电流。VSI 可用于输出频率可变、幅值大小不同的电压和电流。

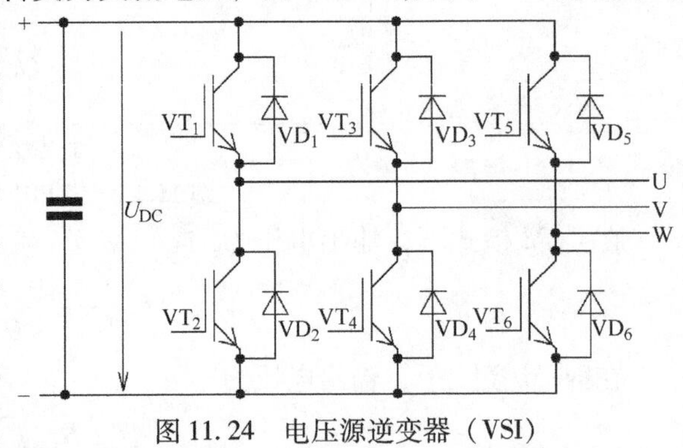

图 11.24　电压源逆变器（VSI）

下面将进一步讨论电压源逆变器的开关状态。如图 11.25 所示，把图 11.24 电路等效成半桥电路；另外，支路母线电容分成两个相同的电容 C_1 和 C_2。现在，如果 IGBT VT_1 开通且 IGBT VT_2 关断，VT_1（与负载连接）通过电流，电压 U_{UN}（相对电容中心点 N 的输出相电压）为 $\frac{1}{2}U_{DC}$。那么如果关断 VT_1，电流换流到二极管 VD_2（假设感性负载），即 U_{UN} 相对于中心点 N 为 $-\frac{1}{2}U_{DC}$。输出电压可以在两种电平 $\left(\pm\frac{1}{2}U_{DC}\right)$ 之间转换，因此 VSI 也称为两电平电压变换器。

两电平电压变换器是应用最广泛的变换器拓扑。从家用电器（如洗衣机逆变器）到通用驱动器（GPD），再到兆瓦级的高功率应用（如风能应用变换器）都可能用到两电平电压变换器。

图 11.26 给出了感应电动机两电平电压变换器驱动的仿真结果。通过正弦脉宽调制（见第 3 章 3.1.1 节和第 13 章 13.12 节）控制六个 IGBT。正弦信号 Sinus21、Sinus22、Sinus23 与三角形信号比较，为相应的 IGBT1、IGBT3 或 IGBT5 产生开关信号。而底部 IGBT4、

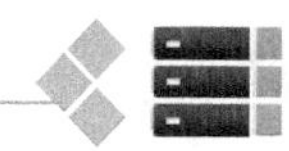

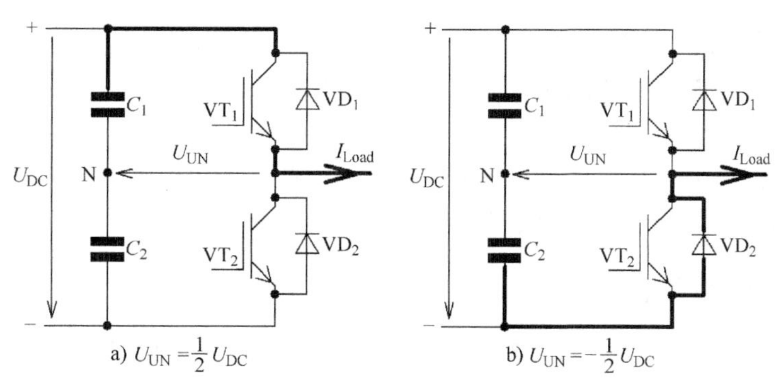

a) $U_{UN}=\frac{1}{2}U_{DC}$ b) $U_{UN}=-\frac{1}{2}U_{DC}$

图 11.25 VSI 的开关状态

IGBT6和 IGBT2 的驱动信号与上面对应的 IGBT 控制信号互补[⊖]。

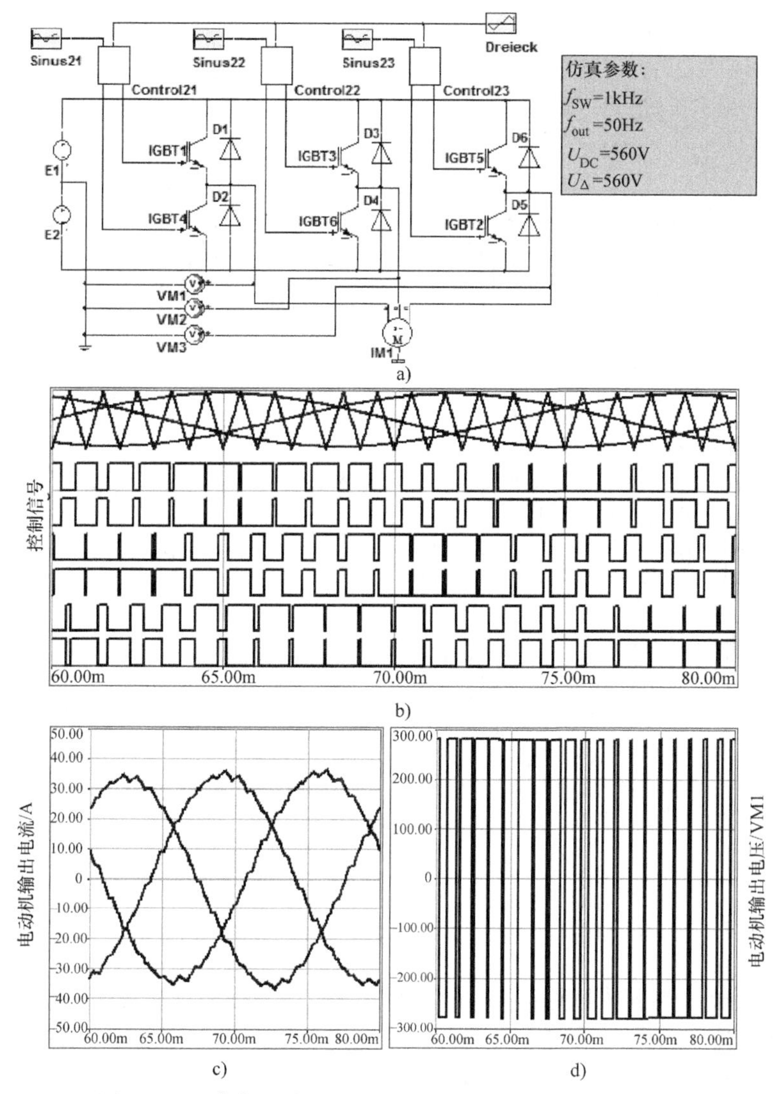

图 11.26 感应电动机两电平电压变换器驱动的仿真结果

⊖ 在实际应用中必须考虑同一桥臂上下开关器件之间的死区时间或互锁时间，本仿真未考虑。

通过 PWM 控制，直流母线电压根据脉冲模式（图 11.26d 给出了相电压 VM1）施加在电动机的绕组上。方波或正弦加权电压和电动机电感共同作用形成正弦电流，其三相电流如图 11.26c 所示。

为了改善电流波形，可以通过提高开关频率让电动机电流更接近理想的正弦波。这里为了更清楚地说明工作原理，开关频率选得很低，只有 1kHz。

11.4.2 多电平逆变器

11.4.1 节中介绍了标准的电压源逆变器，由于其输出电压相对于直流母线中点只有两个电平，所以也称为两电平逆变器，如图 11.27a 所示。而对于三电平逆变器，可以输出三个不同的电平级别，如图 11.27b 所示。

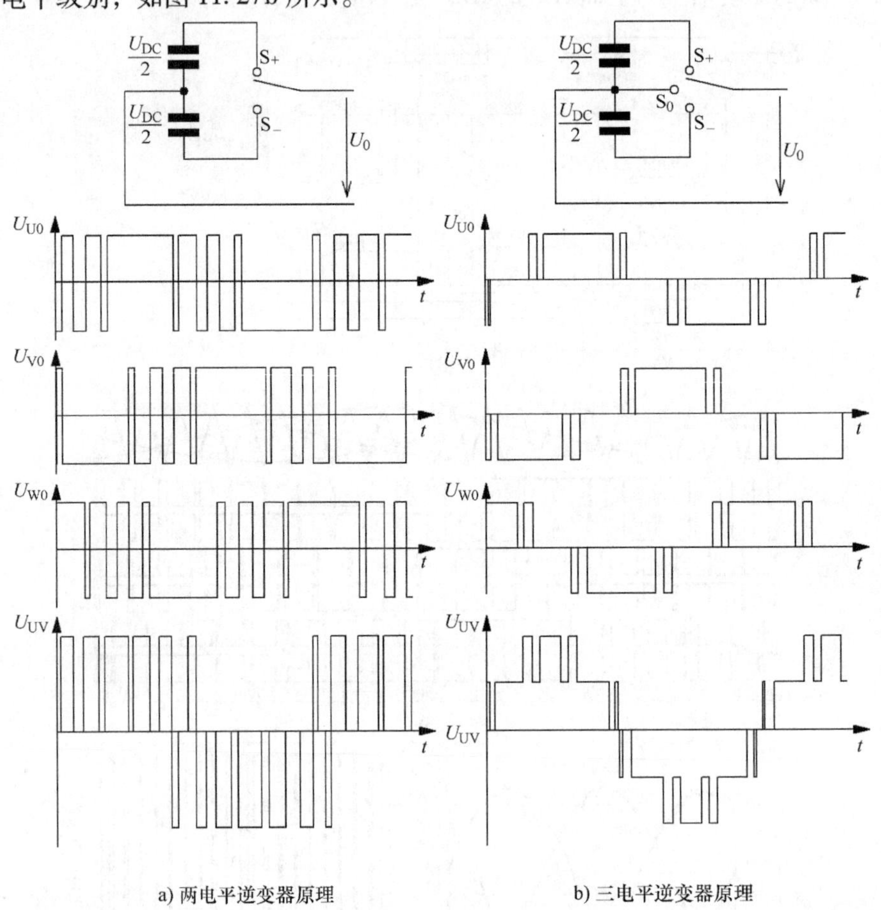

图 11.27 两电平和三电平逆变器的输出电压波形

因此，n 电平逆变器就可以输出 n 个不同的电平。然而实际上，超过三电平的逆变器应用很少，所以下面将详细讨论三电平逆变器。对于两电平和三电平逆变器，图 11.27 给出了相对于直流母线中点的相电压波形。而线电压（此例子中是 U_{UV}）就是相电压（U_{U0}和 U_{V0}）的差。不论是两电平还是三电平逆变器，PWM 控制的目的都是产生期望的正弦电压或电流基波，同时尽可能地减少谐波。通过大量两电平和三电平的线电压 U_{UV}的对比分析，可以发现三电平逆变器的输出更接近正弦波。通过频率分析也可以证明三电平逆变器的失真度更低。

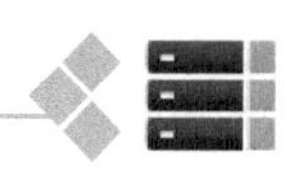

多电平逆变器拓扑种类繁多。图 11.28a 给出了一种三电平逆变器的拓扑结构，在此电路中，由于二极管 VD_1和 VD_2的作用，直流母线电容中点就成为参考点或中性点。在这个拓扑中，半导体的电压等级只有直流母线电压最大值的一半（包括开关过电压）。因此，这个电路称为中性点钳位逆变器（NPC），或二极管钳位多电平（DCML）变换器或者中性点钳位多电平（NCML）变换器。一个相似的拓扑如图 11.28 所示，在此电路中，没有固定参考点。相对于直流母线电压来说，由于产生电压的电容悬浮或“飞跨”，因此命名为飞跨电容多电平（FCML）变换器。

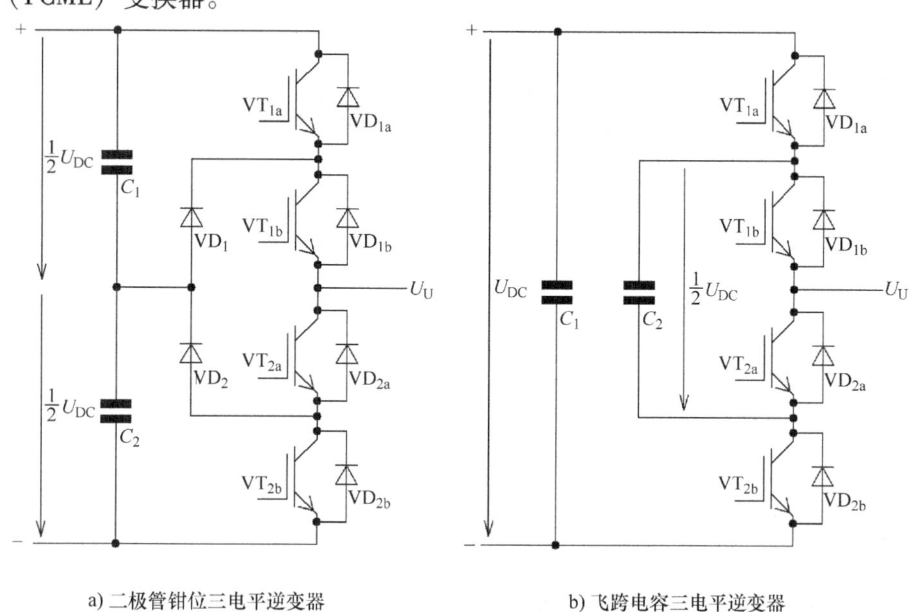

a) 二极管钳位三电平逆变器　　b) 飞跨电容三电平逆变器

图 11.28　NPC/DCML/NCML 和 FCML 三电平 VSI（仅给出了单相电路）

对于这类电路拓扑，除了选择电压等级外，IGBT 封装外壳的绝缘等级非常重要。接地点对三电平逆变器中 IGBT 模块绝缘等级的影响如图 11.29 所示。如果直流母线电压为 3kV，而采用三电平 NPC 电路，那么一个半桥的上部和下部支路承受的电压通常（考虑到负载再生发电会向直流母线反馈能量，从而引起直流母线电容电压不平衡，所以需要增加一定的余量）为直流母线电压的一半，即 1.5kV。基于这个“看得见的”电压，开关器件选择 3.3kV 的 IGBT 模块。根据中性点是否接地，对这些模块封装和驱动电路的绝缘等级提出了不同要求。如果中性点接地，且安装模块的散热器与其电位相同，模块的绝缘等级要求为 3.3kV。然而如果中性点没有接地，绝缘电压为直流母线电压（这时为 3kV），因此模块的绝缘等级为 6.5kV。为了满足各种各样的需求，生产商提供了相同电压级别但绝缘等级不同的模块。IGBT 栅极驱动电路通过 DC - DC 变换器提高了绝缘等级。比如，英飞凌的 B5 模块和 CONCEPT的 DC - DC 变换器就是典型的例子，该模块的电压等级为 3.3kV，而 DC - DC 变换器的绝缘等级设计为 $U_{iso}=10.2kV$，而不是标准的 $U_{iso}=6kV$。因此，它们适合于没有接地的三电平 NPC 和最大直流母线电压约 4.5kV 的 FCML 拓扑。

图 11.30 给出了另一类多电平逆变器拓扑。图中逆变器输出电压等于互相隔离 H 桥的输出电压的叠加。隔离 H 桥的输出电压是由串接开关组成。由于级联结构，这种电路称为级联型多电平（CCML）逆变器。最初设计三电平逆变器的原因是因为当时的半导体模块技

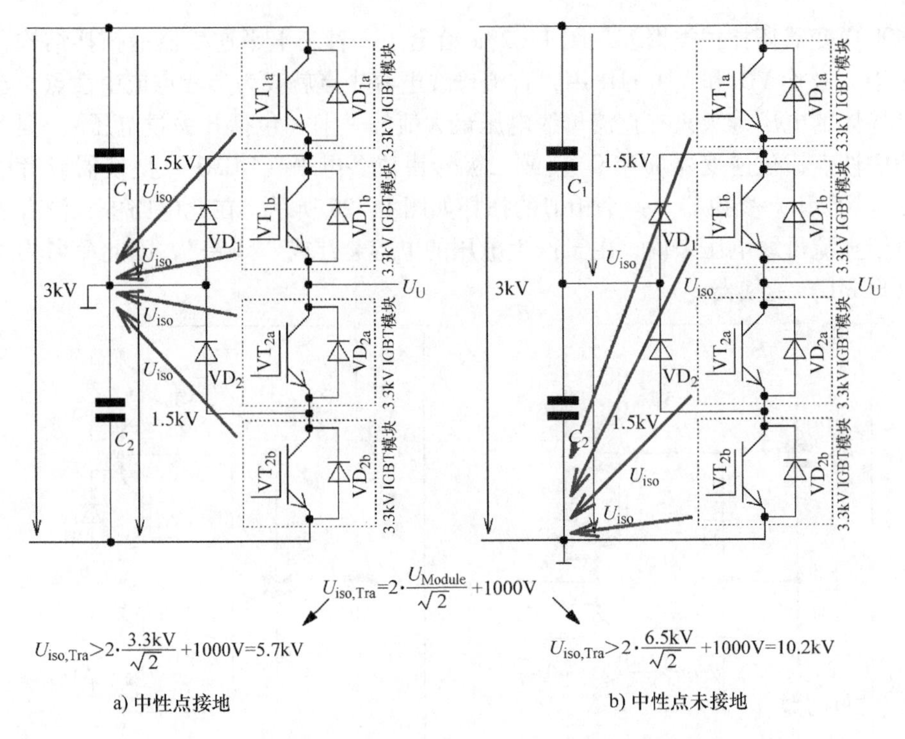

a) 中性点接地　　　　b) 中性点未接地

图 11.29　接地点对三电平逆变器中 IGBT 模块绝缘等级的影响

术水平在两电平拓扑中无法满足直流母线对电压等级的需求。由于无法获得高阻断电压的半导体器件，因此设计三电平逆变器是有必要的[⊖]。早期，这主要应用于电力牵引。

目前 IGBT 模块的最大电压等级可以达到 6.5kV，人们关注的焦点也随着应用的不同而转变。现在，三电平逆变器常常应用于那些两电平逆变器也可以工作的场合。例如，越来越多的三电平逆变器应用于太阳能逆变器和不间断电源（UPS）中。如果设计合理，相对于两电平的逆变器，三电平电路有很多优点，比如：

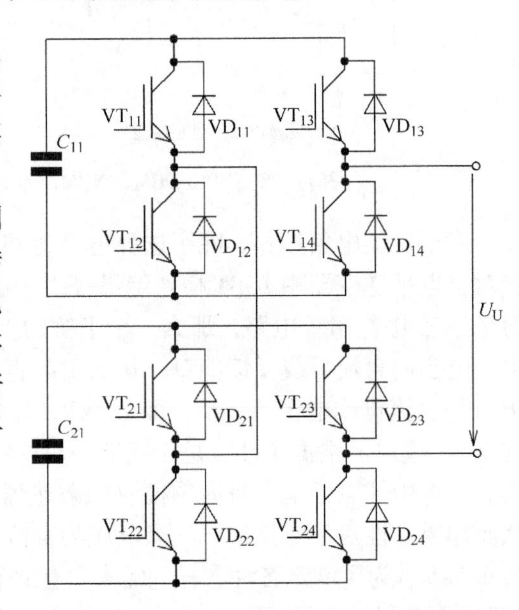

图 11.30　级联型多电平（CCML）逆变器

- 损耗降低；
- 输出滤波器更小；
- 输出电压或电流的失真度降低；
- 电磁兼容（EMC）性能得到提升；
- 系统成本降低。

可以通过几个不同模块设计三电平逆变器，如图 11.31 所示。图中给出构成一个DCML/NCML 半桥电路的不同模块组合。图 11.31a 所示电路由四个单 IGBT 模块和一个二极管模块

⊖　比如，在能够生产 1.7kV 的 IGBT 模块之前，对于 690V 的应用只能通过三电平电路采用 1.2kV 的 IGBT 模块。

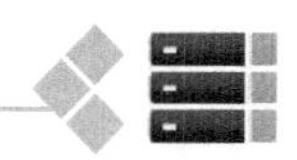

构成。图 11.31b 所示电路替换为两个双 IGBT 模块。图 11.31c 所示电路利用了两个斩波器模块。大约从 2008 年起，厂商开始提供 600V 或 650V 电压等级的三电平半桥模块，也就是说一个三相三电平逆变器仅用三个模块就可以实现。其目标，尤其对于新应用领域（比如太阳能发电和 UPS），是简化机械设计的同时减小由杂散电感产生的关断过电压。

三电平逆变器的一个设计准则就是尽可能地降低寄生电感，尤其是降低 T_{1b} 和 VD_1 的换流通路上的杂散电感。另外短路的检测和关断也很重要。

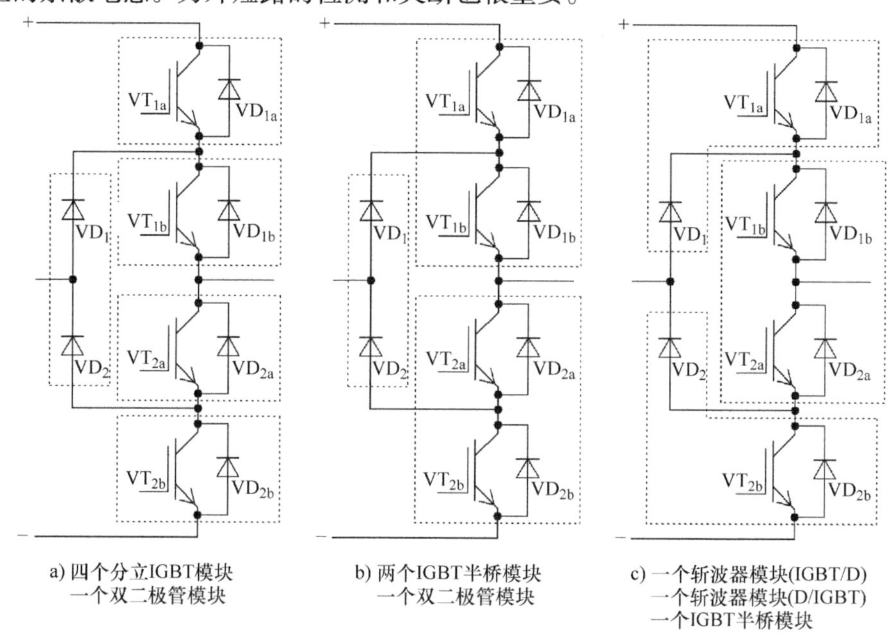

图 11.31　利用不同类型的模块设计三电平逆变器

11.4.3　电流源逆变器

电压源逆变器由于直流母线电容使得直流母线电压保持恒定，而电流源逆变器（CSI）则不同，其直流母线电流几乎保持恒定不变。为了达到该目的，直流母线中需要串一个合适的扼流线圈。

电流源逆变器桥臂上的每个 IGBT 都要串联一个二极管。由于在 PWM 控制[⊖]的某个时刻，开关器件会承受负电压，所以这个二极管是必要的。由于无法在市场上买到反向阻断 IGBT，所以只能采取分立元件的解决方案。

电流源逆变器如图 11.32 所示。

11.4.4　Z 源逆变器

密歇根州立大学的 F. Z. Peng 在 2002 年首次提出 Z 源逆变器。Z 源逆变器这个名字来源于逆变器直流母线中的阻抗网络，该网络包括两个电感 L_1 和 L_2 以及两个电容 C_1 和 C_2。Z 源逆变器如图 11.33 所示。

⊖ 如果 CSI 拓扑中采用晶闸管，串联二极管必须通过换流电容实现换流。

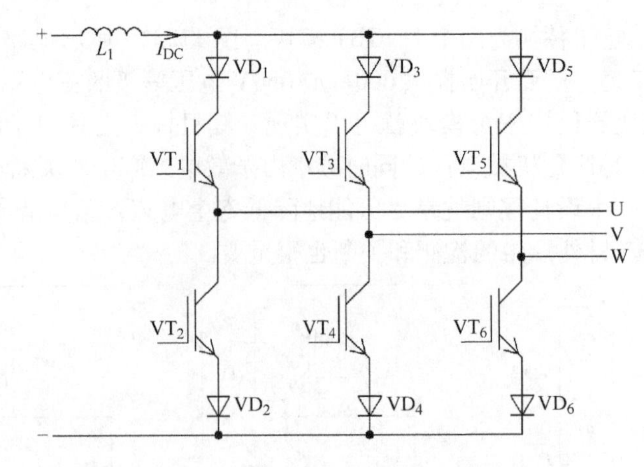

图 11.32　电流源逆变器（CSI）

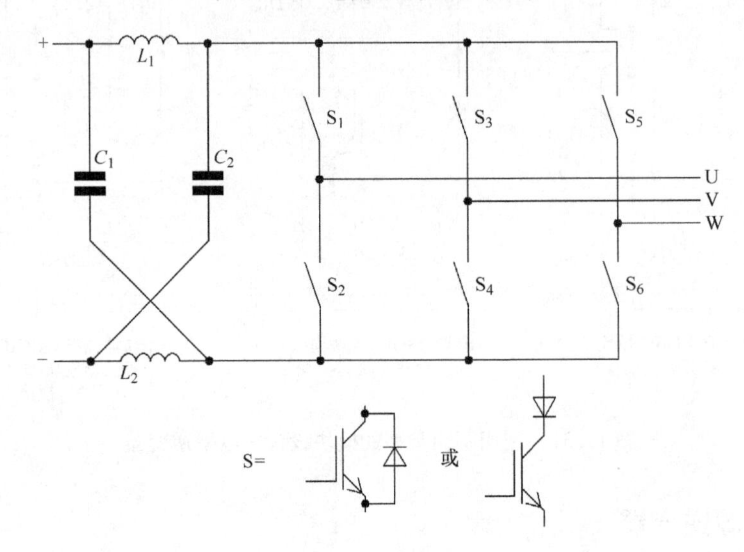

图 11.33　Z 源逆变器

Z 源逆变器的内在特性是可以提升输出电压。这个升压功能依赖于部分 Z 源逆变器桥（通常是全桥）工作于短路运行状态，这意味着，开关 S_1 和 S_2 可以同时导通。通过这种方式，可以在较宽范围内改变输入电压与输出电压之比。因此，开关的错误控制也不会导致（可能）电力半导体器件的损坏，也就是说由于直流母线电感 L_1 和 L_2 的限制，当桥臂短路时（比如开关 S_1 和 S_2 同时导通）不会引起破坏性的短路电流。类似地，当突然切断负载电流时（如开关 S_1、S_3 和 S_5 同时关断），由于电容 C_1 和 C_2 为电感电流提供了通路，直流母线中不会出现危险的高电压。Z 源逆变器的另一个优点是可通过直流母线电感来限制直流母线电容的浪涌电流。图 11.33 给出了 Z 源逆变器的基本电路结构。在 VSI 或 CSI 也会用到相同的功率开关。进一步分析可知，每个开关 S_x 可由 IGBT 及续流二极管组成。

可以通过下面的单相 DC - AC 逆变器推导 Z 源逆变器的基本工作原理，然后扩展到三相系统。直流电源可以来自燃料电池、蓄电池或者太阳能电池板，如图 11.34 所示。

Z 源逆变器有三种不同的运行状态：

- 有效态（AS）：IGBT VT_1 和 VT_4 或 VT_2 和 VT_3 有效（状态是“开”）。

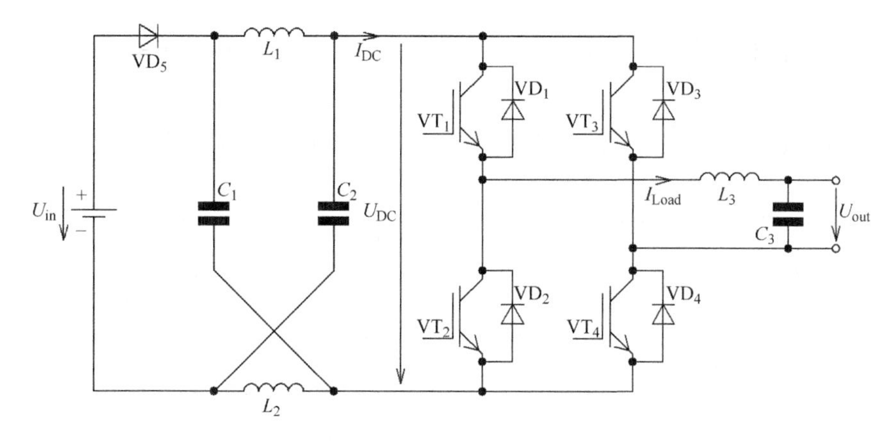

图 11.34 单相 Z 源逆变器及其输入和输出滤波器

- 0 态（ZS）：IGBT VT_1 和 VT_3 或 VT_2 和 VT_4 有效（状态是“开”）。
- 短路态（SS）：IGBT VT_1 和 VT_2 或 VT_3 和 VT_4 有效（状态是“开”）。

以图 11.35 所示的控制策略为基础，分析从 $t=0s$ 开始 Z 源逆变器的运行过程，可以获得以下结论：

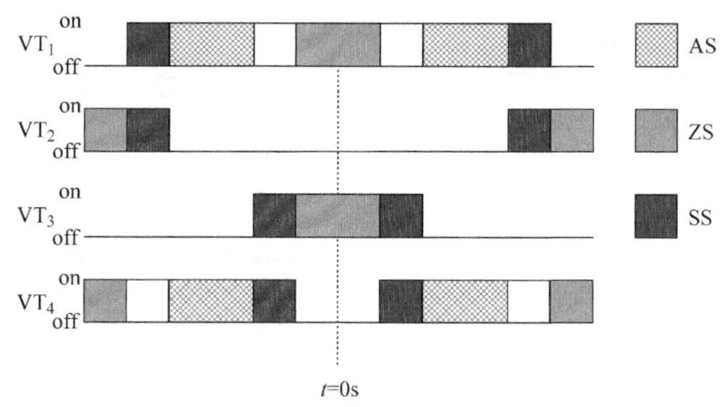

图 11.35 单相 Z 源逆变器的控制策略

在时刻 $t=0s$，IGBT VT_1 和 VT_3 导通，且负载电流 I_{Load} 流过 VT_1 和 VD_3（见图 11.36a）。Z 源逆变器处于 0 态。IGBT VT_4 一旦打开，VT_3 和 VT_4 形成短路并使通过 VD_3 的电流终止。直流母线电流 I_{DC} 等于负载电流 I_{Load} 和流过 IGBT VT_3 电流 $I_{DC}-I_{Load}$ 之差（见图 11.36b）。短路状态持续的时间称为 t_{SS}。如果 t_{SS} 被指定与开关周波的总周期 T 相比，短路电流占空比 D_{SS} 为 t_{SS} 与开关总周期 T 的比值，即

$$D_{SS}=\frac{t_{SS}}{T} \tag{11.21}$$

接着 VT_3 关断，此时负载电流 I_{Load} 将会通过 VT_1 和 VT_4（见图 11.36c），Z 源逆变器处于有效状态。随后 VT_2 导通，并和 VT_1 一起形成短路状态。现在 VT_1 通过直流母线电流，而直流母线电流为 $I_{DC}-I_{Load}$，比之前的值更高（见图 11.36d）。最后，VT_1 关断且负载电流 I_{Load} 流过 VD_2 和 VD_4。这就会引起 Z 源逆变器的 0 态（见图 11.36e）。

Z 源逆变器的两种常见运行模式非常重要，其取决于输入电压与期望输出电压之比，即：

- 如果输入电压高于$\sqrt{2}$倍的输出电压的有效值或峰值时，Z 源逆变器可以当作一个标准的逆变器；
- 如果输入电压低于$\sqrt{2}$倍的输出电压的有效值或峰值时，Z 源逆变器内部的升压功能开始起作用。

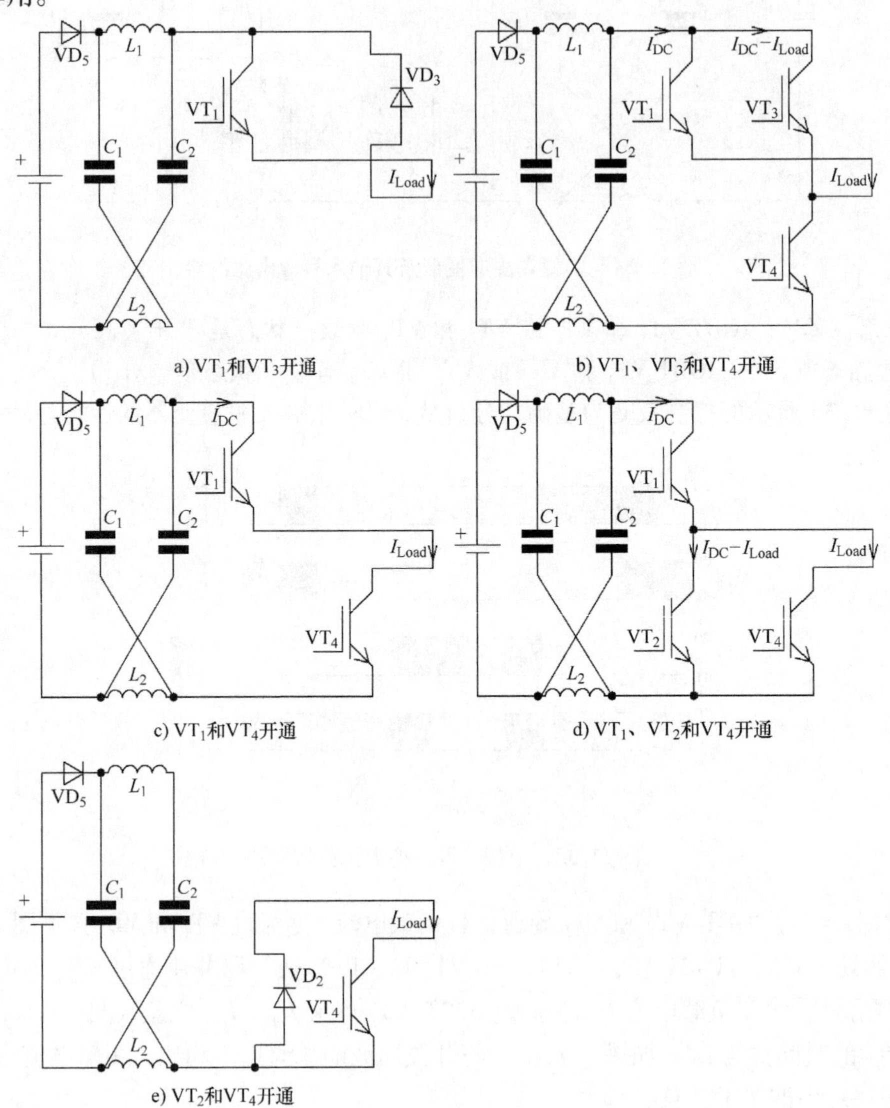

图 11.36　Z 源逆变器（单相）开关状态

当Z 源逆变器工作于升压模式时，需要注意几个问题。如果采用简化的对称性直流母线，也就是说 $L_1 = L_2$，$C_1 = C_2$，则：

$$
\begin{aligned}
U_L &= U_{L1} = U_{L2} \\
U_C &= U_{C1} = U_{C2}
\end{aligned}
\tag{11.22}
$$

在 t_{SS} 内或 D_{SS} 期间的短路状态，图 11.36b 可以简化为图 11.37。也就是说，两个电容 C_1 和 C_2 串联。

因此二极管 VD_5工作在阻断模式，再加上两个电容上的压降，其承受的电压至少是输入电压的两倍，即

$$U_L = U_C$$
$$U_{DC} = 0V$$
$$U_{D5} = 2U_C - U_{in} \tag{11.23}$$

在有效态与 0 态期间，输出桥上的直流电压 U_{DC}为输入电压加上电感 L_1和 L_2压降之和。在 $T - t_{SS}$或 $1 - D_{SS}$时间段内，有

$$U_{DC} = 2U_L + U_{in} = \frac{1}{1 - 2D_{SS}} U_{in} = B \cdot U_{in} \tag{11.24}$$

式中，B 是升压系数，用以说明输入与输出侧之间的电压增益。

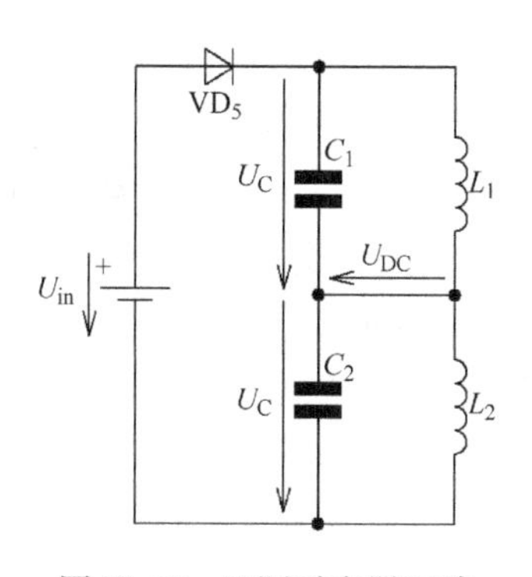

图 11.37　Z 源逆变器短路时的等效电路

对于三相输出桥，直流母线电压 U_{DC}和输出电压的关系满足

$$U_{out} = \frac{m}{\sqrt{2}} U_{DC} \tag{11.25}$$

式中，m 是调制系数。

把式（11.24）代入式（11.25）中得

$$U_{out} = \frac{m}{\sqrt{2}} \cdot B \cdot U_{in} \tag{11.26}$$

假定输出电压恒定，则低输入电压需要一个很大的升压系数 B。这反过来意味着时间 t_{SS}和占空比 D_{SS}应选得长一些。因为短路条件应仅用于取代 0 态（为了避免输出电流的畸变），所以需要小的调制系数 m。另一方面，小的调制系数导致 Z 源逆变器工作于降压模式。因此，应提高升压系数 B。与传统的 VSI（包括换流期间由于寄生杂散电感导致的过电压）相比较，IGBT 的阻断电压将升高。这意味着在实际应用中，例如输出电压为 400V 和输入电压为 100V，必须使用 $U_{CES} = 1.7kV$ 的 IGBT 来取代 1.2kV 的 IGBT。如果输入和输出电压差较小，就可能可以选用与 VSI 相同 U_{CES}同级别的 IGBT。

11.5　AC－AC 变换器

常用的电力电子拓扑结构包含一个 11.4 节所述的电压源逆变器和一个 11.2 节所述的输入整流器。这种结构中，交流电首先被整流并给直流母线供电。然后，直流电被转变成电压及频率可变的交流电。因此为了实现电网给负载供电，必须包括两个变换步骤。一类替代拓扑可以直接把电网电压转变为用户负载需要的电压。图 11.38 给出了其中一种拓扑，即直接矩阵逆变器（DMC）。其基本思路就是：在任何时刻，电网输入相（L1，L2，L3）将会有一适合于输出侧（U，V，W）PWM 控制的电压。通过适当的控制方法控制九个开关 S_{XX}，就可以产生期望的输出电压。在这类结构中，开关必须双向导通电流，所以可以采用图 11.38a～图 11.38d 所示的半导体器件。图 11.38a～11.38c 可以使用已有的半导体实现，而图 11.38d 则给出一个特殊类型的半导体：RB IGBT。通过一种改进的结构反向阻断 IGBT 能够实现和正向阻断电压一样的反向阻断电压。

矩阵变换器的一个优点是结构紧凑，它没有直流母线且可以省略直流母线所需的电容。

另一方面，电力半导体的控制要比标准的 VSI 更加复杂。这种拓扑需要 18 个开关器件，因此控制算法和驱动电路都非常复杂。

当输出频率f_{out}与输入频率f_{in}相同时，DMC 存在一个问题，即如果电网输入电源为 50/60Hz，该频率也近似等于输出端电动机负载的频率（此时额定转速由电动机的极对数确定）。这时，IGBT 将不会交替导通或关断，而处于稳态，这称为 0Hz VSI 运行。在这种情况下，因为只有三分之一的开关通过电流，所以热阻会上升。因此控制器必须避免出现f_{in}和f_{out}相同的情况。

在直接矩阵变换器基础上演变出一种两阶的间接矩阵变换器（IMC）。这种电路的优点在简化电流换流的同时保持了 DMC 的优点，比如：

- 不需要储存能量（VSI 中的直流母线电容或 CSI 中的直流母线扼流线圈）；
- 电网电流为正弦；
- 功率因数接近于 1；
- 降低输入滤波器的成本；
- 减少了体积，增大了功率密度。

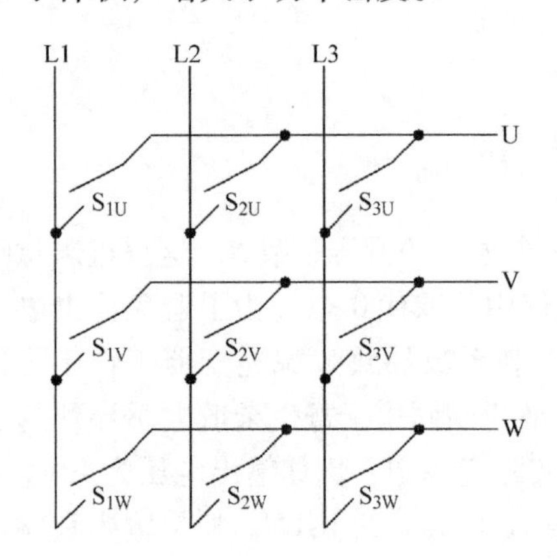

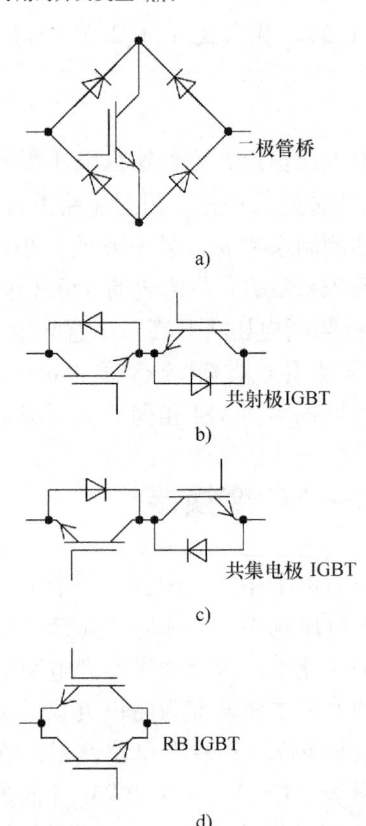

图 11.38　直接矩阵变换器（DMC）

间接矩阵变换器（IMC）的基本拓扑如图 11.39 所示。开关 S_x 可以用 DMC 中同样类型的开关来实现（见图 11.38a ~ 图 11.38d）。

总体来说，目前在市场上，逆变器生产商尚未推出商用矩阵变换器，因此在功率半导体

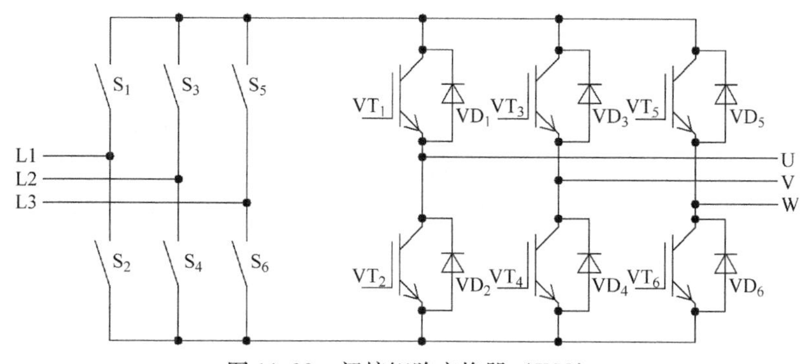

图 11.39　间接矩阵变换器（IMC）

领域，通过特殊设计并适用于矩阵变换器的模块极少[⊖]。

11.6　应用举例

除了前面章节已探讨过的拓扑和应用实例之外，接下来将介绍几种基于 IGBT 功率半导体的应用。

11.6.1　伺服驱动

伺服驱动的动态性能要求很高，通常包括位置、速度和转矩控制。伺服驱动主要应用于纺织工业以及工业机器人领域，这些场合要么需要高精度的驱动，要么需要很宽的速度范围。这样的驱动系统需要以下功能：

- 能够快速改变速度；
- 能够快速改变转矩；
- 能够通过制动转矩停车。

伺服驱动中的功率半导体需要具有很强的过载能力，一般要承受 2～6 倍的额定电流。特别对于低速负载突变，为了保证在几分之一秒到几秒内完成响应，最重要的是具有足够大的热容量 $Z_{th,JC}$ 来消除半导体内部的损耗。因此在这类应用中，大多数的 IGBT 模块采用带铜基板的模块。而且，IGBT 的键合点需要具有很高负载周次能力，从而能够保证其达到十年或更长的使用寿命。

对于需要快速减速的驱动系统，可利用制动斩波器及电阻消耗制动过程中释放的能量。如果没有制动斩波器，再生的电能将会对直流母线充电使其电压高于它的标称值，从而导致驱动的失效。为此，伺服驱动系统常常采用 PIM/CIB 拓扑的 IGBT 模块。伺服系统中浪涌电流对于 IGBT 模块性能的影响如图 11.40 所示。

11.6.2　不间断电源

不间断电源（UPS）的功率可以小至几百瓦也可以高达数兆瓦。UPS 可分为单相和三相系统。小功率的单相 UPS 大部分使用分立功率器件，只有在大功率的三相系统中采用 IGBT

⊖ 英飞凌公司的 EconoMAC 模块 FM35R12KE3 可以直接应用于 DMC。这个模块中集成了九个共集电极开关，可以满足 DMC 的需求。

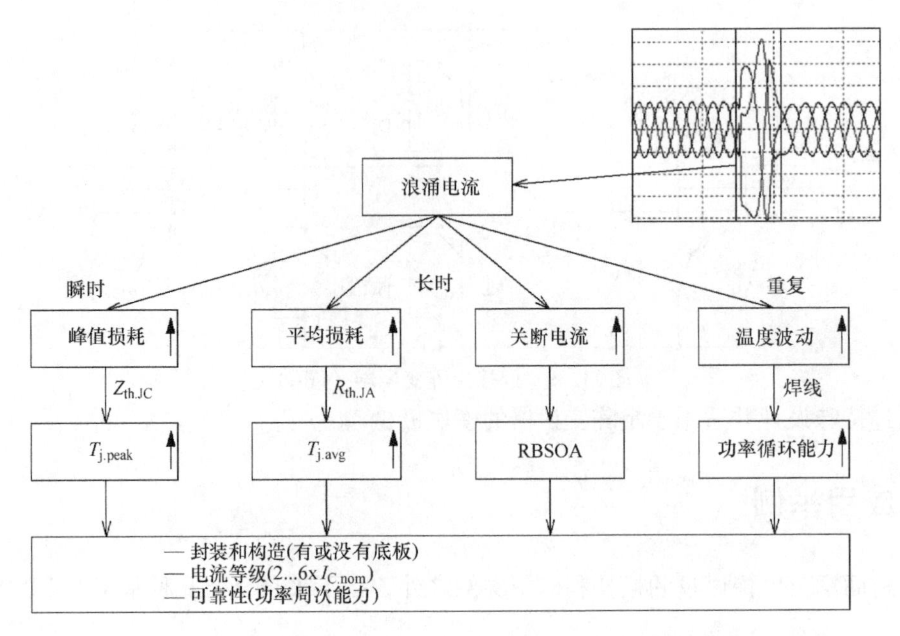

图 11.40　伺服系统中浪涌电流对于 IGBT 模块性能的影响

模块。所谓的“在线”和“离线”式 UPS 之间是有区别的。基本上两种系统都是在电网不能正常运行时，可以不间断地给用户或负载供电。图 11.41 中所举的例子中，UPS 所需的电能来自于蓄电池。然而，有些系统可以从飞轮中获得能量，即机械动能转化为电能。

在线 UPS 也称作双变换 UPS，直接把电网能量经过两次变换后给负载供电，仅仅在维修时才会由开关旁路。因为功率半导体和无源元件的损耗，所以系统效率低于 1。这类系统的优点是电网侧的电压跌落及电压波动不会影响到用户（负载）侧。然而离线式 UPS 通常与旁路开关配合工作，也就是说它处于备用模式。此时效率接近于 1。只有当电网出现故障，它们才开始运行于逆变器模式。

另外，“变压器隔离”和“无变压器隔离”的 UPS 之间区别较大。无变压器隔离 UPS 输出没有隔离且中性点 N 与直流母线的中点同电位；变压器隔离 UPS 输出通过变压器隔离，如图 11.42 所示。在三相系统中，变压器的二次星形绕组的中心点就是中性点。

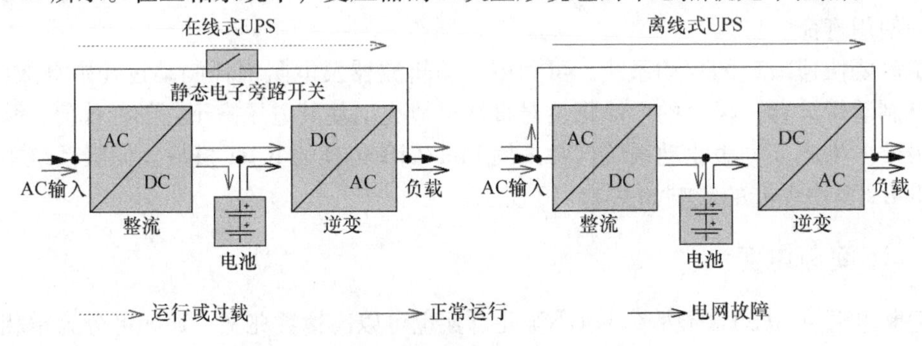

图 11.41　在线与离线式 UPS 基本工作原理

图 11.42 给出了三相两电平逆变器的一个例子。从 60kVA 到超过 500kVA 的 UPS 大多采用该类拓扑。当然，如前面章节所述，这里也可以用三电平电路。最简单的情况下，二极

管或晶闸管可以用于6脉冲或12脉冲的整流器。同样，也可以采用前面已经讨论过的维也纳整流器（见11.2.2节）。

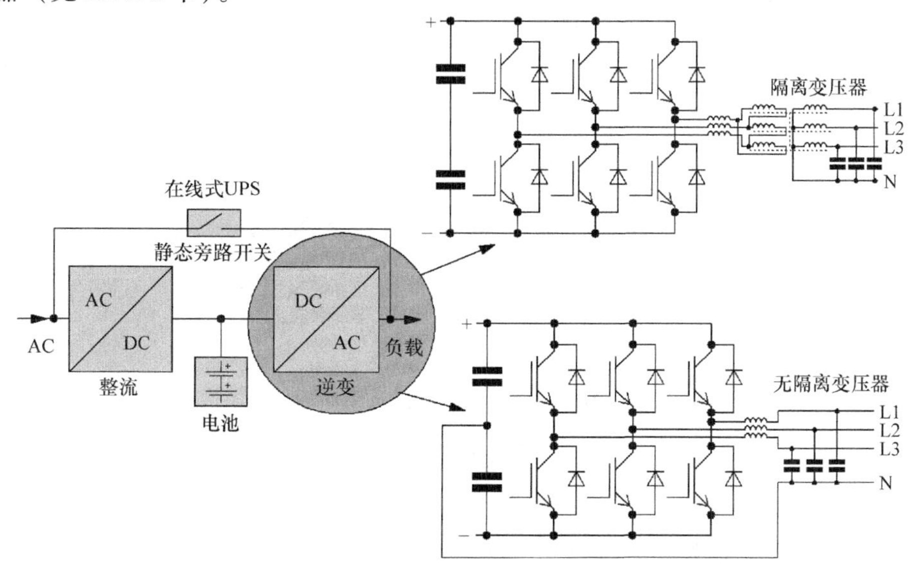

图11.42　三相两电平变压器隔离和无变压器隔离的UPS

除了标准的单相和三相UPS之外，还有一些其他UPS拓扑，其中就包括所谓的电能质量UPS或三角变换系统。这些变换器通过控制电流、电压以及功率因数保持输出稳定，且不受输入参数的影响。这些系统常见于对电源参数敏感的工业工艺中，比如半导体工业。

11.6.3　太阳能逆变器

为了降低对化石燃料的依赖性，自从20世纪90年代起，太阳能已经变得非常普遍。最近几年由于石油和天然气的价格飙升，大众对太阳能越来越感兴趣。太阳能逆变器功率级别一般是从几百瓦到几百千瓦，个别功率甚至更高。由于太阳能电池板和太阳能逆变器存在多种不同的组合，所以逆变器的拓扑种类繁多，如图11.43所示。其中一个例子就是电池板首先串联连接（称为一链），然后再并联。逆变器的输入电压大多在100V到数千伏（很少）之间。逆变器将直流电压转变成合适的单相或三相交流电压源。对于输入电压只有几伏的电路（见图11.43d），逆变器就需要一个升压变换的输入级，把直流电压抬到一定的值以有利于实现并网发电。

光伏逆变器的拓扑可以根据是否需要变压器隔离而分为两类。另外所选的开关频率将会决定使用MOSFET还是IGBT（带续流二极管）。系统的功率越高，使用IGBT或IGBT模块的可能性就越大。

太阳能逆变器存在两个问题尚需解决：高效率的输出和低失真的输出电压。由于这些原因，三电平拓扑越来越受欢迎。碳化硅二极管在太阳能发电领域具有一定的应用前景。太阳能逆变器拓扑[⊖]如图11.44所示。

⊖ 其他两种拓扑（SEPIC和Z源逆变器）已经在图11.20和图11.34中介绍过。

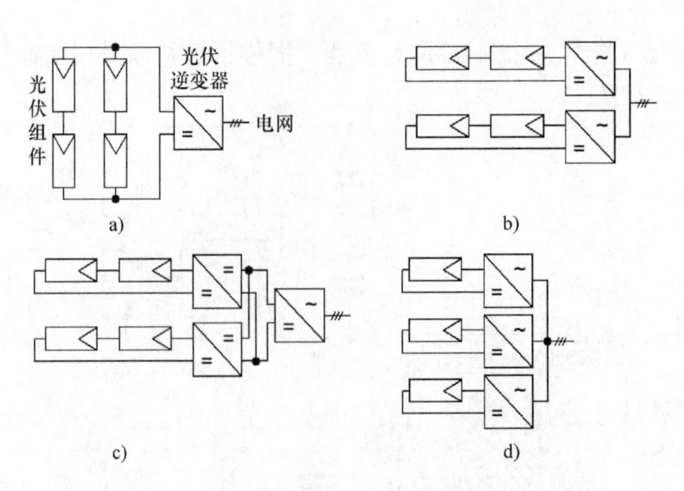

图 11.43　太阳能电池板和光伏逆变器的组合结构

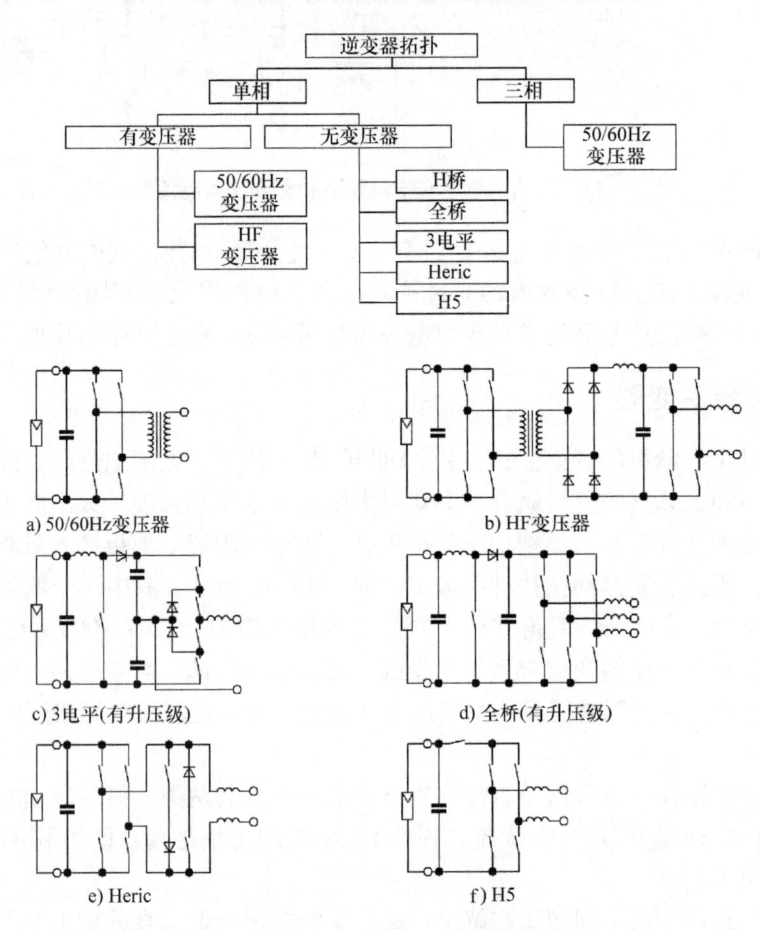

图 11.44　太阳能逆变器拓扑

11.6.4　风能逆变器

与太阳能一样，近些年风能逐渐作为可替代化石燃料的一种选择，因此风能发电越来越普遍。风能发电需要发电机，把动能转化为电能，因此随着发电机以及馈送电网的不同，逆

变器的设计也有所变化。在 20 世纪 50 年代，最早的风力涡轮机就是基于这一原理，通过齿轮箱把转子和感应电机连接起来，并把电能直接输送到电网。这个系统的优点是结构简单且功率半导体的成本低（在启动时仅作为软启动装置时需要）；但其缺点是转子的频率固定且系统效率较低（见图 11. 45a）。

在 20 世纪 80 年代，风力发电系统采用同步发电机，而且涡轮机也不再需要齿轮箱，这样涡轮机可以运行于不同的转子速度。为了将电能输到电网，需要增加整流和逆变装置。设计逆变器的容量必须能够满足整个系统的容量需求。

在 20 世纪 90 年代，业界开始大规模地推出了基于双馈感应发电机的风力发电系统[1]。对于转子侧，逆变器的容量设计为额定装置输出的 25% ~30%，这样通过转子侧逆变器的控制，使得转子速度与电网频率匹配。在双馈及早期的发电系统中，通常会增加电动机来调整桨叶角，即风对转子叶片的角度。风力发电系统如图 11. 45 所示。

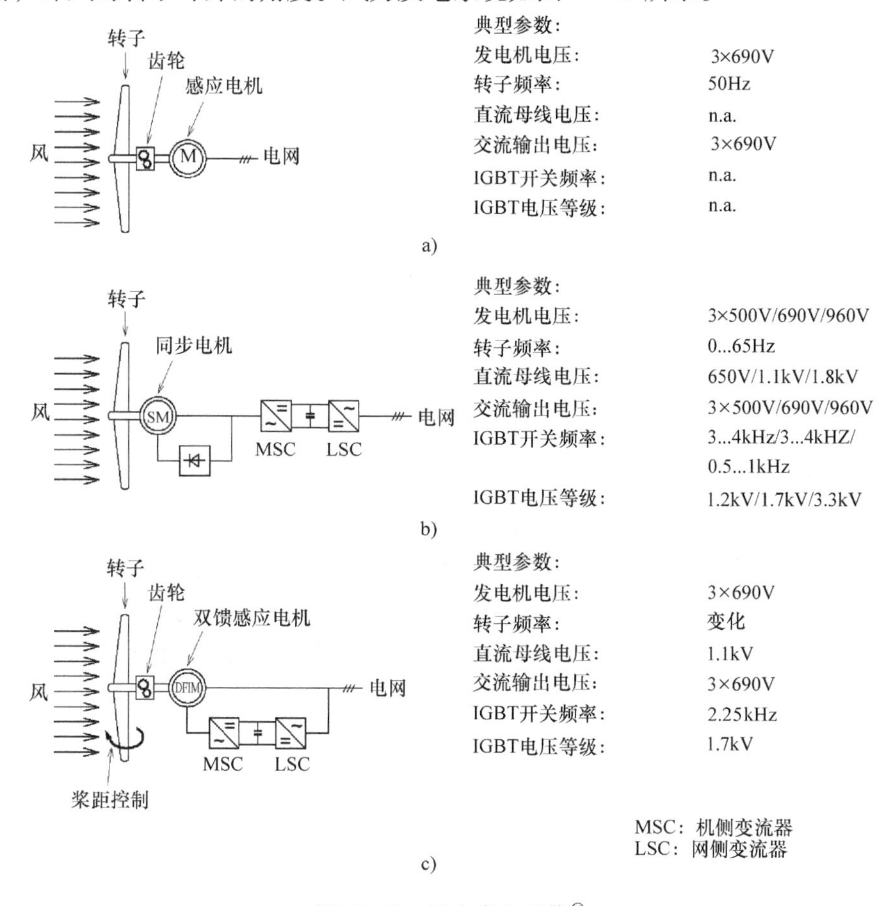

图 11. 45　风力发电系统[2]

---

[1] 感应发电机双馈系统由三相滑环式感应电动机和转子侧逆变器构成。该逆变器可以控制发电机的转速和无功功率。

[2] 随着技术的发展，风力涡轮机的单机功率越来越大。由于直流母线电压升高，可以在三电平电路中采用 3. 3kV 和 4. 5kV 的模块。

风力发电系统中的负载周次对 IGBT 非常重要，可以通过双馈系统说明这一问题。

网侧（或线路侧）变换器运行在 50Hz 或 60Hz，该频率取决于所在的国家。另一方面，机侧逆变器必须满足从 0Hz 到约 20Hz 的工作频率范围。假定两个变换器的负载相等，那么机侧变换器的结温 ΔT_j 波动将更大，结温与逆变器基波频率的关系如图 11.46 所示。与网侧变换器模块的需求相比，从可靠性的角度来说模块承受的应力增大（特别是对于负荷周次能力）。模块的最大压力工作点为 0Hz 的基本频率（点），这时结温变化最大。应当注意，对于风力发电厂来说无法明确该类运行点发生的周期，因此在选用 IGBT 模块时必须要考虑这一问题。

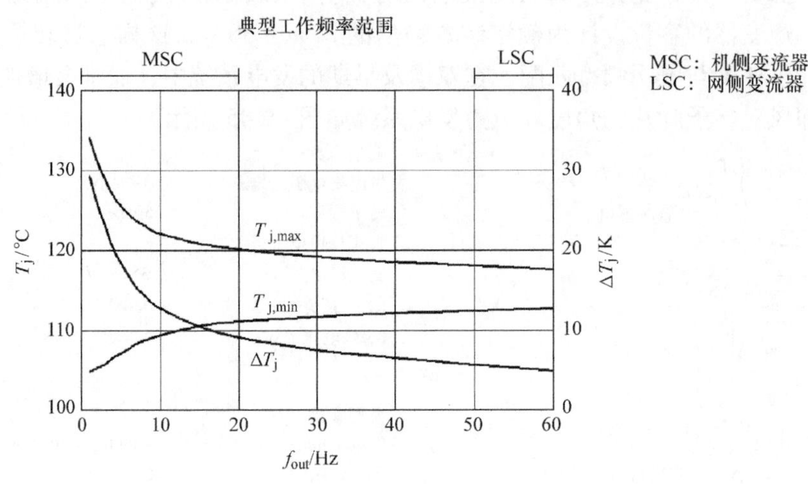

图 11.46　结温与逆变器基波频率的关系

11.6.5　牵引逆变器

世界上各个地区建立的铁路牵引电源系统的标准各不相同。除了交流系统之外，还有直流系统。通过使用变换器，可以忽略电网的问题，简化研发，实现跨领域应用，因此可以利用统一的驱动系统（基于设计原理）。最常用的驱动电动机是感应电动机。在交流电源中，可以通过变压器满足电力电子设备输入级的需求。而在直流系统中，变换器可以直接与电网连接。表 11.2 给出了部分国家的铁路电力系统标准。

表 11.2　部分国家的铁路电力系统标准

电压	频率	国家
750V	DC	英国
1.5kV	DC	澳大利亚，法国，印度，日本，荷兰，美国
3.0kV	DC	比利时，意大利，波兰，斯洛文尼亚，南非，西班牙，俄罗斯，乌克兰
15.0kV	16⅔Hz[⊖]	奥地利，德国，挪威，瑞典，瑞士
25.0kV	50Hz	中国，丹麦，英国，芬兰，法国，希腊，匈牙利，印度，意大利，俄罗斯，西班牙
50.0kV	60Hz	加拿大，南非，美国

⊖ 这受制于早期的铁路技术，当时无法制造高频单相电机，所以不得已选择 16⅔Hz 。当时，换流会产生很强的电弧，从而增加对电机的磨损。为了能够选择合适的发电机，最终把 50Hz 除以 3 定为铁路供电系统的频率。1995 年，有些国家把该频率稍微增大到 16.7Hz，这样可以避免在换流站内产生多余的直流分量。

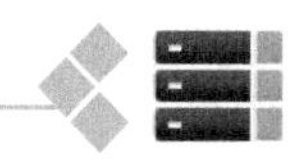

在电力牵引中，需要注意两类逆变器的区别。首先，主逆变器用于控制牵引电机。其次，各种各样的辅助逆变器给辅助设备供电，比如泵、风扇、空调等。牵引逆变系统中的主逆变器和辅助逆变器如图 11.47 所示。

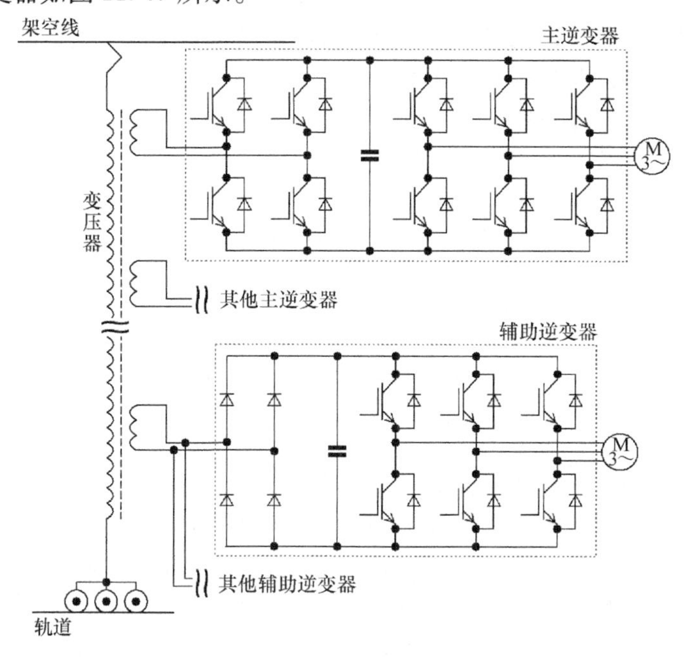

图 11.47　牵引逆变系统中的主逆变器和辅助逆变器

主逆变器和辅助逆变器对 IGBT 模块的要求有所区别。对于主逆变器要求为：

- 高温度循环能力，一般需要采用 AlSiC 基板或者相对应的优化设计。使用寿命可长达 30 年。
- 根据拓扑不同，或者说两电平或三电平电路，模块的电压等级从 1.7kV 到 6.5kV 不等。绝缘等级要求比标准工业级应用更为严格。

然而辅助逆变器对模块要求比较宽松，与那些标准工业级要求相似，通常采用冗余设计或者保证模块损坏后不会引起重大的破坏。但牵引应用必须遵守相关标准（例如 IEC 601287 - 1 和 EN 50124）。

11.6.6　开关磁阻电动机

已讨论过的任何电路基本都可以用于控制电动机。表 11.3 列出了常用电动机及其典型的驱动单元。下面将介绍开关磁阻电动机（SRM）的控制。

表 11.3　电动机及其典型的驱动单元

电动机	驱动单元
直流电动机	H 桥
感应电动机	VSI，CSI，矩阵变换器
同步电动机	VSI，CSI，矩阵变换器
开关磁阻电动机	经典变换器

开关磁阻电动机在定子和转子上都有凸极，线圈固定在定子的凸极上，线圈或逆变器依次控制线圈或相绕组。当其中一相通过电流时，它吸引距离定子最近的转子极移动，直到定子极与转子极正好相对。下一相开始工作并重复相同的过程，使得转子不停地运转。开关磁阻电动机的相绕组可以是一相也可以是多相，可以控制每相绕组固定方向的电流。每一相绕组由图 11.48 所示的半桥电路驱动（在这里只给出了三个半桥对应三相绕组）。这种结构也称为经典或者非对称半桥变换器。

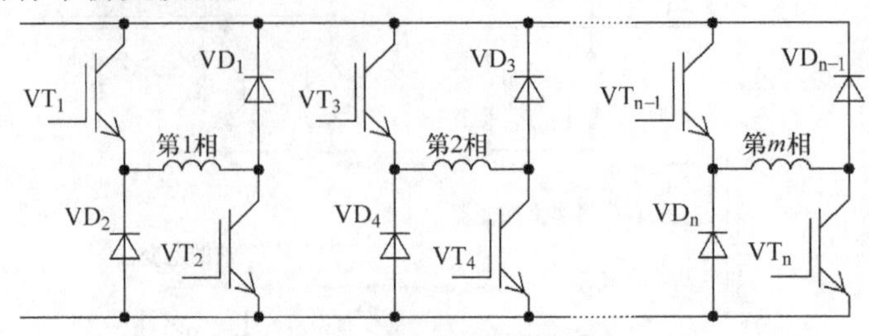

图 11.48　开关磁阻电动机（SRM）驱动器

开关磁阻电动机变换器的典型开关状态如图 11.49 所示。VT_1 和 VT_2 开通后，电流流过此相线圈并形成磁场。下一步，VT_1 关断，电流通过 VD_2 和 VT_2 续流。为了让这个磁场减弱，关断 VT_1 和 VT_2 后，电流通过二极管 VD_1 和 VD_2 续流并逐渐降低，这时磁场随之衰减。经典变换器功率器件的开关频率与输出频率相等，也就是说电动机低速运行时，开关频率较低。如果驱动电路采用自举电源电路（见第 6 章 6.4.1 节），那么将影响驱动的工作性能。当驱动晶体管工作于大电流偏置时，自举电容可能深度放电，从而导致触发驱动电路的低电压保护。作为一种解决措施，要么增大电容的容量，要么给驱动级提供独立电源。

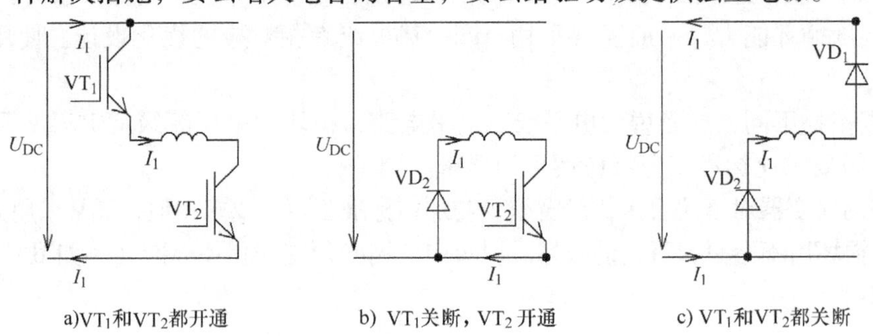

图 11.49　开关磁阻电动机（SRM）开关状态

上文提到电力半导体开关频率等于变换器的输出频率，在约 100Hz 的低频工作范围内，要求特别低的通态损耗。因此，在选择 IGBT 和二极管时，要注意选择 U_{CEsat} 和 U_F 最低的器件。而且，由于在正常运行时二级管承受了满负载，并且由于（通常情况下）其热阻较高，因此导致结温更高，所以续流二极管的选择要比 IGBT 更严格。特别是当驱动器工作于再生发电状态时，二极管承受更大的压力。开关磁阻电动机可应用于电动公共汽车或卡车（混合动力系统）等。

11.6.7　中压逆变器

当驱动设备（电动机）逆变器工作电压为几千伏的高压时，就称为“中压驱动”，如图

11.50 所示。如果电压更高则称为“高压驱动”，这类拓扑可以是级联型逆变器拓扑或前文所描述的三电平或多电平电路。H 桥电路（见 11.3.4 节）常常采用 1.2kV 或 1.7kV 等级的 IGBT 模块构成一个级联单元（见图 11.50）。多接头变压器电压整流后提供直流供电，给每个级联单元或功率单元提供电压支撑。所有串联功率单元的输出电压与它们自身输出电压之和产生总的输出电压施加于电动机绕组上。现在，这种拓扑非常普遍，可应用于泵，风机，油气工业的驱动器和压缩机，水处理，电厂，钢厂，船舰驱动和钢铁工业。电动机的工作电压一般在 2.4～7.2kV 之间，而功率范围一般大于 200kW，甚至可以超过 10MW。异步和同步电动机都可适用。

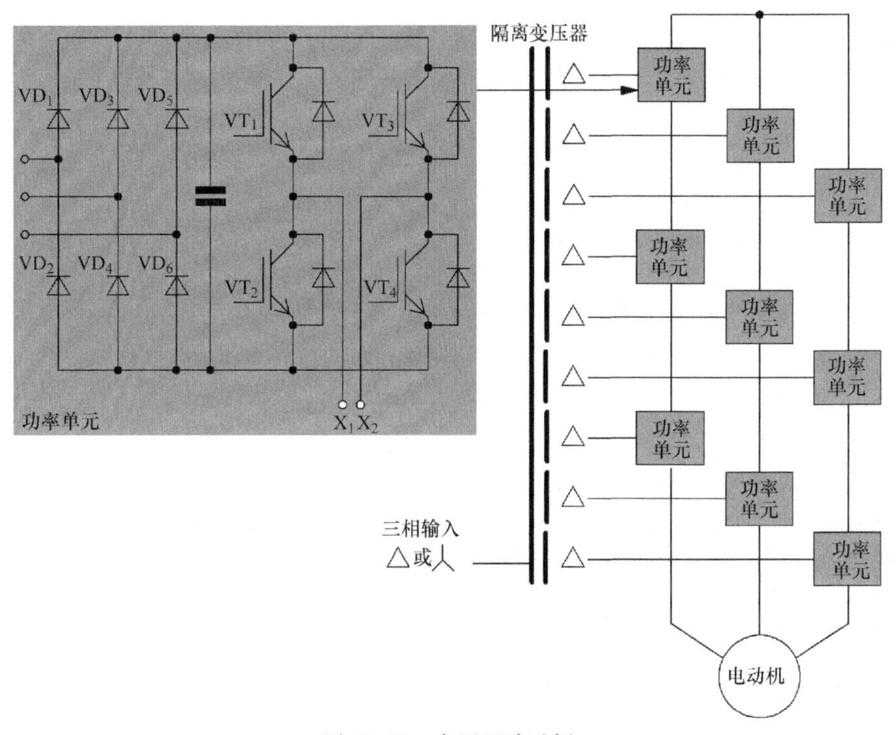

图 11.50　中压驱动示例

本章参考文献

1. R. Lappe, "Leistungselektronik – Grundlagen, Stromversorgung, Antriebe", Verlag Technik
2. R. Jäger, "Leistungselektronik – Grundlagen und Anwendung", VDE Verlag, 4th Editon 1993
3. N. Mohan, T.M. Undeland, W.P. Robbins, "Power Electronics – Converters, Applications, and Design", John Wiley & Sons, 3rd Edition 2003
4. W. Köllner, J. Rodriguez, A. Weinstein, "AC Drive System with Active Front End (AFE) for Mining Excavators", 2001
5. Siemens AG, "Schaltungsanordnung zum Vorladen eines stromrichtergespeisten Kondensators", Offenlegungsschrift DE 10146868A1, 2003
6. A. Nabae, I. Takahashi, H. Akagi, "A new neutral-point-clamped PWM inverter", IEEE Transactions 1981

7. J.W. Kolar, F.C. Zach, "A novel three-phase utility interface minimizing line current harmonics of high-power telecommunications rectifier modules", INTELEC 1994

8. M. Abu-Khaizaran, P. Palmer, "Commutation in a High Power IGBT Based Current Source Inverter", PESC 2007

9. F.Z. Peng, "Z-Source Inverter", IAS 2002

10. J. Rabkowski, R. Barlik, M. Nowak, "Features of a single-phase Z-source inverter", Pelinec 2005

11. W.T. Franke, M. Mohr, F.W. Fuchs, "Betriebsverhalten des Z-Source-Wechselrichters", Maritimes Symposium Rostock 2007

12. M. Hornkamp, M. Loddenkötter, M. Münzer, O. Simon, M. Bruckmann, "EconoMAC the first all-in-one IGBT module for matrix converters", PCIM Nuremberg 2001

13. J.W. Kolar, M. Baumann, F. Schafmeister, H. Ertl, "Novel three-phase AC-DC-AC sparse matrix converter", APEC 2002

14. M. Jussila, M. Salo, H. Tuusa, "Comparison of Two Vector Modulated Matrix Converter Topologies", EPE Toulouse 2003

15. K. Sun, D. Zhou, Y. Mei, L. Huang, K. Matsuse, "Performance improvements for Matrix Converter based on Reverse Blocking IGBT", PESC 2006

16. M. Bartram, "IGBT-Umrichtersysteme fuer Windkraftanlagen: Analyse der Zyklenbelastung, Modellbildung, Optimierung und Lebensdauervorhersage", Shaker Verlag 2006

17. M. Ehsani, Y. Gao, S.E. Gay, A. Emadi, "Modern Electric, Hybrid Electric, and Fuel Cell Vehicles", CRC Press LLC 2005

18. J. Rodriguez, J. Pontt, R. Musalem, P. Hammond, "Operation of a medium-voltage drive under faulty conditions", IEEE Transactions 2005

19. Siemens AG, "ROBICON Perfect Harmony - The drive of choice for highest demand", Siemens AG Product Brief 2008

第12章 信号测量和仪器

12.1 简介

电力电子需要相当数量的测试仪器来测定半导体元件的特性，实际应用中更是如此，例如，工作状态监控和控制数据采集。本章主要介绍电力电子常用的测量仪器，适用的配件及可能需要的信号仪器。

12.2 数字存储示波器

基于布朗管㊀原理的模拟示波器长久以来一直是用于显示随时间变化的电流和电压的标准测量仪器。模拟示波器包括阴极射线管、光束聚焦、用于电子束系统的偏转单元、放大器及荧光屏。

阴极射线管的白炽阴极发射出可以自由移动的电子，由于受到外部电压而向屏幕加速，通过聚焦单元聚集成光束。当穿过偏转单元时根据施加的信号不同，电子束向 X 轴或 Y 轴偏移。然后，当电子束到达荧光屏时就形成光点。

X 轴偏转表示信号的时基，由与时间成比例的周期性电压（锯齿形电压）实现。信号的图像通过在 Y 轴上的偏转实现。信号反馈到信号放大器，产生所需正比于信号的偏转电压。

模拟示波器的设计原理如图 12.1 所示。

模拟示波器的优势在于它可以把被测信号直接映射出来。但是模拟示波器有个严重的缺点就是很难捕捉到一次性的信号，这就是为什么数字存储示波器（DSO）现在已经几乎取代模拟示波器。DSO 可以数字化处理和存储信号，除了能够提供简单的数据存储，独立或规则数据的编辑功能外，还可以提供很多其他功能，下列功能值得注意：

- 集成了数学函数；
- 信号的缩放；
- 复杂的信号触发；
- 信号的彩色显示；
- 测量数据导出功能。

㊀ 德国物理学家卡尔·费迪南德·布朗（1850～1918）在 1897 年发明了布朗管（也被称作阴极射线管）。

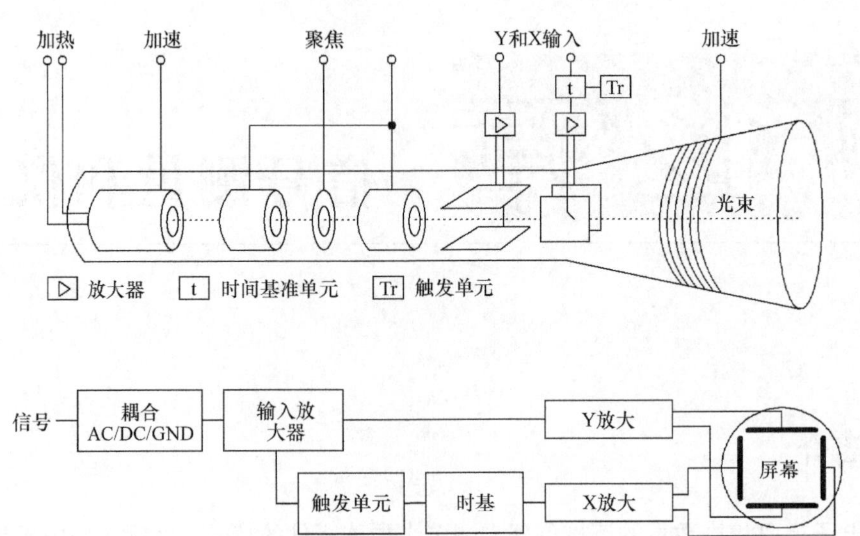

图 12.1　模拟示波器的设计原理

然而，DSO也存在一些缺点，但是可以通过一些基本使用规则来避免这些问题。如果忽略这些规则，会导致测量结果与被测原始信号偏离。特别是在电力电子领域，同时被测的信号在幅值上可能差几个数量级。正确使用DSO是保证测量好坏的关键。

模拟示波器与DSO相比，其区别是显而易见的。模拟示波器把直接测量的信号映射出来，而DSO首先对每个被测信号采样，然后把测量点的信号重构为图像，其设计原理如图12.2所示。

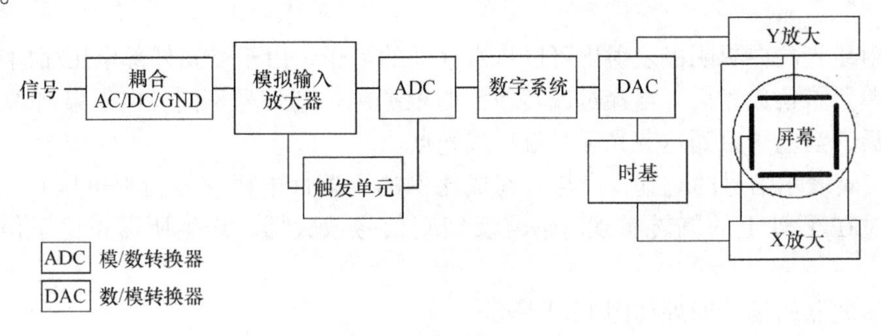

图 12.2　DSO的设计原理

选择使用DSO的重要准则是其Y轴的分辨率。分辨率表明输入信号能够被转换的精确的数字值，单位为“bit”。例如，在8位的分辨率下，输入信号将有 $2^8=256$ 个离散电平。如果示波器的测量范围设置为100V/格，垂直刻度分为10个单元，那么输入信号的最小分辨率为

$$\frac{100\,\frac{\mathrm{V}}{\mathrm{div}}\times 10\mathrm{div}}{256}=3.9\mathrm{V} \tag{12.1}$$

因为DSO分辨率的限制，所以最好尽可能多地使用整个垂直监控区域，以减少测量误差。如果对于75V的输入信号，测量设置为10V/div，就可实现0.4V的最小分辨率。如果设置为20V/div，最小分辨率则是0.8V。10V/div的设置因为有更好的分辨率，所以推荐

选择。

使用 DSO 需要注意的另一个问题是示波器的带宽。带宽定义为在一个正弦输入信号衰减到实际信号幅度的 70.7% 或 -3dB 时的频率，该频率称为截止频率，因此带宽限制了 DSO 能测量的最高频率。随着被测信号频率的增加，DSO 测量信号的准确度将降低。截止频率表明了 DSO 能够精确测量的频率范围。如果 DSO 的带宽不足，测量时可能会遇到下列问题：

- 无法正确记录输入信号的高频变化；
- 输入信号的幅值将失真；
- 输入信号细节的丢失；
- 输入信号的斜率难以读取。

通常的经验是 DSO 的带宽应高于输入信号所包含的最高频率分量的五倍，在这种情况下，测量误差将小于等于 2%。测量快速变化的信号，比如测量 IGBT 的开通和关断特性，选择恰当带宽的示波器至关重要。

根据奈奎斯特-香农采样定理㊀，采样频率至少是被测信号最高频率分量的两倍。该定理假设被测的信号是连续的，且测量仪器具备无限的存储深度。实际上 DSO 的存储深度有限，而且信号通常不是连续的，所以两倍频率的采样率往往不够。作为参考，在实际应用中每个斜坡至少需要采样 10 个参考点。

12.3　电流测量

在电力电子线路中，可能需要测量系统中多个点的电流。图 12.3 以常用的桥式逆变器电机驱动电路为例，给出了常用的电流测量点。

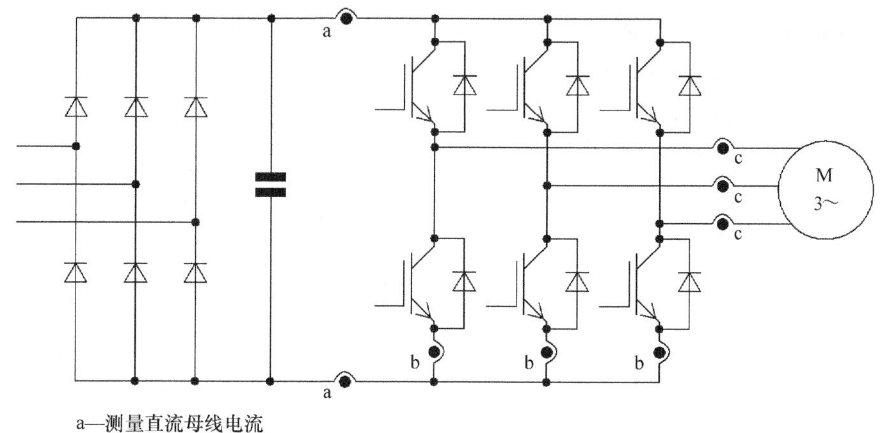

图 12.3　电力电子系统中常用电流的测量点

最便宜的电流测量方案常用于小功率的应用，如图 12.3 中“a”所示。理想情况下，测量

㊀ 美国数学家克劳德·艾尔伍德·香农（1916～2001）在瑞典裔美国物理学家哈利·奈奎斯特（1889～1976）研究工作的基础上于 1927 提出了采样理论。

元件可以直接与直流母线连接，通常这也是微控制器的参考电位，因此没有必要隔离信号。这种测量电流方法的缺点是由于在换流通路中增加测量探针（分流电阻器，霍尔传感器等），从而增大了杂散电感。

另一个在中小功率应用中常用的电流测量替代方案如图 12.3 中“b”所示。在这个方案中，主要测量半桥电路下管 IGBT 的发射极电流。这种方法可以少测量一个电流，因为可以通过已测的两路电流推导出第三路电流。这种测量方法的优点与方案“a”相似，即直流母线的负极可以作为共同的参考电位。然而，其缺点也是增加了换流通路中的杂散电感。

对于高性能的电机驱动，在功率高于 5.5kW 的应用中，通常是测量逆变器的输出电流（如图 12.3“c”所示）。这种方法也可以减少一个电流传感器。

还有一种测量方案没有在图 12.3 中提及，即直接使用 IGBT 来测量电流。这需要用带有传感器的 IGBT 代替传统的 IGBT，如第 1 章 1.5.9 节所述。

测量电流的方法有两种：有磁测量和无磁测量。电力电子常用的两种测量仪器如下：

- 无磁测量电流：取样电阻；带电流检测功能的 IGBT。
- 有磁测量电流：电流互感器；罗氏线圈㊀；霍尔传感器。

12.3.1 基于无磁原理的电流测量

1. 电流检测电阻（取样电阻）

对于理想的欧姆电阻，其电压降正比于通过的电流，因此电阻非常适合测量电流，经常被用于电力电子电路中电流的测量。测量电流的电阻称为电流取样电阻，可分为两种：双线取样电阻；四线取样电阻。

双线测量中，电压信号 $U_{Shunt,LT}$ 直接与取样电阻的负载端子相连。四线测量中有两个额外的端子称为传感终端或开尔文终端㊁。由于四线测量不会引入电压误差信号 $2 \cdot U_{Error}$ 而优于双线测量，这些测量误差来源于两线测量中引线和接头的电阻 R_{Track} 和 $R_{Contact}$。带有开尔文终端的取样电阻和没有开尔文终端的取样电阻如图 12.4 所示。

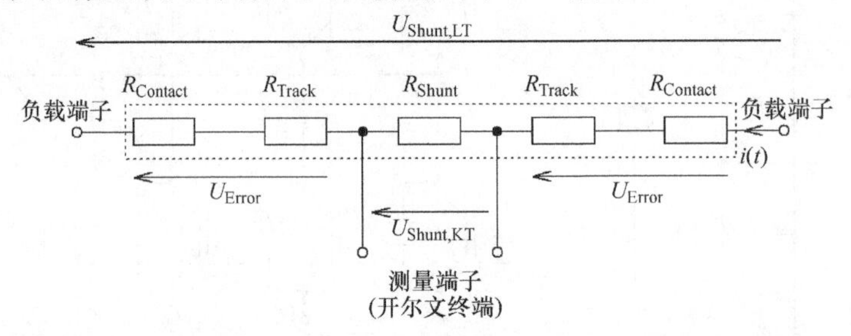

图 12.4 带有开尔文终端的取样电阻和没有开尔文终端的取样电阻

四线测量的缺点是其测量成本较高。准四线测量通过空载的开尔文终端来实现，例如通过合适的布线，把分流器安装在 PCB 上，从而实现在成本和测量精度之间折中。图 12.5 展示了几种准四线测量方案。当布线时，连接开尔文终端线路包围的面积非常重要，应该尽可能地小。封闭表面积越小，寄生电感对测量的影响就越小。

㊀ 以德国物理学家沃尔特·罗氏（1881～1947）的名字命名。

㊁ 以爱尔兰物理学家开尔文勋爵（1824～1907）的名字命名，原名威廉·汤姆逊。

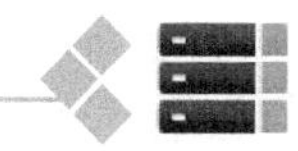

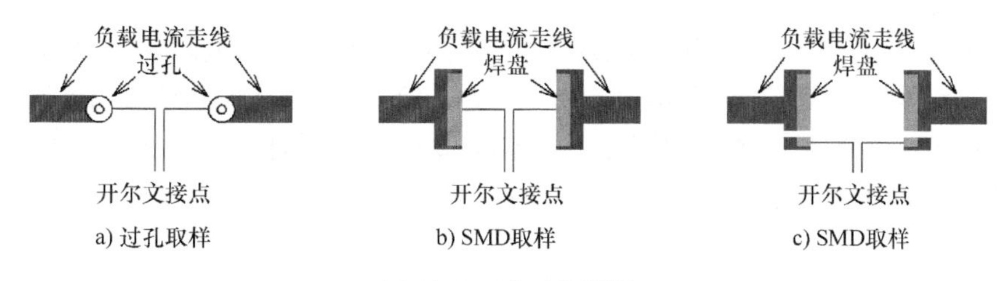

图 12.5　准四线测量

走线内的寄生电感并不是影响测量的唯一因素。通常，实际电阻不同于理想的电阻，它还存在寄生效应，这会影响电流和电压的线性度。最严重的影响来源于电阻的寄生微小电感，而寄生电感是由于其内部设计结构和上文提到的引线引起。根据图 12.6，取样电阻上的电压包括电阻和电感上的压降，即

$$U_{\text{Shunt}} = R \cdot i(t) + L_{\sigma} \cdot \frac{\mathrm{d}i(t)}{\mathrm{d}t} \tag{12.2}$$

如果电流是随时间而变化的，那么在信号的上升沿会产生正向电压偏置，而在下降沿产生反向的电压偏置，如图 12.6 所示。在这个例子中，电流在 200ns 内从 0A 增大至 40A，最后 100ns 内从 40A 跌回 0A。只有在电流保持恒定时，分流电阻才能正确地测量电流。因此测量误差主要受制于电流变化率和分流器的寄生电感。特别是在快速开关时，会引起实际上并不存在的开通过电流和关断尖峰电流，从而导致错误的测量结果。鉴于取样电阻的质量本身，测量值与真实值之间的误差会随着用量的增加而增大，从而导致无效测量。因此，选择寄生电感很低的电流取样电阻非常重要。

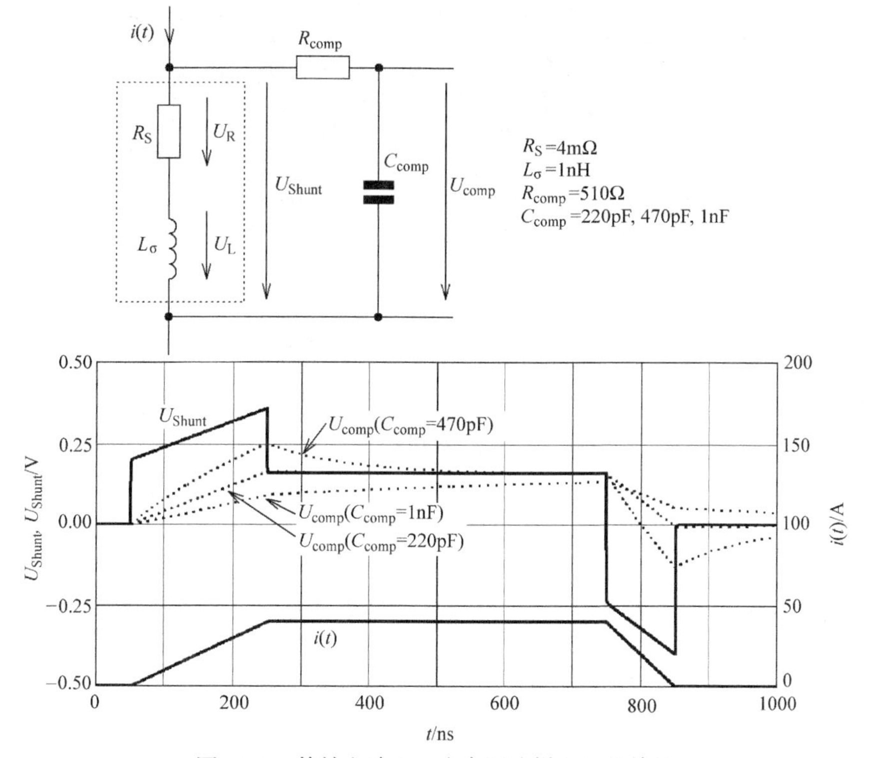

图 12.6　等效电路和一个实际取样电阻的特性

采用一个包含 RC 滤波器的频率响应补偿电路可以提高取样电阻测量特性。由 R_{comp} 和 C_{comp} 组成的补偿网络如图 12.6 所示。如果满足式（12.3），那么被测信号与实际信号之间就不会存在任何失真。图 12.6 的例子中，C_{comp} 选为 220pF 就很合适。过大或过小的 C_{comp} 可能会造成过度补偿或补偿不足。

$$\frac{L_\sigma}{R_S} = R_{comp} \cdot C_{comp} \tag{12.3}$$

损耗是使用电阻测量电流的另一个重要问题。作为取样电阻必须连接在负载电路中，且承受全部负载。根据式（12.4），损耗随着电流的上升而迅速增大，因此取样电阻适用于中小功率应用。当取样电阻安装在电力电子系统的电路板上时，也与之有关。此外，损耗导致取样电阻的温度升高，因此应选择低温漂的取样电阻。最佳取样电阻是在整个应用温度范围内的电阻值偏差不超过 1%。

$$P_{Shunt} = R \cdot I^2 \tag{12.4}$$

直接把取样电阻集成到 IGBT 模块内，相比其安装在 PCB 上，导热性能会得到改善。当这样设计时，取样电阻通常安装在模块的 DCB 上，这样将与系统的散热器保持良好的热连接。与安装在 PCB 上的取样电阻相比，由于散热良好，实际应用的性能将显著提升。当前设计的 IGBT 模块，如英飞凌的 MIPAQ™㊀模块和赛米控的 SEMITRANS®㊁系列模块，都可以内置额定高达数百安培的取样电阻。集成在 IGBT 模块输出级的取样电阻如图 12.7 所示。

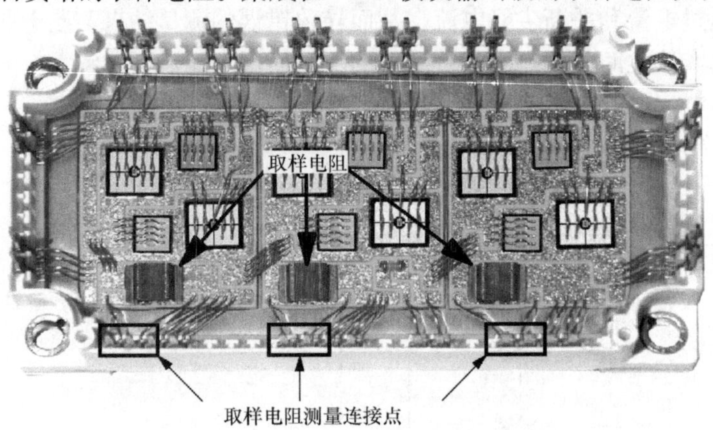

图 12.7　集成在 IGBT 模块输出级的取样电阻

根据取样电阻在系统中测量点（见图 12.3）的不同，有几种不同的方法来获得取样电阻电压。如果取样电阻安装在直流母线上，就可以使用图 12.8 所示的测量电路。取样电阻和输出逆变器半桥之间为检测电路的电压参考点。通过输出电阻 R_{out}，可以获得与输出电流成正比的放大后的信号。本例中选择的电阻值和电压使得能够检测大约 ±100A 的峰值电流。R_1 和 C_1 构成上文所述的频率响应补偿网络。

上述的线路好处是放大器可以工作在 +5V 电源电压下，而不需要负电压电源，取样电阻仍然可以检测正负电流。

㊀ MIPAQ™是英飞凌科技的注册商标。

㊁ SEMITRANS ®是赛米控国际的注册商标。

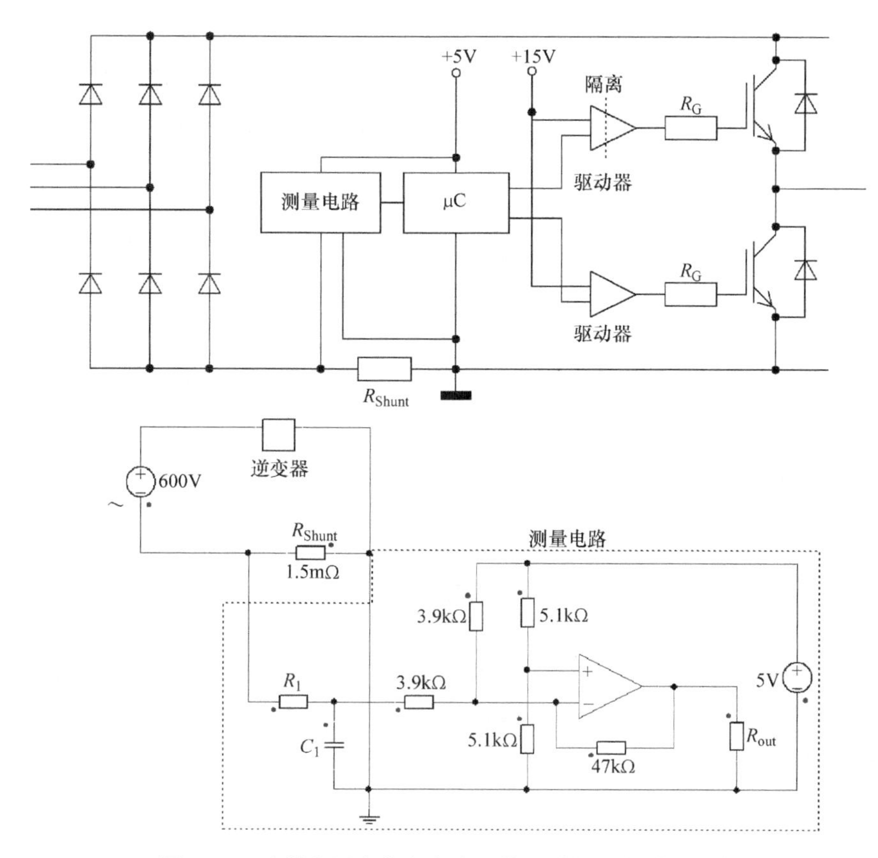

图 12.8　取样电阻安装在直流母线上时的电流测量电路

图 12.8 中给出的测量方案适用于低损耗、低性能的应用场合。另一种测量方案更适用于高动态性能的电动机驱动和高端应用。这时，通常在输出级测量电流㊀。使用取样电阻时，检测电路必须能实现逆变器高电压和微控制器低电压之间的隔离。它也必须保证适当的精确度和线性度。常用的一种方法是采用基于 Σ－Δ 的隔离模拟/数字转换器（ADC）（见第 12 章 12.3.1 节），如图 12.9 所示。

取样电阻与 Σ/Δ ADC 的输入端相连，ADC 以 10MHz 频率采样，然后输出适当的高频数字信号。

比如 1bit Σ/Δ 的数据流，如果以 10MHz 的频率传输，标准微控制器难以处理，所以需要信号抽取器做中间处理。

可以根据用户和应用需求采用 PGA㊁设计抽取器或从制造商㊂那里购买标准组件。

也有些 IGBT 模块（如英飞凌科技公司的 MIPAQ™ sense㊃系列模块），不仅集成了取样电阻，也配备了隔离 Σ/Δ ADC。

㊀ 测量输出电流的原因主要是有利于辨识过载和短路电流等。

㊁ PGA 是可编程序逻辑阵列的简写。可利用 PGA 内的基本门电路，通过灵活地编程实现复杂电路的设计。

㊂ 其中就有安华高科技的抽取器（如 HCPL－0872）。

㊃ MIPAQ™是英飞凌科技的注册商标。

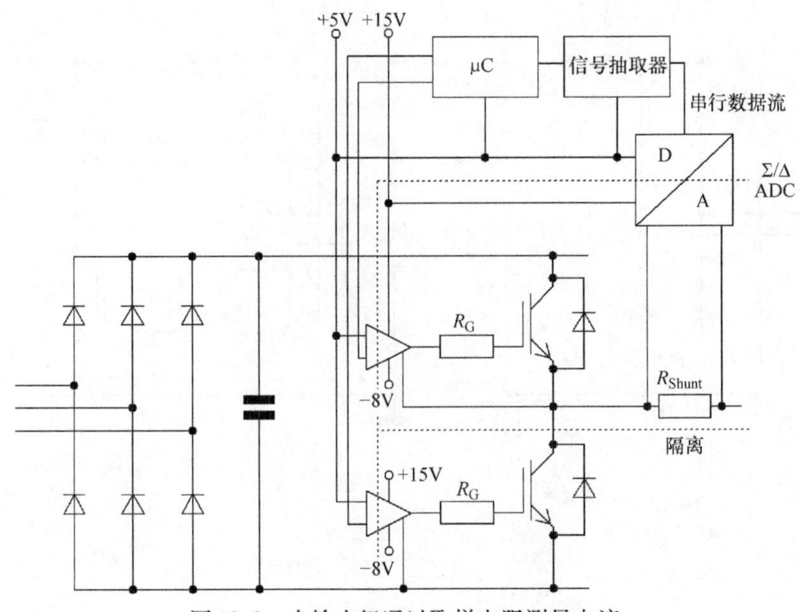

图 12.9　在输出级通过取样电阻测量电流

2. 自带电流检测的 IGBT

电流检测 IGBT 大多是由像三菱电机和富士电机这样的日本生产商制造，这类模块中包含多个 IGBT 单元，而其发射极具有一个独立的连接：（发射极）检测连接。负载电流 I_L 被分为两部分：主发射极电流 I_E 和检测发射极电流 I_{Sense}。除了其他的影响外，两个电流满足以下公式：

$$I_{Sense} = I_L - I_E \tag{12.5}$$

$$I_{Sense} = \frac{n_{Sense}}{n_{total}} \cdot I_L \tag{12.6}$$

式中，n_{Sense}为具有检测功能的 IGBT 绑定线根数；n_{total}为 IGBT 总绑定线根数。

如图 12.10 所示，可以通过电阻 R_{Senese} 测量电流 I_{Senese}。电阻 R_{Senese}越大，负反馈就越强，式（12.6）中产生的电流与实际电流的偏离就越大。结果使得 R_{Senese}应该保持尽可能地低。另一方面，R_{Senese}又必须足够大从而产生足够高的电压，以便检测电路的测量。这些矛盾的要求总是造成实际电流和被测电流之间的偏差，而且偏差有时明显、有时很小。因此电流传感 IGBT 无法满足大电流测量需求。然而，电流传感 IGBT 有利于辨识过载和短路电流。

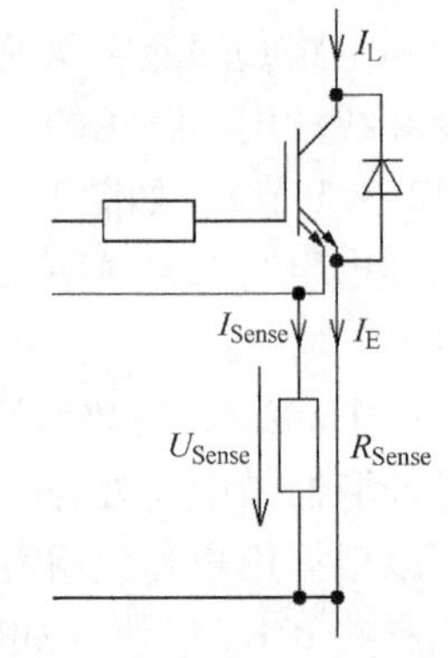

图 12.10　集成电流检测的 IGBT

几家不同的厂商都可以提供电流检测 IGBT 的控制和驱动。此处谈到的 IL33153 是来自 IK 半导体的一种驱动 IC。

3. Σ/Δ ADC

在电力电子设备中，通过光耦或脉冲变压器作为隔离介质传输数字信号比直接传输模拟信号更方便，所以使用 ADC，特别是 Σ/Δ ADC。另外，更重要的一点是，Σ/Δ ADC 的技术设计和储备可以保证传输过程中不会产生错误。Σ/Δ ADC 非常适合用于取样电阻，下面将进一步讨论其功能原理。

在 Σ/Δ ADC 中，模拟输入信号送到加法器（Δ 级），然后输出信号送到积分器（Σ 级）的输入端。积分器的输出信号通过一个比较电路和模拟参考信号相比。比较器的输出就是 Σ/Δ ADC 的数字输出信号。一方面这个信号通过数字滤波器和抽取滤波器输出，另一方面经由一个内部 1 位 DAC 反馈到加法器与原始输入信号相减。模拟输入信号的采样频率非常高，因此也称为超采样。Σ/Δ ADC 的串行 1 位输出信号就是包含了逻辑“0”和“1”的序列。如果输入信号为 0V，则输出数字信号为“0”。如果输入信号增加，“1”在 Σ/Δ 数据流中的占比就会增加。相反，输入信号减少，输出数据流就以“0”为主。因此，输出信号的时间顺序平均值与输入信号成正比。一阶和二阶 Σ/Δ ADC 如图 12.11 所示。

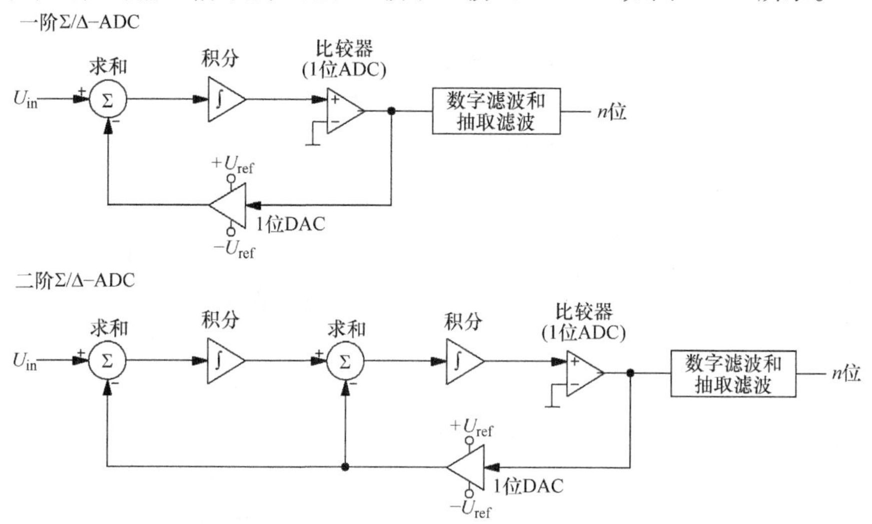

图 12.11　一阶和二阶 Σ/Δ ADC

下面将详细讨论 Σ/Δ ADC 的工作原理。对于一个 n 位模/数转换器，采样和随后转换成离散值而产生的量化误差为 0.5LSB[㊀]。同时错误信号或者是噪声也会叠加在原始信号上。图 12.12 给出了量化原理。

量化错误可以简化为一个周期内从$\frac{-q}{2\cdot s}$到$\frac{q}{2\cdot s}$变化的锯齿函数。

$$e(t)=s\cdot t \tag{12.7}$$

DC 输入信号从 0Hz 到采样频率 f_S 一半时，理想 ADC 的量化噪声的均方根值 Q 为

$$Q=\sqrt{\frac{\int_{\frac{-q}{2s}}^{\frac{q}{2s}}e(t)^2\mathrm{d}t}{\frac{q}{s}}}=\sqrt{\frac{s}{q}\int_{\frac{-q}{2\cdot s}}^{\frac{q}{2\cdot s}}(s\cdot t)^2\mathrm{d}t}=\frac{q}{\sqrt{12}} \tag{12.8}$$

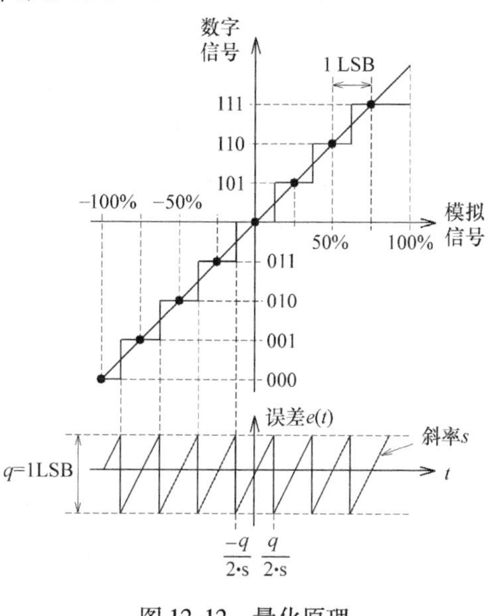

图 12.12　量化原理

㊀ LSB 是最低有效位的简写，即在量化噪声时，最低的分辨率为 1 位。

这里没有进一步推导，直接给出了正弦信号的信噪比（SNR），即

$$\mathrm{SNR} = (6.02 \cdot n + 1.76)\ \mathrm{dB} \tag{12.9}$$

对于实际的ADC，寄生效应降低SNR值，导致实际有效分辨率低于n位。实际分辨率称为有效位数（ENOB），即

$$\mathrm{ENOB} = \frac{\mathrm{SNR} - 1.76\mathrm{dB}}{6.02\mathrm{dB}} \tag{12.10}$$

如果采样频率增加到k倍，频率范围也从原来的f_S增加到$k \cdot f_S$，而量化噪声$\frac{q}{\sqrt{12}}$将会均匀分布在新的频率范围内。采样频率随着系数k的增加而增大，称为过采样。ADC的数字值经过低通滤波器，输出信号中可以滤除大部分量化噪声，而不影响有用信号。通过这种方式提高采样速率，使数字滤波可以提高低分辨率ADC的ENOB。这样，数字滤波和噪声成型如图12.13所示。

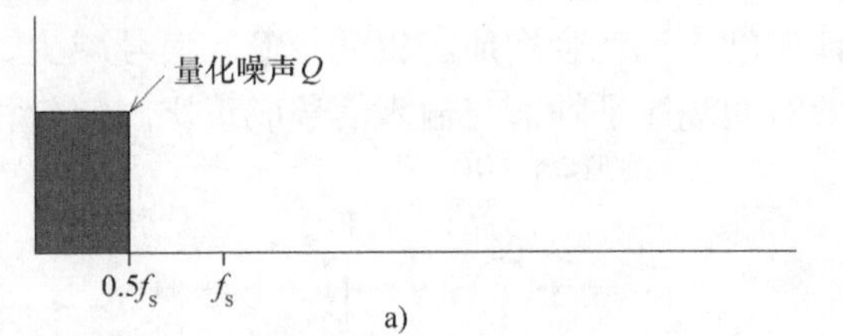

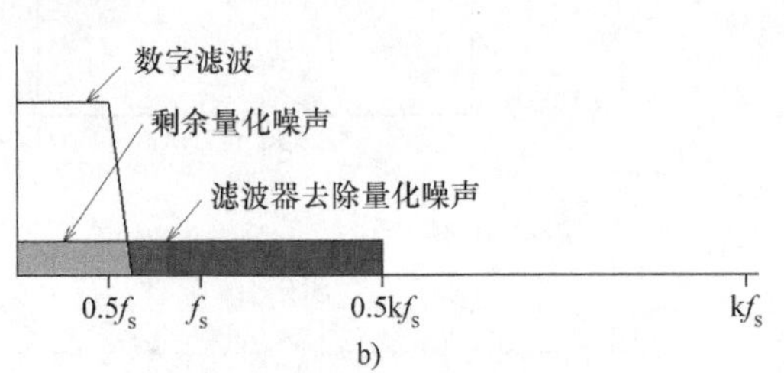

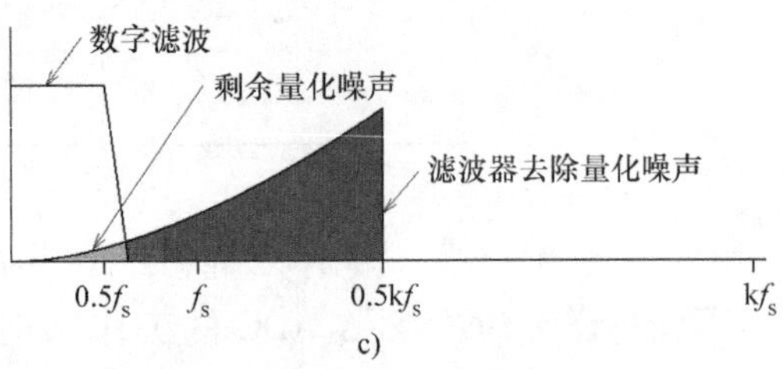

图12.13　过采样，数字滤波和噪声成型

从频域分析Σ/Δ ADC，其频率特性如图12.14所示。

这里用一个传递函数[⊖] $H(f) = 1/f$为模拟低通滤波器，表示积分器。输出信号为

$$A = \frac{1}{f} \cdot (E - A) + Q = \frac{E}{f+1} + \frac{f \cdot Q}{f+1} \tag{12.11}$$

从式（12.11）可以看出：频率越低，输出信号A越接近输入信号E。而频率f较高时，量化噪声Q在输出信号中的比重增大，这就是所谓的噪声成型。在保证n位分辨率时，噪声成型使得过采样频率$k \cdot f_S$比实际需要的频率低。对于n位的变换器，k的理论值为2^{2n}。

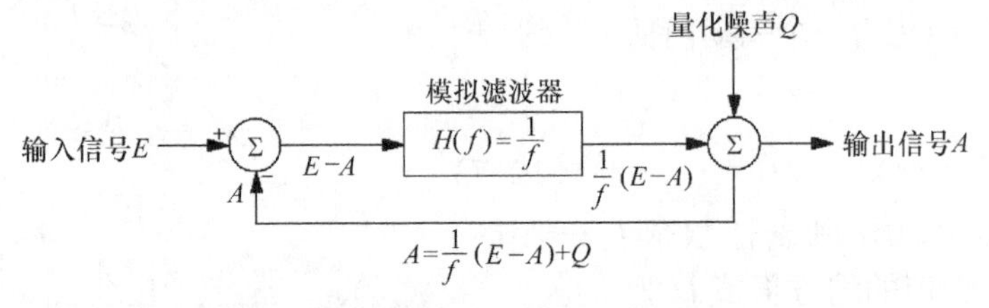

图12.14　Σ/Δ ADC的频率特性

如果一阶Σ/Δ ADC增加一个积分器和求和过程，就成为二阶Σ/Δ ADC，如图12.11所示。这样前文所述的噪声成型和ENOB都会增加，而过采样频率$k \cdot f_S$没有变化。

⊖ 通过拉普拉斯变换可以得到线性时不变函数的传递函数。拉普拉斯变换可以把给定的时域函数$f(t)$转化为复域即频域的函数$F(s)$。拉普拉斯变换以法国数学家皮埃尔·西蒙·拉普拉斯（1749～1827）的名字命名。

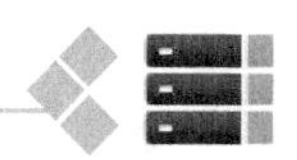

由于数字低通滤波器导致输出信号的带宽降低，使得输出数据的速率可以低于原始采样率 $k \cdot f_S$（必须在奈奎斯特频率 $0.5f_S$ 之上），因此可以只输出数据中的第 x 位。这里需要确定的唯一参数就是调整后的输出数据流的频率，要确保其不低于被采样的有用信号频率的两倍。实际中，可以用抽取器来实现该功能。

抽取器在处理 Σ/Δ ADC 输出信号时，从 Σ/Δ 数据流抽取用户可选的时间序列的平均值，这些数据通过数据总线直接送给微控制器，而抽取信号的分辨率取决于平均值形成的时间长度。时间越长，有效信号分辨率就越高，但同时也增加了有效转换时间。根据对象，时间的长度为几微秒（短路电流检测）到几十微秒（额定电流的检测）。图 12.15 给出了 MIPAQ™系列 IGBT，它集成了用于测量输出电流的 Σ/Δ ADC。表 12.1 给出了常用的 Σ/Δ ADC 和抽取器。

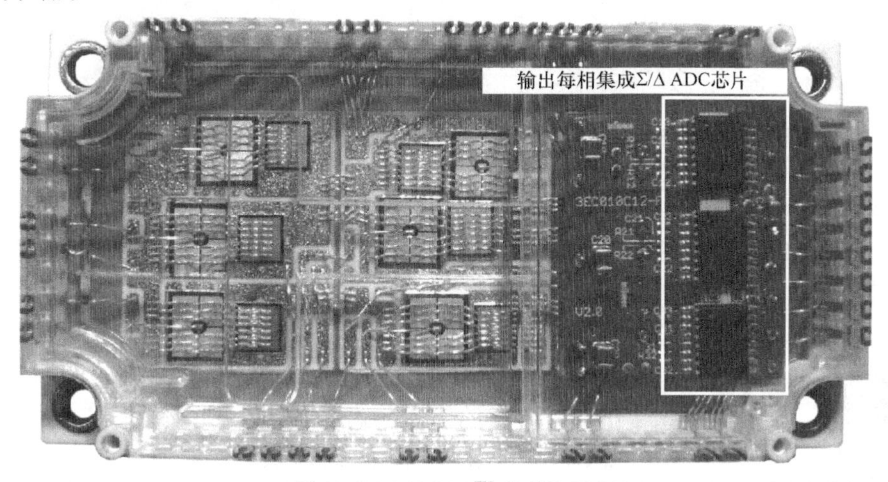

图 12.15　MIPAQ™系列 IGBT

表 12.1　常用的 Σ/Δ ADC 和抽取器

制造商	类型	型号	隔离
ADI	Σ/Δ ADC	AD7400 AD7400A	无芯变压器 r
Avago	Σ/Δ ADC	ACPL－796J, HCPL－7560, HCPL－7860, HCPL－786J	光耦
Avago	抽样器	HCPL－0872	无

12.3.2　基于电磁原理的电流测量

在电力电子设备中，常常通过载流导体产生的磁场来测量电流。与非磁测量相比，这种方法具有明显的优点：由于磁性材料本身的特性自动确保电气隔离，因此测量仪器与电流回路之间不需要再隔离。

1. 电流互感器

电流互感器（CT）也是一种磁测量方式，变压器的输出端接一个固定的负载电阻，一次绕组就是被测电流的导体，如图 12.16 所示。

电流互感器的一次侧只有一匝。基于一次和二次绕组之间的匝数比，一次电流被映射在二次侧，通过负载电阻 R_{term}，产生电压 U_{out}，然后可以用示波器来观测电压波形。下式适用

于图 12.16 的设计，即

$$U_{out} = R_{term} \cdot I_2 = R_{term} \cdot \frac{I_1}{N_2} \tag{12.12}$$

根据图 12.16 的原理设计的电流互感器主要用于测量脉冲或瞬态电流。测量直流电流时，即使电流很小，也可能会导致磁芯的饱和，也就无法测量电流[㊀]。

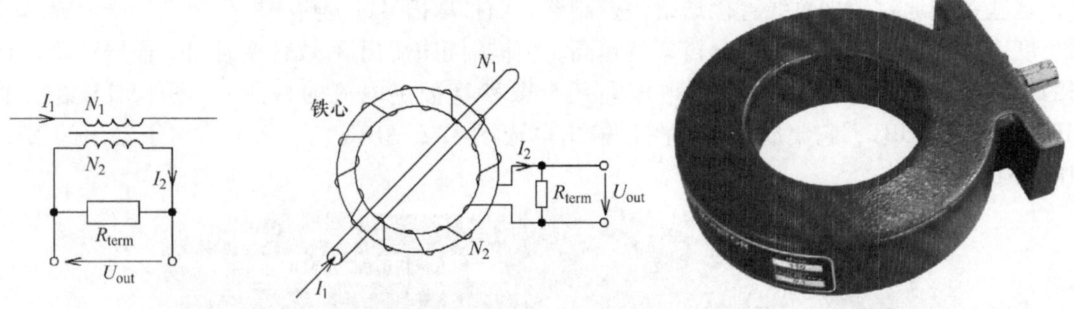

图 12.16　电流互感器原理

图 12.17　常用于实验室测量的皮尔森线圈

根据电流互感器的设计及其内部寄生电容，通常在一定频率范围内才可以保证电流测量的精度小于等于 1%，电流和时间的乘积也与测量精度相关。电流互感器的数据手册中包括相关的信息。

电流互感器的原理来自于皮尔森公司[㊁]生产的同名商业化产品——皮尔森[㊂]线圈，如图 12.17 所示。目前市场上可以获得不同灵敏度等级的电流转换器，如每安培的输出电压以及最大脉冲电流。表 12.2 给出了电流互感器的优点和缺点。

表 12.2　电流互感器的优点和缺点

优点	缺点
隔离测量	无法测量直流和低频电流
瞬态响应	通常难以集成到负载电路中
直接示波器连接	饱和效应
可以忽略对负载电路的影响	磁性材料
	过大的电流可能会损坏电流互感器

2. 罗氏线圈

罗氏线圈[㊃]是空心线圈，即没有磁芯。罗氏线圈由非磁[㊄]材料构成一个类似互感器的机械载体，导线缠绕在上面。测量电流时，把罗氏线圈套在通电导体上。交变电流 I_1 流经导体时将在罗氏线圈上感应出电压 U_2，即

㊀ 如果脉冲电流中含有直流分量，通过消除直流分量防止铁心饱和的方法有两种：增加一次绕组，注入和直流分量大小相等方向相反的电流；或者是在二次绕组中注入直流分量。

㊁ 以美国科技学家保罗·皮尔森的名字命名。

㊂ 为了保持完整性，这里将介绍其他基于相同原理生产电流互感器的厂商，比如 Lilco 公司和 IPEC 公司。变换器的性能一定程度上受终端电阻（负载）的影响，对于是否内部集成该电阻，不同公司的设计不同。当电流互感器没有集成负载电阻或开路输出时，危险的高电压可能损坏变换器，同时给用户带来危险。

㊃ 以德国电气工程师沃尔特·罗氏（1881～1947）的名字命名，在英国物理学家亚瑟·普林斯·查托克（1861～1934）研究的基础上，沃尔特于 1912 年发表了该理论。

㊄ 铁磁材料在磁场中会被磁化。

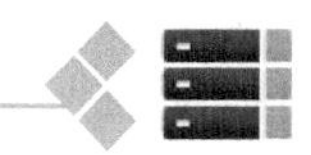

$$U_2 = \frac{\mu_0 \cdot N_2 \cdot A}{I} \cdot \frac{\mathrm{d}i_1}{\mathrm{d}t} = L \cdot \frac{\mathrm{d}i_1}{\mathrm{d}t} \tag{12.13}$$

式中，μ_0 为磁场常数，$\mu_0 = 4 \cdot \pi \times 10^{-7}\mathrm{H/m}$；$N_2$ 为绕组匝数；A 为包围区域的面积（m^2）；I 为线圈平均周长（m）；L 为线圈电感（H）。

在高阻抗下测量电压 U_2，然后通过积分计算得到一个正比于电流 I_1 的输出电压 U_{out}。如图 12.18 所示，这意味着商用的罗氏线圈总是需要一个有源变换器[㊀]。供电电源来自电池或是外部电源。

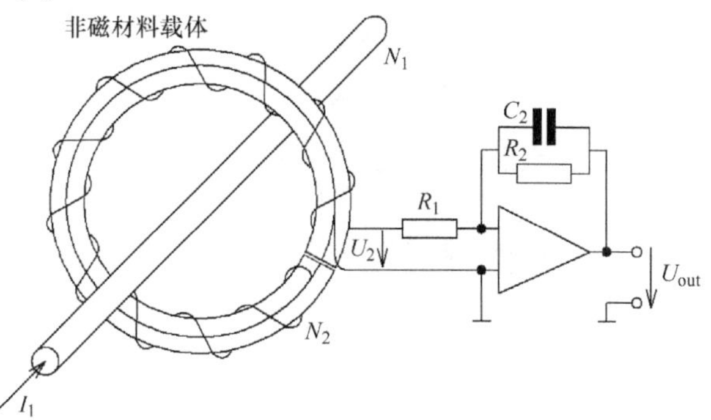

图 12.18　罗氏线圈原理

根据式（12.13），直流电流由于 $\mathrm{d}i_1/\mathrm{d}t = 0$，所以无法在线圈输出端产生电压 U_2。此外，下截止频率 $f_{\mathrm{b,lower}}$ 受积分器的频率响应影响，所以常用罗氏线圈的电流测量频率，其下限是 50Hz（对特定应用，可以降到 0.1Hz）。另一方面，罗氏线圈也存在上限截止频率 $f_{\mathrm{b,upper}}$，即

$$f_{\mathrm{b,upper}} = \frac{1}{2 \cdot \pi \cdot \sqrt{L \cdot C}} \tag{12.14}$$

式中，L 为线圈电感；C 为线圈的寄生电容。

根据模型，上限截止频率一般在几千赫到几兆赫之间。

由于其机械设计结构，罗氏线圈很容易运用到现有的应用中，如图 12.19 所示。其特别有利于设备的维护和修理。罗氏线圈的另一个优点是既可以测量非常小的电流，也可以测量非常大的电流，而线圈本身不会被损坏。因为没有铁心，也不存在非线性或饱和效应。表 12.3 给出了罗氏线圈的其他优缺点。

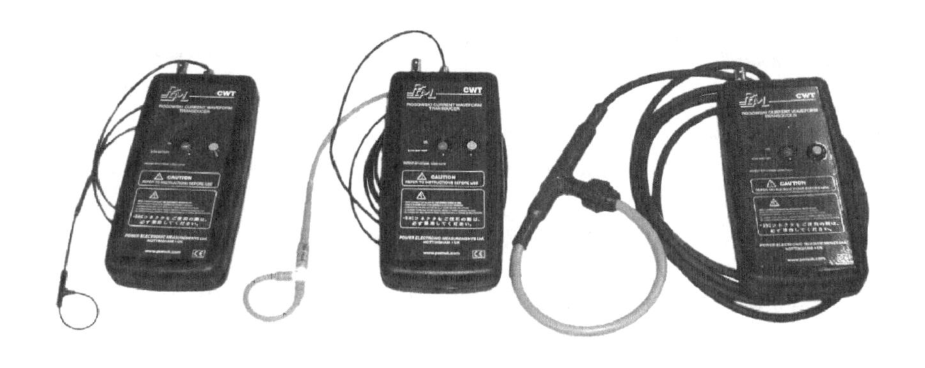

图 12.19　罗氏线圈——由 PEM[㊁]制造用于实验室电流测量的产品

㊀ 刚开始时，罗氏线圈采用无源积分器。自从 20 世纪 90 年代开始，几乎全部改为有源积分器。

㊁ LEM 和 Rocoil 等其他公司也生产罗氏线圈。

表 12.3　罗氏线圈的优缺点

优点	缺点
隔离测量	需要额外积分器
瞬态响应	无法测量直流和低频电流
容易用于负载电路测量	
没有饱和效应	
超过量程的大电流不会损坏	
不需要磁性材料	
对负载电路的阻抗影响较低	
对负载电路的影响可以忽略不计	

3. 霍尔传感器

霍尔传感器的原理是霍尔效应㊀，能用于测定磁场。在磁场中放入导体就会产生霍尔效应。导体内的载流子以速度 v 漂移。由于式（12.15）的洛伦兹力㊁，载流子的偏转垂直于在磁场中运动的方向。根据载流子的极性，偏转方向必为图 12.20 所示两个方向中的一个。

$$\vec{F} = q \cdot (\vec{E} + \vec{v} \times \vec{B}) \tag{12.15}$$

式中，q 为电荷；E 为电场强度；v 为电荷穿过磁场的运动速度；B 为磁通密度。

这会导致载流子的分流，使电子在导体的一侧聚集而另一侧减少，因此在这两个区域之间形成电场，而该电场施加于载流子的力与洛伦兹力相反。当载流子承受电场的力和洛伦兹力相互抵消时，载流子就不会进一步分流，从而达到平衡。

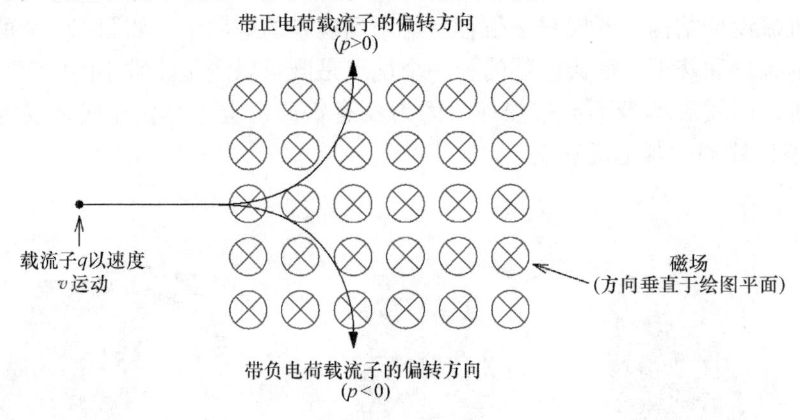

图 12.20　载流子受到的洛伦兹力

当导体两侧建立起不同载流子密度的区域时（传感接触如图 12.21 所示），就可以测量导体两侧的电压差。霍尔电压 U_H 定义为

$$U_{\mathrm{H}} = \frac{R_{\mathrm{H}} \cdot I_{\mathrm{S}} \cdot B}{d} \tag{12.16}$$

㊀ 以美国物理学家爱德温・赫尔伯特・霍尔（1855～1938）的名字命名。

㊁ 以荷兰数学家亨得里克・安顿・洛伦兹（1853～1928）的名字命名。

式中，R_H 为霍尔常数（取决于材料）；I_S 为驱动电流；B 为磁通密度；d 为霍尔传感器平行于磁通密度 B 方向的厚度。

霍尔传感器原理如图 12.21 所示。

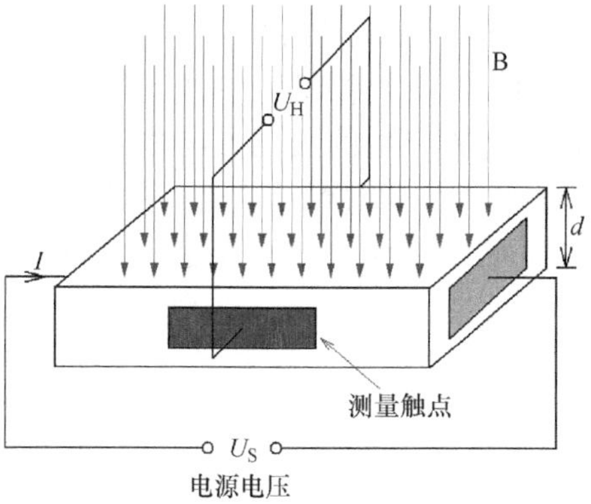

使用霍尔传感器时，必须牢记一些可能导致测量错误的因素，采用适当的补偿措施。这些导致测量错误的因素主要有：

- 塑形：由于生产工艺不精确的影响，如感触点的定位。
- 热点效应：由于内部或外部热源的影响，导致霍尔传感器不同区域的温度不同。还有触头之间的塞贝克效应㊀ $U_{Sb}=\alpha\cdot\Delta T$ 的影响。
- 机械应变：影响霍尔传感器的其他动作，如装配、包装等，可能会导致部件上的机械应变。
- 自感：霍尔传感器引线产生的磁场对测量的影响。

图 12.21　霍尔传感器

为了最小化上述因素对传感器的影响，霍尔传感器集成了复杂的、具有补偿功能的综合性可靠电路。

霍尔传感器也可以通过线性的霍尔电压 U_H 来直接测量磁场，还能间接地用于无源电流的测量。典型的应用模式包括：开环变换器和闭环变换器。

开环变换器是霍尔传感器用于电流测量最简单的设计，它的功能原理如图 12.22 所示。导体穿过一个铁心，被测电流 I_L 在铁心中产生磁场。霍尔传感器放置于铁心的气隙中。集成电路提供工作电流 I_S，通过一定的补偿措施把霍尔电压 U_H 放大。只要传感器的铁心工作于 $B-H$ 磁化曲线的线性范围内，磁通 B 与被测电流 I_L 成正比。开环霍尔变换器的输出电压正比于被测电流 I_L。然而，尽管集成了补偿措施，输出电压中仍存在偏移电压 U_{off}。偏移电压部分来源于上述因素的影响，但同时也会受到电子电路（放大器误差、线性度、噪声及当达到临界带宽时的衰减和相移）和铁心磁饱和的影响。

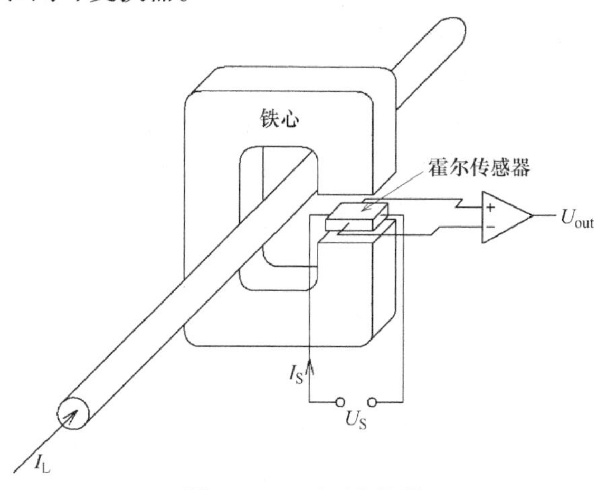

图 12.22　开环变换器

从本质上讲，开环变换器的优点是可以与被测信号之间实现电气隔离，而且可以测量直流和交流信号，所需的供电电流和成本都很低；主要缺点是过载电流可能导致磁饱和，还有就是铁心的剩磁问题；另外带宽相对较窄，响应时间较长且对温度敏感。尤其是响应时间较长限制了其在特定的 IGBT 中的使用，这其中包括当 IGBT 的标称短路时间小于 10μs 时，开环变换器不适用于短路保护。

㊀ 通电导体的两点如果温度不同就会出现电压差，称作塞贝克效应，以德国物理学家托马斯·塞贝克（1770～1831）命名。ΔT 是观测点的温差，α 是塞贝克系数表示材料的热电常数。

很多厂商可以提供高达10kA的商用开环变换器，比如ABB、LEM和Tamura。

闭环变换器并不是直接采用霍尔电压U_H来测量被测电流I_L，而是在铁心上增加了控制补偿绕组，其产生的磁场与被测电流产生的磁场方向相反，如图12.23所示。通过精确控制补偿绕组产生的磁场，使得总磁场为零，此时，满足以下关系：

$$N_L \cdot I_L = N_K \cdot I_K \Leftrightarrow I_K = \frac{N_L}{N_K} \cdot I_L \tag{12.17}$$

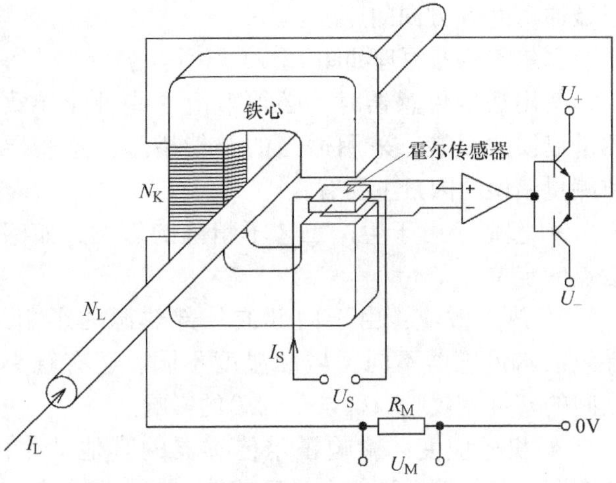

图12.23　闭环或补偿变换器

式中，N_L为被测电流绕组的匝数；I_L为被测电流；N_K为补偿绕组的匝数；I_K为补偿绕组的电流。

因而，补偿电流I_K正比于被测电流I_L。同时测量电阻R_M与补偿绕组串联，其压降U_M与I_L成正比。闭环变换器的带宽也受集成电路的限制。然而在高频时，电流变换器的测量原理与霍尔传感器的原理共同作用：被测电流的导体与补偿绕组形成了一个变压器，它可以通过测量电阻传输信息，即可以直接映射。根据设计，由于上述原理的相互作用增加了闭环变换器的有效带宽范围：从0Hz到几十千赫。

闭环变换器像开环变换器一样也可以实现电气隔离。另外，闭环变换器具有卓越的精度和线性度，低温度漂移，高带宽和响应时间短，以及过载能力强。然而其功耗较高，体积较大且成本较高。

很多厂商可以提供高达10kA的商用闭环变换器，比如LEM和Tamura。

12.4　电压测量

电力电子领域里，电压测量无处不在。设计，维修和保养需要测量电压；监测实际系统的工作状态也需要测量电压。测量电压的首选仪器通常是电压表或数字万用表，而示波器则用于测量变化的电压。根据电压等级和参考电位，可以选择标准示波器探头（见图12.24a）或差分探头（见图12.24b和图12.24c）来测量电压。使用标准探头测量电压时，测量参考点和示波器的接地线具有同样的电位。然而使用差分探头测量电压时，参考点可能与示波器的接地线在一个完全不同的电位。一些制造商设计的电压探头，电压测量可以达到几千伏。各厂家制造的探头通常是相互兼容的，但是有些产品具有特殊的连接端口，这意味着它们只能在同一制造商生产的设备中使用。

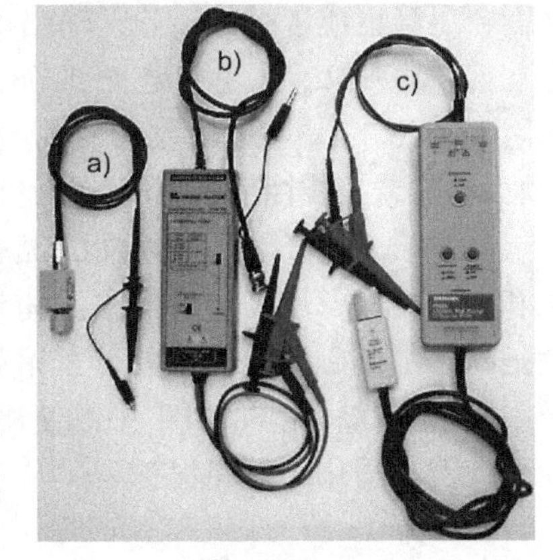

图12.24　Tektronix和Probe Master的示波器探头和差分探头

当使用隔离的差分探头时，需要注意的关键点是，

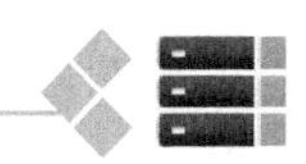

这种探头具有较大的耦合电容，因此在测量动态信号时会产生明显的错误。测量仪器的连接方式会产生耦合电容。此外，不要由外部电源给这些测量仪器供电，因为这样会增加与电源线之间的耦合电容，而且示波器也连接在电源线上。

需要通过测量电压来确定变换器的工作状态时，必须把测量电路集成在逆变器的电子线路中。对大多数应用而言，基本只要测量两个点的电压就够了，如图 12.25 所示。这不包括通过测量电压间接地测量电流，如在 12.3.1 节详述的取样电阻就是一个典型的例子。

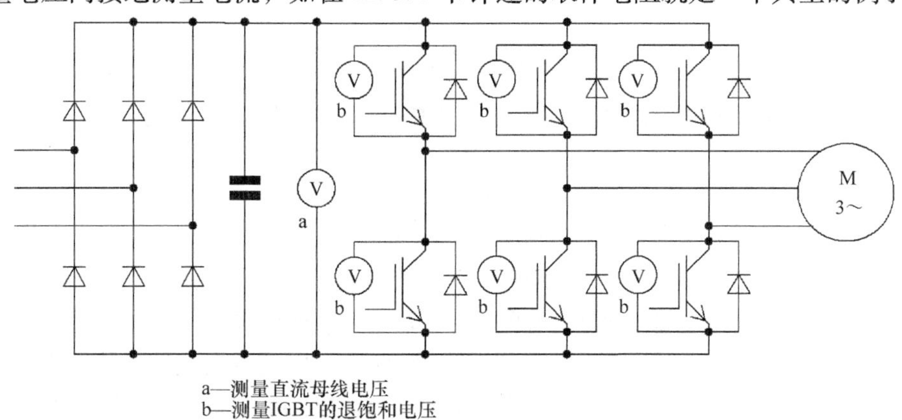

图 12.25　电力电子系统常用的电压测量点

已经在第 6 章 6.7.1 节详细地讨论了通过测量集 - 射极电压来检测 IGBT 是否处于饱和状态的方法，所以下文的重点将放在直流母线电压的测量上。

为什么需要测量直流母线电压的原因有：第一，当系统启动时或当直流母线出现电压突降时（见图 11.6），通过给直流母线充电，从而控制直流母线电压；第二，根据直流母线电压，可以独立地调整调制比从而控制输出电压；第三，特别是在再生制动时（不带再生并网发电模块），由于受到一些因素的制约，包括半导体器件的反向击穿电压，其他电路结构（例如有源钳位），直流母线电容和隔离设计方式等，直流母线电压不能超过某一最高值。

当测量直流母线电压时，把被测的高压经分压后到可测量的低压非常重要，同时因为测量而导致的损耗要尽可能地低，而且测量电路必须具有一个功能，即被测信号和测量电子电路之间的高阻抗隔离。下面将给出两个示例。图 12.26[㊀] 给出了一种可行的基于高阻抗隔离分压直流母线的方案并给出了测量电路。

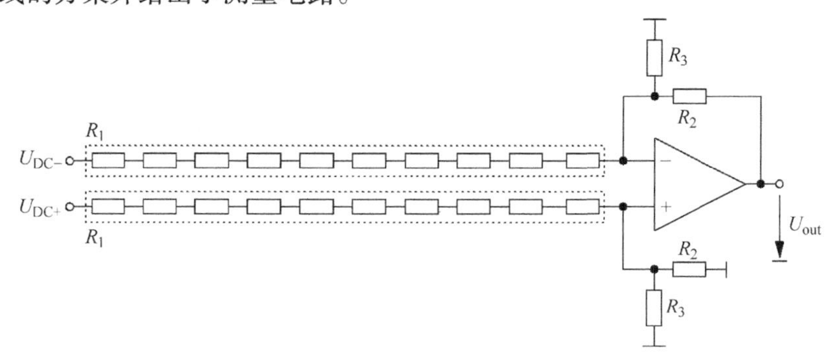

图 12.26　通过高阻隔离测量直流母线电压

㊀ 与原版书不同的是，图中同相输入端和反相输入端已互换。——译者注

在运算放大器的输入端通过加入对称结构的高阻抗电阻链把直流母线的高电压降低到一定的安全水平。比如，这些电阻链可以由100kΩ的贴片电阻组成，且所得到的总电阻R_1应至少有1MΩ。电阻的最小数量不仅要满足一定的算术关系，也必须满足电气间隙和爬电距离的要求，以便能够提供足够高的阻抗隔离路径。

利用高精度的电阻构建对称电阻链，然后通过调整电阻R_1和R_2的比值得到输出电压U_{out}，即

$$U_{out} = \frac{R_2}{R_1} \cdot (U_{DC+} - U_{DC-}) \tag{12.18}$$

为了可以方便地调整共模控制电压U_{cm}的影响，需要增加高精度的分压电阻R_3进行分压，即

$$U_{cm} = \frac{R_2 \cdot R_3}{R_1 \cdot (R_2 + R_3) + R_2 \cdot R_3} \cdot U_{DC+} \tag{12.19}$$

图12.27是实现电气绝缘隔离的例子。直流母线电压经过分压降低到只有几伏范围内后，被反馈到该阈值识别电路。可以由两个电阻R_{s1}和R_{s2}来设置阈值。通过另一个路径分压后的总线电压送到Σ/Δ ADC的输入端，这里Σ/Δ ADC可以实现电气信号绝缘隔离。信号经过放大和偏移后（零点设置，例如$R_1 = R_2 \sim 2.5V$）就被送到微控制器中进行处理。

通常在选择分压电阻时，必须考虑每个电阻的损耗，确保不会发生过载。也必须小心选择从U_{DC+}到U_{DC-}路径中每个电阻的电压能力，以防过电压产生飞弧。

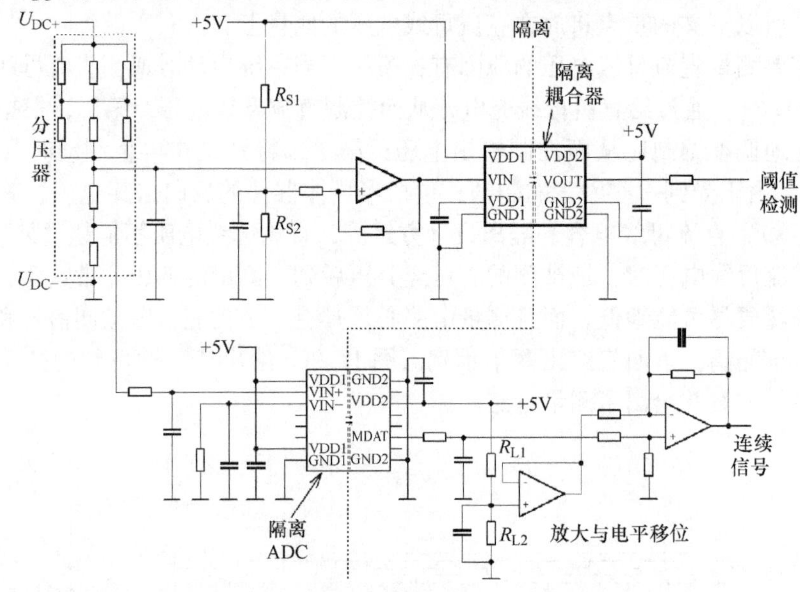

图12.27　带电气绝缘隔离测量直流母线电压

12.5　温度测量

限制半导体应用的一个重要因素是它们的最大结温$T_{vj,op}$。因此无论是应用研发人员，或是管理其运行的用户，结温的测量都非常重要。有几种基于间接或直接测量结温的方法。

间接测量结温的方法不是直接测量芯片的实际温度，而是测量系统中其他参考点的温度，通常是检测 IGBT 模块的基板或散热器温度。在产品研发阶段，例如通过用数字式温度计来测定温度，如图 12.28 所示。在实际应用中，则要确保在不需要外部设备的情况下可以测量内部温度。一种方法是使用阻值会随着温度变化而改变的 NTC 电阻。NTC 电阻的阻值随温度升高而降低，即它表现了负温度系数特性，所以命名为 NTC。另外，也可以选择随温度升高而阻值增大（如 PTC 电阻）的器件。

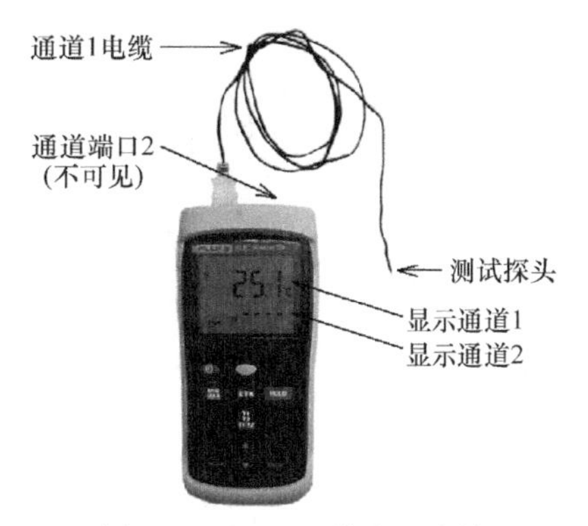

图 12.28　Fluke 数字温度计

许多 IGBT 模块集成了由陶瓷半导体材料做成的 NTC 电阻，该电阻可用来测量基板温度。当然，也可以在散热器上安装一个或多个 NTC 电阻。图 12.29 给出了 NTC 电阻应用原理（这个电路仅仅是众多应用电路中的一种，也可参见文献［16］）。下面分析其具体功能。

定时器芯片 NE555㊀被配置为一个非稳态多谐振荡器。输出信号是电阻 R_{NTC}、R_1 和电容 C_1 的函数。定时器输出为“高”的时间 t_{on} 可由下式确定：

$$t_{on} = 0.693 \cdot (R_{NTC} + R_1) \cdot C_1 \tag{12.20}$$

相应的，有时间 t_{off}，对应的输出频率为 f_{out}：

$$t_{off} = 0.693 \cdot R_1 \cdot C_1 \tag{12.21}$$

输出频率 f_{out} 本身与 NTC 电阻的阻值相关，也就是与温度相关：

$$f_{out} = \frac{1}{t_{on} + t_{off}} = \frac{1}{0.693 \cdot (R_{NTC} + 2 \cdot R_1) \cdot C_1} \tag{12.22}$$

根据图 12.29 中设计原理，就可以绘制 $f_{out} = (T_{NTC})$㊁的函数曲线。测得的信号通过光耦实现电气绝缘隔离，然后送到下一级电路。

假设该 NTC 温度对应的 IGBT 模块的基板温度 T_C，而且已知设计的热转移电阻 $R_{th,jc,I}$ 与 $R_{th,jc,D}$（IGBT 模块数据手册中的值），那么就可以计算出静态工作时 IGBT 或续流二极管的结温，即 IGBT 或二极管的负荷是均匀的。

$$\begin{aligned} T_{vj,I} &= R_{th,jc,I} \cdot P_{tot,I} + T_C \\ T_{vj,D} &= R_{th,jc,D} \cdot P_{tot,D} + T_C \end{aligned} \tag{12.23}$$

可以通过式（3.24）($P_{con,I}$）和式（3.29）($P_{sw,I}$）来计算 IGBT 的功耗 $P_{tot,I}$；式（3.11）($P_{con,D}$）和式（3.18）($P_{sw,D}$）可用于计算二极管的功率 $P_{tot,D}$。

$$\begin{aligned} T_{vj,I} &= R_{th,jc,I} \cdot (P_{cond,I} + P_{sw,I}) + T_C \\ T_{vj,D} &= R_{th,jc,D} \cdot (P_{cond,D} + P_{sw,D}) + T_C \end{aligned} \tag{12.24}$$

理论上，也可以计算确定非均匀运行㊂时的结温，但是计算方法更复杂，且必须考虑热容。

㊀ 以下公式来源于意法半导体生产的芯片 NE555、SA555 和 SE555 的技术手册。其他制造商对应芯片的公式可能有所不同。

㊁ NTC 电阻的参数来自芝浦电子 KG 系列的产品手册。

㊂ 比如，当电动机工作于 0Hz 满额扭矩时就是一种不均匀负载，这时桥式电路中的六个 IGBT 只有三个在工作。

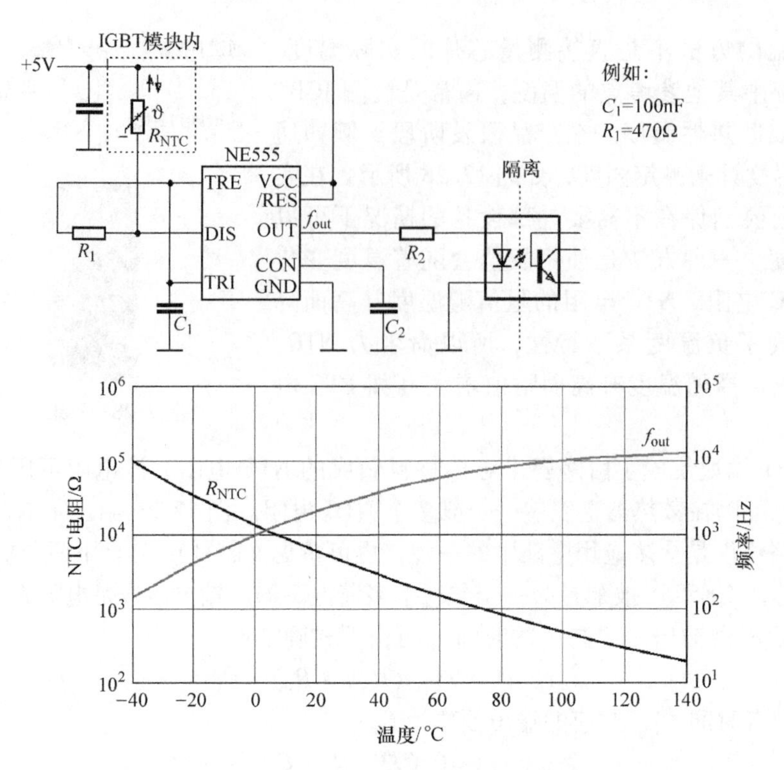

图 12.29　IGBT 模块的 NTC 温度测量

为了尽可能减少在线计算的工作量，根据预期的工况及产生的结温，可以离线计算基板和散热片的温度，从而得到模块在运行过程中所允许的最大基板或散热片温度。模块长期运行时，就没有必要实时计算结温。同时，仍然能够保证系统受到过热保护。

通过直接在 IGBT 中集成温度传感器（见图 1.50），在实际运行时直接测量结温也是一种可行的解决方案。预期测量精度约为 10%。目前有些商业化的模块会集成一个温度传感器，但只是用于测量 IGBT 温度，而不是二极管。这意味着二极管温度的测量受到一定的限制，特别是当电动机工作于再生制动时，必须间接测量二极管温度。此外，如同片上传感器和负载电路之间的隔离，片上传感器的电子检测线路也必须具有隔离功能，也就是每个 IGBT 芯片都需要一个带隔离功能的电子检测线路。这样会导致成本增大，所以可使用更便宜的替代品，如 NTC 电阻。

在研发阶段，红外成像仪可以在实验室直接测量温度，如图 12.30 所示。红外成像仪既可以测量静态温度也可以测量动态温度，但是它也有缺点，比如需要花费大量的时间来做设置准备。而且由于 IGBT 模块的硅脂会影响红外线成像的结果，所以测量前需要去除这些硅脂。为了防止各个区域由于辐射率不同而导致错误的测量结果，需要把被测区域涂成统一的颜色，通常是黑色。由于去除了硅脂，在临界电场就可能导致放电甚至损坏模块。因此，需要降低驱动电动机的直流母线电压。

辐射率是标幺值，该值描述了某物体和绝对黑体发射的红外辐射能力的关系。为正确地测量温度，红外成像仪必须根据被测对象设置辐射率。红外成像仪手册通常包含辐射率的定义和设置说明。所选材料的辐射率见表 4.1。

其他适用于散热器和类似的温度测量的温度传感器有 Pt 传感器和 KTY 传感器。

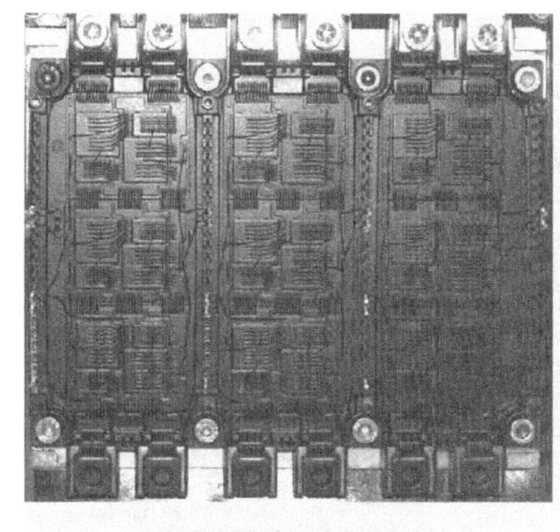

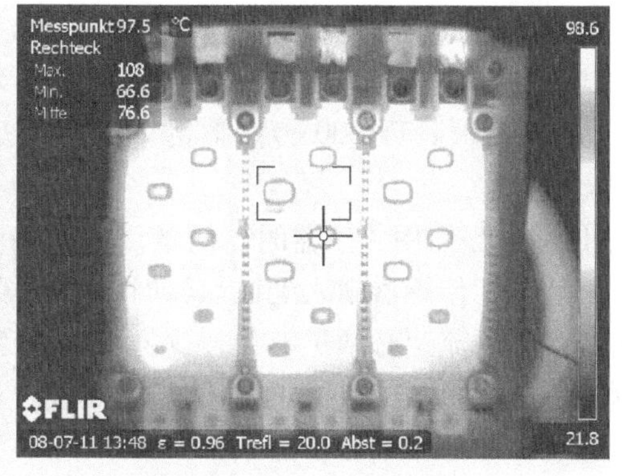

a) 特殊处理过的IGBT模块（去除硅脂并涂黑） b) 工作时的红外图像

图 12.30 使用红外成像仪测量温度

Pt 传感器的原理是金属铂（Pt）的电阻随着温度变化而改变。Pt 传感器根据 0℃的额定电阻来分类，通常有 Pt100，Pt200，Pt500 和 Pt1000。该数值代表额定电阻值 R_0，单位为欧姆。它们通常被设计成一种薄膜结构，氧化铝垫上涂敷一层铂。铂层通过激光修成为螺旋状，并设定为合适的电阻值，然后再封住一层玻璃。其他的 Pt 传感器设计为线绕陶瓷电阻。在陶瓷管中放入铂丝，然后填充氧化铝，然后用玻璃阻塞陶瓷管。与绕线陶瓷电阻相比，绕线玻璃电阻是把铂丝缠绕在玻璃棒上，并装配到玻璃管中。然后两者融合在一起。

Pt 传感器的测量范围在 -200 ~ 850℃之间，其特性类似于 PTC 电阻。电力电子相关的温度在 -50 ~ +200℃之间，适用的 Pt100 传感器特性如图 12.31 所示。这里给出了电阻和温度之间的关系曲线及在不同测量点时传感器电阻与温度的偏差。图中由两条曲线来表示偏差；不同的曲线分别代表了传感器的公差等级 A 和 B。除了这两个公差等级，还有其他的等级，一般由制造商和用户共同商定。

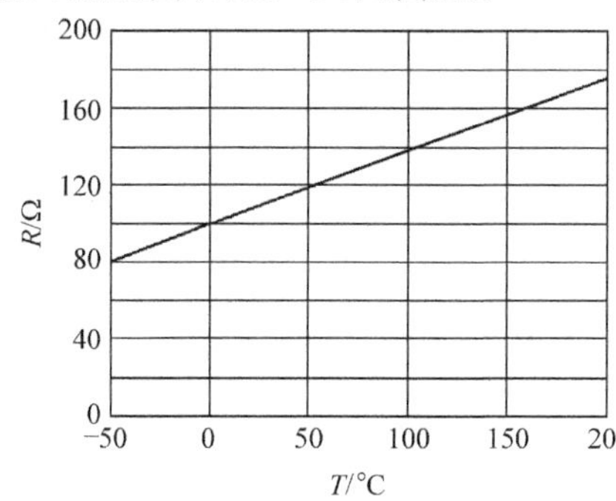

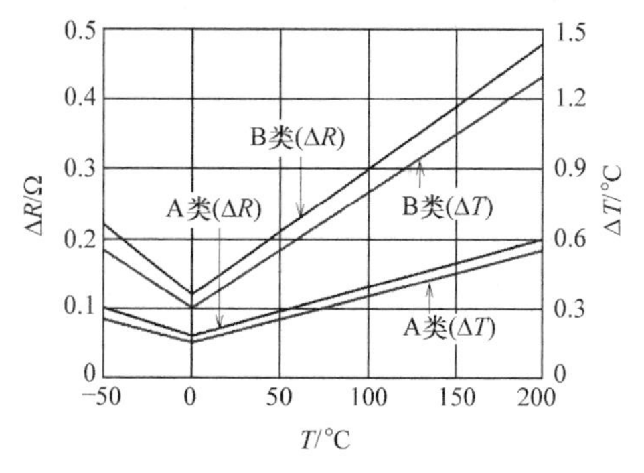

图 12.31 Pt100 传感器特性

A 级传感器的适用温度范围在 -200 ~650℃之间，通过三线和四线连接电路。B 级传感器的适用温度在 -200 ~850℃之间。

$$T_{\text{class A}} = \pm(0.15\text{K} + 0.002 \cdot T)$$
$$T_{\text{class B}} = \pm(0.30\text{K} + 0.005 \cdot T) \tag{12.25}$$

为了确保测量的精准性，对于传感器的公差必须牢记以下几点：

- 寄生热电电压：如果传感器导线与铜线连接，例如随着温度的不同，在接头处产生的热电电压也不同，则可能影响测量值。

• 自热：自热与选择的传感器的额定电阻及测量的电流有关。当测量电流恒定不变（通常约为1mA）时，Pt1000传感器的内部损耗是Pt100传感器的10倍。因此，Pt1000的电阻温度会更高。

• 热传递：当使用传感器时，测量目标（如散热器）或媒介（如冷却液）的热传递必须有效，因此当把传感器植入到散热器时，必须填充热化合物来防止空气空隙。同样，在测量液体时，液体的流速必须足够快，这样可以避免自热的影响。

• 电缆故障：由于传感器电缆的长度不同，所以其等效内阻也不同。它可能与传感器电阻相互影响，从而影响测量的结果。

KTY传感器是半导体温度传感器，可作为金属温度传感器的替代品。这种传感器的设计如图12.32所示。本质上，它是具有两个触点的硅半导体。在反应器中，硅母材在中子束的辐射下，如第1章1.1.4节中所描述的那样，在给定的比率和施主下，部分^{30}Si被转化为磷。其电阻值与温度相关，类似于PTC电阻的特性。因此可以通过中子辐射硅材料有效地调节电阻与温度的特性，使其成为适用于温度传感器的材料。实际上，其温度测量的原理是基于式（12.26）的扩散电阻原理。

$$R=\frac{\rho}{\pi\cdot d} \tag{12.26}$$

式中，ρ代表在掺杂硅的电阻率（$\Omega\cdot cm$）；d是在传感器的表面上测量接触点的直径，d必须远远小于传感器的厚度D。

图12.32a设计的缺点是传感器中硅－金属桥的电阻依赖于电流的方向，因此通常把两个传感器单元串联连接，以确保电流方向改变时电阻的对称性（图12.32b）。

KTY传感器测量温度的范围由掺杂浓度决定，典型值在－50～150℃之间，以25℃或100℃的电阻为传感器的参考电阻。

KTY传感器的封装方式多种多样，从标准的TO－92封装到SOT－23封装，也有专门设计的封装。

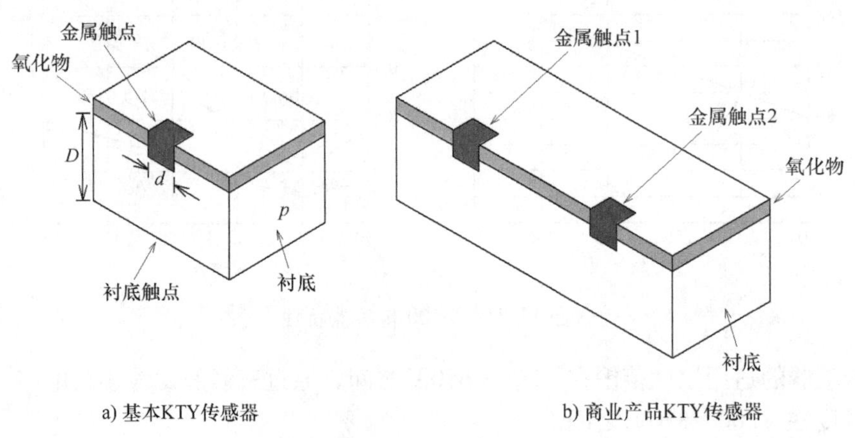

图12.32　KTY传感器

图12.33给出了KTY传感器的特性，其中KTY 10－6测量电流为1mA，而KTY 84－130的测量电流为2mA。

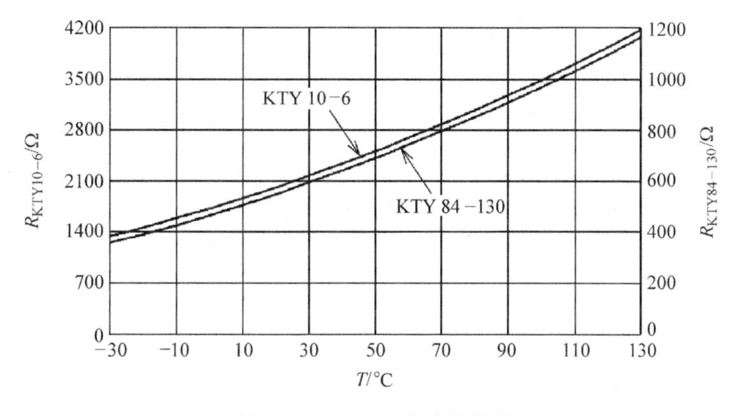

图 12.33　KTY 传感器特性

12.6　双脉冲测试

本节将详细地介绍前文提到的双脉冲测试。通常建议在系统调试之前进行双脉冲测试或测试 IGBT 模块特性。双脉冲测试通常基于半桥拓扑结构，在不同的负载条件下测试 IGBT 及相应二极管的特性。它适用于测试器件的特性及其控制，与逆变器批量生产前的测试效果类似。双脉冲测试能够用功率几乎可忽略不计的电源来测试电力电子器件在各种条件下的栅极驱动和动态特性，包括：

- 不同温度下的特性；
- 短路特性和短路关断；
- 栅极驱动特性，比如 R_{Gon} 和 R_{Goff} 的调节；
- 关断时的过电压特性，例如有源钳位的调整；
- 并联连接的均流特性；
- 二极管恢复特性；
- 开关损耗的测定。

双脉冲测试装置如图 12.34 所示。

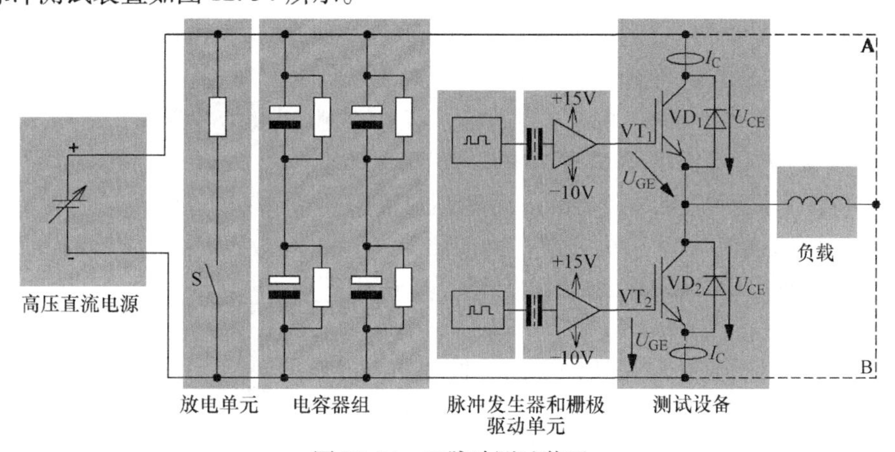

图 12.34　双脉冲测试装置

图12.34所示的双脉冲测试需要的组件为：直流电源，放电电路，直流母线，脉冲信号发生器，栅极驱动器，被测器件（DUT），负载。

需要测量电压和电流。负载根据测试上桥IGBT/二极管（VT_1或VD_1），还是测试下桥IGBT/二极管（VT_2或VD_2），切换到直流母线的DC－（B点）或DC＋（A点）。一旦选择了上桥或下桥的IGBT，另一个IGBT的栅极需要用负电压钳位。因为可能会发生第7章7.2.2节所述的寄生效应，所以不建议IGBT的栅极钳位到0V。

通过一个可调电压、可限电流的高压直流电源给直流母线电容充电。电容器被充电后，电源应该从电容器组分离或者限制充电电流。这样在发生故障时，几乎没有能量或者只有非常少的能量被补充到直流母线。推荐使用积分电流控制的电源，如图12.35所示，同样也需要保证电容器组在测试后能够放电。作为一种规则，可在DC＋和DC－之间安装放电电阻以实现电容放电。例如图12.34中开关S可以是IGBT。

直流母线的等效电感设计对IGBT和二极管的开关特性非常重要，因此直流母线的等效电感应该尽可能低，但也要考虑与预期的应用相对应。

图12.35　双脉冲测试所需直流高压电源

负载电感可以使用空芯电抗器，如图12.36所示。双脉冲测试需要转换的能量非常低，因此负载电感不必消耗任何热量。然而，绕组必须能够承受脉冲电流和电压范围。空芯电感的典型尺寸如下：

- 2.5kA/1.7kV/0.3ms
  6－9－13－20－30－45－70－100－150－230－345－520μH
- 100A/6.5kV/0.3ms
  0.78－1.17－1.75－2.63－3.94－5.91－8.87－13.30－19.95－30.00mH

如同IGBT模块和直流母线，栅极驱动器也对实际的开关特性起到关键作用。因此如果可能的话，双脉冲测试最好使用实际应用所需的栅极驱动器。然而这对于IGBT模块的特性测试不是绝对必要的。几家制造商都可以提供合适的IGBT栅极驱动解决方案，例如图12.37给出了CONCEPT公司的2BB108和2BB0435，其适用于1.7kV的IGBT模块。

通过双脉冲发生器产生驱动所需要的脉冲如图12.38所示，要确保t_1到t_3的时间自由可调。但是，市场上把这种脉冲信号作为基本函数发生器的非常少，因此可以通过可编程的PC脉冲发生卡来产生双脉冲函数。

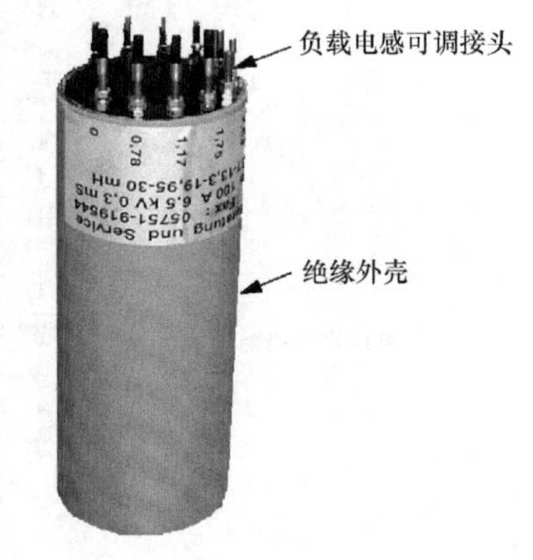

图12.36　双脉冲测试所需的空芯电感

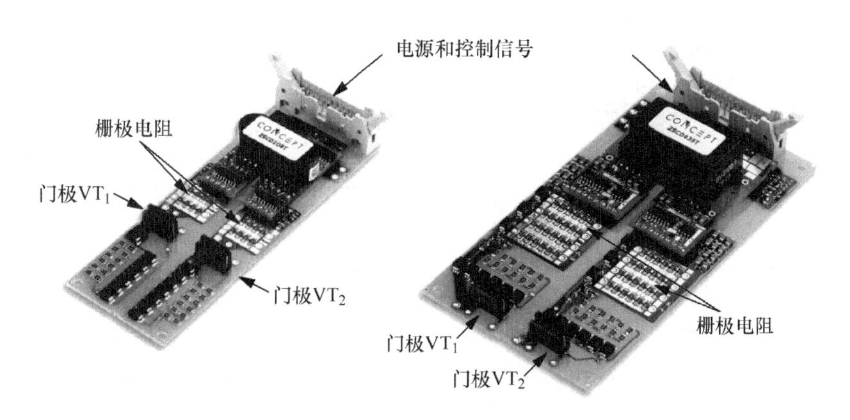

图 12.37　适合双脉冲测试的通用栅极驱动器

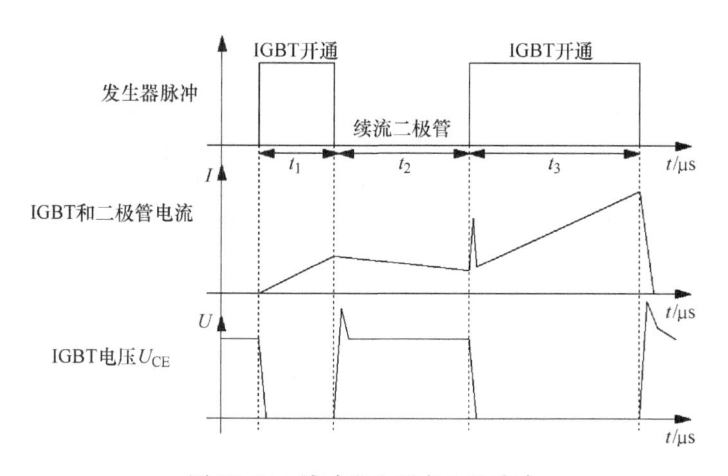

图 12.38　脉冲发生器产生的脉冲

在第一个开关测试开始之前，必须计算负载电感。在下面的例子中，将要测试额定电流为 1kA 的 1.7kV IGBT 模块。最大直流母线电压为 1.2kV，最大开关电流 2kA。t_1 和 t_3 的和不得超过 100μs，即

$$L_{\text{Load}}=\frac{U_{\text{DC}}\cdot(t_1+t_3)}{I_{\text{C}}}=\frac{12\text{kV}\times100\mu\text{s}}{2\text{kA}}=60\mu\text{H}$$

一旦负载电感确定，就可以开始测试了。首先是短脉冲和低电压。第一次实验开关之后，测得的电流应通过计算进行验证，以排除测量错误的可能性。通过前面的方程可以计算 I_{C}。在开始测量之前，假设 t_1 和 t_3 的脉冲宽度是 50μs，而母线电压是 800V，那么测试电流应是 667A，即

$$I_{\text{C}}=\frac{U_{\text{DC}}\cdot(t_1+t_3)}{L_{\text{Load}}}=\frac{800\text{V}\times50\mu\text{s}}{60\mu\text{H}}=667\text{A}$$

如果测量设置和设定是正确的，通过不同的测试参数就可以确定二极管和 IGBT 的开关特性。图 12.39 给出了由双脉冲测试测得的 IGBT 动态开关特性。

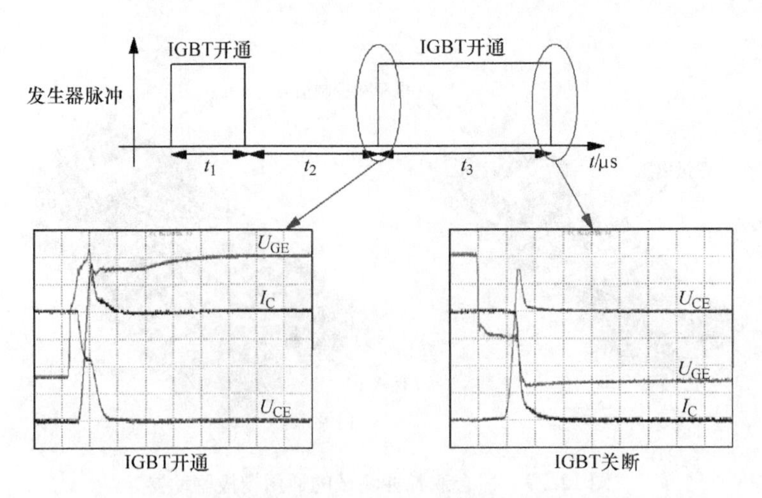

图 12.39　由双脉冲测试测得的 IGBT 动态开关特性

本章参考文献

1. Fraunhofer IISB, "Stromsensorik in der Leistungselektronik", peak-Seminar 2003
2. D. Domes, U. Schwarzer, "IGBT-Module integrated Current and Temperature Sense Features based on Sigma-Delta Converter", PCIM Nuremberg 2009
3. U. Schwarzer, A. Arens, M. Schulz, "IGBT module with integrated current measurement unit using Sigma-Delta conversion for direct digital motor control", PCIM Nuremberg 2010
4. K. Göpfrich, R. Stark, U. Hetzler, "Shunt Current Measuring up to 800A in the Inverter", Power Electronics Europe 2009
5. U. Nicolai, T. Reimann, J. Petzoldt, J. Lutz, "Application Manual Power Modules", Verlag ISLE 2000
6. Walt Kester, "Analog-Digital Conversion", Analog Devices 2004
7. A. Volke, M. Hornkamp, B. Strzalkowski, "IGBT/MOSFET Applications based on Coreless Transformer Driver IC 2ED020I12-F", PCIM Nuremberg 2004
8. W. Rogowski, W. Steinbach, "Die Messung der magnetischen Spannung (Messung des Linienintegrals der magnetischen Feldstärke)", Archiv für Elektrotechnik 1912
9. C. Waters, "Current Transformers Provide Accurate, Isolated Measurements", PCIM 1986
10. D.A. Ward, J.L.T. Exon, "Using Rogowski coils for transient current measurements", Engineering Science and Educational Journal 1993
11. W. F. Ray, C. R. Hewson, "High Performance Rogowski Current Transducers", IAS Rom 2000
12. W. F. Ray, C. R. Hewson, "Practical Aspects of Rogowski Current Transducer Performance", PCIM Nuremberg 2001
13. LEM, "Galvanisch getrennte Strom- und Spannungswandler", LEM Application Note 2006
14. U. Tietze, C. Schenk, "Halbleiter Schaltungstechnik", Springer Verlag, 13th Edition 2009
15. Infineon Technologies, "Halbleiter – Technische Erläuterungen, Technologien und Kenndaten", Publicis Corporate Publishing, 3rd Edition 2004
16. Infineon Technologies, "Using the NTC inside a power electronic module – Considerations regarding temperature measurement", Infineon Technologies Application Note 2010

第13章 逆变器设计

13.1 简介

当设计逆变器时，除了选择合适的电力半导体器件外，还需要考虑一些关键器件。其中包括栅极驱动，直流母线和控制逻辑等的选型与设计，另外还应符合国内/国际标准。其中一些内容将在其他章节介绍，本章主要介绍逆变器设计的相关内容。

13.2 逆变器的组成

如图13.1所示，典型的三相逆变器包括以下部分：

- 电源电路（可分为输入电路、直流母线和输出电路）；
- 滤波器（电源输入滤波器、直流母线滤波器和逆变器输出滤波器）；
- 驱动单元；
- 电力电子器件冷却单元；
- 传感器（电流、电压和温度测量）；
- 控制逻辑（微控制器）；
- 界面（人机交互界面或监控逻辑）。

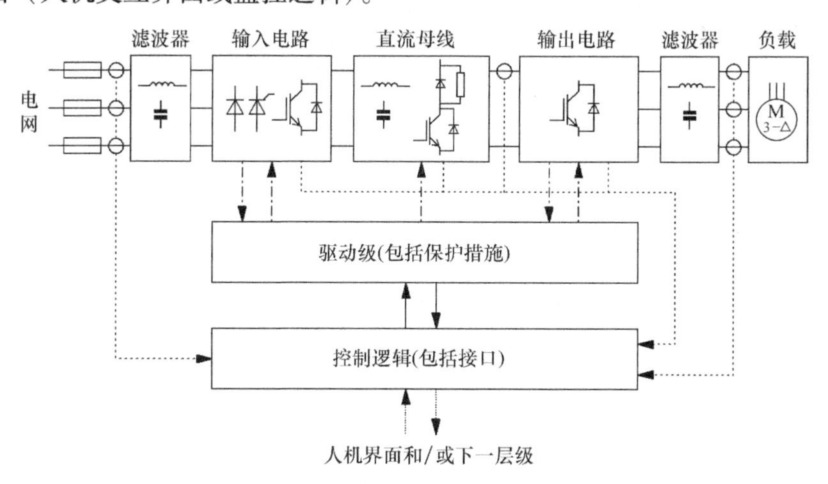

图13.1 典型逆变器结构

从电源端看，首先 AC - DC 整流输入电路把交流电源整流成直流电源给直流母线供电。根据不同的应用和需求，输入整流电路可以是不可控的二极管整流桥，也可以是半控或全控整流桥。通常晶闸管（SCR）用于半控或全控桥。如果需要把制动能量回馈到电网，应使用能量能够双向传输的晶闸管或 IGBT/FWD 桥。如果利用 IGBT 整流，则直流母线电压可以提高。

直流母线与输入电路相连，可以是电流源或者电压源。电流源按照应用的要求提供恒定电流，而电压源则输出恒定电压。如果整流电路不能向电网回馈能量，一般会在直流母线增加斩波电路（动态制动）。斩波电路也称为制动斩波器，可以通过电阻消耗从负载反馈到直流母线的能量。否则，以电压源直流母线为例，母线电压会超过电容和半导体器件的标称电压，并可能损坏逆变器。

直流母线后面是输出电路，本书主要介绍由 IGBT 组成的输出电路，其作用是将直流变成电压和频率可调的交流。

为了避免电网电压畸变，通常会在逆变器输入端接入输入滤波器。可以在输入端接入无源 LC 滤波器或者有源整流模块，这样使得电网侧功率因数等于 1 或接近 1。

输出滤波器功能有所不同。其主要目的是限制由电力半导体器件快速开关而产生的电流变化率和电压变化率，同时也起到抑制电磁干扰的作用。滤波器也可以减少电机和电缆中的位移电流，而这种电流会导致电机或轴承的绝缘问题。更重要的是，滤波器可以降低反向充电电流从而保护电力电子器件。通过限制电压变化率 du/dt，可以保护电机免受损害。输入单元，直流母线和输出部分的电力半导体器件需要由合适的驱动单元控制。通常，根据电路的作用及在逆变器中的位置分别设计驱动单元。除了控制电力电子器件外，也就是控制晶闸管开通，以及 IGBT 的开通和关断。驱动单元还具有一些复杂的保护功能，这些保护功能防止半导体器件因故障而损坏。通常，这些保护功能只保护单独的开关器件，有时也用于保护半桥电路，但很少用在保护整个输出桥式电路中。关闭整个逆变器不是驱动单元保护功能的工作，实际上是系统控制逻辑的工作。控制逻辑同时检测传感器的输出信号和驱动电路的状态信号。逆变电路中的电流传感器用于检测负载电流，电压传感器用于检测直流母线电压或交流电源电压。另外通过埋在散热器或者集成在电力电子器件中的温度传感器检测温度，比如 IGBT 集成了热敏电阻（NTC）。控制逻辑把所有采集到的数据和参考值相比较，这些参考值由外部的用户接口或监控系统设定。通过控制逻辑存储的算法来控制驱动电路，这样就可以控制功率部分。

13.3 电压等级

逆变器器件选型时，需要考虑各种工况下的电压等级，其中包括逆变器工作时的电源额定电压 $U_{nom,RMS}$。另外，由蓄电池或者燃料电池供电的逆变器直流母线电压与电池电压 $U_{nom,DC}$ 相同。除了最大电压所允许的最大电流之外，还需考虑器件的开关过电压不能超出器件规定的安全工作区。

直流母线电压直接（例如蓄电池）或间接（输入整流和直流母线电容）源于电源电压。如果逆变器由电网供电，也需要考虑电网电压波动的影响。一般低压工业应用中，过电压不超过 10%，中压应用不超过 15%，电力牵引不超过 20%。在电池供电的逆变器中，通常可

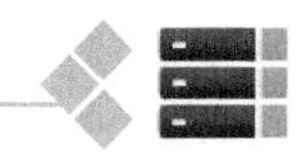

选择过电压为标称值 $U_{\mathrm{nom,DC}}$ 的 20%。以下是直流母线电压的计算公式，s_1 是安全裕度：

$$U_{\mathrm{DC}}=\sqrt{2}\cdot U_{\mathrm{nom,RMS}}\cdot\left(1+\frac{s_1}{100}\right) \tag{13.1}$$

$$U_{\mathrm{DC}}=U_{\mathrm{nom,DC}}\cdot\left(1+\frac{s_1}{100}\right) \tag{13.2}$$

除了其他因素，直流母线电压决定了宇宙射线（见第 14 章 14.8 节）引起的功率半导体器件失效率，同时也决定了其在特定阻断电流下的长期稳定性。

前几章提到，功率半导体器件在开关过程中会产生过电压。过电压主要但并非完全由换流路径中的杂散电感决定。当选择功率半导体器件时，需要根据直流母线电压和安全裕度 s_2 估算器件的电压等级。如果杂散电感较小，安全裕度可设为 50%，而中等杂散电感时则设为 60%。需要根据应用对象来决定“小杂散电感”和“中等杂散电感”。

$$U_{\mathrm{CES}}=U_{\mathrm{DC}}\cdot\left(1+\frac{s_2}{100}\right) \tag{13.3}$$

式（13.3）适用于两电平逆变器[⊖]，根据式（13.3）的计算结果选择高于它并且与其最接近的模块电压等级。表 13.1 列举了常用的电源电压等级及其对应的直流母线电压，并给出了相应的 IGBT 模块电压等级。

表 13.1　两电平逆变器相关 IGBT 模块电压等级

电源电压 $U_{\mathrm{nom,RMS}}/U_{\mathrm{nom,DC}}$	直流母线电压	首选 IGBT 电压等级（两电平）
$230\mathrm{V_{RMS}}$	360V	600V
$400\mathrm{V_{RMS}}$	620V	1.2kV
$750\mathrm{V_{DC}}$	900V	1.7kV
$690\mathrm{V_{RMS}}$	1.07kV	1.7kV
$1.0\mathrm{kV_{RMS}}$	1.56kV	2.5kV
$1.5\mathrm{kV_{DC}}$	1.80kV	3.3kV
$2.3\mathrm{kV_{RMS}}$	3.58kV	6.5kV
$3.0\mathrm{kV_{DC}}$	3.60kV	6.5kV

13.4　寄生元件

逆变器包括有源元件和无源元件。其中，IGBT 和二极管是有源元件，而电阻、电感和电容是无源元件。除了这些已设计好的元件外，还存在其他寄生器件。寄生器件不是理想的元件，比如：

对于理想电阻，其阻值等于两端的电压和流过电流的比值。然而，每个电阻或多或少地存在电感，其和理想电阻串联。当电阻中通过电流的变化率改变时（电流变化率为 $\mathrm{d}i/\mathrm{d}t$），电阻的特性也发生改变。根据电流变化率的符号，电阻的端电压会随时间增加或减少。只有当电流为恒定值时，电阻才工作在理想状态（见图 12.6）。

⊖　三电平逆变器 IGBT 的电压等级可以减半。

第二个例子是关于变压器，如图13.2所示，它可以作为IGBT驱动中的能量变换器。除了传递能量，变压器还可以实现高压侧和低压侧之间的隔离。理想变压器可等效为匝数分别为N_1和N_2的两组耦合线圈。首先扩展这个模型，考虑线圈电阻（R_1，R_2）、线圈电容（C_1，C_2）、主电感（L_1）和漏感（$L_{\sigma1}$，$L_{\sigma2}$）。考虑到隔离功能，模型也需要包括变压器一次侧和二次侧之间的寄生耦合电容。特别是在驱动电路中，从二次侧（IGBT高压侧）向一次侧（低压侧或控制侧）可能会流过明显的电流并产生干扰。位移电流I_{12}为

$$I_{12} = C_{12} \cdot \frac{du_{CE}}{dt} \tag{13.4}$$

du_{CE}/dt是IGBT开关时集电极与发射极之间的电压变化率。

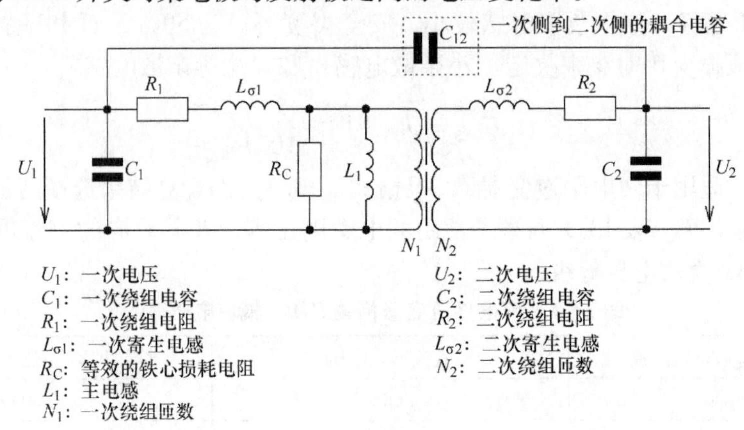

图13.2　变压器等效电路

除了这两个例子外，逆变电路中还存在大量的寄生效应，逆变器内部的寄生元件见表13.2。

表13.2　逆变器内部的寄生元件

寄生电感（杂散电感）	寄生电容（耦合电容）
直流母线	变压器
IGBT驱动与栅极连线	光耦
PCB中大的布线路环	输出电缆
IGBT模块（内部结构）	IGBT模块（带电部分与基板之间）

除了一些特例，逆变器设计的一个目标就是尽可能地减小这些寄生效应。直流母线的设计对于IGBT的开关特性非常重要，这将在下文详述。

13.5　直流母线

直流母线连接逆变器的输入和输出电路，大多数情况下由一个或几个电容组成（本章不会详细讨论由电感作为储能器件的直流母线）。这种直流母线（可能由大电容组成）不允许在未经特殊处理的情况下直接连接到电源中，否则充电电流会很高并导致一些其他危害。这种短时的电流脉冲可能损坏输入整流电路或其中的半导体器件。如果电网阻抗选择不恰当，会在直流母线电容两端产生过电压。而且由脉冲电流导致的电网波动必须想办法降低。

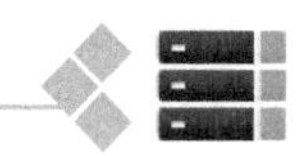

第11章11.2节介绍的预充电电路就是一种解决方案。

母线电容多数采用电解电容，有时也用薄膜电容。总的直流母线电容容量依据应用需求而定，大多在100μF～100mF之间。当直流母线电压很高时，需要很多电容串联和并联。当电容串联时，必须在电容两端并联均压电阻保持电容电压平衡（对称），从而避免某个电容承受过高的电压。图13.3给出了两种直流母线电容内部连接方式。图13.3a中随着电容数量的增加，母线上排电容和下排电容的电压和漏电流趋向一致。最好的情况下不需要额外的平衡电阻。其缺点是万一某个电容短路，那么与其相对的电容将会承受全部母线电压而损坏。仅当电容损坏状态为开路时，该电路还可以使用，但是性能下降。图13.3b中每个电容都连接平衡电阻。此时若某一部分电容串联支路损坏，不会使整个电路立即失效。其不足是电路会增加平衡电阻、安装空间以及生产的额外成本。

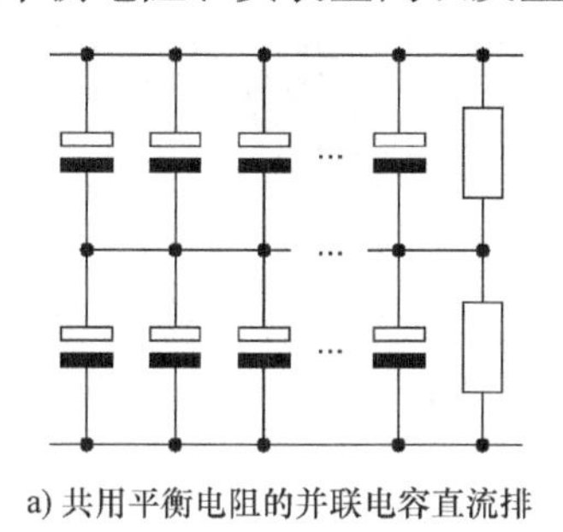

a) 共用平衡电阻的并联电容直流排

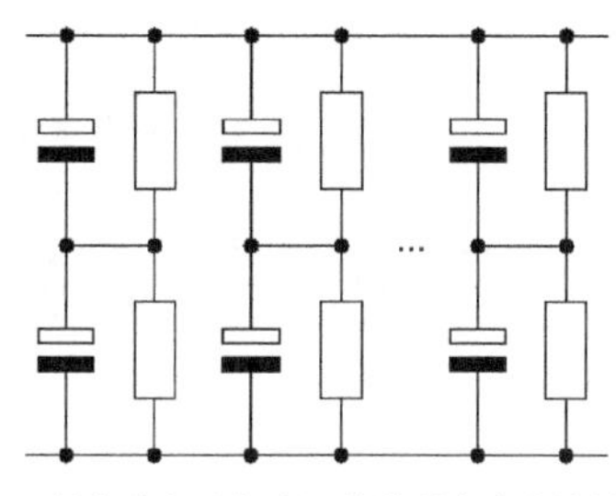

b) 具有独立平衡电阻的并联电容直流排

图13.3　直流母线电容和平衡电阻的结构

根据参考文献【4】，可以按照下式为两组串联电容或电容组计算平衡电阻R_B。

$$R_B \approx \frac{2 \cdot U_C - U_{DC,max}}{0.0015 \cdot C \cdot U_C} \tag{13.5}$$

式中，U_C为电容的最大设计电压（V）；$U_{DC,max}$为直流母线最大电压（V）；C为电容的值（F）。

大功率应用通常选择电解电容。当选择合适的直流母线电容时，除了额定电压，最高环境温度和纹波电流也非常重要。对于环境温度，化成电压[㊀]决定电解电容的上限温度，而电解液的电阻决定其下限温度。随着温度降低，电容的ESR（等效串联电阻[㊁]）变大。环境温度的限制导致电容容量降低，需要降额使用。输入整流器和输出功率半导体器件的开关都在母线电容中产生纹波电流并使其发热。工作温度接近或高于最高芯温都会导致电容提前失效。电容厂商提供多种工具来计算电容的寿命，并且给具体应用提供合适的选择。表13.3给出了一些供应商的在线计算/仿真软件。

表13.3　供应商的在线计算/仿真软件

供应商	名称	网页地址
Cornell Dubilier	—	http://www.cde.com
Epcos	AlCap	http://www.epcos.com

㊀ 化成过程在电容阳极表面生成一层氧化层，该氧化层随后形成电容的绝缘层。化成电压影响氧化层的厚度：电压越高，氧化层越厚。而氧化层决定电容的电压等级和最高工作电压。

㊁ 等效串联电阻（ESR）包括了导体的欧姆损耗和电容绝缘反向充电损耗。

直流母线结构如图 13.4 所示。当直流母线与逆变器输出电路的功率半导体器件相连时，尽可能地降低杂散电感很重要。一方面母线排的机械结构会影响杂散电感，另一方面直流母线电容的 ESL（等效串联电感㊀）也会影响杂散电感。因而要保证 DC + 和 DC - 的导体包围的面积尽可能小，同时应选择低 ESL 值的电容。可以通过铜薄片或者铝薄片实现可靠的直流母线设计，并联的薄片应该通过最短的路径把电容和电力电子器件连起来。直流母线过高的杂散电感带来的影响已经在其他章节详细讨论过，这里不再赘述。

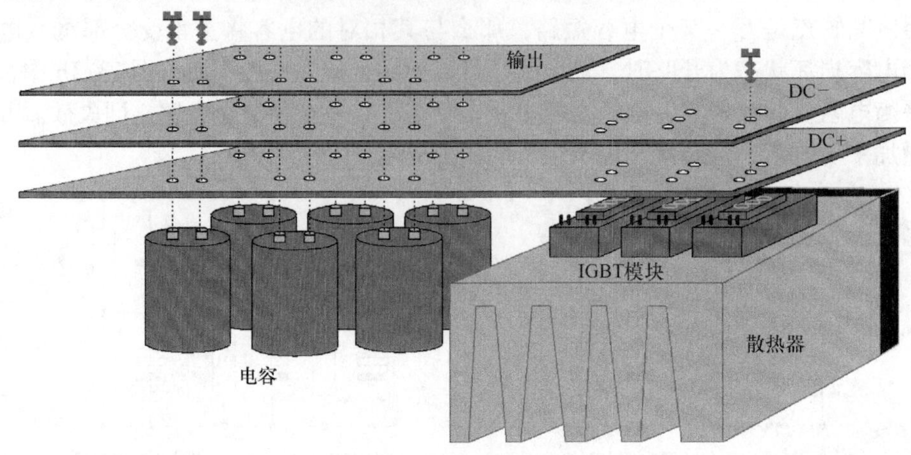

图 13.4　直流母线结构

如果 IGBT 模块有多个连接点与 DC + 母线或 DC - 母线相连，连接端子之间的均流非常重要，这取决于模块设计和直流母线结构。直流母线结构和电容位置必须使得模块端子上的电流均匀分布。电流严重不对称可能导致模块端子温度过高，并使 IGBT 模块内部的电流分布不对称。

13.6　吸收电容

在实际工作时必须确保功率半导体器件（IGBT 及续流二极管）承受的电压不超过其最大阻断电压。除了直流母线电压外，器件的开关过程会产生过电压 U_{peak}，由直流母线电压 U_{DC}和换流路径中杂散电感的压降 ΔU 组成，即

$$U_{\mathrm{peak,noSnubber}} = U_{\mathrm{DC}} + \Delta U_{\mathrm{noSnubber}} = U_{\mathrm{DC}} - L_{\sigma,\mathrm{noSnubber}} \cdot \frac{\mathrm{d}i}{\mathrm{d}t} \tag{13.6}$$

杂散电感 $L_{\sigma,\mathrm{noSnubber}}$由 $L_{\sigma1,\mathrm{DC\_ESL}}$、$L_{\sigma2,\mathrm{DC}}$和 $L_{\sigma3,\mathrm{Module}}$组成，其结构如图 13.5 所示。

如果无法通过降低结构的杂散电感，保证半导体器件的开关过电压低于其允许电压，那么吸收电容就值得考虑㊁。IGBT 模块上的吸收电容如图 13.6 所示。一般选用 MKP 型（金属聚丙烯电容）薄膜电容作为吸收电容，这种电容对电解质的缺陷有自愈的能力㊂。

㊀　ESL 是电容的等效串联电感，由电容所有的寄生电感组成。

㊁　通常，吸收电容会增加成本并降低系统的寿命，所以最好不用吸收电容。

㊂　如果电极之间发生点状短路，产生的电弧会使电解质和金属膜涂层汽化。目前已经排除了短路故障的原因（电解质缺陷）。由于穿透点的蒸汽压力，电弧会自动熄灭。该过程会在电容内部产生小孔，从而稍微降低电容容量。

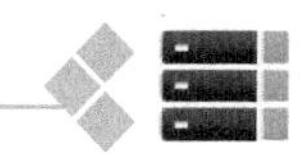

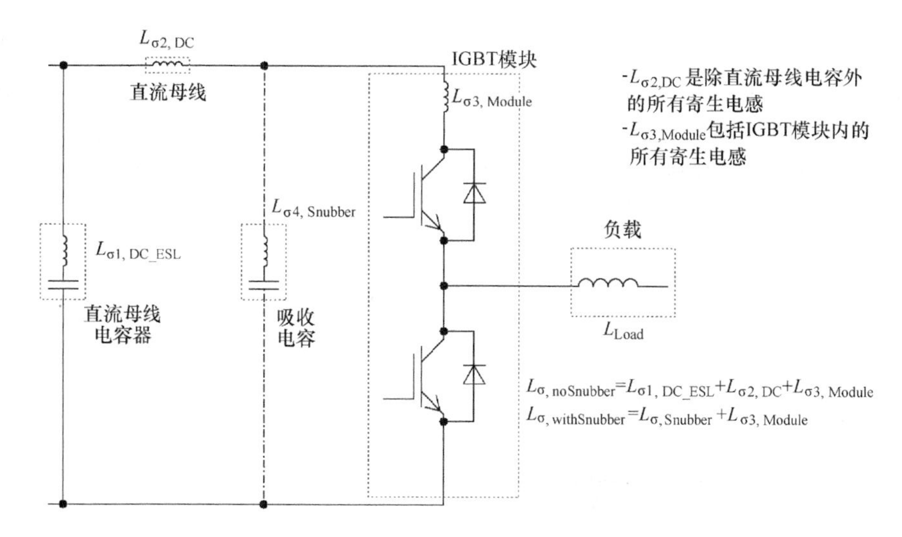

图 13.5　杂散电感结构

由于吸收电容自身的杂散电感很低，使用吸收电容可以降低一部分$L_{\sigma 1,DC_ESL}$和$L_{\sigma 2,DC}$的值，从而改变换流回路的杂散电感，其关系为

$$L_{\sigma 4,Snubber}+L_{\sigma 3,Module}<L_{\sigma 1,DC\_ESL}+L_{\sigma 2,DC}+L_{\sigma 3,Module} \tag{13.7}$$

这样过电压会降低，即

$$U_{peak,Snubber}=U_{DC}-(L_{\sigma 4,Snubber}+L_{\sigma 3,Moudle})\cdot\frac{di}{dt}<U_{peak,noSnubber} \tag{13.8}$$

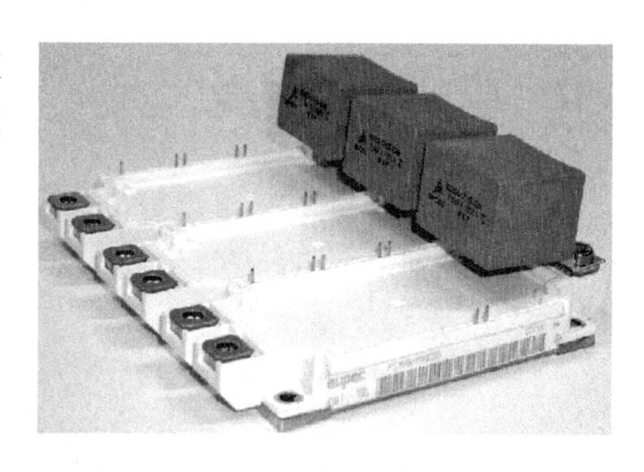

图 13.6　IGBT 模块上的吸收电容

吸收电容的值约为

$$C_{Snubber}\approx\frac{L_{\sigma,total}\cdot I_{peak}}{(U_{CE,peak}-U_{DC})^2} \tag{13.9}$$

式中，$L_{\sigma,total}$为总的杂散电感（模块，直流母线，电容）(H)；I_{peak}为开关过程中最大峰值电流（A）；$U_{CE,peak}$为考虑安全裕量的最大允许集电极电压（V）；U_{DC}为直流母线电压（V）。

在开关过程中，吸收电容会形成阻尼谐振电路，并产生频率为f_{osc}的振荡电流，f_{osc}为

$$f_{osc}=\frac{1}{T_{osc}}=\frac{1}{2\cdot\pi\cdot\sqrt{(L_{\sigma 1,DC\_ESL}+L_{\sigma 2,DC}+L_{\sigma 4,Snuber})\cdot C_{Snuber}}} \tag{13.10}$$

最大振荡电压（没有考虑直流母线电压）为

$$U_{osc,peak}\leqslant\sqrt{\frac{(L_{\sigma 1,DC\_ESL}+L_{\sigma 2,DC})\cdot I_C^2}{C_{Snuber}}} \tag{13.11}$$

选择合适的吸收电容需要考虑多方面的因素。除了容值外，还要确保电容的自感（由 ESL 值给出）较低。吸收电容最好能直接安装在 IGBT 模块上[㊀]，这样电容与 IGBT 之间连线包围的面积最小，电感最低。电容电压等级必须与半导体器件和直流母线的电压等级相匹配。

㊀ 比如，Epcos 公司生产的电容可以直接装在多数厂商的 IGBT 模块上，比如富士电机、英飞凌科技、三菱电机、西门康和东芝。

如果在实际应用中采用1.2kV的IGBT模块，其典型的直流母线电压低于800V，则吸收电容的标称电压不能低于1kV。必须注意的是，电容标称电压跟温度密切相关，当工作温度较高时标称电压必须高于1kV。为了避免工作时损坏电容，不得超过供应商数据手册中标示的电流有效值I_{RMS}和最大脉冲负载。吸收电容对IGBT关断过电压的影响如图13.7所示。

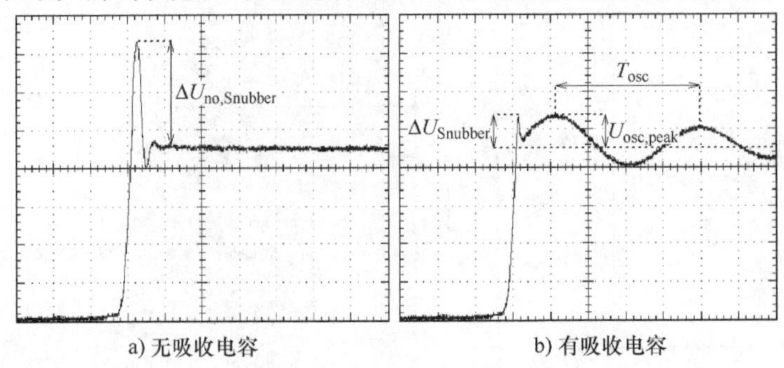

图13.7　吸收电容对IGBT关断过电压的影响

13.7　驱动单元安装

通常，驱动单元要尽量靠近IGBT模块。很多IGBT模块有专门的区域用于安装驱动单元，图13.8给出了三个安装示例。

图13.8　在IGBT模块上直接安装驱动

这种布局具有多种优点，已成为逆变器的最佳装配选择。其优点如下：

• 明确机械分布和寄生影响，逆变器中每个IGBT/驱动连接完全一样，这样器件的开关特性也相同；

• 栅极引线最短，减少了寄生参数的影响，这样栅极引线的阻抗不仅小而且可以明确其大小；

• 保护栅极通过密勒电容充电的电路（例如栅极钳位）紧靠栅极，所以效率非常高。

然而在一些应用中，由于外部原因无法把驱动直接安装在IGBT模块上。这时，需确保模块辅助引脚和驱动之间的距离在几厘米内。如果做不到这点，驱动单元应该分成驱动核、模块适配板两部分。

任何情况下，模块适配板都应尽可能安装在模块附近，最好是直接安装在模块上。图13.9给出了一些布局原则，并分别列出了其优缺点。

驱动级的位置对IGBT开关特性的影响如图13.10所示。

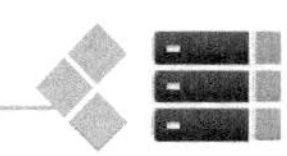

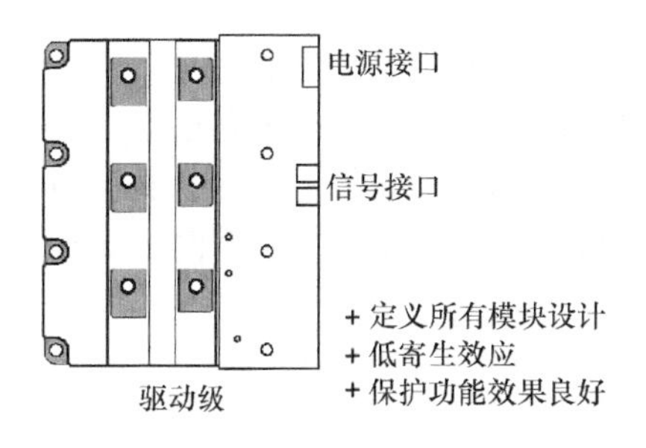

a) 附带驱动级模块

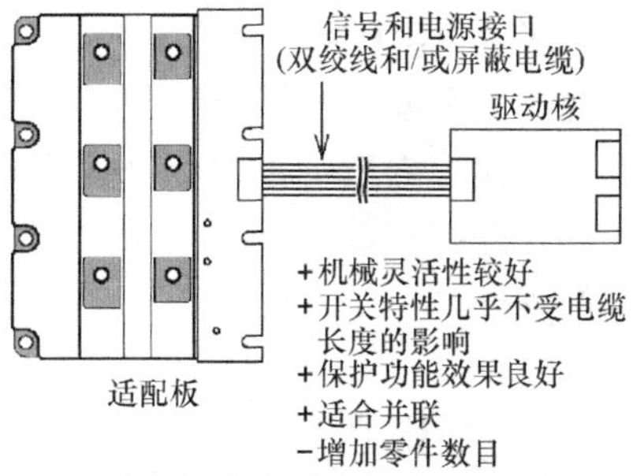

b) 通过适配板和驱动核心板驱动模块

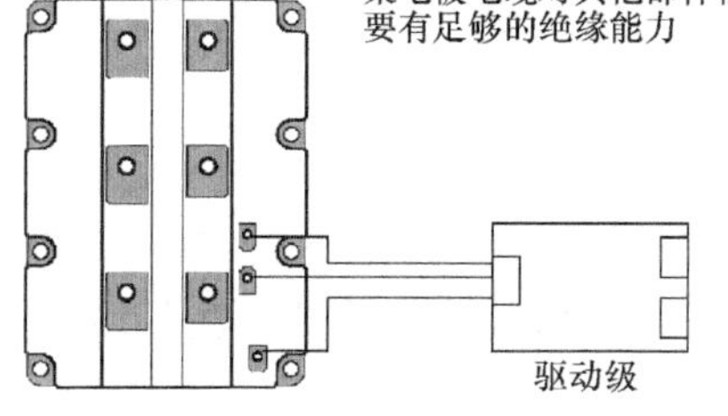

c) 模块和驱动级分离(距离小于15cm)

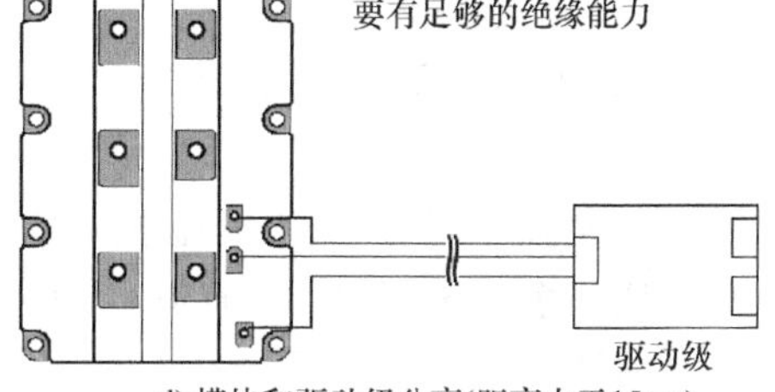

d) 模块和驱动级分离(距离大于15cm)

图 13.9　IGBT 模块和驱动布局

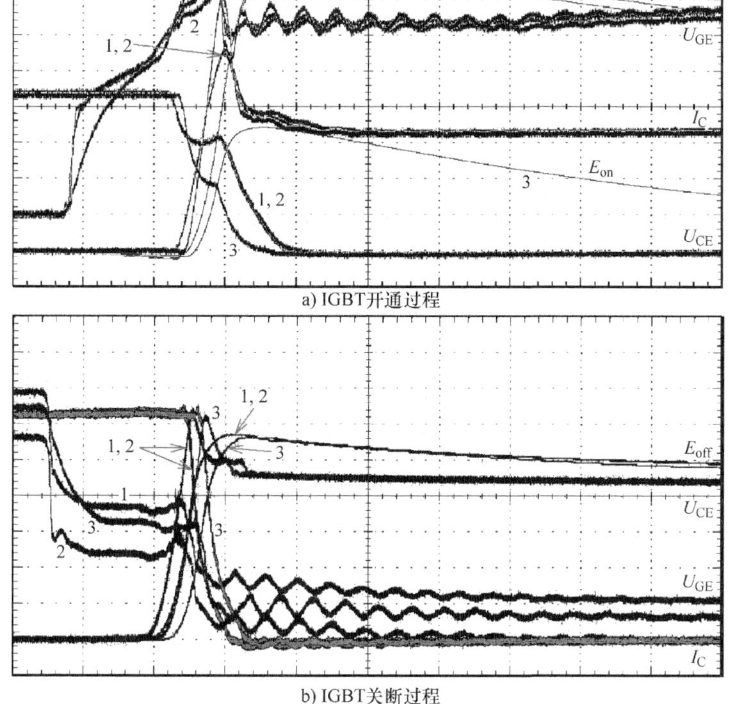

a) IGBT开通过程

b) IGBT关断过程

1—驱动适配板和驱动核分离，距离低于15cm
2—驱动适配板和驱动核分离，距离大于100cm
3—驱动级通过100cm长的电缆和IGBT模块的辅助端子相连

图 13.10　驱动级的位置对 IGBT 开关特性的影响

然而，驱动级和IGBT模块耦合也会产生一些负面影响。其中包括IGBT模块的辅助端子可能承受高温，这个温度可能会接近于PCB极限温度并且升高PCB附近电子器件的环境温度。另一方面，模块内部的大电流产生磁场，尤其是关断短路电流时，磁场可能会影响PCB上的电子器件并导致故障。这些限制与实际应用的环境相关，需要根据具体情况确定这些负面影响的程度。

13.8　电气间隙和爬电距离

电气间隙和爬电距离由通用标准和专用标准定义，详见第2章2.8节，其中内容也适用于逆变器设计。

13.9　电机电缆长度的影响

现代逆变器大都采用开关速度很快的IGBT器件。IGBT比上一代的功率半导体器件（BJT，GTO）快很多。IGBT开关时的电压变化率大约为每微秒几千伏。表13.4给出了电压变化率的粗略估计值。

表13.4　IGBT开关时的电压变化率

线电压	直流母线电压	du/dt
230V/1～	325V	$2.2\frac{kV}{\mu s}$
400V/3～	565V	$3.8\frac{kV}{\mu s}$
690V/3～	975V	$6.5\frac{kV}{\mu s}$

可通过式（13.35）计算直流母线电压U_{DC}。式（13.12）用于近似计算开关时的电压变化率，对于不同的IGBT模块，开关时间暂取中间值150ns。根据实际的情况，这个时间可能增大或减小。

$$\frac{du}{dt}\approx\frac{U_{DC}}{150ns} \tag{13.12}$$

逆变器输出脉冲电压变化率为du/dt，通过连接电缆加载到负载电机。脉冲电压的峰值等于逆变器直流母线电压U_{DC}。电机端的峰值电压高于逆变器的输出电压，可能会导致电机损坏。电机侧电压峰值的实际幅值受以下参数影响：

- 电缆和电机的阻抗；
- 电缆长度；
- 直流母线电压；
- 电压变化率；
- PWM脉冲类型。

一般由PWM控制的电压源逆变器（VSI）通过电缆连到电机，将在电机端产生（部分）电压反射，其原因是电缆和电机阻抗不匹配。电缆的波阻抗可由单位长度电缆的电感值来计算，即

$$L'_{\text{cable}}=\frac{\mu_0\left(\ln\frac{2\cdot a}{d}+0.25\right)}{2\cdot\pi} \tag{13.13}$$

式中，L'_{cable}为单位长度电缆的电感（μH/m）；μ_0 为真空磁导率，$\mu_0=4\cdot\pi\cdot 10^{-7}\frac{\text{H}}{\text{m}}$；$a$ 为导体间的距离（m）；d 为导体的直径（m）。

$$C'_{\text{cable}}=\frac{2\cdot\pi\cdot\varepsilon_0\cdot\varepsilon_r}{\ln\frac{2\cdot a}{d}} \tag{13.14}$$

式中，C'_{cable}为单位长度电缆的电容（pF/m）；ε_0 为真空介电常数，$\varepsilon_0=8.85419\cdot 10^{-12}$ F/m；ε_r 为相对静态介电常数；a 为导体间的距离（m）；d 为导体的直径（m）。

结果为

$$Z_{\text{cable}}=\sqrt{\frac{L'_{\text{cable}}}{C'_{\text{cable}}}} \tag{13.15}$$

电机电缆的阻抗一般在 50 ~ 75Ω 之间。

反射电压 U_{ref}的幅值为

$$U_{\text{ref}}=U_{\text{inverter}}\cdot\frac{Z_{\text{motor}}-Z_{\text{cable}}}{Z_{\text{motor}}+Z_{\text{cable}}} \tag{13.16}$$

式中，U_{inverter}为逆变器输出电压。如果假定电机阻抗远远高于电缆阻抗，则式（13.16）可简化为

$$U_{\text{ref}}=U_{\text{inverter}} \tag{13.17}$$

这说明电机侧反射电压等于逆变器输出电压，两者之和为电机端电压，即

$$U_{\text{motor}}=U_{\text{inverter}}+U_{\text{ref}}=2\cdot U_{\text{inverter}} \tag{13.18}$$

现在必须观测从电机侧反射到逆变器侧的电压，而该电压又会反射到电机侧。对于高频信号，直流母线电容等效为短路，此时逆变器的波阻抗近似为零。这样根据式（13.16）（用 Z_{inverter}代替 Z_{motor}），逆变器侧的反射电压为负。逆变器侧反射电压与电机侧反射电压叠加，受信号传递时间的影响，最终可能形成全反射电压 $2U_{\text{inverter}}$。这种情况是否出现取决于逆变器和电机间的电缆长度。根据经验，如果从逆变器到电机的脉冲电压传播速度大于脉冲电压上升时间的 50%，就会产生全反射电压。脉冲电压的传播速度 V_{pulse}与电缆电感和电缆电容有关，并以逆变器输出作为参考，即

$$V_{\text{pulse}}=\frac{1}{\sqrt{L'_{\text{cable}}\cdot C'_{\text{cable}}}} \tag{13.19}$$

电压脉冲在电机电缆中的传播速度近似为 150m/μs。

利用滤波原理，采取一些措施可以避免或降低电机侧过电压，例如：

- 逆变器输出端串联电抗器；
- 电机侧串联电抗器；
- 电机侧并联吸收电容；
- 增加低通滤波器（du/dt 滤波器）。

如果没有这些滤波器，长电缆可能会导致电机绝缘出现问题。这样移位电流通过电机轴承，可能损坏这些轴承。图 13.11 给出了 IGBT 逆变器通过长电缆连到电机的仿真结果，结

果显示电机端过电压明显高于实际直流母线电压。根据功率等级和实际的系统设计，当电缆超过 15m 左右时，就可以观测到这种波形。这种现象会随着电缆变长而增强。

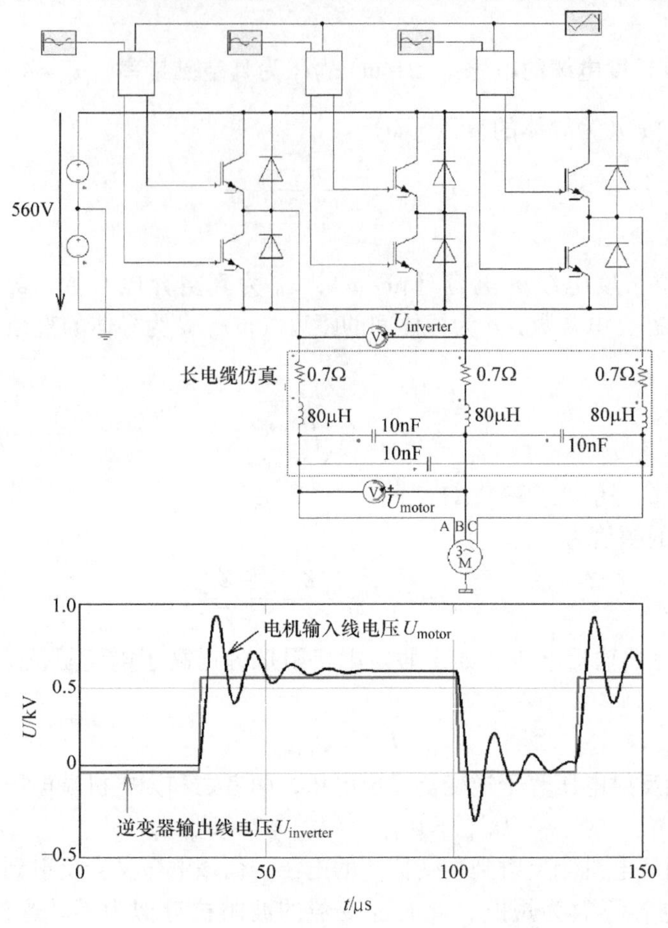

图 13.11　采用长电缆的电机端电压仿真

13.10　滤波器

无源元件是电力电子重要的组成部分。如前文所述，寄生电感和寄生电容与快速开关的电力电子器件作用，可能对应用和周围环境带来不可预期的影响。滤波电路可以用来降低这种负面效应，它主要由电感和电容组成。

滤波电路可以抑制对称的（差模）和不对称的（共模）电流和电压干扰，使其降到最低。电缆中的差模电流源于 IGBT 和二极管的开关行为，在低频时会引起电流上升时间较长；电缆中的共模电流是由电力电子器件开关时的电压变化率 du/dt 和耦合电容共同作用产生的，图 13.12 给出了电缆传导干扰原理。

13.10.1　电源滤波器

输入滤波器（或电源滤波器）的作用是让电流和电压的基频分量通过，并滤除高频分量。电源滤波器属于低通滤波器，其结构如图 13.13 所示。电源滤波器可以抑制浪涌电流，

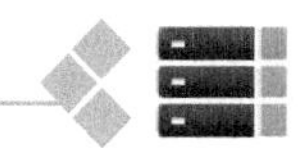

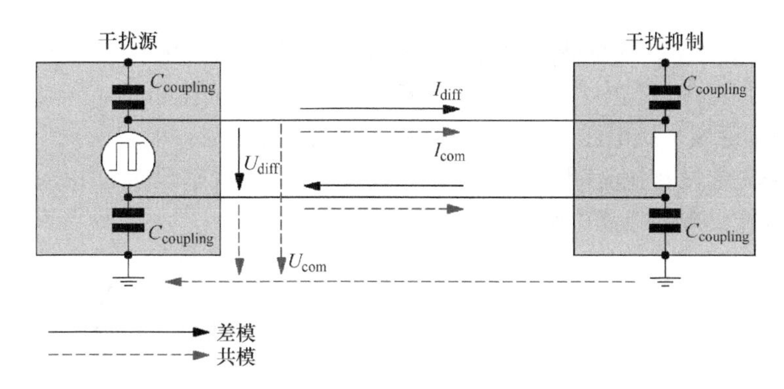

图 13.12　电缆传导干扰原理

并且在过电压时保护电力电子器件。扼流圈 $L_A \sim L_C$ 依据逆变器的工作电流而设计，可以限制过电流。由于这些元件的压降，整流侧的输入电压有所降低。扼流圈的电压降为

$$X_L = \omega_L \cdot L = 2\pi \cdot f_{\text{Grid}} \cdot L$$

$$U_K = I_N \cdot X_L \cdot \sqrt{3} \tag{13.20}$$

式中，U_K是额定电流流过扼流圈时的电压降，其设计目标一般为4%。这就意味着，如果输入交流电为400V 时，$U_K = 16.1\text{V}$。

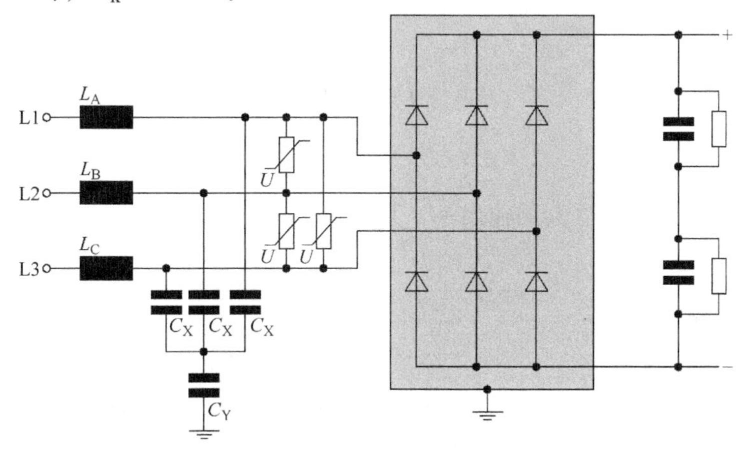

图 13.13　电源输入滤波器

压敏电阻用于二极管过电压保护，可以保护短时（瞬时）的电压过冲。电容 C_X 用于防护对称干扰电压，电容 C_Y 用于耗散非对称电流。图 13.13 给出了一种可行的输入滤波器组合方式。根据负载电流和电源电压设计电感和电容，电源滤波器需要和直流母线滤波器匹配。

13.10.2　直流母线滤波器

直流母线滤波是为了抑制整流和逆变器反馈作用产生的干扰电压和电流。直流母线滤波器和电源滤波器电路如图 13.14 所示。电流补偿扼流圈 L_{DC}（共模电感）用于抑制不对称电流，其在同一个磁芯上绕了两个相同的线圈。如果从整流到母线的正向电流和返回的负向电流相同，则直流母线电流不会在磁芯里产生磁通。然而直流母线电流会受到很低的漏感影

响，大约只有 L_{DC}的1%，这意味着直流补偿扼流圈不影响对称电流，因为两个线圈产生的磁场互相抵消。若直流母线中存在非对称电流，则磁场无法完全抵消，于是扼流圈开始起作用。电容 C_X 用于衰减干扰电压，而电容 C_Y 耗散非对称电流。

如果电源输入端没有扼流圈，可以在正母线（DC+）或负母线（DC-）安装扼流圈。扼流圈能抑制可能出现的浪涌电流。

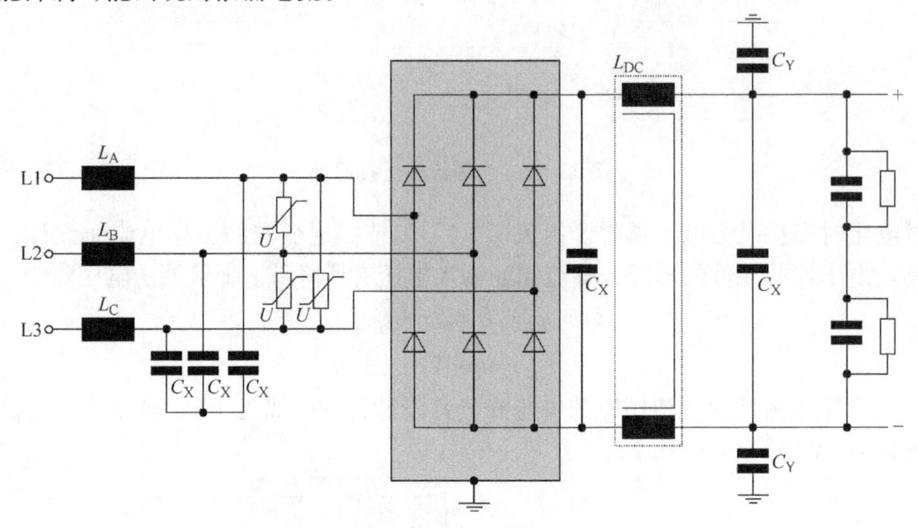

图 13.14　直流母线滤波器和电源滤波器电路

13.10.3　输出滤波器

输出滤波器直接接到逆变器的输出端，其连线越短越好，如图 13.15 所示。

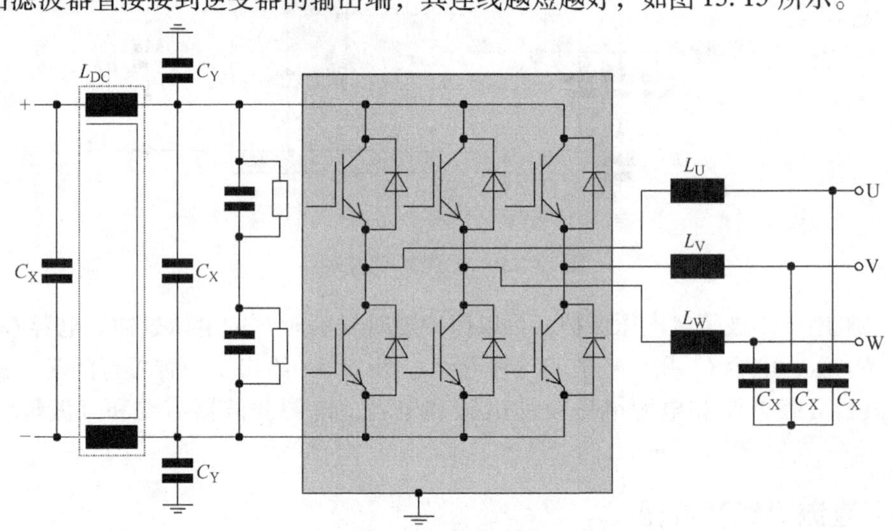

图 13.15　输出滤波器

滤波器与负载通常采用屏蔽的或非屏蔽的电缆连接。滤波器的设计与电缆的长度有关。

输出滤波器的作用是尽可能地降低电磁干扰（EMI），从而保护负载和 IGBT 模块。如图 13.15 和图 13.16 所示，有很多滤波器可供选择。滤波器设计可以和昂贵的 EMC 测试同步进行。基本上，输出滤波器的作用主要体现在以下三个方面：

● du/dt 滤波器：如前文描述，IGBT 的快速开关可能导致电机的绝缘和轴承损坏。采用图 13.15 的设计可以避免这种损坏（另见第 8 章 8.2.4 节）。

● 正弦波滤波器：这种滤波器可以衰减电压谐波。

● 输出扼流圈：可以平滑输出电流。一方面可以得到恒定的正弦波电流，另一方面也可以降低电容反向充电效应，同时保护 IGBT。

如果选用 du/dt 滤波器或输出扼流圈，其设计与电源滤波器相似，都是通过电感上的压降计算。这些扼流圈必须防止饱和，并且电感值应尽可能保持恒定。

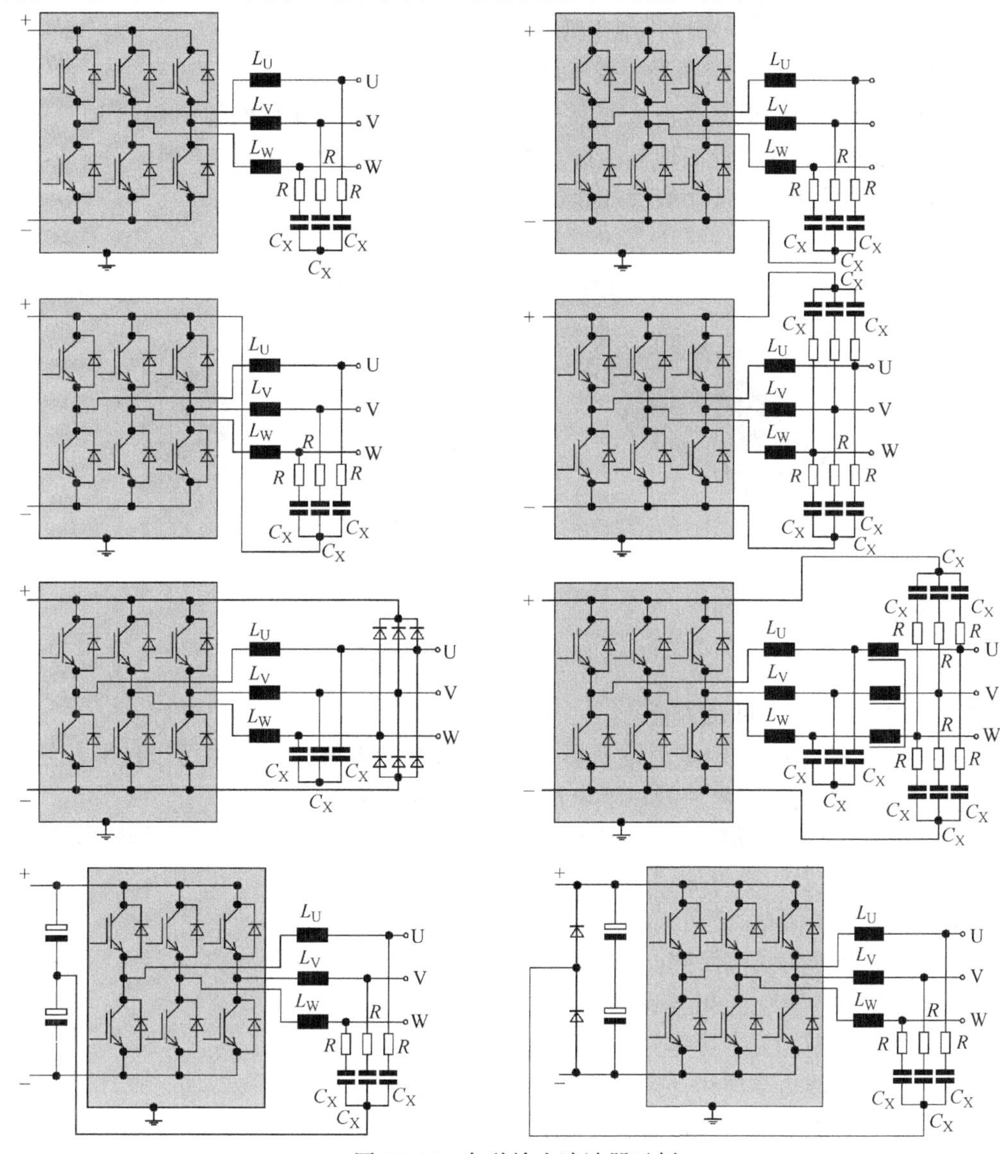

图 13.16　各种输出滤波器示例

13.11　熔断器

熔断器一旦熔断就损坏了。可熔断的导体放在绝缘和防爆外壳里，当超过设定的 I^2t 值

（设计负载）时，导体就会熔断从而阻断电流。熔断器是用于阻断半导体电流最后的保护措施。因为熔断器的 I^2t 值高于 IGBT 的 I^2t 值，所以不能保护 IGBT。第 6 章和第 12 章介绍过关断负载侧短路电流的保护电路，这些电路能识别短路并安全关断 IGBT。对于电力电子器件损坏后导致的短路，熔断器可以阻断故障以及继发性失效，不至于损坏整个系统。

熔断器有以下不同的类型：

- 超快速熔断器（UR）：半导体熔断器用于电源（整流）二极管和晶闸管（可控硅）。
- 高压大功率熔断器（HH）：用于中高压电网的熔断器。
- 低压大功率熔断器（NH）：用于低压电网的熔断器。
- 电器熔断器（GS）：熔断器内置于电器设备。

熔断器的绝缘外壳一般是含有大量氧化铝的陶瓷，例如 NH 熔断器，如图 13.17 所示。绝缘体内充满石英砂，这将提高熔芯的散热能力并有助于熔芯在熔断时灭弧。为了尽可能降低熔断器电阻，其导体一般使用镀银或镀锡的铜。

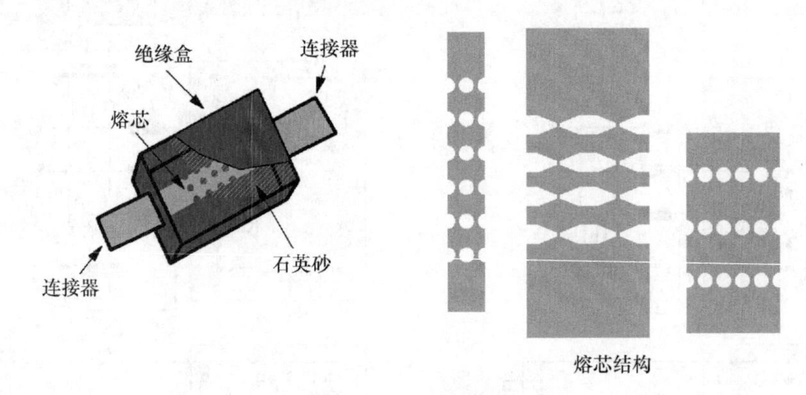

图 13.17　NH 半导体熔断器

熔断器可进一步分为两大功能组：

- 功能种类 a（部分分断能力熔断器）：部分分断能力熔断器至少可以传导额定电流，且能够分断一定倍数的额定电流及以上电流，直到额定中断电流。
- 功能种类 g（全分断能力熔断器）：全分断能力熔断器至少能够传导额定电流，且能够分断最低熔断电流及以上电流，直到额定中断电流。

根据保护对象的不同，还可以按照工作种类分类：

- gL：全分断能力线路保护；
- aM：部分分断能力接触器保护；
- aR：部分分断能力半导体保护；
- gR：全分断能力半导体保护；
- gB：全分断能力矿用设备保护；
- gTr：全分断能力变压器保护。

基本上，半导体熔断器既适用于交流电路也适用于直流电路，如图 13.18 所示。然而，熔断器通常标额定交流电压，所以直流电路熔断器的设计应该事先和厂家商讨。

熔断器的选择标准如下：

- 负载电流要低于熔断器的额定电流；

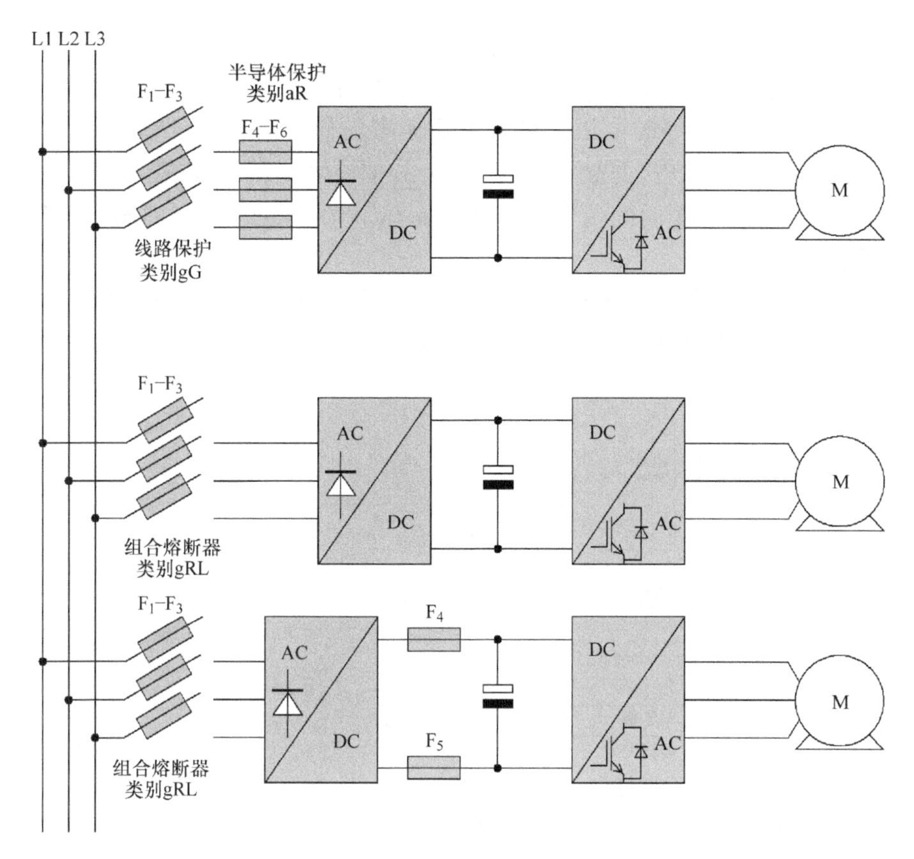

图 13.18 熔断器应用

- 熔断器断开后两端工作电压不能高于熔断器额定电压；
- 电弧电压或者开关电压不能高于电力半导体的额定电压；
- 熔断器的熔断 I^2t 值必须低于整流器二极管或晶闸管的 I^2t 值；
- 当使用滤波电路时，确保短路电流足够高能够使熔断器熔断。

例如，SIBA 公司提供了逆变器熔断器的设计软件，可作为选择熔断器的参考。

13.12 调制算法的影响

很大程度上，逆变器的调制算法决定了其输出电流质量以及电力电子器件的开关损耗。对于各种不同的应用，标准的调制算法是脉宽调制 PWM，其实现方式也各有不同。PWM 算法基于电压–时间面积相等的概念。在第 3 章 3.1.1 节已经重点介绍过正弦三角波调制（SPWM）算法，并定义调制系数。SPWM 和空间矢量 PWM（SVPWM）及三次谐波注入 PWM（THIPWM），都属于连续 PWM（CPWM）。这意味着在每个载波周期内，器件的开关都是连续的。另外一类 PWM 算法称为非连续 PWM（DPWM），即在载波周期内，有些开关在特定的时间里不动作。由数据分析可知，CPWM 比 DPWM 开关损耗大。另一方面 DPWM 比 CPWM 产生更高的输出电流畸变。

SPWM 算法主要包括以下几种：

• SPWM（正弦 PWM）：这种算法采用正弦信号作为参考信号与高频三角波信号相比较，在两者交叉点产生开关器件的控制信号（见第 3 章 3.1.1 节）。

• SVPWM（空间矢量 PWM）：这种算法的应用领域最广。期望的输出电压矢量 $\boldsymbol{U}^*$（相角和幅值）可由两个相邻的电压矢量以及两个零矢量在时域内计算得到，其原理如图 13.19 所示。在采样时间 T_S内，两个有效矢量 $\boldsymbol{U}_1$和 $\boldsymbol{U}_2$以及两个零矢量 $\boldsymbol{U}_0$和 $\boldsymbol{U}_7$叠加等价于参考电压矢量 $\boldsymbol{U}^*$。在 t_1和 t_2时间内分别输出矢量 $\boldsymbol{U}_1$和 $\boldsymbol{U}_2$，剩余采样时间 $t_0 = T_S - t_1 - t_2$输出两个零矢量。

• THIPWM（三次谐波注入 PWM）：这种方法仍然基于 SPWM 或 SVPWM 算法，通过在基波参考信号上叠加三次谐波信号，以消除输出信号中的三次谐波。

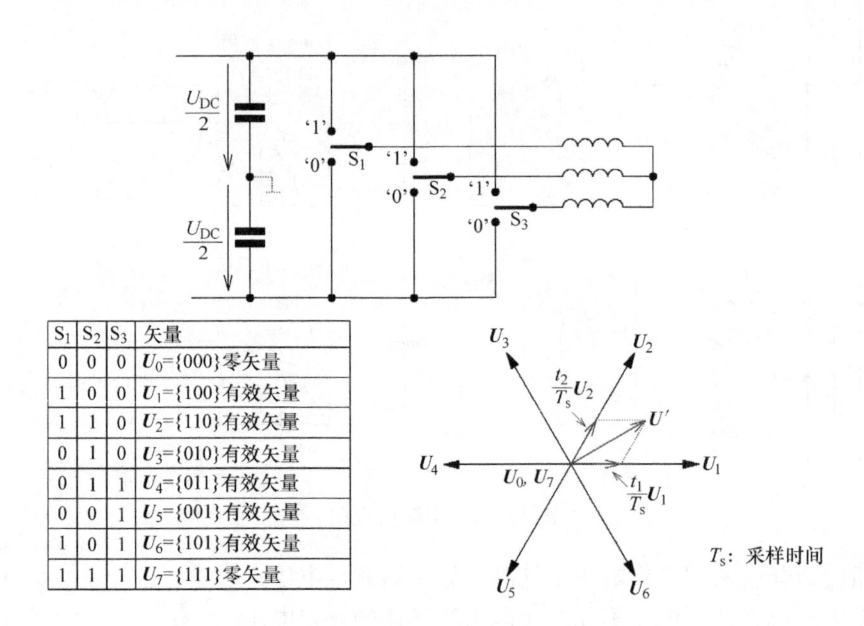

S_1	S_2	S_3	矢量
0	0	0	U_0={000}零矢量
1	0	0	U_1={100}有效矢量
1	1	0	U_2={110}有效矢量
0	1	0	U_3={010}有效矢量
0	1	1	U_4={011}有效矢量
0	0	1	U_5={001}有效矢量
1	0	1	U_6={101}有效矢量
1	1	1	U_7={111}零矢量

图 13.19　SVPWM 技术原理

DPWM 算法包括：

• DPWMMIN：在采样时间内，选择三相系统中相电压幅值最小的电压作为参考电压，其相关相将不再调制，也就是说相应的电力电子器件不动作。这种算法实际上是省略了 $\boldsymbol{U}_0$ 矢量，因而开关损耗下降，但是逆变器底部 IGBT 的通态损耗会上升。

• DPWMMAX：在采样时间内，选择三相系统中的相电压幅值最大的电压作为参考电压，其相关相将不再调制，也就是说相应的电力电子器件不动作。这种算法实际上是忽略了 $\boldsymbol{U}_7$矢量，因而开关损耗会下降，逆变器顶部 IGBT 的通态损耗上升。

• DPWM3：在采样时间内，选择三相系统中的相电压幅值介于最大值和最小值之间的电压作为参考电压，其相关相将不再调制，也就是说相应的电力电子器件不动作。这实际上交替忽略了矢量 $\boldsymbol{U}_0$和 $\boldsymbol{U}_7$。

• GDPWM：GDPWM（广义不连续 PWM）包括三种子算法 DPWM0、DPWM1 和 DPWM2，这些算法都是基于 DPWMMAX 算法且交替忽略矢量 $\boldsymbol{U}_0$和 $\boldsymbol{U}_7$。然而它们的区别在于相移不同，比如 DPWM0 的相移 0，DPWM1 为 $\pi/6$，DPWM2 为 $\pi/3$。

通常用谐波失真度（HDF）评价选用的 PWM 技术。相同工况下，不同调制算法对应的

谐波失真度与调制比的关系如图 13.20 所示。HDF 与调制比的计算公式源于 A. M. Hava 等的论文[13]。

$$HDF_{SPWM}=\frac{3}{2}\times\left(\frac{4m}{\pi}\right)^2-\frac{4\sqrt{3}}{\pi}\times\left(\frac{4m}{\pi}\right)^3+\frac{9}{8}\times\left(\frac{4m}{\pi}\right)^4 \tag{13.21}$$

$$HDF_{SVPWM}=\frac{3}{2}\times\left(\frac{4m}{\pi}\right)^2-\frac{4\sqrt{3}}{\pi}\times\left(\frac{4m}{\pi}\right)^3+\left(\frac{27}{16}-\frac{81\sqrt{3}}{64\pi}\right)\times\left(\frac{4m}{\pi}\right)^4 \tag{13.22}$$

$$HDF_{DMIN}=6\times\left(\frac{4m}{\pi}\right)^2+\frac{45-52\sqrt{3}}{2\pi}\times\left(\frac{4m}{\pi}\right)^3+\left(\frac{27}{8}-\frac{27\sqrt{3}}{16\pi}\right)\times\left(\frac{4m}{\pi}\right)^4 \tag{13.23}$$

$$HDF_{DMAX}=6\times\left(\frac{4m}{\pi}\right)^2-\frac{45+8\sqrt{3}}{2\pi}\times\left(\frac{4m}{\pi}\right)^3+\left(\frac{27}{8}-\frac{27\sqrt{3}}{32\pi}\right)\times\left(\frac{4m}{\pi}\right)^4 \tag{13.24}$$

由于 DPWM 算法可以降低开关损耗，所以可以适当增大电力电子器件的开关频率 f_{sw}，从而降低 HDF。对于图 13.20 所示的算法，已经使用校正系数，从而可以工作于更高的开关频率，校正系数为

$$K_f=\frac{f_{SW,CPWM}}{f_{SW,DPWM}} \tag{13.25}$$

式中，$f_{SW,CPWM}$为 CPWM 算法中的基本开关频率 f_{SW}（Hz）；$f_{SW,DPWM}$为 DPWM 算法中的基本开关频率 f_{SW}（Hz）。

这样，DPWM 算法的 HDF 可以通过以下公式计算：

$$HDF_{DPWMMIN}=K_f^2\cdot\frac{HDF_{DMIN}+HDF_{DMAX}}{2} \tag{13.26}$$

$$HDF_{DPWMMIN}=HDF_{DPWMMAX}=HDF_{DPWM0}=HDF_{DPWM2} \tag{13.27}$$

$$HDF_{DPWM1}=K_f^2\cdot HDF_{DMAX} \tag{13.28}$$

$$HDF_{DPWM3}=K_f^2\cdot HDF_{DMIN} \tag{13.29}$$

图 13.20 中 DPWM 算法的开关频率经校正后有所增加，K_f值取 2/3。如果开关频率没有经过校正系数校正，DPWM 算法的 HDF 将变得非常差。

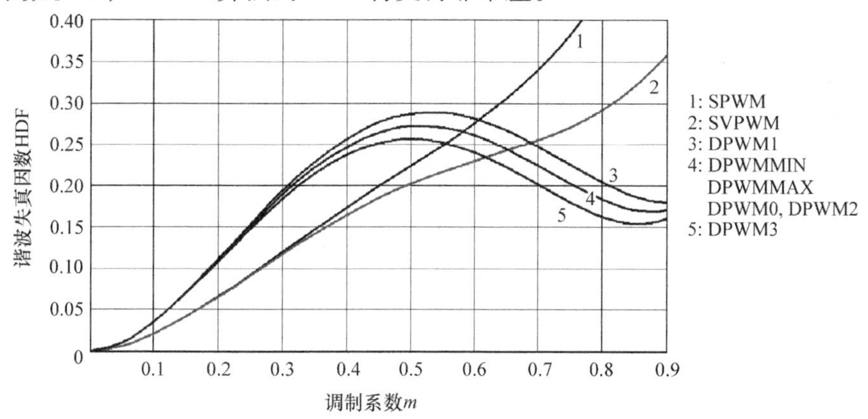

图 13.20　相同工况下，HDF 与调制系数的关系曲线

除了 HDF 外，评估 PWM 技术还需要考察电力电子器件损耗。CPWM 技术中所有三相相电流在一个基波周期内换相一次。因此，对基于 CPWM 的 PWM 算法来说，开关损耗是相

同的，与电流相位和功率因数 $\cos\varphi$ 无关。然而对于 DPWM 技术，开关损耗不仅与电流相位有关，也与选择的 DPWM 算法有关。这是因为电力电子器件在特定时间段内不动作。为了评估每种算法的损耗特性，引入了开关损耗系数（SLF），其定义为采用 DPWM 技术的损耗和采用 CPWM 技术的损耗的比值，即

$$\mathrm{SLF}=\frac{P_{\mathrm{DPWM}}}{P_{\mathrm{CPWM}}} \tag{13.30}$$

根据 A. M. Hava 等人的计算[13]，不同 DPWM 的 SLF 可以分段定义：

$$\mathrm{SLF}_{\mathrm{DPWMMIN}}=\begin{cases}0.5-\dfrac{\sin\varphi}{4} & -\dfrac{\pi}{2}\leqslant\varphi\leqslant-\dfrac{\pi}{6}\\[2ex] 1-\dfrac{\sqrt{3}\cos\varphi}{4} & -\dfrac{\pi}{6}\leqslant\varphi\leqslant-\dfrac{\pi}{6}\\[2ex] 0.5+\dfrac{\sin\varphi}{4} & \dfrac{\pi}{6}\leqslant\varphi\leqslant\dfrac{\pi}{2}\end{cases} \tag{13.31}$$

$$\mathrm{SLF}_{\mathrm{DPWMMAX}}=\mathrm{SLF}_{\mathrm{DPWMMIN}} \tag{13.32}$$

$$\mathrm{SLF}_{\mathrm{GDPWM}}=\begin{cases}\dfrac{\sqrt{3}\cos\left(\dfrac{4\pi}{3}+\psi-\varphi\right)}{2} & -\dfrac{\pi}{2}\leqslant\varphi\leqslant\dfrac{\pi}{2}+\psi\\[3ex] 1-\dfrac{\sin\left(\dfrac{\pi}{3}+\psi-\varphi\right)}{2} & -\dfrac{\pi}{2}+\psi\leqslant\varphi\leqslant\dfrac{\pi}{6}+\psi\\[3ex] \dfrac{\sqrt{3}\cos\left(\dfrac{\pi}{3}+\psi-\varphi\right)}{2} & \dfrac{\pi}{6}+\psi\leqslant\varphi\leqslant\dfrac{\pi}{2}\end{cases} \tag{13.33}$$

$$\mathrm{SLF}_{\mathrm{DPWMMAX}}=\begin{cases}1+\dfrac{(\sqrt{3}-1)\sin\varphi}{2} & -\dfrac{\pi}{2}\leqslant\varphi\leqslant-\dfrac{\pi}{3}\\[2ex] \dfrac{\cos\varphi-\sin\varphi}{2} & -\dfrac{\pi}{3}\leqslant\varphi\leqslant-\dfrac{\pi}{6}\\[2ex] 1-\dfrac{(\sqrt{3}-1)\cos\varphi}{2} & -\dfrac{\pi}{6}\leqslant\varphi\leqslant\dfrac{\pi}{6}\\[2ex] \dfrac{\cos\varphi+\sin\varphi}{2} & \dfrac{\pi}{6}\leqslant\varphi\leqslant\dfrac{\pi}{3}\\[2ex] 1-\dfrac{(\sqrt{3}-1)\sin\varphi}{2} & \dfrac{\pi}{3}\leqslant\varphi\leqslant\dfrac{\pi}{2}\end{cases} \tag{13.34}$$

$\mathrm{SLF}_{\mathrm{GDPWM}}$中相位角 ψ 的选择：DPWM0 为 0，DPWM1 为 $\pi/6$，DPWM2 为 $\pi/3$，与之前所述相同。

如果电流相位角 φ 为变量，则每个 SLF 的曲线如图 13.21 所示。从图中可以清楚地看到 GDPWM 技术的 SLF 最低。根据相位角 φ，在 DPWM0、DPWM1 和 DPWM2 之间灵活地切换调制算法，逆变器中电力电子器件的总体损耗能达到最低。当相位角 φ 大约在 $-50°\sim50°$之间时，SLF 小于 0.55。

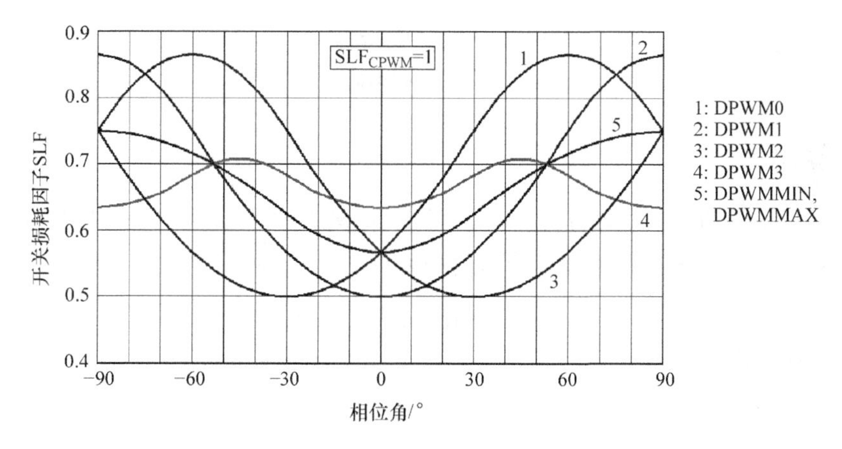

图 13.21 SLF 与电流相位角 φ 的关系曲线

13.13 基本公式

对于三相逆变器通用拓扑，下面将列出其基本公式。三相逆变器的基本结构如图 13.22 所示，包括输入整流器、直流母线、逆变器和电机负载。

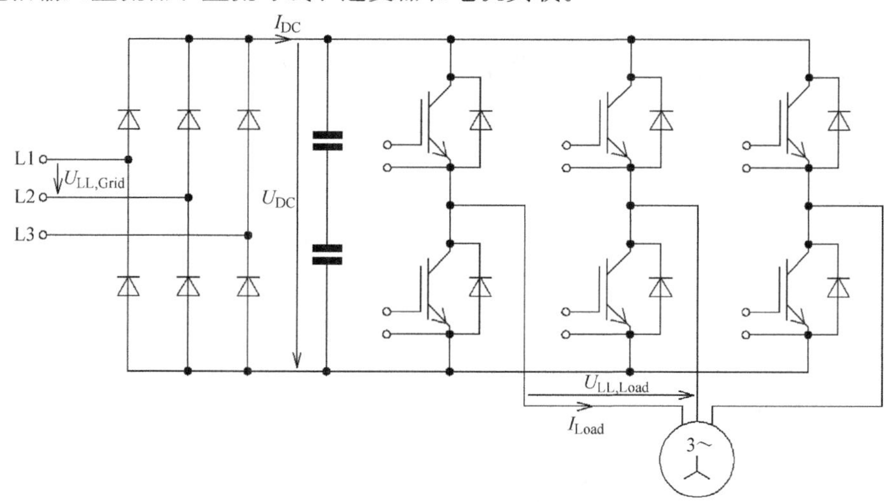

图 13.22 三相逆变器的基本结构

13.13.1 输入整流

如果忽略二极管和串联阻抗的压降，最大整流电压 $U_{DC,max}$ 为

$$U_{DC,max} = \sqrt{2} \cdot U_{LL,Grid} \tag{13.35}$$

每个二极管在 1/3 电源周期内导通电流，也就是 120°。这样每个二极管的平均电流 I_{avg} 为

$$I_{avg} = \frac{120°}{360°} \cdot I_{DC} = \frac{1}{3} \cdot I_{DC} \tag{13.36}$$

同时电流有效值 I_{RMS} 为

$$I_{\mathrm{RMS}} = \sqrt{\int i_{\mathrm{Diode}}(t)^2 \mathrm{d}t} = \sqrt{\frac{120°}{360°}} \cdot I_{\mathrm{DC}} = \frac{1}{\sqrt{3}} \cdot I_{\mathrm{DC}} \tag{13.37}$$

13.13.2 输出逆变

通过式（13.38）计算负载的电功率，其中 $\cos\varphi$ 是 $U_{\mathrm{LL,Load}}$ 与 I_{Load} 的相位差。如果 $\cos\varphi$ 是正值，负载就表现为电动特性，若为负值则表现为发电特性。

$$P_{\mathrm{el}} = \sqrt{3} \cdot U_{\mathrm{LL,Load}} \cdot I_{\mathrm{Load}} \cdot \cos\varphi \tag{13.38}$$

逆变器峰值输出电压为

$$\hat{U}_{\mathrm{Load}} = \sqrt{\frac{2}{3}} \cdot U_{\mathrm{LL,Load}} \tag{13.39}$$

且

$$\hat{U}_{\mathrm{Load}} = \frac{1}{2} \cdot m \cdot U_{\mathrm{DC}} \tag{13.40}$$

而 m 为调制系数，因此负载电压 $U_{\mathrm{LL,Load}}$ 的有效值为

$$U_{\mathrm{LL,Load}} = \frac{\sqrt{3}}{2\sqrt{2}} \cdot m \cdot U_{\mathrm{DC}} \tag{13.41}$$

13.13.3 直流母线

假设输出逆变器的效率为 η_{Inv}，则设直流母线功率 P_{DC} 为

$$P_{\mathrm{DC}} = \frac{P_{\mathrm{el}}}{\eta_{\mathrm{Inv}}} \tag{13.42}$$

直流母线电流 I_{DC} 为

$$U_{\mathrm{DC}} \cdot I_{\mathrm{DC}} = \frac{\sqrt{3} \cdot U_{\mathrm{LL,Load}} \cdot \cos\varphi}{\eta_{\mathrm{Inv}}}$$

$$\Rightarrow I_{\mathrm{DC}} = \frac{3}{2\sqrt{2}} \frac{U_{\mathrm{LL,Load}} \cdot \cos\varphi}{\eta_{\mathrm{Inv}}} I_{\mathrm{Load}} \tag{13.43}$$

或者考虑到输入整流公式则为

$$I_{\mathrm{DC}} = \frac{\pi\sqrt{3}}{3\sqrt{2}} \frac{U_{\mathrm{LL,Load}} \cdot \cos\varphi}{U_{\mathrm{LL,Grid}} \cdot \eta_{\mathrm{Inv}}} I_{\mathrm{Load}} \tag{13.44}$$

本章参考文献

1. P.F. Brosch, "Frequenzumrichter: Prinzip, Aufbau und Einsatz ", Verlag Moderne Industrie, 4th Edition 2000
2. Fraunhofer IISB, "Parasitäre Bauelemente und Oszillationen", peak-Seminar 2004
3. B. Backlund, M. Rahimo, S. Klaka, J. Siefken, "Topologies, voltage ratings and state of the art high power semiconductor devices for medium voltage wind energy conversion", PEMWA 2009
4. Cornell Dubilier, "Aluminium Electrolytic Capacitors", Cornell Dubilier Application Note 2006

5. M.C. Caponet, F. Profumo, R.W. De Doncker, A. Tenconi, "Low Stray Inductance Bus Bar Design and Construction for Good EMC Performance in Power Electronic Circuits", IEEE Transactions on Power Electronics Vol. 17 No. 2, 2002

6. F. Zare, G. Ledwich, "Side-by-Side Planar Bus bar for Voltage Source Inverter", PESC 2002

7. Y. Zhang, S. Sobhani, R. Chokhawala, "Snubber Considerations for IGBT Applications", IPEMC 1994

8. R. Severns, "Design of Snubbers for Power Circuits", Cornell Dublilier Application Note 1999

9. Semikron, "IGBT Peak Voltage Measurement and Snubber Capacitor Specification", Semikron Application Note 2008

10. Epcos, "Cross Reference for IGBT Snubber Capacitors", Epcos Application Note 2005

11. J. Hibbard, N. Hayes, "Eliminating motor failures due to IGBT-based drives when connected with long leads", Trans-Coil Inc. Application Note 1999

12. M.F. Rahman, T. Haider, E. Haque, T.R. Blackburn, "A study of the over-voltage stress with IGBT inverter waveforms on motor and supply cabling and their remedial measures", AUPEC 1999

13. A.M. Hava, R.J. Kerkman, T.A. Lipo, "Simple analytical and graphical methods for carrier-based PWM-VSI Drives", IEEE Transaction on Power Electronics Vol. 14 No. 1, 1999

14. SIBA-Autorenteam, "The Fuse Manual – Ultra-rapid Fuses", SIBA-Selbst Verlag, 2007

15. EN 50178, "Electronic equipment for use in power installations", European Standard 1997

16. IEC 60664-1, "Insulation coordination for equipment within low-voltage systems, Part 1: Principles, requirements and tests", International Electrotechnical Commission, Edition 1, 1992

17. IEC 60664-1, "Insulation coordination for equipment within low-voltage systems, Part 1: Principles, requirements and tests", International Electrotechnical Commission, Amendment 2, 2002

18. IEC 60664-3, "Insulation coordination for equipment within low-voltage systems, Part 3: Use of coating, potting or moulding for protection against pollution", International Electrotechnical Commission, Edition 2, 2002

19. IEC 61800-5-1, "Adjustable speed electrical power drive systems, Part 5-1: safety requirements – Electrical, thermal and energy", International Electrotechnical Commission, Edition 1, 2003

20. UL 508c, "Power conversion equipment", Underwriter Laboratories Inc., Edition 2, 1997

21. UL 840, "Insulation Coordination including clearances and creepage distances for electrical equipment", Underwriter Laboratories Inc., Edition 2, 2000

第 14 章 质量与可靠性

14.1 简介

功率器件的质量和可靠性都是同一优先级，这是因为这些设备常常应用于那些被暴露在外的或关键的（有时甚至是生命攸关的）场合。此外，功率半导体器件在应用中扮演关键的角色。因此，制造商开展广泛地测试和认证方案，以生产出满足用户期望的器件。

另一方面，为每个应用选择合适的器件是设计者的职责。制造商提供大量的工具和数据帮助用户预测组件在实际应用中能达到的性能和寿命。任何“好”设计目标应该是计算寿命比客户预期的更长，设计边界条件超出使用条件。这种设计称为鲁棒设计，如图 14.1 所示。

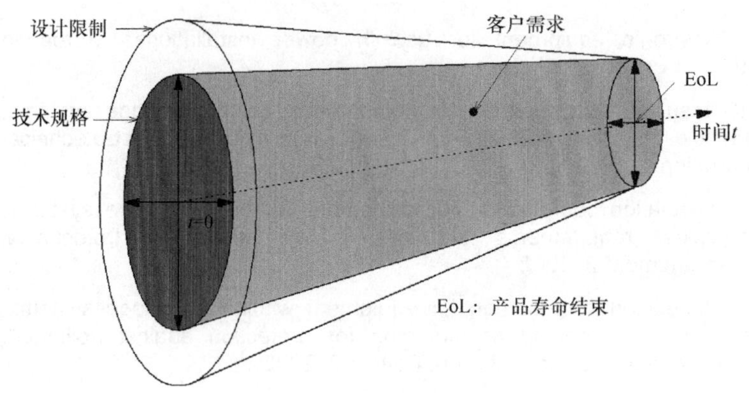

图 14.1 鲁棒设计

把器件的全部或部分功能失效定义为器件失效，在开始运行时就发生的失效可排除在缺陷外。在一般情况下，失效可分为两种类型：突发失效和渐变失效。突发失效即可能会在任何时候发生且不可预测。渐变失效是由于状态的渐变而发生。发生渐变失效的时间是可以预测的。当然必须设置界限，若超过该界限则认为器件已经失效。

失效率 λ 是指 N 个元件在一定时间 Δt 内有 n 个发生失效。元件的失效率是以每十亿设备工时出现一例失效为正常标准，即“失效的时间（FIT）”。

$$1\mathrm{FIT}=\frac{1}{10^9\mathrm{h}} \tag{14.1}$$

根据实验或目前产品的统计数据确定失效率 λ。规定一定数量相同型号的样品在额定负

载条件下运行。在观测时间 Δt 内，共有 n 个器件出现失效。在目前的生产中，所生产产品的失效率和退货的比例有关。

$$\lambda = \frac{n}{N \cdot \Delta t} \tag{14.2}$$

例如，总共有 $N=8000$ 个器件，在 $\Delta t=5000\text{h}$ 内共有 $N=4$ 个器件发生失效，那么失效率为

$$\lambda = \frac{4}{8000 \times 5000\text{h}} = \frac{1}{10^7\text{h}}$$

如果失效率用 FIT 说明，则

$$\lambda = \frac{10^{-7}\text{h}^{-1}}{10^{-9}\text{h}^{-1}} = 100\text{FIT}$$

总的来说，无论是在器件层面还是在系统层面，都希望减少 FIT 率。如果没有其他冗余，复杂系统的 FIT 率由各个组件的 FIT 率相加得到。例如，如果一个 IGBT 模块的 FIT 率为 100，其内部共有 24 个并联芯片，这样可以计算出每个芯片的 FIT 率为 4. 2。这并不是针对某一个特定的模块，而是在模块大量生产过程中的统计结果。现今，厂商生产的 IGBT 模块其 FIT 率可以低至 100 甚至更低。

如果已知单独器件的 FIT 率，那么就可以计算由这些器件组成系统的 MTBF 率，这些系统并不只是 IGBT 模块。MTBF 代表“平均失效间隔时间”，其定义为

$$\text{MTBF} = \frac{1}{\sum \lambda} \tag{14.3}$$

举一个例子来说明这个公式。如果有 40 个器件，其中 20 个器件的 FIT 率为 125，15 个器件的 FIT 率为 350，5 个器件的 FIT 率为 300，那么 MTBF 为

$$\begin{aligned}\text{MTBF} &= \frac{1}{\sum_{n=1}^{20}\lambda_n + \sum_{n=21}^{35}\lambda_n + \sum_{n=36}^{40}\lambda_n} \\ &= \frac{1}{20 \times 125\text{FIT} + 15 \times 250\text{FIT} + 5 \times 300\text{FIT}} \\ &= \frac{1}{20 \times 125 \times 10^{-9}\text{h}^{-1} + 15 \times 250 \times 10^{-9}\text{h}^{-1} + 5 \times 300 \times 10^{-9}\text{h}^{-1}} \\ &\approx 129000\text{h}\end{aligned}$$

另一个统计值是“ppm（百万分率）”，它描述了在同一周期内交付的器件数量 $n_{\text{delivered}}$ 和失效数量 n_{failed} 的比值。然而，只有在规范操作过程中出现的失效才进行统计。在计算 ppm 时，需要从开始批量生产后的器件统计。样机、工程样品或其他样品都不在统计范围内。

$$\text{ppm} = \frac{n_{\text{failed}}}{n_{\text{delivered}}} \times 10^6 \tag{14.4}$$

14.2　应用中的失效机理

如上所述的那样，可以分为两种通用的失效机理：

- 突发失效，即自发的，不可预知的失效；

- 渐变失效，即可预测的失效，随着时间的推移慢慢产生。

应用工程师的一个主要任务是防止突发失效。在设计应用对象时必须考虑所有的相关因素防止出现失效。可以通过冗余系统，加强保护等措施来实现。实际中，器件制造商无法根据应用对象设计器件。相反，合理地选用器件和工程师的系统设计决定了突发失效的风险。通常功率器件制造商可为选择器件提供技术支持。他们常常会通过公司内部或外部的应用工程师提供直接或间接的支持，并为应用对象在设计过程中提供计算和仿真软件。

对于渐变失效，制造商起着决定性的作用，一旦确定器件的长期稳定性就不能改变。设计工程师应尽可能地获得器件的特性参数，并在设计中考虑应用对象的长期稳定性。制造商通常提供器件数据图表，如功率循环周次和热循环周次数据。基于这些数据，结合特定应用的负载变化曲线，就可以得出这个器件的使用寿命和适用性。

图 14.2 概述了不同失效的机理，所有这些因素最终都可导致 IGBT 功率半导体的失效。灰色框表示突发失效的原因，阴影框表示可导致渐变失效的原因。这里“操作不当”比较特别，它可能导致 ESD 并引发失效。取决于受损伤的程度，失效可能会立即出现或经过一段较长时间（预损坏）出现。

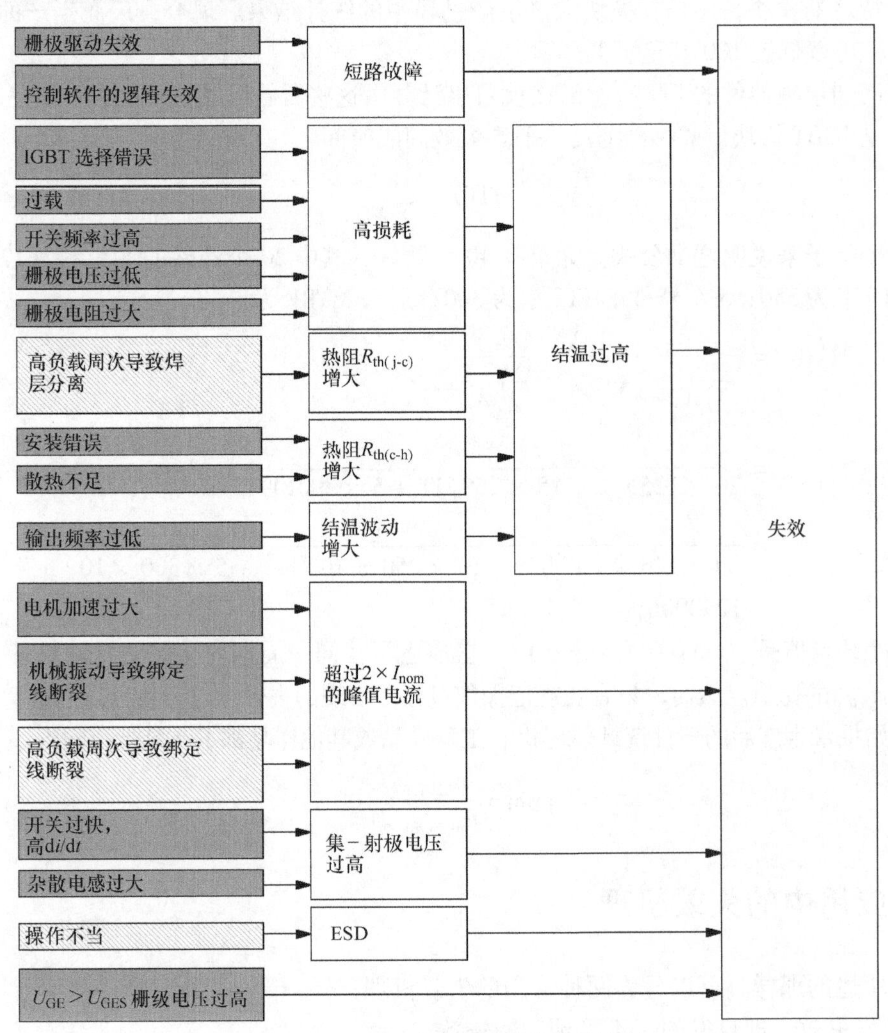

图 14.2　IGBT 功率半导体的失效机理

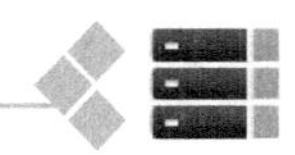

宇宙射线微粒是一种特殊的失效机理，未在摘要中列出，将在本章的结尾另作分析。

14.3 加速模型

为了确保器件在后续应用中的可靠性，制造商必须对器件进行测试和认证。在实际应用中，对功率器件寿命的需求为几年或更长时间，而电力牵引则需要达到30年。为了证明器件适用于应用对象，就需要在应用对象的寿命周期内测试器件，这显然不可行。因此，需要在较高的压力下和较少的测试时间内完成试验，即加速测试。加速测试中的加速因子AF为

$$\mathrm{AF}=\frac{t_{\mathrm{op}}}{t_{\mathrm{Stress}}} \tag{14.5}$$

通常，可以通过例如温度、电压，或增加变化率来进行加速测试。

根据测试目的不同，比如针对不同的失效机理［式（14.6）和式（14.9）］，采用不同的加速模型。所有器件都需要进行工作点测试（称为“压力”测试），即设置测试工作点比其在实际应用的工作点（称为“OP”）高。通常是选定特定数目的器件，通过测试验证电气、机械和热参数是否与器件手册中标注的一致。此外，这种测试也有助于弥补当前生产过程中常规测试的局限。

$$\text{Arrheninus Model}^{㊀}\text{(阿氏加速模型)}\quad \mathrm{AF}(T)=\mathrm{e}^{\left[\gamma\left(\frac{1}{T_{\mathrm{op}}}-\frac{1}{T_{\mathrm{Stress}}}\right)\right]} \tag{14.6}$$

$$\text{Eyring Model(艾林模型)}\quad \mathrm{AF}(U,T)=\mathrm{AF}(T)\cdot \mathrm{e}^{\left[B\cdot\left(U_{\mathrm{Stress}}-U_{\mathrm{op}}\right)\right]} \tag{14.7}$$

$$\text{Peck Model}^{㊁}\text{(佩克模型)}\quad \mathrm{AF}(\mathrm{RH},T)=\mathrm{AF}(T)\cdot\left(\frac{\mathrm{RH}_{\mathrm{Stress}}}{\mathrm{RH}_{\mathrm{op}}}\right)^{n} \tag{14.8}$$

$$\text{Coffin - Manson Model}^{㊂}\text{(科芬 - 曼森模型)}\,\mathrm{AF}(\Delta T)=\left(\frac{\Delta T_{\mathrm{Stress}}}{\Delta T_{\mathrm{op}}}\right)^{c} \tag{14.9}$$

对于型式试验，重要的是要知道需要测试多长时间才能获得有关该设备在目标应用中的可用性的情况。换句话说，即要多少测试周期才能反映实际的负载周次，并且有足够的可靠性。

要回答这个问题，了解和分析应用对象非常有必要。根据图14.3所示（见本章参考文献【3】），需要很多参数。通常输入参数“负载曲线”最难获得，大多数情况下要靠估计或者经验得到。如果能够得到所有相关参数，那么就可以得到一次负载周期内的损耗变化曲线，并以此计算或仿真器件的失效时间。

下一步要确定温度变化曲线并考虑冷却条件（见图14.4a）。为了尽可能地模拟真实的应用，也要考虑应用对象工作所在地的气候条件（见表14.1）；再加上温度变化曲线，及据此得到的温度梯度，供器件测试参考。通常，通过IGBT模块的结温可以推导出绑定线连接的可靠性。另外，IGBT模块内子系统焊盘的温度（底板和DCB之间的焊锡层）和芯片焊盘的温度（在DCB和半导体元件之间的焊接层）也与可靠性密切相关。

㊀ 以瑞典物理化学家斯万特·奥古斯特·阿伦尼斯（1859～1927）命名，他在1889年推导出反应速率公式。和其他参数一样，阿氏加速因子 γ 与测试中的活化能有关。

㊁ RH：相对湿度；n：与被研究的失效机理相关的因子。

㊂ c：疲劳延性系数。延性是材料的固有特性，表示过载形变后的可塑性。

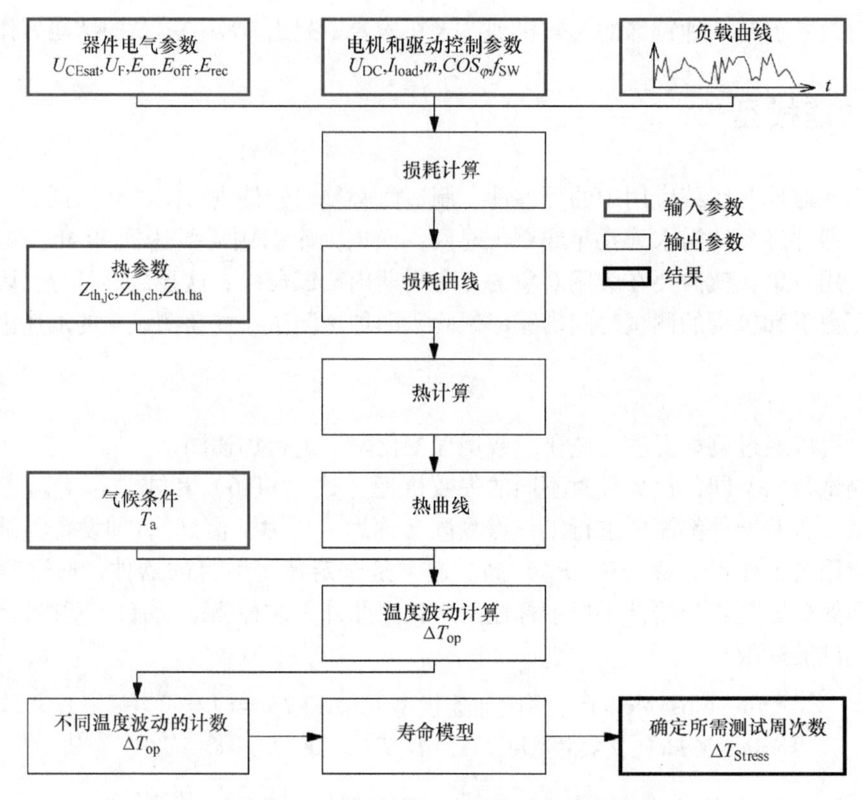

图 14.3　用测试循环的概念来验证一个 IGBT 模块寿命

表 14.1　一年内的气温图

室外温度/℃	-25	-20	-15	-10	-5	0	5	10	15	20	25	30
天数/年	5	10	10	20	25	30	45	50	50	50	35	35

IGBT 模块内子系统的焊料和芯片焊接仍然是当前模块的标准的工艺。对于新一代的 IGBT 模块，焊接工艺可能被键合工艺取代，如 LTJ（见 14.5.3 节）和扩散焊（见 14.5.4 节）技术。这些新型键合技术更有优势，也使得连接更可靠。

如果已知全部的温度波动特性，那么就很容易列举出最低温度和最高温度之间的差值变化 ΔT_{op}，这就给出了负载周期内的温度波动 ΔT_{op} 次数的分布，如图 14.4b 所示。每次进行这种列举需要观测两次：一次有气候条件的影响，而另一次没有。第一次计数表示在工作过程中发生的温度变化（图 14.4b 给出 $\Delta T_{op,Diode}$）。第二次计数表示在该区域的最低气候温度到最高气候温度的差异。如上所述，这些温度参数，结温波动用于评估绑定线的连接可靠性，子系统下焊层温度用于评估基板和 DCB 之间焊接连接的可靠性。

接下来把多个不同的温度波动综合变换为一个恒定的温度差 ΔT_{Stress}，然后用于测试循环。做这个变换是由于执行加速测试的设备并不能工作于多个不同的温度，而只能采用一个固定的最低温度 $\Delta T_{Stress,min}$ 和最高温度 $\Delta T_{Stress,max}$，测试设备在这两个温度之间交替运行。如果已经确定温差 ΔT_{Stress}，那么根据上述加速模型，通过计算可得到所需要的测试周次。

图 14.5 和表 14.2 展示了在一个循环实验中推导出测试周次的例子，关于寿命计算模型的公式请参见式（14.10）和式（14.11）。基于图 14.3 所示的概念，当模块运行在目标应用

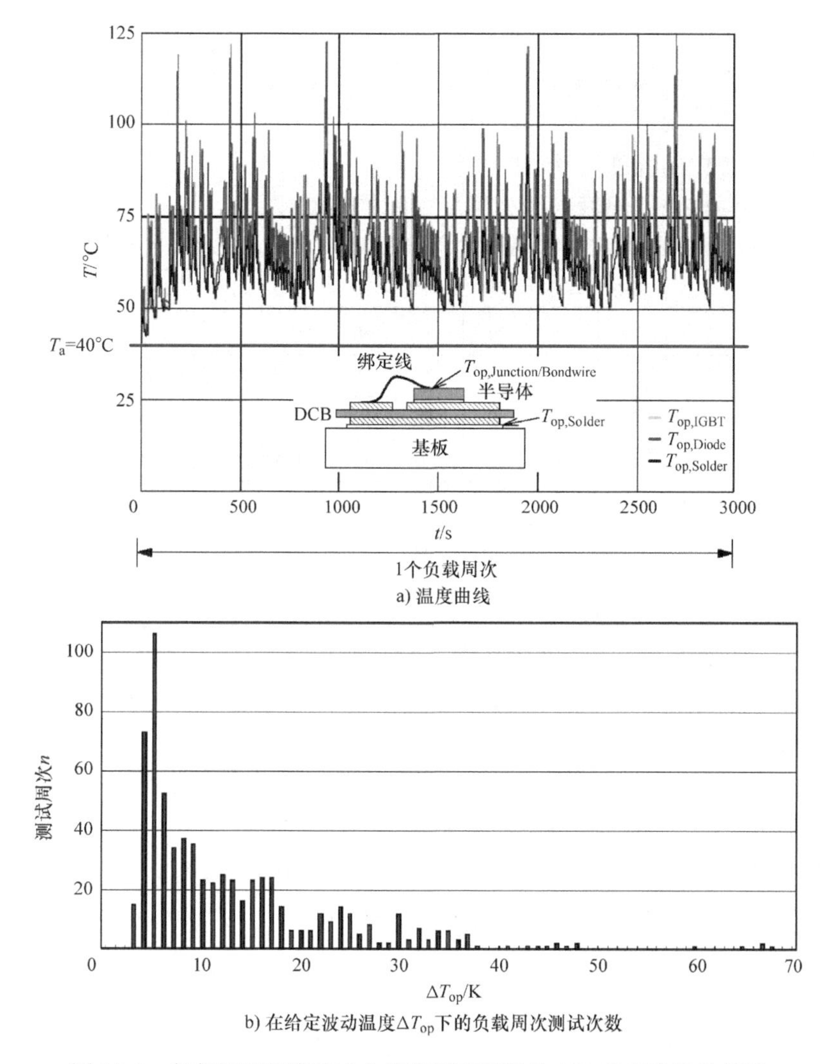

a) 温度曲线

b) 在给定波动温度ΔT_{op}下的负载周次测试次数

图 14.4　如何通过温度波动曲线得到不同温差 ΔT_{op} 出现次数的例子

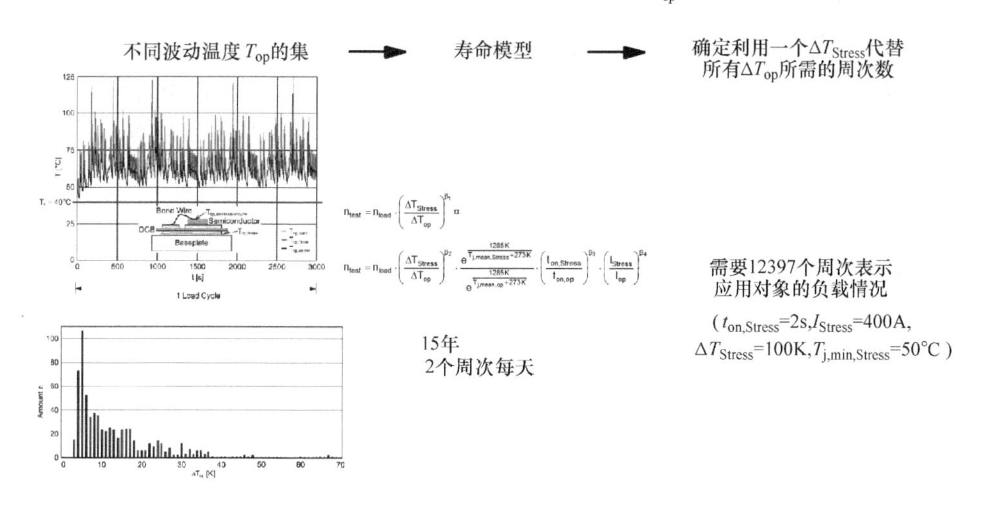

图 14.5　基于现有应用要求下循环实验运行时的温度波动，推导出所需要进行的测试周次的例子

时参数的设定为：

- 应用对象寿命周期为 15 年；
- 每天两个负荷周次；
- 考虑工作过程中的温度波动；
- 每个周期内考虑最低温度与最高温度之间的温度波动。

表 14.2　当前某种应用条件下的循环实验，基于由气候因素引起的温度变化而推导出所需的测试周期的例子

室外温度/℃	-25	-20	-15	-10	-5	0	5	10	15	20	25	30	
每年的天数	5	10	10	20	25	30	45	50	50	50	35	35	
每天的负载周次	2	2	2	2	2	2	2	2	2	2	2	2	
每年的负载周次	10	20	20	40	50	60	90	100	100	100	70	70	
15 年内的负载周次	150	300	300	600	750	900	1350	1500	1500	1500	1050	1050	
$T_{op,min,Diode}$/℃	-25	-20	-15	-10	-5	0	5	10	15	20	25	30	
$T_{op,max,Diode}$/℃	126	126	126	126	126	126	126	126	126	126	126	126	
$\Delta T_{op,Diode}$/K	151	146	141	136	131	126	121	116	111	106	101	96	
n_{Stress}	293	521	462	814	893	936	1220	1170	1004	855	506	424	9097

根据不同的应用类型需要考虑不同的气候条件。一般情况下，所有户外运行的应用类型都需要考虑气候因素。

本例中，考虑到相应的运行和气候计算所得必要的测试周期数是 21494。在计算中，采用相同的加速参数 $t_{on,Stress}$、I_{Stress}、ΔT_{Stress} 和 $T_{j,min,Stress}$。

根据 Coffin - Manson 模型，通过下式可以计算所需的测试周次：

$$n_{test} = n_{load} \cdot \left(\frac{\Delta T_{Stress}}{\Delta T_{op}}\right)^{\beta 1} \tag{14.10}$$

$$n_{test} = n_{load} \cdot \left(\frac{\Delta T_{Stress}}{\Delta T_{op}}\right)^{\beta 2} \cdot \frac{e^{\frac{1285K}{T_{j,mean,Stress}+273K}}}{e^{\frac{1285K}{T_{j,mean,op}+273K}}} \cdot \left(\frac{t_{on,Stress}}{t_{on,op}}\right)^{\beta 3} \cdot \left(\frac{I_{Stress}}{I_{op}}\right)^{\beta 4} \tag{14.11}$$

式（14.10）给出了测试周次和负载循环周次与温度波动 ΔT_{Stress} 和 ΔT_{op} 之间的函数关系。通过热循环测试可以评估系统焊接的可靠性。式（14.11）适用于功率循环测试以评估绑定线的可靠性。除了温度波动 ΔT_{Stress} 和 ΔT_{op} 两个影响参数外，还有下面几个重要的影响因素：

- 每次循环的最小温度 $T_{j,min,op}$ 和 $T_{j,min,Stress}$；
- 每个负载周期中元件的 $t_{on,op}$ 和 $t_{on,Stress}$；
- 工作电流 I_{on} 和 I_{Stress}，时间 $t_{on,op}$ 和 $t_{on,Stress}$。

通常，对于式（14.10）和式（14.11）中的参数 $\beta_1 \sim \beta_4$，不同的制造商给出的数值各不相同，不同的型号也互不相同，这些来自于多次的试验结果。在进行寿命计算之前需从制造商那里了解到正确的或推荐的参数值。

14.4　型式试验和常规试验

IEC 60747 -9 和 IEC 60747 -15 规定的标准类型试验和常规试验见表 14.3。制造商并不

需要完成所有的测试，半导体的类型和封装决定了哪些项目需要测试。

表 14.3 标准工业级 IGBT 模块类型和常规试验项目

测试项目	型式试验	常规试验
集－射极电压 U_{CE*sus}	×	
集－射极电压 U_{CES}	×	×
栅－射极电压 $\pm U_{GES}$	×	
RBSOA	×	
SCSOA	×	
ESD 电压 $U_{GE*(ED)}$	×	
栅极电流 I_C	×	
栅－射极阈值电压 $U_{GE(TO)}$	×	×
栅－射极漏电流 I_{GES}	×	×
开通损耗 P_{on}，能量 E_{on}	×	
关断损耗 P_{off}，能量 E_{off}	×	
开通时间 t_{on}，$t_{d(on)}$，t_r	×	
关断时间 t_{off}，$t_{d(off)}$，t_f	×	
热阻 $R_{th(j-c)}$ 和热阻抗 $Z_{th(j-c)}$	×	
集－射极饱和电压 U_{CEsat}	×	×
集－射极漏电流 I_{CES}	×	
输入电容 C_{ies}	×	
输出电容 C_{oes}	×	
反馈电容 C_{res}	×	
HTRB	×	
HTGS	×	
绝缘电压 U_{isol}	×	×
物理尺寸、电气间隙和爬电距离	×	
基板尺寸	×	(×)
杂散电感	×	
接线端子的鲁棒性	×	(×)
TC（热周次）	×	
PC（功率周次）	×	

表 14.4 给出了标准工业级 IGBT 模块所需要完成的测试项目。但是如果该模块应用于汽车领域，如 HEV，相比于工业应用场合的要求更严格，所以类型和常规试验项目也将更加严格。

表 14.4 标准工业级 IGBT 模块质量测试项目

测试项目	描述	条件
HTRB	高温反向偏置	1000h，$T_{vj}=T_{vj,op\_max}$，$U_{CE}=0.9U_{CEmax}$（≤2kV），$U_{CE}=0.8U_{CEmax}$（>2kV）
HTGS	高温栅极应力	1000h，$\pm U_{GEmax}$，$T_j=T_{vj,op\_max}$
H3TRB	高湿、高温反向偏置	1000h，85℃，85% RH，$U_{CE}=0.8U_{CEmax}$（max. 80V），$U_{GE}=0V$
TST	热冲击测试	$T_{stg,min\_typ}=-40$℃，$T_{stg,max\_typ}=125$℃，$t_{stg}\geq 1h$，$t_{chg}\leq 3s$，20～25 周次
TC（PC_{min}）	热周次	$2min<t_{cycl}<6min$，$\Delta T_C=80K$，$T_{C,min}=25$℃，2000～5000 周次
PC（PC_{sec}）	功率周次	$2s<t_{cycl}<5s$，$\Delta T_j=60K$，$T_{vj}=T_{vj,op\_max}$，130000 周次

表 14.5 给出了失效细节和相应测试的关系。

表 14.5 失效细节和相应测试的关系

失效图片 / 测试项目	半导体空间缺陷	半导体的表面缺陷	键合连接	外壳	电气连接	电气稳定性	栅极氧化	腐蚀	钝化	连接的可焊性	绝缘	内部焊层
HTRB	×	×				×			×		×	
HTGS						×	×					
H3TRB		×				×		×	×		×	
TST			×	×	×						×	×
TC（PC_{min}）			×	×	×						×	×
PC（PC_{sec}）			×									×
可焊性										×		
振动			×	×	×						×	×

下面将详细介绍一些测试项目。

14.4.1 HTRB 测试

HTRB 测试需进行 1000h，其目的是在最大工作结温时考察模块阻断 80% ~90% 的标称电压的特性。测试方式是在测试过程中测量漏电流 I_{CES}。在试验前测量漏电流作为参考值，如果在测试过程中或试验后，漏电流产生的变化超出限定的范围（例如 ±100μA 或 ±100%），则测试不通过。

HTRB 测试的焦点是其 IGBT 边缘结构和钝化层。在 HTRB 测试中，尤其是高电压的 IGBT，可以观测到瞬态漏电流的变化。瞬态漏电流是由于外加反向偏压造成的充电电流。图 14.6 给出了在 HTRB 测试中的瞬态漏电流 I_{CES}。

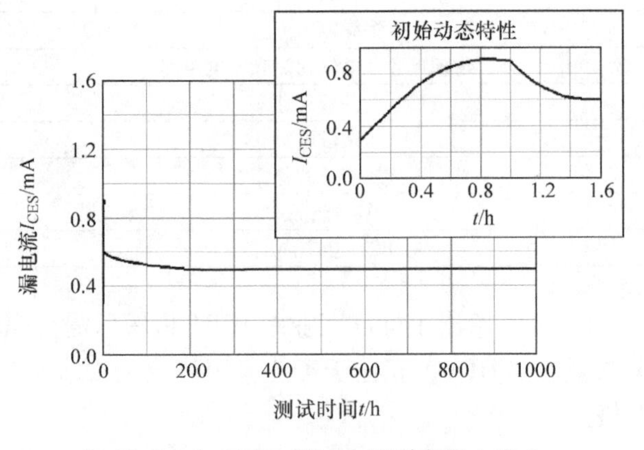

图 14.6 在 HTRB 测试中的瞬态漏电流 I_{CES}

14.4.2 HTGS 测试

HTGS 测试是在 IGBT 最大工作结温时进行 1000h 的测试。这时栅极承受正负电压 U_{GEmax}（通常为 ±20V），而集电极和发射极之间没有电压差。其测量的标准是栅极电流。在试验前测定栅极电流作为参考，如果在试验过程中或试验后，栅极电流的变化超出一个限定的区域（例如 ±20nA 或 ±100% 参考值），那么测试不通过。HTGS 测试的焦点是 IGBT 的栅极氧化层。

14.4.3 H3TRB 测试

H3TRB 测试是在给定温度和湿度下进行 1000h 试验。阻断电压为标称电压的 80%。然而，测试电压最高被限制在 80V，其原因如下：

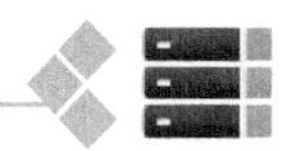

- 降低漏电流从而减少器件的自加热，防止自身干燥；
- 在高湿度环境下，测量设备受到限制；
- 工作人员的安全。

测试标准是测量漏电流。以测试之前测量的漏电流为参考，如果试验过程中或试验后，漏电流产生的变化超出设定的区域（如 ±100nA 或 ±100% 参考值），那么测试不通过。H3TRB 测试的焦点是 IGBT 的钝化层。

重要的是，在 H3TRB 测试后立即测量漏电流无法得到正确的结果，其原因是元件内的剩余水分可能导致测量误差。因此，在测试完成后需要给器件加热，要等待最少 2h 至多 24h 并退火 24h 后，才能开始测试器件的漏电流。

14.4.4　TST

TST 是在两个不同温度系统中交替存储，并定义了循环次数。试件在两个保温箱里交替保存，即首先被放到一个低温箱（如 -40℃），过一段时间转移到另一个高温箱（例如 125℃）。器件保存在保温箱中的时间必须足够长（例如 1h），使得测试对象温度均匀。同时规定了转移过程的时间，通常低于 30s。

在 TST 测试中，模块并不通电运行，可通过机械、电和热的方式来检查模块的完整性。如果测试期间或之后发生机械失效（例如封装破裂），那么测试不通过。这同样适用于电气和热特性（如热阻 $R_{th(jc)}$ 产生 +20% 的变化）。TST 测试的焦点是 IGBT 模块的封装和基板与 DCB 间的连接（系统焊接层）。

14.4.5　TC 测试

相比于 TST，TC 测试的周期较短，通常为几分钟（一般为 5min）。这时模块可以被动加热，即通过外部热源或自身通电来加热。TC 测试的标准是热阻 $R_{th(jc)}$，即在测试前测量热电阻为参考。如果测试过程中或试验后，热电阻变化较大，超出了限定范围（例如超过 20%），测试不通过。

IGBT 模块 TC 测试的焦点是芯片和 DCB 之间的连接（芯片焊接层）以及 DCB 和底板的连接（系统焊接层）。

特别对于 TC 和 TST 测试，正确选择材料至关重要。传统的 IGBT 功率模块由不同的材料组成一个系统。当受热和冷却时，每种材料膨胀的程度都不尽相同，可以用热膨胀系数（CTE）表示材料属性。

连接的两种材料的热膨胀系数相差越大，连接点在受热或冷却过程中所受的压力就越大。因此，要用 CTE 相近的材料连接以降低焊层分离的可能性，从而增加使用寿命。出于这个原因，应用于牵引系统的模块由硅 - 陶制氮化铝 - 碳化硅铝基板组合而成（见第 2 章和第 4 章）。

即使发生极端的温度变化，也可以保证模块的寿命达到 30 年。由于成本原因（AlSiC 基板比铜基板更贵），并且工业级产品的典型寿命周期为 10 年，所以硅 - 陶制氧化铝 - 铜基板广泛地应用于工业级应用。

图 14.7 给出了 IGBT 模块中不同材料的膨胀系数。

图 14.8 给出了一个由铜基板和 Al_2O_3 陶瓷组成的标准 IGBT 模块的 TC 测试示例，在试

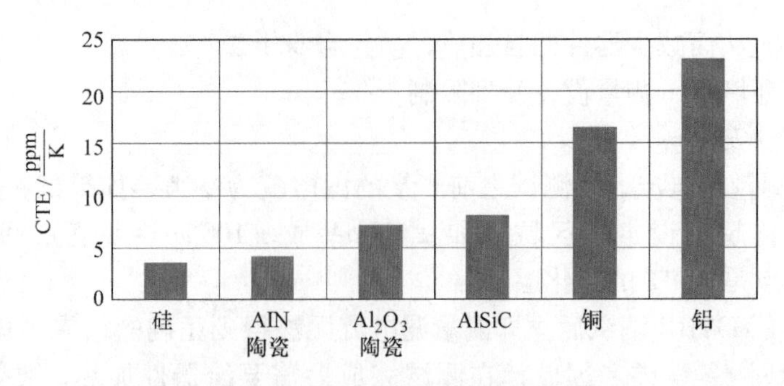

图 14.7　IGBT 模块中不同材料的膨胀系数

验中可以清楚地看到焊层的分离区域。焊层从 DCB 的角部开始分离并蔓延出去。

焊层分离区域中的热阻会增加。如果一个功率半导体芯片处于该区域中，增加的热阻会导致结温 T_{vj}增加。

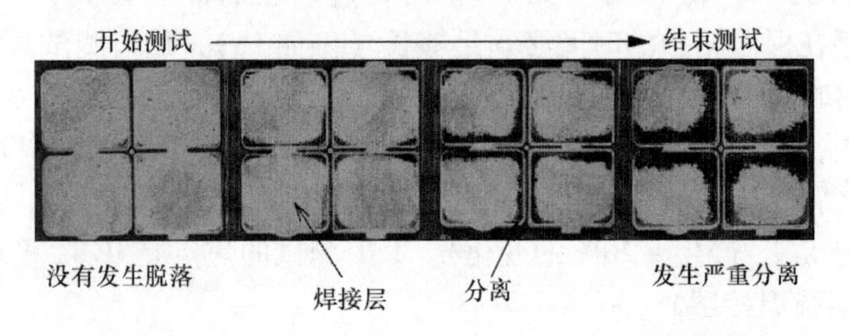

图 14.8　基板与 DCB（系统焊层）分离的超声波扫描图片[㊀]

制造商会发布给定材料和/或特定封装的 IGBT 模块的 TC 曲线，用户可以利用该曲线计算模块的大概寿命。图 14.9 给出了这样一个例子，该模块使用了铜基板，试验条件如下：

- 最小基板温度 $T_c = 25℃$；
- 典型的周期时间 $t_{cyc,typ} = t_{on} + t_{off} = 300s$；
- 由模块内部芯片的非脉冲通电加热；
- 外部冷却。

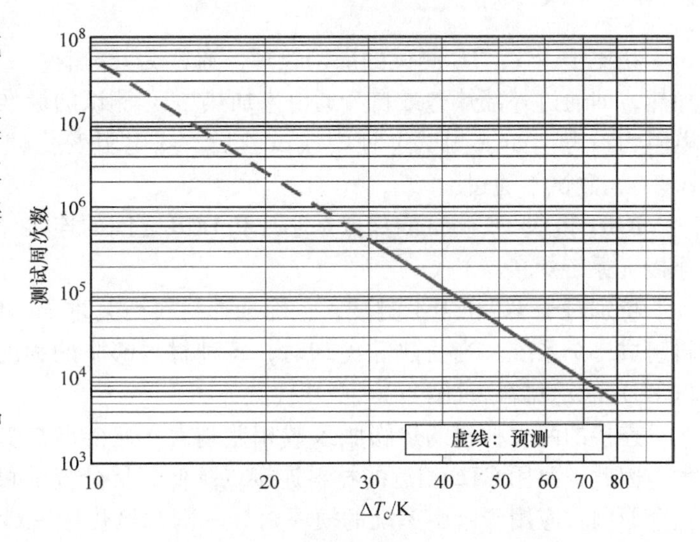

图 14.9　铜基板模块的 TC 循环周次

14.4.6　PC 测试

PC 测试是把模块先加热，然后冷却，并满足一定数量循环周次。通过施加负载电流，从而加热半导体结。然后关闭电源，并且使得系统迅速冷却（如通过水冷却）。加热的方

㊀　原著中为 X 射线。——译者注

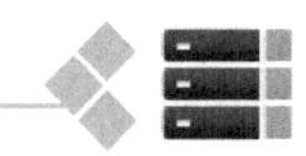

式根据栅极驱动的不同分为两种：非脉冲式和脉冲式。如果栅极驱动不是脉冲，则功率使半导体持续导通发热。由负载电流及半导体的饱和压降 U_{CEsat} 产生损耗。如果栅极为脉冲驱动，将会产生额外的开关损耗，开关损耗的多少将取决于开关频率。因为要实现相同的损耗，非脉冲驱动的 PC 测试需要更高的电流，所以在连接上更加困难。但是，制造商的 PC 测试数据手册并没有声明这些重要的信息，因此进行对比时需要进一步了解测试条件。

PC 测试基本上等同于 TC 自加热测试，其差别在于测试周期时间。TC 测试周期是以分钟为单位的（通常为 5min），然而 PC 测试只需要几秒钟（一般为 3s）。因此，PC 测试也称为 PC_{sec} 测试，而 TC 测试称为 PC_{min} 测试（见表 14.4 和表 14.5）。

PC 测试的标准是饱和电压 U_{CEsat} 或正向电压 U_F。在测试前测量的电压值作为参考标准。如果在测试期间或之后，电压的变化超出了限定区域（例如 5%），那么测试不通过。

IGBT 模块在此测试中的焦点是连接芯片和 DCB 的绑定线。通常产生失效的机理如下：

- 绑定线断裂，如图 14.10 所示；
- 绑定线从芯片的金属覆层上脱落，如图 14.11 所示。

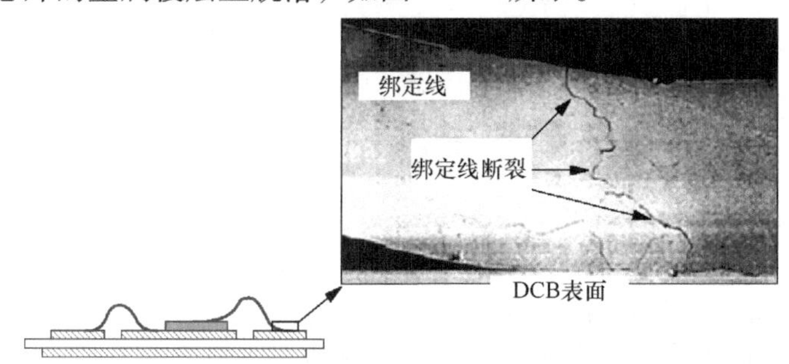

图 14.10　绑定线断裂

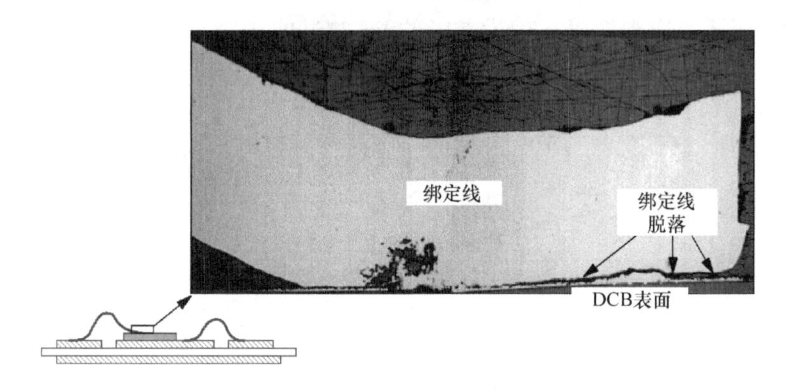

图 14.11　绑定线从芯片金属覆层脱落

绑定线重复性的微运动会造成绑定线断裂。长此以往，会导致绑定线出现疲劳和裂纹。工作过程中的加热和冷却会引起线的运动。磁场导致的位移对这类失效的影响可以忽略不计。

在工作过程中，由于芯片表面不断地被加热或冷却，所以芯片金属覆层的结构不断发生变化。最终，表面结构的变化越来越大以至于和芯片接触面的连接松动，导致绑定线与芯片表面分离。

IGBT 的制造商通常会发布芯片的 PC 测试曲线，该曲线可为用户计算芯片寿命提供参考，如图14.12 所示。其测试条件如下：

- 最大结温为 $T_{vj}=125℃$；
- 典型的循环周期为 $t_{cyc,typ}=t_{on}+t_{off}\leqslant 3s$；
- 模块自加热；
- 外部冷却。

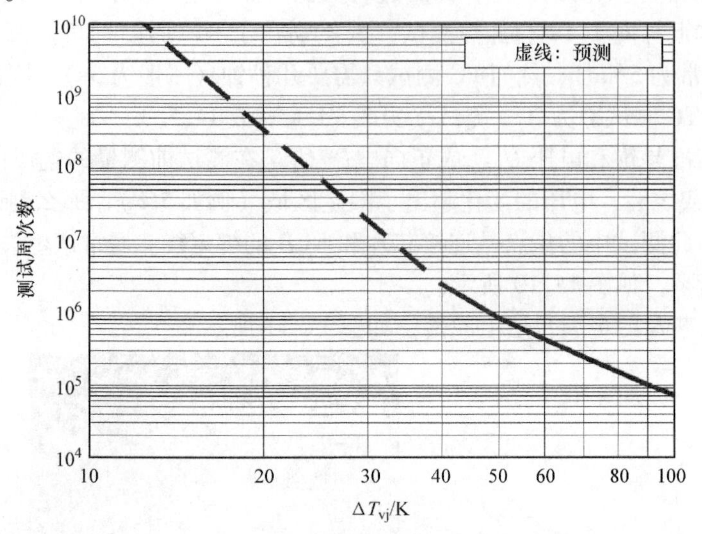

图14.12 IGBT模块的PC周次

由于功率半导体的循环周次能力取决于不同开通时间 t_{on}，部分厂家除了发布PC测试曲线展示了温差 ΔT_{vj} 与周次之间的关系之外，还在额外一个图中给出了在循环周期内循环周次与开通时间的关系（同时最大结温 $T_{vj,max}$、最大温差 ΔT_{vj} 和负载电流 I 保持不变），这种PC测试如图14.13 所示，通常把以 ΔT_{vj} 为参考的PC测试曲线（见图14.12）做标幺化处理。

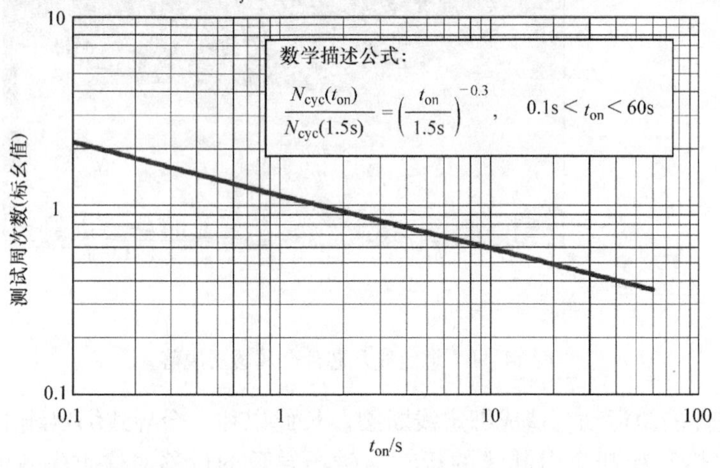

图14.13 基于占空比的IGBT PC周次

14.5 提高负载周次能力的措施

由于芯片工作时必然会产生的损耗及不同材料层之间的相互连接，导致电力电子器件内

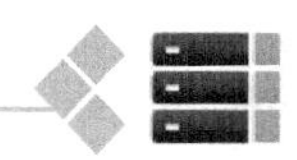

部每层的热阻不同，通过像散热器一样的附件，热源和环境之间会存在温差。以一个 IGBT 模块为例，当工作于给定工作点时，由于模块内每层热阻 R_{th} 不同使得模块内部的温度梯度分布不同，如图 14.14 所示。温度并不会突然下降，而是会连续地跨越不同的材料层。这里并没有具体给出芯片焊层、DCB 和系统焊层热阻不同时产生的温度梯度。

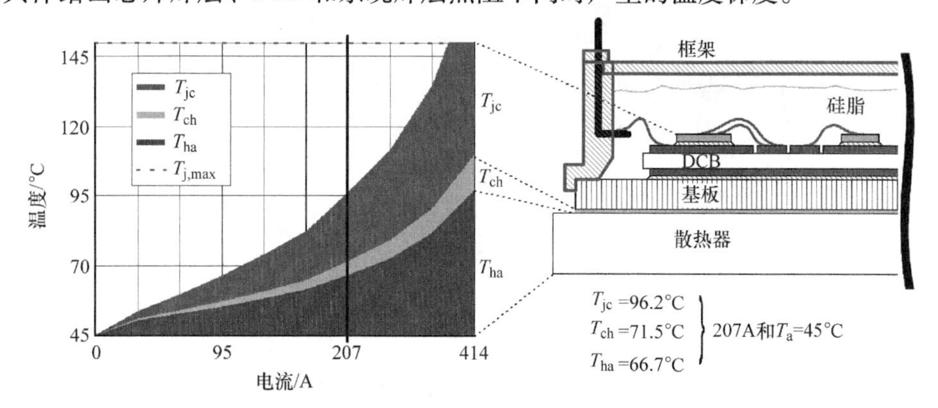

图 14.14　IGBT 模块运行过程中内部温度的分布

在实际的应用中，工作点通常不是静态的，而是根据负载的特性动态地变化，因而温度分布随之变化。由于材料的热膨胀系数（CTE）不同，引起不同材料之间连接层的老化。如前文 TC 测试部分所述，标准工业应用要求器件的寿命达到 10 年。其他的应用可能也要求差不多的寿命，但是有些负载特性可能导致加速老化。在标准工业应用中，类似负载特性的模块寿命也有可能需要超过 10 年，所以需要专门设计模块以满足需求。接下来将介绍几种措施来提高器件的负载周次能力，以达到所需要求。

14.5.1　CTE 值匹配

如同 14.4.5 节所述，在 IGBT 模块的开发过程中，保持组合材料之间的 CTE 值差异越低越好。对于牵引和风力发电来说，需要强大的负载周次能力，因此通常用 AlSiC 作为基板材料，AlN 为 DCB 材料，从而保证器件的寿命可以达到 15 ~ 30 年。这类措施可以降低系统焊接层的脱离失效。

14.5.2　DCB

系统焊层的分离，如 DCB 与基板之间的焊层，总是从 DCB（见图 14.8）的角落开始分离。在 DCB 的四角通过避免产生直角，可以提高系统焊接层的负载周次能力。其原因是在 DCB 中成比例增加陶瓷和覆铜层之间的边线，从而增加承受负载周次产生的机械应力的能力。另一种增加负载周次能力的方法是通过对陶瓷层增加特殊的掺杂以提高 DCB 的弹性，这样也基本不会影响材料的 CTE 值。总之，DCB 现在可以吸收更大的机械应力从而降低焊接层脱离的可能性。

此外，通过在 DCB 的覆铜层边缘引入特定的压痕来防止覆铜层的脱落，从而提高自身的负载周次能力。这种技术称为“插入凹纹”，由 ELECTROVAC Curamik 公司开发。图 14.15 给出了一种有凹纹的 DCB。

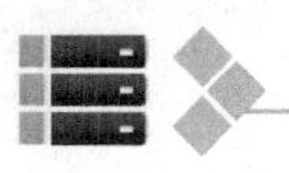

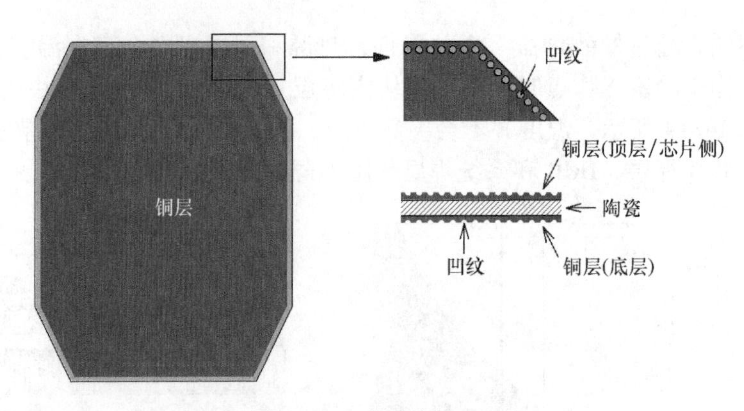

图 14.15　有凹纹的 DCB

14.5.3　低温连接

负载变化及相关的温度变化总会给焊接层和键合连接带来压力。另一种可替代的焊接和键合连接称作低温连接（LTJ）。两种材料通过预处理的银微粒或适当形状的银带连接。如在第 2 章 2.3.1 节中所描述的那样，低温连接工作压力为 40MPa，持续时间约 60s，其工作温度约 220℃，远远低于所连接材料的熔化温度（因此称为低温连接）。内部各层的结构及连接材料 A 和 B 的结构如图 14.16 所示。

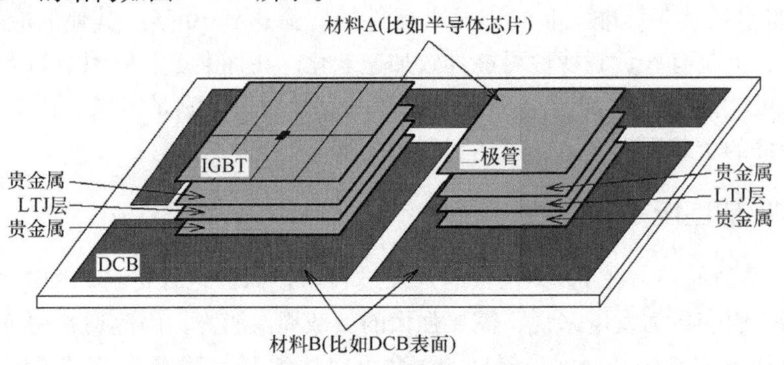

图 14.16　低温连接的内部各层结构

低温连接的例子如图 14.17 所示。图 14.17a 为一个芯片与 DCB 低温连接，图 14.17b 为采用银带连接芯片与 DCB 的低温连接。

图 14.18 比较了分别采用焊接技术和低温连接技术的两种模块的负载周次测试结果。可以清楚地发现，经过几千个周次，焊接模块的结温 T_j 明显增加。这也预示芯片和 DCB 之间的焊接开始分离，从而使得热阻上升，并导致温度上升。在相同的负载

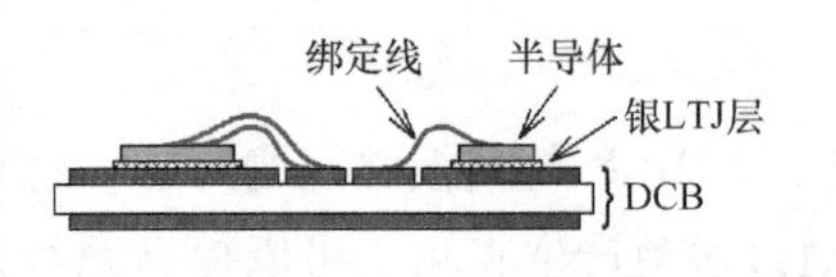

a) LTJ 代替传统的焊接层

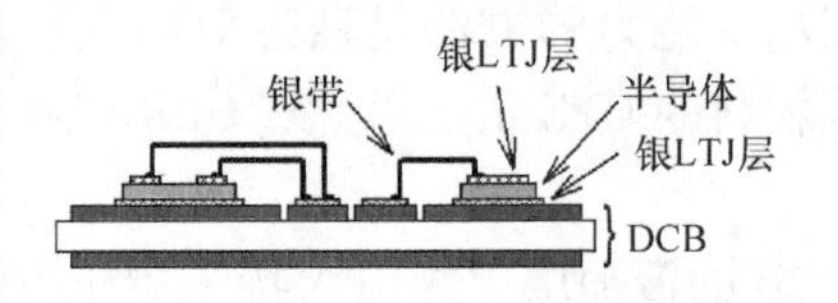

b) LTJ 代替焊接和绑定线

图 14.17　低温连接的例子

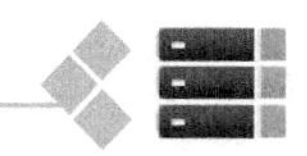

条件下继续进行测试，芯片温度很快超过最大允许温度150℃。大约在34000个周次后，绑定线从芯片表面脱落，引发失效。然而采用低温连接技术的芯片，在62000个周次时仍然保持稳定，直至芯片与DCB的接口出现破裂。可以用热应力和机械应力来解释绑定线疲劳。

低温连接是一个缓慢而连续的过程，因此如何量产是其面临的普遍问题。所以，虽然低温连接技术先进，但是这种连接方法只限于高容量IGBT模块的制造。

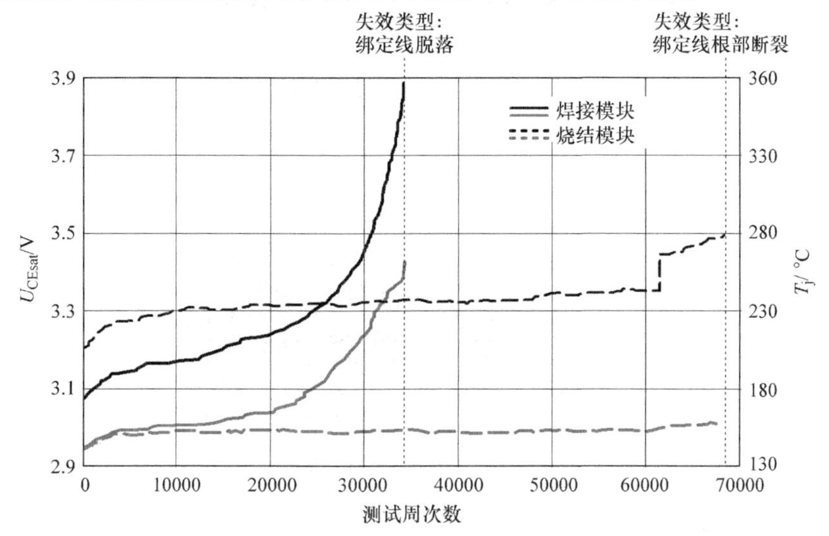

图14.18　负载变化测试的结果[8]

14.5.4　芯片焊层的扩散焊接

在第2章2.3.1节已经介绍过扩散焊接的原理。扩散焊接首先应用于分立器件，现在开始应用于IGBT模块制造。在新模块的研发中引入扩散焊工艺的目的是为了增加实际工作过程中的最大结温，希望最大结温从150℃提升到175℃或者更高，这样也就增加了负载周次能力。

因为扩散焊技术工艺简单、容易实现，也容易实现大批量制造，因此预计扩散焊工艺将成为未来模块的标准技术。

14.5.5　提高系统焊接层工艺

由于大批量制造技术工艺的限制，目前正在开发改进型的系统焊接工艺。在使用相同材料的情况下，新的工艺可以增加负载周次能力。这种改进的重点是针对各个独立的焊接工艺，以及系统焊接层焊膏的组合物。目前已经有采用这种改进系统焊接工艺的标准模块。

图14.19给出了在$\Delta T_C = 130K$时，25000个周次后，采用不同焊接工艺模块的实验对比结果。图14.19a表明，利用传统焊接工艺的模块在DCB发生了明显的焊接层脱落，图中表现为高亮区。与此相反，图14.19b表明采用改进工艺的模块只有轻微的剥离。

14.5.6　直接键合陶瓷到基板

把陶瓷与基板直接连接是另一种可以增加TC负载周次能力的方法。陶瓷的作用是确保基板和电气系统之间的绝缘。传统焊接结构与基板和陶瓷直接键合结构的比较如图14.20

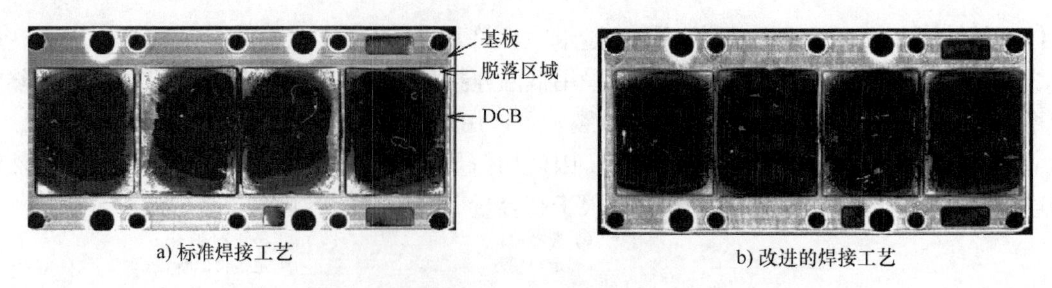

a) 标准焊接工艺　　b) 改进的焊接工艺

图 14.19　采用标准的系统焊接工艺与改进焊接工艺模块的实验对比

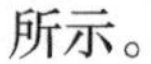

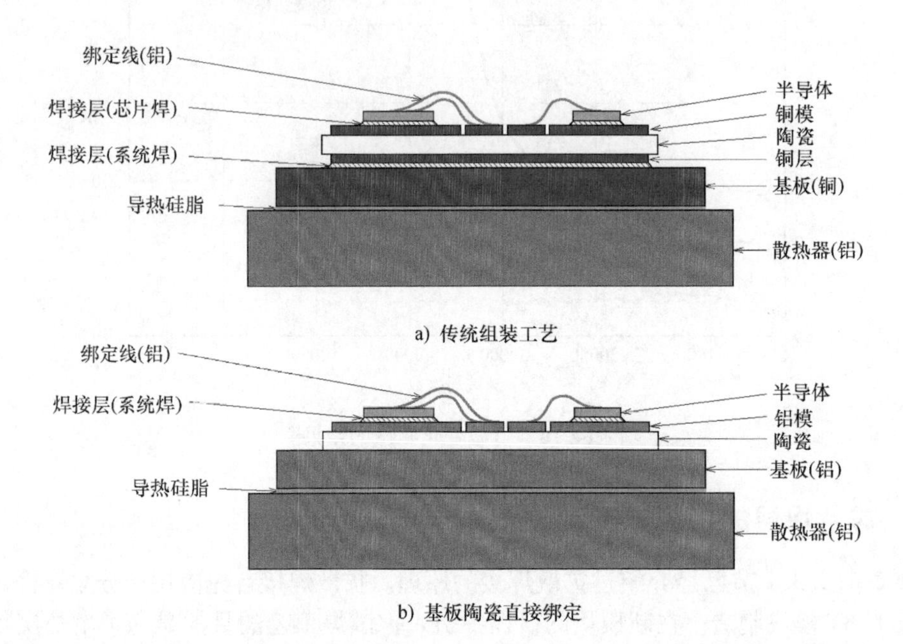

图 14.20　传统焊接结构与基板和陶瓷直接键合结构的比较

以前在基板与 DCB 之间必有的焊层将被省略。

当陶瓷与基板直接粘接时，可以用铝替代铜作为基板。这同样适用于陶瓷的上表面，也可以用铝替代铜。然而，基板和陶瓷之间的直接连接会受到一定限制，即直接连接单元的大小。因此，在实际应用中，几个单元会通过模块的框架结构进行连接。图 14.21 给出了 Mega Power Dual™⊖模块的多基板设计原理。

14.5.7　铜绑定线

以前 IGBT 模块通常采用铝绑定线，如第 2 章 2.3.1 节所述，现在已经逐步开始应用铜替代铝作为绑定线。首先，模块中的连接框架由铜替代铝。其次是芯片键合的转换。芯片表面通常也由铝制成，所以改用铜键合需要改变芯片的表面结构。如果利用铜键合，芯片表面必须也改为铜。由于材料的性能，铜键合在以下两个方面优于铝键合：

- 相同的横截面，电流的容量增加；

⊖ Mega Power Dual™是三菱电机的注册商标。

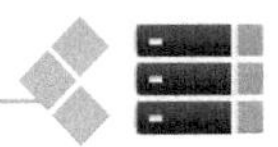

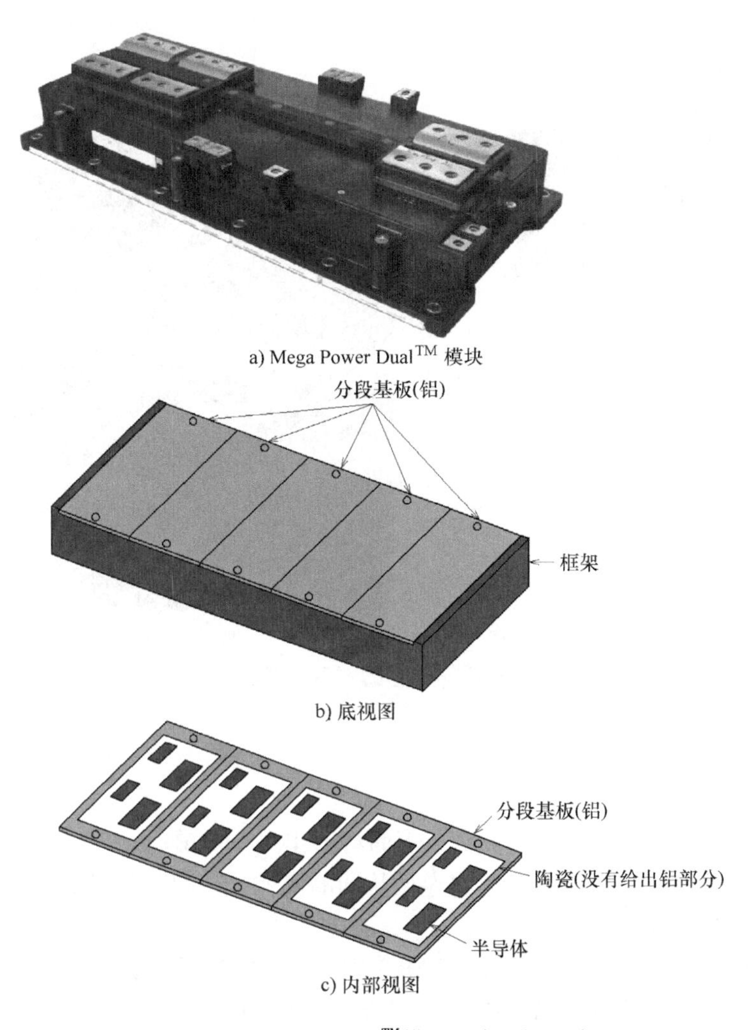

a) Mega Power Dual™ 模块

b) 底视图

c) 内部视图

图 14.21　Mega Power Dual™模块的多基板设计原理

- 增加了功率循环周次能力。

铜键合技术将很快成为新 IGBT 模块的标准工艺，同时也可以更大程度地提升 IGBT 的可靠性。现在的生产工艺仍以铝键合技术为主。表 14.6 给出了铜和铝的材料特性。

表 14.6　铜和铝的材料特性

参数	铜	铝
电阻	1.7μΩcm	2.7μΩcm
导热系数	$400\ \frac{W}{m\cdot K}$	$235\ \frac{W}{m\cdot K}$
CTE	16.5ppm	25ppm
抗拉强度	~140MPa	~29MPa
弹性模量	~120GPa	~50GPa
熔化温度	~1085℃	~660℃

图 14.22 给出了一个采用铜键合工艺的模块，同时采用铜作为芯片表面金属覆层。

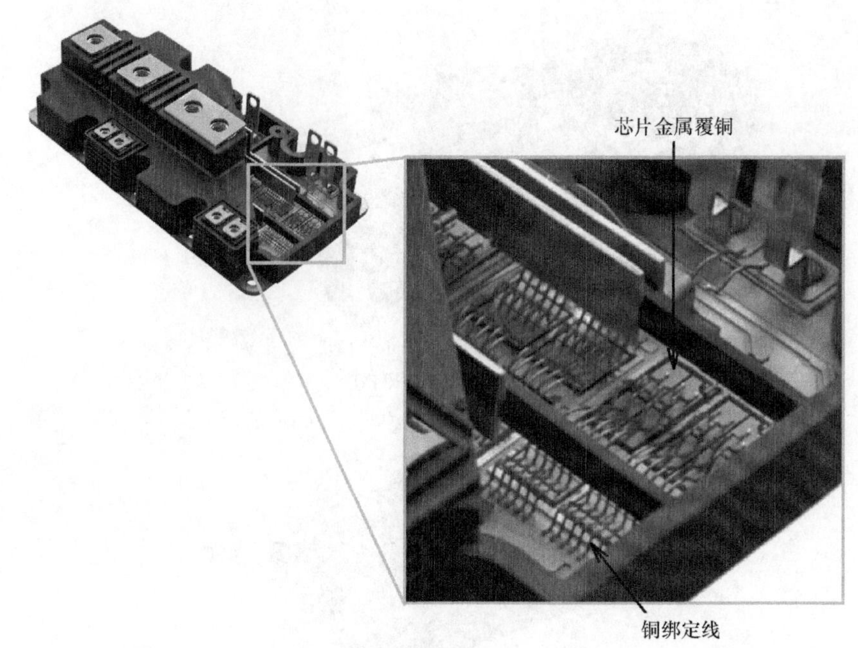

图 14.22 PrimePACK™[⊖]模块采用铜绑定线，并在芯片表面覆铜

14.6 寿命计算

寿命计算是实际应用中设计的关键。下面将给出一个 IGBT 功率模块在给定负载周期内完整的寿命计算示例（二极管的计算将遵循相同的模式）。这里需要图 14.9、图14.12 和图14.13 给出的 TC 和 PC 周次。

给定负载循环如图 14.23 所示持续 300s，据此计算损耗及计算相应的散热器温度、底板温度和结温。这里，模块首先以 $480A_{RMS}$的电流周期性地工作 11s，然后以 $425A_{RMS}$的电流工作 10s，再以 $740A_{RMS}$的电流工作 2s。图 14.23 中所示的时间间隔为负荷为零。为了简化计算，假设以下工作参数恒定：

- 直流母线电压 $U_{DC}=900V$；
- IGBT 的开关频率 $f_{SW}=4kHz$；
- 输出电流的基波频率 $f_{out}=50Hz$；
- 功率因数 $\cos\varphi=1$。

第一步检查底板和 DCB 焊接连接的寿命，因此需要用到图 14.9 给出的 TC 周次。

温度变化谱的计算按照第 4 章或图 14.3 给出的理念。

通过斜率转换可确定底板温差 ΔT_C，如图 14.24 所示。可按负载循环变化谱分成四个周期。其中三个都是描述负载因素，而另一个代表主循环周次中的最大温度。

- $T_{C1,min}=50℃$，$T_{C1,max}=74℃\Rightarrow\Delta T_{C1}=24K$；
- $T_{C2,min}=60℃$，$T_{C2,max}=78℃\Rightarrow\Delta T_{C2}=18K$；
- $T_{C3,min}=60℃$，$T_{C3,max}=78℃\Rightarrow\Delta T_{C3}=11K$；

⊖ PrimePACK™是英飞凌科技的注册商标。

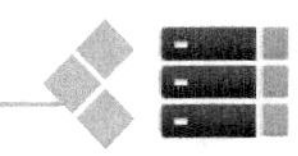

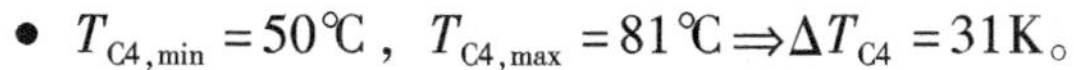

- $T_{C4,min}=50℃$，$T_{C4,max}=81℃\Rightarrow\Delta T_{C4}=31K$。

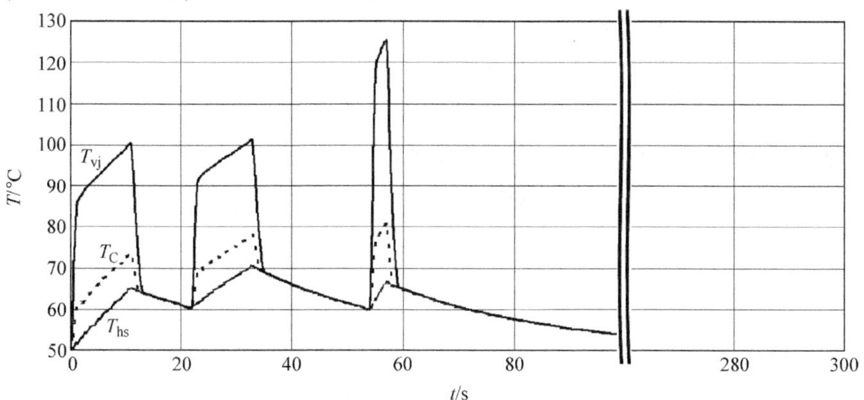

图 14.23　负载周期示例

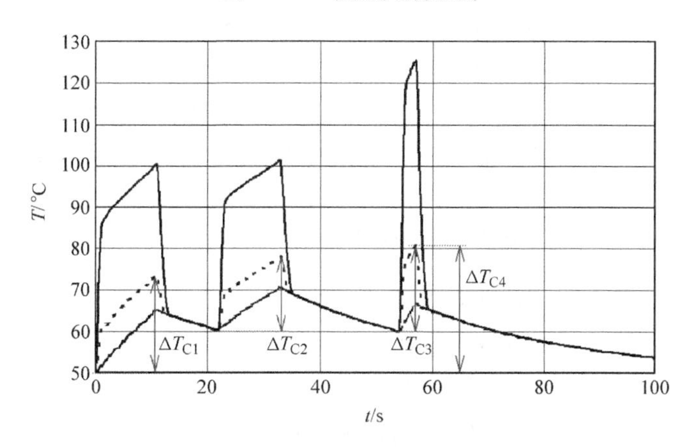

图 14.24　通过斜率转换确定底板温差 ΔT_C

关于 ΔT_{C4}需要注意，因为一个完整负载周次的时间与时间常数大致相似，而它又与系统焊接层承受的压力相关。有效循环时间越短，计算结果的相关性就越低（在长的负载周期内考虑更小的时间间隔时也会产生这种问题，下面将进一步探讨）。

根据温差可以从 TC 图中获得相应的周次，结果如下：

- $\Delta T_{C1}=24K\Rightarrow n_1=1.13\times10^6$ 周次；
- $\Delta T_{C2}=18K\Rightarrow n_2=4.11\times10^6$ 周次；
- $\Delta T_{C3}=11K\Rightarrow n_3=37.72\times10^6$ 周次；
- $\Delta T_{C4}=31K\Rightarrow n_4=0.36\times10^6$ 周次。

由于每个周期都会使模块的寿命缩短，可以根据式（14.12）计算相对周次。

$$n_{cyc}=\left(\sum_{i=1}^{k}\frac{1}{n_k}\right)^{-1}\tag{14.12}$$

由于周期寿命与系统焊料密切相关，因此根据上式可得

$$n_{cyc}=\left(\frac{1}{n_1}+\frac{1}{n_2}+\frac{1}{n_3}+\frac{1}{n_4}\right)^{-1}=254\times10^3\ 周次$$

由于整个负载周期是 300s，故整个工作寿命为 21167h。

必须指出的是，TC图中设定的温度下限为25℃，而在上例计算中设定为50℃。因此根据假设，需要适当减少计算所得到的周期数。

接着，可以进一步计算绑定线连接的寿命。这里需要用到图14.12和图14.13中的PC周次。

可以根据负载循环谱区分三种不同的负载循环，由相应的负载特性所定义。相反，如果对于系统焊接层，由于与之相关的负载周期远大于时间常数，因此在整个负载周期内可以不考虑绑定线连接的最高温升。图14.25给出了IGBT模块的温升ΔT_{vj}。

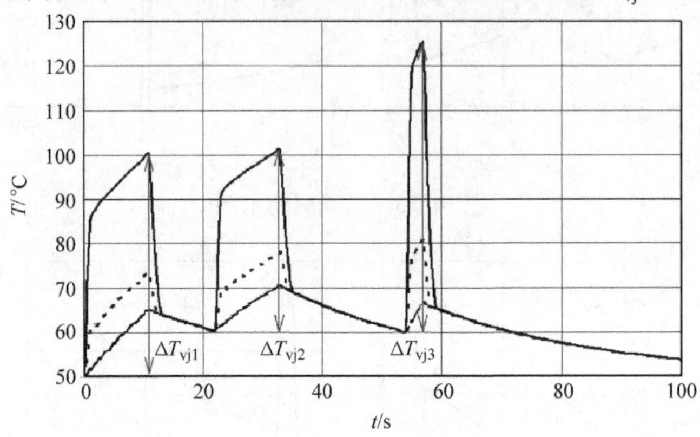

图14.25　IGBT模块的温升ΔT_{vj}

- $T_{vj1,min}=50℃$，$T_{vj1,max}=100℃\Rightarrow\Delta T_{vj1}=50K$；
- $T_{vj2,min}=60℃$，$T_{vj2,max}=101℃\Rightarrow\Delta T_{vj2}=41K$；
- $T_{vj3,min}=60℃$，$T_{vj3,max}=125℃\Rightarrow\Delta T_{vj3}=65K$。

根据图14.12的PC周次和图14.13的矫正因数或者式（14.13）可以确定周次数[⊖]：

$$n_{corr}=\left(\frac{t_{on}}{1.5s}\right)^{-0.3} \tag{14.13}$$

- $\Delta T_{vj1}=50K$，$t_{on1}=11s$
  $\Rightarrow n_1$（1.5s）$=0.8\times10^6$周次，且$n_{corr1}=0.55$
  $\Rightarrow n_1=n_{1(1.5s)}\cdot n_{corr1}=0.44\times10^6$ 周次
- $\Delta T_{vj2}=41K$，$t_{on2}=10s$
  $\Rightarrow n_2$（1.5s）$=2.3\times10^6$周次，且$n_{corr2}=0.57$
  $\Rightarrow n_2=n_{2(1.5s)}\cdot n_{corr2}=1.31\times10^6$ 周次
- $\Delta T_{vj3}=65K$，$t_{on3}=2s$
  $\Rightarrow n_3$（1.5s）$=0.3\times10^6$ 周次，且$n_{corr3}=0.92$
  $\Rightarrow n_3=n_{3(1.5s)}\cdot n_{corr3}=0.28\times10^6$ 周次

考虑到绑定线连接的寿命周次，就可以得出上例中的寿命周次，即

$$n_{cyc}=\left(\frac{1}{n_1}+\frac{1}{n_2}+\frac{1}{n_3}\right)^{-1}=151\times10^3\ 周次$$

⊖ 本例中给出的周次数都是相对于结温为125℃的最终值或最大值得出的。对于给定结温低于125℃的例子，尽管在PC周次中没有给出相应的可循环次数，但是可以认为可循环次数比125℃时更多一些。

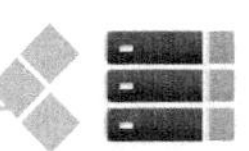

由于整个周期是300s，所以整个运行寿命是12583h。

上例中，由于受到绑定线连接的限制，实际的运行寿命约是系统焊接层寿命的60%。

14.7 失效图片

功率半导体器件或模块在制造和运行过程中都可能出现失效。下面将给出一些瑕疵的图片，这些瑕疵可能造成失效或是产生失效后的结果。这些失效图片所示的失效都是在实验室内人为产生，可以清楚地展示特定的失效机理。然而在实际应用中，并不能很清楚地辨识这些失效模式。一方面可能是由于几种失效模式叠加在一起，另一方面是破坏严重，无法识别。因此在评估真正的失效图片时，需要丰富的经验和一定的规程。

14.7.1 工艺与机械原因所致的失效图像

图14.26给出了键合工艺不同时绑定点的形变。图14.26a是作为参考的正常的键合，图14.26b~d展示有缺陷的键合。可以在生产过程中通过光学或机械检查检测到这些缺陷。

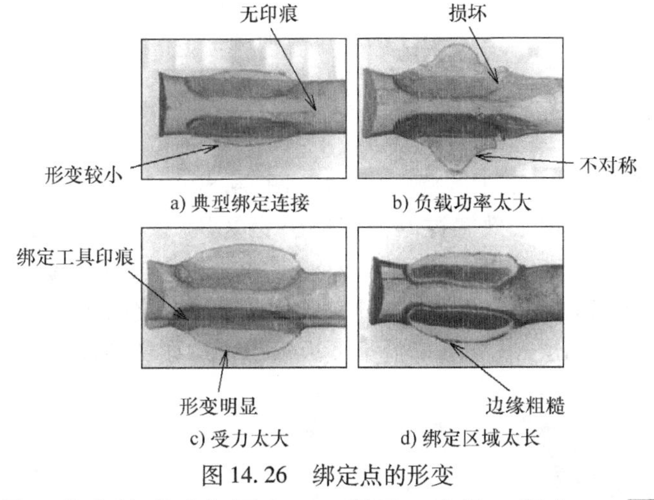

图14.26 绑定点的形变

在键合工艺中另一种失效形式如图14.27所示。这里，绑定线已在键合工艺之后直接从芯片上脱落，并拉掉了芯片上层的金属覆层。

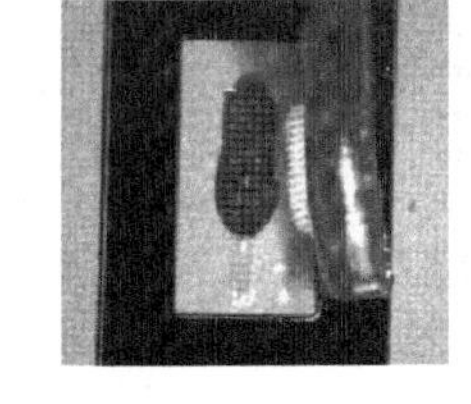

图14.27 键合后覆层脱落

图14.28展示出了几种绑定线错位的形式。图14.28a展示了一个二极管表面的键合连接得“混乱”，在图14.28b中，键合脚并没有定位在栅极焊盘的中心，在图14.28c中，键合脚稍微超出了DCB的铜表面。

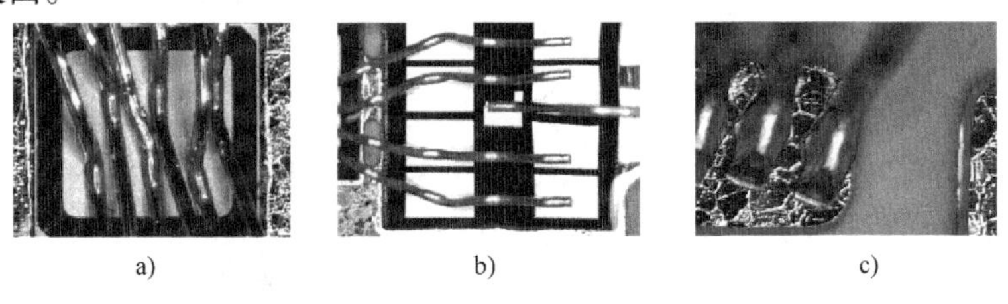

图14.28 绑定线的错位

图 14.10 和图 14.11 给出了实际运行中失效了的键合连接。图 14.10 展示了绑定线的断裂，图 14.11 展示了绑定线从芯片表面脱落的失效。这些失效都是由于绑定线承受的循环压力或芯片金属覆层的负载变化造成的。

图 14.29 展示了由于模块的机械振动造成的典型失效。由于振动，三根独立的并联连接的绑定线相继脱落，而剩余的一根绑定线不得不承担全部负载电流，从而像一个熔丝一样融化。

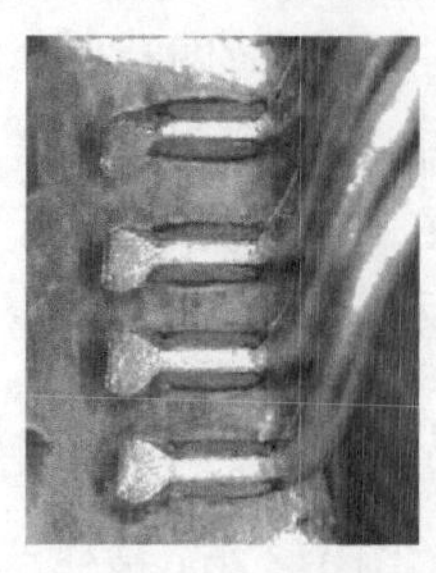

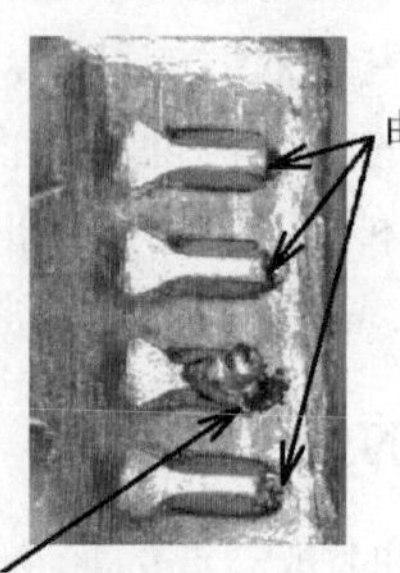

a) 振动测试前的绑定线　b) 振动测试后的绑定线

图 14.29　振动的损害

14.7.2　电和热引起的失效图像

图 14.30 给出了由于电气原因导致的失效。图 14.30a 是由于过电压而出现的失效，图 14.30b 是由于过电流而出现失效。过电压容易引起 IGBT 核心芯片上的金属覆层的部分融化。另一方面，过电流容易造成键合点的失效，通常会发现大面积的金属融化。

图 14.31 给出了由运行温度过高引发的失效，在顶部熔化的芯片金属覆层显然可见。另外，芯片上边缘的焊料渗出。由于在高温下变成液态，从而从芯片下方渗出。

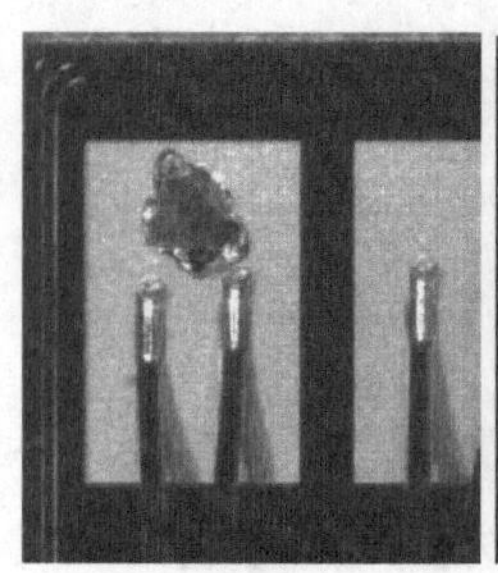

a) 过电压

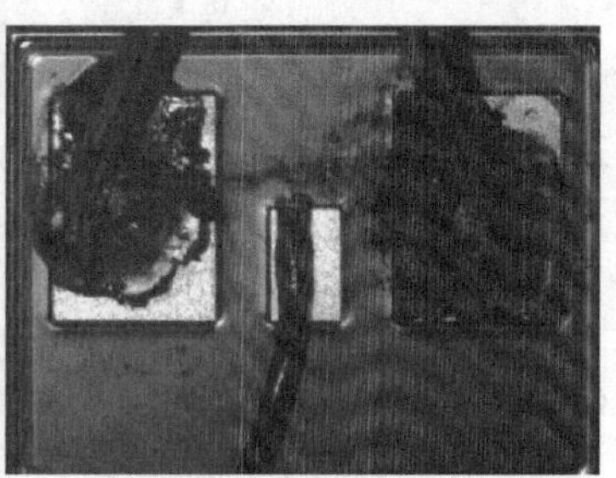

b) 过电流

图 14.30　由过电压或过电流产生的失效

图 14.31　由运行温度过高引发的失效

14.8　宇宙粒子射线

IGBT 的电压阻断能力与结温有关，如图 3.34 所示。温度越得，电压阻断能力越强。因此，在应用设计时，需要特别注意低温工况。

另一个决定电压阻断能力的因素是宇宙射线，如在第 3 章 3.7 节所提到的。宇宙射线对于功率半导体器件的可靠性非常重要，其影响将在下面详细说明。

宇宙射线[㊀]是来源于外太空的高能粒子辐射。这里所说的辐射（实际上这里指的是粒子，而不是辐射）主要指质子、电子和离子化的原子。引起宇宙射线的原因多种多样，例如，太阳风，超新星爆炸，脉冲星等。据估计，地球的外大气层每秒每平方米受到约1000个粒子的辐射。初级辐射通过与大气中的粒子碰撞发出次级辐射。一级和二级粒子的比例可能高达$1:10^6$。但是，只有很小一部分最终到达地球表面，如图14.32所示。

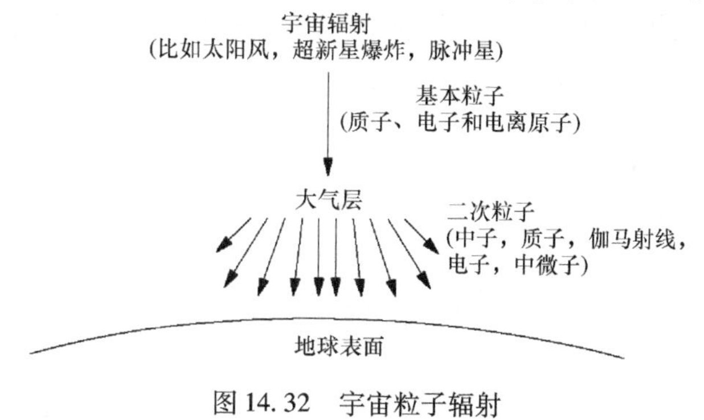

图14.32 宇宙粒子辐射

20世纪90年代初期就发现宇宙射线对功率半导体的影响。在组件阻断时，特别在高压应用中，常常发生很多无法解释的失效，这些失效无法由已知失效机理解释。现在，所有功率半导体从MOSFET、二极管、IGBT到晶闸管都受到宇宙射线的影响。

基于广泛的测试、测量和模拟发现，外太空的粒子辐射是造成失效的原因。功率半导体发生失效的概率和宇宙射线存在以下关系：

- 设备工作点的海拔越高，失效率也越高；
- 器件运行时的结温越高，失效率越低（只要温度没有达到允许的最高工作温度）；
- 器件的额定电压越高，实际阻断电压越低，发生失效的概率就越低；
- 半导体的体积越大，失效的可能性也越大。

图14.33在一定程度上总结了这些关系。失效率用FIT表示。

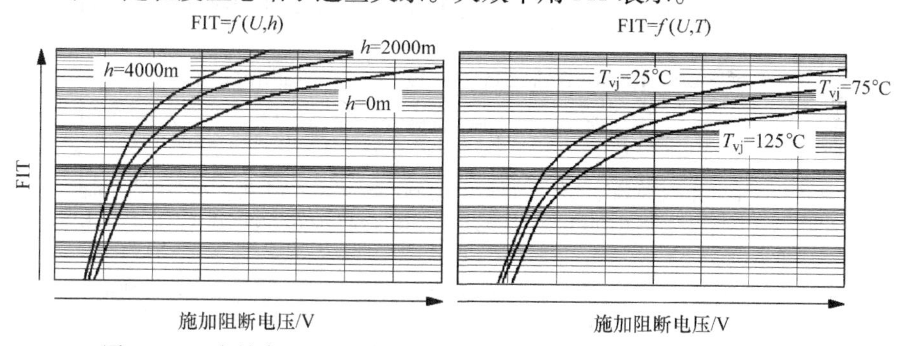

图14.33 失效率（FIT）与阻断电压和工作海拔h及结温T_{vj}的关系

基本上次级辐射的中子和质子是诱发功率半导体器件失败的原因。如果半导体处于阻断状态，宇宙辐射与现有半导体硅碰撞能够产生带电粒子的等离子体。由于该组件处于阻断状

㊀ 奥地利物理学家维克托·弗朗西斯·赫斯（1883～1964）在1912年发现了宇宙射线。最早这种辐射被称作“高空射线”。然而人们发现其真正的原因后，这个名字就失去了意义。虽然有所误导，宇宙射线还是常常被称作高空射线。

态，内部已形成空间电荷区。该空间电荷区通常能够隔离等离子载流子。如果由于空间电荷区的电场强度足够大，使得载流子加速，从而导致和其他硅晶核的冲击电离，随后产生越来越多的载流子。产生这个过程的时间很短（约在几百皮秒），并且被限制在一个很小的空间内，从而产生局部大电流，导致组件损坏。

可以通过几项措施来降低由于宇宙射线导致器件失效的可能性。制造商可以调整模块内部电场，使得在正常工作的电场足够低从而避免碰撞电离。边缘结构也起着重要的作用，特别是在高场强区域。从用户的角度来说，在应用设计时可以选择电压等级比实际需求高一级的器件。

定义阻断电压能力时同时考虑 FIT。但应指出，与 FIT 相对应的是在一定直流电压下的静态的阻断操作，即该组件在正常工作过程中不会导通或关断。如果组件在 FIT 测试中达到 100，那么相应的直流电压就是数据手册中标注的阻断电压 U_{CES} 值。但是对于 3.3kV 及以上电压等级的 IGBT 模块，FIT 为 100 的直流电源不再是标准值，而是数据手册中标注为 U_{CED} 的一个特定的直流电压值，如图 14.34 所示。

Technische Information / technical information

IGBT-Module
IGBT-modules

FZ750R65KE3

infineon

Vorläufige Daten
preliminary data

Modul / module

Isolations-Prüfspannung insulation test voltage	RMS, f = 50 Hz, t = 1 min.	V_{ISOL}	10,2	kV
Teilentladungs Aussetzspannung partial discharge extinction voltage	RMS, f = 50 Hz, Q_{PD} typ 10 pC (acc. to IEC 1287)	V_{ISOL}	5,1	kV
Kollektor-Emitter-Gleichsperrspannung DC stability	T_{vj} = 25°C, 100 fit	$V_{CE\,D}$	3800	V

图 14.34　高压 IGBT 模块的直流稳定性

本章参考文献

1. Infineon Technologies, "What is FIT/MTBF?", Infineon Technologies Application Note 1999
2. W. Kanert, M. Goroll, "Standards for Reliability Tests", ECPE Nuremberg 2005
3. A. Christmann, M. Thoben, K. Mainka, "Reliability of Power Modules in Hybrid Vehicles", PCIM Nuremberg 2009
4. IEC 60747-9, "Semiconductor devices – Discrete devices – Part 9: Insulated-gate bipolar transistors (IGBTs)", International Electrotechnical Commission, Edition 1.1, 2001
5. IEC 60747-15, " Semiconductor devices – Discrete devices – Part 15: Isolated power semiconductor devices", International Electrotechnical Commission, Edition 1.0, 2003
6. J. Lutz, "Halbleiter-Leistungsbauelemente", Springer Verlag 2006
7. R. Amro, J. Lutz, J. Rudzki, M. Thoben, A. Lindemann, "Double-Sided Low-Temperature Joining Technique for Power Cycling Capability at High Temperature", EPE Dresden 2005

8. T. Stockmeier, "From Packaging to ‘Un’-Packaging – Trends in Power Semiconductor Modules", ISPSD Orlando 2008

9. K. Guth, F. Hille, F. Umbach, D. Siepe, J. Görlich, H. Terwesten, "New assembly and interconnects beyond sintering methods", PCIM Nuremberg 2010

10. A. Ciliox, F. Hille, F. Umbach, J. Görlich, K. Guth, D. Siepe, "New module generation for higher life-time", PCIM Nuremberg 2010

11. R. Ott, M. Bässler, R. Tschirbs, D. Siepe, "New superior assembly technologies for modules with highest power densities", PCIM Nuremberg 2010

12. A. Volke, A. Christmann, R. Schlörke, Z.B. Zhao, "Reliable IGBT Modules for (Hybrid) Electric Vehicles", PCIM China 2007

13. A. Volke, M. Hornkamp, "Improved cycling capability for modern IGBT Power Modules", PCIM China 2008

14. Infineon Technologies, "Use of Power Cycling curves for IGBT4", Infineon Technologies Application Note 2010

15. N. Kaminski, "Failure Rates of HiPak Modules Due to Cosmic Rays", ABB Ltd Application Note 2004

16. T. Schütze, J. Biermann, R. Spanke, M. Pfaffenlehner, "High Power IGBT modules with improved mechanical performance and advanced 3.3kV IGBT3 chip technology", PCIM Nuremberg 2006

附录　名词术语缩写

AC	交流电
ADC	模-数转换器
Ag	银
Al_2O_3	氧化铝
AlN	氮化铝
AlSiC	铝碳化硅
ASIC	专用集成电路
Au	金
BARITT	势垒注入传输时间
BIGT	逆导 IGBT
BJT	双极结型晶体管
CAL	同轴寿命控制
CIB	逆变器制动单元
CPWM	连续脉宽调制
CSI	电流源逆变器
CSTBT™㊀	载流子储存沟槽栅双极晶体管
CTE	热膨胀系数
CTI	相对漏电起痕指数
Cu	铜
DAC	数-模转换器
DC	直流电
DCB	直接铜键合
DPWM	非连续脉宽调制
DSO	数字存储示波器
DSP	数字信号处理器
DUT	试件
EMC	电磁兼容性
ENOB	有效位数
EPROM	可擦写 ROM
ESL	等效串联电感
ESR	等效串联电阻

㊀ CSTBT™是三菱电机的注册商标。

ETT	电控晶闸管
EV	电动汽车
FACTS	柔性交流输电系统
FEM	有限元
FET	场效应管
FIT	失效时间
FOC	光缆
FPGA	现场可编程序门阵列
FS	场终止
GDU	栅极驱动单元
GND	地
GDPWM	广义非连续脉宽调制
GTO	门极可关断晶闸管
H3TRB	高湿、高温反偏
HDF	谐波畸变因数
HEV	混合电动汽车
HTGS	高温栅极应力
HTRB	高温反偏
HVIC	高压集成电路
IC	集成电路
IEC	国际电工委员会
IEGT	电子注入增强门极晶体管
IGBT	绝缘栅双极晶体管
IGCT	集成门极换流晶闸管
IPM	智能功率模块
JFET	结型场效应管
JTE	结终端扩展
LED	发光二极管
LPT	光穿通
LSB	最低有效位
LTJ	低温连接
LTT	光触发晶闸管
MOSFET	金属氧化半导体场效应管
MTBF	平均故障间隔时间
MV	中压
NPT	非穿通
NTC	负温度系数
PC	功率周次
PCB	印制电路板

PCM 相变材料
PETT 离子提取传输时间
PFC 功率因数校正
PIM 功率集成模块
PT 穿通
PTC 正温度系数
PWM 脉宽调制
RBSOA 反向偏置安全工作区
RMS 均方根
RoHS 电气、电子设备中限制使用某些有害物质指令
SC 短路
SCR 晶闸管
SCSOA 短路安全工作区
SPICE 模拟仿真软件 SPICE
SSCM 开关自钳位模式
Si 硅
SiC 碳化硅
SLF 开关损耗因数
SMD 表面贴装器件
SMPS 开关电源
SNR 信噪比
SOA 安全工作区
SOI 绝缘硅晶片
SPT 软穿通
SPWM 正弦脉宽调制
STO 安全扭矩区
SVPWM 空间矢量脉宽调制
TC 热周次
THIPWM 注入三次谐波脉宽调制
TIM 介面散热材料
TST 热冲击测试
UL <美>保险商实验所
UVLO 欠电压闭锁
VCSEL 垂直腔面发射激光器
VLD 横向变掺杂
VSI 电压源逆变器
ZCS 零电流开关
ZVS 零电压开关

IGBT Modules

Technologies, Driver and Application

AndreasVolke, Michael Hornkamp

ISBN: 978-3-00-040134-3

图书在版编目（CIP）数据

IGBT 模块：技术、驱动和应用：原书第 2 版/（德）福尔克（Volke, A.），（德）郝康普（Hornkamp, M.）著；韩金刚译．—北京：机械工业出版社，2016.5（2025.2 重印）

书名原文：IGBT Modules

Technologies, Driver and Application

ISBN 978-7-111- 53566-9

Ⅰ.①I…　Ⅱ.①福…②郝…③韩…　Ⅲ.①绝缘栅场效应晶体管-研究　Ⅳ.①TN386.2

中国版本图书馆 CIP 数据核字（2016）第 080325 号

机械工业出版社（北京市百万庄大街 22 号　邮政编码 100037）

策划编辑：于苏华　责任编辑：于苏华　路乙达

责任校对：张　征　封面设计：马精明

责任印制：常天培

固安县铭成印刷有限公司印刷

2025 年 2 月第 1 版第 18 次印刷

184mm×260mm · 25.25 印张 · 626 千字

标准书号：ISBN 978-7-111- 53566-9

定价：88.00 元

凡购本书，如有缺页、倒页、脱页，由本社发行部调换

电话服务	网络服务
服务咨询热线：010-88361066	机 工 官 网：www.cmpbook.com
读者购书热线：010-68326294	机 工 官 博：weibo.com/cmp1952
010-88379203	金　书　网：www.golden-book.com
封面无防伪标均为盗版	教育服务网：www.cmpedu.com